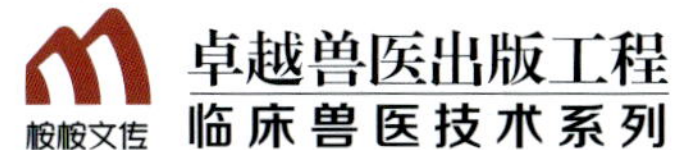


# Pain Management for Veterinary Technicians and Nurses

# 兽医临床疼痛管理

（美）玛丽·艾伦·戈德伯格（Mary Ellen Goldberg） 主　编
（美）南希·沙夫兰（Nancy Shaffran） 顾问编辑
蒋书东 周天红 主　译

北方联合出版传媒（集团）股份有限公司
辽宁科学技术出版社
沈　阳

Pain Management for Veterinary Technicians and Nurses
By Mary Ellen Goldberg
ISBN-13: 978-1-1185-5552-1


**图书在版编目（CIP）数据**

兽医临床疼痛管理 /（美）玛丽·艾伦·戈德伯格（Mary Ellen Goldberg）主编；蒋书东，周天红主译. —沈阳：辽宁科学技术出版社，2022.5
ISBN 978-7-5591-2092-2

Ⅰ. ①兽… Ⅱ. ①玛… ②蒋… ③周… Ⅲ. ①兽医学—疼痛—管理 Ⅳ. ①S854.4

中国版本图书馆CIP数据核字（2021）第108799号

出版发行：辽宁科学技术出版社
（地址：沈阳市和平区十一纬路25号 邮编：110003）
印 刷 者：北京顶佳世纪印刷有限公司
经 销 者：各地新华书店
幅面尺寸：185mm × 260mm
印 张：24.25
插 页：4
字 数：358千字
出版时间：2022年5月第1版
印刷时间：2022年5月第1次印刷
责任编辑：陈广鹏 朴海玉
封面设计：袁 舒
版式设计：袁 舒
特邀编辑：任晓曼 于千会
责任校对：赵淑新

书 号：ISBN 978-7-5591-2092-2
定 价：360.00元

联系电话：024-23280036
邮购热线：024-23284502
http://www.lnkj.com.cn

# 译者委员会


**主　译：** 蒋书东　周天红

**副主译：** 朱　晖　郭　旭　李　伟　张兴旺

**译　者：**（按姓氏笔画排序）

王迪轩　方开慧　朱　晖　李　伟

李大刚　张兴旺　郭　旭　邱月阳

在本书中文版出版之际，献给已经离开我们的安徽农业大学蒋书东副教授。

# 参与者名单

**Michelle Albino, LVT, VTS (Anesthesia)**
Supervisor
The Animal Medical Center
Anesthesia Department
New York, NY, USA

**Kara M. Burns, MS, MEd, LVT, VTS (Nutrition)**
President
Academy of Veterinary Nutrition Technicians
Wamego, KS, USA

**Stephen J. Cital, RVT, SRA, RLAT**
Surpass Inc. Interventionalist/Anesthesia Technician

**Lis Conarton, BS, LVT, CCRP, CVPP**
Physical Rehabilitation Director
Veterinary Medical Center of CNY
East Syracuse, NY, USA

**Kristen Cooley, BA, CVT, VTS (Anesthesia)**
Instructional Specialist
Clinical Skills Training Center
School of Veterinary Medicine
University of Wisconsin
Madison, WI, USA

**Robin Downing, DVM, CVPP, CCRP, DAAPM**
The Downing Center for Animal Pain Management, LLC
Windsor, CO, USA

**Jennifer L. Dupre, CVT, VTS (Anesthesia), CVPP**
Senior Anesthesia Technician
Anesthesia Lab Coordinator
School of Veterinary Medicine
Ross University
St. Kitts, West Indies

**Trish Farry, CVN VTS (ECC & Anes) Cert IV (TAA)**
Clinical Instructor & Anaesthesia Technician
Veterinary Medical Centre
The University of Queensland
Gatton, Australia

**Mary Ellen Goldberg, BS, LVT, CVT, SRA, CCRA**
Instructor VetMedteam, LLC
Executive Secretary
International Veterinary Academy of Pain Management
Nashville, TN, USA

**Kristen Hagler, BS (An. Phys.), RVT, CCRP, CVPP, COCM, CBW**
Penn HIP-Associate Member
Veterinary Department
Guide Dogs for the Blind, Inc
San Rafael, CA, USA
and
Animal Wellness Center of Marin—

Rehabilitation and Pain Management
Director of Rehabilitation and Pain Management Services

**Janel Holden, LVT, VTS (Anesthesia)**
Veterinary Teaching Hospital
Washington State University
Pullman, WA, USA

**Cheryl Irzyk Kata, RVT, VTS (Anesthesia), CVPP**
Veterinary Teaching Hospital
North Carolina State University
Raleigh, NC, USA

**Kari Koudelka, RVT, CCRP, CVPP (pending)**
Director of Veterinary Rehabilitation and Pain Management Services
Center for Veterinary Pain Management and Rehabilitation
and
Animal Clinics of The Woodlands
The Woodlands, TX, USA

**Kate Lafferty, BFA, CVT, VTS (Anesthesia)**
Senior Technician
Anesthesia and Pain Management Department
Director
Veterinary Technician Student Internship Program
Veterinary Medical Teaching Hospital
University of Wisconsin–Madison
Madison, WI, USA

**David Liss, BA, RVT, VTS (ECC, SAIM), CVPM**
Consulting
Veterinary Training and Consulting LLC
Los Angeles, CA, USA

**Tasha McNerney, BS, CVT**
O.R. Technician Supervisor/Anesthesia Technician
Rau Animal Hospital
Glenside, PA, USA

**Christopher L. Norkus, DVM**
Department of Anesthesiology
College of Veterinary Medicine
Kansas State University
Manhattan, KS, USA

**Stephanie Ortel, BS, LVT, CCRP, CVPP**
Certified Canine Rehab Practitioner
Certified Veterinary Pain Practitioner
Clinical Associate
American Academy of Pain Management
Animal Pain Management Center
Buffalo, NY, USA

**Samantha Rowland, LVT, VTS (Anesthesia)**
Supervisor
Anesthesia Department
Marion duPont Scott Equine Medical Center
Leesburg, VA, USA

**Nancy Shaffran, CVT, VTS (ECC)**
Lecturer/Consultant
President-Elect
International Veterinary Academy of Pain Management
Erwinna, PA, USA

**Amir Shanan, DVM**
Founder IAAHPC
International Association for Animal Hospice and Palliative Care
Chicago, IL, USA

**Kim Spelts, BS, CVT, VTS (Anesthesia), CCRP**
PEAK Veterinary Anesthesia Services
Colorado Springs, CO, USA

**Lindsay Wesselmann, BS, RVT, LVT**
Lion Country Safari
Loxahatchee, FL, USA
and
Point Defiance Zoo and Aquarium
Tacoma, WA, USA

**Patricia R. Zehna, RVT**
California Registered Veterinary Technician Association Board Member (CaRVTA)
Mentor Committee
Veterinary Support Personnel Network (VSPN)
Instructor/Board Moderator
SPCA of Monterey County
Wildlife Rehabilitation Volunteer

致敬斯蒂芬·J. 戈德堡博士，在我的整个人生旅途中，您一直是我身体上、精神上和经济上的支柱。感谢您在工作和生活上给我的一切帮助。您让我在自己梦寐以求的领域内得到发展。我永远感激和爱您。

玛丽·艾伦·戈德伯格（MEG）

感谢瑞秋·马利诺维策，她为我的生活提供了源源不断的止痛剂，解决了我各种各样的痛苦。

南希·沙夫兰（NS）

# 译者序

随着国内宠物行业的发展，由于从业人员素质提高和诊断仪器普及，临床疾病越来越复杂，宠物主人对兽医期望和要求也越来越高。科学化饲养和疫病防控措施不得当，宠物老年病（如：骨关节病）和肿瘤等发病越来越多，所以疼痛管理非常重要。在这种情况下，翻译一本有关犬、猫疼痛管理的专业书籍将有助于促进兽医更好地理解疼痛，更能提升宠物福利，更能提高兽医在宠物主人心中的地位，推动行业向前发展。

疼痛，一个熟悉而又陌生的名词。熟悉是因为我们经常听到兽医或者宠物主人说某个动物很疼；陌生是因为我们很多时候不知道如何去识别疼痛，也没有具体的量化标准去定义疼痛。有的同行认为镇痛不就是打一针镇痛药的事吗？甚至有些兽医或宠物主人还认为动物术后有一点疼痛是好事情，可以限制动物术后的活动。基于此，我们决定翻译《兽医临床疼痛管理》这本工具书，虽然这种专业工具书篇幅大，内容专业度极高，但力求将最前沿的诊疗技术带给中国广大兽医，为宠物谋取更多福利。

本书共有18个章节，内容丰富，每个章节都有大量文字解释理论，大量图表内容帮助理解，书末还附有大量实用附录，包括英（拉）汉词汇对照表、处方一览表、恒速输注计算示例、重症病例研究、常规病例方案、本书各章疼痛的主要症状以及更多阅读。内容翔实，言简意赅，逻辑性强，易于理解。

本书翻译人员是小动物临床一线的大学老师和小动物医师，具备丰富的兽医理论知识和文字功底。翻译过程中，我们力求尊重原文，逐字、逐句、逐段把关推敲。但是，由于时间仓促，译者水平有限，难免有翻译不当或错误之处。如发现翻译不当或错误之处，恳请广大读者反馈给译者或出版社，以便再版时补充修改。

蒋书东

2020年10月于合肥

# 致谢

这本书的完成充满了爱，如果没有众人的付出，是不可能完成的，这里需要感谢大家。

感谢John Wiley & Sons的编辑埃里卡·朱迪什为新晋作者的我提供了指导和鼓励。

感谢我的顾问编辑Nancy Shaffran，她的知识、职业生涯和教学天赋一直是我努力为患病动物提供最优质护理的灵感，她是“真正的好朋友”。

感谢我们的官方插画家Kristen Cooley，如果没有她的技术和付出，我们将无法获得本书的精美图片。

所有的参与者都提供了超越责任之内的时间和知识。这本书是大家共同努力的结果，缺少一个同事的努力都是不可能完成的。感谢你们分享的知识和经验。

感谢国际兽医疼痛管理学会（IVAPM）董事会和成员，Tamara Grubb博士，Sheilah Robertson博士，Robin Downing博士，Jamie Gaynor博士，Mark Epstein博士，Mike Petry博士，Douglas Stramel博士，Bonnie Wright博士以及其他愿意分享时间和知识帮助我完成这本书的人。

Janet Van Dyke博士为我打开了兽医康复之门，并为我继续增长对疼痛管理的知识和理解提供了催化剂。

感谢Elizabeth Hammond博士，让我了解到动物园动物医学的世界，并认识了Lion Country野生动物园的所有工作人员，让我接触到了新的知识。

感谢Vetmedteam公司的所有员工都能让我在兽医专业继续教育的教学平台上分享我对疼痛管理和麻醉的热情。

感谢Rick Wall博士分享了他学习兽医患病动物肌筋膜触发点的研究。

感谢BobStein博士让我了解了国际兽医疼痛管理学会，并给我带来灵感。

感谢Mannheimer基金会股份有限公司的Pablo Morales博士，Kristna Rivas Wagner博士和Joseph Wagner博士继续为我提供关于灵长类动物的知识和经验。你们的知识和支持是无价的。

感谢Bobby Collins博士，Mary shall博士，Alex Meredith博士，Patricia Gerber女士，以及我在弗吉尼亚联邦大学（VCU）的所有“家人”，你们让我的知识和经验水平得以快速提升。我在弗吉尼亚联邦大学（VCU）的15年是我度过的最好的时光。

感谢Joel Ehrenzweig博士为我提供了在疼痛管理方面学习的机会。

感谢R. B.Chenault博士，25年前她曾是一位“退休家庭主妇”，现在又回归兽医实践中。

Robert J. White先生和Farrier先生是我见过最好的骑手。他们知道马的心思，他们作为蹄铁工和骑手，技术是一流的。37年来，他们教我的东西比我想象的还要多。

最后，我要感谢过去40年来所有“教育”过我的患病动物。这本书是所有那些被提名的人和更多未被提名的人努力的成果。

Mary Ellen Goldberg

# 前言

在20世纪90年代，我们并没有将动物疼痛管理作为一项准则，甚至没有认识到动物疼痛，也没有去量化它或者限定它，更别说治疗它了。我们甚至认为疼痛是一个“好东西”，因为它可以限制动物术后的活动，来减少术后进一步的损伤。事实上我们知道或者至少意识到动物正在遭受不必要的疼痛，但是全世界的兽医技术人员和护士都在请求，有时是祈求，他们会问自己可以为患病动物做些什么，哪怕是任何事。现实是没有人知道能做什么或者如何安全有效地缓解动物的疼痛。

进入21世纪，动物的疼痛开始受到人们的关注。我们在21世纪的前10年里努力建立一个测量和治疗动物疼痛的指南。随着我们对动物表达疼痛的方式以及不同物种对镇痛药物和替代疗法的反应了解越来越多，指南被更改了很多次。因此我们相信“术后一点疼痛是好事”的日子一去不复返了，兽医工作人员看着动物醒来后哭泣、冲撞、寝食难安的日子一去不复返了。如今，无论是治疗伴侣动物、异宠动物、家畜野生动物还是实验动物，我们一定会选择进行疼痛管理。不幸的是，仍然有一些人没有选择最佳的疼痛管理，而是坚持一些古老的神话或者信仰，认为疼痛管理太昂贵或者根本不重要。作为患病动物疼痛管理的倡导者，兽医护士和技术人员有责任坚持不懈地大声呼吁，直到能够为我们护理的所有动物提供最佳的疼痛管理。汇集到这本书里的知识是达到这个目标的取胜之匙。

在过去几年中，疼痛管理已经被公认为一个专业领域。我们可以看到国际兽医疼痛管理学会（IVAPM）的成立，成千上万的兽医、技术人员、针灸师、康复训练师和其他专家齐聚一堂，共同致力于缓解动物的疼痛和痛苦。我们现在拥有该领域的专业认证的疼痛管理兽医师（CVPPs）。兽医和技术人员都在一起认证，以提高疼痛管理的技术水平。平等地向所有获得执照的兽医工作人员提供此证书是多么恰逢其时，这是对“疼痛管理，人人有责”这句口号最真诚的认可！

本书是由一支非常敬业的编写团队完成的，他们非常认真地从事减轻动物疼痛的工作，并为兽医社区其他成员提供知识。本书可能是迄今为止编写最全面的动物疼痛指南，涵盖了从日常的犬、猫手术到实验动物、大型动物、动物园动物及异宠动物等所有领域。这本书包含传统的西医的镇痛药和中医药物以及替代和辅助方法。无论治疗何种动物，本书都将对技术人员的日常实践有所帮助，它将帮助技术人员为所有需要照顾的动物提供更多更好的疼痛管理方案。

我很荣幸将大部分的职业生涯都聚焦在动物疼痛管理领域，并担任这本书的顾问编辑，我非常钦佩本书的作者和读者。

Nancy Shaffran

# 关于配套网站

本书附有配套网站：

www.wiley.com/go/goldbergpainmanagement

通过关注封底公众号“好兽医学苑”，回复“附带资源”获取

网站包括：

- 视频
- 复习题
- 视频网站链接
- 补充材料
- 书中所有图片

# 目录

# 第1章 兽医疼痛管理进入新时代

Patricia R. Zehna

2002年7月15日，《美国兽医医学协会期刊》发表了一篇由本杰明·霍华德（医学博士，公共卫生学硕士）（Benjamin Howard, MD, MPH）撰写的关于人类新生儿疼痛管理病例的文章。这篇文章呼吁人们重视疼痛管理，并指出不管是出于医学上的原因，还是伦理道德上的原因，我们必须确保对患者进行适当的疼痛管理。

1985年出现了一个具有里程碑意义的病例，建立了更伟大的疼痛管理实践。杰弗里·劳森（Jeffery Lawson）是一名765.4g（1lb11oz）的新生儿，他接受了动脉导管未闭的矫正手术，但手术没有进行麻醉（Lawson, 1986）。当他一个月后去世时，他的母亲复查了他的病历，发现了这个事实。当时杰弗里的新生儿医生向她保证在手术时他会接受麻醉。她开始想去了解这种做法，并进行了记录：

> “杰弗里的脖子两边都有切口，右胸也有一个切口，从胸骨到脊椎附近有一个切口，他的肋骨被分离开，心脏附近另一条动脉也被阻断。这个手术持续了数小时，杰弗里全程都是清醒的。儿科医生用一种叫作泮库溴铵（pancuronium bromide）的处方药物进行麻醉，让他不动，但是意识完全存在。当我询问关于这种药物的使用时，麻醉师说杰弗里病得太严重了，不能使用强效的镇痛剂。她还说，从来没有证据证明婴儿有痛觉”。杰弗里的新生儿医生认为手术中缺少麻醉是一种“无知，自大和野蛮”的表现。1987年8月，当他的叙述被发表在华盛顿邮报（*The Washington Post*）时，引起了公众的强烈抗议，其他父母也讲述了类似的经历。对早产儿或者危重症儿童很少或者不进行镇痛的常规做法引起了人们的注意。对于公众而言，这是一个社会问题。
>
> （Lee, 2002）

虽然这很难理解，但是这很好地说明了，我们有责任为我们的患病动物提供良好的疼痛管理，对于患病动物来说，这不仅仅在医学上和伦理道德上是正确的，还因为他们的主人——我们的客户，给予我们莫大的信任，相信我们能够保护好他们的爱宠。他们希望我们能够遵守医学的第一准则“首先不要做任何伤害”，并且他们认为我们能够让他们的宠物获得尽可能多的舒适感。

我们对疼痛管理现状的每一个观点会因许多因素而改变。我们受到了所选择的实践医学分支的影响，受到了医疗技术水平的影响，受到了我们从医时间长短甚至是我们自己疼痛和疼痛管理经验的影响。

我们正在进入兽医疼痛管理的新时代，并面临着持续引入新概念的障碍。我们面对的许多障碍与人类医学是相同的，因此我们的研究经常重复。

国际疼痛研究协会将疼痛定义为“与实际或潜在的组织损伤相关的不愉快的感觉和情感体验，或描述为此类的损伤。不能用语言交流并不意味着个体可能经历疼痛并且需要适当的疼痛缓解治疗”（IASP, 1994）。1999年，退伍军人管理局将其作为第五个生命体征，对疼痛“宣战”（Flaherty, 2001）。从那时起，兽医组织开始尝试将疼痛作为第四个生命体征。

一些组织已经发布了兽医患病动物疼痛管理的“指南”：

- 美国兽医麻醉师学院《关于动物疼痛治疗的意见书》（http://www.acva.org/docs/Pain_Treatment）
- AAHA/AAFP《犬猫疼痛管理指南》（注AAHA：美国动物医院协会；AAFP：美国家庭医师协会）（https://www.aahanet.org/Library/PainMgmt.aspx）
- 国际兽医疼痛管理学会（IVAPM）有几份意见声明书正在准备供同行评审（www.ivapm.org）

我们需要了解每个文档中包含的内容，这样我们就可以与同事分享关于如何实施这些建议的想法。

尽管人类医学取得了许多进展，但这个来自一本有着10年历史的医学期刊的摘录揭示了医疗专业人员认为实际发生变化的速度：

“近30年前，医生和护士没有充分治疗疼痛的证据开始出现在医学文献中。在接下来的几十年中，累积的数据表明，许多类型的疼痛——急性疼痛、癌症疼痛和慢性良性疼痛——治疗不足。文献中提出的治疗不足的原因通常被描述为不能有效缓解疼痛，在所有文献中都是一致的。尽管很多人呼吁对医护人员进行疼痛管理教育，但只是夸夸其谈而已（Rich, 2001）。”

## 克服疼痛管理障碍

有效的疼痛评估和管理仍然有很多障碍。其中有些障碍的存在是有充分理由的，有些是过时的观念、习惯或是缺乏教育。兽医技术人员必须对这些障碍有良好的工作知识，这样他们才能克服这些障碍并为他们的患病动物服务。我们有责任将这些知识传授给医院的其他成员，并提供准确的客户教育。作为教育者和患病动物权益的维护者，技术人员能打破障碍，实行有效疼痛管理并提高对患病动物的认识。

兽医技术人员在克服疼痛管理的障碍中起到了中流砥柱的作用。1998年加拿大的一项研究显示，对兽医技术人员进行培训可以更好地管理疼痛。事实上，兽医疼痛管理的质量成比例地增加与持证兽医师的数量和兽医技术人员可以接受到的继续教育（CE, continuing education）有关。

检查常见的障碍是开发新课程的良好开端，我们可以用这些项目来启发/带领我们的同事和客户。

### 常见障碍

- 缺乏疼痛机制的知识及疼痛管理的选项
- 疼痛评估困难

- 宠物掩盖疼痛
- 品种和物种间差异很大
- 无客观可用的工具
- 担心镇痛不良反应以及如何减少不良反应
- 未能将疼痛评估和管理作为首要任务
  - 兽医团队人员之间的沟通不畅
  - 缺乏系统和协作的疼痛评估和管理方法
  - 缺乏一致的疼痛管理方案
  - 缺乏对疼痛管理的责任意识
- 客户相关问题
  - 未能意识到疼痛的症状
  - 使用药物困难
  - 镇痛药物和/或其他治疗模式的成本

## 知识

兽医技术人员可帮助我们找到克服这些障碍的方法。团队的每位成员不仅要明确地定义自己在疼痛管理团队中的角色，更要具备一定的能够高效履行职责的知识。

通过对医院提供的材料进行必要的研究，可以更好地理解疼痛机制和疼痛管理选项。这可以作为入职培训开始的一部分，并继续接受在职培训和其他的继续教育。

每个诊所应至少指派一名技术人员负责监督疼痛管理教育，并确保医院保持最新的研究和建议。

疼痛管理技术人员的作用应包括：

- 定期提供继续教育的机会，无论是在家中还是利用其他资源，如在线继续教育、兽医会议和当地专业会议
- 疼痛识别/区分的实践训练，包括使用疼痛量表和评分系统
- 领导团队研究疼痛管理课题和技术，以保持最新的实践，并提供科学数据，以支持兽医对疼痛管理的要求
- 作为联络员，定期与兽医会面，以便在负责疼痛管理决策的兽医和提供一线护理的人员之间形成协作。因此通常是首先注意到患病动物状态变化的人员。这将有助于兽医就工作人员及其在疼痛管理决策中具体职责做出决策
- 在兽医的批准下制定疼痛管理规程，并建立疼痛管理和记录保存的责任制

大型医院可能会受益于由几个人（兽医和技术人员）组成的疼痛管理团队，他们合作为所有患病动物提供疼痛管理（参见本章最后一节关于组建疼痛管理团队的内容）。

## 评估

疼痛可能难以评估，并且很难与烦躁不安或行为问题相区别。同一物种内的不同种群和品种也以不同的方式表达痛苦。这一点很容易从北方品种（如西伯利亚哈士奇犬）对疼痛的反应与运动品种（如拉布拉多犬）之间的差异得到证明，前者很爱发声，后者通常更坚忍。这些知识大部分是通过经验学习的，但也可以传授给经验较少的团队成员。

疼痛量表作为评估工具将在第3章中讨论。

每次体格检查都应包括疼痛评估和可能的疼痛管理建议，作为每个患病动物治疗计划的一部分；还应建立一个可追踪的问责制度，以确保管理不会“陷入困境”。

## 交流

兽医技术人员经常听到的抱怨是他们觉得兽医没有认真对待他们提出的疼痛管理要求。兽医技术人员需要学习有效的最新的镇痛方法。而不是“那个绝育的患病动物需要更多疼痛管理!!!”，它不传达有关患病动物的任何真实信

息，更好的方法是以逻辑的、详细的方式提出请求。例如，“你进行卵巢子宫切除术的黄色拉布拉多犬保琳娜·史密斯（Paulina Smith，动物名），在10min前拔管，现在哼叫并回头看它的切口部位。术后即在你来之前我们给了它常规剂量的吗啡，当前心率是126次/min，她现在似乎变得焦虑不安。我可以按照常规剂量静注微量的右美托咪定，或者你有其他的剂量要求？”在给出病史及其背后的原因时，兽医更有可能对请求做出积极的回应。通过交流获得信任的另一种方法是在合适的时间以一种没有威胁的方式来分享你观察到的哪种治疗方案很有效或者无效，并列举详细的理由。这种方式不仅是同时间合作的方式，也是向他们学习的一种方式。例如，“我注意到，当我们在牙科神经阻滞中加入微量麻醉剂时，它们似乎更有效。”“我想知道我们是否应该考虑只使用布比卡因而不是一半布比卡因和一半利多卡因，因为拔牙和牙病的预防治疗几乎总需要超过半个小时。”这种方法促进了讨论并展示了基本工作描述以外的兴趣。

那些参加继续教育活动、属于专业团体成员或定期阅读期刊的人经常会听到一些新技术，将这些技术纳入医院的方案会受益匪浅。

## 客户

我们必须小心处理客户这个问题。必须花时间教客户如何用药，以便宠物能在建议的疗程内接受适当剂量的止痛剂。客户教育包括演示居家康复技术。有时可能也需要找到低成本的药物方案。

对人与动物之间关系理解的加深极大地改变了人们对兽医治疗的态度。人们不仅愿意花更多的钱在宠物身上，而且为了保持宠物的健康和舒适，他们也越来越愿意遵守治疗建议。当客户被问到“您的宠物在您的生活中扮演什么角色”，几乎100%的客户会回答“它是我的孩子”或者“它是我的家人”。

虽然这被认为是对旧观念的改善，并且在许多方面让我们的工作变得更容易，但与这种关系相伴而来的情感依恋不仅增加了我们工作表现的重要性，也让客户更重视我们是否对他们的“家人”足够好。美国科罗拉多温莎公司和唐宁动物疼痛管理中心有限公司创始人罗宾·唐宁先生（DVM, Dipl. AAPM）说：“宠物的主人不想让他们的爱宠遭受痛苦，所以我们给予疼痛管理的建议很少遇到阻力”（Downing, 2008）。唐宁兽医的诊所有一个脚本，兽医技术人员用来呈现每一个病例的要点，并且指导客户完成宠物治疗的后续步骤。这种交流对客户没有威胁，因此，他们更容易接受所收到的信息。通过高超的医疗技术水平和细致周到的客户关怀，唐宁动物疼痛管理中心建立了非常高的客户信任度。

首先，与客户就他们的生活方式、期望和能力进行真诚的交谈。这些信息应成为宠物永久病历的一部分，并应包括以下内容：

- 生活方式——活动水平，工作状态，家庭布局，如楼梯或院子大小、小孩、其他宠物等
- 期望——特殊类型的治疗，参与程度，预期改善程度等
- 能力——身体，时间，经济等

疼痛管理项目应该为每一个客户量身打造。虽然几乎没有客户希望看到宠物受到痛苦，但是仍有实际因素需要考虑。我们应该告知客户有哪些治疗方案可供选择。我们可以为特定客户创造机会，可以通过临床实践提供帮助项目或把项目搬到社区中。例如，如果障碍是金钱上的，可能会考虑贷款或慈善基金会。如果是客户身体上的原因和宠物治疗后无法自如活动，或者需要家庭

物理康复，应该在相应的治疗程序或者手术前与客户讨论并做出安排。

除非疼痛是创伤性的，否则宠物的疼痛不容易被识别出来。每个动物都有自己的疼痛“语言”，但是它们经常隐藏疼痛，似乎能够忍受巨大的痛苦而只有轻微的症状。及时与客户分享我们的疼痛评估很重要，我们应该以一种积极的方式对待客户。许多客户会感到内疚，因为他们没有注意到或认为这是正常的行为或认为疼痛在“减轻”。为了让他们接受治疗疼痛的方法，提供安慰和支持将是克服这些障碍的正确方法。宠物主人可以学会识别他们宠物身上明显和轻微的疼痛症状。

在互联网上有无数的真真假假的信息，但兽医工作人员一定要成为客户可信任的知识来源，无论是从商业价值的创造上，还是从医院工作人员提供的高质量客户教育上讲，这都是绝对必要的。客户不会记得在诊断室医生说了什么，尤其在客户十分担心宠物的时候，在宠物回来之前，最好和客户讨论重要问题，一旦宠物回到客户身边，他们就不会听进去任何问题。当宠物在家治疗时，详细具体的说明有助于客户保持与医院的联系。

因此，继续教育，缜密的团队和书面材料，团队成员之间的交流，尤其是技术人员与兽医之间，以及与客户的不断磨合，这些对于医生为患病动物提供良好的疼痛管理是非常重要的。

## 组建院内疼痛管理团队

大型的兽医医院和专科医院往往很难设计并执行一致的疼痛管理方案。兽医们的治疗方法往往各不相同，导致疼痛管理方案的巨大差异让技术人员频繁地执行各种各样的方案和适应各种各样患病动物的反应。当获取了这些重要信息后，技术人员可以发挥重要作用，基于医院设计最佳方案，而不是由临床兽医决定方案。因此，组建一支疼痛管理团队对于设计有效的疼痛住院方案和为所有患病动物提供持续护理都是非常有益的（N. Shaffran, pers. comm.）。

### 开始组建

如何创建团队：

1. 获得整个医院的认可，获得疼痛管理团队的权力，为所有疼痛的动物提供建议和治疗方案。
2. 决定谁应该在团队中，有多少成员，谁将是领导者。该团队应包括来自不同医院科室和轮班的技术员/助理和兽医。
3. 疼痛团队定期组织会议，有规律地让疼痛管理团队向医院其他工作人员汇报新的信息。

### 疼痛管理团队的具体任务

1. 回顾现有的方案，包括术前镇痛、围手术期镇痛和居家镇痛。
2. 制定新的评估和治疗方案。初始方法应基于以下问题：
    - 这种病情、治疗过程或手术预计会有多痛苦
    - 是否有潜在的因素，如压力、焦虑、恐惧或先前存在的慢性疼痛病情，可能导致疼痛反应增加
    - 特定品种/物种的正常行为/性格是什么
    - 针对该患病动物的病情，是否有特定药物或药物类别的禁忌证
    - 动物有药物过敏史吗？考虑询问宠物主人该动物以前在家中镇痛的反应
    - 是否可以采取非药物的方法（即按摩、被动活动范围、物理疗法、水疗、针刺）

方案变更可能包括镇痛机制（例如，必要时

以恒定速率输注）、药物方案的变更或增加（例如，添加非甾体抗炎药），或在需要时添加镇静剂。

3. 根据需要订购新的药物和设备。
4. 设置定期的笼边巡视方案/次数，以确保轮班人员之间的信息通畅，建立连续性的护理。
5. 定期向所有医院成员征求反馈意见，并定期向所有医院成员传达目标。
6. 在整个治疗期间，提供有关镇痛剂类型、剂量、频率和反应（最重要）的详细文件。
7. 与时俱进（例如，多关注国际兽医疼痛管理学会、继续教育、期刊俱乐部等等）。

## 总结

有效的疼痛管理需要动物医院的持续努力。当整个医疗团队（包括兽医，兽医技术人员，助手和宠物主人）以有效的方式进行沟通时，将能最好地实现持续疼痛管理的目标。需要教育宠物主人如何评估宠物疼痛状态。继续就疼痛管理障碍进行对话。兽医和技术人员的关系将更密切，它是建立在信任的基础上，通过积极的经验和开放的交流，随着时间的推移而逐渐建立起来。最好的情况是兽医逐渐认为技术人员是疼痛管理团队中不可缺少的一员。兽医对疼痛的认识和治疗技术在相对较短的时间内将呈指数级发展。“新时代”已经开始，疼痛标准已经被重要的兽医组织采纳，疼痛被认为是一个重要的生命体征，疼痛量表成为一个众所周知的工具，疼痛管理的讲座座无虚席。爱因斯坦说：“我们不能用我们创造问题时使用的思维来解决问题”，思维和态度在疼痛管理领域发生了巨大的变化，“疼痛是向我们求助的信息”（Epstein, 2008）。兽医技术人员应该以提供帮助为己任。

## 推荐阅读


[1] Dohoo, S.E. & Dohoo, I.R. (1998) Attitudes and concerns of Canadian animal health technologists toward positive perioperative pain management in dogs and cats. *Canadian Veterinary Journal*, **39** (8), 491–496.

[2] Downing, R. (2008) Sample script: How to discuss chronic pain management. *Firstline*, **4** (4), 1.

[3] Epstein, G. (2008) *Kabbalah for Inner Peace*, Acmi Press, New York, p. 72.

[4] Flaherty, J.H. (2001) Who's taking your 5th vital sign? *Journal of Gerontology: Medical Sciences*, **56A** (7), M397–M399.

[5] IASP (1994) *IASP Task Force on Taxonomy*, H. Merskey and N. Bogduk (eds), IASP Press, Seattle.

[6] Lawson, J. (1986) *Letter*, vol. **9**. Perinatal Press, pp. 141–142.

[7] Lee, B.H. (2002) Managing pain in human neonates applications for animals. *Journal of the American Veterinary Medical Association*, **221** (2), 234.

[8] Rich, B.A. (2001) Physicians legal duty to relieve suffering. *Western Journal of Medicine*, **175** (3), 151–152.

# 第2章 兽医技术人员疼痛管理职业生涯

2

Mary Ellen Goldberg, Kristen Hagler
and Janel Holden

美国疼痛管理护理学会（ASPMN）的使命宣言是“通过推广和促进最佳护理方法，为受疼痛影响的人士提供最佳护理服务”（http://www.aspmn.org/）。在高级疼痛管理实践护士组织公开描述中指出，“这种高级实践护士护理急性或慢性疼痛的患病动物时，评估疼痛后，他们与其他护士和医生合作，协调治疗和护理患病动物，同时疼痛管理护士也是教师，向患病动物展示如何管理他们自己的疼痛、如何使用他们的药物并教给他们其他缓解疼痛的方法。”（http://www.discovernursing.com/specialty/pain-management-nurse#.UmK71BAnWRM）。

本章旨在说明兽医技术人员在哪里可以获得兽医疼痛管理专业的额外认证。上文中提到两个人类疼痛管理网站的目的是说明在疼痛管理方面兽医技术人员/护士的角色与人类同行的角色非常相似。

## 兽医技术人员可获得的疼痛管理认证

### 国际兽医疼痛管理学会（IVAPM）认证的兽医疼痛执业者（CVPP）

国际兽医疼痛管理学会（IVAPM）认证项目目的是代表跨学科疼痛管理执业者的最低水平，同时为在兽医疼痛管理领域的持续性的和发展性的学习提供一个平台和激励（http://www.ivapm.org/index.php?option=com_content&view=article&id=103&Itemid=99）。当前的项目将为兽医和持有犬科康复认证的执业技术人员颁发经认证的兽医疼痛执业者（CVPP）头衔。IVAPM认证计划旨在强调许多学科的价值，能够提高患病动物舒适度和生活质量，并促进对模式的理解（不一定处于成员目前熟悉的领域）。IVAPM希望促进从事对抗疗法，身体康复和免费替代疗法的专业人士的网络化。总的来说，IVAPM，特别是CVPP，为所有致力于促进、加强和推进动物疼痛管理的专业人员提供了一个平台。它是兽医专业建立最有效的多学科疼痛管理团队的基础。

上述信息摘自IVAPM网站的认证页面。有关此认证过程的详细信息，请访问网页。

## 兽医麻醉技术员学会（AVTA）认证的兽医麻醉技术专家［VTS(A)］

兽医麻醉技术员学会（AVTA）的存在是为了促进人们对兽医麻醉学科的兴趣。学会提供了一个步骤，通过这个步骤，兽医技术人员可以成为兽医技术专家（麻醉）［VTS(A)］（http://www.avta-vts.org/site/view/92019_MissionStatement.pml）。学会为成员提供了一个在兽医麻醉领域提升知识和技能的机会。

获得VTS（麻醉）认证的兽医技术员在麻醉病例的护理和管理方面表现出卓越的知识。

获得VTS(A)认证可以促进患病动物的安全、消费者保护、职业化和专业的麻醉护理。

兽医麻醉领域在不断发展，因此这是一项持续的活动。

有关整个认证过程的详细信息，请访问AVTA的网页。

## 外科研究学会（ASR）认证的外科研究麻醉师

外科研究学会（ASR）成立于1982年，旨在促进实验外科技术和科学领域的专业和学术标准，以及教育和研究的进步。

该学会与医学和科学组织及政府机构在建立和审查伦理道德、理论与实践、有关外科手术的研究以及促进科研成果临床应用等方面建立广泛的联系（http://www.surgicalresearch.org/）。

### 外科研究麻醉师（SRA）

外科研究麻醉师（SRA）认证适用于兽医、兽医技术员、医生、牙医、毕业生或研究助理，他们作为麻醉师，同时也作为外科团队的一部分，其工作包括外科患病动物的无菌准备以及围手术期护理。SRA候选人必须具有有案可稽的麻醉经验，麻醉日志中至少有两种物种。

有关认证过程的详细信息可以在ASR的网页上找到。

## 田纳西大学（University of Tennessee）伴侣动物疼痛管理证书课程

该课程是一个24h的在线的，按需的，培训兽医和兽医技术人员的课程。本课程旨在帮助兽医和兽医技术人员从有效的疼痛管理实践中获得病理知识。它对急性和慢性疼痛的神经生物学进行了深入的讨论。

详情可于上述网站查阅。

## 临床副研究员，美国疼痛管理学会

临床副研究员：相关医疗领域的学士或副学士学位（例如，理学学士、护理学士、注册医师/药剂师、注册理疗师、兽医技师/护士）。

此认证表明以下内容：

- 您已经证明了您对该领域的投入以及对综合疼痛管理的理解
- 您已经获得了同事和患病动物的认可
- 您的专业优势会帮助您在从业/职业生涯中取得成功
- 您通过了严格的认证考试
- 您一直致力于疼痛管理领域的持续教育
- 您一直致力于不断提升质量，以更好地减轻患病动物疼痛

（http://www.aapainmanage.org/members/Credentialing.php）

有关此过程的详细资料，请参阅上述网站。

## 兽医康复技术员认证

有3所学校可以让兽医技术员获得康复认证：

1. 犬康复研究所（Canine Rehabilitation Institute）——犬类康复助理（CCRA）项目。本项目适用于兽医技术员和物理治疗师助理，是美国兽医州理事会协会（AAVSB）和继续教育批准登记处（RACE）批准的项目（http://www.caninerehabinstitute.com/CCRA.html）。

   详细信息可以浏览上述网页。
2. 田纳西大学（The University of Tennessee）——犬康复认证医师（CCRP）项目。针对兽医学和物理治疗领域的专业人员，我们致力于通过实践和/或研究，为那些已经在研究犬康复领域的人提供帮助。

   注册马康复医生（CERP）项目。我们的使命是促进马康复的技术和科学。这两门课程都是AAVSB和RACE认可的课程。
3. 动物康复研究所——马康复认证助理。该项目提供给兽医技术员和理疗师助理。兽医继续教育部门（ECUs）目前正通过美国兽医协会（AVMA）申请（http://www.animalrehabinstitute.com/Rehab%20Cert/Overview.html）。

本项目详情可于上述网页查阅。

## 推拿疗法认证

马按摩治疗认证（CEMT）课程为学生提供必要的技能，包括马的全身体况评估方法和结合轻拍的按摩治疗，揉捏法，叩抚法，摩擦法，振动法，肌筋膜触发点，压力点和肌筋膜释放技术（http://www.animalrehabinstitute.com/Pages/EQM1_EQMasscert.html）。

本课程的详情可在上述网站查阅。

动物医疗按摩：科罗拉多州兽医协会提供的犬科课程。

申请人必须是有执照的兽医、兽医学生或认证的兽医技术人员。申请时，兽医和兽医技术人员需要将其执照/证书的复印件与他们的注册表格一同递交。兽医学生必须附上一封学院院长办公室的推荐信，以证明他们在学校有良好表现。在等待科罗拉多州兽医委员会批准的过程中，可以获得15.5h的继续教育时长。科罗拉多州认证兽医技术员协会已经批准了15.5h的继续教育认证。课程结束时颁发结业证书。参与者必须参加所有讲座和实验室学习才能获得证书。

## 中医学院提供的中兽医技术员课程

为兽医技术人员提供中兽医课程是为了在实践中支持和推广中兽医服务。通过这个课程，中兽医技术员被赋予一些工具，能够高深地谈论中兽医的目的和价值，并教育客户们如何用食物疗法和推拿技巧来照顾他们的宠物。本课程不提供证书。目的是教授兽医技术员/护士关于中兽医5个领域的知识：针灸、推拿、草药、食疗和气功。

### 田纳西大学提供骨关节炎病例管理员

骨关节炎病例管理员（OACM）是一种技术娴熟的兽医技术员，通过了解用于骨关节炎（OA）的病理生理学、病症、常见药物和补充治疗，从而获得了专业认证（http://www.utk9oa.com/）。OACM协助兽医进行客户教育、进行先进的结果评估和观察。兽医与专业的病例管理员（如OACM）一起从业，将会因为专注于一个领域的患病动物护理，改善结果、客户期望值和用药依从性而受益。

有关OA疾病机制的详细信息，请参阅第9章和第15章。

## 兽医技术员的职责

作为骨关节炎病例管理员（OACM）时，兽医技术员的作用是认识早期不良反应，提高非甾体抗炎药使用的整体安全性。OACM可以向宠物主人提供教导信息，并成为报告宠物耐受性改善或下降的关键人员。OACM可以通过完成跟踪血液检查结果的变化趋势，提供有关身体改善的反馈，提醒宠物主人即将进行的复查，提供书面剂量说明，告诉主人药物使用的注意事项，提供补充水分建议以及确保适当的分配包装等工作来协助兽医。药物安全和剂量信息提高了客户的依从性和提高患病动物的护理质量。

接受过OA管理培训的兽医技术员应了解可改变疾病进展的手术选择和与各种病症相关的长期疼痛的严重性。在可能的情况下，微创技术是最好的选择，尤其是当术后恢复结合了适当的康复技术时。无论选择了何种手术干预进行OA管理，宠物主人也应该被告知可能存在的功能改变，并适当改变生活方式。

兽医技术人员在OA病例管理等专业领域拥有先进的技能和知识，可以提高对患病动物的护理和兽医团队的效率。

**框2.1　OACM培训使兽医技术员能够掌握的技能**

- 对OA病理生理学有广泛的了解
- 了解造成OA发展的因素
- 认识到早期的风险评估因素
- 了解诊断工具
- 具备足够的触诊和检查技能
- 利用主观和客观结果评估工具
- 提供个性化的客户教育、适当的环境改造或辅助设备咨询
- 利用疼痛评分系统
- 与营养和康复专家有效合作
- 了解OA管理中使用的药物、中草药、营养品和补充剂
- 能够与客户沟通针灸在慢性疼痛管理中的作用
- 提高宠物主人对进展评估的依从性
- 制定激励计划
- 评估功能和残疾
- 维护OA参与者名单

通过风险因素评估和早期干预，识别哪些患病动物有患OA的风险，是作为骨关节炎病例管理员提高同事效率和维持宠物主人信心的关键信息。

### 大学教学动物医院的镇痛生涯

大学教学课程的使命是进行教育、研究和为患病动物提供最先进的医疗护理。不同的大学

环境提供教育包括宠物主人在内的整个兽医团队的机会，如果兽医护士和技术员对疼痛管理有兴趣，也喜欢教学，他会发现这种环境非常令人满意。

说到镇痛，我们目标是向兽医专业人员和学生传授疼痛管理的“黄金标准”。兽医疼痛管理是一个不断发展的领域，大学努力传授最新、最佳的镇痛技术。大学也提供了新药物试验的机会，同时会评估或研究它们的利弊。

兽医和技术员及护理学生学习如何使用和判读监护设备参数，有助于确定患病动物的疼痛反应。例如，心率、心律、呼吸频率和血压的变化可以指示对疼痛刺激的反应。这些参数也可用于确定大剂量镇痛药的不良反应。心动过速性心律失常有许多潜在的原因，其中包括疼痛。其他原因包括麻醉过浅、体温过高、低血压、酸中毒、贫血等（Egger, 2007）。要教导学生全面考虑参数来确定心动过速的原因。一个常见的误解是学生很难判断患病动物是处于疼痛状态，还是处于浅麻醉状态，或者心动过速是由于低血压或低血容量引起的。兽医技术员经常向学生传授合理的方法是可以解决这些问题的。

大学教学动物医院具有提供康复、针灸等非药物性治疗服务的能力。有关物理康复及针灸的详细资料见第16章和第17章。

客户教育是兽医教学医院的重要组成部分。在患病动物离开医院之前，教育客户如何最好地管理和评估他们的动物在家中时的疼痛。客户学习了如何使用处方药和如何进行物理治疗，以及他们的动物需要多少运动才能恢复。

**框2.2　在大学就业的兽医技术员负有的责任**

- 在大学监管和给兽医技术员学生评分
- 指导实习生和住院兽医的日常工作
- 协助教授兽医学生有关局部阻滞技术和相关药物
- 协助教授恒定速率输注（CRI）和用于此技术的药物。［CRI通常是由兽医技术员计算和维持，局部麻醉和CRI联合使用可有效管理急性和慢性疼痛，与吸入麻醉联合使用会大大降低吸入麻醉剂所需浓度。使用这种平衡麻醉技术可以减少吸入麻醉对心血管的负面影响（Kästner, 2007）。有关CRI的更多详细信息，请参见附录B］
- 协助教授国内外的访问兽医和兽医技术员，以提高他们对疼痛管理的理解和实践，完善镇痛技术，提高对镇痛药的认识
- 兽医和技术护理专业的学生学习如何使用和判读监护设备参数，这些参数对确定患病动物的疼痛反应很有用。例如，心率和心律、呼吸频率和血压的变化可指示对疼痛刺激的反应。这些参数也可用于确定高剂量镇痛剂的不良反应。心动过速有许多潜在的原因，其中包括疼痛。其他原因包括麻醉过浅、高热、低血压、高碳酸血症、贫血等（Egger，2007）。要教导学生通过全面考虑参数来确定心动过速的原因。一个常见的误解是学生难以确定患病动物是处于疼痛中还是处于过浅麻醉中，或者是由于低血压或低血容量引起的心动过速。兽医技术员通常会向学生传授合乎逻辑的合理的解决问题的方法

## 大学课程的误区

大学课程的缺点包括：

- 延迟用药或服务，因为即使是小细节也需要向学生详细解释
- 部门化：部门分为麻醉科、软组织外科、骨科外科、内科、肿瘤科、放射科、神经科、心脏科、重症监护科等，在各自领域都有专门的临床兽医和技术员。这种结构会导致不同科室对如何最好地管理患病动物的疼痛产生巨大差异。患病动物的疼痛管理可能会在部门之间混乱。为了解决这一问题，必须为每个患病动物保留完整的记录，并从一个服务部门到另一个服务部门时进行有效的沟通。同样重要的是，与每个患病动物相关的每个人都要使用一份一致的疼痛评分记录，并保留在病历中
- 新生、实习生、住院兽医和兽医之间需要流转。进入这个环境的新人需要时间来学习程序和方案。如果没有有效的沟通和记录，涉及同一病例的人都可能会导致人为错误。保持沟通的核心是兽医技术。保持这些受过高度训练和专业的人员之间的沟通渠道畅通也就是保持大学教学顺利运行的最佳途径，有利于患病动物的护理和安全

总之，大学教学医院可以提供最先进的知识、研究、技术和药物。兽医技术员在这种实践中的各个方面都发挥着不可或缺的作用。

## 相关网站

**Academy of Surgical Research**—http://www.surgicalresearch.org/

**Academy of Veterinary Technician Anesthetists**—http://www.avta-vts.org/site/view/92019_Mission Statement.pml

**American Academy of Pain Management**—http://www.aapainmanage.org/members/Credentialing.php

**American Society of Pain Management Nurses**—http://www.aspmn.org/—Mission Statement

**Animal Rehab Institute**—http://www.animalrehabinstitute.com/Rehab%20Cert/Overview. html

http://www.animalrehabinstitute.com/Pages/EQM1_EQMasscert.html

**Canine Rehabilitation Institute**—http://www. caninerehabinstitute.com/CCRA.html

**International Veterinary Academy of Pain Management**—http://www.ivapm.org/index.php?option=com_content&view=article&id=103&Itemid=99

**The Advanced Practice Pain Management Nurse**—http://www.discovernursing.com/ specialty/pain-management-nurse#.UmK71BAn WRM

**The Chi Institute**—http://www.tcvm.com/Programs/TCVMforVetTechs.aspx

**University of Tennessee**—http://www.utcaninerehab.com/

http://www.utvetce.com/EquineRehabilitation.asp

http://www.utk9oa.com/

## 推荐阅读

[1] Egger, C. (2007) Anaesthetic complications, accidents and emergencies. *BSAVA Manual of Canine and Feline Anaesthesia and Analgesia*, 2nd edn, British Small Animal Veterinary Association, Gloucester, UK; pp. 310–332.

[2] Kästner, S. (2007) Intravenous anaesthetics; C. Seymour & T. Duke-Novakovski (eds), *BSAVA Manual of Canine and Feline Anaesthesia and Analgesia*, 2nd edn, British Small Animal Veterinary Association, Gloucester, UK; pp. 147–148.

# 第3章
# 伴侣动物、马和家畜的疼痛识别

Cheryl Irzyk Kata, Samantha Rowland
and Mary Ellen Goldberg

## 伴侣动物

无论患病动物是否有疼痛表现，或是每年例行的访问，疼痛评估都是患病动物评估的一个重要且必须的部分。按照美国动物医院协会的标准，不管患病动物有无诉求，都要将疼痛评估包含在每个患病动物的评估中（Shaffran, 2008）。在住院期间反复进行定期评估，并将评估结果记录在医疗记录中是至关重要的。

每只动物的疼痛体验是不同的；但是在特定物种的生理和行为特征上可能有相似之处。不管个体体验如何，疼痛总是对患病动物有潜在危害的。

### 疼痛的负面影响（Thomas & Lerche, 2011）

- 疼痛会导致机体耗能（能量释放），这可能导致能量的消耗和浪费
- 疼痛抑制免疫反应，易感染或患败血症，增加住院时间和费用
- 疼痛可以促进炎症反应的发生，延迟伤口的愈合
- 因为需要更高的麻醉药物剂量来维持麻醉的稳定状态，所以增加麻醉风险
- 疼痛造成患病动物的痛苦，这也会给宠物主人和护理人员造成压力

应激、恐惧、焦虑、低血压、体温过低、发烧等都会影响身体受损的程度。

疼痛发作时，交感神经紧张性增加，引起血管的收缩和增加心肌工作量（Lamont, 2000），导致耗氧量增加。儿茶酚胺类物质从脑垂体（促肾上腺皮质激素）和肾上腺（去甲肾上腺素和多巴胺）中释放。胰高血糖素被释放到血液中，导致高血糖和胰岛素耐受。蛋白质分解代谢加强、消化道（GI）蠕动下降（肠梗阻）、排尿张力降低、水钠潴留以及钾的排泄增加（Thurmon et al., 1996），使身体处于临界状态，从而增加感染、延迟愈合和提高发病率。中枢神经系统（CNS）在疼痛中发生变化，释放前列腺素、缓激肽（Fleetwood-Walker, 2012）和细胞因子。疼痛会导致肺不张和高碳酸血症，因为疼痛不能使胸部充分扩张。呼吸系统不能有效工作，长时间的疼痛可以导致机体老化加速，体重降低和皮毛状态不佳（Gaynor & Muir, 2009）。

**框3.1 疼痛相关生理学变化**

- **心血管**
  - 高血压
  - 心动过速，心动过速性心律失常
  - 外周血管收缩（黏膜苍白）
- **呼吸**
  - 呼吸急促血氧降低
  - 浅呼吸（腹部或胸部防卫）
  - 夸张的腹部
  - 喘气（犬）
  - 张口呼吸（猫）
  - 肺水肿
  - 呼吸性酸碱失衡
- **消化**
  - 溃疡
  - 肠梗阻
  - 恶心呕吐
- **眼**
  - 散瞳散大（瞳孔扩大）
- **新陈代谢**
  - 恶病质
  - 增加耗氧量
  - 负氮平衡
  - 免疫功能
- **出血**
  - 睡眠模式
  - 行为改变

## 疼痛量表

评估疼痛需要一定的技巧和对正常行为的了解。新生动物有完整的神经通路来传递疼痛，但无论是新生动物还是年长动物，都和其他动物一样，不能清楚地表达它们的疼痛。

疼痛量表有很多示例。每种量表都有它的优点和局限性。无论是用什么样的量表，重要的是要保证整个兽医团队使用同一个量表。

疼痛的症状有时很明显，比如心率和血压的升高，呼吸频率的增加和哼叫。发生更微妙的行为改变，例如不安、食欲减退、不睡觉、不让碰且表现出不正常的姿势等可能更为重要。

有许多从简单到复杂的疼痛评分系统可以使用。我们要选择一个相对简单易用的系统，一个在多个用户之间相当一致的系统，以及一个不太麻烦的系统才是最重要的。如果对动物的疼痛状态有疑问或争议，那么可以在这些情况下使用更多相关的疼痛量表。疼痛评分系统主要有三种类型：预先评分系统，主观评分系统和客观评分系统。

### 预测疼痛评分：预先评分系统

基于该手术的疼痛程度来“预测”某一特定手术可能引起的疼痛，这是一种对该手术的常见反应进行分类的方法。例如，拍摄X线片等过程被认为引起的疼痛是最小的，脓肿的清创手术被认为是较轻微的疼痛，像卵巢子宫摘除术或者阉割这样的中等手术可以引起中等疼痛，像开胸术或者腹部切开探查术这样的大型手术可以引起剧烈的疼痛。预测评分是一种在手术之前控制疼痛的简单方法。

### 主观评分

观察者的主观观点以及生理学症状可以用一个疼痛量表来描述，如视觉模拟量表（VAS）。VAS原本设计用于有语言障碍的人类，它使用图示而非数字评分系统。最常见的量表是一系列表情各异的脸。人和动物在VAS的主要区别是，在人类医学中，患病动物本身是他/她自己疼痛等级的报告者；而在兽医学中，VAS的读数主要来自“第二方”报告者的兽医技术员。观察者在标尺上做出标记以指示动物表现出多少疼痛。兽医VAS采用0–10或0–100主观数值评分，其中0表示无疼痛，10或100是最严重疼痛（图3.1和表3.1）。

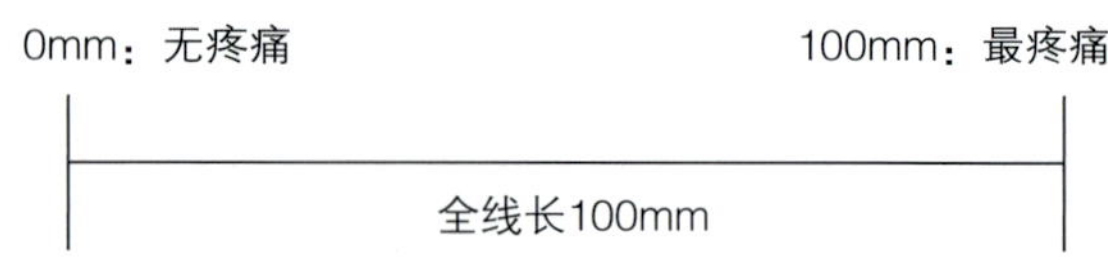


**图3.1** 视觉模拟量表。来源：由Cheryl Kata绘制。

**表3.1** 伴侣动物的疼痛行为

| 症状 | 犬 | 猫 |
| --- | --- | --- |
| 发声 | 是 | 是 |
| 社会行为 | 减弱 | 会变得孤独，自闭 |
| 烦躁不安 | 是 | 可能但更常见活动性降低，自闭 |
| 异常姿态 | 是，不愿躺下或起身 | 是，不愿起身 |
| 体温升高 | 可能 | 可能 |
| 食欲不振 | 是 | 是 |
| 血压升高 | 可能 | 可能 |
| 攻击性 | 是 | 是 |
| 频繁运动（重心转移） | 是，尤其是骨关节炎 | 否 |
| 面部表情 | 是，目光呆滞，沮丧 | 是，沮丧面部表情，眯眼，皱眉 |
| 战栗 | 是 | 是 |
| 精神抑郁 | 是，沉闷 | 是 |
| 焦虑不安 | 是 | 是 |
| 自我梳理 | 自残 | 被毛蓬乱 |
| 乳头状肿大 | 是 | 是 |
| 舔舐/啃咬/凝视患部 | 是 | 是 |
| 呼吸 | 呼吸急促 | 呼吸急促或者张口喘息 |
| 尾巴状态 | 夹塞 | 摇尾巴（也有可能是愤怒） |
| 排尿异常 | 是 | 是 |
| 眼睛 | 可能扩张，也可能眼睛移动替代头颈不活动 | 可能扩张，也可能眯眼 |
| 心率/心律 | 可能有心动过速，但也可能是由其他事件引起的；疼痛也可能导致室性期前收缩 | 可能有心动过速，但也可能是由其他事件引起的；疼痛也可能导致室性期前收缩 |
| 面部表情 | 目光呆滞或低头沮丧 | 皱眉 |
| 被毛 | 脱毛/被毛变薄 | 毛发蓬乱 |

**图3.2** 简单描述疼痛量表。来源：由Mary Ellen Goldberg绘制。

另一种类型的主观疼痛量表是简单的描述性量表，它是一个含有1–4级的评级系统。数字1表示没有疼痛，数字2表示轻微疼痛，数字3表示中等疼痛，数字4表示剧烈疼痛。虽然这个量表是主观的，但这是一种在病历中记录疼痛评估以及观察随时间变化的趋势的简单方法（图3.2）。

客观的疼痛量表通常包括数值的疼痛量表，它给不同的类别分配一个等级号，然后把类别号相加得到最终的疼痛评分。有简单的数字疼痛量表，只包括诸如发声、运动和躁动等类别（图3.3）。

0__1__2__3__4__5__6__7__8__9__10

无疼痛　　最疼痛

**图3.3** 疼痛数字评分法（NRS）。来源：由Mary Ellen Goldberg绘制。

科罗拉多州立犬科和猫科的疼痛量表属于主观疼痛量表类别。该量表使用一段时间观察并评估患病动物，用一种便于使用的格式表达出来。与其他量表相比，该量表的缺点是缺乏临床研究验证（Mich & Hellyer, 2009）。

## 客观评分

还有更高级的疼痛量表，包括舒适度、运动状态、外观、无端行为、互动行为、发声、心率和呼吸频率等类别。格拉斯哥疼痛评分系统（The Glasgow Pain Scoring System）是更常用的高级疼痛量表之一，并且被认为可能是“最先进的”。人们认为，将不同维度的疼痛考虑在内的疼痛量表更有助于表明疼痛对动物意味着什么，像视觉模拟评分法（VAS）、疼痛数字评分法（NRS）和简单描述疼痛量表（SDS），它们都是单维度的。理想情况下，疼痛量表应该是多维的，包括疼痛强度和疼痛相关障碍的几个方面，特别是动态方面的问题。格拉斯哥疼痛量表（The Glasgow CPS, The Glasgow composite pain sacle）被认为是一种多维的疼痛评分量表（Karas, 2011）（图3.4）。

在一般患病动物住院期间，疼痛评估应每隔4–6h进行一次，但在处于重症监护状态的患病动物，由于其状态变化较快，应该进行更为频繁的疼痛评估。在术后初期和整个重症阶段，应每30min对患病动物进行一次监护。在评估时，为保持一致性，应尽可能由同一人进行评估。重复记录的评估结果可以判断镇痛方案的效果，并使动物使用特定药物后的反应更加直观。一份完整的患病动物描述应包括患病动物的生理体征（体温、脉搏、呼吸）以及行为体征（发声、姿势、饮食和睡眠习惯），这些结果都应该记录在病历中。通过这个简单的图表系统可以评估镇痛方案的效果。

## 慢性疼痛量表

伴侣动物还有几种慢性疼痛量表（详见第9章）

## 制定疼痛量表

多数兽医临床诊疗机构可以制定一个简单的疼痛量表，并且指导工作人员在每个患病动物前来就诊时使用。必须坚持每天在每次预约时使用该量表，无论是常规的幼犬就诊还是老年犬就诊。在使用时，我们应该征求患病动物主人的意见。疼痛量表可以通过多种方法制定，例如，科罗拉多疼痛量表有帮助引导使用者了解疼痛程度

## 格拉斯哥综合疼痛量表简表

犬名：______________________________

入院编号：______________ 日期：  /  /   时间：

是否手术：是/否（按需删除）

手术或病名：______________________________________________

以下部分中请从每个列表中圈出合适分数并得出最后总分

A. 在犬舍中观察犬

该犬是否?

（i）

| | |
|---|---|
| 安静 | 0 |
| 哭泣或幽咽 | 1 |
| 呻吟 | 2 |
| 尖叫 | 3 |

（ii）

| | |
|---|---|
| 忽视任何伤口或疼痛区域 | 0 |
| 目视伤口或疼痛区域 | 1 |
| 舔舐伤口或疼痛区域 | 2 |
| 磨擦伤口或疼痛区域 | 3 |
| 啃咬伤口或疼痛区域 | 4 |

如果发生脊柱、骨盆或多肢体骨折，或需协助才能帮助移动则不要进行**B**部分，直接进行**C**部分。

如果是这样的话请勾选☐然后进行C部分

B. 用牵绳将犬牵出犬舍。

犬起身/行走是否?

（iii）

| | |
|---|---|
| 正常 | 0 |
| 跛行 | 1 |
| 缓慢或不情愿 | 2 |
| 拘谨 | 3 |
| 拒绝移动 | 4 |

C. 如有伤口或疼痛区域，包括腹部，在该部位周围2in*轻按压。

它是否?

（vi）

| | |
|---|---|
| 无反应 | 0 |
| 环顾 | 1 |
| 退缩 | 2 |
| 该区域 | 3 |
| 低吠或防卫猛咬 | 4 |
| 哭泣 | 5 |

总评

该犬是否?

（v）

| | |
|---|---|
| 开心满足或开心活跃 | 0 |
| 安静 | 1 |
| 冷漠或对周围环境无反应 | 2 |
| 紧张或焦虑或恐惧 | 3 |
| 沉郁或对刺激无反应 | 4 |

该犬是否?

（iv）

| | |
|---|---|
| 舒适 | 0 |
| 不安定 | 1 |
| 焦躁不安 | 2 |
| 弓腰或紧绷身体 | 3 |
| 身体僵硬 | 4 |



总分（i+ii+iii+iv+v+vi）= ________

**图3.4** 格拉斯哥疼痛量表的简表。来源：Mich, P., Hellyer, P.《兽医疼痛管理手册》. 2009. ©Elsevier。

* in为非法定计量单位，1in=2.54cm。

的图片。应以相同的指导方针培训整个医院的员工，这可以帮助减少混淆，确保患病动物接受适当的治疗。

## 保持病历记录

### 动物医院

动物医院的记录保存是强制性的。每次疼痛等级评估后，应该向客户提供一个副本，这些评估将有助于指导治疗并对结果进行永久记录。这可以让整个团队都能了解当前的治疗情况，以防患病动物返回医院由其他的团队成员接待时不了解病情。

### 客户

鼓励客户在离开医院后继续保持对患病动物的记录可能很困难，但在帮助指导治疗方面是必不可少的。“周末战士”（比喻在周末才能得到大量运动的伴侣动物）患病动物在主人都在家的周末可能比工作日更活跃，在这些活动增加的日子里，可能需要调整药物，而在活动较少的日子里，正常的计划是适当的。记录可以帮助客户更准确地评估宠物前的生活质量。

**框3.2　有效进行疼痛评分**

- 尽可能由同一个人去评估患病动物
- 视觉模拟评分法进行治疗
- 评估行为
- 评估患病动物在笼中的姿势、活动和体位
- 观察接近时的反应
- 与患病动物进行互动
- 轻柔触碰手术部位（训练获得的技能）
- 如合适，可以让患病动物走动
- 如合适，可以让患病动物进食

**关键症状 3.1**

**犬：**食欲不振，舔咬疼痛区域，并且焦虑不安

**猫：**姿态僵硬，性格暴躁，缺乏梳理，头颈弯曲，食欲不振

应该设置一个简单的每周记录表格，并且随时调整，以更好地为患病动物服务。这个记录表格内容应该包括：

- 疼痛评分
- 给予药物，剂量和给药频率
- 不良反应
- 患病动物是否进食
- 活动水平

在一周结束或下一次预约就诊时，可以对治疗的效果进行评估。这种评估可能有利于执业兽医评估和修改患病动物的治疗方案。

## 马疼痛识别

人和动物的神经通路在感受疼痛的方式上是相似的，这一科学理论已经得到了很好的定义。有了这种认识，我们可以合理地假设，如果什么东西造成人的疼痛，那也可以造成动物的疼痛（AAHA, 2007）。马匹技术人员必须能够识别马的正常和异常行为，以便更好地照顾动物，并在它们需要时实施疼痛管理。

### 正常马的外观特征

正常的、健康的马应该具备以下特征（Houpt, 1998）：

- 警觉的精神状态
- 对刺激的适当反应（不迟钝或无反应）
- 食欲良好
- 能够正常地咀嚼和吞咽，不“漏料”
- 小便正常，颜色正常
- 大便正常，成型
- 正常的呼吸频率和呼吸模式
- 正常的心率和心律
- 正常直肠体温
- 行走正常，四肢俱能承重
- 能正常工作
- 能正常与人或其他动物互动

马这一物种有复杂而又富有表现力的“语言”。它们是基于群体的社会生物，具有特定的社会等级，这使得有效的沟通成为必要。除了面部表情和姿势或者体位，马还有许多用来表达自己的声音。马的叫声可分为轻声嘶鸣、嘶鸣、鸣叫、尖叫、鼾声，甚至咆哮（图3.5）。

**图3.5** 正常警觉的马。来源：Robert White。

## 马疼痛表现

马疼痛的状态可以通过行为、情绪或生理参数等多方面的变化来表现出来（DeGouff, 2010）。这些变化很难评估，因此，对马疼痛的认识仍然是主观的。只有认识和治疗疼痛才能为马提供良好的生活质量。

马的疼痛可以分为生理性/适应性疼痛、临床性/适应不良性疼痛和特发性疼痛。生理性疼痛是中枢神经系统（CNS, central nervous system）对预防组织损伤产生有害刺激后警告个体的保护反应（Degouff, 2010）。临床性或适应不良性疼痛是对已经对周围组织或神经系统造成的损害做出反应，并被归类为炎症性或神经性疼痛。炎症性疼痛可以进一步分为内脏或躯体痛；内脏疼痛涉及胸部和腹部，而躯体疼痛则涉及骨骼的肌肉、关节、皮肤和骨膜。神经性疼痛通常是由于外周神经或脊髓的慢性疼痛引起的。特发性疼痛是没有特定来源的一种持续性疼痛；兴奋、恐惧和压力会使这种疼痛变得极端和恶化（Van Loon, 2012）。

马是一种可以被其他动物捕食的动物，因此，为了保护自己，隐藏自身的疼痛成为它们本能的一部分（Lockhead, 2010）。马的疼痛症状最初是轻微的，但当它们不能再掩盖严重性疼痛时，就会变得明显。疼痛体征也可以根据马的年龄、品种、性格和具体疾病而变化（Lerche, 2009）。有些马，如驮马（牵引马，役用马），比其他品种要坚忍得多，甚至在面临严重的疼痛时也是如此。像阿拉伯马和纯种马（撒拉布兰道马）这样的“热血马”（注：热血马是最有精神，跑得最快的马，通常用来作为赛马）品种更容易出现疼痛迹象，年轻马和小马驹也是如此。当马在不熟悉的环境中时，比如医院，它们会掩盖疼痛（应激性镇痛）（Lerche & Muir, 2009）。

在试图评估个体疼痛程度时，应评估一些基本的生理反应，包括行为/态度、活动水平、整体外观、食欲、姿势、面部表情、与人和/或其他马的互动、工作意愿和对被牵引的反应（Lerche & Muir, 2009）。有时，与疼痛相关的行为可能是非特异性的或与特定位置相关，如腹部、肢体、脚、头、嘴或去势部位（Lerche, 2009）。马匹最常见的疼痛类型包括骨科疼痛和腹痛。骨科疼痛通常表现为跛行，包括关节、肌腱/韧带、长骨和背部疼痛。跛行是马试图通过补偿其他肢来避免疼痛区域的结果（Hubbell, 2007）。补偿肢体的超载可导致由于原跛行而继发的“支持肢蹄叶炎”（Eades et al., 2002）。

**躯体疼痛指标包括但不限于**（Lerche & Muir, 2009）：

- 异常体重分配
- 轻至重度跛行
- 刻意保护四肢
- 肢体间的重量转移
- 肢体的指向、悬抬或旋转
- 不愿移动
- 疼痛区触诊的敏感性反应
- 肢体屈曲试验后疼痛
- 对蹄形测试仪应用敏感
- 躺卧
- 食欲变化

马的蹄叶炎是一种特异性的综合征，它导致马虚弱和剧烈的疼痛。它是一种敏感或不敏感的真皮层或蹄部的软组织的病变，层状结构（真皮层）的炎症和退化可导致蹄骨（第三趾骨，P3）旋转或与蹄壁分离（Eades et al., 2002）。虽然旋转本身非常痛苦，但P3的分离通常涉及下沉，在下沉过程中，P3可以从蹄底伸出。这种疾病可以结束马的骑乘生涯，并且可能是致命的，这取决于它的严重程度以及它诊断出的时间。

**蹄叶炎的疼痛症状随疾病的进展而不同，但可包括**（Eades et al., 2002；Driessen et al., 2010）：

- 摇摆或重心移至后脚
- 不安
- 肌肉震颤
- 流汗
- 行走时跛行
- 前肢不愿抬起
- 后期不愿行走
- 食欲减退
- 站在马厩后面
- 指脉搏数增加
- 架空站姿
- 心率和/或呼吸频率增加
- 拒绝移动或者躺卧

马的腹痛或绞痛可由胃肠道的炎症、肠的一个或多个地方的胀气、牵扯肠系膜或胃肠道缺血引起。绞痛是这种马最常见的医学问题之一，应该尽快治疗（Porter, 2009）。

**内脏疼痛指标可包括但不限于**（Lerche & Muir, 2009）（图3.6）：

- 沮丧/呆滞的外表（慢性疼痛）
- 不安、焦虑或激动（剧烈疼痛）
- 回头观腹
- 眼神呆滞和鼻孔扩张
- 低头
- （对驯养人、马匹或它自己的小马驹）攻击性

**图3.6** 马腹痛。来源：Samantha Rowland。

- 有限与人互动或不与人互动
- 站在马厩后方
- 四肢伸展
- 食欲不振
- 呻吟/咕噜声
- 身体僵硬不愿移动
- 踢腹
- 躺卧
- 翻滚
- 心率增加
- 呼吸速率增加，呼吸变浅

**关键症状3.2** 马（Wagner，2010）：跛行，躁动不安，低头，磨牙，鼻孔张开，出汗，僵硬姿势，回头，踢腹，不愿被牵引，翻滚，飞行行为和出现攻击性

- 猛烈地摔倒（严重的绞痛）
- 腹部扩张
- 听诊时肠音小或无

## 马的疼痛评分

疼痛可以通过个体产生的生理、行为和情绪状态的变化表现出来。其中的一些变化可能是微妙的，与它的主人或教练讨论马的行为对评估疼痛是有益的，因为他们最熟悉这个动物。兽医对疼痛的认识和疼痛管理程度是世代相传的；新毕业的学生似乎比他们的前辈给疼痛分更高（Wagner，2010）。因此需要制定一致的疼痛评分或评分系统，以及对评分者对特定系统的操作方法上进行适当的训练，才能有助于保持评估的公正性和准确性。由于没有单个参数决定动物的疼痛状况，因此对任何物种来说，设计和开发

一个疼痛量表都很复杂。疼痛感受也会受到伤害发生时马的心理状态的影响。研究表明，在极度紧张或恐惧的时期，疼痛可以被动物的身体抑制——“应激性镇痛”。这种现象是“战逃反应”的一部分，由交感神经系统参与，导致内源性儿茶酚胺释放，从而产生这种效果。恐惧占据整个过程，疼痛在这段时间被抑制。与此相反的另一个极端是“压力引起的痛觉过敏”现象，在这种现象中，经历极度焦虑的动物疼痛的感知能力增强（Van Loon, 2012）。有迹象表明，马和人类经历疼痛的方式类似，马也表现出对疼痛的情感反应。所有脊椎动物都能经历情感状态，这并不像人们曾经认为的那样，只发生在人类身上（Van Loon et al., 2010）。

随着不断的发展，出现了一种“马面部表情量表”，它利用面部表情来识别马的痛苦。六种面部动作定义为：耳僵硬且向后、眼眶紧固、眼睛上方紧张、咀嚼肌紧张、口部张力以及突出的下巴和紧张的鼻孔。最大的疼痛出现在手术后8h，在大多数情况下，镇痛药效已经消失（Minero, 2013）。人们注意到，深色马比浅色马更难进行评分。

在马匹使用疼痛评分系统时，必须考虑到许多因素，而且没有一个特定的标准疼痛量表。在大多数情况下，疼痛评估有一个基本的形式，如轻度、中度和重度。轻微疼痛症状的马可以服用非甾体抗炎药，而有极度疼痛症状的马需要显著的镇痛，这可能需要住院治疗（Lerche, 2009）。在临床实践中，一些综合疼痛量表（CPS）已用于马。2008年，Bussieres et al. 在马身上开发了一种用于骨科疼痛的CPS，它是一个考虑到许多不同因素的数值系统，包括马对刺激的反应、生理参数和自发行为。这个量表的评分范围是从没有疼痛迹象的0分，一直到最大疼痛的39分。记录的一些数据包括行为变化，如整体外观、姿势、头部或耳朵运动、蹄、踢腹、出汗、食欲、马对人/马互动的反应，以及马对疼痛区域刺激的反应；生理参数包括心率、呼吸频率、胃肠音和体温（Wagner, 2010）。这些变量可用于评估马内脏疼痛（DeGouff, 2010）。

关于评估马的跛行，美国马从业者协会（AAEP）开发了一套在马从业者中广泛使用的等级制度；该量表范围从0到5（表3.2）。

**表3.2** 美国马兽医技术协会（AAEVT，American Association of Equine Veterinary Technicians）跛行分级系统

| 等级 | 定义 |
|---|---|
| 0 | 在任何环境下都不出现跛行 |
| 1 | 跛行很难观察到，不随环境变化而变化 |
| 2 | 在直线行走和小跑时很难观察到，但在负重、在圆形、斜面或坚硬表面时很明显 |
| 3 | 任何环境的小跑时就会出现 |
| 4 | 走路时即出现明显跛行 |
| 5 | 在运动或者静止时难以负重或者完全无法移动 |

来源：引自 Wagner, 2010。

还有一种口头评分表，使用A-F等级，这与AAEP的系统相当相似。跛行度也可以用测力板步态分析来评估，但是测试结果因品种而异，且测力板本身不适用于大多数实践（Van Loon, 2012）。

蹄叶炎是马中最令人痛苦的跛行综合征之一。为了给这些患病动物提供适当的镇痛，Niles Obel开发了欧贝儿（Obel）蹄叶炎疼痛量表（Menzies-Gow et al., 2010）。他还开发了一种改进的综合疼痛评分系统，包括Obel疼痛量表和描述多因素行为及生理成分的数值评分量表，以更好地评估这些患病动物（Van Loon, 2012）（表3.3）。

**表3.3** 蹄叶炎疼痛评分系统

| 改良的综合疼痛评分系统 |
| --- |
| **动态评分：改良的Obel分级系统** |
| 等级描述 |
| 1 经常在两脚之间转移重心，走路时没有明显的跛行 |
| 2 前腿抬起不抗拒，愿意走动，但走动时出现跛行 |
| 3 前肢抬起抗拒，不愿意走路 |
| 4 被动/强迫行走 |
| **静态评分：从格拉斯哥综合评分法修正** |
| 评分描述 |
| 1 无痛苦：行为正常 |
| 2 轻度疼痛：烦躁不安，食欲减退 |
| 3 轻度疼痛：2+有抵抗行为 |
| 4 轻度–中度疼痛：3+ 站在马厩后面或者马厩门后面 |
| 5 中度疼痛：4+腿架空，脉搏数增加 |
| 6 中度–重度疼痛：5+ 频繁起卧，心率>44次/min和/或呼吸>24次/min |
| 7 中度–重度疼痛：6+ 出汗、肌肉震颤、头部晃动 |
| 8 重度疼痛：7+不愿移动 |
| 9 重度–剧烈疼痛：8+站立时无法负重 |
| 10 剧痛：9或完全平卧，极尽痛苦 |
| 最大可能得分：14 |

来源：引自Driessen et al., 2010。

也有其他类型的疼痛评分系统，专门用于评估腹部疼痛/绞痛，伤口敏感性等。人们试图进一步获得关于马疼痛反应的知识。随着时间的推移，这将有助于提高对这一物种的疼痛识别和整体疼痛管理。

## 家畜疼痛的识别（牛、绵/山羊、猪）

本组包括以下物种：牛、绵羊、山羊和猪。

### 牛疼痛指征（Hudson et al., 2008; Shaffran & Grubb, 2010）

- 运动/移动减少
- 与群内其他动物交流减少
- 采食量降低（例如，空瘤胃导致左肷窝下陷）
- 表现出与疼痛来源相关的变化（例如，移动状态改变，回头观腹或踢腹，或耳朵抽搐）
- 精神活动/反应水平（遭受剧烈疼痛的动物经常表现出对刺激的反应减弱）
- 正常姿势因疼痛改变（例如侧卧、站立不动或耳朵下垂）
- 易测量的生理应激指标（例如心率上升、瞳孔增大、呼吸频率和深度改变，或颤抖）
- 磨牙
- 缺乏梳理导致的皮毛状态不良（例如粗糙，灰尘，蓬乱）

疼痛中的牛常常显得迟钝和沮丧，低着头，对周围的环境不感兴趣。有食欲不振、体重下降，以及产奶期的奶牛产奶量突然下降。严重的疼痛常导致快而浅的呼吸。当对其进行一定的操作时，奶牛可能会做出激烈的反应，或者采取僵硬的姿势来固定疼痛的部位，有时还能听到呼噜声和磨牙声。急性疼痛可能会出现吼叫。一般来说，腹部疼痛的症状与马相似，但不那么明显。由于不愿意转动脖子，僵硬的姿势可能会导致缺乏梳理。在急腹症情况下，如肠绞窄，动物会采取一种独特的站姿，一只后脚直接放在另一只的前面（图3.7）。

局部疼痛可能表现为持续舔某一区域皮肤或踢疼痛部位。牛眼眶收紧或耳位可能是疼痛的迹象，应继续寻找原因（Millman, 2013）。患有中度临床型乳腺炎的奶牛可出现心率、体温和呼吸

**图3.7** 牛疼痛姿势。资料来源：图片由Kristen Cooley提供。

频率均增加（Leslie & Petersson-Wolfe, 2012）。奶牛皮质醇水平升高，同时两个跗关节（飞节）之间的距离增加，表明奶牛的站姿发生了改变（Milne et al., 2003）。乳腺炎奶牛在离感染乳腺区最近的腿部机械压力敏感度也会增加，这表明炎症导致的疼痛信息处理发生变化（Leslie & Petersson Wolfe, 2012）。目前已经发布了一种步态运动评分系统，发现其能够快速识别出具有严重蹄病变的奶牛（Flowers & Weary, 2006; Millman, 2013）以及接受局部麻醉剂的跛行奶牛（Rushen et al., 2007）。

**关键症状3.3** 牛：迟钝，沮丧，食欲不振，轻哼，磨牙，以及僵硬的姿势

## 绵羊和山羊

绵羊通常只表现出轻微的疼痛症状，而山羊则不能忍受疼痛的过程（Galatos, 2011）。山羊经常会发出咩咩叫，而绵羊可能只会出现呼吸急促、食欲不振、磨牙、不活动或步态异常的现象（Hall et al., 2001）。经过阉割和断尾等手术，羊羔可能会出现不适症状，如反复站立和躺下、摇尾、偶尔的咩咩叫、颈部伸展、背侧嘴唇卷曲（flehman）、踢腿、翻滚和过度换气。

**关键症状3.4** 绵羊和山羊：姿势僵硬和不愿移动

## 猪的正常行为观察（Carr & Wilbers, 2008）

- 对周围的环境感兴趣，包括工作人员
- 愿意四处走动
- 有探索行为
- 摇尾巴
- 对操作有反应
- 当提供饲料时会发出声音
- 愿意采食

**关键症状3.5** 猪发出声音和缺乏正常的社会行为可能是猪处于疼痛状态的指标

当猪与上述行为不同时，有可能是由于疼痛造成的（Bollen et al., 2000）。

疼痛中的猪可能会出现步态和姿势的变化。当它们被抓住时，通常会发出尖叫声并试图逃跑；然而，当动物疼痛时，这些反应可能会加重。成年猪可能会变得有攻击性。当触及疼痛的区域时，尖叫也是疼痛特征之一。处理慢性损伤时可能不会引起疼痛症状。疼痛的猪往往不愿意移动，可能更愿意藏在猪床上。

动物福利的推广增加了家畜疼痛管理的重要性。即使是小手术，多模式镇痛也是首选的镇痛方法。让动物不再遭受疼痛，动物主人也愿意为镇痛的药物买单（George, 2003）。

## 推荐阅读


[1] American Animal Hospital Association; American Association of Feline Practitioners; AAHA/AAFP Pain Management Guidelines Task Force Members *et al.* (2007) AAHA/AAFP Pain Management Guidelines for Dogs and Cats. *Journal of the American Animal Hospital Association*, **43**, 235–248.

[2] Bollen, P.J.A., Hansen, A.K. & Rasmussen, H.J. (2000) *The Laboratory Swine*, Laboratory Animal Pocket Reference Series. CRC Press, Boca Raton, FL.

[3] Carr, J. & Wilbers, A. (2008) Pet pig medicine: the normal pig. *In Practice*, **30**, 160–166.

[4] DeGouff, L. (2010) Basic physiology of pain. S. Bryant (ed), *Anesthesia for Veterinary Technicians*, Blackwell Publishing, Ames, IA, pp. 325–332.

[5] Driessen, B., Bauquier, S.H. & Zarucco, L. (2010) Neuropathic pain management in chronic laminitis. *Veterinary Clinics of North America: Equine Practice*, **26** (3), 315–337.

[6] Eades, S.C., Holm, A.M.S., Moore, R.M. (2002) *A Review of the Pathophysiology and Treatment of Acute Laminitis: Pathophysiologic and Therapeutic Implications of Endothelin-1*. AAEP Proceedings, Vol. 48, Orlando, FL, December 4–8, pp. 353–361.

[7] Fleetwood-Walker, S. (2012) Assessment of animal pain and mechanism-based strategies for its reversal. *The Veterinary Journal*, **193**, 305–306.

[8] Flowers, F.C. & Weary, D.M. (2006) Effects of hoof pathologies on subjective assessments of dairy cow gait. *Journal of Dairy Science*, **89**, 139–146.

[9] Galatos, A.D. (2011) Anesthesia and analgesia in sheep and goats. *Veterinary Clinics of North America: Food Animal Clinics*, **27**, 47–59.

[10] Gaynor, J.S. & Muir, W. (2009) *Handbook of Veterinary Pain management*, 2nd edn. Mosby, St. Louis, MO.

[11] George, L.W. (2003) Pain control in food animals. E.P. Steffey (ed.), *Recent Advances in Anesthetic Management of Large Domestic Animals*. International Veterinary Information Service, Ithaca, NY. www.ivis.org [accessed on May 4, 2014].

[12] Hall, L.W., Clarke, K.W. & Trim, C.M. (2001) Anaesthesia of sheep, goats and other herbivores. L.W. Hall, K.W. Clarke & M. Cynthia (eds), *Veterinary Anaesthesia*, 10th edn, WB Saunders, London, pp. 341–366.

[13] Houpt, K. (1998) *Domestic Animal Behavior for Veterinarians and Animal Scientists*, Iowa State University Press, Ames, IA, pp. 7–12.

[14] Hubbell, J. (2007) Horses. In: W.J. Tranquilli, J.C. Thurmon & K.A. Grimm (eds), *Lumb & Jones' Veterinary Anesthesia and Analgesia*, Blackwell Publishing, Ames, IA, pp. 717–731.

[15] Hudson, C., Whay, H. & Huxley, J. (2008) Recognition and management of pain in cattle. *In Practice*, **30**, 126–134.

[16] Karas, A. (2011) *Pain, Anxiety, or Dysphoria—How to Tell? A Video Assessment Lab*. In: Proceedings from the American College of Veterinary Surgeons, Chicago, IL, November 3–5, pp. 509–512.

[17] Lamont, L.A. (2000) Physiology of pain. *Veterinary Clinics of North America Small Animal*, **30** (**4**), 703–728.

[18] Lerche, P. (2009) Clinical commentary: assessment and treatment of pain in horses. *Equine Veterinary Education*, **21** (1), 44–45.

[19] Lerche, P. & Muir, W. (2009) Perioperative pain management. In: W. Muir & J. Hubbell (eds), *Equine Anesthesia*, Elsevier, St. Louis, MO, pp. 369–380.

[20] Leslie, K.E. & Petersson-Wolfe, C.S. (2012) Assessment and management of pain in dairy cows with clinical mastitis. *Veterinary Clinics of North America: Food Animal Clinics*, **28**, 289–305.

[21] Lockhead, K. (2010) Pain assessment. In: S. Bryant (ed), *Anesthesia for Veterinary Technicians*, Blackwell Publishing, Ames, IA, pp. 333–344.

[22] Menzies-Gow, N.J., Stevens, K.B., Sepulveda, M.F., Jarvis, N. & Marr, C.M. (2010) Repeatability and reproducibility of the Obel grading system for equine laminitis. *Veterinary Record*, **167**, 52–55.

[23] Mich, P.M. & Hellyer, P.W. (2009) Objective, categoric methods for assessing pain and analgesia. In: J.S. Gaynor & W.W. Muir (eds), *Handbook of Veterinary Pain Management*, Mosby/Elsevier, St. Louis, MO, pp. 98–99.

[24] Millman, S.T. (2013) Behavioral responses of cattle to pain and implications for diagnosis, management, and animal welfare. *Veterinary Clinics of North America: Food Animal Practice*,

**29**, 47–58.

[25] Milne, M.H., Nolan, A.M., Cripps, P.J., *et al.* (2003) *Preliminary Results of a Study on Pain Assessment in Clinical Mastitis in Dairy Cows.* Proceedings of the British Mastitis Conference, Stoneleigh, Lancashire, North West England. The Dairy Group, New Agriculture House, Somerset, pp. 117–119.

[26] Minero, M. (2013) Development of facial expression pain scale in horses. The International Society for Equitation Science (ISES). http://www.equitationscience.com/documents/Conferences/2013/ISES%202013%20 Development%20 of %20facial %20expression %20pain%20scale%20in%20 horses%20undergoing%20routine%20castration.pdf [accessed on May 4, 2014].

[27] Porter, M. (2009) Common equine medical emergencies. D. Reeder, S. Miller, D. Wilfong, M. Leitch & D. Zimmel (eds), *AAEVT's Equine Manual for Veterinary Technicians*, Wiley Blackwell, Ames, IA, pp. 341–354.

[28] Rushen, J., Pombourcq, E. & de Passille, A.M. (2007) Validation of two measures of lameness in dairy cows. *Applied Animal Behavioral Science*, **106**, 173–177.

[29] Shaffran, N. (2008) Pain management: the veterinary technician's perspective. *Veterinary Clinics of North America: Small Animal Practice*, **38** (6), 1419.

[30] Shaffran, N. & Grubb, T. (2010) Pain management. In: J.M. Bassert & D.M. McCurnin (eds), *McCurnin's Clinical Textbook for Veterinary Technicians*, 7th edn, Elsevier, St. Louis, MO, p. 864.

[31] Thomas, J.A. & Lerche, P. (2011) Analgesia. In: J. Thomas & P. Lerche (eds), *Anesthesia and Analgesia for Veterinary Technicians*, 4th edn, Mosby/Elsevier, St. Louis, MO, p. 208.

[32] Thurmon, J.C., Tranguilli, W.J. & Benson, G.J. (1996) *Lumb & Jones Veterinary Anesthesia*, 3rd edn. Lippincott Williams &Wilkins, Philadelphia, PA.

[33] Van Loon, J., Back, W., Hellebrekers, L.J. *et al* (2010) Application of a composite pain scale to objectively monitor horse with somatic and visceral pain under hospital conditions. *Journal of Equine Veterinary Science*, **30** (11), 641–649.

[34] Van Loon, T. Analgesia in the horse: assessing and treating pain in Equines. *Veterinary Sciences Tomorrow*, July 2012.

[35] Wagner, A. (2010) Effects of stress on pain in horses and incorporating pain scales for equine practice. *Veterinary Clinics of North America: Equine Practice*, **26**, 481–492.

[36] Yaksh, T.L. (2010) The pain state arising from the laminitic horse: insights into future analgesic therapies. *Journal of Equine Veterinary Science*, **30**, 79–82.

# 第4章
# 疼痛生理学

Kristen Cooley

## 引言

所有生物都需要有能力对潜在有害情况做出反应。这种在周边环境中感知有害刺激并做出相应反应的能力对生存至关重要。"有害"一词是指能够在神经系统内引起兴奋的刺激或感觉反馈，而这种兴奋被视为疼痛。避免这种类型兴奋的输入，对于生存至关重要。出生时没有感觉疼痛能力（先天性无痛症）的人在成年前可能会因受伤而死亡（Woolf, 1995）。多细胞生物进化出一种叫作疼痛感受器的特殊神经末梢，这种末梢具有将有害刺激物与无害刺激物区别开的非凡能力。这种神经末梢能判断极端温度、过度压力、组织损伤和化学暴露是否具有破坏性，一般触摸或振动是否具有威胁性。伤害性刺激被翻译并传递到脊髓的背角，在那里它被调节或改变，并被发送到大脑，被感知为疼痛。这种神经系统的活动被称为伤害感受，它能够让身体启动保护性反应，以应对不利环境（Woolf & Salter, 2000; Julius & Basebaum, 2001）。

疼痛通路的保护功能基于一些基本原理，包括检测各种物理、化学和热输入的能力。它可以通过设置特定的反应阈值来区分有害和无害的刺激，以及重新设置这些阈值并使反应更为敏感以防止进一步伤害（Julius & McClesky, 2006）。这个通路由四个事件构成：有害输入的转导、信号传输、感觉信息的调节和疼痛感知。

## 疼痛通路

### 转导

在组织因受伤或手术而受到损伤时，疼痛感受器检测到感觉输入。疼痛感受器是一类特殊的感觉神经纤维，也被称为初级传入神经，"初级"是指最先接收信息，"传入"指向中枢神经系统（CNS）传递信息。这些初级传入神经位于全身，能够启动伤害性或疼痛检测过程。疼痛性过程包括对有害或潜在疼痛刺激的编码和处理（Loeser & Treede, 2008）。当达到疼痛阈值时，刺激初级传入疼痛感受器兴奋。疼痛阈值是诱发神经系统活动所需的最小刺激（Muir, 2009）。初级传入终端充当传感器，将受伤部位的化学、

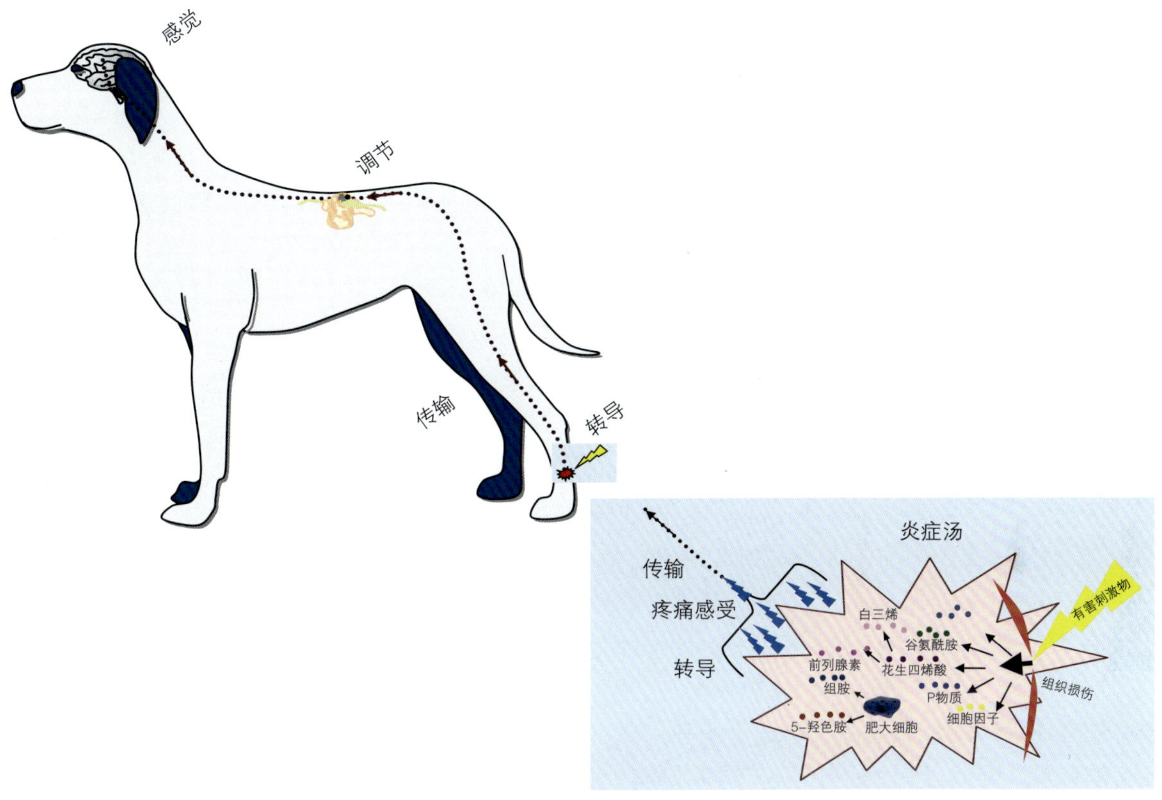


**图4.1** 疼痛通路。当组织损伤释放炎症介质时，疼痛通路开始，炎症介质被转导或转化为神经系统的电活动。这些动作电位被传送到脊髓背角进行调节，然后传送或投射到大脑进行感知。资料来源：Kristencooley绘制。注：炎性汤：损伤和炎症反应释放的炎性因子。

机械或热能转换为可以在神经系统中传播的电活动。然后这一神经冲动沿着传入神经传到脊髓背角和大脑（图4.1）。

能导致疼痛感觉的刺激可能有多种来源。专门的受体根据其敏感的损伤类型检测来自热、化学或机械数据的刺激。温度受体对高温和低温都敏感。化学疼痛受体对受损细胞释放内源性化学物质（见“炎症汤”）以及外部化学物质（辣椒素、薄荷醇）做出反应。机械受体对压力、肿胀和切割型损伤敏感，包括组织损伤，如创伤、损伤、手术、炎症、感染或局部缺血。

当组织损伤严重时，一些化学物质会释放到周围的区域。这种炎性反应产生酸性“炎症汤”混合物刺激并使疼痛感受器敏感，并产生一种痛觉敏感或过敏状态，以防止进一步的损害。“炎症汤”的主要成分包括缓激肽、5-羟色胺、组胺、细胞因子、白细胞介素、花生四烯酸、前列腺素、白三烯、氢离子、P物质和谷氨酰胺。表4.1简要概述了每种成分。

除了所描述的单模式疼痛感受器之外，还存在多模式疼痛感受器，它可以通过强压力、热或冷和化学损伤来激发。

## 传输

一旦检测到的信息被转导为动作电位的电

**表4.1** 疼痛的炎症介质

| 介质 | 源头 | 作用 |
|---|---|---|
| 缓激肽 | 受损组织 | 与其他化学物质的产生有关的炎症性化学物质，如组胺和前列腺素。缓激肽通过附着在疼痛感受器上并引发中枢神经系统冲动而产生疼痛 |
| 5-羟色胺 | 周围组织中的脱颗粒肥大细胞 | 兴奋性神经递质，可加重缓激肽引起的疼痛。还可以调节背角感知疼痛的潜力 |
| 组胺 | 肥大细胞 | 引起血管舒张和水肿的一种炎症介质，增强对缓激肽和热的反应，并激发多模式内脏疼痛感受器。在对过敏原的反应中起作用并引起瘙痒 |
| 细胞因子 | 炎症时，由细胞释放 | 细胞因子可能通过刺激前列腺素等其他介质的释放来刺激疼痛感受器。可能在痛觉过敏中起作用 |
| 白细胞介素 | 在急性炎症期间产生 | 一种细胞因子，可引起发热，促进前列腺素的产生，并刺激促肾上腺皮质激素（ACTH）和皮质醇的分泌 |
| 花生四烯酸 | 受损组织 | 炎症的介质和调节剂以及前列腺素的作用（血小板聚集，血液凝固，平滑肌收缩，免疫功能等） |
| 前列腺素 | 源自花生四烯酸并从受损细胞中释放出来 | 有维持稳态和致病功能，包括促进炎症反应的发生，有助于炎症反应的红、肿、热、痛 |
| 白细胞三烯 | 源自于花生四烯酸 | 花生四烯酸代谢物，介导炎症，促进胃肠黏膜损伤和疼痛 |
| P物质 | 受损组织 | 从外周神经系统（PNS）到中枢神经系统（CNS）传递疼痛冲动的神经递质 |
| 谷氨酰胺 | 受损组织 | 所有初级传入神经所用的兴奋性神经递质，以引起对疼痛性刺激的快速兴奋性反应 |

来源：引自 McMahon et al., 2006; Woolf et al., 1997; Muir, 2009。

信号，专门的神经末梢就会接收到有害信息并通过神经纤维将其传递给中枢神经系统。但是神经末梢的敏感度各不相同，对电信号或刺激阈值有着不同的最低要求（Muir, 2009）。神经纤维有Aδ，Aβ或C纤维。Aδ和C纤维是检测所有疼痛感觉（疼痛感受器）所必需的，而Aβ纤维用于传导无害信息。

低阈值Aβ受体可以在皮肤、肌肉和关节中找到，并对触觉、振动、运动、本体感觉和压力等输入做出反应（Muir, 2009; Todd, 2010）。高阈值疼痛感受器Aδ是一种小的神经纤维，覆盖在称为髓鞘的脂肪电绝缘物质中，有助于更快地传递冲动。Aδ受体通过热刺激或机械刺激被激活，产生短暂的、易于辨别的、剧烈的疼痛，与这种疼痛感受器激活相关的疼痛通常被称为“初痛”，因为它是在受伤后第一次感觉到的剧痛。“第二痛”是通过较小的无髓鞘C纤维进行传导的。这些纤维是多模式的，这意味着它们可以响应机械、热和化学的刺激信号的输入。它们的传导速度比Aδ纤维的传导速度慢，并且与它们的激活相关的感觉是伴随组织损伤和炎症的不良的局部疼痛（Lamont et al., 2000; Muir, 2009; Patel, 2010）。C纤维也与慢性疼痛有关（图4.2）。

疼痛信号从损伤部位传输到脊髓背角，再从

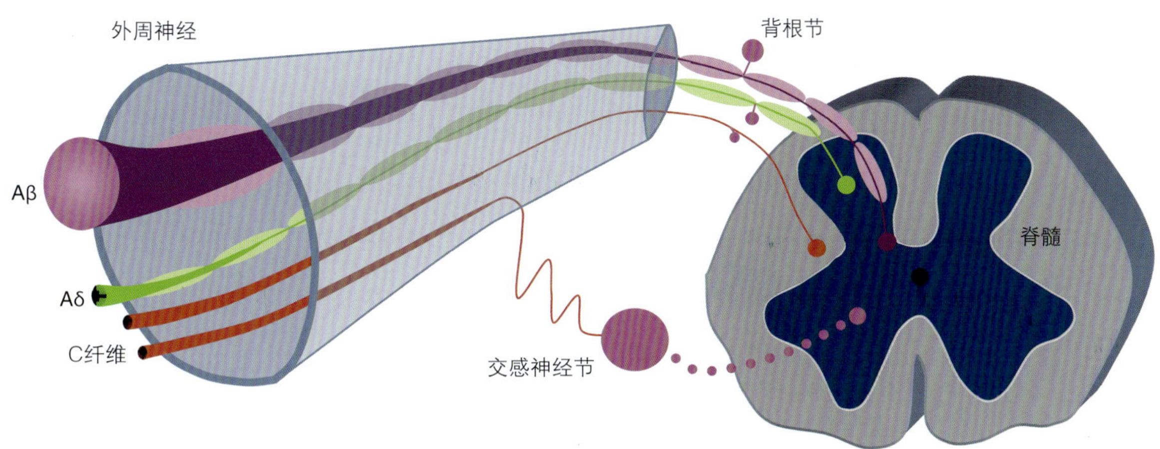


**图4.2** 低阈值Aβ神经纤维，高阈值有髓Aδ纤维，以及小的、无髓鞘C纤维位于周围神经鞘内和脊髓背角的突触中。来源：由Kristen Cookley绘制。

脊髓到脑干（投射），然后沿着感觉束传输到大脑，Aδ纤维和C纤维位于脊髓背角。在它们的末端有一个突触间隙。为了让信号能够越过间隙，恢复信号到大脑的旅程，在突触中会使用去甲肾上腺素和5-羟色胺等兴奋性神经递质（Muir, 2009）。

## 调节

疼痛的调节包括改变、抑制或放大脊髓内的传输脉冲。脊髓可以分为构成灰质的神经细胞和构成白质的神经纤维的轴突。灰质分为三个区域：背角、腹角和中间带。

### 背角

背角能够接收和管理感觉信息，并将该信息传递到大脑以供进一步处理。它包括互联神经（称为间神经元）和上行路径（将信息传送到大脑）。中间神经元具有兴奋性或抑制性，具有传递信息和参与局部信号管理的功能。在背角中接收的感觉信息通过突触间隙或两个神经元之间的空间进行传输，然后投射到大脑进行处理。这启动了下行传导通路控制系统，该系统影响背角对兴奋性和抑制性冲动的敏感性（Muir, 2009; Lamont et al., 2000）。一类神经递质负责将信息从外周传递到脊髓神经元，包括P物质、谷氨酸（兴奋性神经递质）、γ-氨基丁酸（GABA——哺乳动物神经系统中的主要抑制性神经递质）、内源性阿片类药物和单胺类，如5-羟色胺和去甲肾上腺素（Muir, 2009）。这些元素作用于兴奋性或抑制性受体来调节或修改传入的信号。例如，兴奋性神经递质谷氨酸可以放大疼痛信号，而γ-氨基丁酸（GABA）可以抑制疼痛信号。5-羟色胺和去甲肾上腺素能抑制谷氨酸等兴奋性神经递质，促进GABA等抑制性神经递质，有助于在疼痛信号到达大脑前增减疼痛信号（Stamford, 1995; Todd, 2010）。

背角由具有相关功能的神经细胞家族组织而成。它被分成10层，称为Rexed层。来自感觉神经纤维的传入信息被传送到各种各样的层，在这些层中，氨基酸（如谷氨酸）和肽类（如P物质）起到激活多种突触后受体的作用（Todd & Robitaille, 2006）。Ⅰ层和Ⅱ层主要负责疼痛信息的输入，统称为浅背角。Ⅰ层又称边缘层，Ⅱ层为胶状质（图4.3）。

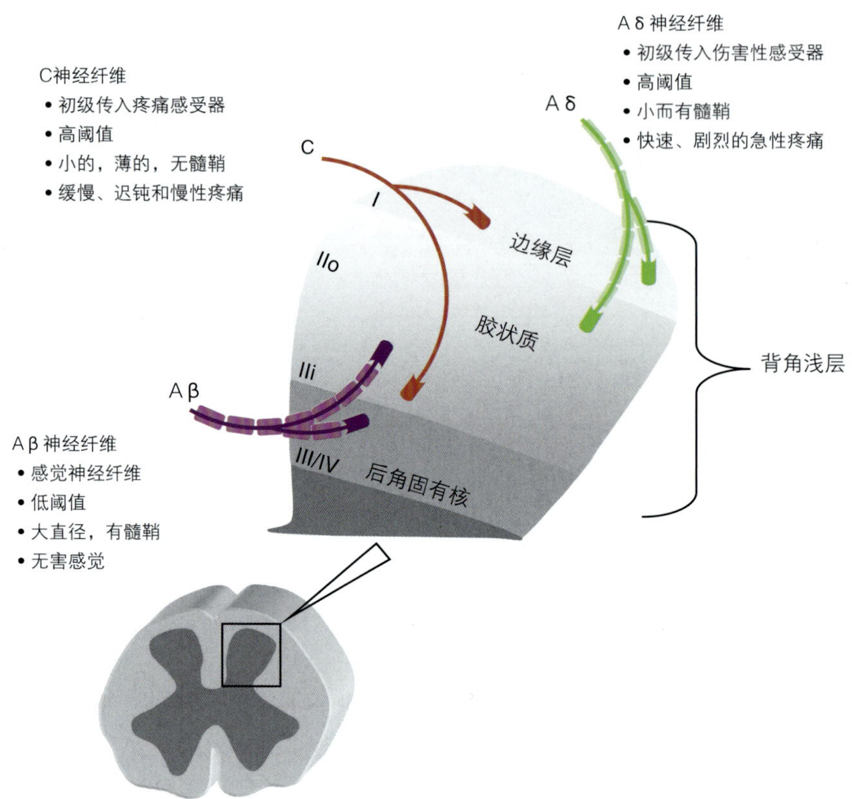


**图4.3** 脊髓背角浅层内的Aδ、Aβ和C神经纤维突触。资料来源：Kristen Cooley绘制。

## 腹角和中间带

脊髓腹角由神经元组成，与运动活动和骨骼肌功能有关，而不是与感觉信息有关。脊髓中间区位于蝶形灰质的背侧部分和腹侧部分之间，这个区域负责促进内脏控制的信号刺激和向更高中枢传输信息（Muir, 2009）。

## 白质

白质包含三个重要的区域：背侧索，腹侧索和外侧索，它们由轴突组成，这些轴突负责与大脑之间进行调度信息。背侧索参与躯体感觉信息传递到延髓。腹侧索负责从大脑向骨骼肌信息的传输。外侧索与大脑的躯体感觉信息有关，包含来自感觉和运动以及自主神经区域的神经纤维（Muir, 2009）。

## 下行传导通路

疼痛感觉通过背角传送到大脑，在此上行路径中加以调节。此外，还存在从大脑高级中枢发出信号来控制疼痛的下行传导通路（Stamford, 1995）。这种控制是通过起源于皮层、丘脑和脑干水平的途径建立的。下行抑制由脑干中的中继站介导，利用神经递质5-羟色胺和去甲肾上腺素以及内源性阿片类药物来帮助抑制疼痛（Stamford, 1995）。

## 门控理论

疼痛调节的门控理论最早是在1965年提出的，它有助于解释为什么人们经常通过摩擦或施加压力来减轻伤害的疼痛。该理论假设通过摩擦，摇动或按压受损组织激活较大的、低阈值Aβ

受体，中间神经元的抑制作用增加，从而减少疼痛的传输。Aβ抑制性神经元通过关闭“门”来抑制它们向大脑传递信息，从而减少活跃的Aδ和C伤害性神经元的输出（Melzack & Wall, 1965）。

## 感觉

对疼痛的感觉是一种以感觉输入为特征的动态意识体验。大脑的躯体感觉皮层的区域负责更高级的疼痛处理和疼痛感知。

## 脊髓丘脑束

从背角开始，脊髓神经元通过脊髓丘脑束再经脊髓的白质向上发送信号。脊髓丘脑束是一个上行疼痛通路，向大脑发送有关组织损伤或潜在组织损伤的信息。它起源于脊髓的背角，起传递表面疼痛和触觉的作用。脊髓丘脑束被认为是食肉动物主要的意识疼痛通路（Hellyer et al., 2007）。通过脊髓丘脑束将信息传达到脑干，再到达丘脑，然后到达大脑的躯体感觉皮层（图4.4）。

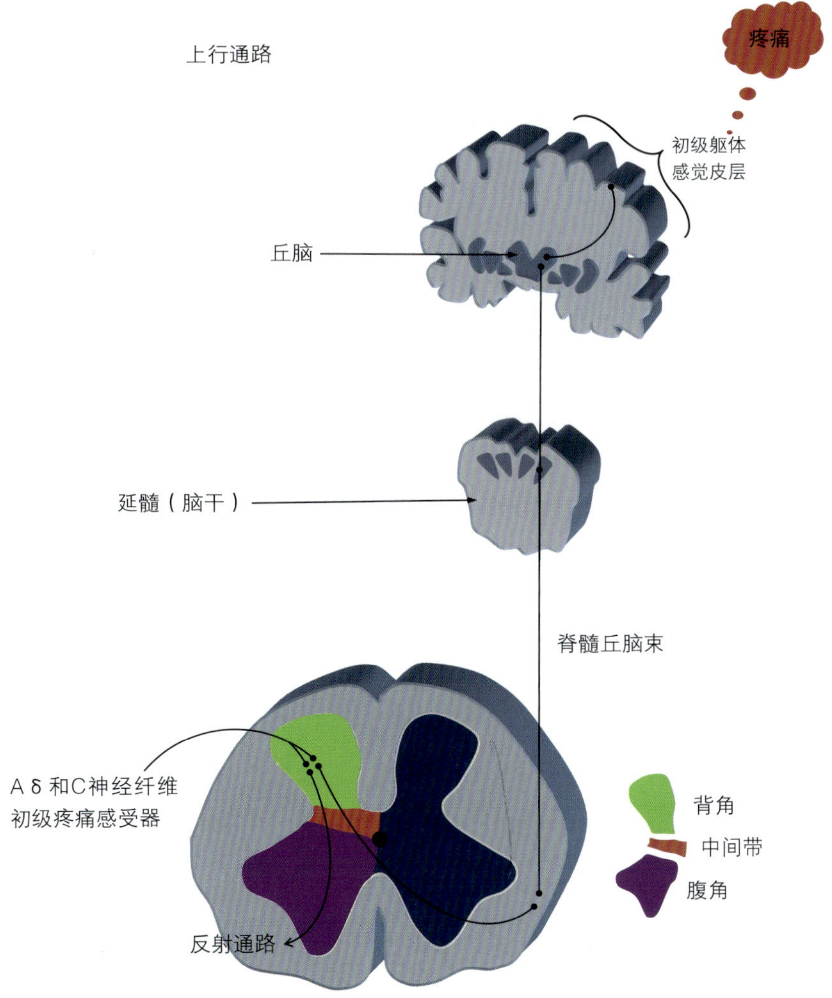


**图4.4**　Aδ和C神经纤维进入脊髓背角。在这里，脉冲可以通过反射通路产生反射反应，或者被发送到大脑进行进一步的处理。脊髓丘脑束穿过延髓到达丘脑，然后到达躯体感觉皮层，在那里它可以将传来的信号感知为疼痛。资料来源：Kristen Cooley绘制。

### 脊髓网状束

来自内脏器官或深层组织的感觉通过脊髓网状束进行传播。这些投射大多绕过丘脑，最终进入脑干的网状结构，这是脑干中负责过滤传入刺激的区域。网状结构调节心率和呼吸频率，并在皮层的警觉性和意识的维持中起作用（Hellyer et al., 2007; Lamont et al., 2000）。在网状结构中，对疼痛的情绪反应是通过激活边缘系统而产生的，边缘系统是支持各种功能的结构的集合，包括情感、行为、嗅觉和记忆。这条通路相当分散，使得这里感觉到的疼痛很难定位。

### 疼痛与应激

疼痛对健康的负面影响与应激对健康的负面影响相似，疼痛本身就是应激。这种负面影响源于大脑下丘脑内的疼痛活动。下丘脑是大脑自主反应的协调者，是生理和情绪反应的主要整合者。输入触发交感神经系统（战斗或逃跑）和脑下垂体的活动，增加循环的肾上腺素（肾上腺素和去肾上腺素）和皮质类固醇（即应激反应）。就像犬追自己的尾巴一样，应激会增加疼痛的感知强度，而疼痛会加剧紧张的情况。

## 疼痛类型

疼痛可以根据疼痛产生部位进行分类。由皮肤、肌肉、关节和深部组织的损伤引起的疼痛感受是躯体痛；源自胸腔或腹腔内部器官的疼痛刺激是内脏疼痛；对周围神经系统（PNS）或中枢神经系统（CNS）的损伤而产生的疼痛被称为神经性疼痛。疼痛还可以根据其作用持续时间进行分类：急性或慢性，适应性或不适应性，以及生理性或病理性。

### 躯体和内脏疼痛

由皮肤和肌肉引起的躯体疼痛通过A δ 和C纤维进行传导，并且通常是离散且易于定位的。这是因为身体区域与中枢神经系统（CNS）中特定位置的高度相关或点对点相关性（Woolf, 1995; Lemke, 2004）。当你受到切伤、砍伤时，会很容易确切地指出受伤的位置。大多数疼痛研究都是在浅表性刺激上进行的，直到最近，这些信息被错误地推断为也包括内脏疼痛。我们现在知道这两种疼痛是非常不同的。

内脏疼痛来自内脏器官，仅通过C纤维传导。内脏疼痛通常是钝痛、酸痛或灼痛，由于很难在体表找到疼痛点，所以很难定位。

皮肤是一种保护性的屏障，已经进化成能够保护哺乳动物免受外部伤害的组织。它能够对伤害性信息进行检测和处理，并制定相应的防范策略，这是躯体疼痛的特征。内脏疼痛是不同的，因为内脏不会受到类似的伤害，而是许多疾病的发生区域（Lamont et al., 2000）。内脏疼痛的保护功能不如躯体疼痛明显，因此内脏疼痛对人类和兽医领域的医疗专业人员构成了挑战。有趣的是，许多危及生命的组织破坏形式，如肠道穿孔和内脏肿瘤，本身并不疼痛，但一个非危及生命的事件，如肠道扩张（胀气），却是非常疼痛的。

内脏器官对扩张（如肠、胆囊和膀胱）、缺血（如人类心脏病发作）和炎症（如肾炎或胰腺炎）都很敏感。内脏疼痛可表现为弥漫性疼痛，全身不适或恶心与身体结构有关。牵涉疼痛常与内脏疼痛有关，因此除了损伤区域外，疼痛的感觉在其他地方被感觉到。例如，肝脏疼痛或膈肌疼痛可以指向肩部，心肌缺血可以指向左臂（Lamont et al., 2000）。内脏器官没有A δ 纤维，但可以利用C纤维传递疼痛信息。这些纤维都聚集在脊髓的同一区域，其中Aδ纤维传递躯体信息，C纤维传递内脏和躯体信息。由于躯体神经元的高度躯体性，大脑可能会将内脏疼痛定位到躯体结构上。

## 生理性和病理性疼痛

生理性疼痛通常由炎症或损伤引起，并且具有适应性和生物学有益功能，它可以保护个体免受有害的外部刺激伤害，但这可能会对组织产生损伤甚至危及生命。作为对这一刺激的反应，许多不同的逃避反应和回缩反应被激活，以保护个人免受更广泛的伤害（Muir, 2009）。生理性疼痛本质上是急性的，但与内脏疼痛不同的是，生理性疼痛的保护作用不是完全防止损伤，而是防止进一步的损伤，使愈合和修复不受干扰。急性生理疼痛具有修复功能。它使周围组织过度敏感，增加敏感性并鼓励身体让组织单独存在并使其愈合。虽然急性疼痛能具有初步的恢复和保护作用，但应设法避免发展为病理性或慢性疼痛综合征（Muir, 2009; Lamont et al., 2000）。

病理性疼痛可能是由大量的组织损伤和炎症引起的，广泛损伤伴有一定程度的外周和中枢敏感化。这种疼痛可能是弥漫性的，与损伤程度不成比例，会使患病动物衰弱，并且通常持续时间会超过炎症持续的时间（Melzack et al., 2001; Patel, 2010）。病理性疼痛通常分为急性或慢性炎症性疼痛（躯体性或内脏性）或神经性疼痛（中枢或者外周神经系统损伤）（Lamont et al., 2000）。

慢性疼痛在组织愈合后仍然存在，并且没有任何有益的生物学功能或生存优势（Lamont et al., 2000）。慢性疼痛不仅仅是持续时间较长（从几天到几周甚至几个月），它是外周和中枢神经的敏感化、神经可塑性和记忆的结果。慢性疼痛严重影响患病动物的生活质量，使其衰弱，并对传统的镇痛药治疗反应不佳。

神经病理性疼痛由创伤、感染、缺血、癌症或化学诱导（化疗）引起的神经系统损伤或功能障碍引起。当PNS受损时，可能会出现某些类型的神经性疼痛。这会导致疼痛感受器反复传递疼痛信号，导致过度敏感化。由于在损伤部位或脊髓背角持续异位C纤维刺激导致的中枢敏感延长可导致神经性疼痛（Woolf, 1995）。神经性疼痛也可能是导致外周敏感的显著、长期急性疼痛的结果。这种异常的外周输入会导致异常的中枢处理和持续的与神经性疼痛相关的超敏反应。若无害的Aβ纤维终止于通常由Aδ和C纤维占据的背角区域，这是一种背角结构的重组，它可为神经性疼痛提供解释（Melzack et al., 2001）。

## 外周敏化

外周敏化是外周疼痛感受器阈值的降低和反应性提高的一种现象。通常，有害刺激可以激活高阈值疼痛感受器Aδ和C纤维，有害刺激导致的组织损伤和炎症使细胞释放化学介质。这些化学介质对感觉神经纤维的兴奋性和致敏性有直接影响。它们促进血管舒张，并使炎症细胞、巨噬细胞淋巴细胞、血小板以及与“炎症汤”有关的物质聚集。这有效地降低了Aδ和C纤维的响应阈值。无声的疼痛感受器对“炎症汤”的影响非常敏感，可以使良性无髓鞘多模的C神经纤维由静息状态转变为活化状态（Muir, 2009）。

## 中枢敏化

中枢敏化取决于外周敏化的发展，是组织创伤和炎症的间接后果。疼痛的感觉可以蔓延到受损组织以外的部分。中枢敏化可能是由于对外周疼痛感受器受到持续刺激，导致初级传入神经谷氨酸和其他神经递质的持续释放。这些物质的释放激活了背角受体，比如2-氨基-3-丙酸受体（3-羟基-5-甲基-异噁唑-4-基丙酸受体，AMPA），N-甲基-D-天冬氨酸受体（NMDA），将导致投射到大脑的背角神经元兴奋性的增加（Lamont et al., 2000; Muir, 2009）。中枢神经系统的这种“膨胀”是中枢敏化的诱因，夸大了随后的疼痛性和非疼痛性输入。

AMPA和NMDA受体都是由谷氨酰胺激活的，但它们各有其独特的性质。有害刺激引起谷氨酸的释放，谷氨酸与AMPA和NMDA受体结合。弱刺激只激活AMPA受体，通过使突触后神经元对钠离子和钾离子渗透性增加而导致轻微的细胞去极化（产生动作电位）。NMDA受体通常被$Mg^{2+}$阻断，因此它不允许离子自由通过产生脉冲。因此在弱刺激时，兴奋性信号完全由AMPA受体介导。当更大的刺激发生时，AMPA受体可以通过增强去极化的程度，从而将$Mg^{2+}$从NMDA受体中分离出来，使其对谷氨酰胺产生积极的反应（图4.5）。

当被激活时，NMDA受体允许大量的$Ca^{2+}$通过，激活几个细胞内信号级联，最终导致神经传递增加和神经兴奋性增强（Woolf & Salter, 2006）。

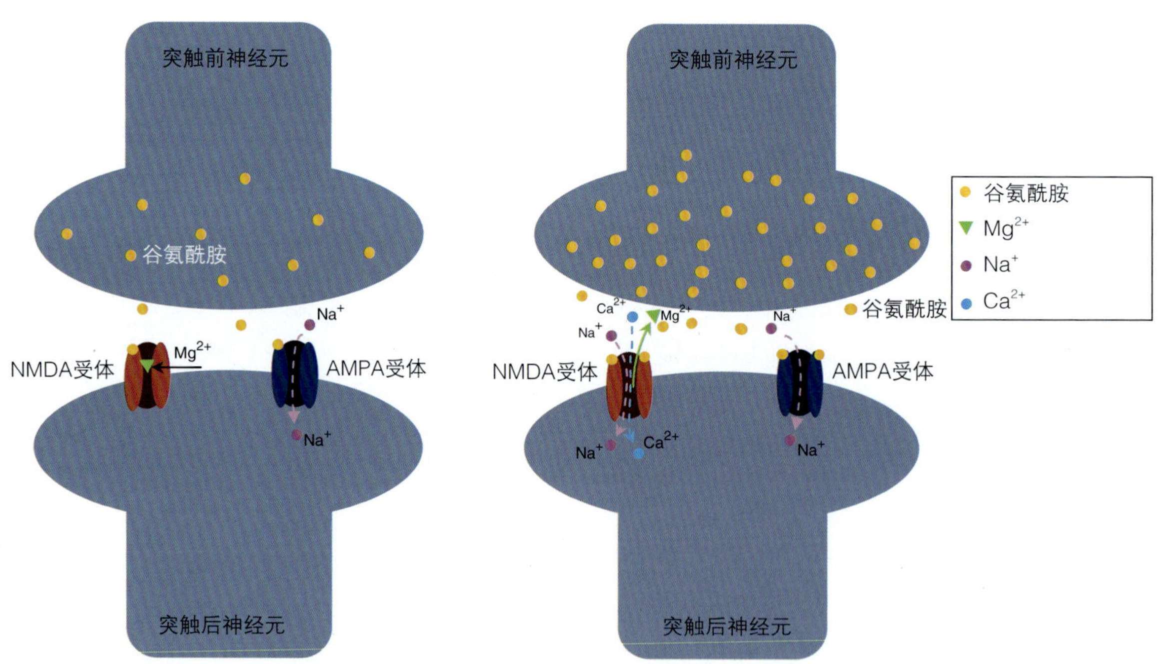


**图4.5** 有害刺激引起谷氨酰胺的释放，谷氨酰胺与AMPA和NMDA受体结合。弱刺激只激活AMPA受体产生动作电位。NMDA受体通常被$Mg^{2+}$阻断，不允许离子自由通过产生脉冲。在受到强刺激时，AMPA受体可以使细胞膜去极化加强，将$Mg^{2+}$从NMDA受体中脱离，使其对谷氨酰胺做出反应。NMDA受体一旦被激活，就允许大量的$Ca^{2+}$通过，激活细胞内的几个胞内级联，导致神经兴奋性提高（Woolf and Salter, 2006）。资料来源：Kristen Cooley绘制。

## 神经可塑性和疼痛记忆

神经可塑性是指神经元在不同环境刺激下改变其结构和功能的能力。这种灵活性使我们能够驾驭环境，并对环境的变化做出反应。在对创伤、无情的疼痛或外周和中枢敏化的反应中，神经系统可以自我重组，形成新的刺激—反应关系（Muir, 2009）。中枢神经系统形成的记忆和关系可能是有益的，但更多的是有害的。疼痛可以改变基因表达，那些有受伤史的患病动物可能对未来的疼痛性输入更敏感。记忆如何影响疼痛以及疼痛如何影响记忆取决于个体的环境、期望、行为以及疼痛事件的强度。对随后的疼痛的反应可能更严重，与所遇到的刺激不成比例。有明显疼痛史或因长时间疼痛引起中枢敏化的患病动物较难治疗，对镇痛治疗的反应较差，这可能是由于这些记忆的形成和神经系统的改变所致（Song & Carr, 1999; Muir, 2009）。超前镇痛被认为可以减少中枢敏化的出现以及所有与之相关的负面后遗症，包括神经系统重组和对疼痛的记忆。

## 结论

一个生命有机体适应环境以及对感觉做出反应的能力是至关重要的。伤害性刺激和疼痛可以重塑神经系统，使神经系统对随后的刺激做出不适当的反应。这对健康、康复和生活质量产生不利影响，应予以预防或尽量减少。彻底了解疼痛的生理学可以让兽医护理人员或技术人员更好地减轻患病动物的疼痛。

## 推荐阅读

[1] Hellyer, P.W., Robertson, S.A. & Fails, A.D. (2007) Pain and its management. W.J. Tranquilli, J.C. Thurmon & K.A. Grimm (eds), *Lumb and Jones' Veterinary Anesthesia and Analgesia*, 4th edn, Blackwell, Ames, IA, pp. 31–57.

[2] Julius, D. & Basebaum, A.I. (2001) Molecular mechanisms of nociception. *Nature*, **13 (6852)**, 203–210.

[3] Julius, D. & McClesky, E.W. (2006) Cellular and molecular properties of primary afferent neurons. S.B. McMahon & M. Koltzenburg (eds), *Wall and Melzack's Textbook of Pain*, 5th edn, Elsevier, Philadelphia, PA, p. 35.

[4] Lamont, L.A., Tranquilli, W.J. & Grimm, K.A. (2000) Physiology of Pain. *Veterinary Clinics of North America*, **30 (4)**, 703–723.

[5] Lemke, K.A. (2004) Understanding the pathophysiology of perioperative pain. *Canadian Veterinary Journal*, **45**, 405–413.

[6] Loeser, J.D. & Treede, R.D. (2008) The Kyoto protocol of IASP basic pain terminology. *Pain*, **137 (3)**, 473–477.

[7] Melzack, R. & Wall, P.D. (1965) Pain mechanisms: a new theory. *Science*, **150 (3699)**, 971–979.

[8] Melzack, R., Coderre, T.J., Katz, J. & Vaccarino, A.L. (2001) Central neuroplasticity and pathological pain. *Annals of the New York Academy of Sciences*, **933**, 157–174.

[9] McMahon, S.B., Bennett, D.L.H. & Bevan, S. (2006) Inflammatory mediators and modulators of pain. S.B. McMahon & M. Koltzenburg (eds), *Wall and Melzack's Textbook of Pain*, 5th edn, Elsevier, Philadelphia, PA, pp. 51–55.

[10] Muir, W.W. (2009) Physiology and pathophysiology of pain. J.S. Gaynor & W.W. Muir (eds), *Handbook of Veterinary Pain Management*, 2nd edn, Elsevier, St. Louis, MO, pp. 13–41.

[11] Patel, N. (2010) Physiology of pain. A. Kopf & N.B. Patel (eds), *Guide to Pain Management in Low-Resource Settings*, International Association for the Study of Pain, Washington, DC, pp. 31–35.

[12] Stamford, J.A. (1995) Descending control of pain. *British Journal of Anaesthesia*, **75**, 217–227.

[13] Song, S.O. & Carr, D.B. (1999) Pain and memory. *Pain*, **7 (1)**, ISSN 1083-0707.

[14] Todd, A.J. (2010) Neuronal circuitry for pain processing in the dorsal horn. *Nature Reviews Neuroscience*, **11 (12)**, 823–836.

[15] Todd, K.J. & Robitaille, R. (2006) Neuron–glia interaction at the neuromuscular synapse. *Novartis Foundation Symposium*, **276**, 222–229.

[16] Woolf, C.J. (1995) Somatic pain-pathogenesis and prevention. *British Journal of Anaesthesia*, **75**, 169–176.

[17] Woolf, C.J. & Salter, M.W. (2000) Neuronal plasticity: increasing the gain of pain. *Science*, **288 (5472)**, 1765–1769.

[18] Woolf, C.J. & Salter, M.W. (2006) Plasticity and pain: role of the dorsal horn. S.B. McMahon & M. Koltzenburg (eds), *Wall and Melzack's Textbook of Pain*, 5th edn, Elsevier, Philadelphia, PA, pp. 94–97.

[19] Woolf, C.J., Allchorne, A., Safieh-Garabedian, B. & Poole, S. (1997) Cytokines, nerve growth factor and inflammatory hyperalgesia: the contribution of tumour necrosis factor alpha. *British Journal of Pharmacology*, **121** (3), 417–424.

# 第5章 镇痛药理学

5

Michelle Albino

## 引言

在兽医学中有各种各样的镇痛药物可用。镇痛治疗的成功取决于许多因素。这些因素可能与患病动物或药物有关，包括给药途径；患病动物的年龄、身体状况评分、体温和灌注状况；以及特定药物的药代动力学（PK）和药效动力学（PD）。虽然阿片类药物仍然是疼痛管理的基石，但也可以在疼痛管理方案中添加大量其他镇痛药，包括非甾体类抗炎药物（NSAIDs），NMDA受体拮抗剂，局麻药和α-2受体激动剂等。多模式镇痛方案的使用是有效的，因为它针对多个阶段的伤害（疼痛）途径 提供更完整的镇痛。

## 药代动力学和药效动力学

PK是指在给患病动物用药后发生的一系列事件。一旦给药，药物就会被吸收，然后分配到机体的各种组织和体液中。药物被吸收并进入全身循环的程度被称为生物利用度。药物的吸收速率变化的原因有很多，包括给药途径、药物的溶解度、胃肠道的情况（如果口服）、首过效应、动物的灌注状态、剂量以及与其他药物的相互作用。

首过效应（first-pass effect，也称为首过代谢或系统前代谢）是指药物在进入体循环之前，其浓度大大降低的一种药物代谢现象。它是药物在吸收过程中失去的部分，通常与肝脏和肠壁有关。药物的分布是指药物如何到达其作用位点，然后被身体代谢或生物转化为一种可以消除的形式。这通常发生在肝脏。药物通常通过肾脏排出体外（尿液排出）。

PD指的是特定药物对机体的影响，每种药物的剂量反应关系和药物受体关系具有特殊的重要性。“锁和钥匙”模型常用于说明药物与受体结合的方式（见图5.1）。

药物与受体结合的倾向被称为亲和力，药物与受体结合的程度有助于确定药物的疗效（Wanamaker and Massey, 2004）。疗效（Emax）是指一种药物能产生的最大反应。

治疗指数是指药物达到预期效果的能力与其产生毒性作用的倾向之间的关系（图5.2）。

当提到药物的剂量与恒速输注（CRI）以及

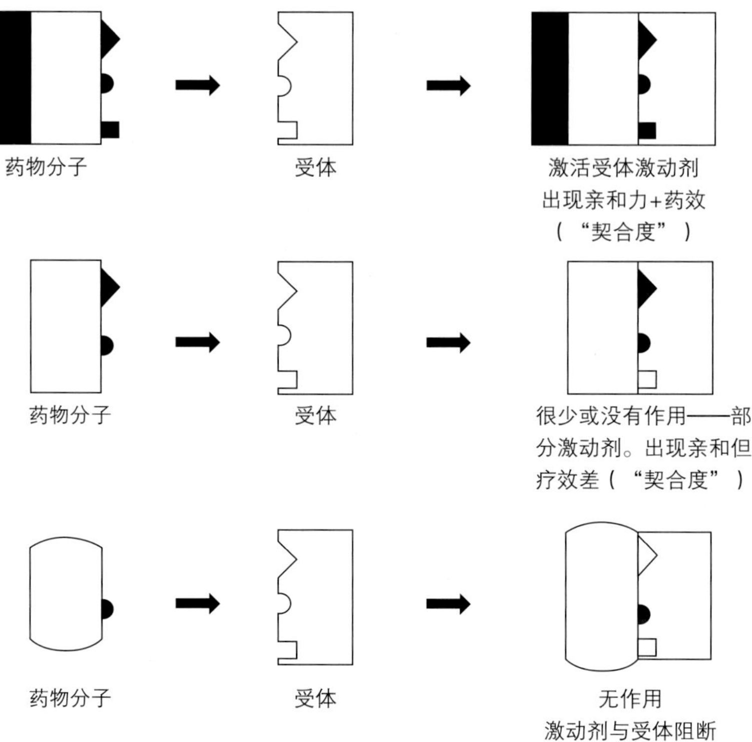


**图5.1** 药物/受体。来源：Heather Sherman。

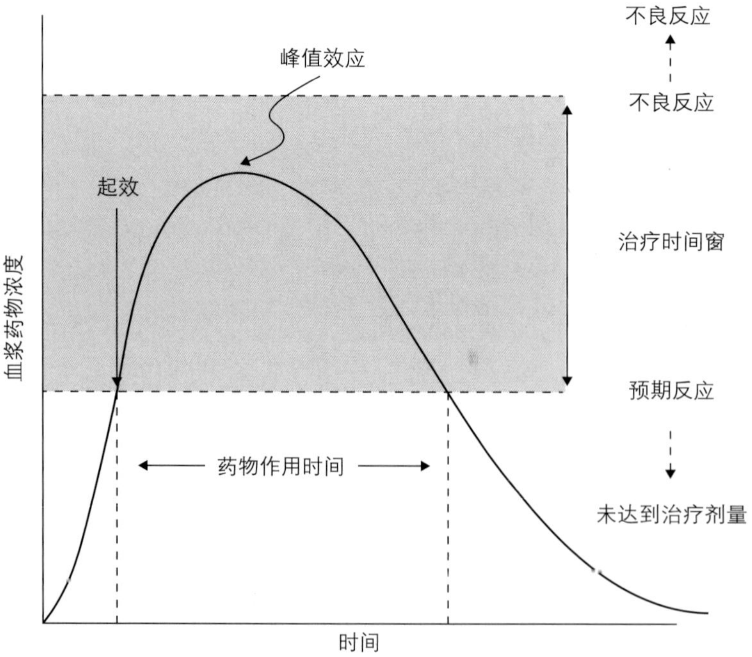


**图5.2** 药物反应曲线。来源：Heather Sherman。

一次性给药时，这种关系变得很重要。药物的作用机制，或者说MOA，指药物产生药理作用的具体生化作用。MOA通常包括药物结合的特定分子靶点，如酶或受体。消除半衰期是指药物失去一半药理或生理活性的时间。半衰期也可以描述物质在血浆中的浓度达到其稳态值的一半所需要的时间（血浆半衰期）。

## 镇痛药种类

阿片类药物、非甾体抗炎药和局麻药是兽药中主要的三大类镇痛药。NMDA受体拮抗剂也已被纳入疼痛管理方案，因为它们有消除或预防痛觉敏感化和治疗神经性疼痛的能力。α-2受体激动剂可用于麻醉前联合用药和微抢救剂量，也可用作CRI，因为它们虽然主要用于镇静作用，但也具有一定的镇痛作用，并能提高阿片类镇痛药的效果。此外，还有辅助镇痛药。这些药物包括阿米替林、加巴喷丁和曲马多。本章将介绍每类镇痛药的现有可用药物的PK、PD、MOA、吸收、代谢、消除和不良反应。CRI计算和多模式疼痛计划将被详细介绍。

### 阿片类药物

阿片类药物仍然是人类和兽医疼痛管理的基石。所有阿片类镇痛药在化学上都与一组化合物有关，这些化合物是从一种特定罂粟（Papaver somniferum）的汁液中提纯出来的（Lamont & Mathews, 2007）。这种提取物被称为鸦片，它含有吗啡和可待因等活性化合物。在药效和功效上与所有其他阿片类药物相比，吗啡是一种天然的麻醉剂。

除吗啡外，还有多种半合成和合成的吗啡类似物已用于临床。根据它们激活的受体进一步分类。

**框5.1 效价与疗效**

- 效价是指产生某种效果（如减轻疼痛）所需要的药物量（通常以mg表示）。例如，如果5mg的A药缓解疼痛的效果和10mg的B药一样，那么A药的药效就是B药的2倍
- 疗效是指药物可能产生的最大治疗反应。例如，阿片类吗啡激活μ受体产生比丁丙诺啡更多的镇痛作用，丁丙诺啡只有部分结合在那里。因此，吗啡比丁丙诺啡更有效
- 更大的效价或疗效不一定意味着一种药物比另一种更好。在判断药物对特定患病动物的相对优点时，可能会考虑许多因素，如不良反应、潜在毒性、药效持续时间（这决定了每天所需的剂量）和成本

阿片受体有三种明确的类型：μ，delta和kappa。受体亚型也已确定，包括3种μ亚型，2种delta亚型，以及多达4种kappa受体亚型。这对于研究人员继续创造更多的亚型但目前还不适用于临床兽医的特异性药物，以努力消除不良反应来说是很重要的。

#### 作用机制

阿片类药物通过与大脑和脊髓的特定受体结合，产生各种效果，包括镇痛、兴奋、烦躁、镇静和兴奋。阿片受体是G蛋白偶联受体，可诱导细胞内信号传导，最终抑制腺苷酸环化酶活性并抑制钙离子电流。在突触前水平，钙内流的减少降低了传递物质的释放，如从脊髓背角初级传入纤维的P物质，从而抑制了疼痛性输入的突触传递（Inturrisi，2002）。阿片受体的活性也被证明可以抑制GABA在突触间隙的释放，从而产生镇痛作用。

## 吸收

通过静脉注射（IV）、肌内注射（IM）或皮下注射（SC） 给予阿片类药物均可通过与中枢神经系统受体的相互作用产生快速的作用。通过口服、经皮给药、口腔给药或直肠给药的阿片类药物会有不同的全身吸收，具体取决于药物的种类。阿片类吗啡有显著的首过效应，这就是为什么它通常不口服。除了IM或IV注射外，向蛛网膜下腔或硬膜外腔注入神经轴突也是一种有效的阿片类镇痛途径。通过这些途径引入的小剂量阿片类药物很容易穿透脊髓，并与脊髓和/或脊髓上阿片类药物受体相互作用，产生深刻的、可能持久的镇痛作用，其特点取决于所使用的特定药物（Lamont & Mathews, 2007）。阿片类药物也可以增强外周镇痛，尽管它们是众所周知的中枢作用的药物。由于这一发现，阿片类药物可以在局部注射，减少全身给药的不良反应。对这一现象的研究仍在进行中。

## 不良反应

使用阿片类镇痛药有许多潜在的不良反应。常见的不良反应是恶心和呕吐，直接刺激化学感受器触发区导致呕吐。这可以是物种特异性的，也可以是药物特异性的。与预先术前给药的动物相比，给已经遭受一定程度疼痛的动物服用阿片类药物时，恶心和呕吐的发生率较低 。在这种情况下，可以使用止吐剂来减轻动物的不适，减少反流和误吸的风险。

兴奋可能是另一个不良反应，也具有物种和药物特异性。有许多因素决定患病动物是否会感到兴奋。如果发生兴奋，可以逆转阿片类药物，降低剂量，或使用其他药物来达到所需的镇痛作用。

体温过低是一种常见的不良反应，原因是CNS兴奋性低下（Posner, 2007）。一些动物，特别是猫，在服用纯阿片类兴奋剂后会出现体温升高，因此必须密切监护这一物种的体温。

在人类医学中，呼吸抑制是阿片类药物给药的主要不良反应，但在动物中很少观察到。然而，一些阿片类药物可能导致剂量依赖的通气抑制从而导致高碳酸血症，而另一些可能导致过度通气（特别是在犬身上）。这是在治疗有呼吸抑制窘迫的品种或患病动物的疼痛时需要考虑的（如短头犬或气管塌陷患病动物）问题，在设计针对患病动物的疼痛方案时应予以考虑。

阿片类药物对心血管系统的影响很小。它们可能通过引起心动过缓而潜在地减少心输出量，但这更可能发生在无法适当补偿心率下降的危重患病动物身上。然而，大多数患病动物对阿片类药物诱导的迷走神经刺激的抗胆碱能反应迅速。

服用后，大多数阿片类药物会导致一些动物排便，然后可能导致便秘。胃肠道（GI）不良反应（便秘）更常见于多次使用或慢性阿片类药物，但可以通过改变饮食或粪便软化剂治疗（Plumb, 2011）。

## 完全（纯）激动剂

几乎所有临床上有用的阿片类药物都是通过在μ受体上起激动剂的作用来发挥镇痛作用的。纯或完全阿片激动剂与受体结合时可引起受体的最大激活，随后的下游过程产生最大的镇痛效应（Lamont & Mathews, 2007）。

### 吗啡

吗啡是一种天然的麻醉剂，在μ，delta和kappa受体中起完全阿片激动剂的作用。目前，没有其他阿片类药物被证明比吗啡更有效。服用一剂吗啡后，临床效果通常可持续3-4h。肥大细胞脱颗粒刺激组胺释放是一个值得关注的问题。

无防腐剂吗啡常用于硬膜外麻醉。通过这一途径，吗啡可在最低肺泡浓度（MAC）时为骨科和软组织外科手术提供持久的镇痛作用。最近有研究建议使用吗啡来缓解半椎板切除使用明胶海绵Gelfoam®（辉瑞，纽约，NY）时的疼痛。该研究表明，若仅依靠明胶海绵给药的保存性，游离吗啡硬膜外麻醉并不能充分缓解半椎板切除术后的疼痛，但与其他阿片类药物联合给药可能会更好地疼痛缓解（Barker et al., 2013）。

**芬太尼（枸橼酸芬太尼）**

芬太尼是一种纯的阿片激动剂，比吗啡效价强100倍。它是短效的，在注射后约5min出现峰值镇痛效应，并持续约30min。高脂溶性，适合经皮吸收。高剂量时，可引起呼吸暂停和心动过缓，但这主要发生在术中镇痛时，可给予正压通气并密切监护通气情况。由于其作用时间短，常被用于CRI形式或用于麻醉下动物的辅助镇痛，显著减少MAC和最小的CV不良反应。芬太尼可与苯二氮䓬类药物联合应用于心血管不稳定的患病动物。最近，Recuvyra™（Elanco, Greenfield, IN），透皮缓释芬太尼（4d）被美国食物和药品管理局（FDA）批准用于术后疼痛。它被放置在肩胛骨之间，就像类似的局部透皮产品。

**瑞芬太尼**

瑞芬太尼是一种纯阿片激动剂，相当于吗啡效价的50倍。它的作用时间很短，犬的半衰期为6min，猫为17min。它是阿片类药物中的一种独特药物，因为它是由非特异性的血浆酯酶代谢成不活跃的代谢物，不依赖于肝代谢。这使得该药特别适用于肝或肾损害的患病动物，例如，正在进行肝肿瘤切除或肝门分流修复的患病动物。

**羟吗啡酮（盐酸氢羟吗啡酮）**

羟吗啡酮是一种合成的纯μ阿片激动剂，其效价为吗啡的10倍。与吗啡相比，羟吗啡酮不太可能引起犬和猫的恶心和呕吐，还可提供更多的镇静作用。它也不太可能导致犬气喘，这使它成为呼吸系统受损的动物或短头品种的理想选择（Lamont & Mathews, 2007）。IV时，3–5min内可起效镇痛，IM时15min内可起效镇痛，作用时间为4–6h。

**二氢吗啡酮（盐酸二氢吗啡酮）**

二氢吗啡酮是一种合成的纯μ阿片激动剂，其效价为吗啡的5–10倍。在临床上，二氢吗啡酮和羟吗啡酮具有相似的镇痛疗效、效价和持续时间。二氢吗啡酮更便宜，但更容易引起呕吐和气喘，它已经被证明会导致猫的体温升高。

**美沙酮（盐酸美沙酮）**

美沙酮是一种合成的纯μ阿片激动剂，为吗啡效价的1.5–4倍。给犬静脉注射后2–4h内止痛。美沙酮的独特之处在于它对NMDA受体和α-2肾上腺素能受体具有额外的亲和力（Codd et al., 1995），还可以减少去甲肾上腺素和5-羟色胺的再摄取以增强镇痛作用，使其对于神经性或聚集痛有效。与二氢吗啡酮相比，它不太可能使患病动物呕吐。美沙酮可作为猫的口腔透黏膜药物（OTM）。在一项研究中，在OTM给药后镇静作用更大并持续较长时间，剂量为0.6mg/kg（Ferreira et al., 2011）。

**哌替啶（盐酸哌替啶）**

哌替啶是一种合成的纯μ阿片激动剂，其效价为吗啡的1/8。SQ给药时有刺激性，必须缓慢IV以防止组胺释放。IM给药后30–60min，峰值效应出现，犬、猫的镇痛作用仅持续1–2h。它可能会引起心动过速，因为其轻度的阿托品样效应，与其他大多数阿片类药物引起的心动过缓相反（Lamont & Mathews, 2007）。

#### 可待因（磷酸可待因）

可待因是一种口服的弱μ阿片激动剂。它有温和的镇痛作用，但有非常有效的镇咳作用。PO给药后30min起效。它已与对乙酰氨基酚口服联合用于犬的门诊疼痛控制。

### 部分阿片激动剂

部分阿片激动剂是一种与μ阿片受体结合但临床效果有限的药物。这些药物有所谓的“天花板效应”，即增加剂量不会产生额外的不良反应或镇痛作用。在需要轻度至中度镇痛时使用。

#### 丁丙诺啡/丁丙诺啡SR™

丁丙诺啡是一种半合成的部分阿片激动剂，其效价为吗啡的20–30倍。它与μ受体有很高的亲和力，但不能引起最大的临床反应，这使得它更适合治疗犬的轻度至中度疼痛。由于这种天花板效应，它也不像纯μ阿片类药物那样能有效地降低MAC。它具有剂量依赖性，镇痛持续时间范围为4–24h，视给药剂量而定。由于其独特的口腔pH，丁丙诺啡也可以通过口腔黏膜给猫止痛。药物应以40–120μg/kg的剂量放置在脸颊袋内（Ko, 2013）。丁丙诺啡（缓释片）在（SR Veterinary Technologies LLC, Windsor, CO）猫的门诊治疗过程中被用作一种SQ注射剂，用于延长释放时间。它的疗效和不良反应与术前术后每天两次口服丁丙诺啡的效果相当（Catbagan et al., 2011）。

### 阿片激动剂–拮抗剂

阿片激动剂–拮抗剂是竞争性的μ受体拮抗剂，但通过刺激kappa受体发挥镇痛作用。由于这些药物的镇痛效果有限，它们不会显著降低MAC，当出现或预计出现中度至重度疼痛不应使用。

#### 布托啡诺/纳布啡

布托啡诺是一种合成的μ受体阿片拮抗剂和kappa受体阿片激动剂，在kappa受体发挥镇静作用的效价为吗啡的5倍。布托啡诺是一种μ受体拮抗剂，所以它不是缓解疼痛的很好选择。它的作用时间很短，只有1–3h。布托啡诺是一种良好的镇静剂和有效的止咳剂，这使它成为呼吸窘迫的动物的理想选择，例如因气管塌陷而呼吸困难。

纳布啡也是一种激动剂/拮抗剂阿片类药物，临床上与布托啡诺相似。这两种药物在与镇静剂（如乙酰丙嗪或苯二氮卓类药物）联合使用时都会增强药效。

### 纯阿片拮抗剂

#### 纳洛酮（盐酸纳洛酮）

纳洛酮是一种纯μ受体阿片拮抗剂，逆转所有受体的阿片激动剂效应。IV给药持续30–60min，因此可能需要后续给药（Lamont & Mathews, 2007）。使用纳洛酮后可引起兴奋加重，因此，慢慢地滴定剂量并使之生效（表5.1）。

## 非甾体抗炎药

非甾体抗炎药在兽医学中广泛用于缓解急性和慢性炎症性疼痛。这类药物的一个吸引人的特点是具有良好的治疗镇痛活性和较长的作用时间。非甾体抗炎药常用于围手术期，作为多模式疼痛管理计划的一部分。它们被用于治疗各种炎症，包括术后疼痛、组织创伤、骨关节炎和癌症

**表5.1**　阿片类药物剂量

| 阿片激动剂 | | | | | | |
|---|---|---|---|---|---|---|
| 药物 | 犬 | 猫 | 马 | 奶牛 | 山羊 | 猪 |
| 吗啡 | 0.4–1.0 | 0.1–0.2 | 0.04–0.1 | 0.04 | 0.04 | 0.05–0.1 |
| 哌替啶 | 1–5 | 0.5–1.0 | 2–4 | 2–4 | — | 0.4–1.0 |
| 二氢吗啡酮 | 0.1–0.2 | 0.1 | 0.02–0.1 | — | — | — |
| 羟吗啡酮 | 0.1–0.2 | 0.1 | 0.02–0.1 | — | — | — |
| 美沙酮 | 0.5–1.0 | 0.1–0.2 | 0.05–0.10 | — | — | 0.1–0.2 |
| 芬太尼 | 2–6μg/kg | 1–3μg/kg | 0.07–0.15 | — | — | — |
| 丁丙诺啡 | 0.02 | 0.01–0.02 | 0.01 | — | — | — |
| 丁丙诺啡 SR | 0.12–0.27 | 0.12 | — | — | | — |
| 纳布啡 | 0.05–0.2 | — | — | — | | — |
| 布托啡诺 | 0.2–0.4 | 0.2–0.4 | 0.01 | | — | — |
| 纳洛酮 | 0.2–0.4 | 0.2–0.4 | 0.1–0.2 | — | — | — |
| 可待因 | 0.5–2（PO） | 0.5–2（PO） | | | | |

所有镇痛药物剂量均取自Muir et al., 2013。除非另有说明，所有给药式均为IV，单位为mg/kg。IM剂量是IV剂量的1–2倍。

疼痛等。非甾体抗炎药与阿片类药物联合使用时表现出协同作用，可能具有节约阿片类药物的作用（Lamont & Mathews, 2007）。非甾体抗炎药有注射型、片剂型、咀嚼型、口服液型、膏剂型和颗粒型。需为患病动物仔细选择NSAID，因为可能会发生许多不良反应。

## 作用机制

非甾体抗炎药通过抑制环氧化酶（COX）发挥镇痛作用。COX酶促进花生四烯酸的分解，产生多种生物介质，包括前列腺素、前列环素和血栓素。前列腺素在疼痛管理中尤其重要，因为它们会引起肿胀、疼痛和发烧，所有这些都会增强痛觉。从历史上看,有两个已知COX同工酶（COX–1和COX–2），最近又发现了COX–3（Botting, 2003）。COX–1在人体中无处不在，并参与许多生物学功能，包括胃黏膜健康、血小板聚集和肾血流调节 。COX–2是一种可诱导同工酶，在组织炎症部位上调。新型的选择性抑制COX–2的非甾体抗炎药被认为引起的胃肠道不良反应较少（Wanamaker & Massey, 2004）。COX–3同工酶具有与COX–1和COX–2不同的COX活性，但更接近COX–1。

COX还在发烧中扮演了一个角色。某些抗炎药物，如对乙酰氨基酚和阿司匹林，已被证明具有解热作用，并已在临床中用于犬。在猫科患病动物中，酮洛芬和美洛昔康已被证明可以降低发热，不良反应更少（Lamont & Mathews, 2007）。

## 不良反应

### 药物不良事件和非甾体抗炎药

非甾体抗炎药使用相关的最常见的不良反应

**框5.2　ISFM和AAFP关于在猫身上使用非甾体抗炎药的建议（Sparkes et al., 2010）**

- 在开始非甾体抗炎药治疗前，进行详细的体格检查，包括血压评估，最好是血液学、血液生化和尿液分析
- 根据患病动物的临床情况，每3-6个月进行一次常规监护
- 确保准确的剂量
- 如果动物超重或肥胖，根据理想或瘦体重的剂量使用
- 在进食时服用或进食后不久服用
- 饲喂湿粮，并确保摄取足够的水分
- 确保宠主知道任何可能产生的不良反应
- 如果动物停止进食，停用药物
- 把剂量滴定到最低有效水平
- 如果正在使用其他治疗药物，请减少剂量
- 不可与皮质类固醇一起使用

（ADEs）是影响胃肠道系统、肾脏、肝脏和血小板功能。从犬长期使用非甾体抗炎药中得到的教训表明，这类药物常常使用不当，没有进行筛选和监护（Lascelles et al., 2005）。美国FDA兽医医学中心的不良药物事件报告提供了一些关于为何使用NSAID引起的ADEs不良反应发生率如此之高的见解：

- 23%的宠主表示，兽医从来不和他们讨论药物的不良反应
- 22%的宠物主人表示，他们没有得到制药公司为宠物主人提供的用来客户教育的有关处方药的客户信息表
- 14%的处方非甾体抗炎药（NSAID）以非原包装的形式分发，而不是按照提供给宠物主人的标签上药物信息给予
- 只有4%的宠物患病动物的处方药在给药前进行了血液分析

NSAID这一类药物分别最常与胃肠道（64%）、肾系统（21%）和肝脏（14%）的不良反应有关（Hampshire et al., 2004）。与非甾体抗炎药相关的胃肠道问题可能像反流一样温和，也可能像胃溃疡和穿孔一样严重。呕吐被认为是胃穿孔最常见的临床症状。应告知宠物主人，如果他们的宠物服用NSAID时呕吐，应该停药并及时进行检查。

在涉及未经授权就用于猫的报告中，有9例与注射美洛昔康后口服给药有关。此剂量方案未授权用于猫。

在这9例中，8只猫出现肾功能不全，1只猫出现呼吸困难，在口服美洛昔康48h内死亡。使用美洛昔康或其他非甾体抗炎药的口服后续治疗不应该用于猫，这一警告包括在SPCs的所有含有美洛昔康的可注射产品中（Dyer et al., 2010）。

在一项为期一个月的研究中，18%的猫表现出间歇性的胃肠道不适（呕吐和/或腹泻），但症状还不足以终止对任何猫的治疗（Clarke & Bennett, 2006）。

此外，还观察到更严重的并发症，包括胃溃疡和出血、急性肾损伤和血小板增多症。准确的剂量是必要的，因为很多非甾体抗炎药的安全性很低。选择接受非甾体抗炎药的患病动物应无胃溃疡的证据或隐患，肾功能、肝功能正常，凝血功能正常。此外，患病动物应具有正常血容量和正常血压。不同的非甾体抗炎药对年龄和体重的限制有所不同，应加以观察。

在迄今为止最大的临床研究中（Gunew et al., 2008），46只猫中有4只在接受美洛昔康治疗期间呕吐，其中2只退出了研究。吡罗昔康最常见的不良反应是呕吐（Bulman-Fleming et al.,

2010）。肝脏生物转化的差异可能导致猫的半衰期延长和潜在的毒性，因此在猫科患病动物多次使用非甾体抗炎药时应谨慎。“使用非甾体抗炎药的许多担忧都与猫独特的代谢方式有关；例如，该物种中葡萄糖醛酸转移酶的相对缺乏可能导致某些药物的半衰期延长。然而，一些非甾体抗炎药，包括美洛昔康、吡罗昔康和罗苯那考昔，在猫体内被氧化酶清除，而且似乎没有延长半衰期。”

同时使用非甾体抗炎药与皮质类固醇或其他非甾体抗炎药会大大增加不良事件发生的可能性，应该避免。当从一种非甾体抗炎药转换到另一种非甾体抗炎药或从皮质类固醇转换到非甾体抗炎药（反之亦然）时，应观察3-5d的“洗脱期（washout）”，以尽量减少这种风险（Fox, 2013; Mealey, 2013）。

在犬类中，大多数与非甾体抗炎药使用相关的不良反应发生在治疗开始后14-30d（范围3-90d）（Hampshire et al., 2004）。因此，建议在使用前对血液和化学值进行筛查，然后进行2-4周随访。

慢性药物治疗可诱导肝酶的产生。肝酶值较基线增加3-4倍可能提示肝毒性。可以采取两种行动：

1. 停止使用该药物，如果值回到基线，治疗和肝损伤之间有可能有联系。
2. 可以进行更具体的肝功能检测，如胆汁酸检测。

血细胞压积的降低和BUN的增加提示胃肠道出血，但BUN的任何变化都需要测量肌酐和尿比重以评估肾功能。

教育宠物主人认识到早期迹象的问题是至关重要的。建议客户停止使用非甾体抗炎药，如果发现宠物出现食欲不振、呕吐、腹泻、嗜睡或大便带血等变化，应立即通知兽医。停止或继续NSAID治疗的决定将取决于进一步的咨询和诊断测试。所有药物不良事件应尽快报告给相关制药公司和或监管委员会。

患有肾脏或肝脏疾病的动物可能不适合接受非甾体抗炎药治疗急性或慢性疼痛；然而，在某些情况下，如果生活质量问题比风险更重要，可谨慎使用非甾体抗炎药用于控制慢性炎症（Sparkes et al., 2010）。

**框5.3 使用非甾体抗炎药的绝对禁忌**

- 与另一种非甾体抗炎药或皮质类固醇联合使用
- 蛋白结合药物（华法林、地高辛、抗惊厥药苯巴比妥）和化疗药物
- 血管紧张素转换酶抑制剂和利尿剂
- 脱水或低血容量的患病动物
- 患有胃肠溃疡的动物

## 非甾体抗炎药的例子

### 卡洛芬

卡洛芬是一种优先选择COX-2的非甾体抗炎药，在美国被批准用于犬的围手术期疼痛和慢性疼痛，在英国和其他国家被批准用于犬、猫的围手术期疼痛和慢性疼痛。卡洛芬有注射剂型、咀嚼剂型和囊片剂型。

### 美洛昔康

美洛昔康是优先选择COX-2的非甾体抗炎药。口服制剂批准用于犬，肠外制剂批准一次性用于猫。在美国，Metacam带有一个FDA封盒警告，提示猫重复给药可能导致肾功能衰竭。欧洲药物的标签规定，美洛昔康禁用于有活动性消化

道溃疡或出血；肝脏、心脏或肾脏功能受损；以及出血性疾病的犬（Plumb, 2011）。

**OroCAM®（雅培，雅培公园，伊利诺伊州）**

OroCAM提供的是经口腔透黏膜吸收的非甾体抗炎药美洛昔康，用于控制犬的疼痛和炎症。它作为一种雾剂进入患病动物的面颊或牙龈。研究发现，该药物对控制骨关节炎相关的疼痛和炎症方面是安全有效的（Cozzi & Spensley, 2013）。

**罗贝考昔（Onsior®; Novartis Animal Health, NAH Comunications, Switzerland）**

罗贝考昔是一种新型的非甾体抗炎药，在注射和口服两种剂型中都能迅速发挥作用。它对COX的COX-2亚型具有很高的选择性。在一项研究中，与美洛昔康相比，SQ注射的罗贝考昔在治疗犬软组织手术相关的围手术期疼痛和炎症方面具有良好的耐受性和疗效（Gruet et al., 2013）。在美国，口服剂型被批准在术后3d使用。

**酮洛芬**

酮洛芬是一种丙酸衍生物，具有解热、抗炎和镇痛作用。它是COX-1和COX-2的抑制剂，因此要根据患病动物进行选择。它被批准用于马（IV）、犬和猫（IV，IM，SQ）的术后和慢性疼痛的治疗。它不应该用于有出血问题的患病动物（术后腹腔镜肝活检），但可以安全地用于骨科手术术后。

**氟尼辛葡甲胺**

氟尼辛是一种非甾体抗炎药，非COX-2选择性，标记用于马和牛，但也用于其他物种。它在马身上的临床应用包括缓解与肌肉骨骼疾病和绞痛相关的疼痛，因为它有很强的能力抑制内脏疼痛。犬和猫可能中毒。

**酮咯酸**

酮咯酸是一种COX-1和COX-2抑制剂，不被批准用于兽医患病动物，但在研究环境中使用时，它比其他非甾体抗炎药更容易获得。它在处理犬剖腹手术后和骨科手术疼痛的时间和疗效方面与酮洛芬相当（Matthews et al., 1996）。

**非罗考昔**

非罗考昔是coxib类的药物，目前以咀嚼片形式提供，可为犬的骨关节炎提供镇痛作用。它也有COX-1的一部分效果（Plumb, 2011）。可能会发生标准NSAID不良反应。

**地拉考昔**

地拉考昔是一种NSAID和coxib类镇痛药。它以口服形式提供，并贴有标签，用于控制犬骨科手术或骨关节炎中的疼痛和炎症。

**吡罗昔康**

吡罗昔康已被证明对于移行细胞癌、膀胱炎和尿道炎相关的下尿路镇痛有效。建议同时使用胃保护剂（Plumb, 2011）。

**对乙酰氨基酚**

对乙酰氨基酚是一种COX-3抑制剂，对COX-1和COX-2的影响很小，因此在兽医患病动物中应用有限。它具有温和的镇痛作用，是一种有效的解热剂。由于对乙酰氨基酚在猫体内的葡萄糖醛酸化作用不足，导致有毒代谢物的积累和毒性，因此禁止在猫体内使用。它已被用于犬，联合阿片类药物时最有效（泰诺与可待因）。

**阿司匹林**

阿司匹林是最常用的低剂量血小板抑制剂，治疗猫的心肌病和许多犬、猫高凝障碍。猫很容易过量，因为它们无法快速代谢。由于永久性的血小板抑制，阿司匹林被禁止用于患有骨关节炎的犬，不推荐用于犬或猫的疼痛控制（表5.2）。

## 局部麻醉药

局部麻醉药能可逆地与钠通道结合，阻断神经纤维的脉冲传导。它们产生皮肤表面（表面麻醉）、组织（浸润和区块阻滞）和区域结构的脱敏和镇痛（传导麻醉、局部麻醉）（Muir et al., 2013）。局部麻醉药提供了预先镇痛，降低了中枢敏化的发展潜力。兽医常用的局麻药有利多卡因、布比卡因和甲哌卡因。它们可以而且应该尽可能地作为多模式疼痛管理计划的一部分。2011年国际疼痛管理兽医学院（IVAPM）立场/共识声明建议："应在所有外科手术过程中尽可能使用局部麻醉。"

**表5.2** 非甾体抗炎药剂量

| 药物 | 犬 | 猫 | 马 | 反刍动物 | 给药途径 |
|---|---|---|---|---|---|
| 水杨酸盐阿司匹林 | 10–35 | 10–15 | — | 100 | PO |
| 卡洛芬 | | | | | |
| | 2.2–4.4 | | | | PO，SQ |
| | | 2 | | | SQ |
| | | | 0.05–1.10 | | IV |
| 酮洛芬 | 0.5–2.2 | 0.5–2.2 | | | IM（犬），SQ，PO |
| | | | 1.1–2.2 | 2 | IV |
| 氟尼辛葡甲胺 | | | | | |
| | 0.25–1 | 禁用 | | | IV，IM |
| | | | 0.2–1.1 | 1 | IV |
| 吡罗昔康 | | | | | |
| | 0.2–0.4 | 禁用 | | | PO |
| 美洛昔康 | 装载剂量：0.2 | 术前使用：0.3 | | | 装载剂量：IV或SQ |
| | 维持剂量：0.1 | | | | 维持剂量：PO |
| | 装载剂量：0.2 | 装载剂量：0.2 | | | SQ，PO |
| | 维持剂量：0.1 | 维持剂量：0.1 | | | |
| 地拉考昔 | | | | | |
| | 1–4 | 禁用 | | | PO |
| 非罗考昔 | 2–5 | 禁用 | | | PO |
| 罗贝考昔 | 1 | （1mg/kg）口服，每日1次，最多3天PO（猫） | | | |
| 非那西汀 | | | | | |
| 对乙酰氨基酚 | 10–15 | | | | PO |

所有剂量单位均为mg/kg。

## 作用机制

局部麻醉药是一种膜稳定剂，它能进入并占据钠离子通道。通过阻断钠离子通道，可以防止神经细胞去极化，从而减缓或停止神经冲动的传导。

局部麻醉药的效力与药物的脂溶性直接相关。局部麻醉的分子越小，亲脂性越强，麻醉越容易穿透轴突神经膜。这些神经膜的成分是高脂的，并与钠通道具有更大的亲和力（Skarda & Tranquilli, 2007）。起效速度也很可能与麻醉剂的脂溶性有关。

局部麻醉药从黏膜、浆膜表面、呼吸道上皮、IM沉积、SC沉积和损伤的皮肤吸收，但通过完整的皮肤吸收很差。恢复正常感觉的时间取决于药物从神经膜上的逐渐消散。

## 不良反应

局麻药主要问题是中枢神经系统和心血管毒性。因此，犬和猫的剂量应该仔细计算，并在患病动物身上减少。随着药物血浆浓度的增加，人类会经历一系列的症状和体征，如舌头麻木、头晕、视觉障碍、肌肉抽搐、无意识和抽搐，这些症状可能会发展为昏迷、呼吸停止、心血管抑制和死亡（Skarda & Tranquilli, 2007）。通常在犬和猫身上观察到的毒性的最初症状是肌肉抽搐和震颤。如果发生这种情况，建议使用抗惊厥药物治疗，首选地西泮。

## 应用

### 表面麻醉

局部麻醉药可应用于口腔、食道、泌尿生殖道和气管支气管树等多个黏膜表面。它们也可以用于眼部手术或喉部，以方便气管插管。EMLA® 乳霜可用于皮肤上，便于留置静脉导管。

5%利多卡因贴剂用于局部麻醉。利多卡因贴剂的作用机制是局部应用利多卡因与神经元膜受体结合，通过抑制钠离子的流入来稳定神经元膜，从而抑制动作电位的启动和神经冲动的传导（Gammaitoni et al., 2003）。接受过子宫卵巢切除或剖腹手术的动物可在腹中线应用利多卡因贴剂。该贴剂也可用于开胸、胸骨切开术、背侧半椎板切除术、交叉修复、全耳道消融术和截肢手术后。

深入讨论局麻药神经阻滞和区域阻滞在本章下述和第7章中。

### 浸润/连续浸润麻醉

局部麻醉药可以放置在特定的神经周围，以方便小手术或作为外科手术多模式疼痛管理计划的一部分。局部浸润主要用于兽医手术前，用于切除肿瘤或肿块、表面活检或撕裂伤修补。最近，弥散导管或伤口导管的发展使局部麻醉药的输送成为可能。弥散或伤口导管是简单的开孔管，无菌放置在疼痛部位用于连续或间断的局部麻醉。这在引起中重度术后疼痛的情况下特别有用，如截肢、耳道完全切除和乳房根治性切除。

### 区域或神经阻滞

区域局麻是将局麻药注射到周围神经以阻断感觉和/或运动功能。

### 外周神经阻滞

在美国和加拿大的部分地区，猫甲切除是一种常见的手术。环周神经阻滞技术可以在注射阿片类药物和非甾体抗炎药的同时显著增加镇痛效果（图5.3）。

肋间神经阻滞可以在胸腔手术之前或之后进行，如侧开胸或胸骨正中切开，因为这些手术通常会引起最严重的术后疼痛。

### 神经轴麻醉

硬膜外麻醉是一种通过在硬膜外腔内注射或

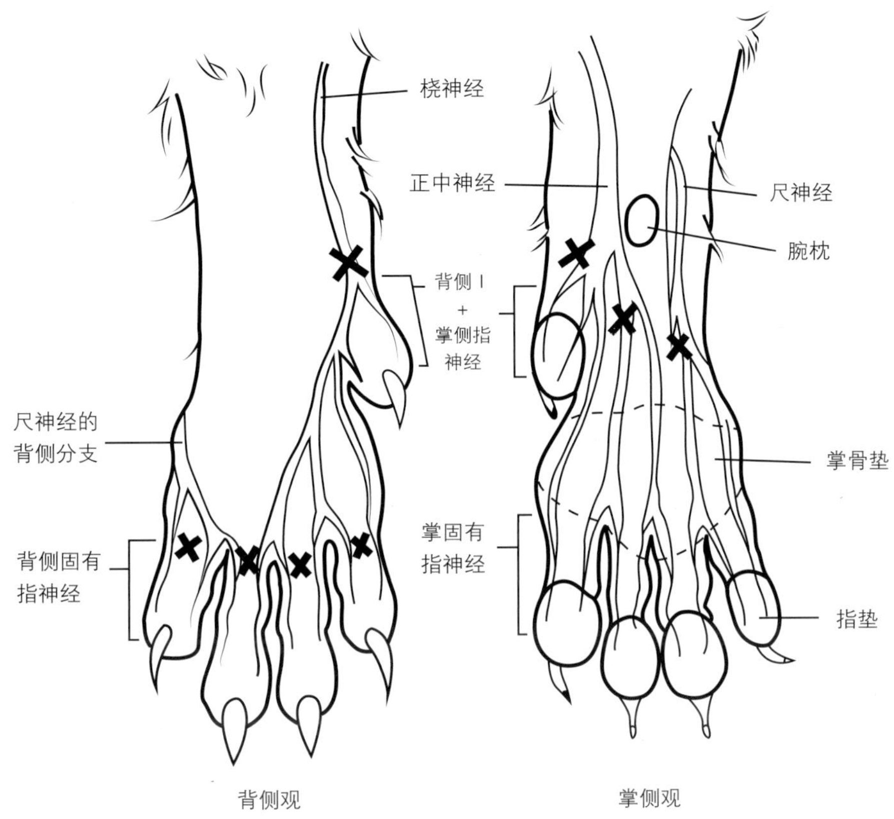


**图5.3** 猫甲切除术神经阻滞。来源：Heather Sherman。

导管给药的局部镇痛方式。脊髓（蛛网膜下腔）麻醉是将局麻药注入脑脊液的技术。当采用脊髓麻醉时，局部麻醉药产生运动和交感神经阻滞以及感觉中断。它们减少挥发性吸入剂的MAC，提供持久的镇痛作用。

神经轴给药的禁忌包括凝血障碍、败血症、置针部位感染、严重低血容量、给药处附近骨折或颅内压（ICP，intracranial pressure）升高（Skarda & illi, 2007）。

## 局部麻醉药物

### 利多卡因

利多卡因是一种酰胺类局麻药，通过阻断钠通道产生可逆的神经传导抑制。起效快（2–5min），作用时间短（20min–2h）。它在肝脏中代谢，并由肾脏排出。它以注射剂、喷雾剂或润滑剂凝胶的形式使用。它也可以与肾上腺素联合使用通过血管收缩以延长作用时间，但是在治疗室性心律不齐或血管收缩禁忌时，绝对不应使用这种形式。

在镇痛计划中加入利多卡因有几个好处。据报道，它有一些细胞保护作用，如弱钙通道抑制作用，这可能有助于防止再灌注损伤（Schmid et al., 1996），并减少中性粒细胞趋化和血小板聚集（这可能对一些病例有潜在帮助，如DIC或SIRS，包括GDVs和脾切除术）。同时，利多卡因也有预防肠梗阻的作用，这使它可以用于肠切开术。

## 布比卡因

布比卡因也是一种酰胺类局部麻醉药，其作用类似于利多卡因，通过阻断钠通道和阻止神经传导。它起效较慢（10–15min），持续时间较长（4–6h）。它也由肝脏代谢并由肾脏排出。它可以与阿片类药物联合使用以延长持续时间。

## 马比佛卡因

马比佛卡因也是一种经批准用于犬和马的酰胺类局部麻醉药，但在兽医中不如利多卡因和布比卡因常用。中度起效速度（5–10min），中度持续时长（2–4h）。它由肝脏代谢并由肾脏排出。在注射时不刺痛，这使得它有利于用于伴侣动物（表5.3）。

**表5.3** 局部麻醉药

| 硬膜外麻醉 |
|---|
| 利多卡因（无防腐剂，安瓿瓶）：2–3mg/kg，用生理盐水稀释至0.3mL/kg，最大体积6mL |
| 布比卡因（不含防腐剂，安瓿瓶）：0.25–0.5mg/kg用无菌生理盐水稀释至0.3mL/kg，最大体积6mL |
| 吗啡/利多卡因或吗啡/布比卡因联合使用 |
| 最大浸润剂量 |
| 利多卡因：8mg/kg |
| 布比卡因：2mg/kg |
| 另一硬膜外联合用药（总量不超过6mL） |
| 氯胺酮：0.1–0.3mg/ kg |
| 右美托咪定：0.1μg/kg |
| 吗啡：0.05–0.1mg/ kg |
| 布比卡因：0.3–0.4mg/kg |
| 局部麻醉 |
| 局部阻滞 |
| 利多卡因：0.2–2mg/kg |
| 布比卡因：0.2–2mg/kg |
| 卡波卡因：0.5–2mL/部位 |
| 肋间神经阻滞 |
| 布比卡因：2mg/kg |

续表

| 胸膜内 | |
|---|---|
| 布比卡因：2mg/kg稀释至1mL/kg放置于胸腔内 | |
| 腹内 | |
| 布比卡因：2mg/kg稀释于0.8mL/kg 0.9% NaCl在手术闭合前滴入腹腔 | |
| 关节内 | |
| 布比卡因和/或吗啡 | |
| 单独使用吗啡：1.0mg不含防腐剂的吗啡，用生理盐水稀释至5–6mL | |
| 单独使用布比卡因：5–10mL 0.5% 布比卡因（最大2mg/kg） | |
| 吗啡0.1mg/kg，4–5mL布比卡因（最多2mg/kg） | |
| 伤口弥散导管 | |
| 利多卡因CRI：15μg/（kg·min）（犬、猫） | |
| 布比卡因CRI：2mg/（kg·d）（猫）；2–4 mg/（kg·d）（犬） | |
| 利多卡因贴剂（10cm×14cm）： | |
| 猫狗剂量指南 | |
| **体重（kg；lb*）** | **贴剂大小** |
| 1.4–2.3；3–5 | 1/6–1/4 |
| 2.7–4.5；6–10 | 0.5个 |
| 5–9.1；11–20 | 1个 |
| 9.5–18.2；21–40 | 2个 |
| 18.6–27.3；41–60 | 2.5–3个 |
| 27.7–45.5；61–100 | 3–4个 |

每次注射前必须先抽吸注射器，以确保没有静脉注射。当给猫使用利多卡因时，最好选择低剂量的利多卡因，因为它有可能产生中枢神经系统的不良反应，包括嗜睡、共济失调、肌肉震颤和癫痫。

## α–2受体激动剂

由于其镇静作用，α–2受体激动剂已经在兽药中使用了多年，但直到最近才将这些药物的镇痛作用作为多模式疼痛管理计划的一部分受到欢迎。美托咪定、右美托咪定和赛拉嗪是兽药中最常用的α–2受体激动剂。由于赛拉嗪和右美托咪定对α–2受体具有较高的特异性，且不良反应较轻，目前在伴侣动物中已基本被赛拉嗪和右美托咪定取代。α–2可用于短时间的镇静，也可用于术前给药的联合、小剂量的抢救、硬膜外麻醉或

* lb是非法定计量单位，1lb=0.45kg。

持续的辅助镇痛。使用α-2受体激动剂的好处之一是，如果出现不想要的不良反应，或者不想要发生不良反应或患病动物不再需要镇静，可以使用拮抗剂阿替哌唑来逆转。

## 作用机制

α-2受体激动剂通过刺激外周和中枢神经系统的突触前和突触后α-2肾上腺素受体，减少中枢和外周的去甲肾上腺素释放并减少上行性的疼痛传递而产生CNS抑制（Muir et al., 2013）。它们产生深层的镇静、镇痛、肌肉松弛和抗焦虑作用。

与α-2受体介导的生理效应相反，α-1受体的激活产生激动、兴奋和增加动物的运动活动（Lemke, 2007）。Xylazine对α-1受体有很高的亲和力；因此，这些不良反应更常见。这也是美托咪定和右美托咪定被广泛用于伴侣动物和一些异种动物的原因之一。

IV、IM、SQ或经黏膜给药后，α-2迅速吸收，并在肝脏中迅速代谢并在尿液中排泄。

## 不良反应

α-2受体激动剂可引起心血管变化，心脏健康的患病动物可耐受，但不适用于心血管疾病患病动物。最初的外周血管收缩导致黏膜苍白，四肢冰冷，高血压伴有反射性心动过缓。这种全身血管阻力的急剧增加可导致心输出量减少30%-50%，并显著增加心肌耗氧量。可能发生一、二级房室传导阻滞，但完全房室传导阻滞不常见。在明显的窦性心动过缓或窦性停搏后可出现室性心动过缓或心动过速（Muir et al., 2013）。相反，持续输注则伴随由中枢交感神经溶解引起的血管舒张导致的低血压。最初的血管收缩可导致黏膜苍白和四肢冰冷。

α-2受体激动剂还可降低呼吸中枢对高碳酸血症的敏感性，从而抑制呼吸中枢。给予大剂量镇静的患病动物应保持流氧供应，以减少潮气量和呼吸频率。氧也有利于心肌耗氧量的增加。

α-2可以引发犬和猫的呕吐；事实上，赛拉嗪经常被用作催吐剂。反复或长期使用会降低胃肠蠕动，延迟胃排空，并容易导致大型犬和马的腹胀（Muir et al., 2013）。呕吐禁忌的例子包括短头颅患病动物，摘除术，新生儿和支气管镜检查。

短暂的低胰岛素血症和高血糖已在几种用赛拉嗪和其他α-2受体激动剂镇静药物的实例中被报道。它们通过刺激胰腺中的受体来抑制胰岛素的释放，从而导致血糖浓度增加和糖尿。正因如此，α-2受体激动剂在肾病或糖尿病患病动物中应谨慎使用，或完全不使用（Plumb, 2011）。

## α-2受体激动剂例子

### 赛拉嗪

赛拉嗪是一种具有一定亲和力的α-2受体激动剂。它在兽医医学中用作镇静、镇痛和肌肉松弛剂，并用于猫的呕吐。在犬身上，赛拉嗪可能短暂地增加心脏对儿茶酚胺的敏感性，诱发心律失常，这在其他α-2受体激动剂中没有发现。

对于对赛拉嗪的不良反应极为敏感的反刍动物，应谨慎使用。它可以引起某些绵羊的明显唾液分泌，肺水肿和牛的PCV下降（Blaze & Glowaski, 2004）。在马匹中，通常用于治疗腹绞痛（内脏疼痛）。但是，它可能通过延迟胃排空而使马容易腹胀（Blaze & Glowaski, 2004）。赛拉嗪可被拮抗剂阿替哌唑或育亨宾逆转。

### 美托咪定

美托咪定是一种高度选择性的α-2受体激

动剂，是两种异构体的外消旋混合物。右美托咪定为活性对映体，左美托咪定无明显药理作用（Lemke, 2007）。它用于兽医体格检查，诊断影像，小手术的镇静和保定；作为减少MAC的一种术前用药；镇痛佐剂；作为一种抗焦虑药。它比赛拉嗪更有效，剂量以μg/m²为基础。

美托咪定已被证明与阿片类药物具有协同作用，同时使用可延长阿片类药物的活性（Grimm et al., 2000）。可以用在术前使用来缓解焦虑或给不安患病动物减轻压力，以便于静脉导管的放置。美托咪定也用于硬膜外麻醉以减少MAC，并与阿片类药物和局麻药协同作用。术后可小剂量或通过CRI给予，以增加镇痛，或减少烦躁或焦虑。

与所有其他α-2受体激动剂一样，对患病动物进行选择至关重要。所有接受中等至大剂量镇静剂的动物都应进行心电图监护和吸氧，以监护心律失常并增加患病动物的吸入氧含量。对于兴奋的犬应该谨慎，因为它们可能会表现出一种矛盾的兴奋反应。最后，它不应该用于血流动力学不稳定的动物；患有呼吸道、肾脏或肝脏疾病的动物；怀孕的动物；患有肠梗阻的动物。美托咪定可被阿替美唑逆转。

### 右美托咪定

右美托咪定是一种合成的α-2受体激动剂。它只含有外消旋混合物美托咪定的活性对映体，因为左美托咪定没有镇静、镇痛或心肺作用。右美托咪定的药效是美托咪定的2倍。所有其他PK（pharmacokinetics，药代动力学）和PD（pharmacodynamics，药效动力学）与美托咪定相同。

### 地托咪定

地托咪定是一种主要用于马匹的α-2受体激动剂。它会产生镇痛、镇静作用和肌肉松弛，在IV或IM给药后迅速可见。

地托咪定是一种非常有效的内脏镇痛药，可以单独使用，也可以与布托啡诺联合使用，在诊断和外科手术过程中产生站立镇静作用，也可以作为有腹痛的马的镇痛药（Lemke，2007）。与其他α-2受体激动剂一样，它会产生明显的心血管不良反应，因此应谨慎选择患病动物。

## α-2受体拮抗剂

### 育亨宾

育亨宾是α-2受体拮抗剂，逆转α-2受体激动剂的所有作用，包括镇静和镇痛。它被用于兽医逆转激动剂赛拉嗪。它通常是IV给药，但也可以SC或IM给药，以缓慢逆转。

给药育亨宾可引起中枢神经兴奋和肌肉震颤（Glowaski, 2004）。当给予静脉注射时，应缓慢给药并滴定至有效，以帮助抵消这些影响。

### 阿替美唑

阿替美唑是α-2受体拮抗剂，用于逆转美托咪定、右美托咪定和赛拉嗪。它可逆转所有这些药物的作用，包括镇静和镇痛。它偶尔会引起呕吐、腹泻和流涎。

该药物的使用方法为IM注射，所需的阿替美唑的体积等于给药的美托咪定或右美托咪定的体积。最好使用IM途径给药，可以IV给药，然而，它可以引起兴奋或攻击，所以应该慢慢地滴定（Blaze & Glowaski, 2004）（表5.4）。

## 辅助镇痛药

虽然非甾体抗炎药、阿片类药物和局麻药

**表5.4** α-2受体激动剂和拮抗剂剂量

| 药物 | 犬 | 猫 | 马 | 奶牛 | 山羊 | 猪 |
|---|---|---|---|---|---|---|
| 赛拉嗪 | 0.4-1.0 | 0.4-1.0 | 0.4-1.0 | 0.02-0.1 | 0.02-0.07 | 1-2 |
| 美托咪定 | 0.005-0.02 | 0.01-0.04 | 0.005-0.02 | — | — | — |
| 右美托咪定 | 0.005-0.02 | 0.01-0.04 | 0.005-0.02 | — | — | 0.005-0.2 |
| 地托咪 | — | — | 5-20μg/kg | | | |
| 剂量以mg/kg计，IV | | | | | | |
| **药物** | **剂量/途径** | | | | | |
| 育亨宾 | 0.1-0.3 IV<br>0.3-0.5 IM | | | | | |
| 阿替美唑 | IM给予美托咪定或右美托咪定的量<br>0.05缓慢IV | | | | | |

剂量单位为mg/kg。α-2受体拮抗剂可逆转包括镇痛在内的所有效应。

被称为传统镇痛药，但“辅助镇痛药”在某些情况下可增强镇痛活性，尽管它们主要用于疼痛以外的情况。在慢性疼痛组，使用辅助镇痛药：（i）控制传统镇痛药难以控制的疼痛；（ii）减少传统镇痛药的剂量以减少不良反应；（iii）同时治疗疼痛以外的症状（Lamont & Mathews, 2007）。

有多种药物可以被认为是辅助镇痛药，包括抗抑郁药、口服局麻药、NMDA受体拮抗剂和抗惊厥药（加巴喷丁）。一些最常用的兽药包括曲马多和阿米替林。马罗匹坦是一种止吐药和Neurokinin-1（NK-1）受体拮抗剂，已被证明可减少MAC并增加镇痛作用。

## NMDA受体拮抗剂

NMDA受体拮抗剂用于神经性疼痛，作为多模式疼痛治疗的一部分，以消除聚集性疼痛和在对传统镇痛药不再有效时“重置”脊髓。这些药物包括氯胺酮、金刚烷胺和美金刚胺。

## 镇痛机制

NMDA受体位于背角的突触后神经元上。神经损伤导致脊髓谷氨酸增加，从而打开了NMDA通道，从而导致级联效应，导致脊柱聚集疼痛。NMDA受体拮抗剂阻断NMDA通道，以预防和消除脊髓引起的聚集疼痛和痛觉过敏。

## NMDA受体拮抗剂举例

### 氯胺酮

氯胺酮是一种NMDA受体拮抗剂和解离性麻醉剂，产生一种过氧化状态，并在亚麻醉剂量下提供镇痛。CRI可以作为疼痛管理的辅助手段。由于其低剂量时的NMDA拮抗作用，氯胺酮可通过最小化中枢神经系统的致敏作用而大大有助于镇痛，从而有可能预防或消除疼痛。在全身麻醉期间，它可以减少MAC（最低肺泡有效浓度）［以CRI形式以0.6mg/（kg・h）的速度给药，最高可减少45%]，并可作为多模式疼痛管理方案的一部分。氯胺酮经硬膜外给药可产生NMDA拮抗作用。当以这个途径给予氯胺酮，可减少MAC效果和术后镇痛，伴随着轻微的呼吸抑制和心率变化。

氯胺酮给药后可见流涎，瞳孔扩张和轻度呼吸抑制。据报道，高达20%的猫在接受治疗剂量的氯胺酮后出现癫痫（Plumb, 2011）。氯胺酮可增加心率，增加血压和心肌耗氧量，因此，肥厚性心肌病的猫或其他不稳定休克或充血性心力衰竭的患病动物应避免使用（Plumb, 2011）。长期的临床使用是困难的，因为给药途径（CRI）以及由此产生的迷幻不良反应，包括幻觉。

### 金刚烷胺

金刚烷胺主要用于人类的抗病毒药物，但最近发现是一种有效的治疗严重神经病理性疼痛的药物。它与氯胺酮类似，通过拮抗的NMDA受体发挥镇痛作用。

在一项研究中，金刚烷胺被证明是一种有用的辅助疗法，通过改善这些犬的身体活动在临床管理犬骨关节炎疼痛（Lascelles et al., 2008）。它似乎对痛觉过敏和疼痛超敏动物的神经性疼痛的处理也很有效。犬和猫的建议疗程是3mg/kg，SID 持续21d。

### 美金刚胺

美金刚胺是一种非竞争性的NMDA受体拮抗剂，传统上用于治疗人类阿尔茨海默症。在动物研究中，蛛网膜下腔使用美金刚胺在NMDA受体拮抗剂中显示出最大的效力（Suzuki, 2009）。

幻肢痛是一种神经病理性的疾病，在许多人类截肢时产生，但它也可能发生在患病动物身上。有两个案例报告显示早期使用美金刚胺可以减少幻肢疼痛（Hackworth et al., 2008）。它比氯胺酮显示出多种优势，包括较慢地消除半衰期，高效价，并减少不良反应的风险（Suzuki, 2009）。

可能的不良反应包括共济失调、震颤、俯卧姿势和呼吸迟缓，如在人类中所见，但在患病动物中还需要更多的研究。

围手术期注射氯胺酮并长期服用美金刚胺，可用于之后的神经性疼痛治疗。

## 曲马多

曲马多是一种合成的弱μ阿片类药物，用于轻度至中度疼痛。它可被用于兽医学治疗，如犬骨关节炎、糖尿病神经病变和其他神经性疼痛。

它不是一种真正的阿片类药物，但与μ阿片类药物受体有较弱的结合，导致猫产生一些阿片类镇痛活性。除了这种活性外，它还能抑制去甲肾上腺素和血清素的神经元再摄取，这被认为有助于镇痛活性（Lamont & Mathews, 2007）。曲马多的活性被认为是曲马多的代谢物，O-去甲基曲马多，即M1。与曲马多代谢相关的特异性CYP（与药物代谢相关的酶）与M1在犬体内尚未明确，因此，镇痛可能与该物种的阿片活性无关，而与去甲肾上腺素和血清素的再摄取以及潜在的α-2受体亲和力有关（KuKanich & Papich, 2011）。

5-羟色胺综合征是一种潜在的危及生命的药物反应，可能发生在治疗性药物使用、药物间无意的相互作用或特定药物过量后。有一些动物在服用曲马多时表现出5-羟色胺综合征的病例报告，在人类医学中也有关于服用抗抑郁药（SSRIs）或单胺氧化酶抑制剂（MAOIs）的患者服用曲马多有5-羟色胺综合征的记录（Nelson & Philbrick, 2012）。因此，对于已经服用这两种药物的患病动物，应该避免使用曲马多。

## 加巴喷丁

加巴喷丁是一种人类抗惊厥药物，在FDA批准几年后被发现也具有镇痛作用。它的MOA是未知的，但它似乎增加了中枢抑制或减少谷氨酸的合成。

在人类医学中，它被提倡用于各种神经性疼痛综合征、切口疼痛和关节炎。在兽医学中，它被用于治疗与骨关节炎和癌症相关的疼痛，以及神经性疼痛，如颈椎间盘疾病。应用于控制神经性感觉，如灼烧、发痒、针刺、刺痛也已被报道。

加巴喷丁的不良反应可能包括嗜睡，失去平衡、四肢肿胀、很少呕吐或腹泻。

## 阿米替林

阿米替林是一种三环类抗抑郁药，用于治疗小动物的神经性疼痛。它还可以作为一种行为调节剂，用于犬和猫的分离焦虑或一般焦虑（Plumb, 2011），以及小动物的一些瘙痒症状。当其他传统镇痛药不能达到完全镇痛时，阿米替林的加入可能会成功地控制难治性慢性疼痛。患有癫痫的动物禁用三环类抗抑郁药，因为这些药物可能会降低癫痫发作的阈值。

## 马罗匹坦（Cerenia®）

马罗匹坦是一种中枢作用的止吐剂，能拮抗呕吐中枢的NK-1受体，阻止P物质的结合。在兽医中作为一种抗晕车药和止吐剂使用。然而，最近的研究表明，它具有减少MAC的性质，因为NK-1受体拮抗剂在内脏痛觉的作用已被报道（Laird et al., 2000）。这使得马罗匹坦在围手术期非常有用，不仅可以减少与阿片类药物相关的恶心和呕吐，还可以在术前给予以减少MAC。

在一项研究中，马罗匹坦降低了对犬卵巢和卵巢韧带的内脏刺激的麻醉需求。这些结果表明NK-1受体拮抗剂在控制卵巢和内脏痛方面的潜在作用（Boscan et al., 2011），认为马罗匹坦可通过抑制P物质提供抗炎作用（表5.5）。

**表5.5** NMDA受体拮抗剂和辅助镇痛药物及剂量

| 药物 | 犬 | 猫 |
|---|---|---|
| 加巴喷丁 | 2–10 PO q8–12h | 2–10 PO q8–12h |
| 曲马多 | 2–10 PO q12–24h | ? |
| 马罗匹坦 | 1 IV，SQ q24h | 1 IV，SQ q24h |
| 阿米替林 | 1–2 PO q12–24h | 0.5–2 PO q24h |
| NMDA 拮抗剂 | | |
| 氯胺酮 | 0.5mg/kg IV装载剂量，随后是以2–10μg/（kg·min）速度输注 | 0.5mg/kg IV装载剂量，随后以2–10μg/（kg·min）速度输注 |
| 金刚烷胺 | 3–5 PO q24h | 3–5 PO q24h |
| 美金刚胺 | 0.4 PO q12h | ? |

注："？"表明还没有确定可靠的剂量；所有药物均以mg/kg剂量表示。

**表5.6** 常用IV给予的镇痛药CRI

| 药物 | 剂量 | 物种 |
|---|---|---|
| 芬太尼 | 3–5μg/（kg·h） | 犬，猫 |
| 二氢吗啡酮 | 0.01–0.04 mg/（kg·h） | 犬，猫 |
| 氯胺酮 | 2–10μg/（kg·min） | 犬，猫 |
| 利多卡因 | 10–50μg/（kg·min）<br>10–30μg/（kg·min） | 犬<br>猫 |
| 吗啡 | 0.05–0.1mg/（kg·h） | 犬 |
| 右美托咪定 | 0.2–1.0μg/（kg·h） | 犬，猫 |
| 布托啡诺 | 0.1–0.2mg/（kg·h） | 犬，猫 |
| 美沙酮 | 1–2μg/（kg·min）[a] | 犬，猫 |

[a] Muir, 2013, pers. comm。

## 持续恒速输注（CRI）

本章中的许多药物都可以CRI形式使用，用作多模式疼痛管理计划的一部分。当药物浓度更稳定地保持在治疗窗口时，亚治疗剂量的周期就不太可能发生。下面的例子演示了计算连续输液剂量和稀释的基本步骤。

兽医学给药最常见的错误是使用了错误的药剂或使用了错误的剂量。至关重要的是，兽医技术人员能够执行药物计算，包括快速和准确的CRI计算。

所有含有一种以上药剂混合物的注射器都应该适当地标明日期、时间、配制人员姓名的首字母，以及添加和放置在注射器上的所有药剂。通常情况下，塑料注射器中的任何药剂都应在24h后丢弃，并避免阳光直射。当计算较小的患病动物时，剂量应稀释至最低1mL/h，以确保给药的准确性和易于进一步给药。例如，患病动物正在使用利多卡因CRI；通过增加每小时的速度，可以很容易地增加剂量（表5.6）。

持续恒速输液的计算在附录B中有介绍。请参考附录B，以便更好地了解这些计算。

## 推荐阅读


[1] Barker, J.R., Clark-Price, S.C. & Gordon-Evans, W.J. (2013) Evaluation of topical epidural analgesia delivered in gelfoam for postoperative hemilaminectomy pain control. *Veterinary Surgery*, **42** (**1**), 79–84.

[2] Blaze, C.A. & Glowaski, M.M. (2004) *Veterinary Anesthesia Drug Quick Reference*. St. Louis, MO: Elsevier Saunders.

[3] Boscan, P., Monnet, E., Mama, K., Twedt, D.C., Congdon, J. & Steffey, E.P. (2011) Effect of maropitant, a neurokinin 1 receptor antagonist, on anesthetic requirements during noxious visceral stimulation of the ovary in dogs. *American Journal of Veterinary Research*, **72** (**12**), 1576–1579.

[4] Botting, R. (2003) COX-1 and COX-3 inhibitors. *Thrombosis Research*, **110**, 269–272.

[5] Bulman-Fleming, J.C., Turner, T.R. & Rosenberg, M.P. (2010) Evaluation of adverse events in cats receiving long-term piroxicam therapy for various neoplasms. *Journal of Feline Medicine and Surgery*, **12** (**4**), 262–268.

[6] Candido, K.D., Winnie, A.P., Ghaleb, A.H., Fattouh, M.W., Franco, C.D. (March–April 2002)

Buprenorphine added to the local anesthetic for axillary brachial plexus block prolongs postoperative analgesia. *Regional Anesthesia and Pain Medicine*, **27** (**2**), 162–167.

[7] Catbagan, D.L., Quimby, J.M., Mama, K.R., Rychel, J.K. & Mich, P.M. (2011) Comparison of the efficacy and adverse effects of sustained release buprenorphine hydrochloride following subcutaneous administration and buprenorphine hydrochloride following oral transmucosal administration in cats undergoing ovariohysterectomy. *American Journal of Veterinary Research*, **72** (**4**), 461–466.

[8] Clarke, S.P. & Bennett, D. (2006) Feline osteoarthritis: a prospective study of 28 cases. *The Journal of Small Animal Practice*, **47** (**8**), 439–445.

[9] Codd, E.E., Shank, R.P., Schupsky, J.J. & Raffa, R.B. (1995) Serotonin and norepinephrine uptake inhibiting activity of centrally acting analgesics. *Journal of Pharmacology and Experimental Therapeutics*, **274**, 1263–1270.

[10] Cozzi, E.M., Spensley, M.S. (December 2013) Multicenter randomized prospective clinical evaluation of meloxicam administered via transmucosal spray in client-owned dogs. *Journal of Veterinary Pharmacology and Therapeutics*, **36** (**6**), 609–616.

[11] Dyer, F., Diesel, G., Cooles, S. & Tait, A. (2010) Suspected adverse reactions, 2009. *Veterinary Record*, **167**, 118–121.

[12] Ferreira, T.H., Rezende, M.L., Mama, K.R., Hudachek, S.F. & Aguiar, A.J. (2011) Plasma concentrations and behavioral, antinociceptive, and physiologic effects of methadone after intravenous and oral transmucosal administration in cats. *American Journal of Veterinary Research*, **72**, 764–771.

[13] Fox, S.M. (2013) *NSAIDs and beyond: the power of NSAIDs in the multimodal management of canine osteoarthritis*. http://www.hillsvet.com/research-library/power-of-nsaids.html [accessed on May 2, 2014], p. 6.

[14] Gammaitoni, A.R., Alvarez, N.A. & Galer, B.S. (2003) Safety and tolerability of the lidocaine patch 5%, a targeted peripheral analgesic: A review of the literature. *Journal of Clinical Pharmacology*, **43**, 111–117.

[15] Grimm, K.A., Tranquilli, W.J., Thurmon, J.C. & Benson, G.J. (2000) Duration of nonresponse to noxious stimulation after intramuscular administration of butorphanol, medetomidine, or a butorphanol–medetomidine combination during isoflurane administration in dogs. *American Journal of Veterinary Research*, **61** (**1**), 42–47.

[16] Gruet, P., Seewald, W. & King, J.N. (2013) Robenacoxib versus meloxicam for the management of pain and inflammation associated with soft tissue surgery in dogs: a randomized, non-inferiority clinical trial. *BMC Veterinary Research*, **9** (**1**), 92.

[17] Gunew, M.N., Menrath, V.H. & Marshall, R.D. (2008) Long-term safety, efficacy and palatability of oral meloxicam at 0.01–0.03 mg/kg for treatment of osteoarthritic pain in cats. *Journal of Feline Medicine and Surgery*, **10** (**3**), 235–241.

[18] Hackworth, R.J., Tokarz, K.A., Fowler, I.M., Wallace, S.C. & Stedje-Larsen, E.T. (2008) Profound pain reduction after induction of memantine treatment in two patients with severe phantom limb pain. *Anesthesia and Analgesia*, **107**, 1377–1383.

[19] Hampshire, V.A., Doddy, F.M., Post, L.O. *et al.* (2004) Adverse drug event reports at the United States Food and Drug Administration Center for Veterinary Medicine. *Journal of the American Veterinary Medical Association*, **225**, 533–536.

[20] Inturrisi, C.E. (2002) Clinical pharmacology of opioids for pain. *The Clinical Journal of Pain*, **18** (Suppl), S3–S13.

[21] Ko, J.C. (ed) (2013) Preanesthetic medication: drugs and dosages. *Small Animal Anesthesia and Pain Management: A Color Handbook*, Manson Publishing Ltd, London, UK, p. 78.

[22] KuKanich, B. & Papich, M.G. (2011) Pharmacokinetics and antinociceptive effects of oral tramadol hydrochloride administration in Greyhounds. *American Journal of Veterinary Research*, **72**, 256–262.

[23] Laird, J.M.A., Olivar, T., Roza, C., De Felipe, C., Hunt, S.P. & Cervero, F. (2000) Deficits in visceral pain and hyperalgesia of mice with a disruption of the tachykinin NK1 receptor gene. *Neuroscience*, **98**, 345–352.

[24] Lamont, L.A. & Mathews, K.A. (2007) Opioids, non-steroidal anti-inflammatories and analgesic adjuvants. In: W.J. Tranquilli, J.C. Thurmon & K.A. Grimm (eds), *Lumb & Jones' Veterinary Anesthesia and Analgesia*, 4th edn, Blackwell Publishing, Ames, IA, pp. 241–271.

[25] Lascelles, B.D., Blikslager, A.T., Fox, S.M. & Reece, D. (2005) Gastrointestinal tract perforation in dogs treated with a selective cyclooxygenase-2 inhibitor: 29 cases (2002–2003). *Journal of the American Veterinary Medical Association*, **227** (**7**), 1112–1117.

[26] Lascelles, B.D., Gaynor, J.S., Smith, E.S., *et al.* (January–February 2008) Amantadine in a

multimodal analgesic regimen for alleviation of refractory osteoarthritis pain in dogs. *Journal of Veterinary Internal Medicine*, **22** (**1**), 53–59.

[27] Lemke, K.A. (2007) Anticholinergics and sedation. In: W.W. Tranquill, J.C. Thurmon & K.A. Grimm (eds), *Lumb and Jones Veterinary Anesthesia and Analgesia*, 4th edn, Wiley/ Blackwell Publishing, Ames, IA, p. 210.

[28] Matthews, K.A., Paley, D.M., Foster, R.A., Valliant, A.E. & Young, S.S. (1996) A comparison of ketorolac with flunixin, butorphanol, and oxymorphone in controlling postoperative pain in dogs. *The Canadian Veterinary Journal*, **37**, 557–567.

[29] Mealey, K. (2013) *Common Adverse Drug Reactions in Veterinary Patients*. Western Veterinary Conference Proceedings, Las Vegas, NV, February 16–20.

[30] Muir, W.W., Hubbell, J.A., Bednarski, R.M. & Lerche, P. (2013) *Handbook of Veterinary Anesthesia*, 5th edn. Elsevier/Mosby, St. Louis, MO.

[31] Nelson, E.M. & Philbrick, A.M. (2012) Avoiding serotonin syndrome: the nature of the interaction between tramadol and selective serotonin reuptake inhibitors. *The Annals of Pharmacotherapy*, **46** (12), 1712–1716.

[32] Niedfeldt, R.L. & Robertson, S.A. (2006) Postanesthetic hyperthermia in cats: a retrospective comparison between hydromorphone and buprenorphine. *Veterinary Anaesthesia and Analgesia*, **33**, 381–389.

[33] Plumb, D.C. (2011) *Veterinary Drug Handbook*, 7th edn. Wiley-Blackwell, Ames, IO.

[34] Posner, L.P. (2007) *Perioperative Hypothermia in Veterinary Patients. NAVC Clinicians Brief*, North American Veterinary Community, Gainesville, FL, pp. 19–21.

[35] Robertson, S.A. (2013) *The Use of NSAIDs in Cats*. Proceedings from American Animal Hospital Association, Phoenix, AZ, March 14–17.

[36] Schmid, R., Yamashita, M., Ando, K., Tanaka, Y., Cooper, J.D. & Patterson, G.A. (1996) Lidocaine reduces reperfusion injury and neutrophil migration in canine lung allografts. *The Annals of Thoracic Surgery*, **61** (**3**), 949–955.

[37] Skarda, R.T. & Tranquilli, W.W. (2007). In: W.W. Tranquill, J.C. Thurmon & K.A. Grimm (eds), *Lumb and Jones Veterinary Anesthesia and Analgesia*, 4th edn, Elsevier Publishing, Ames, IA, pp. 395–418.

[38] Sparkes, A.H., Helene, R., Lascelles, B.D. *et al.* (2010) ISFM and AAFP consensus guidelines: long-term use of NSAIDs in cats. *Journal of Feline Medicine and Surgery*, **12**, 519–538.

[39] Suzuki, M. (2009) Role of N-methyl-D-aspartate receptor antagonists in postoperative pain management. *Current Opinion in Anesthesiology*, **22**, 618–622.

[40] Wanamaker, B.P. & Massey, K.L. (2004) *Applied Pharmacology for the Veterinary Technician*, 3rd edn. Saunders Publishing, St. Louis, MO.

# 第6章 局部区域镇痛阻滞技术

6

Mary Ellen Goldberg, Nancy Shaffran,
Kim Spelts, David Liss, Tasha McNerney,
Trish Farry, Samantha Rowland and Jennifer L. Dupre

## 引言

通过阻断神经纤维传递疼痛信号是控制疼痛的最有效方法之一。局部麻醉剂价格低廉，但在阻断来源处的疼痛信号（神经脉冲）传输方面相当有效。破坏疼痛信息的神经传递会导致传递到脊髓的信号减弱，可进一步减轻神经性疼痛。局部麻醉剂通过阻断神经元细胞膜中的钠通道来抑制神经脉冲的产生和传递。这减缓了神经元细胞膜去极化的速率，并防止到达阈电位。

使用局部麻醉剂有很多好处。首先，局部麻醉剂产生确切的镇痛作用，在阻滞期间完全没有疼痛。第二，它可以使长期（慢性）疼痛状态可能会减轻或消除。第三，这些药物是非处方药，因此不需要烦琐的文书工作或特别许可证。最后，这些药物的使用方法相对容易。

当以适当的剂量给药时，局部麻醉剂的不良反应相对较少（如果有的话）。局部麻醉剂的潜在全身不良反应涉及中枢神经系统和心血管系统（Skarda & Tranquilli, 2007c）。其他潜在的不良反应包括高铁血红蛋白血症、神经和骨骼肌毒性以及过敏反应，包括超敏反应或过敏反应（Skarda & Tranquilli, 2007c）（表6.1）。

**表6.1** 短效和长效局部麻醉剂

| 药物 | 起始时间（min） | 持续时间（h） |
|---|---|---|
| 利多卡因 | 10–15 | 1–2 |
| 马比佛卡因 | 5–10 | 2–2.5 |
| 布比卡因 | 15–20 | 2.5–6 |
| 罗哌卡因 | 5–15 | 2.5–4 |

注意：吸收速率越快，作用持续时间越短，全身毒性的风险越大。

近年来，使用局部麻醉剂在小型动物临床中越来越普遍。局部麻醉剂可以非常有效地应用于许多手术中，包括开胸、肘部手术、上颌窦手术、局部切口、猫去爪术、局部阻滞、后肢手术和膝关节手术。有几种阻滞药物可以使用，阻断药物的选择通常基于作用开始时间、作用持续时间和给药途径（关于阻滞药物的具体信息见第5章）。

## 伴侣动物技术

### 猫甲切除术的环形阻滞（去爪术）

环形阻滞是一种非常容易、廉价、有效的方法来管理猫去爪术后疼痛。这种阻滞技术也可用于爪子手术的犬，包括烧灼修剪指甲。

注射是在脚掌顶部腕部弯曲上方和脚掌下副腕骨垫上方进行的。这种4次注射技术提供的区域神经阻滞足以消除术后8h的疼痛。对猫来说，注射剂量是每5kg体重1mL 0.5%布比卡因，平均分配在注射部位。可以添加无菌盐水，以达到对较小的猫的足够覆盖。对于犬，每5kg体重最多可使用2mL。

#### 所需器械

- 1mL注射器
- 25G 2.54cm（1in）针头2枚
- 0.5%布比卡因

#### 操作程序（Tranquilli et al., 2000; Muir, 2002）

1. 将所有的局部组织的药物吸入注射器。
2. 在腕关节上方的前爪顶部将皮肤拎起形成帐篷。
3. 将针头水平刺入爪部皮下，使针头进入皮下一段距离。
4. 在抽吸活塞后，边注射药物边先后退针，使注入的药物为总体积的1/4。
5. 在前爪下方，副腕垫的上方重复此操作［图6.1（a）、（b）］。
6. 更换针头。
7. 在另一侧重复上述步骤。
8. 轻轻按摩前足，使药液充分散开，发挥作用。

(a)

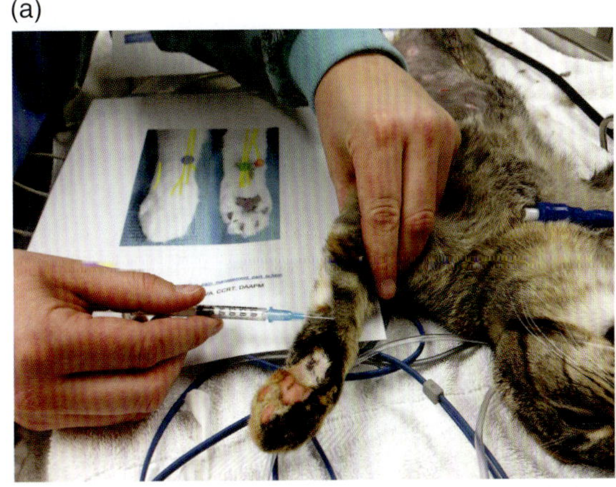

(b)

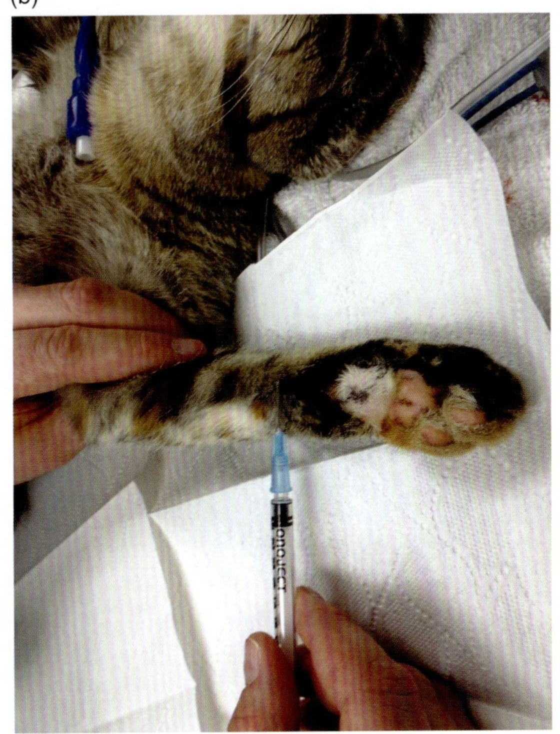

**图6.1** 前爪的环形阻滞。来源：由Nicole Valdez提供。

### 小动物的下颌神经阻滞

下颌神经阻滞是处理犬和猫下颌骨疼痛的一种非常有效的方法。疼痛可能是由于拔牙、骨折修复或其他外科手术引起的。

在下颌神经进入下颌骨内表面的下颌孔之前，在其周围进行注射。该技术将神经阻滞提供给下颌的任何一个下象限，足以消除最多8h的疼痛。在猫体内，最大剂量是每5kg体重1mL 0.5%布比卡因；然而，大多数猫每注射部位只需要0.1–0.2mL。在犬身上每5kg体重可以使用2mL，但这个最大体积很少能达到完全效果。在实践中，通常情况下，每个部位每5kg体重0.1mL的量通常足以使犬和猫的下颌骨阻滞。

可以使用肾上腺素冲洗来控制拔牙出血，在抽吸布比卡因前可以使用肾上腺素冲洗注射器。

### 所需器械

- 1mL 注射器
- 25G，2.54cm（1in）针头 × 2
- 0.5%布比卡因

### 操作程序（Tranquilli et al., 2000; Muir, 2002）

1. 如果需要，用肾上腺素冲洗注射器。
2. 将全部所需的布比卡因吸入注射器内。
3. 用一只手找到下颌骨外表面的缺口，然后用这只手握住注射器。
4. 将食指插入口中，沿下颌骨内表面滑动，直到两指尖接触。
5. 用里面的手指轻轻地拨动下颌神经，下颌神经圆而结实，就像吉他弦。
6. 一旦触诊到神经，将其牢牢固定在内指指尖下方
7. 用外面的手指拿起注射器。
8. 从下颌骨正下方的外表面将注射器插入下颌神经所在的牙龈组织。不要试图注射到神经中，而是浸润周围区域。针尖可由内部指尖来引导。
9. 抽吸后，缓慢注射麻醉剂，直至形成鼓起的包块。
10. 拔掉针头，轻轻按住包块几秒。
11. 更换针头，如果有需要则在另一侧重复操作（图6.2）。

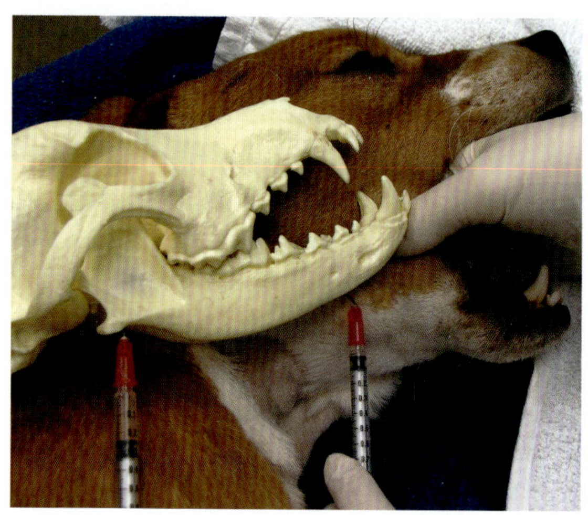

**图6.2** 头骨和麻醉犬身上针头放置位置。来源：由Kristen Cooley提供。

## 眶下神经阻滞

眶下神经阻滞能够为上颌犬齿、臼齿和前臼齿拔除术提供镇痛（术中和术后）。它还为上唇和鼻孔周围区域提供镇痛。眶下阻滞可以麻醉上唇、鼻、鼻腔顶部和皮肤，直至眶下孔的尾端。上颌门牙用这种方法进行阻滞可能发生不一致的情况，特别是在犬身上。这种阻滞方法在短头犬和猫（例如喜马拉雅猫、波斯猫）中应谨慎进行，因为眶下孔离眼球很近并且如果不小心，有可能穿透眼球（Egger and Love, 2009b）。眶下动脉和静脉与神经在管内伴行。注射局部麻醉剂时应避免注射这些组织（Tranquilli et al., 2004a）。

### 所需物品（Ko and Inoue, 2013）

0.5mL 2%利多卡因与0.5mL 0.5%布比卡因的混合剂量为0.15mL/4.5kg。这种组合利用了利多卡因的起效快（3–5min）和布比卡因作用时间较长（6–8h）的优点。

- 1mL注射器
- 一个25–29G，2.54–3.81cm（1–1.5in）针头
- 含有肾上腺素的利多卡因（1：100 000）可延长麻药作用的时间

**操作程序**（Beckman, 2013；Gracis, 2013）

1. 抬起上唇以露出牙齿和软组织。
2. 在第三上臼齿背侧的颊黏膜上可触及眶下孔。
3. 经皮或直接经颊黏膜将针插入孔内1–2mm。进孔过深导致神经撕裂的可能性增加，不建议将针进一步伸入孔内。在小型动物或短头类动物中，可将其放置在眶下孔的入口处。
4. 抬起动物的头部，注射前回抽注射器确定不在血管内。
5. 当局部麻醉缓慢注入时，指压在孔上，以促进其尾部向孔内移动。
6. 拔出针头，用手指轻压注射孔数秒［图6.3（a）、（b）］。

## 颏神经阻滞

阻断下颌神经的颏神经支，因为它从最大和最靠近吻侧的颏孔出来，可以麻痹下切齿，孔吻侧的皮肤以及组织（Egger & Love, 2009b）。适应证是提供下颌犬齿，臼齿，前臼齿拔除术的术中及术后镇痛。镇痛效果可以延伸到下唇（Ko & Inoue, 2013）。颏孔位于下颌骨的外侧，第三颗前臼齿的腹侧，第二颗前臼齿的内侧根的腹侧和第一切齿的腹侧。在猫中，中央颏孔在第三前臼齿（猫犬齿后的第一个牙齿）至犬齿之间，在唇系带下，下颌骨中高度（Gracis, 2013）。

**所需物品**（Gracis, 2013）

- 一次性或者无菌手套（视需要而定）

(a)

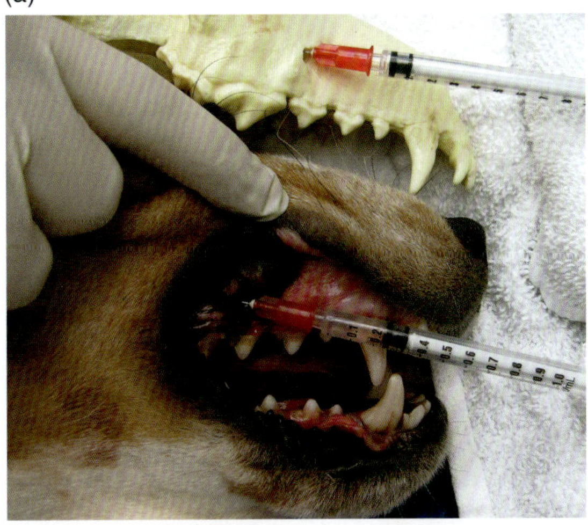

(b)

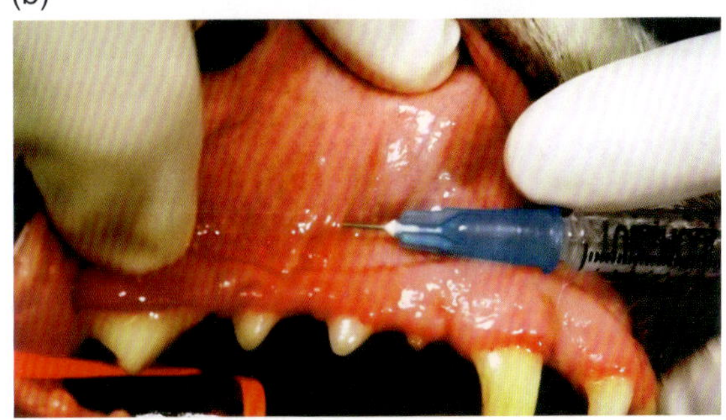

**图6.3** 头骨和麻醉犬身上针头放置位置。来源：图片由Kristen Cooley提供。

- 局部麻醉溶液
- 1.0–2.5mL 注射器
- 25–27G的超短针头或短针头

请注意，如果针头插入颏孔建议使用27–30G的针头。

**操作程序**（Beckman, 2013）

1. 触诊下颌骨侧面的颏孔，在犬齿的尾侧。
2. 将针插入颏孔。
3. 回抽，检查是否能抽出血液。
4. 注入少量的局部麻醉剂（通常<1mL）（图6.4）。

(a)

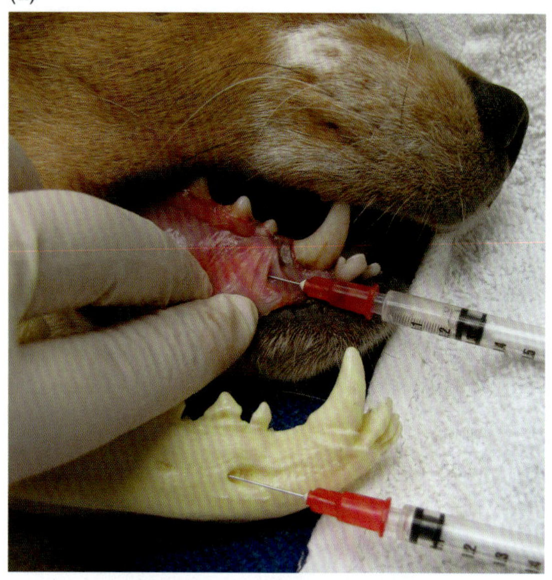

(b)

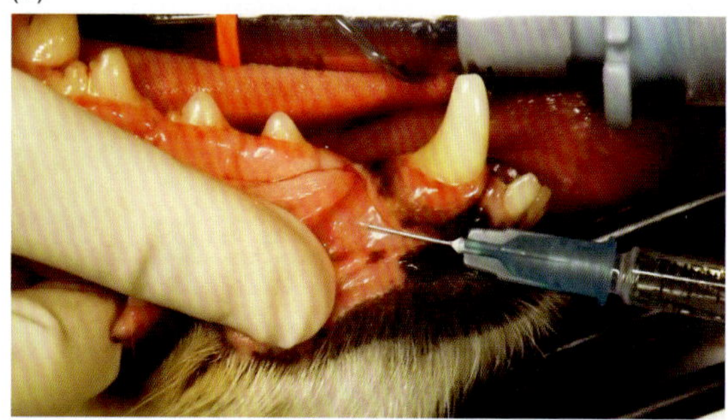

**图6.4** （a）在头骨和麻醉犬上的针头放置位置。图片来源：由Kristen Cooley提供。（b）在头骨和麻醉犬上的针头放置位置。图片来源：由Vickie Byard提供。

## 上颌阻滞

局部麻醉剂在三叉神经上颌支周围的浸润能够麻醉上颌、上颌齿、上腭、鼻以及上唇。这些阻滞可以为鼻和上颌骨的手术提供有疗效的镇痛。为了阻断上颌神经，经皮肤沿着颧弓腹侧缘进针，然后指向上颌孔。为了阻断为上颌提供感觉神经支配的眶下神经，局部麻醉剂可经口或者经皮肤注射。在猫和小型至中型短头犬中，由于颅骨构造的解剖学差异，需要改变上颌尾部区域阻滞剂的放置。

### 所需物品

- 一次性或者无菌手套（视需要而定）
- 局部麻醉溶液
- 1.0–2.5mL注射器
- 25–27G，25mm长的针头（犬；巨型犬可能需要更大的针头）
- 27–30G，12mm长的针头（猫）

请注意，在中型犬中，皮肤表面或黏膜表面与上颌神经之间的距离为1.5–2cm，在猫中小于1cm。

### 操作程序（Gaynor & Mama, 2009）

1. 打开口腔，触诊硬腭的边缘，刚好在想要的那一侧的最后一颗臼齿的内侧
2. 从对应位置插入针头
3. 回抽检验是否出血
4. 注入少量的局部麻醉药（通常<1mL）(图 6.5)

## 切口阻滞

切口阻滞需要直接向切口部位注射局部麻醉剂，由于其相对简单、安全和低成本，在人类和兽医学中很受欢迎。该技术可用于手术切口，或者手术后且闭合切口前。

### 所需物品

- 1–3mL 注射器
- 选择局麻药：布比卡因（0.5%）和利多卡因（2%，有或没有肾上腺素均可）
- 25G，2.54cm（1in）或者更长的无菌皮下注射针头

(a)

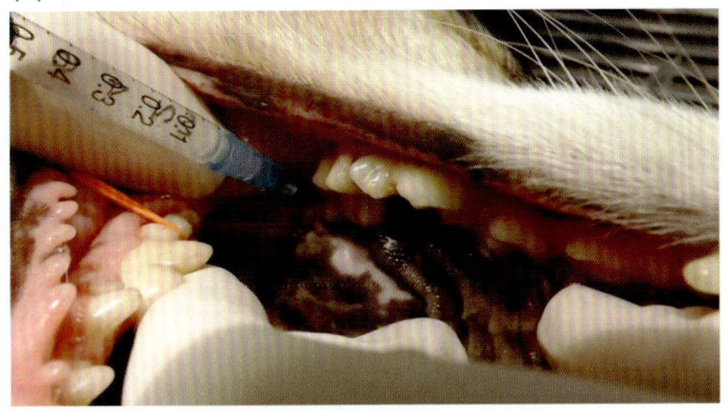

(b)

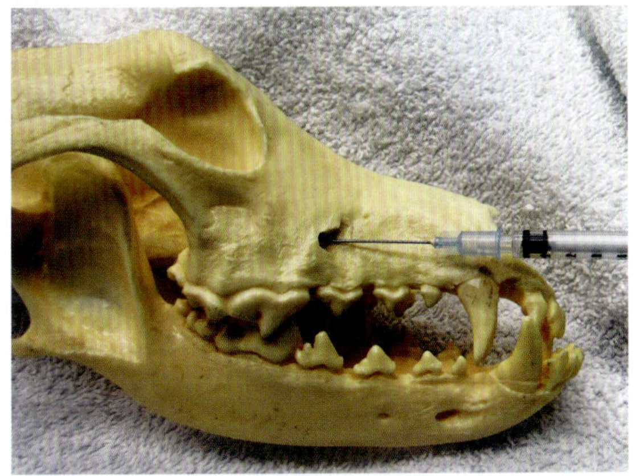

**图6.5** （a）上颌神经阻滞，针头在麻醉犬颅骨上的放置位置。针直接从软腭黏膜向尾侧进针超过1–3mm至第二上臼齿中央部分。图片来源：Vickie Byard提供。（b）在犬颅骨上的针头放置位置。图片来源：Kristen Cooley提供。

**操作程序**（Gaynor & Mama, 2009）

***皮肤切开前的线性阻滞***

1. 无菌准备后，将针头插入皮下。
2. 回抽。
3. 注射足够的局部麻醉剂以产生明显的鼓包。
4. 拔出针头，重新插入到鼓包的边缘。
5. 回抽后，注入更多局部麻醉剂，以扩大鼓包范围。
6. 重复这个过程，直到完全阻滞切口所需要的长度。

布比卡因（0.5%=5mg/mL）加或不加肾上腺素或利多卡因（2%=20mg/mL）加或不加肾上腺素，常以1–2mg/kg的剂量使用。然后用等量的0.9%生理盐水稀释此溶液来增加注射液体积。

**切口闭合前的线性阻滞**（Egger & Love, 2009c）

1. 切口阻滞是由外科兽医以无菌的方式进行的。必须有人将无菌的针头和注射器传递给外科兽医以防止污染。
2. 在关闭皮肤之前，将针头插入中线切口的一端。
3. 回抽确认不在血管内后，按扇形注射局麻药，阻断皮下及肌肉组织。如果是在腹壁上进行的，局部麻醉剂要注射到腹膜。
4. 拔出针头，然后在稍远一点重新插入，以扇形方式重新注射局部麻醉剂。
5. 重复此操作直至整个切口下区域全部浸润（图6.6）。

## 肋间神经阻滞

通常在深度镇静或麻醉的动物中容易进行肋间阻滞。肋骨可作为定位标志，除非患病动物严重肥胖。在进行手术治疗之前，大多数患病动物应尝试术前阻滞。肋间神经阻滞在侧边开胸、放置胸管、肋骨骨折或连枷胸患病动物中提供有效的镇痛（Egger & Love, 2009d）。单次阻滞通常可以持续12h，这取决于所使用的局部麻醉剂。这项技术还可以为胸壁的手术切口周围区域提供镇痛，并改善通气，从而在动物康复时最大程度缓解呼吸过程中的疼痛（Ko & Inoue, 2013）。

**所需物品**（Read & Schroeder, 2013）

- 剃刀
- 无菌手套

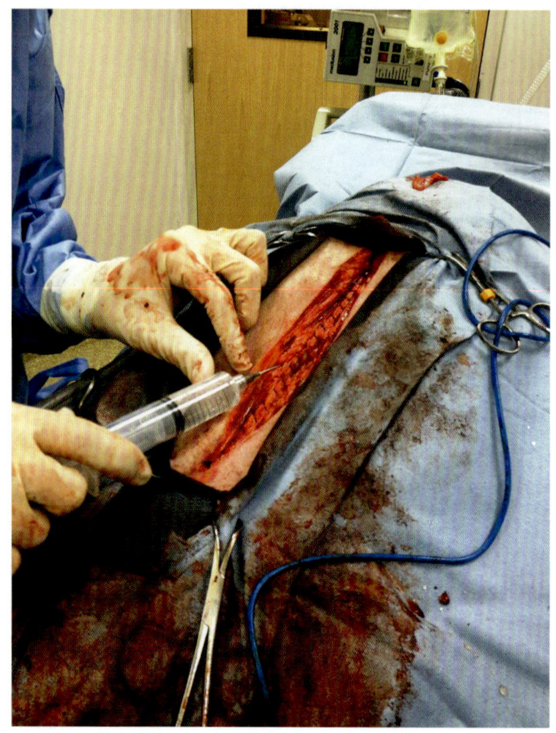

**图6.6** 手术切口关闭时进行切口线性阻滞。来源：图片由Kim Spelts提供。

- 2.54–3.81cm（1–1.5in）皮下注射脊髓针
- 带22G针头的1–5mL注射器
- 布比卡因（0.5%）
- 皮肤无菌准备溶液

**操作程序**（Tranquilli et al., 2004b; Gaynor & Mama, 2009）

1. 如果经皮肤进行肋间阻滞，术前应进行严格的无菌准备。
2. 应在受影响区域的头尾2–3个区域进行阻滞。神经位于肋骨的尾部在动脉和静脉的后面。
3. 把针放置在肋骨的尾部。
4. 回抽，看是否有血液。
5. 注射局部麻醉药。
6. 清醒的患病动物应联合使用利多卡因（1.5mg/kg）和布比卡因（1.5mg/kg），以迅速起效，达到4–6h的阻滞时间。
7. 术中接受此种阻滞的动物可只使用布比卡因。
8. 若想要持续地缓慢给药，可以在皮下埋植浸润导管，以便于连续或间歇地输送局部麻醉剂（图6.7）。

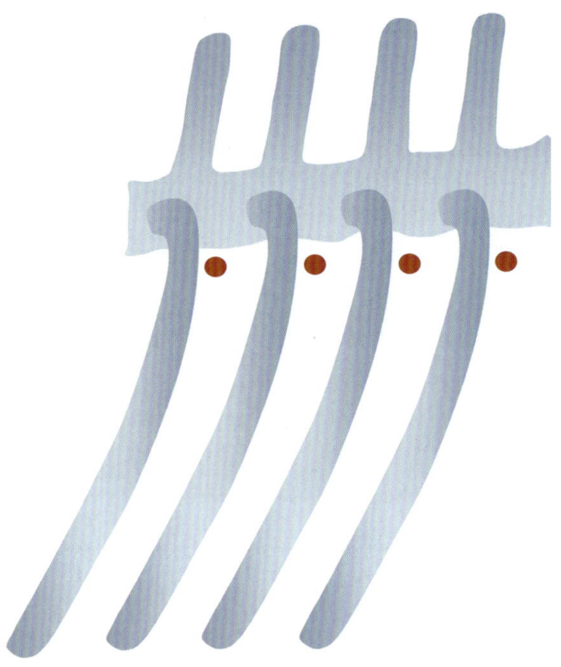

**图6.7** 该图显示肋间神经阻滞的针位（红点）。资料来源：Courtesy of Kristen Cooley。

## 胸膜间阻滞

这项技术可以用来管理前腹部及胸部的疼痛。当麻醉剂注入胸膜间隙时，药物通过重力（如果患病动物处于腹背位）或通过自然通气时的正态分布进入椎旁沟。这项技术为胸神经和（在胸腔水平进入脊髓的）前腹部神经提供麻醉。与肋间神经阻滞技术相比，其技术优点包括易于给药、易于重复剂量以及在正中胸骨切开术后提供镇痛的能力。尽管影响呼吸系统的主要神经支配部位，如肋间神经、膈神经和膈肌，但胸膜间和肋间技术对通气或心血管参数的有害影响最小（Read & Schroeder, 2013）。

**所需物品**（Ko & Inoue, 2013; Read & Schroeder, 2013）

- 剃刀
- 无菌手套
- 超出针头导管（14-20G，5.08cm）（2in）或者其他留置的导尿管或者胸导管
- 用于局部麻醉的注射器
- 布比卡因（0.25%-0.5%）
- 皮肤无菌准备溶液
- 需要一个三通阀来重复注射局部麻醉和从胸腔抽出空气，以防止医源性气胸

**操作程序**（Gaynor & Mama, 2009）

1. 对插管部位进行消毒。
2. 将导管放置在第九肋间，胸腔的中外侧。
3. 回抽。
4. 先注入利多卡因（1.5mg/kg）。动物可能会因为利多卡因注入刺激而发出叫声，但是利多卡因起效速度很快。
5. 注入布比卡因（1.5mg/kg）。如果先注射布比卡因，动物将会哼叫15-25min，这段时间是布比卡因起效的时间。
6. 每3-6h重复一次。
7. 如果通过胸导管注射麻醉药，可以用少量的生理盐水将局部的麻醉药冲入到胸中。
8. 局部麻醉药可以使用少量的碳酸氢钠溶液进行稀释，以最大限度地减轻对动物的刺激。建议使用0.3mg/9.7mL（碳酸氢钠/局麻药）。
9. 将动物处在合适于阻滞的姿势。
   - 把动物翻转过来，使其腹部朝上，使局部麻醉剂在进入脊髓前流入椎旁沟以阻断神经。这是动物最常见的麻醉姿势，因为很容易移动
   - 让动物站立，就像清醒的时候的姿势
   - 将动物放置于患病侧
   - 将动物放置于健康侧
10. 如果胸膜间麻醉似乎不起作用，尝试改变患病动物的体位以改变局部麻醉的分布（图6.8）。

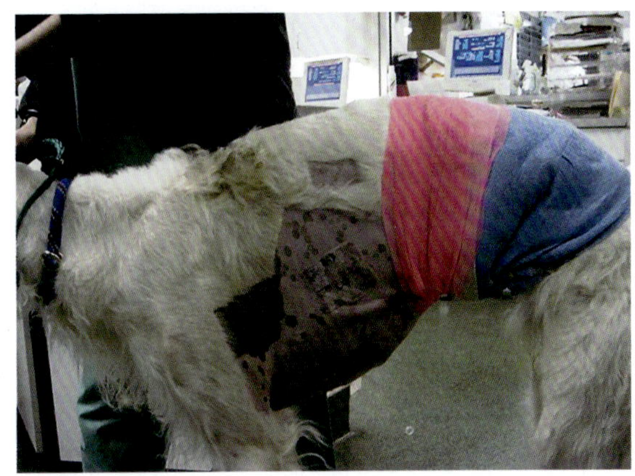

**图6.8** 图示胸膜间导管就位，用于局部麻醉的注入。资料来源：Nancy Shaffran提供。

## 睾丸内阻滞

睾丸内阻滞是非常容易执行的一项局部组织技术，他能够麻醉精索为去势的动物提供长达8h的术后镇痛，如果在局部阻滞剂中添加阿片类药物，可以延长镇痛的时间（Moses，2013）。

**所需物品**

- 25G或者27G，1.6cm（5/8in）的针头可用于大部分的猫；22G 2.54-3.81cm（1-1.5in）的针头可以用于犬
- 1.0mg/kg布比卡因与1.0mg/kg利多卡因（或单独使用布比卡因）
- 吗啡 ± 0.075mg/kg或丁丙诺啡 ± 0.003mg/kg

• 注射器

**操作程序**（Stein, 2013）

1. 睾丸和腹股沟区域剃毛，并对该区域进行严格的无菌准备。
2. 单独捏紧固定一个睾丸，然后从尾端沿着睾丸的长轴进针，进针至睾丸的中部或者头1/3处。
3. 注射药物，注意退针时会有强大的反向压力。
4. 预计每个睾丸使用大约1/2或更少的体积，注射直至睾丸肿胀。
5. 在另一个睾丸上进行重复。
6. 剩余的阻滞剂可以用于切口线性阻滞（图 6.9）。

## 荐尾部阻滞

这是一项很实用的技术，用于疏通猫泌尿道堵塞。由于高钾血症和代谢性酸中毒，这些猫经常有很高的麻醉风险；实施有效的荐尾部阻滞可以在使用更低剂量的镇静剂或麻醉药的情况下进行快速尿道疏通和导尿（图6.10）。如果操作正确，该阻滞可以为尾侧泌尿生殖道、结肠、肛门、会阴和尾部提供60min的麻醉，同时仍保留了后肢的运动功能（O'Hearn & Wright, 2011; Liu, 2012）。它也可以用于那些由于外伤或以前的手术而无法使用硬膜外腔麻醉的犬（Zimmerman & Smith, 2003）。

**所需物品**

• 剃刀
• 22-20G 的针头
• 无阻力注射器（LOR）（玻璃或者塑料注射器）
• 注射器和针头
• 延长管
• 局部麻醉药 ± 辅助剂
• 无菌手套

(a)

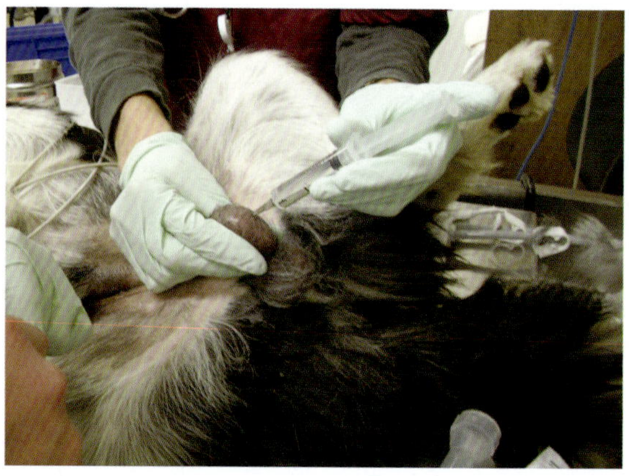

(b)

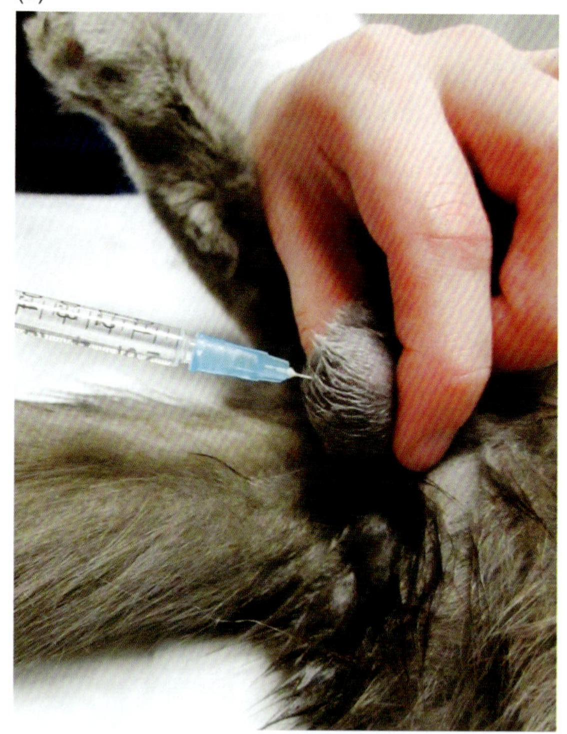

**图6.9** （a）犬睾丸内阻滞。资料来源：由Courtesy of Janel Holden提供。（b）猫睾丸内的阻滞。资料来源：由Courtesy of Tasha McNerney提供。

• 有窗无菌创巾

**操作程序**（Zimmerman & Smith, 2003；O'Hearn & Wright, 2011）

1. 当动物俯卧或侧卧时，通过触摸相应的棘突

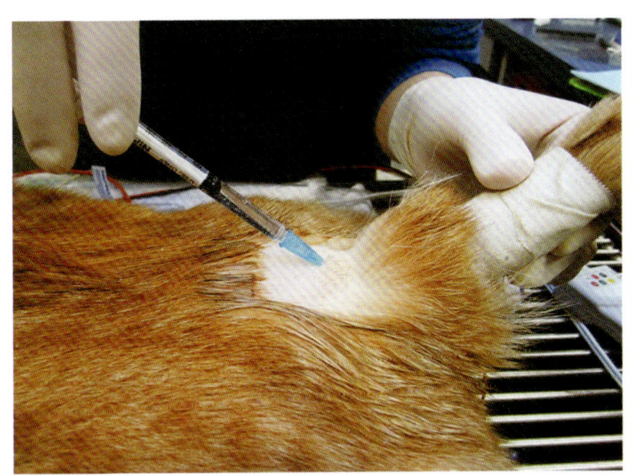

**图6.10**　对猫进行荐尾部阻滞。资料来源：由Trish Farrey and Tasha McNerney提供照片。

来识别Cd1和Cd2之间的尾骨间关节。

2. 上下移动尾巴，找到荐尾部的间隙（也可以使用第一和第二尾椎之间的间隙）。
3. 用22G 3.81cm（1.5in）的针头，从背中线以45°角插入皮肤表面（注射器尾朝头侧方向），尾部到达Cd1的棘突，继续向前推进，直至硬膜外腔。
4. 如果没有脊髓穿刺针或者LOR，可以使用25G，2.54cm（1in）的皮下注射针代替。
5. 因为中轴骨肌肉量少以及尾端黄韧带向腰骶部正常变薄，因此进针的阻力较小。
6. 一旦针插入了正确的位置，回抽是否有血液，向硬膜外腔注入2%利多卡因0.1–0.2mL/kg（猫约0.5mL/只）。
7. LOR技术是最广泛使用的方法。

## 硬膜外阻滞

适应证为硬膜外包括内部和后腿及臀部手术术后镇痛的犬和猫（例如断尾术、肛门直肠手术、胫骨股骨骨折、全髋关节置换术，十字韧带修复），开腹探查术、剖宫产、尾部到十二或十三肋骨部位的手术（Ko & Inoue, 2013）。硬膜外阻滞可使全身麻醉药的剂量需求降低，从而获得更好的全身稳态，镇痛效果可能会持续到术后很长一段时间（Guedes, 2011）。

**所需物品**（Otero & Campoy, 2013）

- 剃刀
- 酒精和洗必泰或聚维酮碘洗刷液
- 无菌手套
- 脊髓穿刺针（套管穿刺针，22G或20G，3.81–8.89cm，取决于动物大小）（1.5–3.5in）或者硬膜外穿刺针（22–18G）。沿针距1cm的表面标记是有用的
- 3mL或者5mL玻璃LOR或塑料无鲁尔锁（Luer-Lock）注射器
- 无菌水或者生理盐水
- 延长管
- 局部麻醉剂 ± 辅助剂
- 有窗无菌创巾

**操作程序**（Guedes, 2011）

***单纯硬膜外麻醉***

1. 让动物俯卧或侧卧，后肢向前或者向后伸展，俯卧的姿势有利于定位腰骶间隙和悬滴技术（hanging-drop）。但是，这种姿势可能会使骨盆、股骨和胫骨部位的骨折恶化
2. 戴上无菌手套，用拇指和中指触及髂骨突起，在它们之间画一条假想线。腰荐间隙位于这条线的尾侧。然后用食指触及腰荐间隙；这个空间可以感觉到一个凹陷，刚好位于连接髂骨突想象线的尾侧。
3. 将脊髓针垂直于插入皮肤，将其推进至皮下组织，但要在穿刺黄韧带之前取出针芯，将无防腐剂的生理盐水、无菌水或麻醉溶液滴入针芯；这就是所谓的悬滴技术。悬滴技术需要在进入硬膜外腔前将针取出，但穿入皮

肤时针芯不能取出，防止真皮组织意外移入硬膜外腔。小心推进针，当经黄韧带进入硬膜外腔时，可有“嘭”的一声。硬膜外腔的负压从针的中心抽出溶液（阳性悬滴），提示正确放置硬膜外腔。

4. 当针头进入硬膜外腔后，将注射器与硬膜外药物溶液连接，抽吸（确保针头尖端不位于血管或蛛网膜下腔），缓慢注射60s。避免快速注射，因为注射可能导致斑片状阻滞或损伤硬膜外组织。如果刺穿了血管，取出针头，用新的针头重复这个步骤。如果抽出脑脊液（CSF），取出针头并重复上述操作，或将50%的预期容积注入蛛网膜下腔（不再是硬膜外麻醉，而是脊髓麻醉/镇痛）。
5. 如果悬滴技术失败，可用含1mL空气的3mL或5mL玻璃注射器进行LOR试验，以确定是否在硬膜外间隙。使用玻璃注射器的优点是玻璃桶里的玻璃柱塞的阻力可以忽略不计。在注射时，如果针头位于硬膜外腔，则不应存在阻力。或者，也可以使用3mL的塑料注射器，但必须考虑到橡胶对塑料针桶的固有阻力。

注意：当猫的硬膜囊进一步向尾部延伸时，麻醉师应该在进入硬膜外腔后注意停止进针。如果针头深入椎管，那么就会不可避免地穿透硬膜。当针头进入硬膜外间隙时，通常会观察到尾巴轻微的抖动、后肢的运动或腰荐椎间隙区域的皮肤抽搐。这是由于脊髓或马尾纤维的刺激造成。这种现象未观察到任何不良反应（Otero & Campoy, 2013）（图6.11）。

## 硬膜外导管放置

对于需要较长时间（最多1周）、在住院监护下镇痛和/或麻醉的动物，硬膜外导管是一种较好的替代单次硬膜外注射的方法。硬膜外导管可使医生连续地［如注射0.1mg/（kg·d）的不含防腐剂的吗啡］或间断地（如每4–6h注射一次布比卡因）将药物注射到硬膜外间隙的特定位置。导管的头部越粗，医生对局部麻醉剂的使用就越谨慎（可能会压迫交感神经干，引起严重的呼吸抑制甚至呼吸暂停）。这种方法可以减少甚至消除对全身镇痛药的需求（Hansen, 2001）。

市面上有各种各样的硬膜外麻醉包。这些麻醉包里的针头通常是Tuohy型的，比单纯注射脊椎针的针头要钝一些。这些类型的针头也有一个稍微弯曲的尖端，有助于控制导管的方向，因为它内部是可以通过针的。动物俯卧或侧卧有利于定位。

**所需物品**（Tranquilli et al., 2004b; Otero & Campoy, 2013）

- 剃刀
- 酒精和洗必泰或聚维酮碘洗刷液
- 无菌手套
- 3mL或5mL玻璃LOR注射器或塑料无鲁尔锁（Luer–Lock）注射器
- 无菌水或者生理盐水
- 延长管
- 注射器帽
- 局部麻醉剂 ± 辅助剂
- 有窗无菌创巾
- 硬膜外导管套件（包括一根Tuohy针）
- 细菌过滤器（0.2μm过滤器）
- 持针钳
- 2–0尼龙缝合线
- 弹性注射泵或者静推泵
- 轻质敷料

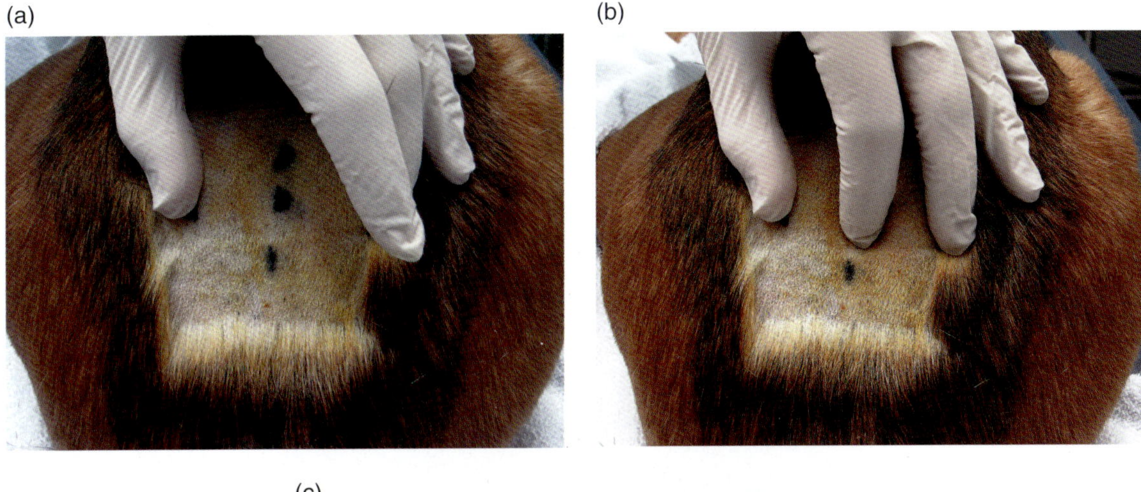


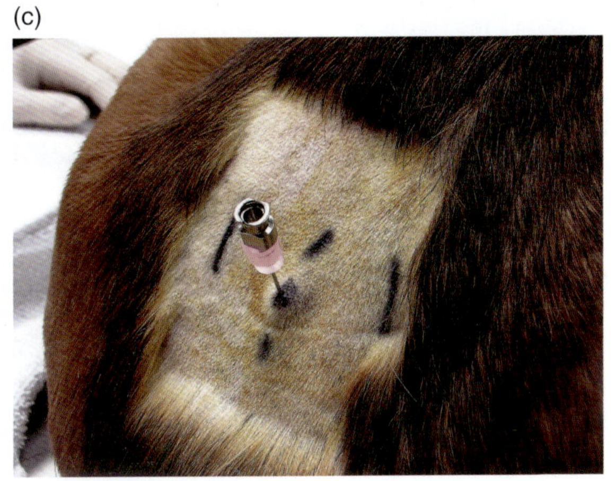


**图6.11**　（a）硬膜外麻醉的标记位置。（b）在L7和S1之间触及硬膜外腔。（c）用于硬膜外阻滞注射的针头放置位置。来源：Courtesy of Kristen Cooley。

**操作程序**（Otero & Campoy, 2013）

1. 建议扩大无菌区，使用无菌创巾，以免在操作过程中不慎污染导管。
2. 硬膜外麻醉托盘应无菌打开，并确认其所有组成部分。脱去Tuohy针的针芯，将导管推进针内。导管上的标记是用于识别导管何时靠近针头，以便麻醉师了解导管就位后应将导管推进多远。一旦进行到确认的位置，应小心地将导管从针中取出，并将针芯放回针中使用。
3. 如果动物是镇静的而不是麻醉的，用2%的利多卡因浸润穿刺部位，棘上韧带和棘间韧带以增加动物对手术的耐受性。
4. 使用正确的方法将Tuohy针插入硬膜外腔（在硬膜外技术中描述）。确保引导针头斜角（曲线）以辅助导管的放置。一旦到位，将穿刺针转至头侧，将进一步促进导管从针尖出来，并将有助于其推进到硬膜外腔。
5. 确认正确的置针位置（使用LOR、悬滴技术等）后，将小剂量的局麻药经针注入硬膜外腔。这将有助于导管的插入和推进。
6. 可以将连接器连接针座上（螺纹辅助），以增强导管的韧度。

7. 当用非惯用手牢牢地固定针头时，将导管盘绕起来并由惯用手握住，以防止导管落入无菌区之外。
8. 将针芯取出，并将硬膜外导管穿入针头，注意导管上先前确定的深度标记。一旦确定导管在针尖处，有时需要轻微的压力来推动导管绕过Tuohy针头的拐角处。此时，在针座处可以看到导管上的第二个距离标记。
9. 导管应伸出针头几厘米，达到理想的阻滞水平。
10. 一旦导管被推进到所需的硬膜外间隙，针就可以小心地从导管上抽出。拔针时，将导管夹在拇指和食指之间的入口位置，同时将针取出。
11. 导管现在应该固定到位。可以在导管进入点周围穿透皮肤缝合固定，同时最大限度地减少导管部位污染的可能性。
12. 将导管末端固定在相应的位置，确认无脑脊液或血液自发地从导管流出，然后在导管端部连接一个连接器。尝试用3mL注射器抽吸脑脊液或血液。
13. 接下来，将一个细菌过滤器连接到连接器上。为了避免过量的空气被注射到硬膜外腔，过滤器在连接到连接器之前应该用局麻药溶液注入。
14. 导管现在可以用各种透明敷料或黏附装置固定到位。
15. 在负压吸入后，剩余的局部麻醉药物可通过导管注入硬膜外腔。

上述程序是为犬的操作（Otero & Campoy, 2013）报告称猫导管失败的发生率很高（27%）。必须非常小心地确保没有CSF。有一点似乎很重要，针应该以大约30°的角度插入皮肤，并小心推进，以检测黄韧带中的阻力。

这个程序的技术水平要求很高。因此，只有那些受过高级培训的技术人员或护士才可以在监督下尝试这个过程。

*导管的移除（Otero & Campoy, 2013）*

当不再需要导管时，可以将其取出。首先应该将所有的黏合剂和固定装置移除，通过抓住导管接近其进入皮肤的点，轻轻地将导管拉出。导管移除的时候建议无菌操作，有时可能需要将针尖部位进行培养。

一旦导管完全取出，应检查其完整性。导管远端应能完整识别；否则，就有导管脱落并留在患病动物体内的风险（图6.12）。

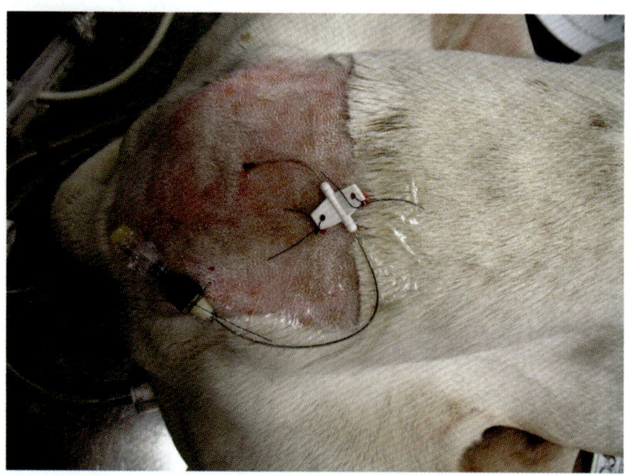

**图6.12** 图示犬用于重复注射的硬膜外导管的位置。来源：图片由Janel Holden提供。

## 常见的马阻滞技术

### 马去势术局部镇痛技术

去势术是马最常见的一种手术（Skarda et al., 2009）。当马站立或侧卧时，直接将局麻药注入精索或睾丸。这种手术通常在1岁和2岁的马身上进行（Skarda & Tranquilli, 2007a）。此阻滞技术应该在已经使用镇静剂的马身上进行。

**所需物品**（Taylor & Clarke 2007；Skarda et al., 2009）

- 酒精和洗必泰或聚维酮碘洗刷液
- 无菌手套
- 局麻药 ± 辅助剂（2%盐酸利多卡因）
- 18G和20G标准针
- 手术刀片
- 去势器（可选）
- 缝合材料
- 30–35mL 注射器

**操作程序（睾丸内阻滞）**（Clarke et al., 2014）

1. 阴囊和包皮进行外科准备。
2. 在每个睾丸体内注射大约20–35mL 2%的利多卡因。
3. 当注射了足够量的利多卡因后，睾丸会变得紧实。
4. 沿阴囊皮肤注射5–10mL局麻药，因为局部皮肤没有脱敏。
5. 大约10min后，就可以毫无痛苦地进行去势（图6.13）。

**图6.13** 为站立的马右侧睾丸内注射针头放置位置。资料来源：Kristen Cooley提供。

## 马尾硬膜外镇痛

这一程序自1925年以来一直使用（Skarda & illi, 2007a）。适应证：

- 缓解和控制直肠里急后重的疼痛，通常伴随会阴、肛门、直肠和难产时的阴道刺激
- 子宫扭转矫正
- 子宫切开术和各种产科操作

此外，该程序可用于以下外科手术：

- 断尾术
- 直肠阴道瘘修补
- 卡氏阴唇缝合术（阴道积气手术）
- 直肠脱垂
- 尿道造口术
- 肛门、会阴、外阴和膀胱手术

到目前为止，马最常见的给药途径是通过第一尾骨间隙进行尾部阻滞。在马中，脑膜到达荐椎中区；因此，使用荐间隙注射存在脊柱注射的风险。任何后肢和会阴区域的手术或创伤都可能受益于硬膜外镇痛（Taylor & Clarke, 2007）。

**所需物品**（Taylor & Clarke, 2007；Skarda et al., 2009）

- 剃刀
- 酒精和洗必泰或聚维酮–碘软膏
- 无菌手套
- 6–10cm的穿刺针，18–20G脊髓穿刺针带配套管芯针
- 3mL或者5mL玻璃LOR注射器或塑料无鲁尔锁注射器

- 无菌水或生理盐水
- 延长管
- 利多卡因、甲哌卡因、布比卡因以及阿片类药物（一般为吗啡）和α-2受体激动剂（通常为地托咪定，偶尔也用氯胺酮）
- 有洞的无菌洞巾

**操作程序（Taylor & Clarke, 2007）**

1. 覆盖第一尾骨间隙的区域剃毛及无菌准备。
2. 将位置定位在中线突出后面的凹陷处。
3. 上下摇动尾巴可以帮助定位位置。
4. 局部麻醉溶液注入该部位的皮肤内。
5. 然后将一根脊髓针（20G，6-10cm）在两个平面上与皮肤以垂直角度插入中线。
6. 当针头穿过黄韧带时，可能会听到一种“嘭”的感觉。
7. 针推进去，直到碰到骨头，然后轻轻收回。
8. 取下管芯针。
9. 如果针头放置正确，可以听到空气进入硬膜外负压腔的嘶嘶声。
10. 滴在针尾上的生理盐水会被吸进间隙。
11. 注射应慢而稳（图6.14）。

## 常用家畜技术

### 家畜去势镇痛

公牛、绵羊、山羊和猪去势是最常见的外科手术之一（Skarda & Tranquilli, 2007b）。去势相关的疼痛与血浆皮质醇水平升高和行为改变有关，包括持久站立、茫然凝视、烦躁不安和反复躺卧（George, 2003）。在阴囊和睾丸内使用局部

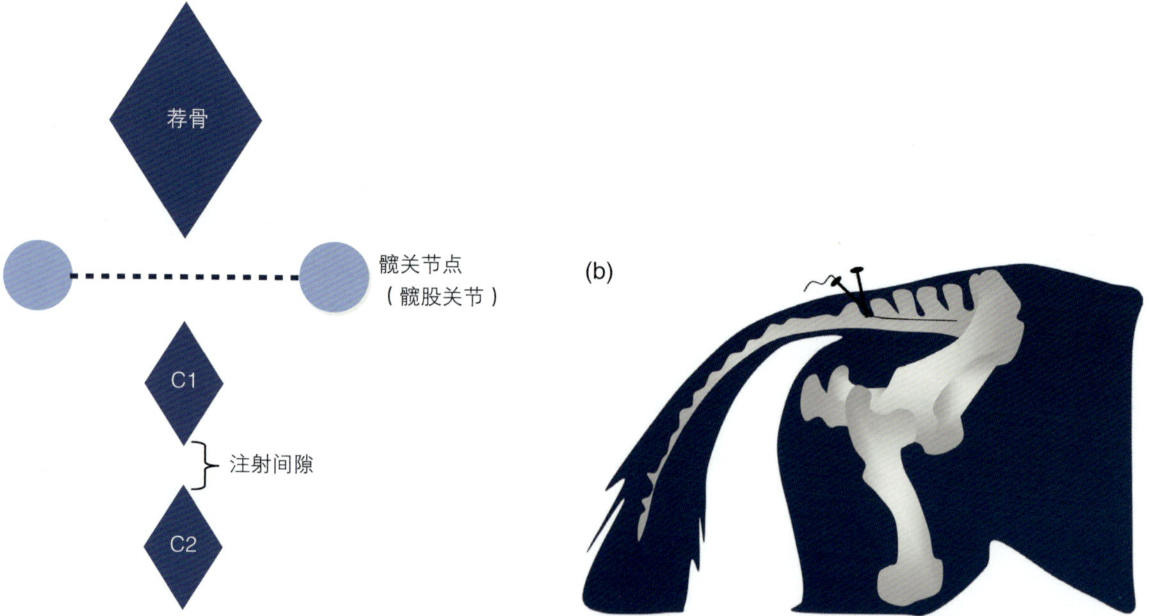


**图6.14** （a）尾侧硬脊膜外注射部位的位置。（b）马尾侧硬膜外阻滞。针可以在第一尾椎骨和第二尾椎骨之间的皮肤表面以直角插入（b），也可以在第二尾椎的头侧进一步刺入尾侧，并向水平方向倾斜约30°，以进入神经管（a）。资料来源：Kristen Cooley提供。

镇痛药（利多卡因比布比卡因的镇痛效果更好，因为它起效快）可降低皮质醇水平，同时使用可注射或口服镇痛药，以提供一种多模式的疼痛管理方案（Coetzee, 2013）。

### 所需物品（Skarda and Tranquilli, 2007b）

- 酒精和洗必泰或聚维酮碘洗刷液
- 灭菌手套
- 局部麻醉 ± 辅助剂（2%盐酸利多卡因）
- 16–18G（公牛和公猪）和20G（公牛犊、公绵羊、雄鹿、小猪）针头
- 手术刀片
- 去势器
- 缝合材料
- 30–35mL注射器

### 操作程序（Skarda & Tranquilli, 2007b; Coetzee, 2013）

1. 阴囊区域的无菌清洗和消毒。
2. 紧紧抓住每个睾丸内阴囊，使皮肤“紧张”。
3. 沿切口线注射2%利多卡因3–5mL。
4. 在公牛和公猪体内，注射10–15mL 2%的利多卡因到每一个睾丸体中，保持针头与睾丸长轴成30°角。
5. 5个月以下的仔猪，在睾丸内注射3–15mL 2%利多卡因。
6. 应在手术前注射镇痛药（剂量见第12章）。

### 骆驼（Jones, 2013）

1. 应该使用深度镇静或注射麻醉。
2. 围手术期应使用非甾体类镇痛药。
3. 用1–1.5mL 2%利多卡因注入正中缝阻滞阴囊，每条精索注射1mL（图 6.15）。

## 牛和小反刍动物去角镇痛

### 角的神经阻滞

牛、奶牛和山羊去角术和去芽术是常见的手术（Stock et al., 2013）。在美国，最常见的去角方法跟小牛去芽术类似，即使用烙铁。由于角的快速生长，一旦角的“芽”被发现，就建议在早期进行去“芽”（通常2–6日龄，取决于品种和幼畜的大小）（Plummer & Schleining, 2013）。去角和去芽是不同的，因为去角的过程是推迟到必须手术切除的时候。

在这种情况下，局部麻醉和良好的镇痛计划是必要的（Plummer & Schleining, 2013）。山羊不能忍受小手术带来的疼痛，如果没有足够的镇痛措施，它们可能会死于休克。造成这种休克的确切原因尚不清楚，它被认为是约束和痛苦的结合所带来的——一种强烈的恐惧或恐惧的反应（Baird, 2013b）。所有的山羊都应该在手术前进行麻醉或深度镇静。使用非甾体抗炎药（如酮洛芬或美洛昔康，但不包括苯丁氮酮）和利多卡因神经阻滞，可更有效地镇痛，并在利多卡因2–3h后继续缓解疼痛（Clarke et al., 2014a）。

去角的原因包括（Stock et al., 2013）：

- 安全处理
- 减少了由于饲料槽空间减少而导致自身瘀伤
- 降低伤害其他牛的风险
- 增加了动物的价值
- 减少攻击性行为

### 所需物品

- 手术前镇静
- 剃刀
- 酒精和洗必泰或聚维酮碘洗刷液

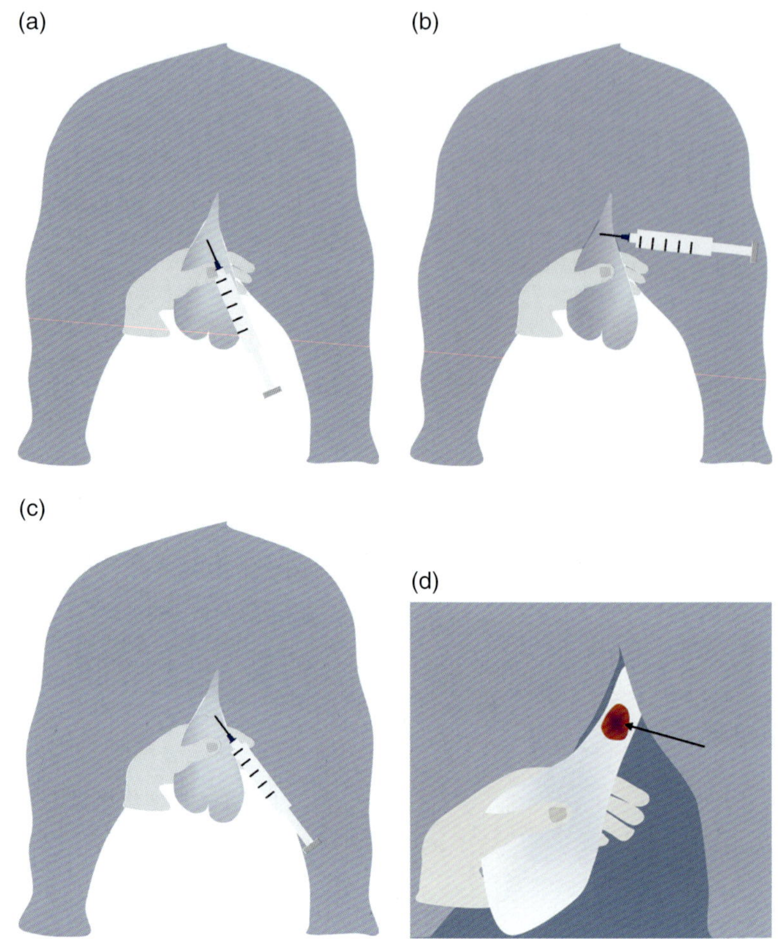


**图6.15** 沿阴囊颈周皮下注射10mL 2%利多卡因（a, b），然后将5mL 2%利多卡因溶液注入每个精索（c, d）。资料来源：Kristen Cooley提供。

- 无菌手套
- 局部麻醉 ± 辅助剂（2%盐酸利多卡因或布比卡因）
- 18、20和22G针头
- 手术刀片
- 普通外科包
- 吉利钢丝和产科把手
- 缝合材料
- 5、10、15和20mL注射器
- 绷带材料
- 局部抗菌粉
- 注射用非甾体抗炎药

### 操作程序

牛（*Baird, 2013a; Stock et al., 2013*）

1. 从头顶、耳朵底部、脸部到眼睛的毛发都剃掉。
2. 然后清洗该区域，为角神经阻滞做好准备，但不要覆盖创巾。
3. 一根2.5cm，18G或20G的针插入可触及的额骨颞嵴外侧和角基部吻侧2.5cm。
4. 注射5–10mL 2%的利多卡因，将针指向角处，以使该区域脱敏。

5. 以扇状方式注射，在皮肤下注射2–3mL。
6. 在牛角较大的情况下，第二颈神经的皮肤分支需要用局部麻醉浸润牛角尾部来脱敏。
7. 按摩注射部位以分散局部麻醉。
8. 由于解剖学上的差异，可以使用简单的环形阻滞。
9. 当使用环形阻滞时，注意角的吻侧皮肤要比角的尾侧厚得多。
10. 手术前对手术部位进行最后一次擦洗。
11. 手术前注射镇痛药（剂量见第12章）(图 6.16)。

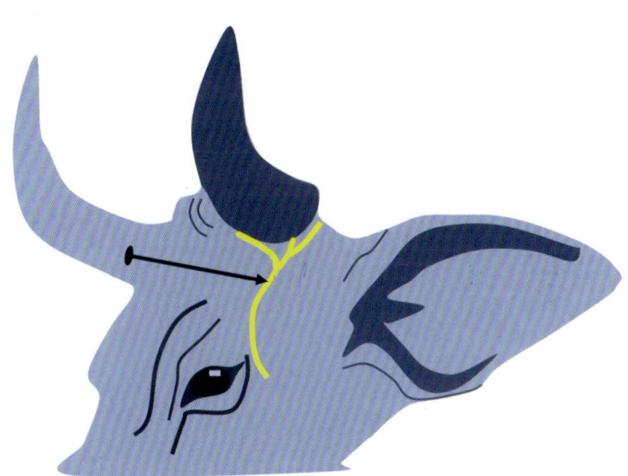

**图6.16**　牛角神经阻滞。资料来源：Kristen Cooley提供。

*小反刍动物（Lin et al., 2012; Baird, 2013b; Plummer & Schleining, 2013）*

1. 山羊的角神经阻滞至少需要两个注射点，而牛通常需要一个注射点。
2. 角神经是颧颞神经的一个分支，位于眼睛的外眼角和角的外侧基底之间。角的基部也被滑车下神经的角支支配，它在眼眶附近的内侧眼角处。因为它分支广泛，所以最好在眼内眦和内底角的中间位置用一个线状阻滞来阻断它，以确保所有的分支都被麻醉了。
3. 绵羊的局部麻醉与牛类似。
4. 山羊的头部区域修剪毛发和准备。
5. 用2%利多卡因1–2mL阻滞泪腺神经的角膜支。
6. 滑车下神经的角支位于眼睛的背内侧，与眼眶边缘相邻，用2%利多卡因1–2mL阻滞。
7. 在去角方案中，系统地给予非甾体酮洛芬，与局部麻醉剂一起使用或不使用赛拉嗪，已被证明可以极大地改善动物的舒适度（Lin et al., 2012）（图 6.17）。

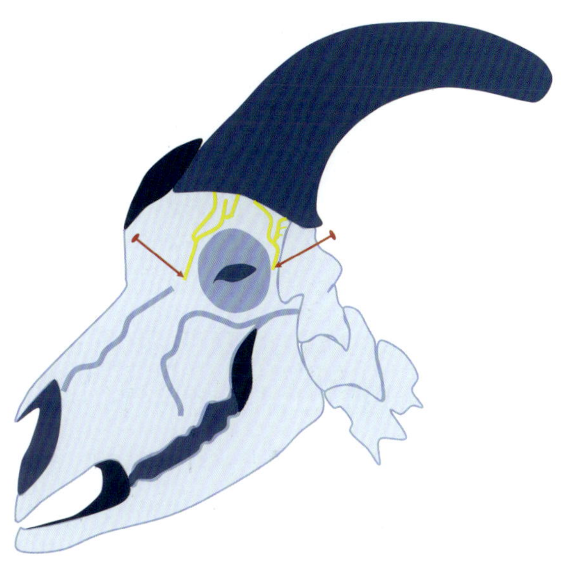

**图6.17**　山羊去角的神经阻滞。泪神经和滑车下神经的角膜分支必须被阻断。必须谨慎对待年幼的动物，以确保阻滞两条神经时，不会注射过量的局麻药液。资料来源：Kristen Cooley提供。

## 家畜硬膜外镇痛

- 反刍动物尾侧硬膜外镇痛
- 猪腰荐部硬膜外麻醉
- 骆驼硬膜外镇痛

尾侧硬膜外阻滞操作简单，费用低，不需要特殊设备（Skarda & Tranquilli, 2007b）。这种技术通常用于奶牛、绵羊和山羊。此外，还需要在荐尾部或第一尾骨交界处的硬膜外间隙注射其他适当的药物，以产生尾部、会阴、生殖器和骨盆腔脏器的镇痛。

绵羊和山羊的尾侧硬膜外麻醉在断尾和阴道内产科手术中非常有用（Skarda & Tranquilli, 2007b）。硬膜外镇痛药的应用尾侧生殖系统和胃肠道手术是有必要的（例如：颈部撕裂、直肠脱垂）以及紧急的生殖障碍（Plummer & Schleining, 2013）。在猪中，硬膜外阻滞最常用来促进剖宫产；修复直肠、子宫或阴道脱垂；修补脐、腹股沟或阴囊疝；硬脑膜手术；包皮、阴茎或后肢的手术（Skarda & Tranquilli, 2007b）。在骆驼中，硬膜外镇痛适用于任何类型的会阴手术（缝合撕裂、穿透持续性处女膜）、替换脱垂的直肠或阴道，以及防止在直肠触诊过程中过度紧张（Fowler, 2010）。

**所需物品**（Skarda & Tranquilli, 2007b）

- 手术前镇静
- 剃刀
- 酒精和洗必泰或聚维酮碘洗刷液
- 无菌手套
- 18G和20G不同长度的针
- 20G和18G的脊髓针
- 3mL或5mL玻璃LOR注射器或塑料无鲁尔锁注射器
- 无菌水或生理盐水
- 延长管
- 局部麻醉 ± 辅助剂

**操作程序**（Skarda & Tranquilli, 2007b）

**牛**

1. 对麻醉牛进行剃毛和手术准备。
2. 在Co1–Co2尾椎关节间隙上的皮肤用少量（2–3mL）局麻药消毒和脱敏，以确保在插入18G针时动物不会出现剧烈的抗拒及摆动。
3. 硬膜外穿刺针以正中平面插入，直至与椎管底接触，穿刺针可与臀部大致轮廓成直角，也可与垂直方向成约10° 角。
4. 然后大约收回针头距韧带底或椎间盘0.5cm，将其尖端置于神经管硬膜外间隙。向针座内滴几滴麻醉剂，并且麻醉注射阻力极小，表明是硬膜外麻醉。
5. 是否产生尾端麻醉，取决于所给麻醉剂的总剂量（体积 × 浓度）。当以1mL/s的速度注射每100kg体重2%盐酸利多卡因溶液1mL时，麻醉区域从头侧延伸至荐骨中部，从会阴腹部延伸至大腿内侧。
6. 正确的方法应该是降低盆腔脏器和生殖器的敏感度，麻痹尾巴和消除腹部收缩。然而，后腿的运动功能和子宫的能动性仍然未受影响。
7. 达到最大麻醉效果可能需要10–20min，预计持续30min至21/22h（图6.18）。

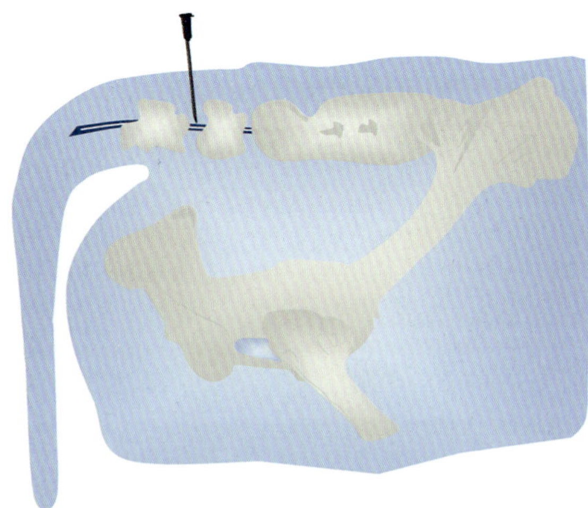

**图6.18** 牛尾硬膜外注射入第一尾骨间隙。资料来源：Kristen Cooley提供。

***绵羊和山羊**（Skarda & Tranquilli, 2007b）*

1. 按照在牛身上的步骤1和步骤2进行相同的准备。

**图6.19**　山羊的硬膜外标记。髂骨头侧之间的假想线穿过最后两块腰椎棘突之间的中线。髂骨翼斜向中线和荐骨。资料来源：Kristen Cooley提供。

2. 阻滞可以在站立或侧卧进行。
3. 在Co1-Co2或S5-Col处插入18G针，每50kg体重注射不超过1mL 2%盐酸利多卡因溶液。
4. 每毫升2%利多卡因加入1：80 000肾上腺素0.125mL，可抑制尾巴的张力和活力1h以上。
5. 可添加到硬膜外镇痛尾部的其他药物包括α-2肾上腺素能受体激动剂，如赛拉嗪、地托咪定、甲托咪定、可乐定和氯胺酮（图6.19和图6.20）。

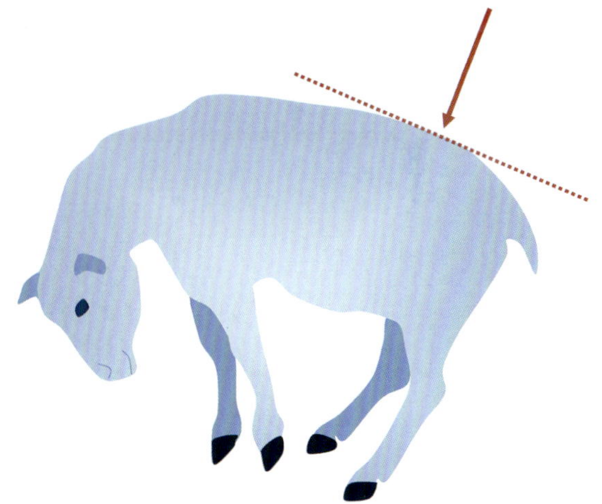

**图6.20**　绵羊硬膜外注射。绵羊侧卧位腰硬膜外注射针的插入方向。资料来源：Kristen Cooley提供。

***猪（Skarda & Tranquilli, 2007b; Hall et al., 2013）***

1. 对镇静的猪进行剃毛和手术准备。
2. 在两侧髂骨的头侧缘用手指找到插入针头的位置。连接它们的一条线穿过最后一节腰椎的棘突。
3. 针在棘突后面插入中线。
4. 直针向下和向后，与垂线成20° 角。
5. 30-70kg的猪，针深度为5-9cm。
6. 在大型猪中，没有明显的髂骨翼，可以通过髌骨的垂直线定位腰荐部间隙，距垂直线尾侧2-3cm。
7. 3-5mL的2%利多卡因用于渗透腰荐间隙组织。
8. 10-20kg的猪合适脊椎针的长度在6-8cm、20G，体重超过100kg的猪适合10-16cm、18G的针。
9. 体重在10-20kg之间的猪，穿透深度通常为

2–4cm；体重在20–100kg之间的猪，穿透深度通常为4–10cm。对于重猪和母猪，应选择10–15cm的脊柱针。

10. 当弓间韧带穿透时，可以听到轻微的“嘭”声。
11. 体重50kg及以下的猪，每7.5kg使用1mL含2%利多卡因溶液（2.7mg/kg），而每增加10kg体重，便增加1.0mL（图6.21）。

*骆驼（Clarke et al., 2014b）*

1. 可能可以在俯卧位进行。如果不行，给予镇静剂。
2. 剃毛并无菌准备荐尾部间隙。
3. 硬膜外间隙较浅，容易进入。
4. 一根20G的2.5cm长的针，与尾基成60°角插入。
5. 在6–18个月大的羊驼中，使用一个22G，3.81cm（1.5in）的导管进行硬膜外麻醉。针插入第一个尾骨间隙通过上下操纵尾巴确定凹陷位置。
6. 将2%利多卡因1–2mL注入覆盖硬膜外腔的软组织内。
7. 注射2%利多卡因，每kg体重0.22mg（Grubb et al., 1993）。
8. 移除针头。

（关于骆驼硬脊膜外图像见第12章）

## 异种动物和实验动物局部麻醉阻滞

实验室动物/小型哺乳动物、兔子、雪貂、

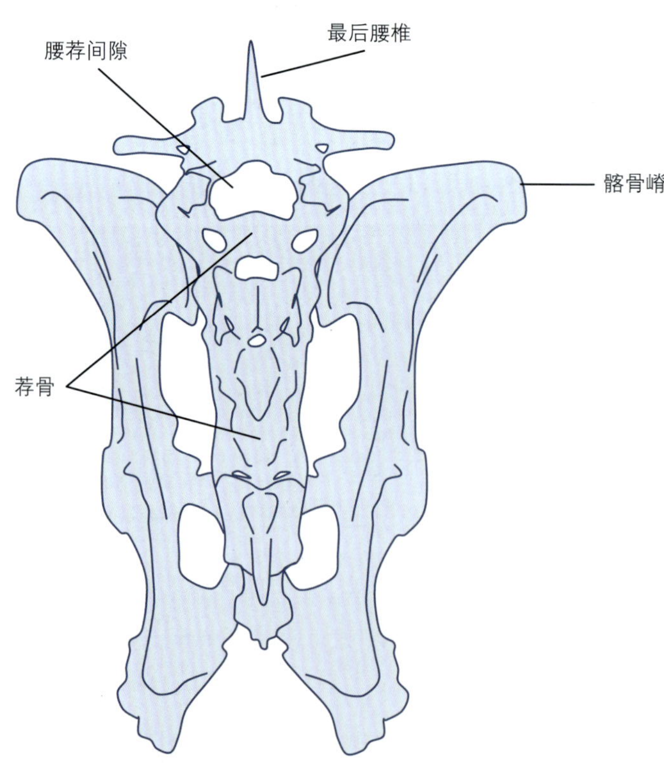


**图6.21** 猪骨盆的背视图。一条连接髂嵴的线穿过最后一节腰椎。成年猪的腰荐间隙位于尾部2.5–3cm处。髌骨可作为大型动物髂嵴定位的可靠标志；后腿正常站立时，穿过髌骨的垂直线与髂骨顶部水平穿过中线。资料来源：Kristen Cooley提供。

鸟类、爬行动物和灵长类动物的局麻药阻滞已在各自的章节中进行了描述。所述的技术与小型和大型动物的技术相似；但也具体解释了剂量和设备。有关更多细节，请参阅第13章和第14章。

## 推荐阅读

[1] Baird, A.N. (2013a) Bovine general surgery. D.A. Hendrickson & A.N. Baird (eds), *Turner and McIlwraith's Techniques in Large Animal Surgery*, 4th edn, John Wiley & Sons, Ames, IA, pp. 277–280.

[2] Baird, A.N. (2013b) Small ruminant surgery. D.A. Hendrickson & A.N. Baird (eds), *Turner and McIlwraith's Techniques in Large Animal Surgery*, 4th edn, John Wiley & Sons, Ames, IA, pp. 293–295.

[3] Beckman, B. (2013) Anesthesia and pain management for small animals. *Veterinary Clinics of North America: Small Animal Practice*, **43** (**3**), 669–688.

[4] Clarke, K.W., Trim, C.M. & Hall, L.W. (2014a) Anaesthesia of cattle. *Veterinary Anaesthesia*, 11th edn, Saunders/Elsevier, Edinburgh, pp. 320–321.

[5] Clarke, K.W., Trim, C.M. & Hall, L.W. (2014b) Anaesthesia of sheep, goats, and other herbivores. *Veterinary Anaesthesia*, 11th edn, Saunders/Elsevier, Edinburgh, p. 347.

[6] Clarke, K.W., Trim, C.M. & Hall, L.W. (2013c) Anaesthesia of the pig. *Veterinary Anaesthesia*, 11th edn, Saunders/Elsevier, Edinburgh, p. 400.

[7] Clarke, K.W., Trim, C.M. & Hall, L.W. (2014) Anaesthesia of the horse. *Veterinary Anaesthesia*, 11th edn, Saunders/Elsevier, Edinburgh, p. 258.

[8] Coetzee, J.F. (2013) Assessment and management of pain associated with castration in cattle. J.H. Coetzee & R.A. Smith (eds), *VCNA: Food Animal Practice*, Elsevier, Philadelphia, PA, pp. 88–91.

[9] Egger, C. & Love, L. (2009b) Local and regional anesthesia techniques, part 3: blocking the maxillary and mandibular nerves. *Veterinary Medicine*, **104** (**6**), 288–291. http://veterinarymedicine.dvm360.com/vetmed/Medicine/Local-and-regional-anesthesia-techniques-Part-3-Bl/ArticleStandard/Article/detail/601619 [accessed May 6, 2014].

[10] Egger, C. & Love, L. (2009c) Local and regional anesthesia techniques, part 1: overview and five simple techniques. *Veterinary Medicine*, **104**, 24–46. http://veterinarymedicine.dvm360.com/vetmed/Medicine/Local-and-regional-anesthesia-techniques-Part-1-Ov/ArticleStandard/Article/detail/575560 [accessed May 6, 2014].

[11] Egger, C. and Love, L. (2009d) Local and regional anesthesia techniques, part 2: stifle, intercostal, intrapleural, and forelimb techniques. *Veterinary Medicine*, **104**, 130–138. http://veterinarymedicine.dvm360.com/vetmed/Medicine/Local-and-regional-anesthesia-techniques-Part-2-St/ArticleStandard/Article/detail/585255 [accessed on June 4, 2014].

[12] Fowler, M.E. (2010) Anesthesia. M.E. Fowler & P.W. Bravo (eds), *Medicine and Surgery of Camelids*, Wiley-Blackwell, Ames, IA, p. 111.

[13] Gaynor, J.S. & Mama, K. (2009) Local and regional anesthetic techniques and alleviation of perioperative pain. J.S. Gaynor & W.W. III Muir (eds), *Handbook of Veterinary Pain Management*, 2nd edn, Mosby/Elsevier, St. Louis, MO, pp. 281–283, 285, 297–300.

[14] George, L.W. (2003) Pain control in food animals. E.P. Steffey (ed), *Recent Advances in Anesthetic Management of Large Domestic Animals*, International Veterinary Information Service, Ithaca, NY, p. 8.

[15] Gracis, M. (2013) The oral cavity. L. Campoy & M. Read (eds), *Small Animal Regional Anesthesia and Analgesia*, John Wiley & Sons, Ames, IA, pp. 121–128.

[16] Grubb, T.L., Riebold, T.W. & Huber, M.J. (1993) Evaluation of lidocaine, xylazine and a combination of lidocaine and xylazine for epidural analgesia in llamas. *Journal of the American Veterinary Medical Association*, **203** (**10**), 1441–1444.

[17] Guedes, A. (2011) Epidural Analgesia & Anesthesia NAVC Clinician's Brief, Procedures Pro, pp. 62–66.

[18] Hansen, B.D. (2001) Epidural catheter analgesia in dogs and cats: technique and review of 182 cases (1991–1999). *Journal of Veterinary Emergency and Critical Care*, **11** (**2**), 95–103.

[19] Jones, M.L. (2013) Castration. D.E. Anderson, M.L. Jones & M.D. Miesner (eds), *Veterinary Techniques in Lammas and Alpacas*, John Wiley & Sons, Ames, IA, pp. 293–297.

[20] Ko, J. & Inoue, T. (2013) Local anesthetic agents and anesthetic technique. K. Jeff (ed), *Small Animal Anesthesia and Pain Management: A Color Handbook*, Manson Publishing, Ltd., London, pp. 252–254; 259–260.

[21] Lin, H.C., Caldwell, F. & Pugh, D.G. (2012) Anesthetic management. D.G. Pugh & A.N. Baird (eds), *Sheep and Goat Medicine*, 2nd edn, Elsevier, Maryland Heights, MO, p. 536.

[22] Liu, D. (January–February 2012) Analgesia and urology. *Today's Veterinary Practice*, **2** (**1**), 75.

[23] Moses, L. (2013) www.MSPCA.org, painmedicine@angell.org or 617 541-5140. www.angell.org/painmedicine [accessed 6 May 2014].

[24] Muir, W.W., III (2002) Physiology and pathophysiology of pain. J.S. Gaynor & W.W. Muir, III (eds), *Handbook of Veterinary Pain Management*, Mosby, St. Louis, MO, pp. 13–45.

[25] O'Hearn, A.K. & Wright, B.D. (2011) Coccygeal epidural with local anesthetic for catheterization and pain management in the treatment of feline urethral obstruction. *Journal of Veterinary Emergency and Critical Care*, **21** (**1**), 50–52.

[26] Otero, P.E. & Campoy, L. (2013) Epidural and spinal anesthesia. L. Campoy & M. Read (eds), *Small Animal Regional Anesthesia and Analgesia*, John Wiley & Sons, Ames, IA, pp. 227–259.

[27] Plummer, P.J. & Schleining, J.A. (2013) Assessment and management of pain in small ruminants and camelids. *Veterinary Clinics of North America: Food Animal Clinics*, **29** (**1**), 185–208.

[28] Read, M.R. (2013) Incisional infiltration of local anesthetics and use of wound catheters. L. Campoy & M. Read (eds), *Small Animal Regional Anesthesia and Analgesia*, John Wiley & Sons, Ames, IA, pp. 89–102.

[29] Read, M.R. & Schroeder, C.A. (2013) The trunk. L. Campoy & M. Read (eds), *Small Animal Regional Anesthesia and Analgesia*, John Wiley & Sons, Ames, IA, pp. 167–198.

[30] Skarda, R.T. & Tranquilli, W.J. (2007a) Local and regional anesthetic and analgesic techniques: horses. W.J. Tranquilli, J.C. Thurmon & K.A. Grimm (eds), *Lumb and Jones Veterinary Anesthesia and Analgesia*, 4th edn, Blackwell Publishing, Ames, IA, pp. 620, 634.

[31] Skarda, R.T. & Tranquilli, W.J. (2007b) Local and regional anesthetic and analgesic techniques: ruminants and swine. W.J. Tranquilli, J.C. Thurmon & K.A. Grimm (eds), *Lumb and Jones Veterinary Anesthesia and Analgesia*, 4th edn, Blackwell Publishing, Ames, IA, p. 675.

[32] Skarda, R.T. & Tranquilli, W.J. (2007c) Local anesthetics. W.J. Tranquilli, J.C. Thurmon & K.A. Grimm (eds), *Lumb and Jones Veterinary Anesthesia and Analgesia*, 4th edn, Blackwell Publishing, Ames, IA, pp. 408–412.

[33] Skarda, R.T., Muir, W.W. & Hubbell, J.A.E. (2009) Local anesthetic drugs and techniques. W.W. Muir & J.A.E. Hubbell (eds), *Equine Anesthesia: Monitoring and Emergency Therapy*, 2nd edn, Saunders/Elsevier, St. Louis, MO, pp. 233–235, 237.

[34] Stein, R. (2013) www.VASG.org [accessed 6 May 2014].

[35] Stock, M.L., Baldridge, S.L., Griffin, D. & Coetzee, J.F. (2013) Bovine dehorning: assessing pain and providing analgesic management. J.H. Coetzee & R.A. Smith (eds), *VCNA: Food Animal Practice*, Elsevier, Philadelphia, PA, pp. 103–133.

[36] Taylor, P.M. & Clarke, K.W. (2007) Analgesia. P.M. Taylor & K.W. Clarke (eds), *Handbook of Equine Anesthesia*, 2nd edn, Saunders/Elsevier, Edinburgh, p. 115.

[37] Tranquilli, W.J., Grimm, K.A. & Lamont, L.A. (2000) Radial/ulnar/median nerve block. *Pain Management for the Small Animal Practitioner*, 2nd edn, Teton New Media, Jackson, WY, pp. 45–47.

[38] Tranquilli, W.J., Grimm, K.A. & L.L.A. (2004a) Section 3 Analgesic techniques: Dental Nerve Blocks. *Pain Management for the Small Animal Practitioner*, 2nd edn, Teton New Media, Jackson, WY, p. 50.

[39] Tranquilli, W.J., Grimm, K.A. & L.L.A. (2004b) Section 3 Analgesic techniques: Intercostal Nerve Blocks. *Pain Management for the Small Animal Practitioner*, 2nd edn, Teton New Media, Jackson, WY, pp. 38–42; 61–66.

[40] Zimmerman, D. & Smith, J.A. (2003) Anesthesia case of the month: can an epidural block still be performed in this dog? *Journal of the American Veterinary Medical Association*, **223** (5), 619–622.

# 第7章 手术疼痛管理

Tasha McNerney and Trish Farry

兽医技术人员在制定患病动物手术疼痛控制策略中的作用是复杂而重要的。技术人员必须与临床兽医合作，根据所进行的手术类型和预期的疼痛程度，为每个术后的动物制定一份适当的疼痛管理方案。兽医技术人员必须了解镇痛药理学、疼痛相关行为和疼痛生理学。在目前的兽医学标准中，镇痛剂必须提供给任何正在经历痛苦过程的患病动物，包括任何外科手术。兽医技术人员能够预测、预防、识别和治疗所有术后动物的疼痛是很重要的。

在手术实践中，动物会经历一定程度的疼痛。表7.1列出了常见的外科手术方法和每种手术的预期疼痛程度。一般来说，如果有更多的组织创伤，疼痛的程度被认为是更大的。外科动物常常同时伴有躯体和内脏疼痛。内脏痛源于器官，躯体痛源于肌肉骨骼系统，躯体痛可进一步分为表面（皮肤或指甲）或深层（肌肉、肌腱和骨骼）。因为术后动物经常会有躯体和内脏痛的成分，所以使用几种不同的药物对镇痛计划很重要，每种药物都有不同的作用机制。在镇痛计划中使用多模式方法将提供更好的疼痛控制，同时减少每种药物的总剂量。所选的药物在任何外科手术过程的五个不同阶段进行：用药前、诱导麻醉时、维持麻醉时、术后恢复和居家镇痛。有些病例可能会有第六阶段——局部镇痛，这通常是在诱导麻醉后进行的。

## 术前给药

术前给药是指给予（SC、IM、IV）麻醉镇痛药物和辅助药物（镇静剂或镇定剂），使患病动物镇静，为诱导麻醉做好准备。因为许多动物没有明显的疼痛症状，所以预先治疗疼痛是很重要的，需要注意的是几乎所有的药物治疗方案都应该包括镇痛药，比如阿片类药物。术后必须评估疼痛，并为每个手术患病动物设计合适的术后疼痛管理方案。使用镇痛药（如阿片类药物或α-2类药物）进行前处理可减少气体麻醉的需要，减少全麻时出现剧烈性的疼痛。疼痛的程度取决于手术的类型和动物本身。由于环境的原因，动物已经处于高度紧张状态，可能会出现行为变化。紧张的环境会产生一种焦虑的状态，这种状态会放大应激对痛苦刺激的反应。这与痛觉结合在一起，导致痛觉的生理过程会给患病动物

**表7.1** 常见外科手术和疼痛程度

| 轻度疼痛 | 中度疼痛 | 剧痛 |
| --- | --- | --- |
| 洗牙 | 皮肤肿块摘除 | 主要牙齿的拔除 |
| 耳朵检查及清洁 | 膀胱切开术 | 下颌骨切除术 |
| X线片 | 口腔肿瘤切除 | 耳道消融 |
| 一些美容过程 | 龈切除术 | 猫截爪术 |
| 拆线 | 裂伤修复 | 骨折的修复 |
| 更换绷带 | 卵巢子宫切除术 | 肢体/尾截肢 |
| | 去势 | 椎板切除术 |
| | 尿道阻塞 | 开腹探查术 |
| | | 开胸术 |
| | | 摘除术 |

带来无法想象的后果。如果不及时治疗，疼痛会对患病动物的新陈代谢、行为和免疫系统产生负面影响。持续刺激参与伤害性过程的神经会导致一种中枢过敏的现象。在脊髓中，受到来自周围的持续伤害性输入刺激的神经元变得极度兴奋，导致对低强度刺激的过度反应（Gaynor & Muir, 2009）。例如，一个患有慢性骨关节炎的动物，当接触到髋部时，会发出呜咽、哭泣的声音，甚至表现出攻击性。随着时间的推移，不适当的疼痛管理会导致麻醉需求的增加，在某些情况下还会引起长期的神经系统变化，从而引起痛觉过敏和异位痛。

如前所述，在为外科患病动物选择用药前方案时，不仅要考虑患病动物的ASA（ASA分级标准，指的是美国麻醉医师协会于麻醉前根据患病动物体质状况和对手术危险性进行分类，将患病动物分成5级）状态，而且要考虑患病动物的疼痛程度。

**框7.1 ASA的状态可以通过以下分类系统来确定**

- 第一级：没有潜在疾病的健康动物
- 第二级：有轻微患病风险的动物。这些患病动物可能有轻微的系统紊乱，但能够代偿
- 第三级：有明显疾病和轻微临床症状的中度风险患病动物
- 第四级：有严重疾病危害的高危动物
- 第五级：处于极度危险和/或垂死的动物。由于动物患有危及生命的疾病，手术常在极端的情况下进行

更多关于ASA状态的信息，包括疾病状态的例子和相应的ASA状态可以在AVTA网站上找到：www.avta-vts. org

## 诱导

使用丙泊酚（propofol）1–5mg/kg缓慢IV，滴定至起效。不稳定的患病动物可采用低剂量咪达唑仑（midazolam）0.10–0.20mg/kg静脉注射，然后缓慢地用依托咪酯（etomidate）1–2mg/kg静脉注射。如果在手术过程中使用了恒速输注（CRI），利多卡因可以在异丙酚之前给予（2mg/kg IV）。这不仅可以作为利多卡因的“装载”剂量，还可以减少诱导所需的丙泊酚总量。

## 维持

大多数诊所会使用异氟烷或七氟烷来维持麻醉。当患病动物对吸入性麻醉剂耐受不良时，另一种维持方法可能是CRI。使用平衡或多模式镇痛计划将允许兽医技术人员使用比许多外科手术预期更低的挥发罐设备（Carroll, 2008）。随着局部或局部阻滞和/或镇痛药的使用，吸入剂的需求应大大降低。这对患病动物、老年动物或身体虚弱的动物尤其有益，因为吸入剂可能会引起不良反应。即使是年轻健康的动物，使用多模式疗法来减少吸入剂的比例也是非常有益的。如果手术动物在全身麻醉下对手术刺激有反应，技术人员的第一反应不应该是把挥发罐开大。在这种情况下，最好是提供额外的镇痛，通常静脉注射阿片类药物。使用阿片类药物可能导致剂量依赖的呼吸抑制，因此应密切监测和必要时支持通气。

## 术后用药

在苏醒期间，必须密切监护动物的疼痛和应激的症状。有一个专门的技术人员检测动物的恢复有助于评估疼痛程度，以及提供额外的持续支持，如加热、静脉液体疗法、氧气等。在术后，使用任何疼痛量表（各种疼痛量表见第3章）对每只患病动物进行疼痛评分，并给予相应的镇痛药。如果已知一项手术对人类是痛苦的，那么对动物来说也应该是痛苦的，并应给予适当的镇痛剂。同样需要注意的是，一个经历过紧张或术前极度焦虑的动物，在术后可能需要额外的疼痛管理和抗应激药物。具体的术后药物治疗将在后面讨论，本章最后一节将讨论手术后患病动物的恢复和疼痛管理。

## 居家镇痛

在接受胸部、牙科、骨科或腹部手术后，患病动物回家时应根据手术类型和预期的疼痛情况，携带至少3–7d的镇痛药。通常包括非甾体抗炎药（如卡洛芬或美洛昔康）、阿片类镇痛药（如芬太尼贴剂或口服丁丙诺啡0.01–0.03mg/kg）或口服曲马多（仅限猫科动物），后者已被证明在μ受体有活性。有几种口服阿片类药物用于犬，包括含可待因的泰诺和缓释吗啡。在患犬中，芬太尼贴片的另一种替代方法是芬太尼透皮液（Recuvyra），可提供长达4d的术后疼痛控制。使用Recuvyra时，需使用一个特殊的适配器将芬太尼溶液放置在肩膀之间。芬太尼在数天内缓慢释放进入循环。对于骨科病例，加巴喷丁将通过减少或消除神经性疼痛来增加多模式镇痛方案。一些微创手术被认为只会引起轻微的疼痛，因此，不需要居家用药。

## 多模式治疗

联合使用不同种类的镇痛药物和不同的技术以产生镇痛效果的方法称为多模式镇痛。不同种类的药物针对疼痛通路的不同位点。

局麻药、非甾体抗炎药、阿片类药物和α-2肾上腺素能受体激动剂这些类别的药物联合使用时具有协同作用，一般可减少剂量。多模式镇痛更有可能是有效的，较少情况可能导致不良反应，这可能是由使用高剂量的单一类药物引起的。

治疗围手术期疼痛的主要药物包括阿片类药物、NMDA受体拮抗剂、α-2受体激动剂、非甾体抗炎药和局麻药。辅助药物，如非阿片类的μ受体激动剂曲马多、抗惊厥药（加巴喷丁）、抗抑郁药（阿米替林）、n-甲基-d-d冬氨酸拮抗剂（金刚烷胺）等，均因其作用于疼痛通路的不同部位而被用作镇痛药物（图7.1）。这些药物的具体药代动力学（PK）和药效学（PD）在第5章有介绍。

大多数手术程序将受益于作为麻醉/镇痛计划一部分的多模式治疗。

## 局部麻醉技术

局部麻醉技术的使用，无论是单独使用还是与其他镇痛药物联合使用，都是为外科患病动物提供平衡麻醉的重要工具。局麻药会抑制交感神经传出活动，引起血管舒张，因此对有低血压危险的患病动物应慎用。

局麻药的作用是阻断神经元细胞膜上的钠通道，干扰神经冲动的传导。小动物手术中常用的局麻药有利多卡因、布比卡因和罗哌卡因。应用局部麻醉技术时，应将其作为外科患病动物镇痛计划的一部分，并可包括以下给药途径：

- 局部用
- 局部浸润
- 腹膜浸润
- 胸膜内的浸润
- 关节内的阻滞
- 硬脊膜外
- 神经浸润
    - 肋间
    - 臂神经丛

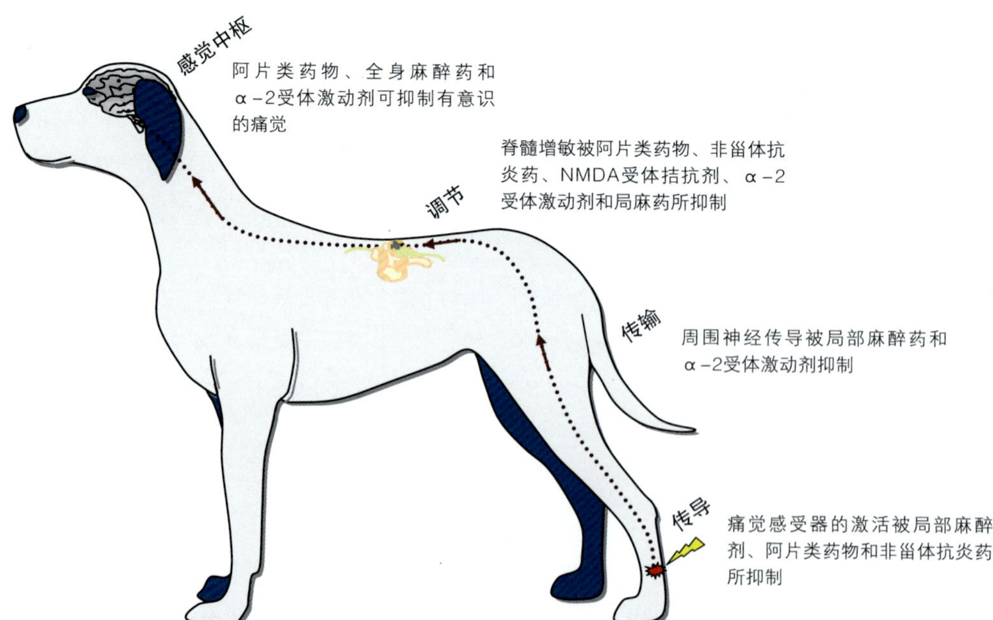


**图7.1** 疼痛通路。资料来源：Kristen Cooley提供。

- 眼眶下
- 上颌骨
- 精神
- 下颌骨

有关常用的特定神经阻断技术的描述，请参阅第6章。

## 持续恒速输注

镇痛药物的CRI用于在一段时间内给药或联合给药，以确保药物达到和维持治疗水平。输液是用来避免任何药物间歇性的大剂量导致的高峰和低谷的血浆浓度相关的问题。单一药物可作为CRI给予，但更常见的是，药物组合用于最小化剂量和任何一种药物的高剂量可能导致的不良反应。不同种类的药物对疼痛通路不同部位的痛觉也有抑制作用。CRI在外科手术动物中是非常有益的，因为它们将会有严重的疼痛。用于CRI镇痛最常用的药物有阿片类药物、利多卡因（仅利多卡因）、氯胺酮和α-2肾上腺素能受体激动剂（CRI剂量信息见表7.2）。

CRI常用的药物组合是吗啡或芬太尼或氢吗啡酮+利多卡因+氯胺酮。

阿片类药物有利于镇痛，利多卡因用于控制神经系统的疼痛传导和抗痛觉过敏特性，氯胺酮提供了NMDA拮抗作用，有助于抑制中枢敏化。

α-2肾上腺素能受体激动剂也可术后使用，作为微剂量的药剂或连续输液，以提供镇静、镇痛和焦虑（Gayn & Muir, 2009）。

**表7.2** 犬、猫恒速注射剂量

| 药物 | 剂量（犬） | 剂量（猫） |
|---|---|---|
| 吗啡[a] | 0.1–0.2mg/（kg·h）IV<br>LD 0.1mg/kg IV | 0.1–0.2mg/（kg·h）IV<br>LD 0.1mg/kg IV |
| 二氢吗啡酮[a] | 0.015–0.03mg/（kg·h）IV<br>LD 0.1mg/kg IV | 0.015–0.03mg/（kg·h）IV<br>LD 0.1mg/kg IV |
| 芬太尼[a] | 2–20μg/（kg·h）IV<br>LD 2–5μg/kg IV | 2–12μg/（kg·h）IV<br>2μg/kg IV |
| 氯胺酮 | 0.1–0.5mg/（kg·h）IV<br>LD 0.1mg/kg IV | 0.1–0.5mg/（kg·h）IV<br>LD 0.1mg/kg IV |
| 美托咪定[b,c] | 0.001–0.002mg/（kg·h）IV<br>LD 0.001–0.003mg/kg | 0.001–0.004mg/（kg·h）（1–4μg/（kg·h））<br>LD 1–5μg/kg Med IV或IM |
| 右美托咪定[b,c] | 0.0005–0.001mg/（kg·h）IV<br>LD 0.0005–0.002mg/kg IV | 0.0005–0.002mg/（kg·h）<br>LD 1–2μg/kg IV或IM |

[a] LD，装载剂量。

通常，较高的阿片类药物在手术中使用可能导致呼吸抑制。技术人员必须监测动物的通气情况，并在必要时进行干预。使用阿片类药物和α-2肾上腺素能受体激动剂也可能引起严重的心动过缓，如果引起血流动力学问题，也可能需要处理。

[b] Gayn/Mir (2009)。

[c] 由Tamara Grubb博士提供。附录B中已收录。

在开始输液之前，使用每一种药物的装载剂量将确保达到足够的血浆水平。兽医技术人员必须了解用于CRI的药物的PK和PD（见第5章），以预测和处理使用这些药物可能引起的任何生理问题。

## 手术镇痛和麻醉方案

在这一节中，我们将讨论各种外科手术的预期疼痛程度以及麻醉和镇痛方案。以下是最佳镇痛的推荐方案，可根据个人需要进行修改（注意诱导方案不包括在内，因为它们只涉及麻醉药物）。

### 生殖道手术

与生殖道手术相关的疼痛有许多，子宫积脓、剖腹产和双侧隐睾都是生殖系统手术的例子。子宫扩张、充满液体时，子宫积脓患病动物会出现内脏疼痛。内脏疼痛也会发生在生殖道与附属器官的任何手术，如子宫和卵巢。切口部位也会出现疼痛和炎症。接受腹部手术治疗的子宫积脓或隐睾的动物也需要镇痛药，这些手术是中度疼痛。以下是进行生殖道手术动物的镇痛方案的一个例子。需要注意，接受剖腹产手术的患病动物需要一种独特的镇痛方案。

术前给药。一种μ阿片受体激动剂（如氢吗啡酮0.10mg/kg）+咪达唑仑0.20mg/kg（右美托咪定2-5μg/kg）。

这种预用药结合了强效的μ类阿片镇痛药和苯二氮䓬类镇静药。微剂量的右美托咪定有助于增加上述药物的镇静和镇痛成分。右美托咪定不能用于心血管疾病的动物；然而，这种小剂量的右美托咪定对那些有攻击性或过度紧张的动物特别有帮助。

局部麻醉。经诱导后，可放置局部麻醉剂。对于隐睾手术，超声引导下睾丸内注射布比卡因（1mg/kg），并将两个睾丸分开，可能会有帮助。睾丸内阻滞在第6章讨论。卵巢韧带阻滞可用布比卡因（4.4mg/kg，0.75%布比卡因用生理盐水稀释至0.88mL/kg）在腹膜腔内（Epstein, 2011）或在双侧卵巢局部应用（splash block）（2mg/kg）完成。局部阻滞将有助于减少整体吸入剂的需求。在停止吸入麻醉前，可在皮肤切口附近浸润局部麻醉（布比卡因1mg/kg）。

维持麻醉。异氟烷1.5%-2.5%或七氟烷2.0%-3.0%。

术后镇痛的计划。虽然非甾体抗炎药在预防性用药时可能更有效（Lascelles et al., 1998），但有些兽医更喜欢在术后使用非甾体抗炎药。预先注射的非甾体抗炎药，如卡洛芬（2mg/kg SC BID），在麻醉期间血压维持在60mmHg以上时，可能特别有用。另外，非甾体抗炎药可在术后与小剂量的氢吗啡酮（0.05mg/kg IM）和/或右美托咪定（12μg/kg IM）同时使用，以延长恢复期的镇静和镇痛作用。

居家镇痛。出院后，患病动物应至少带3-5d的镇痛药回家。带回家的药物也应遵循多模式理论，并包含适当的阿片类药物如芬太尼贴片或透皮液、口服丁丙诺啡（0.01-0.03mg/kg）或口服曲马多，以及非甾体类药物如卡洛芬（2.2mg/kg PO BID）和辅助药物（如加巴喷丁）。

### 对于剖腹产的动物

术前给药。应该注意减少应激和过分保定。预用药使用混合激动剂/拮抗剂，如布托啡诺0.02-0.04mg/kg IV或IM，可减轻呼吸抑制，也可提供镇静。芬太尼也可以使用，因为它的有效期很短，这意味着它很可能在分娩前就从系统中清除了。正在进行剖腹产手术的动物使用局部麻醉（布比卡因1mg/kg）的浸润也有很好的疗效。

局部麻醉。腰荐硬膜外注射0.10mg/kg不含防腐剂的吗啡，每4.5kg注射1mL 0.5%的布比卡因。需要注意的是，由于硬膜外腔的减少，怀孕动物可能需要更少的硬膜外麻醉药物（Tranquilli et al., 2007）。第6章讨论过硬膜外麻醉技术。

维持麻醉。吸入剂，如七氟醚或异氟醚。注意，怀孕动物的最低有效肺泡浓度明显降低。

术中。一旦幼崽被安全地取出，就可以使用纯阿片类药物。这将为母体提供良好的镇痛效果。

术后镇痛。在没有禁忌证的情况下，可以使用卡洛芬（2mg/kg SC）或美洛昔康（0.20mg/kg SC）等非甾体抗炎药，尽管目前还没有数据表明非甾体抗炎药在哺乳期母犬或母猫的乳汁中分泌。丁丙诺啡（0.01–0.03mg/kg IV或IM）可每隔6–8h给予，以提供术后镇痛。

居家镇痛。出院后，患病动物应至少带3–5d的镇痛药回家。带回家的药物也应遵循多模式理论，并包含适当的阿片类药物如芬太尼贴剂或透皮液、口服丁丙诺啡（0.01–0.03mg/kg）或口服曲马多，以及非甾体类药物如卡洛芬（2.2mg/kg PO BID）和辅助药物（如加巴喷丁）。

## 眼部手术镇痛

诸如摘除术、白内障手术和结膜瓣手术等手术常被认为是非常疼痛的，需要一种强有力的多模式方法来进行镇痛和麻醉。大多数接受这种手术的患病动物都经历了一段时间的应激、炎症和疼痛。角膜是一个高度神经支配的区域，因此任何影响角膜的手术或病情（如角膜溃疡）都被认为是非常疼痛的（Lockhead, 2011）。下面一个例子是患病动物接受眼睛手术的多模式镇痛计划。

术前给药。美沙酮0.20mg/kg IM+咪达唑仑0.20mg/kg（±乙酰丙嗪）。应该避免使用任何可能引起呕吐的阿片类药物（如吗啡）和眼压升高，如果眼压升高，需要处理眼睛以挽救眼睛。摘除术时选择阿片类药物不是很重要。

区域麻醉。诱导后可放置局麻药。许多类型的区域神经阻滞可用于眼科患病动物。球后阻滞、耳–眼睑阻滞、额神经阻滞和球周阻滞在眼科患病动物中都是有用的。然而，进行这些阻滞行为的人必须对解剖标志进行充分训练。球后阻滞的风险包括出血、眼球穿孔和视神经损伤（Guiliano, 2008）。摘除眼球后，视神经的喷洒阻滞是摘除眼球的另一个有用的阻滞方法。

维持麻醉。异氟烷或七氟烷。氯胺酮CRI可能有用，在静脉注射0.5mg/（kg·h）后，一次性静脉注射0.5mg/kg，以帮助防止聚集性疼痛。这也将降低所需的吸入麻醉剂的水平。在要求眼睛处于中心位置的眼科手术过程（白内障摘除手术、结膜瓣手术）中，神经肌肉阻断药物是有帮助的（Lockhead, 2011）。如果在手术过程中使用了神经肌肉阻滞剂，则必须使用机械呼吸机来控制通气。

术后镇痛的计划。非甾体类药物如卡洛芬（2mg/kg SC BID）或美洛昔康（0.10mg/kg SC）。此外，还可以给予小剂量的美沙酮（0.20mg/kg IM）和右美托咪定（2μg/kg IM），以延长术后镇静和镇痛。

居家镇痛。出院后，患病动物应至少带3–5d的镇痛药回家。带回家的药物也应遵循多模式理论，并包含适当的阿片类药物如芬太尼贴剂、口服丁丙诺啡（0.01–0.03mg/kg）或口服曲马多，以及非甾体类药物如卡洛芬（2.2mg/kg PO BID）和辅助药物（如加巴喷丁）。

## 耳外科手术镇痛技术

诸如全耳道消融术（TECA）和腹侧鼓泡切除术（VBO，ventral bulla osteotomy）等手术常伴有中度至重度的疼痛，需要一种强有力的多模式镇痛方法。大多数接受这种手术的患病动物都经历过一段时间的耳朵严重感染和炎症。因此，大多数耳科手术的患病动物在术前就已经存在一定程度的疼痛神经敏感现象。联合阿片类药物和镇静剂的药物治疗是最有帮助的，因为严重的慢性耳炎患病动物往往会出现异痛。美沙酮可能是一种良好的药物治疗前的选择，因为它也提供了NMDA受体拮抗剂。

如前几段所述，NMDA受体刺激与中枢神经敏感化有关，或称为“聚集性疼痛现象”。阻断这一NMDA受体可导致镇痛，并能以较低剂量的阿片类药物提供镇痛（Gayn或和Muir, 2009）。然而，美沙酮是相当昂贵的，美沙酮阻断NMDA的临床应用是未知的。另一种选择是使用吗啡或氢吗啡酮和氯胺酮CRI。下面一个例子是患病动物接受耳朵手术多模式镇痛计划。

术前给药。美沙酮0.50mg/kg+咪达唑仑0.20mg/kg（±右美托咪定5μg/kg）IM。

局部麻醉。诱导后，可放置局麻药。建议在手术前阻断三叉神经和面部神经。当动物手术完成后，仍在手术室时，可以放置伤口浸润导管，以便术后72h内持续输注局麻药（图7.2）。初始启动剂量的布比卡因以1.0mg/kg剂量缓慢地注入导管。间歇剂量的布比卡因可以通过浸润导管以1.5mg/kg的剂量给药（Bryant, 2011）。根据犬的大小，总体积通常在6-12mL之间。猫的总体积不应超过4mL。

维持麻醉。异氟烷或七氟烷。氯胺酮CRI可能有助于降低所需的吸入麻醉剂水平。

术后镇痛计划。非甾体类药物，如卡洛芬（2mg/kg SC BID），在患病动物未同时接受类固醇治疗时尤其有用。此外，还可以给予小剂量的美沙酮（0.20mg/kg IM）和右美托咪定（2μg/kg IM），以延长术后镇静和镇痛。

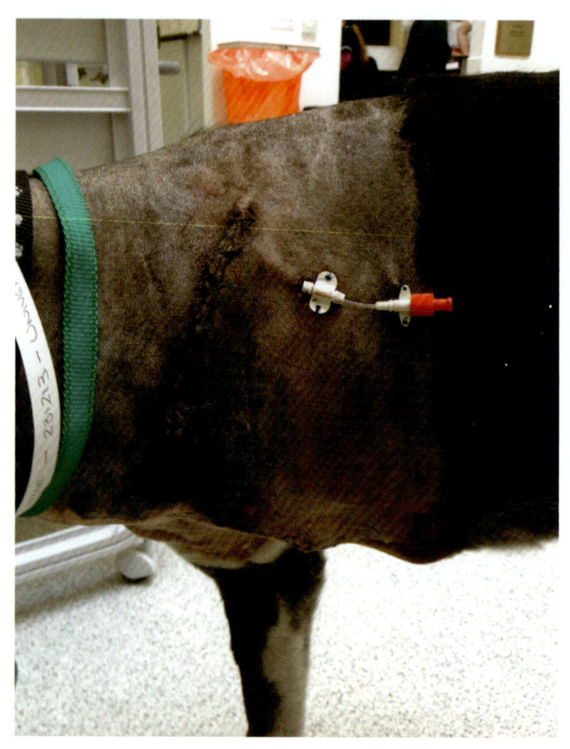

**图7.2** 前肢截肢后放置浸润导管。资料来源：Andrew Bell提供。

居家镇痛。出院后，患病动物应至少带3-5d的镇痛药回家。带回家的药物也应遵循多模式理论，并包含适当的阿片类药物如芬太尼贴剂、口服丁丙诺啡（0.01-0.03mg/kg）或口服曲马多，以及非甾体类药物如卡洛芬（2.2mg/kg PO BID）和辅助药物（如加巴喷丁）。

## 涉及皮肤的手术

涉及皮肤的手术疼痛范围从轻度（去除皮脂腺瘤）到严重（烧伤、撕脱伤和乳房根治术）。这些病例包括来自肌肉骨骼系统的躯体痛。躯体痛可分为两类：浅层的（涉及皮肤和指甲）和深层的（涉及关节、肌肉和肌腱）。多模式疼痛管理尤其重要，因为需要对多种疼痛途径进行适当管理。因此，阿片类药物、非甾体抗炎药、局麻药和加巴喷丁等镇痛辅助药物必须联合使用，以提供完整的多模式镇痛方案。镇痛方案也将取决于患病动物的ASA状态，为危重患病动物选择不同的药物。下面是一个患病动物经历皮肤疼痛过程的治疗方案。

术前给药。术前给药应使用纯μ受体阿片类激动剂。为了帮助镇静紧张的动物，可以使用阿片类美沙酮（0.20-0.50mg/kg），可将苯二氮䓬类药物如咪达唑仑（0.20mg/kg）与阿片类药物联合使用，方便静脉留置管。

维持麻醉。异氟烷或七氟烷。利多卡因CRI 1-2mg/（kg·h）可能有助于提供额外的镇痛，以及帮助降低所需的吸入性麻醉水平和预防随后的低血压。利多卡因也被证明可以降低血小板聚集，这对那些有可能发展成DIC或SIRS（严重烧伤、咬伤或严重皮肤擦伤）的患病动物有显著的帮助（Stein和Thompson, 2005）。在开始使用利多卡因CRI之前，应控制利多卡因的初始装载剂量（2mg/kg IV）以达到治疗性血液水平。芬太尼或其他纯阿片类激动剂可CRI以提供额外的镇痛作用。对于非常疼痛的患病动物，CRI联合阿片类药物、利多卡因和氯胺酮可能是最好的选择。

区域麻醉。对于根治性乳房切除术，伤口导管是一个有效的工具，可以提供长达72h的持续镇痛。初始剂量的布比卡因1.0mg/kg缓慢地注入导管，直至产生镇痛效果。间歇剂量的布比卡因可以通过导管以1.5mg/kg的剂量给药（Bryant, 2011）。根据犬的大小，总体积通常在6-12mL之间。猫的总体积不应超过4mL。

术后镇痛计划。术后继续使用芬太尼/利多卡因CRI可以持续镇痛。如果这还不够，需要额外的镇痛药，也可以给予小剂量的右美托咪定（1μg/kg IV），以延长术后镇静和镇痛。加巴喷丁在撕脱伤或烧伤中特别有用。

加巴喷丁抑制感觉中枢，有助于减轻神经性疼痛。初始剂量为2.5-10mg/kg PO BID（Gaynor & Muir, 2009）。

居家镇痛。出院后，患病动物应至少带3-5d的镇痛药回家。带回家的药物也应遵循多模式理论，并包含适当的阿片类药物如芬太尼贴剂、口服丁丙诺啡（0.01-0.03mg/kg）或口服曲马多，以及非甾体类药物如卡洛芬（2.2mg/kg PO BID）和辅助药物（如加巴喷丁）。

## 主要胃肠手术

胃肠手术包括许多步骤，如清除胃异物、胃肠活组织检查、治疗胃扩张扭转、肠套叠/吻合手术等。这些手术被认为是中度至重度疼痛。对于接受腹部外科手术的动物来说，多模式疼痛管理尤其重要，因为需要对多种疼痛路径进行适当的管理。因为涉及胃肠道，几乎所有的病例都存在内脏痛；因此，阿片类药物是镇痛方案的基础。镇痛和麻醉方案也将取决于患病动物的ASA状态，为危重动物选择不同的药物。下面是一个接受腹部外科手术的动物的样本方案。

术前给药。术前给药应使用纯μ受体阿片类激动剂，如氢吗啡酮或芬太尼。阿片类美沙酮（0.20-0.50mg/kg）可能是最佳选择，因为与其他阿片类药物前处理相比，它被认为能减少呕吐。为了帮助镇静焦虑的患病动物，可以将苯二氮䓬类药物［如咪达唑仑（0.20mg/kg）］与阿片类药物联合使用，以提供镇静和镇痛。

维持麻醉。异氟烷或七氟烷。利多卡因CRI1-2mg/（kg·h）可能有助于提供额外的镇痛，以及帮助降低所需的吸入性麻醉水平和预防随后的低血压。利多卡因也被证明可以降低血小板聚集，这对GDV或脾切除等可能发展为DIC或SIRS的病例有显著帮助（Stein & Thompson, 2005）。在开始使用利多卡因CRI前，应给予初始利多卡因装载剂量（2mg/kg IV）以达到治疗性血药水平。芬太尼或其他纯阿片类激动剂可CRI提供额外的镇痛。

区域麻醉。在停止吸入麻醉前，在皮肤切口附近浸润局部麻醉剂（布比卡因1mg/kg）。

术后镇痛计划。间断使用氢吗啡酮（0.05mg/kg IV）或其他强效阿片类药物可提供镇痛。术后继续使用芬太尼/利多卡因CRI将提供持续的镇痛。如果这还不够，需要额外的镇痛药，也可以给予小剂量的右美托咪定（1μg/kg IV），以延长术后镇静和镇痛。非甾体抗炎药可能有助于减轻胃肠道手术患病动物的炎症反应；然而，许多医生认为消化道出血的潜在不良反应是将该类药物排除在术后镇痛方案之外的原因。

居家镇痛。出院后，患病动物应至少带3–5d的镇痛药回家。带回家的药物也应遵循多模式理论，并包含适当的阿片类药物如芬太尼贴片或透皮液、口服丁丙诺啡（0.01–0.03mg/kg）或口服曲马多以及加巴喷丁等辅助药物。

## 胸部手术

因为开胸而入院的动物对麻醉兽医来说是一个挑战。在使用任何麻醉药或镇痛药之前，必须进行彻底的检查并稳定动物。通常，这些动物会表现出呼吸道疾病或外伤引起的呼吸窘迫。在肋骨骨折或外伤的患病动物中，疼痛会导致换气受限和呼吸模式改变（Bryant, 2011）。每次动物呼吸时，它们都会感到疼痛。通常情况下，不能很好地通气的动物是极度焦虑的，可能会通过积极地克制而失代偿。

术前给药。接受胸椎手术的患病动物通常会受益于神经镇痛技术，该技术将芬太尼或美沙酮等阿片类镇痛药与咪达唑仑（0.20mg/kg IM）等苯二氮䓬类镇静药结合使用。咪达唑仑对呼吸系统的影响很小。对于极度焦虑的患病动物，可以在用药前加入低剂量的乙酰丙嗪（0.02mg/kg），以安全处理患病动物。

维持麻醉。异氟烷或七氟烷。利多卡因［CRI 1–2mg/（kg・h）］可能有助于提供额外的镇痛。应维持利多卡因的初始装载剂量（2mg/kg IV）以达到治疗性血药水平。芬太尼［5–10μg/（kg・h）］和氯胺酮［0.10–0.50mg/（kg・h）］也可以通过CRI给予，以提供额外的镇痛作用。

区域麻醉。有许多局部麻醉技术可以使开胸手术动物获益。肋间神经阻滞可能是最广泛使用的。肋间神经阻滞镇痛可改善术后恢复时的通气。为了有效地缓解疼痛，至少应该连续阻断3根神经（Thompson & Johnson, 1991）。布比卡因（0.5%）可用于这些阻滞，每个位置的容积为0.50–1mL。这应该包括为切口的肋间空间支配的神经，以及位于头侧和尾侧的神经。另一种用于局部麻醉的技术是胸膜内灌注局部麻醉溶液（如布比卡因1.5mg/kg）。这项技术的不良反应相对较小，许多临床兽医认为它比肋间神经阻滞更容易（Read & Schroder, 2013）。第6章详细介绍了这个过程。另一种选择是，患病动物在苏醒前可以在胸腔内注入局麻药。

术后镇痛方案。间断使用氢吗啡酮（0.05mg/kg IV）（或其他阿片类镇痛药）可达到镇痛效果。然而，术后继续使用芬太尼/氯胺酮/利多卡因CRI将提供持续的镇痛。术后使用阿片类药物作为CRI通常可以消除间歇性给药的波峰和波谷以及伴随血液水平升高和降低而产生的不良反应（Bryant, 2011）。如果CRI不足以提供镇痛，需要额外的镇痛药，也可以给予小剂量的右美托咪定（1μg/kg IV），以延长术后镇静和镇痛。间断给药布比卡因（1mg/kg）可置于患病动物胸管中，以减少所需的全身性阿片类药物量。在清醒状态下注射局部麻醉剂可能引起严重不适。碳酸氢钠缓冲麻醉药物已被推荐用于调节这种不适（1cm$^3$碳酸氢钠：9cm$^3$局部阻断剂）。一旦消除了全身性低血压的风险，非甾体抗炎药如卡洛芬（2mg/kg SC），可能因其强大的抗炎作用而特别有用。

居家镇痛。出院后，患病动物应至少带3–5d的镇痛药回家。带回家的药物也应遵循多模式理论，并包含适当的阿片类药物如芬太尼贴片或透皮液、口服丁丙诺啡（0.01–0.03mg/kg）或口服曲马多，以及非甾体类药物如卡洛芬（2.2mg/kg PO BID）和辅助药物如加巴喷丁。

## 开颅手术患病动物方案

对进行开颅手术的动物进行麻醉需要兽医技术人员对PD有很好的理解，因为必须使用降低颅内血容量的药物。

必须避免使用脑血管扩张剂，如氯胺酮、一氧化二氮和吸入剂异氟烷和七氟烷。本章不讨论开颅手术麻醉，技术人员必须研究最合适的药物来诱导和维持这些具有挑战性的病例的麻醉。

如果颅内压（ICP）升高，最好避免镇静、镇定剂和阿片类药物，因为呼吸抑制可能导致二氧化碳张力增加，导致脑血流量增加和ICP升高。

多模式镇痛策略的使用将减少或消除不良反应，如镇静和呼吸抑制，这可能是由高剂量的单一药物引起的。在人类文献中，使用抗惊厥药和皮质类固醇已被证明可减少围手术期疼痛和阿片类药物需求（Gottschalk, 2009）。

对进行开颅手术动物的镇痛建议：

- 术前给药使用美沙酮或芬太尼（避免使用吗啡，因为可能会出现呕吐）
- 术中、术后均采用芬太尼或瑞芬太尼输注0.1μg/（kg·min），可迅速消除病情，快速苏醒

## 尿路疾病患病动物方案

根据潜在的问题，肾系统手术患病动物的镇痛方案可能会有很大的不同。这些病例包括从膀胱切开术的稳定患病动物到治疗尿道阻塞的危重患病动物。在大多数手术中，会有一定程度的内脏疼痛。疼痛和发炎也会出现在膀胱和切口处。躯体疼痛也会出现，特别是在进行肛周尿道造口术的动物。接受这些手术的动物将需要镇痛药，因为这被认为是中度至重度疼痛。此外，由于疼痛会导致堵塞部位肌肉痉挛，因此疼痛往往会加重尿路阻塞。以下是一个动物进行泌尿道手术的镇痛方案。需要注意的是，接受尿道阻塞紧急治疗的患病动物需要专门的麻醉药和镇痛药，在使用任何麻醉药之前必须稳定。这些患病动物的范围从相对稳定（ASA 1–2）到极度危重（ASA 3–4）。以下协议不适用于危重动物。

术前用药。氢吗啡酮0.10mg/kg联合咪达唑仑0.20mg/kg（右美托咪定2–5μg/kg IM）。微剂量的右美托咪定有助于增加上述药物的镇静和镇痛成分。右美托咪定不应用于休克或心血管疾病的动物，然而，这种小剂量的右美托咪定对那些有攻击性或过度紧张的动物特别有帮助。

局部麻醉。在手术之前，可以安全地使用荐尾部硬膜外麻醉为阴茎和尿道提供镇痛（O'Hearn & Wright, 2011）（见图7.3）。此外，在动物恢复之前，局部麻醉（布比卡因1mg/kg）的浸润可放置在皮肤切口的近端。

维持麻醉。异氟烷或七氟烷，在手术关闭腹部膀胱之前，低水平的治疗性激光可以用来促进愈合。

术后镇痛计划。如果肾功能相对稳定，卡洛芬（2mg/kg SC）或美洛昔康（0.10mg/kg）等非甾体抗炎药尤其有效。术后可增加小剂

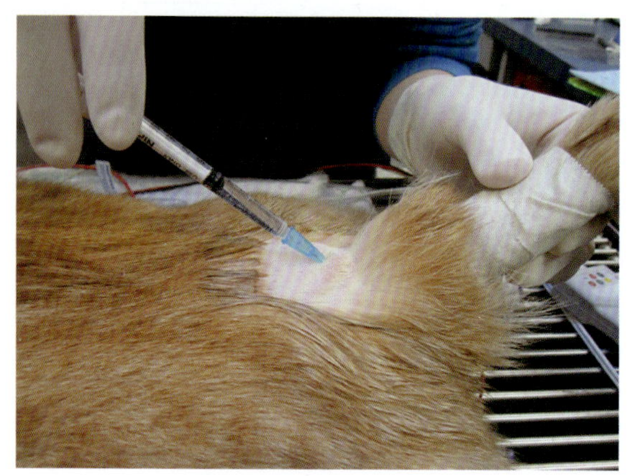

**图7.3** 荐尾部阻滞的针头放置。

量的氢吗啡酮（0.05mg/kg IM）和右美托咪定（2μg/kg IM），以延长镇静和镇痛。低水平的激光也可以在术后减少切口部位的肿胀和炎症（见图7.4）。

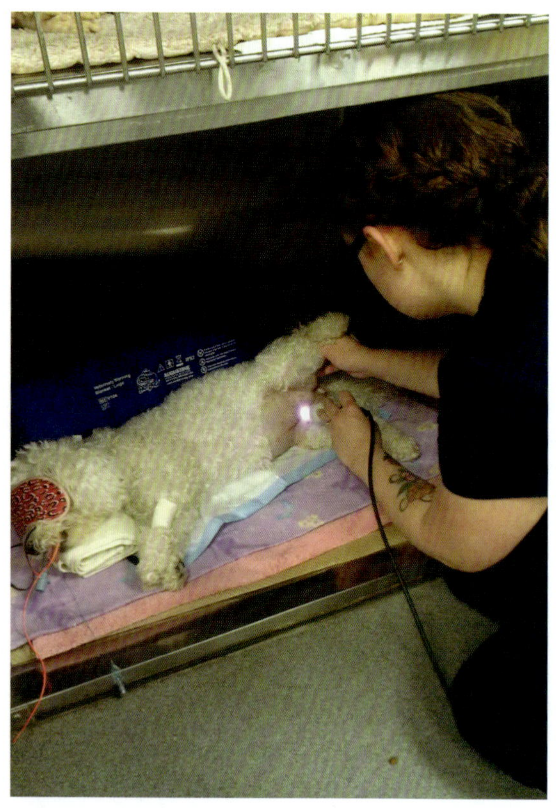

**图7.4** 术后使用激光治疗。

居家镇痛。出院后，患病动物应至少带3-5d的镇痛药回家。带回家的药物也应遵循多模式理论，并包含适当的阿片类药物如芬太尼贴片或透皮液、口服丁丙诺啡（0.01-0.03mg/kg）或口服曲马多，以及非甾体类药物如卡洛芬（2.2mg/kg PO BID）和辅助药物如加巴喷丁。

## 微创手术

腹腔镜、支气管镜和胸腔镜都是需要麻醉和镇痛的微创手术的例子。胸腔镜是通过胸壁上一个很小的切口插入一个内窥镜，这是一个带有摄像机附件的狭窄的管子。它可以用于诊断，如活检，或手术操作，如心包切除术。腹腔镜使用相同的概念，只是它通过一个小切口把内窥镜放置到腹部。它也可以用于获得诊断样本或完成手术（如卵巢子宫切除术）。

由于这些微创手术减少了传统手术的许多并发症，因此被认为可以减少疼痛和苏醒时间。然而，一定程度的疼痛仍然会发生，重要的是要评估这些动物术后的疼痛，并相应地管理其疼痛。以下是进行微创手术动物的麻醉/镇痛方案样本。

术前给药。对于那些被认为相对快速且几乎不产生疼痛的手术，可逆药物的组合是最好的。右美托咪定（10μg/kg）与阿片类激动剂/拮抗剂布托啡诺（0.20mg/kg）联合使用，既能镇静，又能轻度缓解疼痛。如果手术将涉及心脏，如起搏器的安置，右美托咪定可能不是最合适的选择，因为它影响心脏。美沙酮（0.20mg/kg）与咪达唑仑（0.20mg/kg）联合用药可能更合适。

区域镇痛。肋间神经阻滞可用于胸腔镜手术。肋间神经阻滞镇痛可减少术后所需阿片类镇痛药的总量。布比卡因（0.5%）可用于这些阻滞，每个位置的容积为0.50-1mL。为了有效地缓解疼痛，至少应该阻断3根连续的神经（Thompson

& Johnson, 1991）。对于使用腹腔镜的患病动物，布比卡因（1mg/kg）浸润可放置在皮肤切口的近端。

维持麻醉。异氟烷为1.5%–2.5%，七氟烷为2.0%–3.0%。对于像支气管镜检查这样无法通过适当大小的气管内插管的手术，可能只能使用注射的技术手段进行麻醉。丙泊酚1mg/kg IV可用于该技术。

术后镇痛计划。如果认为过程是疼痛的，可以在术后给予丁丙诺啡（0.01–0.03mg/kg IV）。然而，如果需要更强的镇痛药，可以间断给予氢吗啡酮（0.05mg/kg IV）来提供镇痛。非甾体抗炎药如卡洛芬（2mg/kg SC）具有很强的抗炎作用。

居家镇痛。出院后，患病动物应至少带3–5d的镇痛药回家。带回家的药物也应遵循多模式理论，并包含适当的阿片类药物如芬太尼贴片或透皮液、口服丁丙诺啡（0.01–0.03mg/kg）或口服曲马多，以及非甾体类药物如卡洛芬（2.2mg/kg PO BID）和辅助药物如加巴喷丁。

## 骨科手术

多模式、平衡的镇痛计划是解决骨科患病动物疼痛管理的最有效方法。在某些择期外科手术病例中，它可以启动超前镇痛计划程序，例如,如果提前预定手术，药物如加巴喷丁（神经性疼痛控制）可以至少在手术前4d开始给予，或芬太尼贴片可以根据预期的要求进行放置，以达到镇痛效果。

以下是骨科手术中使用的多模式镇痛计划。具体对这些动物麻醉方案不在本章的范围，据悉,这些手术是复杂的，考虑到动物的生理状态和疾病过程，兽医技术人员必须为每个动物制定专用的麻醉计划。

这些镇痛方案并不适用于所有患病动物，但却是技术人员制定多模式镇痛方案的基础。

### 涉及前肢的矫形手术

因前肢问题而就诊的动物有多种原因，从常规的爪子问题到急诊创伤和截肢。这些动物会有体表和深部的躯体疼痛，这些都需要处理。一种结合阿片类药物、局部镇痛药、非甾体抗炎药以及氯胺酮和加巴喷丁等佐剂的多模式技术可通过多种途径对这些患病动物控制疼痛。急诊创伤的动物在全身麻醉前应状态稳定；然而，一旦初步评估结束，就应该立即使用镇痛剂。

术前给药。需要截去前肢或爪子的患病动物通常会受益于镇静镇痛技术，该技术将吗啡类镇痛药（如氢吗啡酮或美沙酮）与镇静药（如咪达唑仑，0.20mg/kg IM）相结合。咪达唑仑对呼吸系统的影响很小。对于极度焦虑的患病动物，可以在用药前加入低剂量的乙酰丙嗪（0.02mg/kg），以安全处理患病动物。

维持麻醉。异氟烷或七氟烷。利多卡因CRI 1–2mg/（kg・h）可能有助于提供额外的镇痛。芬太尼2–5μg/（kg・h）和氯胺酮0.10–0.50mg/（kg・h）也可以被添加到CRI提供额外的镇痛。

局部麻醉。有许多局部麻醉技术可以有利于动物截肢的前肢或指爪。在神经刺激器的帮助下，臂丛神经阻滞是最常见的局部阻滞之一（见图7.5）。该阻滞用于对肘部远端所有结构进行麻醉。研究表明，当使用神经刺激器时，这一阻滞的成功率会增加，显示出对肱骨中段远端的有效阻滞（Futema et al., 2002）。对于趾截肢手术，一种有效的技术是使用三点式阻滞来阻滞腕神经。使用布比卡因阻滞（总剂量为1.0mg/kg，分6个点），可以为腕关节远端任何点提供局部镇痛。这种阻滞不应局限于爪骨切开术，而应考虑用于犬或猫的任何远端腕关节的手术。其他的外科手术包括移除被撕裂的脚趾甲，移除异物（如

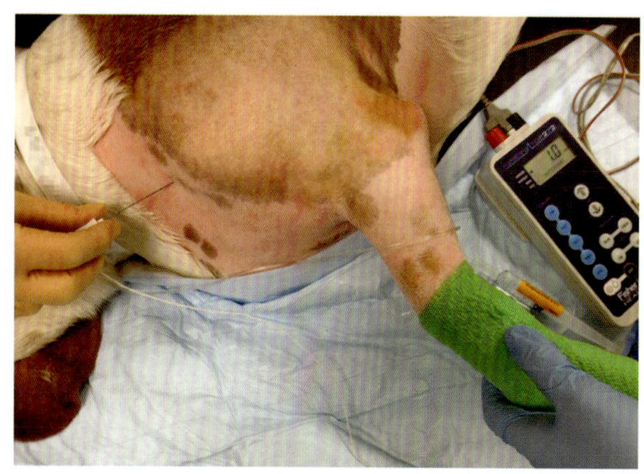

**图7.5** 神经刺激器用于放置臂丛神经阻滞。资料来源：Andrew Bell提供。

草芒），以及修复如脚垫撕裂的伤口。这种技术已在第6章中详细描述。

术后镇痛计划。术后继续使用芬太尼/氯胺酮/利多卡因CRI可以持续镇痛。如果这还不够，也可以给予小剂量的右美托咪定（1μg/kg IV），以延长术后镇静和镇痛。如果在麻醉期间血压维持在65mmHg以上，可以使用非甾体抗炎药如卡洛芬（2mg/kg皮下注射）。

居家镇痛。截肢后，患病动物应至少带5d的镇痛药回家。这应包括阿片类镇痛药，如芬太尼贴剂或芬太尼透皮贴剂、口服丁丙诺啡（0.01-0.03mg/kg）或口服曲马多。加巴喷丁可在截肢后持续用药3周，将剂量从10mg/kg PO TID降至10mg/kg PO BID，再降至5mg/kg PO BID，最后降至5mg/kg PO SID （Troncy, 2013）。非甾体抗炎药如卡洛芬或美洛昔康也可用于提供多模式镇痛方案。低水平激光治疗可能有助于提高伤口愈合的速度。光刺激可能具有镇痛和抗炎作用。手术结束后，可用激光对切口部位进行处理。理论上，这项技术将有助于以下的切除术。

## 涉及后肢、骨盆和尾巴的骨科手术

因涉及后肢手术而就诊的患病动物有多种原因，从择期手术如十字韧带修复、髌骨脱位、全髋关节置换术到创伤性损伤（包括骨折和脱臼）。联合使用阿片类药物、局部镇痛药、非甾体抗炎药以及氯胺酮和加巴喷丁等佐剂的多模式技术可确保通过多种途径控制疼痛。如果手术是选择性的，像加巴喷丁（治疗神经性疼痛）这样的药物可以在手术前至少4d开始使用。急诊创伤患病动物在全身麻醉前应状态稳定；然而，一旦初步评估结束，就应该立即使用镇痛剂。使用美沙酮或任何强效阿片类药物作为用药前方案的一部分，将有助于提供术中镇痛，并阻断NMDA受体，有助于防止心绞痛和中枢疼痛敏感化。

### 外伤性损伤：后肢或骨盆骨折的修复

这些手术病例通常是急性的，疼痛可能是中等到严重的，对兽医技术人员来说是一个挑战。躯体性和神经性疼痛可能由骨折、神经受损或嵌顿引起。由炎症诱导的组织损伤也可能引起炎症反应。使用硬膜外注射或硬膜外置管是处理这些创伤性病例镇痛的最佳方法。阿片类药物和局麻药的联合使用可在单次注射时提供长达24h的镇痛。

如果创伤严重，而且预计疼痛会持续很长一段时间，放置硬膜外导管可能是有益的，可以使硬膜外药物在几天内恢复。放置硬膜外导管可能具有挑战性，特别是对于骨盆骨折患病动物，其放置位置可能难以确定。硬膜外腔置管（单次注射）和硬膜外腔置管在第6章有详细描述。如果不能进行硬膜外麻醉，最有效的镇痛方法是CRI。

建议用于后肢或骨盆骨折的镇痛方案：

- 术前给药使用美沙酮、吗啡、氢吗啡酮或芬太尼
- 硬膜外单次注射吗啡/布比卡因或放置硬膜外导管（适用于多处或复杂骨折）

- 芬太尼或吗啡+氯胺酮 ± 利多卡因的CRI（见CRI表7.2和图7.2）
- 术后使用非甾体抗炎药或曲马多 ± 芬太尼贴剂

### *后肢和骨盆择期手术*

择期手术如十字韧带修复，髌骨脱位，股骨头切除术或全髋关节置换术将导致急性躯体疼痛，可能是中度至重度。疼痛是炎症性的，由组织损伤引起。这些病例的镇痛可以通过以下方法解决：

- 术前给药使用阿片类药物，如甲羟吗啡酮、吗啡或其他阿片类兴奋剂
- 硬膜外单次注射吗啡/布比卡因
- 芬太尼或吗啡+氯胺酮 ± 利多卡因CRI（见CRI表7.2）
- 术后使用非甾体抗炎药或曲马多芬太尼贴剂
- 关节内阻滞也可以作为多模式镇痛计划的一部分。使用局部麻醉剂的关节内阻滞吗啡可作为辅助手段用于膝关节手术动物的镇痛。这些阻滞可以在手术前或手术中进行，以使受影响的关节脱敏。利多卡因或布比卡因（1–2mg/kg）和吗啡（0.1mg/kg）可提供长达24h的镇痛作用。如果只使用局部麻醉，它将根据所使用的药物提供4–8h的镇痛。给药量取决于动物的大小。大型犬的膝关节大约能容纳5mL液体

硬膜外注射或置管在骨盆、后肢或尾部手术中是有用的。

#### 股神经和坐骨神经阻滞（膝关节手术）

神经电刺激（使用神经定位器）传统上用于股神经和坐骨神经阻滞。最近，超声引导阻滞已被用于准确的局部麻醉药解剖位置。这些区块的详细信息已由Campoy等人于2010年发表。而且，这些阻滞可以相当容易地完成，没有神经刺激。

### 尾部手术

通常由于外伤，断尾术是一种比较常见的手术。所经历的剧烈疼痛是最初的急性伤害引起的。以下建议断尾术的镇痛计划包括：

- 使用美沙酮、吗啡或氢吗啡酮进行药物前处理
- 尾骨1和尾骨2之间进行尾侧硬膜外注射（布比卡因1mg/kg）
- 术后使用美沙酮或氢吗啡酮，非甾体抗炎药或曲马多 ± 芬太尼贴片

根据手术类型和预期的疼痛，骨科患病动物应至少回家服用3–5d的镇痛药。这可能包括阿片类镇痛药，如芬太尼贴剂或经皮芬太尼，口服丁丙诺啡（0.01–0.03mg/kg），或口服曲马多，它在μ受体上有活性。加巴喷丁（一种钙通道阻滞剂，能够帮助减轻神经性疼痛）的加入将增加多模式镇痛方案。此外，非甾体类镇痛药，如卡洛芬、美洛昔康或罗苯那考昔，可用于提供完整的多模式镇痛方案。

## 脊髓疾病和脊髓手术

解决患脊椎疾病的动物的疼痛控制对兽医技术人员来说是一个挑战。脊髓损伤和椎间盘压迫神经根可引起严重的疼痛。脊柱手术将导致躯体和神经性疼痛，这是非常难以控制的。多模式镇痛将给这些动物带来相对较好的结果。许多药物组已被用于脊髓患病动物，包括NMDA受体拮抗剂、α-2肾上腺素能激动剂、局麻药、加巴喷丁和三环抗抑郁药。

建议脊髓手术镇痛方案：

- 术前用美沙酮或吗啡
- 非甾体抗炎药
- 芬太尼注入20μg/（kg·h）IV，后装载剂量2μg/kg IV或吗啡0.24mg/（kg·h）IV
  - 术中较高的阿片类药物使用率是有益的。技术人员需要认识到，由于可能发生的剂量依赖性呼吸抑制，可能需要支持通气
- 氯胺酮可能是有用的，高达0.5mg/（kg·h）IV后，0.5mg/kg IV，以帮助防中枢疼痛过敏
- 利多卡因以1-2mg/（kg·h）的剂量加入CRI
- 术后立即使用芬太尼贴剂
- 加巴喷丁PO

注射阿片类药物、氯胺酮和利多卡因可能需要持续几天，逐渐减少用药。急性和/或慢性神经性疼痛管理中使用的镇痛药和剂量的信息见表7.3。

**表7.3** 急性和/或慢性神经性疼痛使用的镇痛药物和剂量

| 药物 | 剂量 | 注释 |
|---|---|---|
| 阿片类药物 | 美沙酮0.2-0.5mg/kg SC/IM/IV（低剂量）<br>吗啡0.2-0.5mg/kg SC/IM/IV（低剂量）<br>随后的装载剂量0.1-0.4mg/（kg·h）CRI<br>芬太尼CRI 0.02-0.2μg/（kg·min）<br>丁丙诺啡20μg/kg SC/IM/IV<br>芬太尼贴片3-5μg/（kg·h） | 对炎症性疼痛有效，但对神经性疼痛无效，可能需要高剂量。美沙酮可能具有一定的NMDA拮抗作用，可用于神经性疼痛的治疗。反复给药可累积<br>芬太尼贴片起效时间长，可能无法达到显著的血浆水平 |
| 非甾体抗炎药 | 卡洛芬4mg/kg PO/SC/IV<br>美洛昔康犬0.2mg/kg PO/SC，猫0.2mg/kg PO/SC，然后猫0.1mg/kg PO/SC，连续4d | 应该与其他镇痛方式联合使用 |
| 对乙酰氨基酚 | 10mg/kg PO/IV q12h | 可能对脑膜炎或疼痛引起的颅内疾病有用。可与阿片类药物联合使用。不要用在猫身上 |
| 利多卡因 | 装载剂量1mg/kg IV，随后25-50μg/（kg·min）CRI | 在长时间的输液过程中可产生耐受性。低血容量患病动物或肝病患病动物应减少剂量 |
| 氯胺酮 | 50-100μg/kg IM/IV初始剂量<br>5-10μg/（kg·min）IV 输注 | NMDA 拮抗剂 |
| α-2受体激动剂 | 美托咪定0.001-0.003mg/kg IV 一次大剂量<br>0.001-0.002mg/（kg·h）IV输液<br>右美托咪定0.0005-0.002mg/kg IV初始剂量<br>0.0005-0.001mg/（kg·h）IV输液 | 在长时间的输液过程中可能产生耐受性，需要调整剂量 |
| 加巴喷丁 | 5mg/kg 口服 q12h | 轻度镇静的不良反应。这种药不能突然停药 |
| 阿米替林 | 猫0.25-1mg/kg 口服 q24h<br>犬1-2mg/kg 口服 q12h | 不良反应包括恶心和精神沉郁 |

## 下颌骨切除术/上颌骨切除术

下颌骨切除术或上颌骨切除术可导致中度至重度疼痛。虽然疼痛可能很严重，但最常见的是手术后急性发作，通常持续时间短，一般不需要长期的疼痛管理。这一过程将导致切骨和切断神经的躯体和神经性疼痛。这种类型的疼痛对多种药物有反应，包括局麻药、阿片类药物、非甾体抗炎药和NMDA受体拮抗剂。

建议的下颌骨切除术/上颌骨切除术的镇痛方案：

- 术前使用美沙酮或任何强效阿片类药物
- 使用布比卡因阻断局部神经（根据患病动物的大小，可达1.5mL/部位，最大剂量为2mg/kg）
- 芬太尼注射20μg/（kg・h） IV，术后减少剂量，随后装载剂量2μg/kg IV或吗啡0.24mg/（kg・h） IV（CRI见文本框）
- 氯胺酮可能有用，高达0.5mg/（kg・h） IV，注射一剂0.5mg/kg的药物，以防止中枢聚集性疼痛
- 芬太尼贴片于术后立即放置
- 在适当的情况下，术后使用非甾体抗炎药

### 下颌和上颌骨区域阻滞

动物麻醉后，可以进行局部麻醉。用局麻药阻断三叉神经的下颌支可导致进出该区域的神经冲动阻断。关于这些程序的细节可以在第6章中找到。

这些阻滞可能是下颌骨切除术患病动物镇痛计划中非常有效的一部分。下颌骨切除术患病动物使用的两种阻滞是颏神经阻滞和下颌神经阻滞。阻滞的类型取决于手术切除的范围和部位。中央神经阻滞只对门牙侧部疼痛有效，因此下颌神经阻滞更常用。根据手术范围的不同，这些阻滞可以单侧或双侧进行。

### 上颌骨阻滞

三叉神经上颌支周围的局麻药浸润可用于脱敏上颌、上牙、上腭、鼻和上唇。这些阻滞对鼻子和上颌骨进行有效阻滞。有关此过程的详细信息，请参见第6章（图7.6）。

## 患病动物术后评估

在恢复期间，每个接受外科手术治疗的动物应该有一个专门的技术人员负责监护它们，直到它们状态足够稳定，可以转移到专门的地方（例如，家、狗窝）（见图7.7）。应监护动物体温、心率、呼吸频率和呼吸力的任何变化。疼痛也是术后监测的重要生命体征。术后患病动物的疼痛可通过疼痛评分系统进行评估。您的诊所可能会选择建立自己的疼痛评分系统或实施一个已经建立的系统。有关疼痛评分系统的详细信息，请参阅第3章。

在术后阶段，技术人员往往难以区分疼痛与烦躁或出现谵妄。如果手术过程被认为是疼痛的，应始终使用镇痛剂。镇痛剂可以通过间歇性注射或CRI（例如，脾切除术后动物的MLK CRI）提供。大多数患病动物需要不止一种镇痛药来控制疼痛通路。重要的是，术后镇痛药的性质也是多种多样的。如果水合状态良好，肾脏指标足够好，术后增加非甾体抗炎药有助于减轻患病动物炎症。可以肯定地说，如果术后给予阿片类镇痛药并给予适当的剂量，动物的疼痛应该得到控制。然而，有些动物在恢复期除了镇痛药外，还需要服用镇静剂。疼痛应被视为一种单独的体验，如果患病动物表现出疼痛，无论它们是否已经接受了镇痛药物，都应继续接受镇

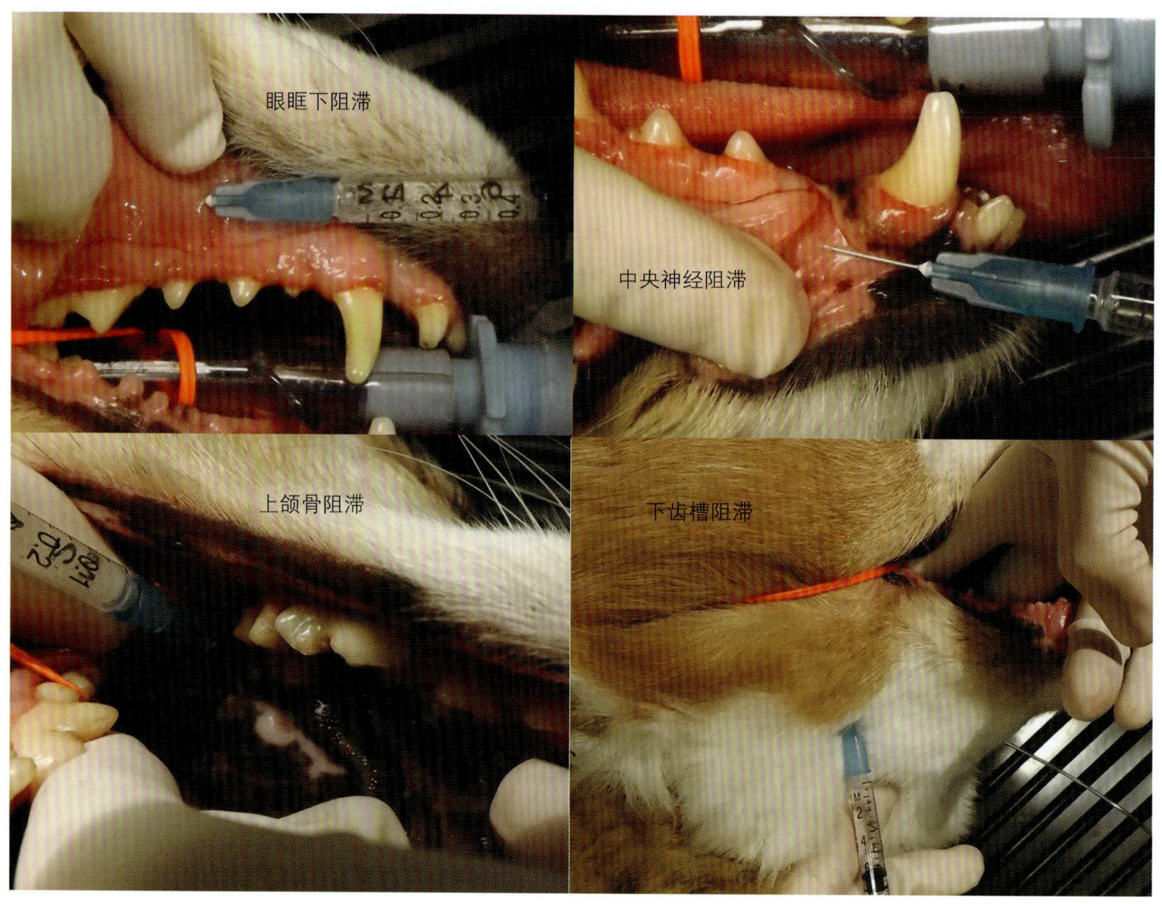


**图7.6** 用于拔牙的普通牙神经阻滞。来源：图片由Vickie Byard提供。

痛药物。对于许多外科和牙科患病动物来说，低剂量的α-2受体拮抗剂，如右美托咪定（1μg/kg IV），是一种有用的术后用药，因为它不仅能镇静，而且还能镇痛。值得注意的是，右美托咪定有强大的心血管作用，应用于稳定的ASA 1-2患病动物。在恢复期脾气暴躁的动物应给予镇静，以保证动物和技术人员及工作人员的安全。

## 饲养和非药物治疗

术后患病动物的舒适度有多种途径，镇痛药是基础。手术后，一些其他重要的因素是干燥、舒适的睡垫、安静的苏醒区，以及必要时补充热量或氧气。如果动物经历了特别疼痛的手术，如截肢，应放置导尿管，以减少动物术后移动的次数。术后疼痛处理也应考虑低水平激光治疗。激光治疗可能有助于使自主神经、躯体神经和感觉神经通路的神经信号传输正常化（Moore, 1992）。激光疗法可以优化细胞对氧气的利用，帮助伤口更快愈合。此外，还可以增加按摩疗法和水疗法等物理康复形式，为术后患病动物创造一个平衡的多模式镇痛方案。术后迅速有效地处理疼痛是降低慢性疼痛发生风险的最佳方法。

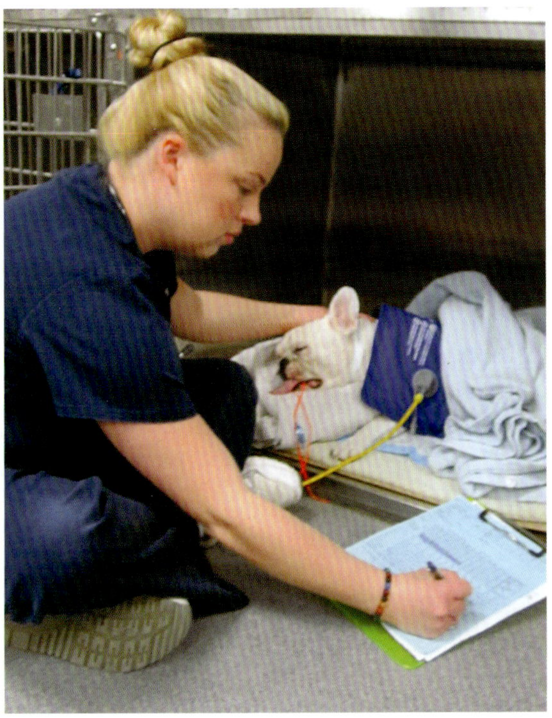

**图7.7** 术后要有一个专门的技术人员监护患病动物。

## 推荐阅读


[1] Bryant, S. (ed.) (2011) Anesthesia for thoracotomies and respiratory challenged patients. *Anesthesia for Veterinary Technicians*, Wiley-Blackwell, Ames, IA, pp. 227–238.

[2] Campoy, L., Bezuidenhout, A.J., Gleed, R.D. *et al.* (2010) Ultrasound-guided approach for axillary brachial plexus, femoral nerve, and sciatic nerve blocks in dogs. *Veterinary Anaesthesia and Analgesia*, **37**, 144–153.

[3] Carroll, G.L. (2008) Local Anesthetic and Analgesic Techniques. *Small Animal Anesthesia and Analgesia*, Wiley-Blackwell, Ames, IA, pp. 107–109.

[4] Epstein, M. (2011) Expanding your use of local anesthetics. *Western Veterinary Conference*. February 20–24, Las Vegas, NV.

[5] Futema F, Fantoni DT, Auler JOC et al. (2002) A new brachial plexus technique in dogs. *Veterinary Anaesthesia and Analgesia*, **29**, 133–139.

[6] Gaynor, J.S. & Muir, W.W. (2009) *Handbook of Veterinary Pain Management*, 2nd edn. Mosby-Elsevier, St. Louis, MO.

[7] Gottschalk, A. (2009) Craniotomy pain: trying to do better. *Anesthesia and Analgesia*, **109**, 1379–1381.

[8] Guiliano, E.A. (2008) Regional anesthesia as an adjunct for eyelid surgery in dogs. *Topics in Companion Animal Medicine*, **23**, 51–56.

[9] Lascelles, B.D.X., Cripps, P.J., Jones, A. & Waterman-Pearson, A.E. (1998) Efficacy and kinetics of carprofen, administered preoperatively or postoperatively, for the prevention of pain in dogs undergoing ovariohysterectomy. *Veterinary Surgery*, **27**, 568–582.

[10] Lockhead, K. (2011) Ophthalmology patients. S. Bryant (ed), *Anesthesia for Veterinary Technicians*, Wiley-Blackwell, Ames, IA, pp. 195–204.

[11] Moore et al. (1992) The effect of Infra-Red Diode Radiation on the Duration and Severity of Post Operative Pain: A Double Blind Trial, Laser Therapy 4, 1992.

[12] O'Hearn, A.K & Wright, B.D. (2011) Coccygeal epidural with local anesthetic for catheterization and pain management in the treatment of feline urethral obstruction. *Journal of Veterinary Emergency and Critical Care*, **21**, 50–52.

[13] Read, M.R. & Schroder, C.A. (2013) The trunk. L. Campoy & M.R. Read (eds), *Small Animal Regional Anesthesia and Analgesia*, Wiley-Blackwell, Ames, IA, pp. 167–198.

[14] Stein, B. and Thompson, D. (2005) Analgesic constant rate infusions, http://www.vasg.org/constant_rate_infusions.htm [accessed on May 4, 2014].

[15] Thompson, S.E. & Johnson, J.M. (1991) Analgesia in dogs after intercostal thoracotomy: a comparison of morphine, selective intercostal nerve block, and interpleural regional anesthesia with bupivacaine. *Veterinary Surgery*, **20**, 73–77.

[16] Tranquilli, W.J., Thurmon, J.C. & Grimm, K.A. (2007) *Lumb and Jones Veterinary Anesthesia and Analgesia*, 4th edn, Wiley-Blackwell, Ames, IA, pp. 956–965.

[17] Troncy, E. (2013) Personal Communication, AAHA Conference April 2012.

# 第8章 急重症患病动物镇痛

8

Kim Spelts and David Liss

## 引言

危重患病动物的疼痛管理始于兽医急诊室或重症监护病房，是治疗的重要组成部分。重症患病动物常在休克时出现细胞氧输送紊乱。减轻疼痛是解决休克状态的关键。治疗创伤、烧伤或其他外科/医疗紧急情况患病动物的急性疼痛是合乎伦理和生理的。紧急/重症护理（ECC）兽医技术人员必须准备好评估危重患病动物的疼痛，了解治疗疼痛的方式，观察疼痛管理干预措施的结果，这些决定成功或失败。

## 摘要：疼痛和应激反应

休克主要特征为组织氧合紊乱，与许多危重症相关，如创伤、脱水和出血。休克综合征时只能维持重要器官的灌流，而牺牲非必要器官的灌流。休克状态的特征包括液体潴留、血管收缩和心动过速，（可能）来自交感神经系统。应激反应包括额外的神经内分泌信号和过程，可由任何破坏或威胁体内平衡的情况触发（Gaynor & Muir, 2009）。由于紧急情况下的疼痛状态通常是由体内平衡被破坏引起的，因此疼痛可以与应激反应联系起来，不仅会促进应激，而且还会加剧应激（Gaynor & Muir, 2009）。这强调了疼痛应该是急诊患病动物优先治疗的重点。

如果疼痛和应激是密切相关的，那么应激的影响也一定有一部分是由疼痛引起的。典型的应激反应以刺激交感神经系统和释放交感儿茶酚胺、肾上腺素和去甲肾上腺素开始。这些物质会增加心率，引起周围血管收缩，使血液流向骨骼肌和心脏、大脑等重要器官（Muir, 2009）。此外，皮质醇和胰高血糖素的释放会导致胰岛素抵抗、糖异生和糖原分解，从而导致高糖血症和潜在的糖尿。皮质醇也起着皮质类固醇的作用，抑制免疫系统对损害的反应，可能导致严重危及生命的感染。加压素，有时被称为抗利尿激素（ADH），由垂体后叶释放，其作用是在低血容量时增加肾脏的水吸收。虽然皮质醇产生免疫抑制作用，但炎症因子，如il-1、il-6和肿瘤坏死因子-α（TNF-α）会影响中性粒细胞迁移、局部血管扩张和血管通透性（Mir, 2009）。如果这些介质产生足够的量并经系统释放，可诱发全身炎症反应综合征（SIRS），并通过各种机制引起广泛的血管通透性并导致体液不平衡、低血压和通过激活内皮组织因子表达的高凝状态（Muir, 2009）。所有这些有害的影响导致危重动物的死亡。如果不加以控制，这种不适当地过度补偿的自我平衡机制可能导致危重患病动物的死亡。由于疼痛、应激和创伤是相互关联的，积极的疼痛管理策略对于影响急诊科动物的发病率和死亡率至关重要。

## 治疗急症患病动物疼痛

有多种方法可以用来治疗急症疼痛。多模式镇痛可解决痛觉通路上不同部位的疼痛，并可确保采用安全的药理学方法来管理重症患病动物的疼痛。护理人员必须对危重患病动物使用的药物持有谨慎态度。这些患病动物可能会有几种不适应的症状出现，而且还需要注意的是许多已经存在的疾病被代偿机制掩盖。许多危重患病动物心血管系统不稳定（由于代偿或失代偿性休克、低血压等），治疗方案应谨慎确定，以尽量减少进一步的器官损害，避免不良反应。

## 急诊室镇痛剂输注技术

有各种各样的技术可以用来处理急性疼痛。一般情况下，一开始就注射一线镇痛药（最好是纯阿片类药物），根据使用的药剂不同，几分钟内就会产生镇痛效果。这种缓解疼痛的效果可以促进对患病动物的检查和附加程序，如IV导管放置或静脉切开术，并应包括在危重患病动物的初始治疗计划，以及最低限度的数据库和IV液体治疗内。兽医技术人员应监护注射反应，以帮助确定剂量是否足够或动物是否继续疼痛。这些发现应与兽医讨论，如果观察到治疗反应不充分，应使用额外的药物或其他方法。

## 恒速输注（CRI）

如果患病动物要住院，可以使用一种或多种主要镇痛药和辅助镇痛药的持续恒速输注（CRI）。这包括计算剂量和时间单位，如mg/（kg·h），并在静脉输液袋或注射泵中按计算的速度给药（图8.1）。该技术有许多优点，包括持续给药（稳定状态），避免药物血浆浓度的波峰和波谷，减少对患病动物的反复注射，以及滴定药

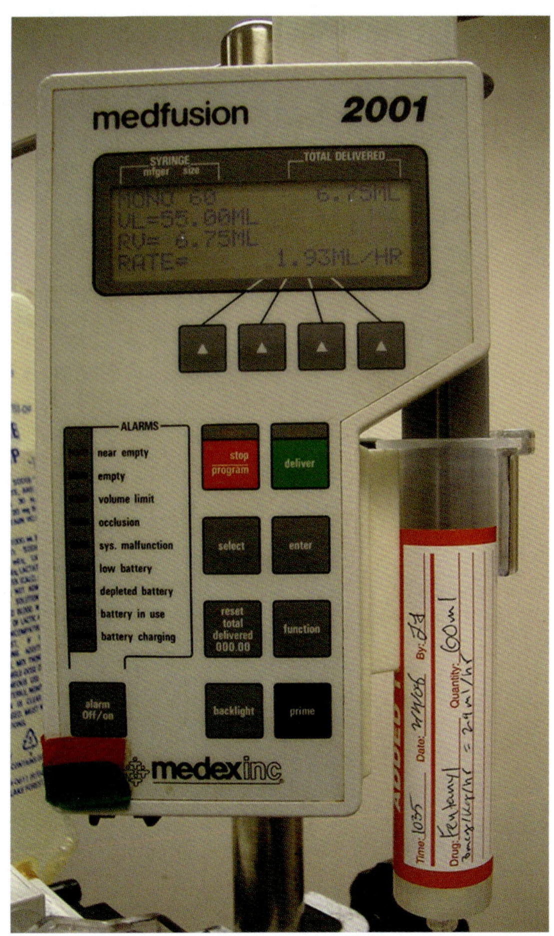


**图8.1** 芬太尼通过注射泵输液。资料来源：Kim Spelts提供。

物达到预期效果的能力（Muir, 2009）。通常情况下，静脉注射快速增加血浆浓度，然后开始CRI。许多纯μ阿片受体激动剂可与氯胺酮和利多卡因等辅助剂联合使用。这些药物可以安全地混合在注射器或静脉输液袋，并通过外周静脉导管给药。这些药物的剂量范围见表8.1，见附录公式。

**表8.1** 本章讨论的犬、猫用药剂量

| 药物 | 剂量 | 给药途径 |
|---|---|---|
| 犬 | | |
| 布比卡因 | 1.5–2mg/kg<br>0.1–0.3mg/kg | SQ/硬膜外局部注射 |
| 丁丙诺啡 | 0.01–0.03mg/kg | SQ/IM/IV |
| 布托啡诺 | 0.1–0.4mg/kg | SQ/IM/IV |
| 右美托咪定 | 0.003–0.01mg/kg<br>0.00 025–0.001mg/kg<br>0.00 025–0.002mg/kg | SQ/IM/用于重型镇静静脉大剂量静脉注射后镇静静脉CRI |
| 芬太尼 | 0.002–0.003mg/kg<br>0.002–0.005mg/（kg·h）<br>0.005–0.02mg/（kg·h） | IV<br>IV CRI（住院治疗）<br>IV CRI（外科） |
| 氢化吗啡酮 | 0.05–0.1mg/kg<br>0.02–0.05mg/kg<br>0.05–0.1mg/（kg·h） | SQ/I<br>M IV<br>IV CRI |
| 氯胺酮 | 0.5mg/kg<br>0.002mg/（kg·min）<br>0.01mg/（kg·min） | IV<br>IV CRI（住院治疗）IV<br>CRI（外科治疗） |
| 利多卡因 | 1.5–2mg/kg<br>2.0mg/kg<br>25–35μg/（kg·min）<br>50μg/（kg·min） | SQ/局部给药<br>IV<br>IV CRI（补充镇痛）<br>IV CRI（MAC减少） |
| 美沙酮 | 0.5–1mg/kg<br>0.1–0.2mg/kg<br>0.05–0.2mg/（kg·h） | SQ/I<br>M IV<br>IV CRI |
| 吗啡（无防腐剂） | 0.5–1mg/kg<br>0.1–0.2mg/kg<br>0.1mg/（kg·h）<br>0.1mg/kg | SQ/I<br>M IV<br>IV CRI<br>硬膜外 |
| 纳布啡 | 0.25–0.5mg/kg | SQ/IM/IV |
| 瑞芬太尼 | 0.004–0.006mg/kg<br>0.004–0.01mg/（kg·h） | IV<br>IV CRI |

**续表**

| 药物 | 剂量 | 给药途径 |
| --- | --- | --- |
| 力莫敌注射液 | 2–4mg/kg | SQ |
| 曲马多 | 3–5mg/kg | PO BID–QID |
| 猫 | | |
| 布比卡因 | 1.0–1.5mg/kg<br>0.1–0.3mg/kg | SQ/局部输注<br>硬膜外 |
| 丁丙诺啡 | 0.01–0.03mg/kg | SQ/IM/IV |
| 布托啡诺 | 0.1–0.4mg/kg | SQ/IM/IV |
| 右美托咪定 | 0.003–0.01mg/kg<br>0.00025–0.001mg/kg<br>0.00025–0.002mg/kg | SQ/IM/IV用于重度镇静 IV 1次大剂量<br>用于术后镇静IV CRI |
| 芬太尼 | 0.002–0.003mg/kg<br>0.002–0.005mg/（kg·h）<br>0.005–0.02mg/（kg·h） | IV<br>IV CRI （住院） IV<br>CRI（手术） |
| 氢化吗啡酮 | 0.025–0.05mg/kg<br>0.01–0.03mg/kg<br>0.025–0.05mg/（kg·h） | SQ/I<br>M IV<br>IV CRI |
| 氯胺酮 | 0.5mg/kg<br>0.002mg/（kg·min）<br>0.01mg/（kg·min） | IV 装载剂量<br>IV CRI（住院） IV<br>CRI（手术） |
| 利多卡因 | 1–1.5mg/kg<br>0.5–1.0mg/kg<br>15–25μg/（kg·min） | SQ/局部输注 IV<br>IV CRI（追加镇痛） |
| 美洛昔康® | 0.1–0.3mg/kg | SQ 1次 |
| 美沙酮 | 0.25–0.5mg/kg<br>0.1–0.3mg/kg<br>1mg/kg<br>0.1–0.2mg/kg<br>0.05–0.2mg/（kg·h） | SQ/IM<br>口腔的（可注射剂型） TID–QID<br>PO （口服混悬液） q8–12h IV<br>IV CRI |
| 吗啡（无防腐剂） | 0.1mg/kg | 硬膜外 |
| 纳布啡 | 0.25–0.5mg/kg | SQ/IM/IV |
| 罗贝考西® | 1mg/kg | PO QD×3d |
| 瑞芬太尼 | 0.004–0.006mg/kg<br>0.004–0.01mg/（kg·h） | IV<br>IV CRI |
| 曲马多 | 3–5mg/kg | PO BID–QID |

## 急诊室阿片类药物输注

阿片类药物，尤其是纯μ受体激动剂，是目前最好的镇痛药。对于中度至重度疼痛的患病动物，如遭受创伤或正在接受外科手术的患病动物，应始终考虑使用这类药物。阿片类药物与纳洛酮是可逆的，这使得它们在急诊室的使用增加了一层安全性。使用阿片类药物可以减少其他药物的用量，特别是麻醉剂吸入剂（Ferreira et al., 2011；Reilly et al., 2013）。阿片类药物已在第5章详细讨论，但这里有必要针对紧急诊所的设置进行一些额外的讨论。

吗啡对犬来说是一种非常有效的镇痛药，但对猫可能无效。吗啡-6-葡糖苷（M6G）实际上是吗啡的代谢物，与μ受体结合产生镇痛作用。研究表明，猫可能无法产生足够数量的M6G来产生镇痛作用（Taylor et al., 2001）。

美沙酮是一种纯μ受体激动剂，其剂量和作用时间与吗啡相似。与其他阿片类药物不同，美沙酮不太可能引起呕吐。这使得美沙酮成为急诊患病动物的一种非常有效的预防性镇痛药，这些动物禁止呕吐和/或腹部收缩，比如那些高误吸风险的患病动物（喉麻痹，短头综合征）或者具有胃扩张肠扭结（GDV）、腹痛和/或腹部肿块产生出血可能性的患病动物。它还具有作为NMDA受体拮抗剂的优势。

瑞芬太尼是急诊患病动物的理想选择，因为它们可能有神经系统的创伤，需要进行一系列的神经学检查。因为这是超短时间的作用，输注可以停止，10-15min后进行检查，并保证任何异常的神经体征不会引起阿片类药物引起的镇静或焦虑。

## 急诊室注射NMDA受体拮抗剂

许多急诊动物，特别是那些遭受过急性创伤的患病动物，处于严重的疼痛中，可能正在经历或有发展为中枢神经超敏化的危险。NMDA受体拮抗剂，如氯胺酮和美沙酮，是这些患病动物有效的疼痛管理工具，可导致多模式镇痛和预防中枢神经超敏化（Steagall, 2012），并降低阿片类药物的需求。

## 急诊室利多卡因输注

向犬体内注入利多卡因可以有效地辅助阿片类镇痛，特别是对出现腹痛的患病动物（见图8.2）。利多卡因可以自行产生镇痛作用（Ortega & Cruz, 2011）。多项研究表明，接受利多卡因输注可

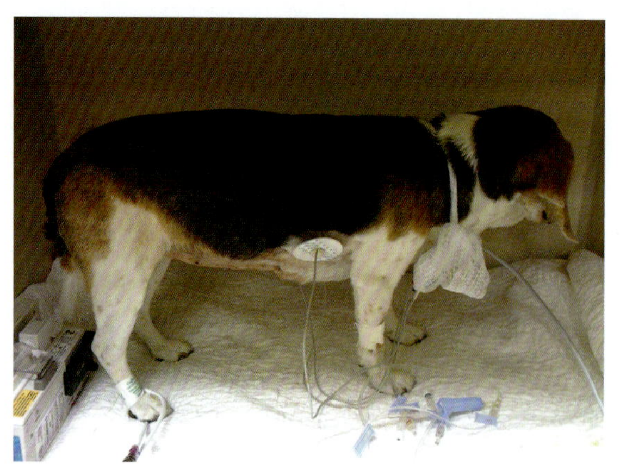

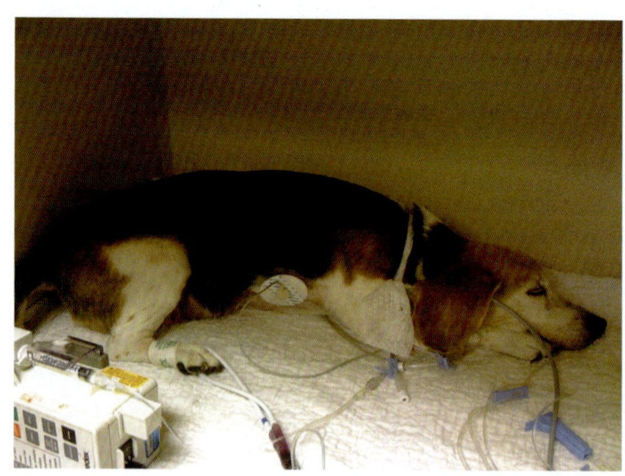

**图8.2** 这只犬在腹部手术后度过了一个不安的夜晚，服用芬太尼的剂量越来越高，但没有效。加入利多卡因负荷量和输液后，患病动物在几分钟内就放松并入睡。资料来源：Kim Spelts提供。

以降低犬的呼吸麻醉剂吸入量（Wilson et al., 2008；Matsubara et al., 2009；Columbano et al., 2012）。在急诊医学中，利多卡因可能有助于预防再灌注损伤和降低发生DIC或SIRS的风险。利多卡因可能也有消炎作用（Caracas et al., 2009）。此外，利多卡因可能有助于预防肠梗阻。

由于猫对利多卡因毒性的敏感性增加，因此应谨慎使用利多卡因注射液，且剂量应远低于犬。低剂量的利多卡因输注应该只在其他治疗疼痛方法无效的情况下才考虑。

### 局部/区域麻醉技术

局部麻醉技术在兽医中是非常重要的。神经阻滞、持续输注（导管给药、经胸导管给药）以及局部麻醉剂在受损组织内或周围的皮下浸润可根据所用药物提供快速、短期或长期的局部麻醉。

运动神经纤维阻断传导所需的局部麻醉剂最低浓度高于感觉纤维，因此感觉麻醉可以在不阻断运动的情况下进行。局部用药，这些药物往往不会引起全身不良反应；必须观察到安全的最大IV剂量。猫往往对局部麻醉药敏感（Campoy & Read, 2013），适当的剂量对减少不良反应非常重要。有关局部麻醉药物的更多信息，请参阅第5章；有关局部麻醉阻滞技术，请参阅第6章。

### 硬膜外

任何后肢或尾部外伤患病动物或正在后肢、骨盆或尾部进行手术的患病动物应考虑硬膜外麻醉（局部麻醉）和镇痛（阿片类药物）。然而，值得注意的是，这项技术还可以提供远至胸部和前肢的头颅镇痛（Egger & love, 2009）。患病动物在进行这项手术时，应给予较深的镇静或麻醉。第6章详细讨论了进行硬膜外麻醉的技术。

对于凝血障碍（DIC，血小板减少，血管性血友病）的患病动物，如果硬膜外静脉窦血管在放置针头时意外穿孔，有可能导致硬膜外腔出血，则不应进行硬膜外穿刺。如果患病动物在注射部位有皮肤感染，则不应采用该技术，以免将细菌引入硬膜外或蛛网膜下腔。局部交感神经阻滞可引起血管舒张，因此低血容量或低血压患病动物在血压和循环血容量恢复前不应进行硬膜外注射。对存在神经功能障碍的患病动物应慎重（Robertson, 2005）。

最常用的药物是布比卡因和无防腐剂吗啡。布比卡因将提供麻醉4–6h，吗啡将提供12–24h的镇痛。在一些肠外吗啡制剂中使用的防腐剂与直接在脊髓上的神经毒性相关（Egger & love, 2009），不主张使用它；然而，坊间的经验发现，这更有可能跟重复注射有关，而单一注射可能不是造成毒性的原因。

### 低强度激光治疗

治疗性激光利用聚焦的光能产生镇痛和抗炎作用，促进伤口愈合。这对许多来急诊室就诊的患病动物是有益的（见下述“常见重症”一节）。有关激光治疗益处的详细信息，请参阅第16章。

## 常见重症

兽医护理人员不应仅仅是问某个患病动物是否疼痛，而应假定在大多数处于危重病或受伤的动物都在承受一定程度的疼痛。一种更为前瞻性的方法可能是根据患病动物在特定情况下的预期疼痛程度对其进行分类。例如，患有严重炎症、癌症、脑膜炎、胆囊炎、坏死性胰腺炎、多发性骨折伴外伤或手术造成的广泛组织损伤的患病动物，其疼痛评分应为严重至极度疼痛（Mathews, 2000）。组织创伤或损伤、腹膜炎、器官扭转、胆道梗阻、创伤、血栓形成、角膜擦伤、青光眼昏迷/葡萄膜炎或难产等症状得到一定缓解的患病动物，应假定为中度至重度疼痛，而患有各种其他疾病的患病动物，应假定为中度和轻度疼痛。Mathews在其评估和管理犬、猫疼痛的综述中，列出了各种情况及其相关的疼痛水平（Mathews, 2000）。在可能的情况下，在确定疼痛程度时，应参考客观分析，而不是护理人员的"假设"。在未知情况下，最好假设剧烈疼痛，而不是轻度疼痛，避免导致治疗不足而引起的剧烈疼痛持续存在（图8.3）。

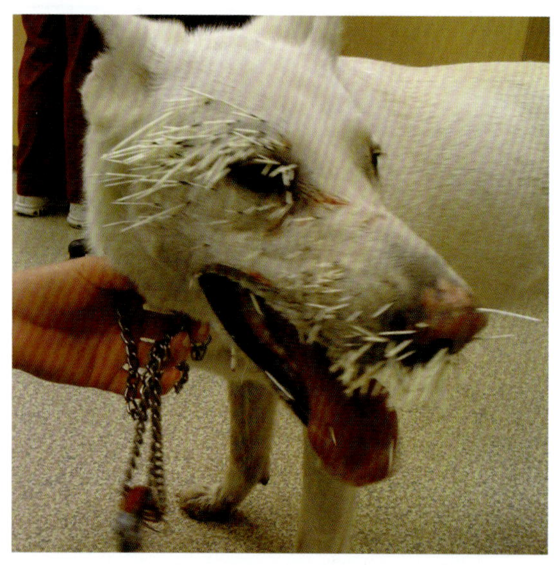

**图8.3** 这只犬被SQ注射了美沙酮和力莫迪，麻醉去除刚毛，然后被送到家中口服力莫迪和曲马多。资料来源：Kim Spelts提供。

## 软组织损伤

活动犬和/或超重犬的软组织损伤（肌肉拉伤/扭伤、全部或部分颅交叉韧带断裂）经常发生。这些患病动物通常用非甾体抗炎药和曲马多进行药物治疗。根据它们的不适程度，也可以在表现出疼痛症状时注射阿片类药物。低强度激光治疗也非常有益。

## 创伤

外伤病例（被车撞、动物攻击等）在紧急情况和一般临床实践中经常出现。这些患病动物通常心血管系统功能不全，疼痛评估比较困难。此外，最严重的疾病或受伤的患病动物往往失去了它们天生的掩饰疼痛的能力。兽医不应认为生病或受伤的动物没有明显疼痛迹象就是没有疼痛。

不幸的是，非甾体抗炎药在血流动力学稳定之前是禁忌证。吗啡、氢吗啡、芬太尼、瑞芬太尼等吗啡类药物是镇痛的最佳选择。如前所述，瑞芬太尼是一种理想的镇痛药物，适用于有神经损伤的患病动物。

氯胺酮输注具有NMDA受体拮抗作用，可预防疼痛过敏，有利于创伤患病动物的康复。一旦患病动物血流动力学稳定，腰荐部硬膜外麻醉可以在轻度镇静下进行。胸膜间阻滞对胸部创伤患病动物也是有利的。激光治疗可用于减轻肌肉骨骼损伤引起的疼痛和炎症。

## 腹痛

胰腺炎和/或腹膜炎患病动物常伴有剧烈疼痛。这些患病动物在住院治疗并同时注射利多卡因和μ阿片类药物方面表现最好（见图8.2）。如果单独使用利多卡因和阿片无效，也可以使用低剂量的右美托咪定。胸膜间阻滞对出现颅腹痛的患病动物是有益的。硬膜外吗啡也可用于缓解胰腺炎和腹膜炎引起的疼痛（Robertson, 2005）。如果不能选择住院治疗，宠物主人可以在家注射丁丙诺啡或口服丁丙诺啡（尽管有些地方法律可能禁止配药丁丙诺啡，因为它是DEA第三类管制药物）。

由于异物摄入而引起的胃肠道（GI）梗阻可引起剧烈的腹痛。胃肠道梗阻患病动物常需要紧急手术解除梗阻，减少肠折叠，预防或解决肠套叠。积极的疼痛管理对于确保患病动物舒适和促进愈合至关重要（图8.4）。

最近，控制犬、猫内脏疼痛时，在标识外使用药物马罗匹坦（Cerenia®, Zoetis, Florham Park, NJ）是一种很有前途的药物。马罗匹坦似乎具有止吐、镇痛、抗炎（通过抑制P物质）和抗神经病疼痛（通过NK-1受体拮抗）的作用，使其成为这些患病动物额外镇痛的理想药物。《美国兽医研究杂志》上的一篇文章得出结论："在刺激犬卵巢和卵巢韧带的过程中，马罗匹坦降低了麻醉需求。结果提示神经激肽1受体拮抗剂可能在卵巢和内脏疼痛的治疗中发挥作用"（Boscan et al., 2012）。

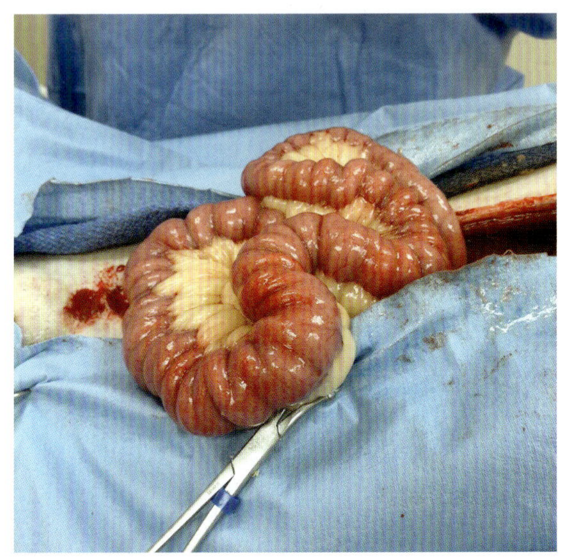

**图8.4** 犬线状异物及肠褶皱。该犬在术前、术中和术后注射利多卡因和芬太尼，并使用布比卡因/肾上腺素切口阻滞。资料来源：Kim Spelts提供。

## 护理

在兽医或ICU中，良好护理的重要性不容忽视。尽管人们对药物干预治疗急性疼痛给予了很大的关注，但患病动物的心理反应可能有助于提高动物的恢复。严重疼痛的患病动物应积极护理。动物的笼位应始终保持清洁和干燥。如果笼位的垫子和用品被弄脏，应迅速更换，并尝试使用吸水垫或升高的笼式格栅吸走脏物。若动物弄脏自己，主人应经常检查是否因污物引起的接触性皮炎。尿液和粪便会刺激并进一步导致疼痛状态。卧床的患病动物应该有很好的软垫（肘部，臀部），以减轻压力，患病动物的身体应该定时被活动和移动，以免形成褥疮。如有可能，应尽量使患病动物保持在"生理"位置（头部抬高，胸骨卧位）。重病患病动物可能无法正常眨眼，有角膜溃疡的危险，应经常使用人工泪液。通常不咀嚼的患病动物可能需要口腔护理。

此外，对于镇静和对声音非常敏感的患病动物，可以将其放在安静的地方，并将棉花放在耳朵里（图8.5）。

## 总结

由于动物不断改变的体况及生理病理状态，给危重患病动物的疼痛管理带来了独特的挑战。尽管困难重重，患病动物是最需要疼痛管理的群体，以解决由于疼痛而导致的卧床并发症，并防止未来长期的疼痛综合征。管理适应性疼痛对于防止不适应性疼痛状态发展的长期负面生理影响至关重要。只要有可能，就应该进行预先镇痛。任何强有力的疼痛管理计划都将采用多模式方法，阻断产生伤害性的途径的各个方面，而不是提供越来越高剂量的一种药物。一个多模式的方

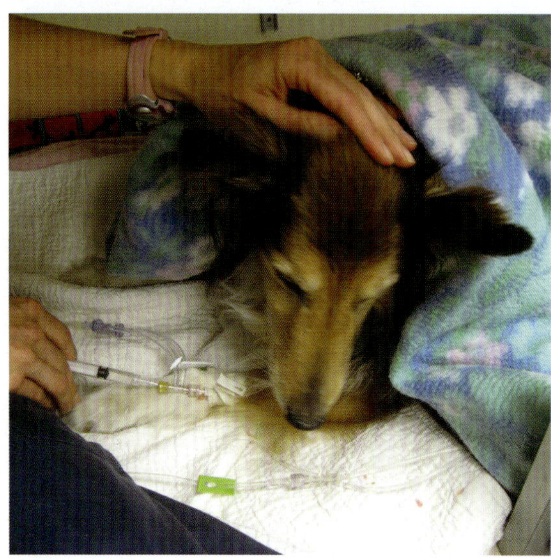

**图8.5** 兽医技术人员和助理是住院患病动物的主要护理人员。持续评估患病动物的舒适度是关键。资料来源：Kim Spelts提供。

法涉及使用低剂量的多种药物，从而降低了诱发药物负剂量依赖性不良反应的风险。必须不断地重新评估患病动物疼痛评分的变化，并做出相应的调整。

## 推荐阅读


[1] Boscan, P., Monnet, E., Mama, K. *et al.* (2012) Effect of maropitant, a neurokinin 1 receptor antagonist, on anesthetic requirements during noxious visceral stimulation of the ovary in dogs. *American Journal of Veterinary Research*, **72** (**12**), 1576–1579.

[2] Campoy, L. & Read, M. (2013) *Small Animal Regional Anesthesia and Analgesia*. Wiley-Blackwell, Ames, IA.

[3] Caracas, H.C., Maciel, J.V., Martins, P.M. *et al.* (2009) The use of lidocaine as an anti-inflammatory substance: a systematic review. *Journal of Dentistry*, **37** (**2**), 93–97.

[4] Columbano, N., Secci, F., Careddu, G.M. *et al.* (2012) Effects of lidocaine constant rate infusion on evoflurane requirement, autonomic responses, and postoperative analgesia in dogs undergoing ovariectomy under opioid-based balanced anesthesia. *Veterinary Journal*, **193** (**2**), 448–455.

[5] Egger, C. & Love, L. (2009) Local and regional anesthesia techniques, Part 4: epidural anesthesia and analgesia. *Veterinary Medicine*, **104**, 24–46.

[6] Ferreira, T.H., Steffey, E.P., Mama, K.R. *et al.* (2011) Determination of the sevoflurane sparing effects of methadone in cats. *Veterinary Anaesthesia and Analgesia*, **38** (**4**), 310–9.

[7] Gaynor, J.S. & Muir, W.W. (2009) *Handbook of Veterinary Pain Management*, 2nd edn. Mosby, St. Louis, MO.

[8] Mathews, K. (2000) Pain assessment and general approach to management. *Veterinary Clinics of North America: Small Animal Practice*, **30** (**4**), 729–755.

[9] Matsubara, L.M., Oliva, V.N., Gabas, D.T. *et al.* (2009) Effect of lidocaine on the minimum alveolar concentration of sevoflurane in dogs. *Veterinary Anaesthesia and Analgesia*, **36** (**5**), 407–413.

[10] Muir, W. (2009) Pain and stress. J.S. Gaynor & W. Muir (eds), *Handbook of Veterinary Pain Management*, Mosby, St. Louis, MO, pp. 42–56.

[11] Ortega, M. & Cruz, I. (2011) Evaluation of a constant rate infusion of lidocaine for balanced anesthesia in dogs undergoing surgery. *Canadian Veterinary Journal*, **52**, 856–860.

[12] Reilly, S., Seddighi, R., Egger, C.M. *et al.* (2013) The effect of fentanyl on the end-tidal sevoflurane concentration needed to prevent motor movement in dogs. *Veterinary Anaesthesia and Analgesia*, **40**, 290–296.

[13] Robertson, S. (2005) Epidural injection and catheter placement. *Clinician's Brief*, **April**, 53–57.

[14] Steagall, P.V.M. (2012) NMDA receptor antagonists in pain management. *Conference Proceedings from Latin American Congress of Emergency and Critical Care (LAVECCS)*, Mexico, http://www.congreso.laveccs.org/res2012/m2012.php [accessed June 4, 2014].

[15] Taylor, P.M., Roberston, S.A., Dixon, M.J. *et al.* (2001) Morphine, pethidine and buprenorphine disposition in the cat. *Journal of Veterinary Pharmacology and Therapeutics*, **24** (6), 391–398.

[16] Wilson, J., Doherty, T.J., Egger, C.M. *et al.* (2008) Effects of intravenous lidocaine, ketamine, and the combination on the minimum alveolar concentration of sevoflurane in dogs. *Veterinary Anaesthesia and Analgesia*, **35** (4), 289–296.

# 第9章
# 伴侣动物慢性疼痛管理

9

Christopher L. Norkus

那些说没有疼痛就没有收获的人从来没经历过慢性疼痛!

Amanda Lakso（慢性疼痛患者）

## 什么是慢性疼痛?

在患病动物中，慢性疼痛是一种高度复杂、了解不多但普遍存在的现象。大多数关于慢性疼痛的认知及其在伴侣动物中的治疗方法都源于人类。传统意义上，在人类医学中慢性疼痛被定义为自发病以来的疼痛以任意时间间隔复发，且疼痛持续时间超过1个月、3个月或6个月等。但根据大多数兽医遇到的情况，慢性疼痛被定义为疼痛持续时间超出了预期的治愈期更为恰当，在该治愈期内患病动物出现神经生理和心理变化（参见第4章）。在人类，慢性疼痛的患病率高达人口的10.1%–55.2%，而且相对于男性，女性更容易被慢性疼痛影响（Harstall & Ospina, 2003）。尽管在伴侣动物中关于慢性疼痛的发生频率或流行病学的数据有限，但从历史上看，难以识别伴侣动物的疼痛行为，再加上兽医界对疼痛作为疾病的接受缓慢以及对疼痛管理的依从性较差，使得这种疾病难以解决。因此，很大一部分伴侣动物可能会面临慢性且无法控制的疼痛。

人们慢性疼痛的原因通常源于头痛、受伤、骨关节炎（OA）、癌痛和腰酸，但也可能包括其他来源。慢性疼痛可能起源于最初的创伤、损伤（包括手术疼痛处理不佳）或感染，而在伴侣动物中通常可能包括OA，十字韧带破裂，骨脱位，癌性疼痛如骨肉瘤（OSA），胰腺炎，猫科动物间质性膀胱炎，炎性肠病，猫齿质破损性吸收性病变，口腔炎，青光眼，椎间盘疾病（IVDD），中耳炎，幻肢痛，肢体截肢或失禁，椎板炎以及其他许多原因。慢性疼痛也可能在没有任何过去伤害或身体受损迹象的情况下发生，或者至少在人类是可以由心理作用引起的（例如，心理性疼痛或躯体症状及相关疾病）（APA, 2013）。在没有任何已知的过去伤害的情况下发生的慢性疼痛的例子还包括人的纤维肌痛；但是，这种情况在伴侣动物中并未得到很好地认可。在没有过去伤害证据的情况下，伴侣动物出现慢性疼痛一个可能的例子是猫科感觉过敏综合征，这是一种罕见而奇怪的病，表现为短暂但剧烈的躁动、自残和皮肤不平。然而，目前尚不知道猫科感觉过敏综合征的确切原因（图9.1）。

慢性疼痛可以是轻微的或难以忍受的，间歇性或持续性发作，只是引起不便或完全丧失能力，并且情绪消耗。而在患病动物中，慢性疼痛并非仅表现一种症状，而可能导致无数其他症状，包括免疫系统减弱、疲劳、失眠、活动和游戏行为下降、食欲下降、梳理行为下降、残疾（例如，无法上楼或跳入汽车）、丧失学习行为（例如，不使用猫砂盆）、焦虑、恐惧和攻击性。

慢性疼痛可分为伤害性疼痛（由伤害性感受器的直接激活引起）和神经性疼痛（如神经可塑性所示，直接损害或间接改变神经系统引起的疼痛）。伤害性疼痛由浅表和深部形式组成，深部疼痛包括躯体和内脏类型。深度疼痛可能包括韧带、肌腱、骨头，血管、肌肉和人中的肌肉通常被描述为钝痛和酸痛，可能难以明确定位。内脏痛起源于内脏，通常会产生以下疼痛：被认为起源于其真实来源以外的位置（称为疼痛）。神经性疼痛分为周围神经系统（PNS）或中枢的疼痛神经系统（CNS）（即大脑或脊髓），通常被描述为灼痛、电击、刺痛、刺伤。

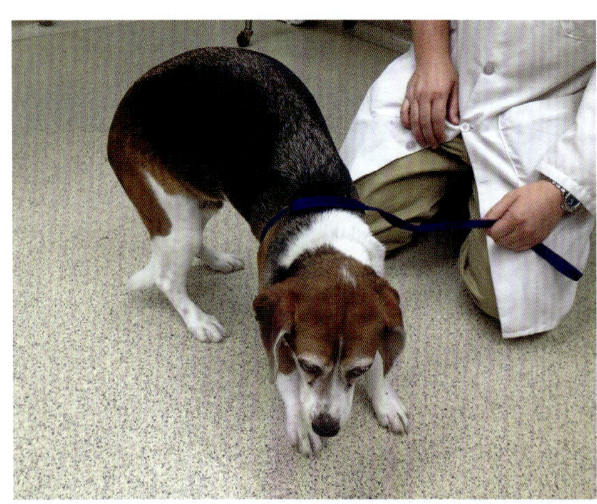

**图9.1** 像这只犬一样，颈椎间盘疾病引起的慢性疼痛治疗不善的患病动物，其生活质量可能发生显著变化，包括行为、运动和社交方面的巨大变化。来源：Christopher Norkus原创。

在持续激活下，重复的信号传输到脊髓背角可能会引起背角聚集和中枢敏化，这会降低疼痛信号传输的阈值（请参见第4章）。此外，慢性疼痛可能导致非伤害性神经纤维（例如A-β纤维）产生并传递疼痛信号。由于这些神经生物学的变化，患病动物所经历的疼痛通常会在振幅（痛觉过敏）和持续时间上增加。痛觉过敏还可能导致正常情况下不会引起疼痛的刺激（异常性疼痛），并且可能导致对感觉刺激的敏感性异常增加（感觉异常）。在所有情况下，慢性疼痛（可称为适应不良性疼痛）没有任何用处，并且持续存在且难以治疗。它会严重损害生活质量。

## 慢性疼痛量表和生活质量评分

尽管已经开发了多种疼痛量表，包括格拉斯哥综合疼痛量表，墨尔本疼痛量表和科罗拉多州急性疼痛量表，并已验证可用于急性伴侣动物疼痛。但一系列其他不同的评分方案已经被建立。许多量表都有很大的局限性，有些量表的功能可能令人怀疑，但在鼓励定期进行患病动物疼痛评估方面很有用。目前，相对可利用的资源可以客观地评估慢性疼痛。但是，似乎没有像急性疼痛那样受到广泛的临床应用或熟知。

目前，有几种伴侣动物慢性疼痛的评估量表，包括犬简明疼痛评估量表（CBPI），赫尔辛基慢性疼痛指数（HCPI），辛辛那提骨伤残疾指数（CODI），健康相关生活质量量表，利物浦犬骨关节炎（LOAD）工具和问卷，以及Alice Villalobos博士的生活质量评分系统（5-H，2-M量表）。其他许多作品也处于发展的各个阶段并将陆续推出。读者还可以直接参考第3章，以进一步讨论鉴定疼痛及其量化方法。

## 犬简明疼痛评估量表（CBPI）

CBPI是一种先前在犬中证实的慢性疼痛评估量表（Brown et al., 2008）。它收集疼痛程度、疼痛对功能的影响以及生活质量的数字评分。宠物主人对每个部分/项目的评分以0–10的评分（从“无痛”或“不干扰”到“极度疼痛”或“完全干扰”），总分得分是11个单独部分/项目的总和。

指数得分是根据主人过去7d对犬的疼痛和行为的评估得出的。可以随时间比较疼痛严重程度，功能障碍和生活质量，因此可用于评估对治疗的反应。该指数的局限性在于它要求宠物主人回答与疼痛强度和疼痛干扰有关的直接问题，并且一些宠物主人可能会觉得执行起来很困难。目前正在开发基于CBPI的猫慢性疼痛指数调查表（Zamprogno et al., 2010）（图9.2）。

## 赫尔辛基慢性疼痛指数（HCPI）

HCPI是一种先前在犬中验证的慢性疼痛指数，它使用11项总和以0–4的等级进行评分（Hielm-Björkman et al., 2009）。要求宠物主人对特定行为进行描述，而不询问宠物主人是否存在疼痛。宠物主人可能会发现此量表比CBPI更易于使用。HCPI可用于评估对治疗的反应；但是，该量表的主要局限性在于它要求提供与犬的当前状态相关的信息，而不是一段时间内的犬的平均状态。这可能会导致分数变化范围很大，具体取决于犬的生活是好还是坏。一周的平均得分可能会是更可靠的结果。由于这是简单的描述性量表，因此该量表缺乏敏感性。

## 辛辛那提骨科残疾指数（CODI）

CODI问卷是经过验证的指数，包括由宠物主人生成的清单，其中列出了发生在其犬上的5种有障碍的活动（Gingerich & Strobel., 2003）。然后，宠物主人为每个活动分配一个简单的描述性残疾评分。该调查表可以使主人和兽医追踪与对犬重要活动有关的治疗结果（例如，长途行走，难以打滑的地板，上下车，与其他动物嬉戏，在床上跳跃，排便僵硬或疼痛，或取回玩具）。宠物主人可能会发现此指数比CBPI更易于使用。该指数的主要局限性在于未对活动进行加权，因此植入疗法可能会改善一项活动，但不会改善另一项活动，并且可能无法清楚反映镇痛作用。但是，该衡量方法适用于猫和其他物种，并且可以用作生活质量缩放系统的一部分。

## 利物浦犬骨关节炎（LOAD）工具和问卷

LOAD是宠主完成的临床计量工具，可推荐用于测量犬OA。它易于使用和验证，并且与受力平台数据相关（Walton et al., 2013）。LOAD要求主人以0–4的简单描述量表评估其犬在13个区域（5个一般领域和8个运动领域）的活动性（Epstein, 2013）。LOAD最初是在患有肘关节炎的犬群中测试的（Hercock et al., 2009）。Walton等人最近发表的一篇文章对“利物浦犬骨关节炎”（LOAD）临床计量仪器的构造和标准有效性的评估以及与其他两种仪器的比较，描述了对200多名拥有犬的犬主进行种群更广泛的LOAD验证的关节炎：肘部，臀部，肩膀，腕骨或骨（Walton et al., 2013）。

日期：□□/□□/□□
月 日 年

患病动物/病例编号 ____________

## 犬简明疼痛量表（CBPI）

**疼痛描述：**

给你的犬疼痛评分

1. 请将最能描述过去7d内**最高**疼痛分数旁的圆圈勾选

○ 0 ○ 1 ○ 2 ○ 3 ○ 4 ○ 5 ○ 6 ○ 7 ○ 8 ○ 9 ○ 10
无疼痛 最疼痛

2. 请将最能描述过去7d内**最低**疼痛分数旁的圆圈勾选

○ 0 ○ 1 ○ 2 ○ 3 ○ 4 ○ 5 ○ 6 ○ 7 ○ 8 ○ 9 ○ 10
无疼痛 最疼痛

3. 请将最能描述过去7d内**平均**疼痛分数旁的圆圈勾选

○ 0 ○ 1 ○ 2 ○ 3 ○ 4 ○ 5 ○ 6 ○ 7 ○ 8 ○ 9 ○ 10
无疼痛 最疼痛

4. 请将最能描述**当前**疼痛分数旁的圆圈勾选

○ 0 ○ 1 ○ 2 ○ 3 ○ 4 ○ 5 ○ 6 ○ 7 ○ 8 ○ 9 ○ 10
无疼痛 最疼痛

**功能描述：**

请将最能描述过去7d内疼痛如何影响你的犬的**分数**旁圆圈勾选：

**5. 整体活动**

○ 0 ○ 1 ○ 2 ○ 3 ○ 4 ○ 5 ○ 6 ○ 7 ○ 8 ○ 9 ○ 10
无影响 完全影响

**6. 生活质量**

○ 0 ○ 1 ○ 2 ○ 3 ○ 4 ○ 5 ○ 6 ○ 7 ○ 8 ○ 9 ○ 10
无影响 完全影响

日期：□□/□□/□□
月 日 年

患病动物/病例编号 ________________

请将最能描述过去7d内疼痛如何影响你的犬的分数旁圆圈勾选：

7. 从躺卧到站立的能力

○ 0 ○ 1 ○ 2 ○ 3 ○ 4 ○ 5 ○ 6 ○ 7 ○ 8 ○ 9 ○ 10
无影响 完全影响

8. 行走能力

○ 0 ○ 1 ○ 2 ○ 3 ○ 4 ○ 5 ○ 6 ○ 7 ○ 8 ○ 9 ○ 10
无影响 完全影响

9. 跑动能力

○ 0 ○ 1 ○ 2 ○ 3 ○ 4 ○ 5 ○ 6 ○ 7 ○ 8 ○ 9 ○ 10
无影响 完全影响

10. 攀爬能力（如楼梯或路缘）

○ 0 ○ 1 ○ 2 ○ 3 ○ 4 ○ 5 ○ 6 ○ 7 ○ 8 ○ 9 ○ 10
无影响 完全影响

总体印象：

11. 请将最能描述过去7d内你的犬完全影响总体生活质量的分数旁圆圈勾选

○ 差 ○ 一般 ○ 好 ○ 非常好 ○ 棒极了

**图9.2** CBPI可能是在犬身上验证过的最广泛使用的慢性疼痛评估量表。来源：D. Brown提供。

## HHHHHMM量表

兽医Alice Villalobos开发了HHHHHMM量表（5-H，2-M），以帮助宠物主人和兽医专业人士做出与临终关怀和安乐死相关的决定。该数字等级量表允许所有者评估7个类别，包括伤害、饥饿、水合作用、卫生、幸福、行动能力和生活。每个类别的评分从1-10，其中1为最差，10为最好。每个类别中的5分或总分>35被认为是“可以接受的”。该量表可用于犬和猫。但是，重要的是要记住，量表未经验证，总分35或更高是任意数字，可能不一定与真实可接受的生活质量相关。尽管如此，该量表可以反映宠物的生活质量，并有助于许多人在临终关怀中做出艰难的决定。

### 健康相关生活质量量表

与健康有关的生活质量量表是针对患有癌症的慢性疼痛的犬（Yazbek & Fantoni, 2005）进行验证的生活质量量表。它使用简单的描述性量表，包括与一系列行为和健康问题有关的12个问题（例如，犬与家人的互动，睡眠，食欲，卫生，疼痛的存在和游戏能力以及胃肠功能）。可能的分数范围是0–36。该量表易于所有者使用，并且与影响生活质量的各种因素有关。该量表不一定是特定于犬的（尽管目前仅在犬中验证过），并且很可能适用于猫。由于简单的描述性量表的性质，该量表缺乏敏感性。还可以进行其他生活质量评估（Wiseman–Orr et al., 2004）。

## 治疗慢性疼痛的目标和方式

伴侣动物慢性疼痛管理的主要目标包括改善患病动物的舒适度，减轻疼痛和改善整体生活质量。可以为个别患病动物制定许多更具体的目标（例如，提高活动能力）。成功治疗慢性疼痛状态具有挑战性，有时令人沮丧。尽管很想单独使用药物治疗，但慢性疼痛最好采用整体和多模式的治疗方法，其中可能包括药理辅助手段，生活方式的改变以及旨在最大程度提高总体生活质量的各种辅助疗法。这种“三联疗法”的一个很好的例子是用OA来管理一只老年犬。首先可以使用包括诸如非甾体抗炎药（NSAID），三环抗抑郁药（TCA）（例如阿米替林）和神经性镇痛药（例如加巴喷丁，金刚烷胺）之类的药理剂。其次，解决生活方式，包括有效的减肥计划、营养支持和定期的低强度运动。最后，可以添加辅助治疗方法，例如治疗剂量的鱼油，低剂量激光和针灸。接下来将探讨可用于治疗慢性疼痛的几种不同方式。使用平衡的方法而不是仅仅专注于一种治疗方法通常对患病动物最为有效（图9.3）。

### 药物干预

建议读者参考第5章，以更详细地讨论单个药剂的药理作用。

#### 非甾体抗炎药

NSAID是一种有效且广泛使用的药物，可用于治疗人类和伴侣动物中的多种类型的慢性疼痛。兽医经常选择这些药物作为一线治疗药物，许多患病动物长期使用这些药物。建议长期接受NSAID治疗的患病动物进行常规血液学和生化分析。需要注意的是，非甾体抗炎药实际上是一类相当安全的镇痛药，具有低风险与高效益（即镇痛）的特性。尽管看到了NSAID的不良反应，但与NSAID给药的剂量相比，不良反应的数量实际上很少。

在犬中，卡洛芬每隔12h服用2.2mg/kg或每24h口服4.4mg/kg，美洛昔康每24h口服0.1mg/kg，非罗考昔每24h口服5mg/kg，罗贝考昔1mg/kg（每24h口服1–2mg/kg范围）每24h口服或地拉考昔通常选择每24h口服1–2mg/kg（Plumb, 2011）。最近，吗伐考昔还作为一种每月一次的口服NSAID在美国以外的地区上市。在第一个月治疗后，随食物一起以2mg/kg PO的剂量给予药物（Plumb, 2011）。虽然还有其他许多非甾体抗炎药，例如吡罗昔康、布洛芬、阿司匹林、苯基丁氮酮、依托度酸和酮洛芬，但它们的安全范围通常限制了它们在犬中的用途。

从历史上看，许多兽医认为美洛昔康以0.025–0.05mg/kg PO q24h剂量在猫身上使用是一种安全的做法。然而，2010年10月，FDA宣布增加警告，内容为“猫急性肾衰竭和死亡与反复服

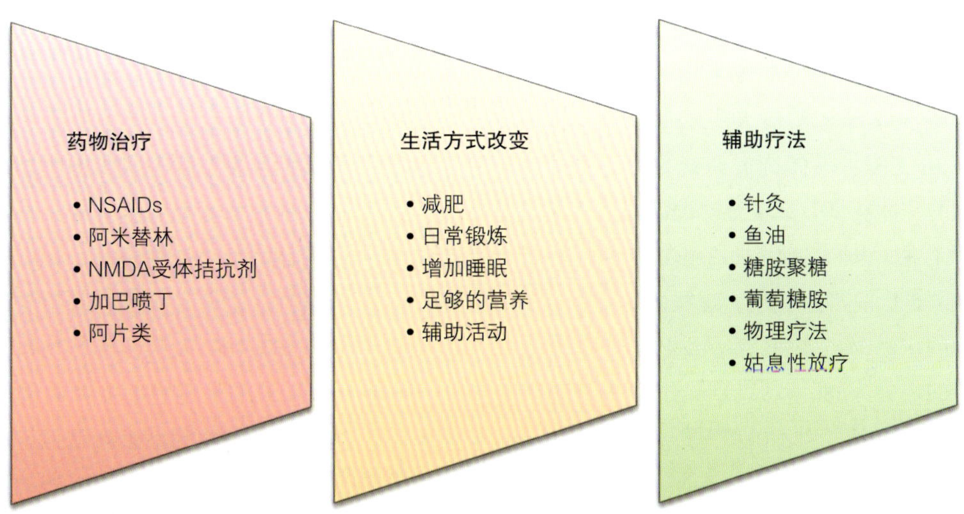


**图9.3** 采用“三联疗法”，通过提供药物治疗、生活方式的改变和辅助治疗来治疗伴侣动物的慢性疼痛，以获得最大的成功。来源：Christopher Norkus原创。

用美洛昔康有关”，并强烈建议不要这样做。随后，猫长期使用NSAID在美国已不再流行。值得注意的是，在澳大利亚、新西兰和整个欧洲，美洛昔康仍被批准用于猫口服使用进行镇痛治疗，而未见不良反应。卡洛芬（Rimadyl®）已被禁止用于治疗猫的慢性疼痛，每3-4d口服2mg/kg。罗贝考昔已被批准在猫和犬中重复给药，并有助于避免美洛昔康的争议。罗贝考昔在猫中的推荐剂量为每24h口服1mg/kg（范围为1-2.4mg/kg），最多服用6d（Plumb, 2011）（图9.4）。

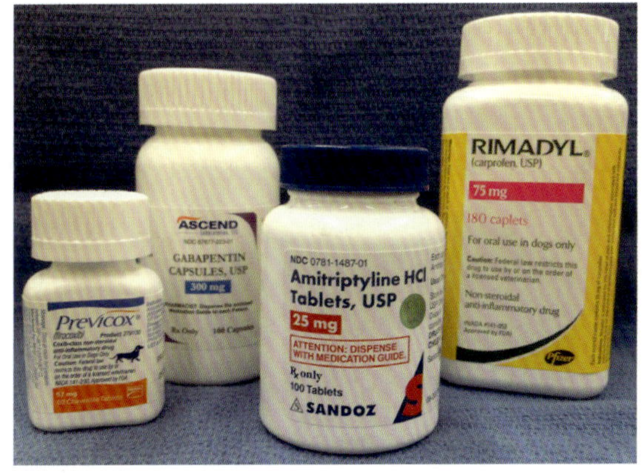


**图9.4** 治疗伴侣动物慢性疼痛的有效药物治疗方法通常包括联合使用非甾体抗炎药、阿片类药物、辅助镇痛药如加巴喷丁、NMDA受体拮抗剂，以及增强血清素和去甲肾上腺素释放的药物。来源：Christopher Norkus原创。

### 环氧合酶3抑制剂

对乙酰氨基酚是全世界范围内最常用的镇痛和解热药物。尽管目前尚不清楚这些药物的确切作用机理，但可能涉及抑制中枢神经系统内的环氧合酶（COX）同工型，包括COX-3（COX-1的变体）。

在大多数犬中，对乙酰氨基酚具有很好的耐受性，尽管毒性可能会损害肝脏。但是，在猫（雪貂）中，中毒的主要表现是严重的高铁血红蛋白血症，导致溶血和死亡。猫相对缺乏葡萄糖醛酸转移酶的活性，其将对乙酰氨基酚与葡萄糖醛酸缀合以排泄。因此，该种类中严禁使用对乙酰氨基酚和含对乙酰氨基酚的产品。

犬使用10-15mg/kg q8-12h PO的对乙酰氨基

酚。对乙酰氨基酚在犬中的长期安全性尚未完全确立，因此，需要进行常规生化评估。有趣的是，对乙酰氨基酚似乎对犬手术后短期（即急性疼痛）从一种非甾体抗炎药变为另一种非甾体抗炎药的“冲洗期”或慢性疼痛状态的短期脉冲疗法最有用。对犬使用对乙酰氨基酚时，经常与固定剂量产品混合使用，这些固定剂量产品中氢可酮的定量为 0.22–0.5mg/kg PO q8h（对乙酰氨基酚的定量为q8h不超过15mg/kg）或可待因1–2mg/kg PO q6–8h（对乙酰氨基酚，每q8h PO不超过15mg/kg）（Plumb, 2011；Kukanich & Spade, 2012）。

## 皮质类固醇

兽医和宠物主人与皮质类固醇有爱恨交织的关系。尽管这类药物可以作为强大的抗炎药并在伴侣动物的慢性疼痛管理中起作用，但它们并非没有潜在的不良反应，包括气喘、多尿、多食、多饮、行为改变、免疫抑制和感染风险增加、伤口愈合下降、胃肠道不适（包括胃肠道溃疡）、肌肉和骨骼衰弱以及蛋白质分解代谢、医源性库欣病、易患糖尿病、脱发、干扰化疗和椎板炎。皮质类固醇绝不能与非甾体抗炎药或其他皮质类固醇同时使用，因为它会引起严重胃肠道不良反应，包括溃疡和患病动物死亡。皮质类固醇通过阻断前列腺素和白三烯而充当抗炎药。它们在磷脂酶A2的水平上抑制前列腺素，从而导致COX途径被阻断，后者的作用与NSAID极为相似。

在深层消炎作用可能有益的情况下，有时会选择皮质类固醇。例如，拥有溃疡性口腔瘤的猫其主人选择姑息治疗，可能会受益于皮质类固醇的治疗。最常用的药物包括片剂或液体泼尼松或泼尼松龙（在猫中）。长期注射剂（例如辉瑞狄波美）由于其持续且不可逆的作用而较少使用。

## 阿片类

尽管阿片类药物仍然是许多类型的中度至重度急性疼痛的主要治疗方式，但它们在治疗慢性疼痛方面可能没有那么有效。在人类慢性疼痛管理领域中使用阿片类药物是一个颇有争议的话题，包括有效性、对阿片类药物的耐受性、阿片类药物依赖性和滥用以及阿片类药物引起的痛觉过敏（OIH）。OIH是男性的一种病情，长期服用阿片类药物会对疼痛的敏感性增强。这种状况的实际存在是有争议的，但是有强烈的批评者质疑这种综合征的真实性以及是否有令人信服的证据支持其合法性（Raffa & Pergolizzi, 2013）。

阿片类药物在宠物慢性疾病中的使用频率比人类医学中使用的频率更低。多数情况下，开处方药物的兽医经常担心来访者滥用宠物处方药，许多口服阿片类药物的生物利用度低，一般的不良反应以及治疗慢性疼痛的功效值得怀疑。

选择长期服用阿片类药物的伴侣动物可以通过以下三种途径给药：口服，局部/透皮或经黏膜。犬中常见的口服阿片类药物包括氢可酮（0.22–0.5mg/kg PO q8–12h），可待因（0.5–2mg/kg PO q6–12h），以及次要程度的羟考酮，氢吗啡酮（0.2–0.6mg/kg PO q6–8h）和吗啡（Martins et al., 2010；Plumb, 2011）。布托啡诺（0.05–1mg/kg PO 6–12h）也可用；然而，它是一种弱且短暂的镇痛药，在慢性疼痛环境中作用有限（如果有的话）（Plumb, 2011）。前面提到的几种阿片类制剂也可以使用，其中含有对乙酰氨基酚，对犬可能有利，但在猫科动物中必须严格避免使用（Plumb, 2011）。

0.02mg/kg的丁丙诺啡可以通过口服经黏膜（OTM）途径给药用于犬以吸收（Abbo et al., 2008；Ko et al., 2011；Niyom et al., 2012），尽管通过这种途径用于犬在临床上并不可靠。其他阿片类药物也有可能通过OTM途径成为有效的镇痛药，因此有必要对此进行进一步研究。局部使用芬太尼可以通过市售的透皮贴剂进行3-5d镇痛，但要注意的是，患病动物对产品的反应可能存在明显的差异，贴剂提供的镇痛作用可能不足，必须正确固定贴剂，否则它可能不会紧密接触皮肤，可能因此需要12-24h才能达到有效的血浆芬太尼水平。在犬中放置贴剂的常见位置包括胸部外侧，跖骨，腕骨区域或尾巴底部。最近开发的另一种形式是透皮芬太尼溶液（TFS）或"局部用涂料"（Recuvyra，Elanco，Greenfield，IN）。这种芬太尼制剂以2.6mg/kg的剂量直接施用于犬的皮肤，可提供长达4d的长效镇痛效果，而无需担心贴剂过量或过早去除斑块（Freise et al., 2012；Linton et al., 2012）。也许，对该产品最大的关注是在使用"局部涂擦剂"期间机体暴露于大量的芬太尼。对该产品及其临床应用还需要进行进一步的研究。

在猫中，长期服用阿片类药物的情况不像在犬中那样普遍选择。许多口服阿片类制剂都含有对乙酰氨基酚，这在猫中是严格禁忌的，并且可能致命。由于生物利用度高且易于给药，因此最常使用的丁丙诺啡经黏膜途径每8h以0.01-0.03mg/kg的剂量给药（Plumb, 2011）。丁丙诺啡是时间/剂量依赖性的；更高的剂量可导致更长的作用时间，但不一定提供额外的镇痛作用。丁丙诺啡的新型缓释形式也可用于猫（Wildpharm.com），据报道，单次0.12mg/kg皮下注射（SQ）可提供长达72h的镇痛作用（Catbagan et al., 2011；Foleyet al., 2011）。丁丙诺啡的缓释产品也已成功用于犬类和实验室动物。但是，尚未评估产品重复给药的长期效果。美沙酮经黏膜途径每4h口服0.6mg/kg也被证明是有效的（Ferreira et al., 2011）。芬太尼贴剂也已成功用于猫科动物患病动物。这些方式可用于慢性和急性疼痛。不利的不良反应可能会导致在伴侣动物中长期禁止使用阿片类药物。尽管每个患病动物的反应都不同，但不良反应可能包括便秘、镇静、恶心和呕吐、生理依赖性和耐受性。因此，在治疗慢性疼痛和选择阿片类药物时，应选择最低有效剂量，以最大限度地减少潜在的患病动物的不良反应。阿片类药物可在慢性疼痛环境中连续施用，例如脉冲疗法（例如几天开，然后几天休），或者根据需要（例如，在患病动物舒适度较差的日子作为"救治"给予）。

### 非典型阿片类药物：曲马多和他喷他多

从21世纪初到中期开始，曲马多在寻找口服非NSAID方案治疗伴侣动物急性和慢性疼痛的兽医中变得越来越流行。曲马多之所以具有吸引力，是因为该药物是新药，不受DEA的控制。尽管该药物在过去10多年中得到了广泛使用，但其确切的作用机理、临床功效、潜在的人为滥用和潜在的不良反应有时使该药物的使用受到质疑。曲马多和他喷他多是独特的制剂。在人类，曲马多是一种中枢性镇痛药，具有弱的μ激动剂阿片类物质特性，并抑制5-羟色胺再摄取（SSRI）和去甲肾上腺素再摄取。它也可能具有N-甲基-D-冬氨酸（NMDA）拮抗剂和TrpV1激动剂作用（Hara et al., 2005；Marincsak et al., 2008）。在人类，它被广泛用于治疗中度至中重度的慢性疼痛。根据伴侣动物的可用文献，犬可能会通过非阿片类药物机制从曲马多中获得大部分镇痛作用，因为它们不会产生高水平的代谢产物O-去甲基曲马多（M1）（KuKanich & Papich, 2004）。猫等其他物种可能像人类一样从曲马多中获得类阿片效应（Pypendop & Ilkiw, 2008）。

目前，我们确实认识到曲马多在猫和犬中起镇痛作用（Mastrocinque & Fantoni, 2003；Pypendop & Ilkiw, 2008；de Sousa et al., 2008；

Martins et al., 2010；Clark et al., 2011；Kukanich & Cohen, 2011；Guedes et al., 2012；Knych et al., 2012；Kongara et al., 2012；Flôr et al., 2013；Morgaz et al., 2013）。已经提出了在犬中每8h至少建议5mg/kg的最低推荐剂量，在猫中每6h至少建议4mg/kg的剂量（KuKanich & Papich, 2004；Pypendop & Ilkiw, 2008）。但是，兽医通常以mg/kg的剂量给予曲马多和/或以低于药代动力学数据建议的频率（例如，每天仅一次或两次）来降低其剂量。最近未公开的数据还表明，在犬中，曲马多给药超过1周后口服生物利用度显著下降，这表明该药物可能不适用于正在进行的慢性疼痛治疗（Butch KuKanich, Pers. Comm.）。曲马多的使用还存在其他问题，包括其适口性和潜在的不良反应。尽管经常讨论诸如镇静和便秘的不良反应，但曲马多在犬中的使用更常见于喘气、发声、躁动和烦躁不安。这些症状的确切病因尚不清楚，但推测是由不同程度的5-羟色胺综合征引起的。这与表明曲马多在犬中作为阿片类药物的作用有限（如果有的话），并且可能通过5-羟色胺，去甲肾上腺素和其他非阿片类药物途径具有疗效的数据相吻合。因此，在开处方时应仔细权衡曲马多对5-羟色胺的影响，并避免与其他增加5-羟色胺的药物（例如，选择性5-羟色胺再摄取抑制剂（SSRIs），TCA，单胺氧化酶抑制剂）一起使用仅在非常仔细的监视下使用。曲马多也与对乙酰氨基酚一起以商品名Ultracet®（Janssen Pharmaceuticals, Inc., Titusville, NJ）销售。

他喷他多（Tapentadol）是"第二代"曲马多，被认为通过与曲马多类似的作用机理起作用：μ阿片受体激动剂，减少去甲肾上腺素，并在较小程度上减少5-羟色胺的摄取。目前，他喷他多在伴侣动物中的使用尚处于初期，其不良反应、功效和理想的给药时间表尚不清楚（Giorgi et al., 2012）。但是，与曲马多不同，他喷他多是受管制的物质，而且成本较高，因此，在不久的将来不太可能替代曲马多。

### 三环抗抑郁药（TCA），选择性5-羟色胺再摄取抑制剂（SSRIs）和5-羟色胺-去甲肾上腺素再摄取抑制剂（SNRIs）

最初被开发为抗抑郁药的多种药物已被证明可有效地治疗各种慢性疼痛。这些药物主要通过阻止其再摄取来提高神经递质（5-羟色胺和去甲肾上腺素）的水平。这些神经递质被认为对中枢神经系统内的疼痛调节起作用，并且还可能对小胶质细胞具有抗炎作用（Obuchowicz et al., 2006；Tai et al., 2009）。由于慢性疼痛状态可能在心理和情感上消耗掉（至少在人类），因此这些药物具有潜在的改善情绪，减轻抑郁和减轻焦虑的附加好处。

阿米替林是一种广泛使用的TCA，可通过突触后减少5-羟色胺和去甲肾上腺素的再摄取，从而导致较高的神经递质水平。阿米替林还可能通过许多其他机制发挥镇痛作用，包括钠、钙和钾通道，神经营养性酪氨酸激酶受体和潜在的NMDA受体。在犬中，药物通常在12-24h内以1-2mg/kg的剂量给药，在猫中，药物在12-24h内以0.5-2mg/kg的剂量给药（Plumb, 2011）。度洛西汀是一种5-羟色胺-去甲肾上腺素再摄取抑制剂（SNRI），对人的抑郁症和焦虑症有效。在人类，该药物在糖尿病性周围神经病，纤维肌痛，间质性膀胱炎，肌肉骨骼疼痛等可能的慢性疼痛状态中具有潜在的益处。目前，度洛西汀在伴侣动物中的使用已很少，但在接下来的几年中可能会出现对该药物的进一步临床经验。

与其他增加5-羟色胺的药物同时给药时，精神药物可能具有药物相互作用，这最终可能导致血清素综合征。在犬中，5-羟色胺综合征可导致躁动，烦躁不安，发声，活动过度，肌肉震颤，呕吐和腹泻，心动过速，感觉异常，气喘，体温过高，癫痫发作，并可能在严重的情况下死亡。5-羟色胺综合征在伴侣动物中的确切发病率可能被低估了。但是，这种现象似乎不如人们通常发生的严重。尽管如此，除非患病动物没有采取这种做法，通常最好的方法是避免将TCA、SSRI、曲马多和SNRI混合使用，并避免将它们与可能还会增加5-羟色胺的其他药物（例如，司来吉兰，哌替啶，美沙酮等单胺氧化酶抑制剂）一起使用（Plumb, 2011）。

## 加巴喷丁类：加巴喷丁和普瑞巴林

加巴喷丁最初被开发用于治疗人的癫痫病，但如今被认为具有作为镇痛药的更大作用（Moore et al., 2011a, 2011b；Siler et al., 2011）。目前，人类正在研究加巴喷丁用于治疗伴侣动物的神经性疼痛和潜在的其他慢性疼痛状态（Pypendop et al., 2010；Wagner et al., 2010；Vettorato & Corletto, 2011；Aghighi et al., 2012）。该药物的确切作用机制仍不清楚；但是，它可能涉及与CNS中电压门控钙通道的相互作用。加巴喷丁通常用作辅助剂，这意味着它与其他慢性镇痛药（例如NSAIDs，NMDA受体拮抗剂和阿片类药物）长期配合使用。

该药物通常在犬和猫中被很好地耐受，短暂镇静是主要的临床不良反应。在人类，体弱和因其潜在疾病状态而导致的共济失调的老年患者可能会受到深远影响，因此可能有必要降低药物剂量，但对老年动物的影响尚不清楚。根据口服加巴喷丁在犬中的药代动力学数据，目前在文献中建议以10mg/kg PO q8h的剂量使用，但通常不是临床上合适的装载剂量（Kukanich & Papich, 2011）。IVAPM的Robin Downing博士建议："装载剂量为5-10mg/kg每日2次（分别为猫和犬），然后开始向上调整"（Downing R, pers comμn）。已经提出了类似的猫给药方案（Siao et al., 2010）。有趣的是，已使用了更高的mg/kg剂量和更高的给药频率，这可能适合某些患病动物。普瑞巴林（Lyrica®，辉瑞）是一种加巴喷丁的更强效制剂，也已被研究用于人和动物的慢性疼痛状态。目前在美国，该药物被列为第5类管制药物，与较便宜的加巴喷丁相比，其成本负担显著。目前，这两个因素都限制了其在兽医中的广泛临床应用。已经对正常犬中的前加巴林的药代动力学进行了评估，每12h PO 4mg/kg的剂量可能合适（Salazar et al., 2009）。

## N-甲基-D-冬氨酸拮抗剂

慢性疼痛状态可以通过由NMDA受体激活引发的CNS内的中枢敏化状态来维持和增强。通常，在非慢性疼痛状态的个体中，NMDA受体仍被镁所阻断。但是，一旦NMDA受体被激活，突触后神经元内就会发生钠离子和钙离子的流入，这会激活数秒的信使信号级联，导致疼痛感增加。目前，已知许多药物可作为NMDA受体拮抗剂。在临床环境中最常用作辅助性镇痛药的药物包括金刚烷胺和氯胺酮，较少使用右美沙芬和美沙酮。其他NMDA受体拮抗剂，如美金刚、镁、氙和一氧化二氮已在实验中使用，但尚未在临床实践中使用。曲马多可能还具有某些NMDA受体拮抗剂特性，但需要对该药物的作用机理进行进一步研究。

氯胺酮是一种高效的NMDA受体拮抗剂，用于患病动物通过恒速输注在静脉内使用。美沙酮具有并发μ激动剂阿片类药物的额外好处，并已证明当经黏膜给药时具有至少4h的抗疼痛感受作用。对猫而言，剂量为0.6mg/kg，使得在家中重复给药是可行的（Ferreira et al., 2011）。为了易于给药，金刚烷胺目前是伴侣动物长期口服使用的最有吸引力的NMDA受体拮抗剂。当与犬的

NSAID难治性OA疼痛联合使用时，它被证明是一种辅助性疼痛疗法（Lascelles et al.）。尽管目前大多数伴侣动物尚缺乏药代动力学数据，但建议的剂量包括在犬和猫中3–5mg/kg PO q12–24h和在马中5–20mg/kg PO q8h（Rees et al., 1997；Lascelles, 2008；Siao et al., 2011）。胃肠道不适似乎是观察到的主要临床不良反应（图9.5）。

## 外用药物

潜在的安全有效的局部疗法包括使用透皮利多卡因贴剂和局部利多卡因/普罗卡因（已研究并在犬、猫、实验动物和马中显示出安全有效的效果）（Flecknell et al., 1990；Wagner et al., 2006；Weiland et al., 2006；Bidwell et al., 2007；Ko et al., 2007, 2008）。DepoFoam®布比卡因（新泽西州帕西帕尼市的帕西拉制药公司）是一种新产品，它通过包裹局部麻醉剂而不改变其结构，然后通过安全、缓慢地长时间释放，从而通过多脂质体平台工作。已经在犬和兔子中研究了这种药剂，并且将其作为伴侣动物局部治疗方法的应用似乎很有希望（Richard et al., 2011a, 2011b, 2012）。诸如辣椒素和树脂毒素（RTX）之类的试剂激活TrpV1，长时间激活TrpV1会导致受体脱敏，潜在的P物质消耗和最终缓解疼痛。这个概

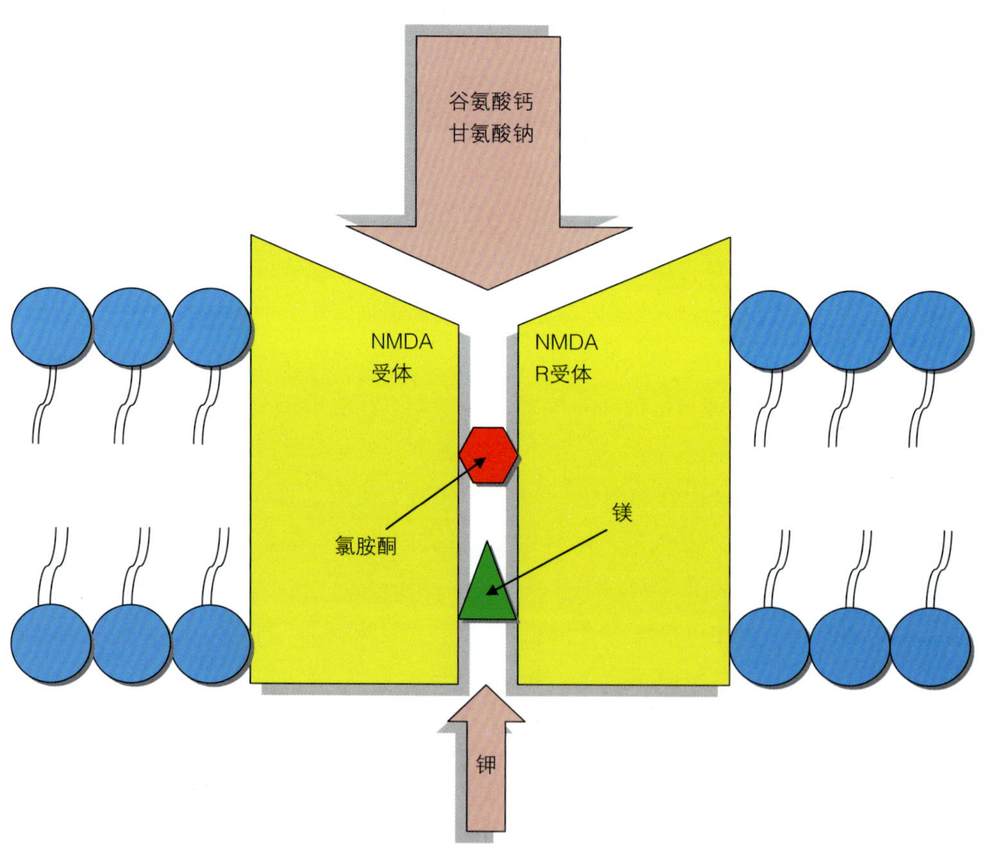


**图9.5** 正常情况下，在非慢性疼痛状态下，NMDA受体仍然被镁所阻断。一旦NMDA受体被激活，就会发生输入的上调，导致对疼痛刺激的反应增加。氯胺酮等药物可以阻断受体，如图所示。来源：Christopher Norkus原创。

念并不稀奇，辣椒素的浓度为0.025%-0.15%，已在软膏和贴剂中局部使用，以减轻OA、腰酸、劳损和扭伤以及人周围神经病变的疼痛。非处方的辣椒素外用产品也已用于患有OA的犬和马。

注意，在动物中使用任何局部用药的局限性在于患病动物，其他家畜或儿童可能会口服该药物。摄入可能引起不良影响，因此，所有外用药应在使用前彻底检查。

### 神经激肽-1（Neurokinin-1）受体抑制剂

Neurokinin-1（NK-1）受体拮抗剂，例如枸橼酸马罗匹坦（maropitant）会阻断NK-1受体（一种速激肽受体）并随后激活P物质。P物质是神经递质和神经调节剂，在痛觉以及呕吐反射过程中起重要作用。马罗匹坦（Maropitant）被广泛用作犬和猫的止吐药，并且也可能具有镇痛作用（Boscan et al., 2011；Alvillar et al., 2012；Niyam et al., 2013）。尽管尚未评估超过14d的给药剂量，建议剂量为1-2mg/kg SID或EOD。

### 双膦酸盐

双膦酸盐是一类药物，可通过阻断破骨细胞（负责破坏骨质的骨细胞）来防止骨质流失，从而稳定骨破坏并潜在地帮助管理疼痛。双膦酸盐已用于患有多种骨骼破坏性疾病的伴侣动物中，最主要的是犬中的OSA和马的舟状骨（腕关节的一块小骨头）疾病，以及用于多种物种的高钙血症的治疗。帕米膦酸1-2mg/kg稀释于250mL 0.9% NaCl中并在2h内静脉注射，结合标准姑息放疗，NSAID和阿霉素或与NSAID一起作为单药进行了评估，与安慰剂相比，它具有犬类疼痛的镇痛效果（Fan et al., 2007；Fan et al., 2009）。目前，它仍然是该患病动物额外疼痛控制的辅助选择。然而，一项最新研究将帕米膦酸治疗与仅使用放疗和化疗相比，发现前者与OSA犬的中位生存时间缩短有关（Oblak et al., 2012）。用药应咨询兽医，以讨论这种潜在治疗方法的风险与益处。

## 辅助疗法

### 补充和替代医学

替代医学是历史上西方医学中从未教授过的多种医疗实践中的任何一种。补充医学是与常规西方医学疗法一起使用的替代医学。这些实践包括但不限于针灸顺势疗法，包括灵气疗法在内的能量疗法，包括按摩和捏脊疗法在内的身体疗法以及肌筋膜触发点疗法等中医疗法。伴侣宠物主人经常询问这种疗法的好处，并且可以将它们有效地纳入患病动物的慢性疼痛管理疗法中。读者可以转到本文的其他章节，以获取有关这些有趣主题的更多详细信息（图9.6）。

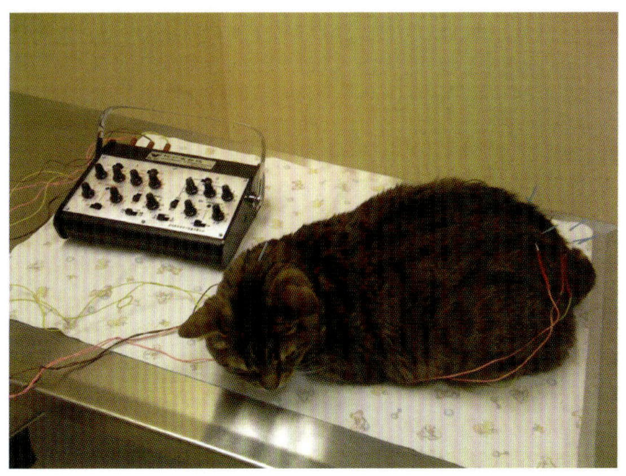

**图9.6**　许多替代医学形式的存在，以配合患病动物的慢性疼痛管理治疗。这里，患病动物接受了电针治疗。资料来源：Mike Petty博士提供。

### 营养食品

营养食品是“营养”和“药物”一词的组合，并以多种形式出现，包括膳食补充剂，特定饮食和草药产品。柜台上有许多“关节补品”，通常包括葡糖胺和硫酸软骨素。其他几种产品通常包含鳄梨/大豆不皂化物，甲基磺酰甲烷（MSM）和水飞蓟素的成分。尽管临床试验证据不足以支持大多数营养品的使用，但它们在治疗以OA为主的伴侣动物的肌肉骨骼疾病中的受欢迎程度仍然很高（Aragon et al., 2007; McCarthy et al., 2007; Thomson et al., 2008; Norman et al., 2007; McKenzie, 2010）。

目前，低不良反应和可能的临床益处将使葡萄糖胺和硫酸软骨素产品继续在慢性肌肉骨骼疾病的治疗中发挥作用。但是，对不同的葡萄糖胺和硫酸软骨素产品的含量分析表明，并非所有产品都是相同的，如果想使用这些产品，建议使用可重复生产的产品。

许多草药产品几乎可用于治疗人类已知的所有疾病。一般来说，无论这些产品有多“天然”，都缺乏功效和安全性数据。有些甚至可能与处方药发生不良相互作用。通常，草药产品只能在熟悉其使用的兽医的严格监督下使用。在笔者看来，草药产品只能起到补充传统西药治疗的作用，而不能替代它们（图9.7）。

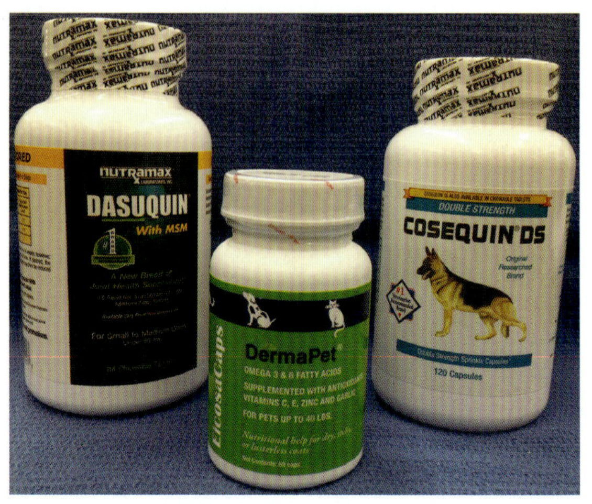


**图9.7** 大多数营养食品没有足够的证据来支持它们的使用。尽管如此，它们通常被患病动物很好地耐受，因此仍然经常被包括在许多患病动物的治疗中。来源：Christopher Norkus原创。

## 鱼油

鱼油中的Ω-3脂肪酸，主要是二十碳五烯酸（EPA）和二十二碳六烯酸（DHA），被用于伴侣动物药中几种疾病的治疗，其中许多是自然炎症。犬的数据目前支持鱼油作为OA治疗计划的一部分，尽管理想的给药时间表尚不清楚（Fritsch et al., 2010a, 2010b; Roush et al., 2010a, 2010b; Hielm-Björkman et al., 2012）。鱼油也可能有助于控制其他情况下的慢性疼痛。笔者以前使用的剂量为每10lb体重1 000mg鱼油胶囊，在数周内逐渐掺入狗粮中。重要的是，要注意鱼油可能会产生不良反应，包括胃肠道不良反应（例如腹泻，肠胃气胀）和潜在的血小板功能改变，对伤口愈合的有害影响，脂质过氧化，营养物质过量和毒素暴露的可能性，体重增加，改变免疫功能，对血糖控制和胰岛素敏感性的影响以及营养药物相互作用（Lenox & Bauer, 2013）。如果观察到其他不良反应，则应停止使用鱼油（有关鱼油产品的其他信息，请参阅第15章）。

## 多硫酸糖胺聚糖

多硫酸糖胺聚糖（PSGAG）是一种肠胃外处方制剂（Adequan®，诺华动物健康，巴塞尔，瑞士），用作OA患病动物治疗计划的一部分。该药物被标记用于犬和马，并且制造商称“有助于保持软骨健康和完整，因此关节中的骨骼无法接触其他骨骼”。实际上，PSGAG的作用机理并不那么容易理解，并且可能涉及增加DNA含量，阻断炎症介质，影响软骨寡聚基质蛋白（COMP）和基质金属蛋白酶（MMP）家族蛋白，并改变急性期蛋白，例如C反应蛋白（Sevalla et al., 2000; Fujiki et al., 2007）。该产品已被证明可以有效地改善跛行、活动范围和关节操作时的疼痛，并且似乎是一种安全且易于实施的OA治疗方法（de Hann et al., 1994; Sevalla et al., 2000; Aragon et al., 2007）。

在犬中，Adequan®（诺华动物健康，巴塞尔，瑞士）的剂量为4.4mg/kg IM 总共8次注射需要3–5d（Plumb, 2011）。在马中，该产品每4d 1次以500mg IM给药，持续28d或7次治疗（Plumb, 2011）。在每个加载期之后，可以根据需要继续使用产品（例如，1次，之后每月2次）。PSGAG在临床上表现出良好的耐受性，可以通过SQ途径从标签上进行管理，这使受过适当培训的客户在家进行管理变得容易。PSGAG还已被一些兽医以2–5mg/kg的剂量每周1次或2次成功地用于猫，最多可注射8次。

### 姑息性放疗

姑息性放疗（RT）是针对癌症患病动物的，其目标不是治愈它们的内在疾病过程，而是减轻与疾病相关的疼痛。该技术最适用于没有立即出现破裂风险的癌症。已经描述了几种治疗方案，它们可以为某些患病动物提供快速而持续的缓解。

通过RT缓解疼痛的确切机制尚不清楚，但可能包括某些炎症细胞群的破坏和随后发炎组织中前列腺素的产生。另一个理论是，电离辐射会抑制破骨细胞的活化（导致骨破坏的骨细胞），细胞因子的产生，金属蛋白酶的分泌以及导致镇痛的骨吸收。无论如何，姑息性放疗是仅由兽医放射肿瘤学家提供的一种高度专业化的技术，但应在患有赘生性慢性疼痛的伴侣动物中考虑使用。

## 生活方式的改变

### 减肥和适当的营养

与人类相似，很大一部分宠物是超重或肥胖的。通过使患病动物达到适当的体重，可以大大改善诸如肘关节发育不良、髋关节发育不良等慢性疼痛状况。体重过重或肥胖的患病动物应制定逐步减肥计划，逐步增加运动并减少热量摄入。超重的猫更应逐渐减肥，以免引起肝脏脂质增生。兽医可以提供多种饮食来帮助宠物达到减肥目标。此外，避免食用“垃圾食品”，例如高热量宠物零食或人类食品，可能会产生长期良好的效果。可以向犬类患病动物提供冰块或冷冻蔬菜，这些患病动物对奖励事件的重视程度远大于零食的实际味道或热量摄入。有关减肥和营养的详细信息，请参见第15章。地洛肽（Slentrol®）可作为口服药物治疗肥胖症，并且可能适合某些犬以帮助其减轻体重（Gossellin et al., 2007）。

但是，对于其他患病动物来说，增加热量摄入，获得适当的营养并确保水合作用对提高宠物的舒适度和整体生活质量至关重要。高度可口的宠物食品可能是有益的，可以与食欲兴奋剂（例如米氮平或赛庚啶）一起使用。某些患病动物也可能因其病情突出或自身的医疗手段（例如抗生素，化学疗法等）而长期处于恶心状态。在这些情况下，使用止吐药如马罗匹坦（maropitant）或昂丹司琼（ondansetron）可以帮助患病动物进食更多。在某些患病动物中，使用长期或短期饲管放置可确保满足其热量需求，这将有助于使患病动物变得更强壮，确保患病动物成功进行液体和药物治疗，以及通过避免频繁口服药物的挣扎和令人不快的味道，改善整体患病动物的生活质量。

### 例行运动与物理治疗

对于许多患有慢性肌肉骨骼疾病的患病动物，可以定期进行轻度至中度的低冲击运动和物理疗法。对于患有OA等活动性疾病的患病动物尤其如此（MLacnik et al., 2006）。可对伴侣动物采用多种物理疗法，包括水下跑步机、陆基跑步机、水疗浴缸、深层超声、电水疗法、低级激光疗法和电刺激、体外冲击波疗法和Ⅳ级激光治疗。第16章为读者提供了更多信息。

### 打破常规思维

有时候，最简单的事情会产生深远的影响。对伴侣动物的生活进行微小的创造性改变可以对改善患病动物的舒适度和生活质量产生积极影响。简单的操作（如确保宠物在睡眠或大部分时间里都有足够的填充物）可能会有所帮助。

避免使用楼梯或为患病动物上下车或上下床创建坡道会有所帮助。将食物盆或垃圾箱移动到猫更容易接触到的地方，可以提高患病动物的舒适度。许多年龄较大的犬会觉得家用地板很滑，加上几块地毯可以使脚步更加稳固，减少肌肉拉伤。用6–12in高的地面喂养一只肘部发育异常的犬，可以使犬的体重从胸肢重新分布。用软食品代替硬粗粝食物对口腔疼痛或瘤形成的患病动物可能有用。投资“Help' Em Up™线束”（Blue Dog Designs, Denver, CO）可以大大改善许多年老犬的骨盆支撑和活动能力。

总之，通过针对疼痛途径的多模式疼痛管理，可以通过降低特定药物的剂量来实现镇痛。调整药物组合可以产生具有成本效益的长期治疗，且不良事件最少。辅助治疗和身体舒适性均在慢性疼痛的治疗中起作用。

## 推荐阅读


[1] Abbo, L.A., Ko, J.C., Maxwell, L.K. *et al* (2008) Pharmacokinetics of buprenorphine following intravenous and oral transmucosal administration in dogs. *Veterinary Therapeutics*, **9** (2), 83–93.

[2] Aghighi, S.A., Tipold, A., Piechotta, M., Lewczuk, P. & Kästner, S.B. (2012) Assessment of the effects of adjunctive gabapentin on postoperative pain after intervertebral disc surgery in dogs. *Veterinary Anaesthesia and Analgesia*, **39** (6), 636–646.

[3] Alvillar, B.M., Boscan, P., Mama, K.R., Ferreira, T.H., Congdon, J. & Twedt, D.C. (2012) Effect of epidural and intravenous use of the neurokinin-1 (NK-1) receptor antagonist maropitant on the sevoflurane minimum alveolar concentration (MAC) in dogs. *Veterinary Anaesthesia and Analgesia*, **39** (2), 201–205.

[4] American Psychiatric Association (2013) *Diagnostic and Statistical Manual of Mental Disorders*, Ist edn. American Psychiatric Publishing, Arlington, VA.

[5] Aragon, C.L., Hofmeister, E.H. & Budsberg, S.C. (2007) Systematic review of clinical trials of treatments for osteoarthritis in dogs. *Journal of the American Veterinary Medical Association*, **230** (4), 514–521.

[6] Bidwell, L.A., Wilson, D.V. & Caron, J.P. (2007) Lack of systemic absorption of lidocaine from 5% patches placed on horses. *Veterinary Anaesthesia and Analgesia*, **34** (6), 443–446.

[7] Boscan, P., Monnet, E., Mama, K., Twedt, D.C., Congdon, J. & Steffey, E.P. (2011) Effect of maropitant, a neurokinin 1 receptor antagonist, on anesthetic requirements during noxious visceral stimulation of the ovary in dogs. *American Journal of Veterinary Research*, **72** (12), 1576–1579.

[8] Brown, D.C., Boston, R.C., Coyne, J.C. & Farrar, J.T. (2008) Ability of the canine brief pain inventory to detect response to treatment in dogs with osteoarthritis. *Journal of the American Veterinary Medical Association*, **233** (8), 1278–1283.

[9] Catbagan, D.L., Quimby, J.M., Mama, K.R., Rychel, J.K. & Mich, P.M. (2011) Comparison of the efficacy and adverse effects of sustained-release buprenorphine hydrochloride following subcutaneous administration and buprenorphine hydrochloride following oral transmucosal administration in cats undergoing ovariohysterectomy. *American Journal of Veterinary Research*, **72** (4), 461–466.

[10] Clark, J.S., Bentley, E. & Smith, L.J. (2011) Evaluation of topical nalbuphine or oral tramadol as analgesics for corneal pain in dogs: a pilot study. *Veterinary Ophthalmology*, **14** (6), 358–364.

[11] Epstein, M. Assessing chronic pain in dogs. *Today's Veterinary Practice*, September/October 2013, p. 34.

[12] Fan, T.M., de Lorimier, L.P., O'Dell-Anderson, K., Lacoste, H.I. & Charney, S.C. (2007) Single-agent pamidronate for palliative therapy of canine appendicular osteosarcoma bone pain. *Journal of Veterinary Internal Medicine*, **21** (3), 431–439.

[13] Fan, T.M., Charney, S.C., de Lorimier, L.P. *et al*

(2009) Double-blind placebo-controlled trial of adjuvant pamidronate with palliative radiotherapy and intravenous doxorubicin for canine appendicular osteosarcoma bone pain. *Journal of Veterinary Internal Medicine*, **23** (**1**), 152–160.

[14] Ferreira, T.H., Rezende, M.L., Mama, K.R., Hudachek, S.F. & Aguiar, A.J. (2011) Plasma concentrations and behavioral, antinociceptive, and physiologic effects of methadone after intravenous and oral transmucosal administration in cats. *American Journal of Veterinary Research*, **72** (**6**), 764–771.

[15] Flecknell, P.A., Liles, J.H. & Williamson, H.A. (1990) The use of lignocaine-prilocaine local anaesthetic cream for pain-free venepuncture in laboratory animals. *Laboratory Animals*, **24** (**2**), 142–146.

[16] Flôr, P.B., Yazbek, K.V., Ida, K.K. & Fantoni, D.T. (2013) Tramadol plus metamizole combined or not with anti-inflammatory drugs is clinically effective for moderate to severe chronic pain treatment in cancer patients. *Veterinary Anaesthesia and Analgesia*, **40** (3), 316–327.

[17] Foley, P.L., Liang, H. & Crichlow, A.R. (2011) Evaluation of a sustained release formulation of buprenorphine for analgesia in rats. *Journal of the American Association for Laboratory Animal Science*, **50** (2), 198–204.

[18] Freise, K.J., Linton, D.D., Newbound, G.C., Tudan, C. & Clark, T.P. (2012) Population pharmacokinetics of transdermal fentanyl solution following a single dose administered prior to soft tissue and orthopedic surgery in dogs. *Journal of Veterinary Pharmacology and Therapeutics*, **35** (**Suppl 2**), 65–72.

[19] Fritsch, D., Allen, T.A., Dodd, C.E. *et al* (2010a) Dose-titration effects of fish oil in osteoarthritic dogs. *Journal of Veterinary Internal Medicine*, **24** (5), 1020–1026.

[20] Fritsch, D.A., Allen, T.A., Dodd, C.E. *et al* (2010b) A multicenter study of the effect of dietary supplementation with fish oil omega-3 fatty acids on carprofen dosage in dogs with osteoarthritis. *Journal of the American Veterinary Medical Association*, **236** (5), 535–539.

[21] Fujiki, M., Shineha, J., Yamanokuchi, K., Misumi, K. & Sakamoto, H. (2007) Effects of treatment with polysulfated glycosaminoglycan on serum cartilage oligomeric matrix protein and C-reactive protein concentrations, serum matrix metalloproteinase-2 and -9 activities, and lameness in dogs with osteoarthritis. *American Journal of Veterinary Research*, **68** (**8**), 827–833.

[22] Gingerich, D.A. & Strobel, J.D. (2003) Use of client-specific outcome measures to assess treatment effects in geriatric, arthritic dogs: controlled clinical evaluation of a nutraceutical. *Veterinary Therapeutics*, **4** (**1**), 56–65.

[23] Giorgi, M., Meizler, A. & Mills, P. (2012) Pharmacokinetics of the novel atypical opioid tapentadol following oral and intravenous administration in dogs. *Veterinary Journal*, **194** (**3**), 309–313.

[24] Gossellin, J., McKelvie, J., Sherington, J. *et al.* (2007) An evaluation of dirlotapide to reduce body weight of client-owned dogs in two placebo-controlled clinical studies in Europe. *Journal of Veterinary Pharmacology and Therapeutics*, **30** (**Supplement s1**), 73–80.

[25] Guedes, A.G., Matthews, N.S. & Hood, D.M. (2012) Effect of ketamine hydrochloride on the analgesic effects of tramadol hydrochloride in horses with signs of chronic laminitis-associated pain. *American Journal of Veterinary Research*, **73** (5), 610–619.

[26] de Hann, J.J., Goring, R.L. & Beale, B.S. (1994) Evaluation of polysulfated glycosaminoglycan for the treatment of hip dysplasia in dogs. *Veterinary Surgery*, **23** (3), 177–181.

[27] Hara, K., Minami, K. & Sata, T. (2005) The effects of tramadol and its metabolite on glycine, gamma-aminobutyric acid A, and N-methyl-D-aspartate receptors expressed in Xenopus oocytes. *Anesthesia & Analgesia*, **100** (5), 1400–1405.

[28] Harstall, C. & Ospina, M. (2003) How prevalent is chronic pain? *Pain Clinical Updates, International Association for the Study of Pain*, **XI** (**2**), 1–4.

[29] Hercock, C.A., Pinchbeck, G., Giejda, A., Clegg, P.D. & Innes, J.F. (2009) Validation of a client-based clinical metrology instrument for the evaluation of canine elbow osteoarthritis. *Journal of Small Animal Practice*, **50**, **266**–271.

[30] Hielm-Björkman, H.K., Rita, H. & Tulamo, R.-M. (2009) Psychometric testing of the Helsinki chronic pain index by completion of a questionnaire in Finnish by owners of dogs with chronic signs of pain caused by osteoarthritis. *American Journal of Veterinary Research*, **70**, 727–734.

[31] Hielm-Björkman, A., Roine, J., Elo, K., Lappalainen, A., Junnila, J. & Laitinen-Vapaavuori, O. (2012) An un-commissioned randomized, placebo-controlled double-blind study to test the effect of deep sea fish oil as a pain reliever for dogs suffering from canine OA. *BMC Veterinary Research*, **8**, **157**.

[32] Impellizeri, J.A., Tetrick, M.A. & Muir, P. (2000) Effect of weight reduction on clinical signs of lameness in dogs with hip osteoarthritis. *Journal*

*of the American Veterinary Medical Association*, **216** (7), 1089–1091.

[33] Knych, H.K., Corado, C.R., McKemie, D.S., Scholtz, E. & Sams, R. (2012) Pharmacokinetics and pharmacodynamics of tramadol in horses following oral administration. *Journal of Veterinary Pharmacology and Therapeutics*, **36** (**4**), 389–398.

[34] Ko, J., Weil, A., Maxwell, L., Kitao, T. & Haydon, T. (2007) Plasma concentrations of lidocaine in dogs following lidocaine patch application. *Journal of the American Animal Hospital Association*, **43** (**5**), 280–283.

[35] Ko, J.C., Maxwell, L.K., Abbo, L.A. & Weil, A.B. (2008) Pharmacokinetics of lidocaine following the application of 5% lidocaine patches to cats. *Journal of the Veterinary Pharmacology and Therapeutics*, **31** (**4**), 359–356.

[36] Ko, J.C., Freeman, L.J., Barletta, M. *et al* (2011) Efficacy of oral transmucosal and intravenous administration of buprenorphine before surgery for postoperative analgesia in dogs undergoing ovariohysterectomy. *Journal of the American Veterinary Medical Association*, **238** (**3**), 318–328.

[37] Kongara, K., Chambers, J.P. & Johnson, C.B. (2012) Effects of tramadol, morphine or their combination in dogs undergoing ovariohysterectomy on peri-operative electroencephalographic responses and post-operative pain. *New Zealand Veterinary Journal*, **60** (**2**), 129–135.

[38] Kukanich, B. & Cohen, R.L. (2011) Pharmacokinetics of oral gabapentin in greyhound dogs. *Veterinary Journal*, **187** (**1**), 133–135.

[39] KuKanich, B. & Papich, M.G. (2004) Pharmacokinetics of tramadol and the metabolite O-desmethyltramadol in dogs. *Journal of Veterinary Pharmacology and Therapeutics*, **27** (4), 239–246.

[40] Kukanich, B. & Papich, M.G. (2011) Pharmacokinetics and antinociceptive effects of oral tramadol hydrochloride administration in Greyhounds. *American Journal of Veterinary Research*, **72** (**2**), 256–262.

[41] Kukanich, B. & Spade, J. (2012) Pharmacokinetics of hydrocodone and hydromorphone after oral hydrocodone in healthy Greyhound dogs. *Veterinary Journal*, **196** (**2**), 266–268.

[42] Lascelles, B.D., Gaynor, J.S. Smith, E.S. *et al.* (2008) Amantadine in a multimodal analgesic regimen for alleviation of refractory osteoarthritis pain in dogs. *J Vet Intern Med*, 22 (**1**), 53–59.

[43] Lenox, C.E. & Bauer, J.E. (2013) Potential adverse effects of omega-3 Fatty acids in dogs and cats. *Journal of Veterinary Internal Medicine*, **27** (**2**), 217–226.

[44] Linton, D.D., Wilson, M.G., Newbound, G.C., Freise, K.J. & Clark, T.P. (2012) The effectiveness of a long-acting transdermal fentanyl solution compared to buprenorphine for the control of postoperative pain in dogs in a randomized, multicentered clinical study. *Journal of Veterinary Pharmacology and Therapeutics*, **35** (**Suppl 2**), 53–64.

[45] Marincsak, R., Toth, B.I., Czifra, G., Szabo, T., Kovacs, L. & Biro, T. (2008) The analgesic drug tramadol, acts as an agonist on the transient receptor potential vanilloid-1. *Anesthesia & Analgesia*, **106** (**6**), 1890–1896.

[46] Marshall, W., Bockstahler, B., Hulse, D. & Carmichael, S. (2009) A review of osteoarthritis and obesity: current understanding of the relationship and benefit of obesity treatment and prevention in the dog. *Veterinary and Comparative Orthopaedics and Traumatology*, **22** (**5**), 339–345.

[47] Marshall, W.G., Hazewinkel, H.A., Mullen, D., De Meyer, G., Baert, K. & Carmichael, S. (2010) The effect of weight loss on lameness in obese dogs with osteoarthritis. *Veterinary Research Communications*, **34** (3), 241–253.

[48] Martins, T.L., Kahvegian, M.A., Noel-Morgan, J., Leon-Román, M.A., Otsuki, D.A. & Fantoni, D.T. (2010) Comparison of the effects of tramadol, codeine, and ketoprofen alone or in combination on postoperative pain and on concentrations of blood glucose, serum cortisol, and serum interleukin-6 in dogs undergoing maxillectomy or mandibulectomy. *American Journal of Veterinary Research*, **71** (**9**), 1019–1026.

[49] Mastrocinque, S. & Fantoni, D.T. (2003) A comparison of preoperative tramadol and morphine for the control of early postoperative pain in canine ovariohysterectomy. *Veterinary Anaesthesia and Analgesia*, **30** (**4**), 220–228.

[50] McCarthy, G., O'Donovan, J., Jones, B., McAllister, H., Seed, M. & Mooney, C. (2007) Randomised double-blind, positive-controlled trial to assess the efficacy of glucosamine/chondroitin sulfate for the treatment of dogs with osteoarthritis. *Veterinary Journal*, **174** (**1**), 54–61.

[51] McKenzie, B.A. (2010) What is the evidence? There is only very weak clinical trial evidence to support the use of glucosamine and chondroitin supplements for osteoarthritis in dogs. *Journal of the American Veterinary Medical Association*, **237** (**12**), 1382–1383.

[52] Mlacnik, E., Bockstahler, B.A., Müller, M.,

Tetrick, M.A., Nap, R.C. & Zentek, J. (2006) Effects of caloric restriction and a moderate or intense physiotherapy program for treatment of lameness in overweight dogs with osteoarthritis. *Journal of the American Veterinary Medical Association*, **229** (**11**), 1756–1760.

[53] Moore, A., Costello, J., Wieczorek, P., Shah, V., Taddio, A. & Carvalho, J.C. (2011a) Gabapentin improves postcesarean delivery pain management: a randomized, placebo-controlled trial. *Anesthesia & Analgesia*, **112** (**1**), 167–173.

[54] Moore, R.A., Wiffen, P.J., Derry, S. & McQuay, H.J. (2011b) Gabapentin for chronic neuropathic pain and fibromyalgia in adults. *Cochrane Database of Systematic Reviews* (**3**), CD007938.

[55] Morgaz, J., Navarrete, R., Muñoz-Rascón, P. *et al* (2013) Postoperative analgesic effects of dexketoprofen, buprenorphine and tramadol in dogs undergoing ovariohysterectomy. *Research in Veterinary Science*, **95** (**1**), 278–282.

[56] Niyom, S., Mama, K.R. & De Rezende, M.L. (2012) Comparison of the analgesic efficacy of oral ABT-116 administration with that of transmucosal buprenorphine administration in dogs. *American Journal of Veterinary Research*, **73** (4), 476–481.

[57] Niyom, S., Boscan, P., Twedt, D.C., Monnet, E. & Eickhoff, J.C. (2013) Effect of maropitant, a neurokinin-1 receptor antagonist, on the minimum alveolar concentration of sevoflurane during stimulation of the ovarian ligament in cats. *Veterinary Anaesthesia and Analgesia*, **40** (**4**), 425–431.

[58] Oblak, M.L., Boston, S.E., Higginson, G., Patten, S.G., Monteith, G.J. & Woods, J.P. (2012) The impact of pamidronate and chemotherapy on survival times in dogs with appendicular primary bone tumors treated with palliative radiation therapy. *Veterinary Surgery*, **41** (**3**), 430–435.

[59] Obuchowicz, E., Kowalski, J., Labuzek, K. *et al.* (2006) Amitriptyline and nortriptyline inhibit interleukin-1 release by rat mixed glial and microglial cell cultures. *International Journal of Neuropsychopharmacology*, **9** (**1**), 27–35.

[60] Plumb, D.C. (2011) *Plumb's Veterinary Drug Handbook*, 7th edn. Wiley-Blackwell, Ames, IA.

[61] Pypendop, B.H. & Ilkiw, J.E. (2008) Pharmacokinetics of tramadol, and its metabolite O-desmethyl-tramadol, in cats. *Journal of Veterinary Pharmacology and Therapeutics*, **31** (**1**), 52–59.

[62] Pypendop, B.H., Siao, K.T. & Ilkiw, J.E. (2010) Thermal antinociceptive effect of orally administered gabapentin in healthy cats. *American Journal of Veterinary Research*, **71** (**9**), 1027–1032.

[63] Raffa, R.B. & Pergolizzi, J.V., Jr (2013) Opioid-induced hyperalgesia: is it clinically relevant for the treatment of pain patients? *Pain Management Nursing*, **14** (**3**), e67–e83.

[64] Rees, W.A., Harkins, J.D., Woods, W.E. *et al.* (1997) Amantadine and equine influenza: pharmacology, pharmacokinetics and neurological effects in the horse. *Equine Veterinary Journal*, **29** (**2**), 104–110.

[65] Richard, B.M., Ott, L.R., Haan, D. *et al* (2011a) The safety and tolerability evaluation of DepoFoam bupivacaine (bupivacaine extended-release liposome injection) administered by incision wound infiltration in rabbits and dogs. *Expert Opinion on Investigational Drugs*, **20** (10), 1327–1341.

[66] Richard, B.M., Rickert, D.E., Newton, P.E. *et al* (2011b) Safety evaluation of EXPAREL (DepoFoam Bupivacaine) administered by repeated subcutaneous injection in rabbits and dogs: species comparison. *Journal of Drug Delivery*, **2011**, 467429.

[67] Richard, B.M., Newton, P., Ott, L.R. *et al* (2012) The safety of EXPAREL ® (Bupivacaine liposome injectable suspension) administered by peripheral nerve block in rabbits and dogs. *Journal of Drug Delivery*, **2012**, 962101.

[68] Roush, J.K., Cross, A.R., Renberg, W.C. *et al* (2010a) Evaluation of the effects of dietary supplementation with fish oil omega-3 fatty acids on weight bearing in dogs with osteoarthritis. *Journal of the American Veterinary Medical Association*, **236** (1), 67–73.

[69] Roush, J.K., Dodd, C.E., Fritsch, D.A. *et al* (2010b) Multicenter veterinary practice assessment of the effects of omega-3 fatty acids on osteoarthritis in dogs. *Journal of the American Veterinary Medical Association*, **236** (**1**), 59–66.

[70] Salazar, V., Dewey, C.W., Schwark, W. *et al* (2009) Pharmacokinetics of single-dose oral pregabalin administration in normal dogs. *Veterinary Anaesthesia and Analgesia*, **36** (**6**), 574–580.

[71] Sevalla, K., Todhunter, R.J., Vernier-Singer, M. & Budsberg, S.C. (2000) Effect of polysulfated glycosaminoglycan on DNA content and proteoglycan metabolism in normal and osteoarthritic canine articular cartilage explants. *Veterinary Surgery*, **29** (5), 407–414.

[72] Siao, K.T., Pypendop, B.H. & Ilkiw, J.E. (2010) Pharmacokinetics of gabapentin in cats. *American Journal of Veterinary Research*, **71** (7), 817–821.

[73] Siao, K.T., Pypendop, B.H., Stanley, S.D. & Ilkiw, J.E. (2011) Pharmacokinetics of amantadine in cats. *Journal of Veterinary Pharmacology and Therapeutics*, **34** (**6**), 599–604.

[74] Siler, A.C., Gardner, H., Yanit, K., Cushman, T. & McDonagh, M. (2011) Systematic review of the comparative effectiveness of antiepileptic drugs for fibromyalgia. *Journal of Pain*, **12** (**4**), 407–415.

[75] de Sousa, A.B., Santos, A.C., Schramm, S.G. *et al* (2008) Pharmacokinetics of tramadol and o-desmethyltramadol in goats after intravenous and oral administration. *Journal of Veterinary Pharmacology and Therapeutics*, **31** (**1**), 45–51.

[76] Tai, Y.H., Tsai, R.Y., Lin, S.L. *et al.* (2009) Amitriptyline suppresses neuroinflammation-dependent interleukin-10-p38 mitogen activated protein kinase-heme oxygenase-1 signaling pathway in chronic morphine infused rats. *Anesthesiology*, **110** (**6**), 1379–1389.

[77] Thomson, R.M., Hammond, J., Ternent, H.E. & Yam, P.S. (2008) Feeding practices and the use of supplements for dogs kept by owners in different socioeconomic groups. *Veterinary Record*, **163** (**21**), 621–624.

[78] Vettorato, E. & Corletto, F. (2011) Gabapentin as part of multi-modal analgesia in two cats suffering multiple injuries. *Veterinary Anaesthesia and Analgesia*, **38** (**5**), 518–520.

[79] Wagner, K.A., Gibbon, K.J., Strom, T.L., Kurian, J.R. & Trepanier, L.A. (2006) Adverse effects of EMLA (lidocaine/prilocaine) cream and efficacy for the placement of jugular catheters in hospitalized cats. *Journal of Feline Medicine and Surgery*, **8** (**2**), 141–144.

[80] Wagner, A.E., Mich, P.M., Uhrig, S.R. & Hellyer, P.W. (2010) Clinical evaluation of perioperative administration of gabapentin as an adjunct for postoperative analgesia in dogs undergoing amputation of a forelimb. *Journal of the American Veterinary Medical Association*, **236** (**7**), 751–756.

[81] Walton, M.B., Cowderoy, E., Lascelles, D. & Innes, J.F. (2013) Evaluation of construct and criterion validity for the 'liverpool osteoarthritis in dogs' (LOAD) clinical metrology instrument and comparison to two other instruments. *PLOS One*, **8** (**3**), e58125.

[82] Weiland, L., Croubels, S., Baert, K., Polis, I., De Backer, P. & Gasthuys, F. (2006) Pharmacokinetics of a lidocaine patch 5% in dogs. *Journal of Veterinary Medicine. A, Physiology, Pathology, Clinical Medicine*, **53** (**1**), 34–39.

[83] Wiseman-Orr, M.L., Nolan, A.M., Reid, J. & Scott, E.M. (2004) Development of a questionnaire to measure the effects of chronic pain on quality of life in dogs. *American Journal of Veterinary Research*, **65**, 1077–1084.

[84] Yazbek, K.V.B. & Fantoni, D.T. (2005) Validity of a health-related quality of life scale for dogs with signs of pain secondary to cancer. *Journal of the American Veterinary Medical Association*, **226** (**8**), 1354–1358.

[85] Zamprogno, H., Hansen, B.D., Bondell, H.D. *et al.* (2010) Item generation and design testing of a questionnaire to assess degenerative joint disease–associated pain in cats. *American Journal of Veterinary Research*, **71**, 1417–1424.

# 第10章
# 收容所镇痛和诱捕-绝育-放归（TNR）项目

Mary Ellen Goldberg

## 收容所镇痛

绝育计划的目的是通过阻止某些动物的繁殖来防止数量过剩。大多数收容所收养动物会在6周龄前实施绝育计划。因为大多数高容量项目将手术限制在0.68-0.91kg（1.5-2.0lb）的动物身上。从收容所收养的小猫和小狗可能会在疫苗接种期结束时接受手术，通常会在16周龄，因此了解幼龄动物的镇痛知识是十分重要的。一个典型的高质量/高容量的绝育计划通常只允许9-10min完成一台手术，这样才能达到每天完成30-40台手术的目标。所以镇痛的方案必须适应这种类型的手术计划。

任何项目的成功更多地取决于技术人员/护士和兽医的知识和技能，以及围麻醉期效果，而不是任何特定的药物选择或方案。

根据AAHA/AAFP和ACVA，所用接受选择性手术的患病动物必须在手术过程中使用镇痛剂（ACVA, 2006; AAHA/AAFP, 2007）。收容所的镇痛计划必须包括平衡麻醉和多模式麻醉。这包括适当的镇痛，意识丧失，肌肉松弛和不动，而不会损害患病动物（Looney, 2008）。使用多模式麻醉计划可以减少单种麻药的用量，并大大改善疼痛和应激控制。有些论文建议在麻醉方案中使用可逆镇痛药，包括手术切口前预先镇痛的方式（Lamont, 2002; Dzikiti et al., 2006; Corletto, 2007; Looney, 2013）。减轻疼痛影响的其他方面包括熟练的手术技术、减少组织损伤、止血和无菌。

**框10.1　在绝育/去势计划中护士应有的技能（Ko, 2013a）**

- 麻醉药物的联合应用知识
- 优秀的药物剂量计算能力
- 保持记录
- 外科准备
- 器械的灭菌和打包
- 麻醉监护
- 患病动物苏醒

## 用于多模式镇痛的药物

### 非甾体抗炎药

可用于手术期的非甾体抗炎药（NSAIDs）包括卡洛芬和美洛昔康（Looney, 2013）。然而考虑到患病动物在手术过程中可能出现血压不受控制和亚临床脱水，最好避免在TNR（Trap/Neuter/Return）项目中使用NSAIDs。这表明必须提供其他的镇痛方式。

用于收容所医学中犬类和猫科患病动物的注射用非甾体抗炎药（Looney, 2013）如下：

- 氟尼辛：1mg/kg静脉注射（IV），皮下注射（SC）
- 酮洛芬：0.5–1mg/kg IV，SC（仅术后使用）
- 卡洛芬：2.2–4.4mg/kg IV，SC
- 美洛昔康：0.05–0.1mg/kg IV，SC

### 局部麻醉药

利多卡因和/或布比卡因可用于收容所药物的局部阻滞。典型的阻滞包括精索注射、沿白线切开阻滞和外科伤口“喷洒阻滞”（Read, 2013）。局麻药价格便宜而且操作简单便捷，因此，局部阻滞是收容所镇痛方案的一个很好的补充。

这些局部麻醉剂的剂量是（Looney, 2013）：

- 利多卡因：1–2mg/kg 起效（约5min）；持续时间60–90min
- 布比卡因：0.3–0.5mg/kg（禁止通过IV给药）起效（约20min）；持续时间4–8h

使用喷洒、喷雾或局部滴下局部麻醉剂，虽然不如预先局部或局部阻断神经有效，但对于大容量的程序，可能比注射局部麻醉剂更有效，因为它可以防止针头的过度使用，防止微生物在患病动物之间的传播，防止未知的药剂注入血管或腹膜（Looney, 2013）。

### 阿片类药物

收容所项目的阿片类药物选择包括布托啡诺，布丙诺啡，吗啡，羟吗啡酮，氢吗啡酮（Campbell et al., 2003; Taylor et al., 2010; Looney, 2013）。纯M受体激动剂阿片类药物比混合激动剂–拮抗剂具有更强的镇痛作用。然而，丁丙诺啡，一种局部激动剂，在猫的身上提供优秀的镇痛作用，而且作用时间长（长效）（Robertson et al., 2005; Giordano et al., 2010; Looney, 2013）。马罗匹坦（Cerenia®），一种用于治疗和预防急性呕吐的止吐剂，可用于处理引起呕吐的主要原因和次要原因（L. Love, pers.comm.）。预防8周龄及以上的犬急性呕吐和治疗16周龄以上的猫的呕吐的剂量为1mg/kg SC。

阿片类药物剂量（Looney, 2013）如下：

- 布托啡诺：0.2–0.3mg/kg IV，IM，SC
- 布丙诺啡：0.02–0.03mg/kg IV，IM，SC
- 二氢吗啡酮：0.05–0.1mg/kg IV，IM，SC
- 羟吗啡酮：0.05–0.1mg/kg IV，IM，SC
- 吗啡：0.1–0.3mg/kg IM，SC

应当指出的是，与任何惯例一样，管制药物均由药物管制署进行审核。必须为每个患病动物和每个药物保存药物的处置记录。动物保护组织的博士 Karla Brestle（www.humanealliance.org）声明：“我们在工作时间有双重安保系统，非工作时间有三重安保系统。所有药物都必须登录到保险柜中，然后由兽医技术人员检出其“工作库存”，并将其直接分配给其团队。每种药物都有相应的单独记录，并且“工作库存”由运行总计跟踪。诸如“Kitty Magic”（氯胺酮，右美托咪定和丁丙诺啡）之类的混合物将被单独检出并混合，然后在总数中进行追踪”（K. Brestle, pers. comm.）。具体剂量见附录D.Ⅱ。另外，Julie Levy博士是佛罗里达大学兽医学院Maddie收容医学项目的主任表示：“我们在诊所使用TKX和丁丙诺啡。我们用猫编号预先打印药物记录，然后在每只猫的预打印空间中输入药物剂量。从供应商处收到后，药物瓶已编号。我们有一个日志，用于混合使用这些样品瓶编号的TKX。然后，我们在每只猫的记录上的Telazol小瓶（现在包含TKX）和药物日志上记录该编号，并预先印有当天的猫编号”（J.K. Levy，pres. comm.）。

### α-2受体激动剂

收容项目使用α-2受体激动剂（右美托咪定或赛拉嗪）。这些药物是“镇静型镇痛药”，能够提供优秀的多模式镇痛，因为它们能缓解疼痛，使肌肉松弛，并能减轻压力。α-2受体激动剂能够与任何一种阿片类药物合用。α-2受体激动剂应谨慎使用，因为它们可引起心动过缓、心律失常、高血压和外周血管收缩。对这些患病动物的监测应包括触诊股动脉脉搏率和质量、心脏听诊和血压。建议举办一次教育研讨会，让使用者熟悉这些药物（Mrrell & Hellebrekers, 2005; Ko et al., 2007a, 2007b; Looney, 2013）。

α-2受体激动剂的剂量如下（Looney, 2013）：

- 右旋美托咪定
  - 术前给药（小剂量）：犬125μg/m$^2$和猫5-15μg/kg IM
  - 术后给药（微剂量）：犬、猫1-2μg/kg IV
- 赛拉嗪
  - 术前给药：犬、猫0.2-0.3mg/kg IM

α-2受体激动剂的拮抗药物包括：

用于逆转右美托咪定的阿替美唑的计算结果与所使用的右美托咪定体积相等（i.e.，右旋美托咪定计算剂量的5-10倍）。阿替美唑应该在IM中使用，除非在紧急情况下，可以静脉给药，如果患病动物接受了手术，肌内注射一半剂量的阿替美唑仍可让患病动物受到α-2受体激动剂的镇痛作用（Ko, 2013b）。

育亨宾：赛拉嗪的拮抗药（0.25-0.5mg/kg IM），育亨宾的剂量是0.1mg/kg（Ko, 2013a）。

### 镇静药

抗焦虑药物包括吩噻嗪（乙酰丙嗪）、苯二氮䓬类药物（咪达唑仑和地西泮）和α-2受体激动剂，可通过术前给药来减轻压力。用抗焦虑药预处理的好处包括减轻压力和松弛肌肉。咪达唑仑为水溶性，可给予SC或IM。安定不能与氯胺酮以外的药物混合使用，因为会产生沉淀。虽然这些药物是非镇痛药（除了α-2受体激动剂），但它们在联合使用时确实增强了镇痛药的作用。

镇静药的剂量如下（Looney, 2013）：

- 地西泮：0.2-0.5mg/kg IV
- 咪达唑仑：0.2-0.5mg/kg IV，IM，SC
- 乙酰丙嗪：0.02-0.05mg/kg IV，IM，SC

更多收容所医学中镇痛药的剂量，见表10.1。

## 诱捕/绝育/放归（TNR）项目镇痛

虽然TNR项目是收容所医疗的一部分，但必须对项目进行定义，以便了解其局限性。猫被诱捕、绝育、放归原诱捕地点（图10.1、图10.2、

**表10.1** 用于收容所医学的镇痛药

| 药物 | 猫剂量（mg/kg） | 犬剂量（mg/kg） |
|---|---|---|
| 阿片类药物 | | |
| 吗啡 | 0.25–0.5 | 0.5–1.0 |
| 二氢吗啡酮 | 0.05–0.2 | 0.05–0.2 |
| 丁丙诺啡 | 0.01–0.04 | 0.01–0.04 |
| 布托啡诺 | 0.2–0.4 | 0.2–0.4 |
| 纳布啡 | 0.2–0.4 | 0.2–0.4 |
| NSAIDs | | |
| 卡洛芬 | 1.0–2.0 | 2.2–4.4 |
| 美洛昔康 | 0.1 | 0.1–0.2 |
| 酮洛芬 | 1.0–2.0 | 1.0–2.0 |
| 局部麻醉药（局部区域） | | |
| 利多卡因 | 1.0–2.0 | 1.0–2.0 |
| 布比卡因 | 1.0–2.0 | 1.0–2.0 |
| 口服 | | |
| 曲马多 | 2.0–5.0 | 2.0–5.0 |

图10.3和图10.4）。

对于小型动物医院通常采用的麻醉和镇痛方法在处理野猫或TNR计划猫时不可行。这项计划必须包括容易准备且易于投放到要捕捉的野猫身上的药品，并发症和费用必须保持在最低限度，猫和人都必须最大限度地保证安全。通常选择注射麻醉药是因为它们可以给在陷阱里的猫使用。

Telazol®（Zoetis; Florham Park, NJ）（干粉）由氯胺酮（100mg/mL，5.5mL）和赛拉嗪（xylazine）复合而成（100mg/mL，1mL）（TKX），是用于野猫的可注射麻醉剂的一个例子（Levy & Wilford, 2013）。

该方案的缺点是体温过低，恢复时间长，术后镇痛差。丁丙诺啡（0.01–0.03mg/kg）可在猫麻醉后与TKX联合注射，或单独黏膜应用。高剂量时，镇痛可持续6–8h（Levy & Wilford, 2013）。右美托咪定、氯胺酮和丁丙诺啡（MKB）的联合也被用于社区猫（Cistola et al., 2002; Levy & Wilford, 2013）。与TKX相比，MKB具有改善血压和氧合的优势。阿替美唑提供快速逆转。替来他明/唑拉西泮、布托啡诺和右美托咪定（TTD）联合使用（Ko & Krimins, 2013）。该组合是廉价的，并在收容所和野生（trapn-neu-release）环境中提供了安全有效的麻醉程序（Koand Krimins, 2013）。该方案的镇痛将持续2–3h。

非甾体抗炎药可在术后使用：卡洛芬4.4mg/kg SC或美洛昔康0.2mg/kg SC（Ko & Krimins, 2013）。在这一群体中使用非甾体抗炎药是有争议的，因为毒性风险在猫身上更高，这些猫可能因为诱捕过程而脱水，或者在麻醉过程中有未解的低血压（Levy & Wilford, 2013）。

鉴定绝育动物的一种通用方法是剪耳（Cuffe et al., 1983; Levy & Wilford, 2013）。

用一把直止血钳夹住耳朵的远端。耳尖可以用剪刀剪掉，因为出血比用手术刀要少。如果先剪耳，止血器可以留在原处，直到猫回到捕笼中。耳朵剪掉后可以在远处观察到这种标记，比纹身或微芯片更优，因为后面两种均需近距离接触猫才能读取。剪耳是动物福利组织能接受的一种方式，这表明猫没有生育能力。建议在手术前用利多卡因局部阻滞或在耳朵上涂抹EMLA乳膏以减轻耳朵疼痛（图10.5）。

## 兔子绝育/去势镇痛

圈养的兔子容易受到应激，因此住院时应尽可能保持安静和舒适。当兔子恐惧或疼痛时，它们可能会厌食。必须非常谨慎地进行保定，因为

**图10.1**　TNR项目中一天的猫手术绝育和去势的典型数量。资料来源：Sheilah Robertson博士提供。

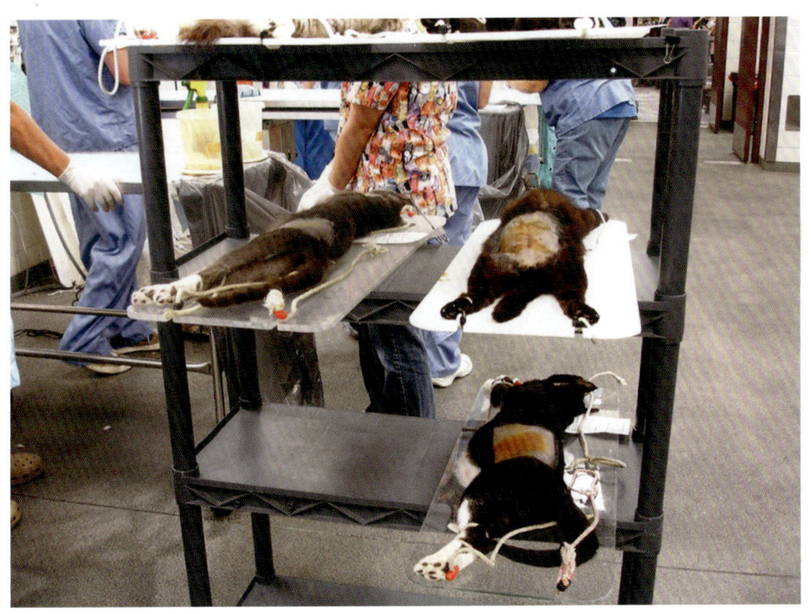

**图10.2**　佛罗里达大学“Operation CatNip”项目准备进行绝育手术。资料来源：Sheilah Robertson博士提供。

用后腿大力踢很容易折断它们的后背。因为兔子依靠后肠发酵菌消化，所以只能使用对肠道菌群影响最小的抗生素（Levy & Wilford, 2013）。

用于兔子的镇痛剂比TNR项目中使用的镇痛剂更为标准。这些程序通常是在动物保护协会或收容站进行的，兔子在那里康复后，被送回主人

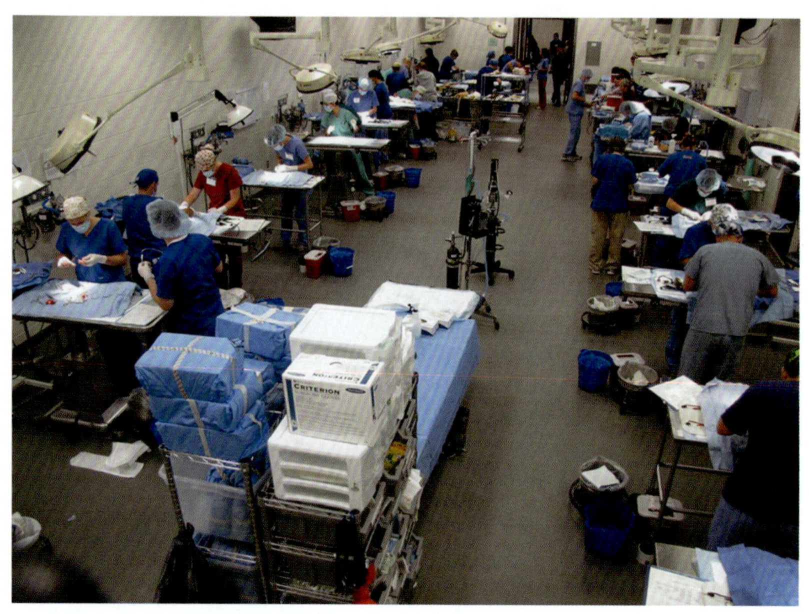


**图10.3** TNR项目的典型程序。资料来源：Julie Levy博士提供。

**图10.4** 为了减轻应激，最好遮蔽猫笼。资料来源：Julie Levy博士提供。

家或被他人收养。在兔子手术中鼓励进行多模式镇痛（表10.2）。

总之，为收容所和TNR项目提供足够的镇痛是至关重要的。这包括围手术期监控，以提高患病动物的舒适度和安全性。

**表10.2** 兔子多模式镇痛

| 药物 | 剂量（mg/kg） | 给药途径 | 给药间隔 | 注释 |
|---|---|---|---|---|
| 布托啡诺 | 0.1–0.5<br>0.1–0.3mg/（kg·h） | SC，IM，IV<br>IV–CRI（连续输液速度） | q2–4h | 能缓慢恢复正常活动和自我喂养 |
| 丁丙诺啡 | 0.01–0.05 | SC，IM，IV | q4–6h | 使用Hypnorm®镇静后可以用芬太尼逆转 |
| 芬太尼 | 0.0074<br>20–30μg/（kg·h）<br>1–4μg/（kg·h）<br>25μg/h | IV<br>IV–CRI<br>IV–CRI<br>经皮肤贴片 | q2–4h<br>q72h | 麻醉过程中与剂量相关的呼吸抑制，以减少用于镇痛的挥发性吸入物浓度 |
| 吗啡 | 0.5–5<br>0.1 | IM：单次剂量<br>术前硬膜外 | q2–3h | 可能会影响胃肠蠕动 |
| 二氢吗啡酮 | 0.05–0.2 | IV，IM，SC | q6–8h | |
| 羟吗啡酮 | 0.05–0.2 | IV，IM，SC | q6–8h | |
| 哌替啶 | 5–10 | SC，IM | q2–3h | |
| 美沙酮 | 1 | IV | | |
| 纳布啡 | 1–2 | IV | q4–5h | |
| 曲马多 | 5–10 | PO | q12–24h | 药代动力学可变 |
| 对乙酰氨基酚（含或不含可待因） | 1mL药物/100mL饮水 | PO | | |
| 阿司匹林 | 100 | PO | | |
| 卡洛芬 | 4<br>2.0–4.0 | SC<br>PO | q24h<br>q12–24h | |
| 氟尼辛 | 1.1 | SC | q12h | |
| 酮洛芬 | 1–3 | SC | q12h | |
| 美洛昔康 | 0.3–0.5<br>0.5–1.5 | SC<br>PO | q24h<br>q24h | |
| 吡罗昔康 | 0.2 | PO | q8h | |
| 氯胺酮 | 0.5<br>10μg/（kg·min）<br>2μg/（kg·min） | IV<br>IV–CRI<br>IV–CRI | | 术前<br>术中<br>术后24h |
| 利多卡因 | <2 | SC，局部浸润 | | |
| 布比卡因 | <1.5 | SC，局部浸润 | | |

来源：引自Goldberg (Winter 2010). The fourth vital sign in all creatures great and small. The NAVTA Journal, 31–54。

**图10.5** 剪耳猫“Big Phil”。来源：Kristen Cooley提供。

## 推荐阅读


[1] AAHA/AAFP (American Animal Hospital Association & American Association of Feline Practitioners, AAHA/AAFP Pain Management Guidelines Task Force) (2007) AAHA/AAFP pain management guidelines for dogs & cats. *Journal of the American Animal Hospital Association*, **43** (**5**), 235–248.

[2] ACVA (2006) American College of Veterinary Anesthesiologists. Position Paper on Treatment of Pain in Animals, http://www.acva.org/docs/Pain Treatment [accessed on May 11, 2014].

[3] Campbell, V.L., Drobatz, K.J. & Perkowski, S.Z. (2003) Postoperative hypoxemia and hypercarbia in healthy dogs undergoing routine ovariohysterectomy or castration and receiving butorphanol or hydromorphone for analgesia. *Journal of the American Veterinary Medical Association*, **222** (**3**), 330–336.

[4] Cistola, A.M., Golder, F.J., Levy, J.K., *et al.* (2002) Comparison of two injectable anesthetic regimes in feral cats at a large volume spay clinic. *Proceedings of the American College of Veterinary Anesthesiologists, 27th Annual Meeting*, October 10–11, Orlando, FL.

[5] Corletto, F. (2007) Multimodal and balanced analgesia. *Veterinary Research Communications*, **31** (**Suppl. 1**), 59–63.

[6] Cuffe, D.J., Eachus, J.E., Jackson, O.F. *et al.* (1983) Ear-tipping for identification of neutered feral cats. *Veterinary Record*, **112**, 129.

[7] Dzikiti, T.B., Joubert, K.E., Venter, L.J. *et al.* (2006) Comparison of morphine and carprofen administered alone or in combination for analgesia in dogs undergoing ovariohysterectomy. *Journal of the South African Veterinary Association*, **77** (**3**), 120–126.

[8] Giordano, T., Steagall, P.V.M., Ferreira, T.H. *et al.* (2010) Postoperative analgesic effects of intravenous, intramuscular, subcutaneous or oral transmucosal buprenorphine administered to cats undergoing ovariohysterectomy. *Veterinary Anaesthesia and Analgesia*, **37** (**4**), 357–366.

[9] Girard, N.M., Leece, E.A. & Cardwell, J.M. (2010) The sedative effects of low-dose medetomidine and butorphanol alone and in combination intravenously in dogs. *Veterinary Anaesthesia and Analgesia*, **37** (**1**), 1–6.

[10] Goldberg, M.E. (2010) The fourth vital sign in all creatures great and small. *The NAVTA Journal*, **Winter**, 31–54.

[11] Ko, J. & Krimins, R.A. (2013) Anesthesia in shelter medicine and high volume/high quality spay and neuter programs. J. Ko (ed), *Small Animal Anesthesia and Pain Management: A Color Handbook*, Manson Publishing, London, pp. 311–322.

[12] Ko, J. (ed) (2013a) Preanesthetic medications: drugs and dosages. *Small Animal Anesthesia and Pain Management: A Color Handbook*, Manson Publishing, London, pp. 59–85.

[13] Ko, J. (ed) (2013b) Injectable sedative and anesthesia-analgesia combinations for dogs and cats. *Small Animal Anesthesia and Pain Management: A Color Handbook*, Manson Publishing, London, pp. 199–224.

[14] Ko, J.C.H., Abbo, L.A., Weil, A.B. *et al.* (2007a) A comparison of anesthetic and cardiorespiratory effects of tiletamine-zolazepam-butorphanol and tiletamine-zolazepam-butorphanol-medetomidine in cats. *Veterinary Therapeutics*, **8** (**3**), 164–176.

[15] Ko, J.C., Payton, M., Weil, A.B. *et al.* (2007b)

Comparison of anesthetic and cardiorespiratory effects of tiletamine-zolazepam-butorphanol and tiletamine zolazepam-butorphanol-medetomidine in dogs. *Veterinary Therapeutics*, **8** (**2**), 113–121.

[16] Lamont, L.A. (2002) Pre-emptive analgesia. S.A. Greene (ed), *Veterinary Anesthesia and Pain Management Secrets*, Hanley and Belfus, Philadelphia, PA, pp. 331–333.

[17] Levy, J.K. & Wilford, C.L. (2013) Management of stray and feral cat communities. L. Miller & S. Zawistowski (eds), *Shelter Medicine for Veterinarians and Staff*, 2nd edn, John Wiley & Sons, Inc., Ames, IA, pp. 669–688.

[18] Looney, A.L. (2008) The Association of Shelter Veterinarians veterinary medical care guidelines for spay-neuter programs. *Journal of the American Veterinary Medical Association*, **233** (**1**), 74–86.

[19] Looney, A. (2013) Canesthesia and Pain Management. L. Miller & S. Zawistowski (eds), *Shelter Medicine for Veterinarians and Staff*, 2nd edn, John Wiley & Sons, Inc., Ames, IA, pp. 593–624.

[20] Love, L. & Egger, C. (2008) Guest editorial: improving analgesia and monitoring in sterilization clinics. *Compendium*, **30** (**6**), 305–306.

[21] Murrell, J.C. & Hellebrekers, L.J. (2005) Medetomidine and dexmedetomidine: a review of cardiovascular effects and antinociceptive properties in the dog. *Veterinary Anaesthesia and Analgesia*, **32** (**3**), 117–127.

[22] Read, M.R. (2013) Incisional infiltration of local anesthetics and use of wound catheters. L. Campoy & M.R. Read (eds), *Small Animal Regional Anesthesia and Analgesia*, 1st edn, John Wiley & Sons, Inc., Ames, IA, pp. 89–102.

[23] Robertson, S.A., Lascelles, B.D.X., Taylor, P.M. *et al.* (2005) PK-PD modeling of buprenorphine in cats: Intravenous and oral transmucosal administration. *Journal of Veterinary Pharmacology and Therapeutics*, **28** (**5**), 453–460.

[24] Taylor, P.M., Kirby, J.J., Robinson, C. *et al.* (2010) A prospective multi-centre clinical trial to compare buprenorphine and butorphanol for postoperative analgesia in cats. *Journal of Feline Medicine and Surgery*, **12** (**4**), 247–255.

# 第11章 马镇痛实践

11

Samantha Rowland and Jennifer L. Dupre

在过去的十几年中，马的临床镇痛得到了极大的改善。从历史上看，马的镇痛作用不足。由于药物潜在的不良反应，许多马临床兽医常倾向于使用最低限度的镇痛药，这种思路虽然看起来是常规的，但事实上是过时的。此外，人们一直认为疼痛通常是限制性的，一匹完全缓解疼痛的马可能会过度活动，给其自身造成更多伤害。实际上，提供适当的镇痛可以改善恢复过程，增加愈合时间，增加食欲，改善精神状态，并可以预防肢体依赖性蹄叶炎的出现。

## 马常用镇痛药

关于药理作用的信息可在第5章中找到。

### 非甾体抗炎药

非甾体抗炎药（NSAIDs）可用于治疗炎症性软组织，内脏疼痛以及肌肉骨骼炎症性疼痛，包括骨关节炎、股骨干炎、肌腱炎、肌炎和术后疼痛（Baller & Hendrickson, 2002）。

非甾体抗炎药可引起马胃溃疡、右背结肠炎和结肠溃疡，导致厌食、疼痛、嗜睡等绞痛症状。在更严重的情况下，胃溃疡可能破裂，这可能是致命的（Davis, 2009）。非甾体抗炎药有潜在的肾毒性，在存在肾功能障碍、肝脏疾病、凝血障碍或胃肠道（GI）疾病的马中禁用（Lerche & Muir, 2009）。非甾体抗炎药不应与其他非甾体抗炎药同时使用，这称为“叠加”，因为这会加重不良反应（图11.1）。

**氟尼辛葡甲胺**（Banamine® Merck Animal Health, Summit, NJ）常用于治疗腹痛/绞痛。当肌内注射氟尼辛（IM）时必须小心，因为重复使用可能引起梭状芽孢杆菌感染，从而导致肌炎、脓肿或肌肉坏死（Davis, 2009）。除了其抗炎作用，氟尼辛也可以用来对抗内毒素血症。

**保泰松**（“bute”）是用来治疗肌肉骨骼炎症造成的广泛跛足、舟状骨疾病和蹄叶炎以及骨科手术后的疼痛。保泰松的一个重要的不良反应是，如果药物外渗，可能导致组织脱落和坏死。因此，“bute”应该静脉注射或口服，而不是肌内注射。如果该药给药者对进行静脉内注射感到不安，可以以口服该药的形式给予（Davis, 2009）。

其他用于马的非甾体抗炎药包括乙酰水杨酸（阿司匹林），酮洛芬，维达洛芬，卡洛芬（Rimadyl® Zoetis, Florham Park, NJ），美洛昔康（Metacam®, Boehringer Ingelheim Vetmedica, St. Joseph, MO），双氯芬酸®（Boehringer Ingelheim Vetmedica），非罗考昔（Equioxx®, Merial, Duluth, GA）（表11.1）。

**乙酰水杨酸**或阿司匹林主要用于预防疾病的血栓形成，例如弥散性血管内凝血、蹄叶炎、结肠炎和严重的肺炎（由于其血小板抑制特性）

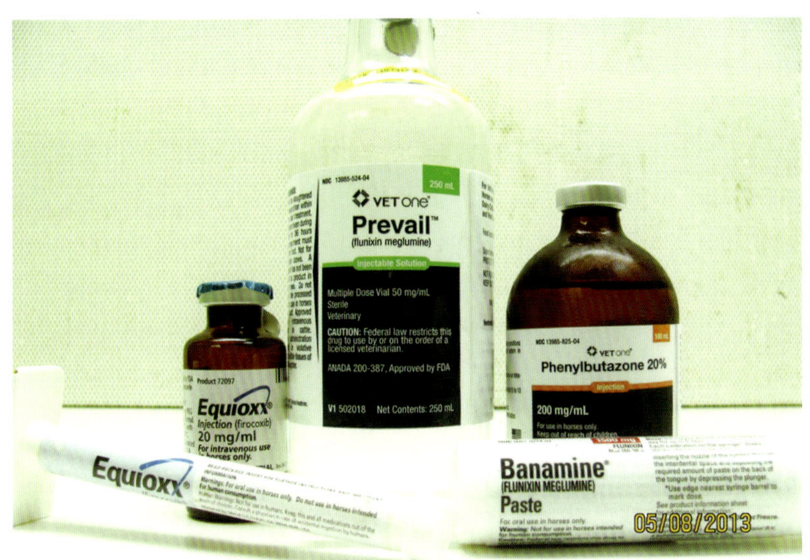


**图11.1** 各种注射型NSAIDs。来源：Samantha Rowland提供。

**表11.1** NSAIDs剂量

| 药物 | 剂量 | 持续时长 |
| --- | --- | --- |
| 氟尼辛葡甲胺 | 0.25–1.1mg/kg IV或PO | 6–12h |
| 保泰松 | 2.2–4.4（最多6）mg/kg IV或PO | 最多14h |
| 酮洛芬 | 2.2–3.6mg/kg IV或IM | 6–24h |
| 双氯芬酸钠（1%） | 12.7cm乳膏涂在受影响的关节上 | |
| 非罗考昔 | 0.3mg/kg PO装载剂量<br>然后0.1mg/kg PO；0.09mg/kg IV | 24h PO<br>24h IV |
| 美洛昔康 | 0.6mg/kg IV或PO | 12–24h |
| 卡洛芬 | 0.7mg/kg IV或1.4mg/kg PO | 24h PO/IV |
| 维达洛芬 | 2mg/kg PO然后1mg/kg PO | 12h |

来源：改编自Davis, 2009; Driessen et al., 2010; van Weeren & deGrauw, 2010; Michou & Leece, 2012a。

（Davis, 2009）。

**酮洛芬**只能IV或IM，因为它不能通过直肠或口服吸收。但是，与氟尼辛和苯丁氮酮相比，它对组织的刺激性较小，因此反复IM注射引起的问题更少。酮洛芬可能是一种有效的镇痛药，已显示高剂量可减轻因蹄叶炎引起的蹄部疼痛和跛行（Baller & Hendrickson, 2002）。但是，它对舟状骨病并不那么有效（Davis, 2009）。

**维达洛芬**与酮洛芬相似，酮洛芬目前已被批准在其他国家/地区用于马匹，但在美国却不行（van Weeren and de Grauw, 2010）。

**卡洛芬**与保泰松和氟尼辛相比，具有类似的镇痛作用，但具体作用机理仍在争论中。环氧合酶COX-2选择性药物不太可能引起胃肠道溃疡或损害肠屏障功能（Lerche & Muir, 2009）。

**美洛昔康**已经在马中进行了研究。该药物具有比保泰松和氟尼辛更高的COX-2选择性（Driessen, 2007）。因此，它在治疗绞痛的马匹方面可能比氟尼辛更好，并且在治疗腹痛方面可能比氟尼辛更有效（Michou & Leece, 2012a）。美洛昔康在绞痛/腹痛和跛行的实验模型中有效（Davis, 2009）。在其他研究中，美洛昔康对治疗马骨关节炎引起的炎症和疼痛有效（van Weeren & de Grauw, 2010）。根据在马中获得的药代动力学数据，每天一次0.6mg/kg的剂量适合临床使用。口服或肠胃外给药的剂量相同，因为口服美洛昔康已显示几乎可提供100%的全身利用率（Driessen, 2007）。

**双氯芬酸**用于治疗人类的炎性疼痛，现在正用于治疗马匹的关节炎疼痛。1%的双氯芬酸脂质体乳膏（Surpass®，勃林格殷格翰兽医学院）已被FDA批准作为马匹的局部NSAID药物，用于治疗特定关节（包括腕骨，球关节，骹和踝关节）的骨关节炎疼痛。与全身和IV或IM给药相比，NSAID是局部给药。剂量较低，药物针对特定的疼痛区域。根据2002年报道的一项研究，在5d的治疗过程中，已证明1%的双氯芬酸乳膏可有效且安全地治疗关节相关的跛行症状（Bertone et al., 2002）。

**非罗考昔**自2005年起被标记可在马匹中用作口服糊剂，现在以注射剂形式提供。两种配方均标记为（Merial）；该药物每天给药一次，以减轻骨关节炎的疼痛。可以连续使用14d；但是，注射剂的使用时间不得超过5d。当治疗跛行症时，其反应与保泰松相似，但由于其对COX-2的选择性更高，因此可将非罗考昔视为更安全的选择（Hanson, 2007）。Equioxx®还是USEF和AQHA（www.equioxx.com; www.usef.org）批准的唯一NSAID，在赛马中可连续使用14d，直到赛前12h。

## 皮质类固醇

皮质类固醇是有效的抗炎药，其在炎症级联反应中的作用比NSAID提前了一个步骤（Muir, 2010b）。合成皮质类固醇在马匹中用作抗炎药或用于免疫抑制。经常用类固醇治疗的疼痛综合征包括但不限于中枢神经系统（CNS）炎症、肝炎、癌症、关节疾病和炎症性眼病（Johnson et al., 2004）。在治疗眼部疾病时，由于它们具有免疫抑制作用，因此在患有角膜溃疡的马匹中禁止使用皮质类固醇，这会使溃疡恶化。类固醇如曲安奈德和甲基强的松龙已用于关节内治疗关节疾病/跛足；然而，如果长期使用，它们会导致关节的进行性退化（Davis, 2009）。

皮质类固醇由于具有免疫抑制作用，即使按常规临床剂量使用，也有可能引起肾上腺皮质功能亢进和肾上腺皮质功能减退。它们还与蹄叶炎的发展有关。若长期使用，剂量较高或马匹已经患有足部病理学，则风险更高（Davis, 2009）。皮质类固醇引起的蹄叶炎的具体原因尚不清楚，但推测可能是药物减少了导致层膜分离的层流血流量（Byron, 2007）。由于炎症在蹄叶炎的发生中起作用，因此从理论上讲，皮质类固醇应防止这种发展。因此，使用皮质类固醇引起的蹄叶炎是自相矛盾的，尚未得到完全理解（Johnson et al., 2004）。蹄叶炎也是马库欣病或高肾上腺皮质激素血症的临床体征，也是使用皮质类固醇的潜在不良反应。

## α-2受体激动剂

在马中使用α-2受体激动剂有多种用途，并且镇静作用可预测。≥80%的马会做出类似的反应（Muir, 2009）。除具有镇静作用外，α-2受体激动剂还可提供内脏和躯体镇痛作用以及肌肉松弛作用（Michou & Leece, 2012a）。这些药物可为患有腹痛/绞痛的马提供成功的镇痛作用，并提供必要的镇静剂，以对潜在的剧烈疼痛的马进行彻底检查（Mair, 2008）。α-2药物在诊断程序和小型站立手术程序中用作镇静剂，也是马术前镇静方案的一部分。此外，它们还用作静脉麻醉或吸入麻醉的辅助剂，以降低吸入剂的最低肺泡浓度（MAC）。镇静程度有上限作用；然而，使用更高剂量可以延长病程（Michou & Leece, 2012a）。在马中使用的α-2受体激动剂包括赛

**框11.1 α-2受体激动剂在马中的应用**

- 用于检查、诊断和站立手术的镇静
- 麻醉前镇静
- 用于腹绞痛的镇静和镇痛
- 辅助静脉麻醉和吸入麻醉
- 增强其他镇静催眠药物同时使用的效果
- 与阿片类镇痛药联合使用有协同效应
- 局部或节段脊髓麻醉

拉嗪，地托咪定，罗米非定，美托咪定和右美托咪定。地托咪定和美托咪定最有效，而赛拉嗪则效果最差（Muir, 2009）。由于美托咪定和右美托咪定的价格，它们的临床应用受到限制。

**赛拉嗪**是最常用的，提供45-60min的内脏镇痛和15-30min的镇静作用（Nann, 2010）。用作处方药时，赛拉嗪的平均剂量为0.6mg/kg，化学保定范围为0.5-1.1mg （Muir, 2010a）。一个重要的不良反应是，某些马匹接受赛拉嗪后可能会改变性格或抑制降低。它们可能会咬人，屏住耳朵，甩尾巴并突然用力踢。赛拉嗪通常用于绞痛患病动物，因为它可以显著缓解由肠绞窄或扩张引起的疼痛。赛拉嗪通过减少胃肠道痉挛对患有大肠结肠感染的马匹有益。在有肠扭转的马匹中（例如大肠扭转），赛拉嗪通常只能持续10-30min（N.A. White, pers.comm.）。这些马通常遭受一般镇痛药难以缓解的疼痛。

**地托咪定**除提供镇痛作用外，还具有出色的镇静作用。动作持续时间平均为45min。用药前的剂量约为0.005mg/kg IV，用于化学限制/静息镇静的剂量为0.005-0.02mg/kg IV（Muir, 2009）。地托咪定也可以作为口服舌下凝胶剂，专门标记用于马。口服给药最多可能需要45min才能达到最佳效果，这些效果难以预测，但应该包括镇静，肌肉松弛和镇痛（Muir, 2009）。

在患有绞痛的马匹中，地托咪定可以完全停止长达3h的疼痛反应。在涉及盲肠的马的实验中，地托咪定以20μg/kg的剂量提供45min的镇痛作用，以40μg/kg的剂量提供105min的镇痛作用（N.A. White, pers. comm.）。

**美托咪定和右美托咪定**作为平衡麻醉技术的一部分，用于镇静、镇痛和MAC减少。静注剂量范围为5-20μg/kg（IV或IM）。当以恒定速率输注（CRI）作为平衡麻醉的一部分给药时，剂量约为3.5μg/（kg·min）（Nann, 2010）。

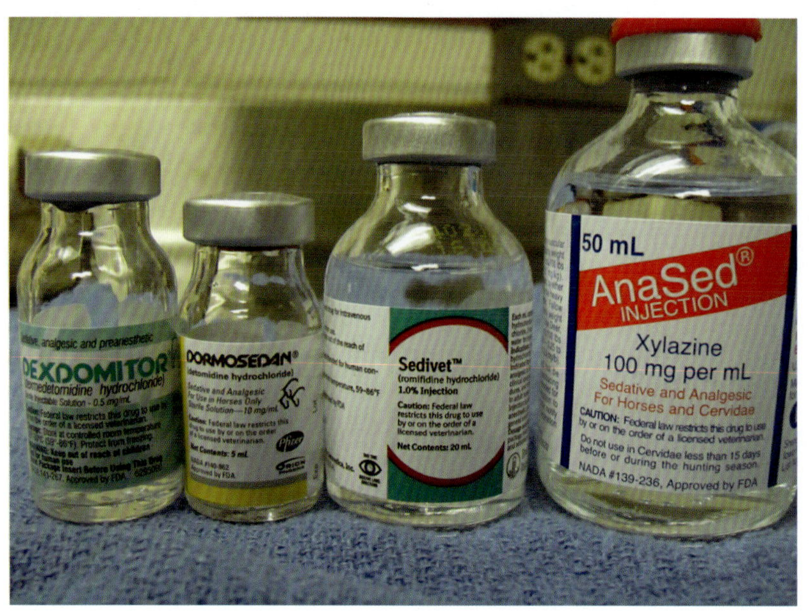


**图11.2** 各种可注射的α-2受体激动剂。来源：Samantha Rowland提供。

**罗米非定**（Sedivet®, Boehringer Ingelheim Vetmedica）作为马的镇静剂越来越受欢迎。其作用与其他α-2受体激动剂相似；持续时间为30-35min。与赛拉嗪和地托咪定相比，罗米非定表现出更少的共济失调效应，极少见赛拉嗪和地托咪定导致的马头部位置降低的现象（图11.2）。

尽管这些药物起着重要的作用，但在制定单独的药物计划时必须考虑不良反应。尽管不是普遍问题，但心血管和呼吸抑制以及血流动力学的变化（包括肺血流重新分布和血管收缩）可能会损害受损患病动物的氧合作用（Muir, 2009）。在患有心脏功能不全和休克或正在接受全身麻醉的患病动物中，多模式技术和使用辅助剂以减少达到理想效果所需的剂量越来越重要。α-2受体激动剂在长达2h内会导致肠蠕动显著降低。这可以减轻因绞窄或肠道扩张引起的躯体和内脏疼痛。这种运动能力的降低还可能引起肠梗阻，持续时间短（N.A. White, pers.comm.），但这通常不会造成伤害，除非该马已经患有肠梗阻。

如果心血管效应，如A-V阻滞或心动过缓需要纠正，建议使用α-2受体拮抗剂逆转药物，而不是使用抗胆碱能药物。抗胆碱能药物可引起肠梗阻、肠扩张和嵌塞（Muir, 2009）。当α-2受体激动剂的负性心肺作用逆转时，镇静和镇痛作用也随之逆转。

α-2受体激动剂可作为CRI使用，将该药物加入一袋生理盐水中，并以规定的速度给药（见表11.2）。CRI可为站立手术提供镇静和镇痛，或与吸入麻醉联合使用以减少吸入剂MAC。

## 阿片类药物

阿片类药物可提供强效镇痛，常与非甾体抗炎药或α-2受体激动剂联合使用，提供协同镇痛和镇静作用。对马最有效的药物包括布托啡诺、吗啡、美沙酮、哌替啶、氢吗啡酮、芬太尼和丁丙诺啡（Muir, 2009）（图11.3）。在马身上使用阿片类药物仍然存在争议。据认为，马对阿片类

**表11.2** 常见的非甾体类镇痛药

| 药物 | 剂量 |
|---|---|
| 布托啡诺 | 0.01–0.02mg/kg IV<br>0.01–0.02mg/（kg·h）CRI |
| 吗啡 | 0.05–0.3mg/kg IV或IM<br>0.03–0.1mg/（kg·h）CRI |
| 哌替啶 | 1–2mg/kg IM<br>0.5–1mg/kg IV |
| 芬太尼 | 0.002–0.005mg/kg IV<br>0.005–0.01mg/（kg·h）CRI |
| 美沙酮 | 0.05–0.2mg/kg IV或IM |
| 丁丙诺啡 | 10–20μg/kg IV |
| 氯胺酮 | 2–2.5mg/kg IV 装载剂量<br>0.5–3mg/（kg·h）CRI 辅助麻醉<br>0.5–1.5mg/（kg·h）CRI站立麻醉 |
| 利多卡因 | 1.3–2mg/kg IV<br>装载剂量3mg/（kg·h） |
| 赛拉嗪 | 0.5–1.1mg/kg IV<br>0.65mg/（kg·h） |
| 地托咪定 | 0.01–0.04mg/kg IV<br>或IM 0.01–0.02μg/（kg·min）CRI<br>0.04mg/kg PO（凝胶） |
| 罗米非定 | 0.04–0.12mg/kg IV |
| 美托咪定 | 5–20μg/kg IV或IM<br>3.5μg/（kg·min）CRI |

来源：改编自Clutton, 2010; amashita & Muir, 2009; Robertson & Sanchez, 2010; Lerche & Muir, 2009; Michou & Leece, 2012a; Nann, 2010; Muir, 2010b。

药物引起的CNS刺激非常敏感（Muir, 2009）。

在已经接受了α–2受体激动剂镇静剂或乙酰丙嗪的马匹中，CNS刺激作用似乎有所降低。在剧烈疼痛的马匹中，中枢神经系统的兴奋似乎也很少或不存在。阿片类药物用于为正在接受吸入麻醉的马提供术中镇痛。与其他物种相比，阿片类药物的麻醉效果在马中变化很大。大多数研究表明，阿片类药物对MAC或MAC的增加作用不明显，但这些结果差异很大。通常，MAC的增加归因于更高剂量的阿片类药物引起的中枢神经系统刺激（Clutton, 2010）。

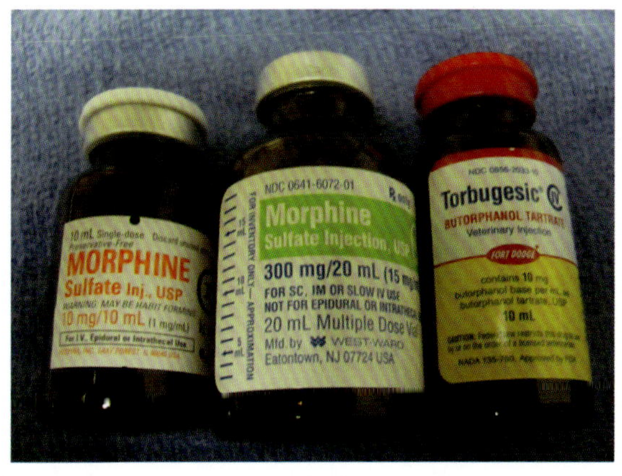

**图11.3** 不同的阿片类制剂。来源：Samantha Rowland提供。

**框11.2 马出现阿片类药物诱发的CNS症状**

- 运动活动增加
- 迷失方向
- 共济失调
- 对触摸和声音的敏感性增强
- 癫痫（剂量非常大）

阿片类药物在马匹中降低MAC的CRI功效仍在研究中（Yamashita & Muir, 2009）。研究表明，在低剂量或与非阿片类镇静剂和镇静催眠药同时使用阿片类药物时，阿片类药物的镇痛效果最佳（Muir, 2009）。令人担忧的是术中阿片类药物可能通过延长恢复时间或增加中枢神经系统的运动活性，导致全身麻醉后恢复不良。但是，有几项临床研究报告表明吗啡并不会恶化全身麻醉的恢复（Clutton, 2010），而且实际上可能会改善恢复（Clark et al., 2008）。

阿片类药物可用于增强站立手术过程中使用的α-2受体激动剂的镇痛和镇静作用。在这种情况下最有效的药物包括布托啡诺，吗啡和美沙酮（Clutton, 2010）。可用于马匹的其他阿片类药物包括丁丙诺啡和哌替啶（Michou & Leece, 2012a）。已经有许多研究确定了阿片类镇痛的有效性，包括有意识的马、"站立镇静"的马、吸入麻醉的马和麻醉恢复期间的马。结果根据马的个体和疼痛程度而不同。然而，临床研究，而不是前期研究，已经确定阿片类药物确实对遭受"真正的"疼痛，即损伤/创伤，疼痛，以及任何不是通过实验引起疼痛的马有显著的镇痛作用，然而，在腹绞痛马身上避免使用强效镇痛剂（如阿片类药物）的情况并不少见，因为它们可以掩盖那些没有明确诊断的马需要手术的迹象（Mair, 2008）。

**布托啡诺**是阿片类激动剂—拮抗剂，可为马提供良好的内脏麻醉。建议使用这种药物以推注或CRI的形式控制内脏（腹部/绞痛）疼痛（Lerche & Muir, 2009）。布托啡诺与α-2受体激动剂结合使用也可提供协同镇静作用。尽管大肠扭转和小肠扭转的剧烈疼痛可能无法控制，但剂量范围为0.01–0.02mg/kg（Nann, 2010）或给予较高剂量的0.05–0.1mg/kg静脉注射以控制严重的绞痛。CRI的剂量为0.01–0.02mg/（kg・h）（Lerche & Muir, 2009）。静脉注射时的作用时间为45–60min。布托啡诺的不良反应包括共济失调、抽搐/头痛和小肠运动能力下降。心血管系统不受布托啡诺的影响，因此它可以安全地作为循环休克患病动物的术前用药方案的一部分（N.A. White, pers. comm.）。

**吗啡**是一种与kappa受体有亲和力的纯阿片样激动剂。吗啡的镇痛作用可持续4–6h，剂量范围为0.1–0.2mg/kg静脉注射。然而，静脉注射时必须缓慢超过5min，以避免可能的组胺释放。与布托啡诺相比，吗啡更适用于浅表和深部的躯体疼痛（肌肉骨骼疼痛），而且价格也明显便宜。它常与α-2受体激动剂或镇静催眠药物（如乙酰丙嗪）联合使用，用于站立手术或作为麻醉前药物，以避免清醒的马兴奋。吗啡也有可能引起肠梗阻和肠阻塞，因此，全身性吗啡和其他阿片类药物的使用仍存在争议（Muir, 2009）。为了证明或推翻阿片类药物引起麻醉后绞痛（PAC）的理论，已经进行了许多研究，结果不同。一些研究表明，与布托啡诺相比，在接受骨科手术的马使用吗啡时，绞痛的风险要高得多。然而，剂量不一致，所以可能严重骨科疼痛导致PAC的发展。PAC的其他潜在原因包括禁食马超过12h手术，处理麻醉或手术时身体的压力反应，用于减少应激反应（镇静剂，吩噻嗪）的药物，吸入麻醉药和非甾体抗炎药（Clutton, 2010）。因此，还没有确切的证据证明阿片类药物是PAC的直接或唯一原因。无防腐剂吗啡是可用的，可用于硬膜外镇痛和关节内镇痛。硬膜外麻醉可提供8–16h的镇痛，剂量为0.1mg/kg，未见中枢神经系统兴奋（N.A. White, pers. comm.）。在骨科手术中，当在关节内注射吗啡时，似乎会产生持久的效果（Baller & Hendrickson, 2002）。

**美沙酮**对NMDA受体有亲和力，这使得它在处理终末期疼痛和慢性疼痛时很有用（Lamont & Matthews, 2007）。可在4–6h内为马提供良好的镇痛作用。

## 芬太尼

由于芬太尼的半衰期短，因此必须作为CRI进行管理。峰值作用发生在大约5min，作用时间约为30min（Lamont & Matthews, 2007）。当用在清醒的非疼痛马匹中时，它会引起高反应性和兴奋性。旨在产生临床上显著镇痛作用的芬太尼输注液仅使MAC降低至最小，并且不产生躯体或内脏镇痛作用。芬太尼也可以作为透皮贴剂获得

（Duragesic®, Jannsen Pharmaceuticals, Titusville, NJ），其被设计为以每小时特定量的芬太尼定时释放，然后全身吸收。与其他物种一样，血浆药物浓度也存在很大差异，具体取决于每个患病动物体温的变化和贴剂的位置（Lamont & Matthews, 2007）。马匹需要几个透皮贴才能达到最佳剂量。

**哌替啶**很少被使用，对马没有很多不良反应，但提供低水平、短期、可变的镇痛。当它被用于治疗内脏疼痛时，结果与羟吗啡酮和喷他佐辛相似。哌替啶可能通过减少结肠蠕动而导致胃肠道阻塞（N.A. White, pers.comm.）。哌替啶在IV给药时可能会引起马的过敏反应，因此，应该IM给药。然而，注射时有疼痛，通常需要大量注射。与吗啡相比，作用时间较短，使哌替啶更不可能被使用（Michou & Leece, 2012a）。

**丁丙诺啡**在马中使用价格昂贵，使用时有关镇痛功效的信息有限。但是，当与α-2受体激动剂IV一起给药时，这种组合可提供良好的术后镇痛效果。丁丙诺啡还可以通过口服黏膜途径给药，在45min内产生所需的效果，可持续长达12h（Michou & Leece, 2012a）。有几种药物可以抑制阿片类激动剂。它们对阿片受体具有非常高的亲和力，并将取代kappa受体和μ受体的阿片激动剂。这些药物包括纳洛酮和纳曲酮（Lamont & Matthews, 2007）。部分μ激动剂（例如丁丙诺啡）对μ受体具有极高的亲和力，并将竞争性地抑制纯μ激动剂与那些受体结合。因此，部分μ激动剂的完全拮抗作用可能不会发生（Palmer & Lee, 2009）。

## NMDA受体拮抗剂

**氯胺酮**被认为是一种分离麻醉剂，常与苯二氮䓬和/或α-2受体激动剂组合用作马的诱导剂。通过拮抗NMDA受体，可以催化感受状态，遗忘和镇痛。氯胺酮可用于多种药物组合中，作为诱导麻醉、提供完全静脉内麻醉以及作为镇痛的辅助手段。

当氯胺酮用于辅助镇痛时，该剂量远低于诱导麻醉所需的剂量。它通常在术中与阿片类药物，α-2受体激动剂和局部麻醉剂一起用作吸入麻醉剂的辅助剂，以提供镇痛作用并减少MAC。当用作辅助剂和CRI时，MAC明显减少，心输出量增加（Yamashita & Muir, 2009）。吸入麻醉期间可以使用部分静脉麻醉输注技术，这可以将吸入量减少近一半，还可以改善心脏功能和恢复评分（Yamashita & Muir, 2009）（见框11.3）。对用于镇痛目的的低剂量氯胺酮输液进行的研究表明，在患有绞痛和骨髓炎等疼痛症状的马身上效果甚微，这表明低剂量氯胺酮最好与其他镇痛药联合使用（Driessen et al., 2010）。

**框11.3 静脉麻醉输注联合**

- 赛拉嗪-氯胺酮
- 赛拉嗪-布托啡诺-氯胺酮
- 赛拉嗪-安定-氯胺酮
- 赛拉嗪-愈创甘油醚-氯胺酮
- 赛拉嗪-替来他明-唑拉西泮
- 地托咪定-氯胺酮
- 地托咪定-布托啡诺-氯胺酮
- 罗米非定-安定-氯胺酮
- 赛拉嗪-丙泊酚
- 地托咪定-丙泊酚
- 赛拉嗪-咪达唑仑-丙泊酚

## 局部麻醉剂

### 局部麻醉和技术

在马的跛行检查、站立手术、矫形手术、去

势、眼部检查/手术、伤口处理以及辅助吸入麻醉（图11.4）中，局部麻醉剂的使用非常普遍。药物可在特定部位（局部阻滞）、神经支配区（局部阻滞）周围浸润和局部给药。利多卡因可以静脉注射。马临床最常用的局麻药有甲哌卡因（Carbocaine®, Hospira, San Jose, CA），布比卡因（Marcaine®, Hospira）和利多卡因。

甲哌卡因（Carbocaine®, Hospira）是跛行检查中最常用的一种关节/神经阻滞药，用于查明跛行原因。它也用于短时间的外科手术和去势的局部阻滞。布比卡因可用于局部和周围神经阻滞，也可用于硬膜外镇痛，但布比卡因的毒性作用大于利多卡因，故不应静脉使用（Skarda et al., 2009）。利多卡因可用于局部神经阻滞，如硬膜外麻醉、静脉注射用于镇痛和麻醉下MAC减少、胃肠疾病的促肠动力剂，以及治疗室性心律失常。如果马匹在静脉镇静后仍不能放松这些肌肉，也可以通过直肠注射利多卡因来促进直肠检查。

## 马特殊镇痛技术

### 硬膜外麻醉

在吸入麻醉和站立镇静过程中，以及在手术

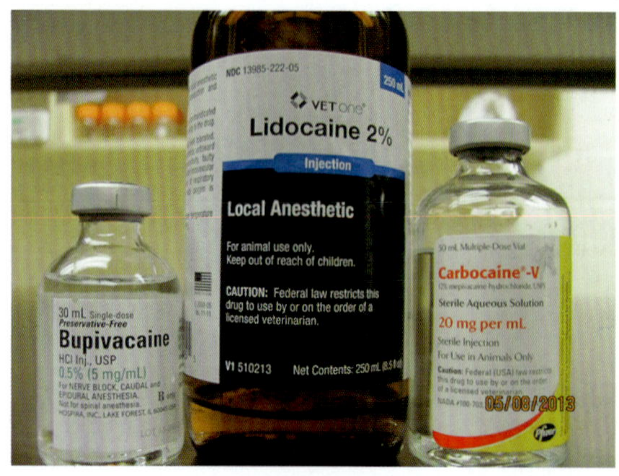


**图11.4** 局部区域麻醉药。来源：Samantha Rowland提供。

后处理疼痛时，均可对一定的后端或尾腹进行手术前硬膜外麻醉。一些需要硬膜外麻醉的手术包括卵巢切除、子宫扭转、剖腹探查、肠活检、剖宫产、胚胎移植、开胸、涉及腹部隐睾的去势、腹腔镜、后肢骨折和后肢伤口处理。

兽医技术员通常参与无菌部位的准备工作，因此了解技术的“里程碑”是很重要的。有关此技术的详细信息，请参见第6章。用的局部麻醉药是甲哌卡因、利多卡因和布比卡因。也可以使用罗哌卡因，但其高成本限制了其临床用途。通过硬膜外途径给药α-2s时，与静脉内给药相比，地托咪定和赛拉嗪的镇痛作用更长。当α-2与局部麻醉药联合使用时，局部麻醉药的作用会增强，从而增加了镇痛的强度和持续时间（Michou & Leece, 2012b）。阿片类药物也可硬膜外使用。当使用它们时，减少了对全身阿片类药物的需求，因此减少了潜在的不良反应（Wegner, 2010）。不含防腐剂的吗啡是最常用的，也是最推荐的，但是美沙酮和

**框11.4　腹壁及腰旁窝麻醉/镇痛技术**

- 浸润麻醉
- 脊椎旁胸腰椎麻醉
- 节段性背脊膜外麻醉
- 胸腰椎蛛网膜下腔麻醉
- 尾硬膜外麻醉
- 连续硬膜外麻醉
- 持续的尾端蛛网膜下腔麻醉

（详情请参阅Skarda, R., Muir, W., Hubbell, J. Local anesthetic drugs and techniques. In: Mir, W., Hubbell, J. (eds.) Equine Anesthesia Monitoring and Emergency Therapy, 2nd edn. Saunders Elsevier. St. Louis, MO. 2009: 210–242.）

丁丙诺啡在马匹中也有很好的效果（Michou & Leece, 2012b）。与美沙酮相比，吗啡不仅起效时间更长，作用时间也更长（Michou & Leece, 2012b）。布托啡诺经硬膜外麻醉不能提供镇痛（Natalini & Robinson, 2000; Michou & Leece, 2012b）。与单纯使用局麻药相比，阿片类药物与局麻药联合使用可延长镇痛时间，但有可能导致共济失调（De Rossi et al., 2012）。

## 神经/关节阻滞

### 四肢的麻醉/镇痛

麻醉可以直接传递到特定的关节（关节内）、神经周围和滑囊，以减轻这些部位手术的疼痛，以及在跛行评估期间获得诊断。术前使用这些技术时，从理论上讲，马在手术过程中对该部位的疼痛无生理反应（Skarda et al., 2009）。可以预期患病动物的MAC需求和全身镇痛药的减少。一旦手术完成以帮助恢复，该阻滞可以持续整个恢复期，或者外科医生可以执行该阻滞。

**框11.5　肢体周围神经镇痛阻滞（Skarda et al., 2009）**

- 手掌/足底指神经阻滞
- 远轴籽骨神经阻滞
- 低四点/低环/低掌神经阻滞
- 高位四分位/高位环位/高位掌神经阻滞
- 悬吊式原点渗透阻滞
- 高悬阻滞
- 正中神经阻滞（前肢）
- 尺神经阻滞（前肢）
- 内侧皮肤前臂前神经阻滞（前肢）
- 胫骨神经阻滞（后肢）
- 隐神经阻滞（后肢）
- 腓浅神经和腓深神经阻滞（后肢）

**框11.6　肢体关节内镇痛阻滞（Skarda et al., 2009）**

- 远端指间关节阻滞
- 掌指关节阻滞
- 腕关节阻滞
- 桡腕关节和腕间关节最常见
- 胫跗骨关节阻滞
- 肘部和肩部阻滞
- 结间滑液囊阻滞
- 远端跗关节间和跗跖关节阻滞
- 后膝关节阻滞
- 股骨转子囊阻滞（髋部）
- 髋股（髋部）关节阻滞

用于神经周围技术的药物有局麻药利多卡因、布比卡因、甲哌卡因和罗哌卡因。甲哌卡因（Hospira）常用于跛行评估，因为其作用时间短，且在评估过程中有足够的作用时间。皮质类固醇用于治疗炎症性关节疾病，通常与透明质酸和抗生素联合使用，以预防注射后关节感染。临床上最常用的类固醇有醋酸甲泼尼龙、曲安奈德、倍他米松。曲安奈德是这三种药物中最常用的。其作用时间介于较长的甲基强的松龙和较短的倍他米松之间。曲安奈德对关节软骨变化的风险也较低，这是由于长期在关节内使用被称为“类固醇关节病”的皮质类固醇所致（van Weeren & de Grauw, 2010）。

麻醉足部的技术可以用于严重跛足的马，这些马患有蹄叶炎或舟状神经疾病，以获得足部无线电图像，或者在需要站立较长时间的MRI检查中使用。

神经阻滞也可用于提供头部区域麻醉，包括一些眼和牙神经阻滞。

为接受阉割的马匹提供局部麻醉的做法越

来越受欢迎。这是通过局部麻醉注射精索和/或睾丸来实现的（Skarda et al., 2009）。睾丸和精索阻滞将减少阉割马匹的麻醉和全身疼痛管理需求。技术参见第6章。

## 马常见疼痛综合征

### 胃肠道（绞痛和溃疡）疼痛

急性腹痛或绞痛是马中最常见的紧急情况，需要立即缓解疼痛。肠胃胀气，胃肠道发炎，肠缺血和拉伤肠系膜根部可引起腹部疼痛（Porter, 2009）。镇痛疗法的最初目标是为马匹减轻疼痛并确保安全，同时进行彻底的绞痛检查/检查。镇痛可以暂时缓解胃胀气和减轻炎症；但是，必须注意避免掩盖手术疼痛的迹象。在确诊前，对膨胀的胃或肠袢进行减压可以缓解剧烈的疼痛。

NSAIDs通常是用于解决炎症性疼痛和内毒素血症的临床症状（与局部缺血或肠屏障损害相关）的初始药物。氟尼辛葡甲胺和酮洛芬对内毒素血症最有效（Trim & Moore, 2007）。氟尼辛是治疗绞痛时最常用的NSAID。氟尼辛可有效抵抗内毒素血症6-8h，并可缓解疼痛长达12h。如果在接受氟尼辛治疗后疼痛没有减轻或不久后恢复疼痛，则应认为这匹马的病程和需求较重，需要进一步治疗（N.A. White, pers. comm.）。

**α-2镇痛药**通常用于使马安静下来，以促进全面的身体检查，包括直肠检查和鼻胃插管。α-2s还提供良好的内脏镇痛作用。赛拉嗪通常是首选。麻醉持续20-30min，内脏镇痛可持续90min（Robertson & Sanchez, 2010）。该时间段足以执行检查并评估镇痛效果。如果马需要更强的镇静剂/镇痛剂，也可以使用地托咪定，剂量依赖性作用持续时间比噻嗪更长，最长可达60-120min。虽然不常见，但也可以使用罗米非定。罗米非定的好处是，与其他α-2相比，马的共济失调更少（Mair, 2008）。

**布托啡诺**通常在初次肠绞痛检查期间以及术前麻醉前镇静的一部分中与α-2受体激动剂联合使用。在痉挛性或气体性绞痛和肠炎的医学治疗中，通常还可以通过CRI用作镇痛药。对于角膜绞痛患病动物，静脉注射0.1-0.4mg/kg可使患病动物在10-90min内缓解（Bidwell, 2009）。腹腔探查术中使用布托啡诺，每30-60min静脉注射0.02-0.1mg/kg，也可作为CRI进行给药。尽管布托啡诺并不直接导致吸入性MAC降低，但它确实通过控制术中疼痛而有助于整体上更平稳的麻醉期（Trim & Moore, 2007）。与单独使用NSAID疗法相比，已证明布托啡诺可以降低马匹的疼痛评分，并改善康复和总体效果（Robertson & Sanchez, 2010）。

**纯μ受体阿片类药物**虽然作用更强，但由于增加的负面胃肠道不良反应和引起兴奋的可能性较高，因此通常不用于管理绞痛。但是，与α-2受体激动剂结合使用时，兴奋性降低或不存在。当在严重疼痛的马匹中使用纯μ阿片类药物时也是如此。

**利多卡因**（2%）已被证明是非常有用的药物，可全身使用以治疗马的内脏痛。利多卡因CRI通常用于某些类型的绞痛的医学治疗以及术中和术后。利多卡因作为静脉输注CRI给药具有促动力和麻醉作用。该药物刺激肠道肌肉收缩，通常用于治疗肠梗阻。通过保护微血管的完整性，抑制细胞因子的产生并防止中性粒细胞的迁移，也有一些抗炎特性的证据（N.A. White, pers. comm.）。利多卡因的其他好处包括减少局部缺血事件后的再灌注损伤，减少内毒作用以及减少术后肠梗阻（Doherty & Seddighi, 2010）。通常在10-20min内进行1.3mg/kg的静脉推注，然后进行0.05mg/（kg·min）或3mg/（kg·h）的CRI

（Mair, 2008）。必须仔细监测剂量，以避免利多卡因的毒性，但可以安全地给药24–72h，甚至可能更长（N.A. White, pers. comm.）。利多卡因毒性的临床体征包括共济失调、肌肉痉挛、过度眨眼、眼球震颤和卧床，在极端情况下，可能会引起癫痫和昏迷。

DMSO（二甲亚砜）可用于缺血和再灌注损伤，例如绞窄的肠道病变。据推测，它起着消炎和自由基清除剂的作用。

### 促动力药和解痉药

促进胃肠道正常活动的药物，例如促动力药和解痉药，可以提供间接的镇痛作用。可用的代谢动力学包括甲氧氯普胺、新斯的明、西沙必利、利多卡因、贝胆碱和红霉素（Mair, 2008）。肠痉挛/收缩是疼痛的。痉挛性药物（通常是胆碱阻滞剂）可以帮助减轻痉挛。如果发生痉挛性绞痛，阿托品可使肠壁松弛，但也会引起鼓膜和肠梗阻。因此，不建议使用阿托品治疗绞痛（N.A. White, pers. comm.）。解痉灵（Boheringer Ingleheim Vetmedica）是NSAID（安乃近）和胆碱能药物（hyscine）的组合。解痉灵通过抑制对平滑肌的副交感神经作用来减少胃肠道痉挛。它通常用于痉挛性和气绞痛以及轻度的撞击（Bidwell, 2009）。解痉灵也可用于放松直肠壁，以帮助紧张的马进行彻底的直肠检查。

## 急性跛行

出现急性跛行时可以使用非甾体抗炎药减少炎症反应，稳定相关区域以提供支持和/或限制疼痛区域的运动，并减少疼痛感。伤害性疼痛可通过全身镇痛药，局部麻醉药，关节内麻醉药和硬膜外麻醉解决。最初，在进行诊断以确定跛行原因时会限制运动。诊断可能包括射线照相，蹄测试仪的应用，关节或腱液的分析以及血液化学成分。马通常需要镇静剂才能进行诊断。α-2受体激动剂也是提供镇痛作用的首选主要药物。NSAID保泰松最常用于治疗肌肉骨骼炎性疼痛（Porter, 2009）。一旦做出诊断，就可以为每个特定病例制定治疗计划。

**框11.7 马严重跛行**

- 撕裂伤
- 创伤
- 关节或者腱鞘感染
- 拉扯/扭伤
- 异物/蹄底踩到路钉
- 踵挫伤
- 蹄脓肿
- 骨软骨病
- 蹄叶炎
- 早发性舟状骨病

如果由于对侧肢体严重跛行而导致一只肢体负重过多，则可能会发生支持肢体蹄叶炎。这在具有骨折和化脓性关节的马中很常见（图11.5）。蹄叶炎的其他原因包括引起内毒素血症的疾病，例如绞窄的胃肠道梗阻，小肠结肠炎，前肠炎，胎盘残留，子宫炎，谷物超负荷饲喂和胸膜肺炎（Eades et al., 2002）。NSAIDs在治疗急性蹄叶炎时特别有益，不仅用于抗炎目的，而且还具有抗内胚层作用。氟尼辛更常用于抵抗内毒素血症，内毒素血症可导致蹄叶炎。当存在蹄叶炎的临床体征时，可以使用保泰松（Belknap, 2001）。患有急性蹄叶炎的马可能需要支持性和/或矫正性钉蹄以及药物干预。

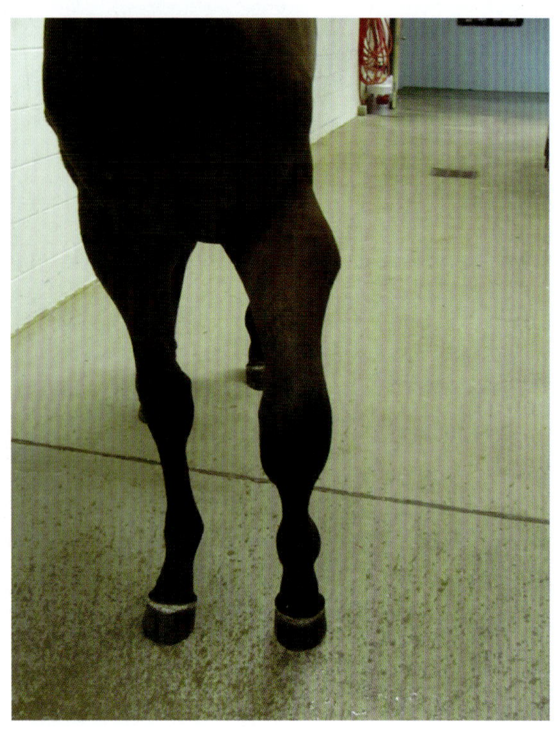

**图11.5** 7个月大的TB马驹尺骨骨折。来源：Samantha Rowland提供。

## 胸膜肺炎

初始治疗涉及胸腔穿刺术，一方面排除液体，一方面获取用于分析的体液样本。通常放置胸管以允许进一步的积液排出并进行胸膜腔的治疗性灌洗。这些程序是在马站立时完成的。如果马非常沮丧但需要镇痛，则可能不需要镇静。但是，如有必要，可以使用α-2受体激动剂。NSAIDs用于治疗炎症性疼痛，并可能通过解决炎症来减少胸膜液的产生（Sweeney, 2002）。对于患有顽固性疼痛的马，可能需要添加阿片类药物（如布托啡诺）。它可以用静脉推注的方式以0.05-0.1mg/kg的剂量或以CRI的形式给药。装载剂量建议为静脉注射0.02mg/kg，然后CRI为0.013-0.02mg/（kg·h）。可能需要长期静脉内抗生素治疗、静脉导管放置和住院治疗，因此CRI给药既方便又合适。如果马匹在头7-10d内对积极的抗生素治疗没有反应，则可能出现纤维蛋白和肺脓肿，可能需要进行手术干预（Miscovic & Couetil, 2009）。可以在进行胸腔穿刺术/胸导管放置之前进行局部/肋间阻滞。可以做一个线/切口阻滞以及肋间阻滞。

## 难产

难产对于幼崽来说是致命的紧急情况。预先计划包括书面难产协议，非常重要。在所有难产患病动物中，即使假定小马已经死亡，也要以小马驹还活着为前提进行治疗（Bidwell, 2013）。母畜发生的一切，幼崽都会发生。这包括通气/充氧，血压变化，败血病，应激和大多数药物的作用。由于幼崽已经承受应激，因此必须非常谨慎地选择药物。向母畜给药时药物的心肺不良反应可能会对幼崽产生负面影响，因此作用时间较短的药物是可取的。通常，母畜镇静剂可用于阴道触诊，并尝试使用α-2（如赛拉嗪）辅助阴道分娩。根据母马的兴奋水平，赛拉嗪的静脉注射剂量为0.2-1mg/kg（Bidwell, 2013）。由于极高的应激和刺激，这些母马需要更高的剂量（A. Smith, pres. comm.）。通常避免使用阿片类药物和非甾体抗炎药直至幼崽分娩。

如果母马必须进行麻醉以控制阴道分娩和/或剖宫产，则镇痛（和麻醉）应类似用于绞痛患病动物。再次提醒您，镇定剂和阿片类药物会进一步压抑幼崽（Lu et al., 2006）。

就血流动力学干预而言，母马应被视为低血容量性绞痛。产下小马驹后，可以使用更多的镇痛药。布托啡诺可以在每30-50min静脉注射0.01-0.08mg/kg（Bidwell, 2013）或以0.01-0.02mg/（kg·h）的剂量CRI静脉注射。其他镇痛药选择包括0.1mg/kg静脉推注的吗啡和/或0.1mg/（kg·h）

的吗啡CRI。利多卡因CRI适用于采用标准剂量的镇痛和MAC减少。如果CRI将在诱导后30min或更长时间开始，则如有必要，也可以以0.2–0.4mg/kg的IV装载剂量给予氯胺酮CRI。氯胺酮CRI剂量为1–2mg/（kg·h）IV。手术结束前20–30min应停止所有CRI，以降低恢复期共济失调的风险以及减少恢复时间（T. Kushiro–Banker, pers. comm.）。

子宫扭转是一种危险的生殖紧急情况，通常表现为绞痛迹象，例如观腹、刨地、脚踢和翻滚。有几种方法可以用来矫正扭转。尝试手动通过阴道进行操作时，应避免镇静，因为矫正后可能会立即进行第二阶段的分娩。可以进行硬膜外麻醉以减少张力。可能需要麻醉母马才能通过将母马翻身来进行矫正。可以使用难产的标准处方药和诱导剂量。手术干预可以作为站立手术通过侧面切口进行（Hillman et al., 1998）。手术干预可以通过侧腹切口作为站立手术进行（Hillman et al., 1998）。将需要一个“站立镇静”方案，以实现化学约束所需的最低剂量。在这种情况下也可以使用硬膜外麻醉。

## 手术疼痛

应该术前镇痛，以防止中枢敏化和终末期疼痛。术前可使用NSAID，α–2药物，阿片类药物和局部麻醉药。优先使用这些药物可以减少术中镇痛剂量。在过去的10年中，硬膜外麻醉用于后尾/尾椎手术已变得越来越普遍，因为它可以减少或免除术中使用全身阿片类药物的需求，减少吸入麻醉的MAC，并提高治疗率（Goodrich, 2009）。

术中镇痛药的目的是控制疼痛，减少MAC并提供更稳定的麻醉期。多模式镇痛方法是常见的，可包括阿片类药物或CRI，利多卡因（局部麻醉剂）CRI，氯胺酮（NMDA受体拮抗剂）CRI以及术中局部/区域镇痛，包括关节内镇痛。在手术期间使用局部/区域镇痛/麻醉是非常有用的。伤害性疼痛减轻；因此，减少了对大剂量全身镇痛药的需求以及MAC的减少（Baller & Hendrickson, 2002）。极度疼痛的手术，例如复杂的骨折修复或颈椎稳定/提篮植入术，可减轻脊髓压迫，在术中常需要使用阿片类药物–氯胺酮–利多卡因的CRI。

术中镇痛剂也会影响恢复期。阿片类药物（例如吗啡）的作用时间为数小时，可以很好地为恢复期提供镇痛作用。术中吗啡已被证明可以减少总的恢复时间并减少站立的尝试，从而提高恢复率（Lerche & Muir, 2009）。α–2受体激动剂用于使马保持安静以延长侧卧时间，以便让马有时间代谢麻醉药并恢复意识，而不会惊慌并试图过早站立。马具有较强的逃跑反应，并且可以在任何时间保持斜躺。通常，它们的大脑会先于其他部位“醒来”。试图在完全恢复意识之前站立可能会导致受伤，包括致命的肢体骨折。在恢复期提供镇痛，包括局部/区域性阻滞，将使马以更加镇定的方式恢复全意识，并且更协调地尝试站立（Lerche & Muir, 2009）。

## 慢性疼痛

马的慢性疼痛最常见的原因包括蹄叶炎和骨关节炎。蹄叶炎是一种非常复杂的综合征，如果不及早治疗，可能会导致极度疼痛。蹄叶炎定义为神经性疼痛，可能很难治疗。如果没有适当的镇痛作用，则蹄叶炎的急性期会引起“逐渐疼痛”，很容易演变成慢性疼痛。有关急性疼痛发展为慢性疼痛的更多信息，请参阅第4章。NSAID的积极治疗对于抑制炎症级联反应以及由此产生的伤害性和神经性疼痛是必要的。大多数研究表明，保泰松对椎板疼痛最有效（Driessen et al., 2010）。长期考虑大剂量的非甾体抗炎药的全身性不良反应，并在可能的情况下加以预防。服用NSAID后，可使用奥美拉唑或硫糖铝来保护胃。二甲亚砜可以作为抗炎药和自由基清除剂来处理缺血/再灌注损伤，使用二甲亚砜可能是引起蹄叶炎的原因（Collins et al., 2010）。

阿片类药物用于人体时，对周围和一些中枢神经性疼痛有效。然而，在马身上，阿片类药物仍然是有争议的，即使是慢性痛。利多卡因可有效治疗慢性蹄叶炎，因为已证明支配蹄部的感觉神经具有与神经性疼痛相关的组织病理学改变（Doherty & Seddighi, 2010）。

利多卡因还抑制外周痛觉过敏，中枢敏化和异常性疼痛。在治疗神经性疼痛方面，其他越来越受欢迎的药物包括NMDA受体拮抗剂（氯胺酮，金刚烷胺），加巴喷丁，普瑞巴林，曲马多，第二代抗抑郁药（仅在人类和小动物中进行了测试），局部区域镇痛和硬膜外镇痛（Yaksh, 2010）。还必须进行矫正穿鞋，以在整个蹄叶炎阶段提供适当的支持。骨关节炎是一种退行性疾病，涉及关节的软骨和骨表面，通常是由一种重大创伤或持续的微创伤引起的关节机械应力引起的（van Weeren & de Grauw, 2010）。关节疼痛的系统管理包括姑息性治疗，以减少炎症和维持关节功能。非甾体抗炎药和神经药物（氨基葡萄糖和软骨素）可能被使用。

## 马驹镇痛

马驹镇痛仍然是一个相对较新的学科，很少有关于疼痛评估和镇痛疗法的已发表的研究。有许多研究评估新生实验动物和人类新生儿在生命的前几周内仍在发生神经系统发育时的疼痛和疼痛经历。这些研究表明，所有暴露于疼痛刺激且没有镇痛作用的新生儿经历了导致成年后永久性变化，包括较低的疼痛阈值和行为变化（Robertson, 2012）。因此，应该假设新生儿会受到类似的影响。众生，不论年龄大小，都会遭受疼痛。小马可能会因多种原因而感到疼痛，这些原因涉及疼痛的诊断和医院程序，例如静脉穿刺，静脉导管置入和鼻胃管置入。对小马驹造成疼痛的医疗条件包括绞痛，肢体骨折，胎粪感染，胃溃疡，肠炎，化脓性关节，腹膜炎，脐带疝和弯曲性肢体畸形（Robertson, 2012）。马驹的全身性炎症反应综合征和多器官功能障碍综合征非常严重，难以治疗（McKenzie & Furr, 2001）。

评估小马驹的疼痛是困难的。没有专门为马驹设计的特定疼痛量表。如果有母畜，小马驹应该和它在一起观察，评估和治疗，以促进可能的最正常行为。有时，小马驹表现出的唯一疼痛迹象是行为改变。在这种情况下，所有者或看护人的报告是评估的第一依据。但是，在腹部/绞痛剧烈疼痛和严重跛行的情况下，小马驹可能会表现出类似于成年马的明显疼痛迹象。如果综合征或手术过程对成年马造成疼痛，则可以认为对新生儿将产生疼痛，应采取相应的治疗措施（Robertson, 2012）。

选择镇痛药时，准确的剂量非常重要，以防止小剂量也可能对代谢途径不发达的患病动物产生药物毒性。1月龄以下的小马驹交感神经系统和代谢途径发育欠佳，血脑屏障通透性增加，对药物和麻醉剂的敏感性增加（Robertson, 2012）。2周龄以下的小马肝脏代谢不完全，因此，应谨慎使用需要进行初次肝代谢的药物（Loberg, 2010）。

这些包括阿片类药物，苯二氮䓬类药物，氯胺酮，α-2受体激动剂和利多卡因。与成年马相比，新生儿马驹中药物的不良反应将会增加（Bidwell, 2013）。有关小马驹药效学的信息有限，但某些药物的药代动力学信息是可用的。布托啡诺通常用作马驹的镇痛剂和镇静剂。然而，它们对这种药物的反应与成年马不同，并且没有增加运动能力或兴奋性（Robertson, 2012）。小马驹的药物清除率和吸收率比成人高，因此需要更高的剂量才能产生镇痛作用。对于8周龄以下的小马驹，使用0.1mg/kg IV。尚未有关于吗啡在小马驹中的全身疗效或药代动力学的研究。然而，可以使用关节内吗啡来治疗小马驹与感染性滑膜炎/败血性关节炎相关的疼痛，需要进一步研究来强调这一点（Robertson, 2012）。

驹中使用的NSAID包括保泰松，氟尼辛葡甲胺，布洛芬和酮洛芬。已经对使用这些药物的抗内毒素特性而不是其镇痛特性进行了研究。当使用非甾体抗炎药作为镇痛药时，可能需要更高的剂量才能达到治疗性血浆水平。如果使用更高剂量，则两次给药之间的间隔应更长（Robertson, 2012）。小马驹的药物清除率降低，因此建议在小马驹中应非常谨慎地使用NSAID。这包括脱水和/或降血脂的小马驹，以及患有肾功能不全的小马驹（Robertson, 2012）。在这些受损患病动物中，布托啡诺可能是更好的选择。局部麻醉药如神经阻滞和硬膜外麻醉是可行的。与成年马相比，小马驹对疼痛的反应更加剧烈。因此，提供局部区域镇痛的伤害感受性阻断可能是有益的。这些是相对简单的程序，并具有不良反应有限和对全身镇痛药的需求减少的额外好处（Loberg, 2010）。α-2受体激动剂可提供明显的镇静和镇痛作用，但由于其严重的心血管不良反应，未满1月龄的马驹通常不使用（Loberg, 2010）。与任何药物一样，剂量和药物选择应基于患病动物的健康状况和体型（Bidwell, 2013）。与地托咪定相比，赛拉嗪和罗米非定对健康马驹的心肺影响更小。α-2也可以与布托啡诺联合使用，以提供更可靠的镇静作用（Robertson, 2012）。术中疼痛是麻醉师关心的重要问题。小马驹可能会出现充分麻醉，但仍然会对最初的手术切口和手术期间的其他疼痛事件做出相当出乎意料的反应。布托啡诺是用于术中疼痛最常用的镇痛药。非甾体抗炎药也是健康小马驹的一种选择。尽管利多卡因对成年马有很多益处，但对新生马的全身应用利多卡因多少有些矛盾。由于尚未确定全身利多卡因对小马驹的毒性剂量，建议降低剂量（Robertson, 2012）。由于蛋白结合降低，体内游离或活性药物可能在马驹体内含量较高。利多卡因是高蛋白结合，所以游离药物过量可能发生在马驹上。此外，氟尼辛葡甲胺和头孢噻呋钠（抗生素）减少利多卡因的蛋白结合在成年人和马驹，所以低利多卡因剂量时，应使用任何这些制剂（Robertson, 2012）。虽然利多卡因CRI可能有助于控制马驹的疼痛，但在获得更多数据之前应谨慎使用或避免使用（Robertson, 2012）。

## 驴的疼痛管理

驴有不同于马的特点。在进行疼痛的评估和治疗时，理解这些不同是至关重要的。目前正在对驴的疼痛感知和药物治疗反应进行识别（Grint, 2012, 2013）。在药理学上，与马相比，驴显示出不同的分布、代谢和各种镇痛药物的消除（Grosenbaugh et al., 2011）。由于缺乏培训，马的麻醉剂量经常用于驴（Grint, 2012）。

## 疼痛病情

在年老的驴中三种最主要的疼痛病情是牙齿疾病、关节炎和足部疾病。随后发生胃溃疡和胃肠道粘连。老年驴通常患有牙科疾病并伴有关节炎（Morrow et al., 2011）。患有牙齿疾病的驴患胃肠道疾病的可能性是其2倍（Morrow et al., 2011）。其他常见的疼痛病情包括高脂血症和胃溃疡引起的胰腺炎（Morrow et al., 2011）。

## 疼痛的行为

行为指标已被用作识别多种物种疼痛的指南。由于驴缺乏明显的疼痛指标，因此绞痛等疾病可能无法发现。一旦出现由于绞痛引起的疼痛，马经常会踢脚（Crane, 2002）；但是，驴会自我隔离。它们似乎呆滞且无法移动（经常躺下）。在某些情况下，它们会低头。在严重的情况下，可能会发生划动（Whitehead et al., 1991; Crane, 2002；Du Toit et al., 2010）。马和驴都有类似的机械伤害阈值（Grint, 2012）。由于驴的行为变化往往更微妙，因此看起来驴似乎并不疼痛，而实际上已经十分疼痛（Lizarraga & Beths, 2012）。

## 疼痛评分

疼痛评估工具已用于工作的驴（Regan et al., 2012）。对行为和主动行为事件的姿势成分进行评分。该工具包括可在一天中改变的可衡量的行为，这些行为在治疗后不会发生变化（药理和姑息治疗及可能与病变严重程度有关的行为。这些初步的疼痛评估研究表明，当美洛昔康用于遭受疼痛状况的驴时，不仅改变了舔舐行为，还改变了头部姿态和“眨眼”的频率。当跛行成为一个因素时，四肢的活动也会减少（Regan et al., 2012）。疼痛评估是多方面的，并且由于人们对驴的行为有不断深入的了解，因此需要更多的信息来正确评估驴及其他各种物种的疼痛（表11.3）。

## 马解剖生理特征

在Jack和Jenny的疼痛管理方面有独特的解剖学和生理学特征，兽医技术人员应注意这些特征。这些差异可能会影响驴的疼痛处理方法。

驴已经适应了沙漠气候，因此比马更能忍受脱水。直到全身水分流失明显时，才会看到血细胞比容的变化。驴即使在脱水的情况下，即使脱水20%，也能保持血浆量（Yousef et al., 1970）。这种适应将影响镇痛药的清除。迄今为止研究的许多镇痛药已显示出更快的清除时间，因此，驴具有比马更强的代谢和消除药物的能力（Lizarraga et al., 2004）。驴可能比马具有更多的P450同工酶的数量和/或运动。因此，与马相比，肝脏代谢的给药间隔可能不同（Lizarraga et al., 2004）。

## 镇痛药

用于驴疼痛管理的常见药物包括NSAID，镇静镇痛药（α-2肾上腺素能受体药），阿片类药物和局部麻醉药。此外，还有非传统药物，例如氯胺酮和曲马多，它们会抑制某些疼痛反应。对于每头驴，应单独使用或联合使用这些药物，并应根据疼痛的根本原因、持续时间、严重程度、组织创伤的程度、镇静要求和健康状况来确定。应尽可能进行先发性镇痛。2009年英国问卷中的兽医受访者表明苯丁酮、氟尼辛、丁醇和地托咪定是最常用的镇痛药（Grint, 2012）。回答此问卷的许多兽医都开了马剂量率的处方药，这可能不适用于驴（Grint, 2012）。由于各种驴对药物治疗的反应可能发生变化，因此应谨慎考虑镇痛药物的剂量。一个例子是地中海驴，它似乎对镇静药物更敏感，因此可能需要较低的剂量（Matthews & Van Dijk, 2004）。

### 非甾体抗炎药物

由于大多数驴中的某些NSAIDs（例如氟尼

**表11.3**　与驴疼痛类型相关的行为指标

| 疼痛类型 | 行为指标 | 来源 |
|---|---|---|
| 头 | 不能正确咀嚼，食欲不振 | Grint, 2012<br>Grint, 2012 |
| 牙齿 | 缓慢地咀嚼一侧，减少食物的分量会导致不舒服，从而导致体重下降<br>无法成功进食和不愿移动 | Trawford & Crane,1995<br>Taylor & Matthews,1998 |
| 腹部 | 迟钝、抑郁、自我孤立、无精打采、低着头 | Whitehead et al., 1991 |
| 肠绞痛 | 低着头，躺着的时间越来越长，不愿移动<br>脚划水（剧烈）<br>迟钝 | Whitehead et al.,1991 |
| 呼吸系统疾病 | 耳朵细微变化，头部姿态降低，增加躺卧时间<br>无法成功进食和不愿移动 | Crane, 2002; Grint, 2012 |
| 晚期高脂血症 | 耳朵细微变化，头部姿态降低，增加躺卧时间<br>脚的划水<br>未能触碰饲料和不愿移动<br>保持抬脚 | Olmos et al., 2011 |
| 跛行 | 阴道炎通常不被识别，认为是驴的姿势没有改变（就像马一样）<br>增加了躺着的时间<br>不愿动 | Regan et al., 2012 |
| 关节炎 | 僵硬伴随着站立困难 | Whitehead et al., 1991 |
| **疼痛缺失** | 行走，嗅探，咀嚼或咬人；工作驴疼痛消失 | Roy et al., 2010 |
| **服用美洛昔康引起的疼痛变化** | 头部姿势、闭眼率、更少肢体移动、更均匀负重（所有4腿动物）和自我梳理等方面的差异被认为是使用NSAID后发生改变的行为 | Regan et al., 2012 |

辛葡甲胺和保泰松）能被更快地消除，因此给药间隔应更短（Mealey et al., 1997; Coakley et al., 1999）。小型驴比标准驴能更快地代谢氟尼辛葡甲胺。因此，有必要区分小型驴和标准驴（Matthews, 2010）。建议的剂量率是标准驴每天2次，小驴每天3次（Matthews, 2010）。驴中卡洛芬的代谢似乎比马中慢（Mealey et al., 2004）。缓慢静脉注射2mg/kg的维多洛芬已被用于驴中。维多洛芬糊剂可以口服（最初为2mg/kg，然后在12h内以1mg/kg服用，然后以1mg/kg BID服用）。还使用了美洛昔康悬浮液（0.6mg/kg每天1次，最多14d）。美洛昔康在驴中的药代动力学表明，静脉注射后的平均停留时间少于1h（Matthews & Van Dijk, 2004）。半衰期短，消除快，清除率高表明，目前在其他物种中服用美洛昔康的剂量做法在驴上可能没有临床效果（Sinclair et al., 2006; Mahmood & Ashraf, 2011）。对乙酰氨基酚在驴体内并不常用，这很可能是由于毛驴通过IM给药短期血浆水平和半衰期（<3h）的原因（Chaudhary et al.）。非罗考昔是在兽医领域较

新的非甾体抗炎药之一，迄今为止，它似乎很好地被驴口服吸收，尽管它的分布和消除与马不同（Matthews et al., 2009）。需要更多的研究来观察驴的给药间隔。

## α-2肾上腺素受体激动剂

赛拉嗪是马药中使用最广泛的α-2受体激动剂之一，已被证明对驴具有镇痛和镇静作用。赛拉嗪引起的低痛觉性对于驴和马都相似。尽管有证据表明，与马匹相比，镇静可能需要稍大的剂量（Lizarraga & Beths, 2012）。地托咪定是一种有效的α-2肾上腺素受体激动剂（是赛拉嗪的100倍）。除可注射形式外，还可提供透黏膜（舌下）凝胶。对于那些对注射敏感性提高的驴，地托咪定凝胶已成功用于驴中，作为IV注射的替代品。起效时间约为45min。标签建议为40μg/kg（7.6mg/mL）。提供剂量注射器以便于施用。可注射的地托咪定的静脉镇静剂量为5-10μg/kg；为了达到强烈的镇痛效果，需要更高的剂量（20-40μg/kg）（Mostafa et al., 1995）。研究发现以25μg/kg的布托啡诺和地托咪定有效且不良反应最小。镇静和镇痛可持续约60min。美托咪定（5μg/kg）和右美托咪定（3.5μg/kg）可提供长达60min的镇痛和镇静，可用于马匹，并且从1985年开始使用。其作用与其他α-2肾上腺素受体激动剂相似。使用0.1mg/kg的剂量对驴肝脏的影响最小（Amin et al., 2012）。罗米非定诱导的痛觉减退可以持续至120min（Lizarraga & Janovyak, 2013）。使用了地托咪定8-10μg/（kg·h），美托咪定3μg/（kg·h）和右美托咪定2μg/（kg·h）的连续输注，七氟醚和异氟烷的MAC显著降低（参见药物剂量表）。

## 阿片类药物

阿片类镇痛药，例如μ激动剂（吗啡和芬太尼）和部分μ激动剂（丁丙诺啡）通常不用于驴。许多可用的信息都来自马。建议为其他物种使用的镇痛剂量可能会引起中枢神经系统兴奋，并增加无痛驴的运动能力。当μ激动剂阿片类药物用作多模式方法的一部分或施用于已经镇静的疼痛驴时，不良反应可以降到最低。在诱导麻醉后避免潜在兴奋的μ阿片类激动剂可作为超前镇痛剂用于中度至重度疼痛管理。服用镇痛药以及激活疼痛途径可以降低肠蠕动。通常，服用阿片类药物的益处超过了疼痛的负面生理后果，因此在必要时应使用μ阿片类激动剂。已证实布托啡诺等kappa受体激动剂在马和驴中都是有效的镇痛药，临床不良反应极小（Joubert et al., 1999）。与μ激动剂相比，运动和交感刺激更少。当将25μg/kg与α-2肾上腺素能受体激动剂（如地托咪定或赛拉嗪）组合使用时，布托啡诺的镇静和镇痛作用可持续60min（Joubert et al., 1999）。与马匹相比，芬太尼贴片镇痛的持续时间似乎较短，起效也更快（Matthews, 2010）。由于驴皮的厚度，芬太尼贴剂的吸收可能无法预测。与重量相似的马匹相比，微型驴已被证明需要更高的剂量（Matthews, 2010）。芬太尼贴片可能对急性和慢性疼痛有用，尽管仍有很多方面需要研究学习（Matthews, 2010）。

## 局部麻醉/镇痛方法

使用钠通道阻滞剂（如利多卡因或布比卡因）可达到平衡镇痛效果。降低了全身麻醉的总体要求。可以将局部神经阻滞应用于特定程序（例如，外耳、去势、牙齿、眼睛和四肢），以阻止有害刺激的传递。与马相似，在驴的外耳手术中，无论是选择性的（耳标或者耳记号牌）还是非选择性的（外耳炎、伤口、耳肿、蜂窝织炎、软骨破裂、肿瘤、撕裂），使用“环”技术都可以成功地阻断面神经的分支（Ali & Essa, 1993）（McCoy et al., 2007）。睾丸内利多卡因的镇痛作用已在去势的马和驴中进行了评估（Portier et al., 2009）。可以将高达0.7mg/kg体重或约10mL的利多卡因注射在睾丸内。由于对局部阻滞的敏感性由轴突直径和髓鞘化程度决定，因此睾丸中无髓鞘的C纤维可以解释利多卡因在精索和淋巴管中的快速吸收和分布（Wrobel & Moustafa, 2000）。马眼（Tremaine, 2007）和牙神经阻滞（Fletcher, 2004）可以在类似于马的驴上进行（McCluskie & Tremaine, 2009）。

## 硬膜外麻醉和镇痛方法

硬膜外麻醉适用于直肠或阴道脱垂或涉及尾部或会阴区域的手术。

驴的第一个尾骨间隙很窄。因此，最好放置局部麻醉，氯胺酮或α-2肾上腺素受体激动剂在第二个与第三个间隙尾骨之间（图11.6）。脊髓针的角度与水平方向成30°（Burnham, 2002）。局部麻醉会阻碍运动，感觉和交感神经。不良反应包括低血压、短暂的镇痛、后肢无力和神经毒性，可以通过多模式方法（添加氯胺酮或赛拉嗪）将其降至最低。不含防腐剂（2%）的利多卡因（0.35mg/kg）可作为硬膜外局部镇痛药有效，起效快（10min），完全缓解疼痛长达120min。以1mL剂量单次注射0.06–0.08mg/kg布比卡因会在驴上产生持续80min的镇痛作用。与马匹相比，0.35mg/kg的赛拉嗪（20mg/mL）将快速提供镇痛效果，但持续时间相似（226min）（Makady et al., 1991）。氯胺酮可以1mg/kg单独使用或与赛拉嗪一起使用。硬膜外添加氯胺酮可能导致平卧，不建议用于站立治疗（Sarrafzadeh-Rezaei et al., 2007）。对于需要镇痛的平卧麻醉驴，可采用硬膜外给药，如赛拉嗪（0.35mg/kg）和氯胺酮（1.8mg/kg）。起效时间为5min，作用时间为70min（Alkattan, 2012）。关于阿片类药物对驴的麻醉作用，我们所知甚少；然而，最近的一项研究表明，吗啡可以减轻驴的慢性肿瘤疼痛。本例患病动物右腿横纹肌肉瘤，行硬膜外置导管3d。吗啡0.1mg/kg，曲马多0.5mg/kg，每日共给药20mL，这样不仅能让躺着的驴站立，还能让它们吃得更好。这头驴也能够用前肢走路，尽管不能承受患肢的总重量。于术后第4d进行安乐死，并于术后第4d将20mL亚甲蓝染色液注入根管。尸检发现硬膜外管从第一尾间隙至腰骶关节处有亚甲蓝染色。虽然疼痛并没有完全消除，但驴的疼痛减轻了一些（Faleiros et al., 2004）（图11.6）。

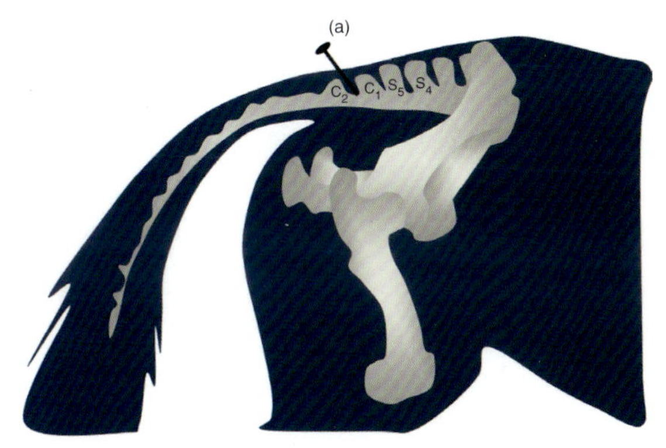


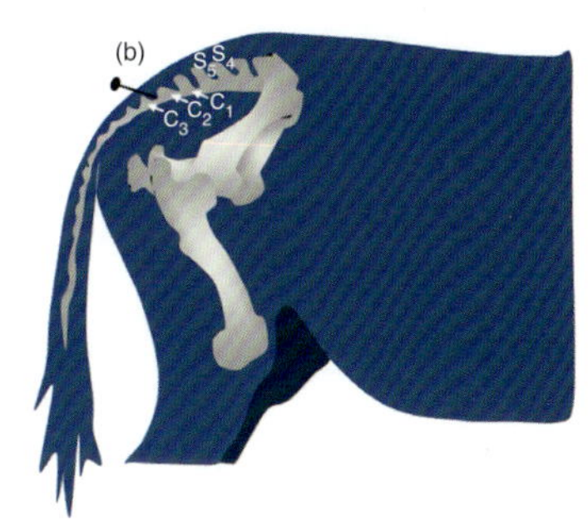


**图11.6** 马（a）和驴（b）。尾侧硬膜外麻醉通常在马的第一和第二尾椎之间进行。驴的理想位置是在第二和第三尾椎之间。来源：经许可引自Kristen Cooley。

## 曲马多

驴体内的曲马多高度代谢为M2（非活性形式），这使得这种镇痛药物在临床上的效果不如人类，但在马中更有效（Giorgi et al., 2009）。缓慢地给药曲马多（2.5mg/kg）对驴没有已知的不良反应。建议将口服剂量增加3倍，以维持相同的药代动力学（Giorgi et al., 2009）。

## 氯胺酮

氯胺酮在驴中用作抗痛觉过敏药，可降低中枢敏化作用。氯胺酮在驴中的代谢比在马中更快（Taylor & Matthews, 1998），所以应使用0.4–0.6mg/（kg·h）的CRI。

## 非躺卧患病动物镇痛

可以为非躺卧患病动物使用各种药物组合提供适当的镇痛措施（见表11.4）。

疼痛管理不当是普遍现象，因为在驴中并非总是容易识别疼痛。无法识别的疼痛可能导致不良的生理后果。需要进一步的研究来设计一种理想的评估工具来测量驴的疼痛。每头驴，无论是小型的还是大型的，都应根据个体情况使用镇痛药。地理区域（例如，加勒比海、英国、埃及和印度）和物种类型也可能影响疼痛和/或药物代谢的表达。镇痛剂的选择与其他物种相似，但是需要更多的科学数据来进一步了解驴并控制驴的疼痛。

**表11.4** 驴镇痛剂量表

| 药物 | 剂量/体重kg | IV起效时间（min） | 持续时长（min） |
|---|---|---|---|
| | α-2 肾上腺素受体激动剂 | | |
| 赛拉嗪 | 1.1mg | 5 | ＞30 |
| 地托咪定 | 10–40μg<br>凝胶1mL每125–200kg | 5–10<br>35–45（透黏膜） | 60 |
| 罗米非定 | 0.1 | 5–10 | ＞120 |
| 右美托咪定 | 3.5μg | 5 | 60 |
| 美托咪定 | 5μg | 5 | 60 |
| 药物 | 剂量/体重kg | 起效时间（min） | 持续时长（min） |
| | 硬膜外腔麻醉 | | |
| 利多卡因 | 0.35mg | 5–10 | 最多120 |
| 布比卡因 | 0.06–0.08mg | 30–45 | 80–240 |
| 赛拉嗪 | 0.1–0.3mg | 5–10 | 最多226 |
| 吗啡 | 0.1mg | 20–30 | 18–24 |
| 曲马多 | 0.5mg | 35–45 | 60 |
| 氯胺酮 | 0.5–1mg | | |

**续表**

| 药物 | 剂量/体重kg | 药物 | 剂量/体重kg |
| --- | --- | --- | --- |
| **阿片类药物** | | **非甾体抗炎药** | |
| 布托啡诺 | 10–50μg | 保泰松 | 4.4mg（IV和PO BID–TID） |
| 丁丙诺啡 | 6μg | 氟尼辛葡甲胺 | 1.0mg（SQ? IV TID） |
| 吗啡 | 0.1–0.3 | 美洛昔康 | 0.6mg（IV） |
| **其他** | | 卡洛芬 | 0.7mg（IV和PO SID） |
| 氯胺酮 | 0.4–0.6mg | 维多诺芬 | 2 mg，然后1mg（IV和PO BID） |
| 曲马多 | 2.5 IV（7.5 PO） | 非罗考昔 | |
| **（CRI）联合** | | | |
| 布托啡诺：利多卡因：氯胺酮 | 0.02–0.04 mg/（kg·h）：1.5 mg/（kg·h）：0.4–0.6 mg/（kg·h） | | |
| 丙泊酚：右美托咪定：全静脉麻醉 | 12mg/（kg·h）：2μg/（kg·h） | | |
| 地托咪定：利多卡因：氯胺酮 | 8–10μg/（kg·h）：1.5mg/（kg·h）：0.4–0.6mg/（kg·h） | | |
| 美托咪定 | 3μg/（kg·h） | | |

来源：引自 Alkattan, 2012; Amin et al., 2012; Coakley et al., 1999; Faleiros et al., 2004; Giorgi et al., 2009; Grosenbaugh et al., 2011; Joubert et al., 1999; Lizarraga et al., 2004; Lizarraga & Beths, 2012; Lizarraga & Janovyak, 2013; Makady et al., 1991; Matthews & Van Dijk, 2004; Matthews et al., 2009; Matthews, 2010; Mealey et al., 1997; Mealey et al., 2004; Mostafa et al., 1995; Portier et al., 2009; Sarrafzadeh-Rezaei et al., 2007; Taylor & Matthews, 1998。

## 结论

大型动物兽医技术人员在马匹护理中发挥重要作用，并积极倡导为其患病动物提供治疗。兽医技术人员应该对马的疼痛生理、疼痛评估/疼痛程度有透彻的了解，并认识与马的疼痛有关的行为变化。除了提供标准的护理服务外，技术人员还经常使用镇痛药，作为护理期间或麻醉期间的一种治疗方法。必须有透彻的药理知识基础，包括药物相互作用和潜在的不良反应。识别疼痛只是迈向适当的疼痛管理的第一步，它可以明显改善马的生活质量。

## 推荐阅读


[1] Ali, M.A. & Essa, M.M. (1993) Analgesia of the external ear in donkeys. *Assiut Veterinary Medical Journal*, **29** (58), 154–158.

[2] Alkattan, L.M. (2012) Analgesia and anesthesia with epidural Xylazine/Ketamine in donkeys. *Diagnostic and Therapeutic Study*, **1** (**2**), 37–44.

[3] Amin, A.A., Ali, A.F. & Mutheffer, E.A. (2012) Biochemical changes induced by general anesthesia with romifidine as a premedication, midazolam and ketamine induction and maintenance by infusion in donkeys. *Iraqi Journal of Veterinary Sciences*, **26** (**Suppl II**), 19–22.

[4] Ashley, F.H., Waterman-Pearson, A.E. & Whay, H.R. (2005) Behavioural assessment of pain in horses and donkeys: application to clinical practice and future studies. *Equine Veterinary Journal*, **37**, 565–575.

[5] Baller, L. & Hendrickson, D. (2002) Management

of equine orthopedic pain. *The Veterinary Clinics: Equine Practice*, **18**, 117–131.

[6] Belknap, J. (2001) Update on equine therapeutics: medical treatment options in equine laminitis. *Compendium*, **23**, 918–921.

[7] Bertone, J., Lynn, R., Vatistas, N. J., Kelch, W. J., Sifferman, R. L. & Helper, D. I. (2002) Clinical field trial to evaluate the efficacy of topically applied diclofenac liposomal cream for the relief of joint lameness in horses. *Proceedings of the Annual Convention of the AAEP 2002*, www.ivis.org [accessed on May 11, 2014].

[8] Bidwell, L. (2008) From the vet ... equine pain management. *Rood and Riddle Equine Hospital Newsletter*. http://www.roodandriddle.com/wp-content/uploads/ 2010/09/Equine-Pain-Management.pdf [accessed on May 11, 2014].

[9] Bidwell, L. (2009) Multimodal pain management of the horse with the acute abdomen. N. Robinson & K. Sprayberry (eds), *Current Therapy in Equine Medicine 6*, Saunders Elsevier, St. Louis, MO, pp. 386–388.

[10] Bidwell, L. (2013) Anesthesia for dystocia and anesthesia of the equine neonate. *Equine Veterinary Clinics*, **29**, 215–222.

[11] Burnham, S.L. (2002) Anatomical differences of the donkey and mule. *American Association of Equine Practitioners*, **48**, 102–109.

[12] Byron, C. (2007) Making the rounds: case notes and commentary—glucocorticoids in the management of equine back pain. *Compendium Equine*, **2** (5), 260–265.

[13] Chaudhary, R., Saini, N. & Rampal, S. (1998) Plasma level and half-life of paracetamol in donkeys following intramuscular administration. *Centaur (Mylapore)*, **15** (2), 55–57.

[14] Clark, L., Clutton, R.E., Blissitt, K.J. & Chase-Topping, M.E. (2008) The effects of morphine on the recoveryof horses from halothane. *Veterinary Anaesthesia and Analgesia*, **35** (**1**), 22–29.

[15] Clutton, E. (2010) Opioid analgesia in horses. W. Muir (ed), *Veterinary Clinics of North America: Equine Practice: Pain in Horses: Physiology, Pathophysiology and Therapeutic Implications*, W.B. Saunders, Philadelphia, PA, pp. 493–514.

[16] Coakley, M., Peck, K.E., Taylor, T.S., Matthews, N.S. & Mealy, K.L. (1999) Pharmacokinetics of flunixin meglumine in donkeys, mules and horses. *American Journal of Veterinary Research*, **60**, 1441–1444.

[17] Crane, M. (2002) Colic in the donkey. *Proceedings of the 41st British Equine Veterinary Association Congress*, September 11–14, Glasgow, UK. Equine Veterinary Journal Ltd., Newmarket, pp. 33–34.

[18] Davis, J. (2009) Equine pharmacology. *D. Reeder, S. Miller, D. Wilfong, M. Leitch & D. Zimmel (eds),* AAEVT'S Equine Manual for Veterinary Technicians, Wiley-Blackwell, Ames, IA, pp. 165–187.

[19] De Rossi, R., Pagliosa, R.C., Pagliosa, R., Jardim, P.H.A., Maciel, F.B. & Macedo, G.G. (2012) Comparison of analgesic effects of caudal epidural 0.25% bupivicaine with bupivicaine plus morphine or bupivicaine plus ketamine for analgesia in conscious horses. *Journal of Equine Veterinary Science*, **32**, 190–195.

[20] Doherty, T. & Seddighi, M. (2010) Local anesthetics as pain therapy in horses. W. Muir (ed), *Veterinary Clinics of North America: Equine Practice: Pain in Horses: Physiology, Pathophysiology and Therapeutic Implications*, W.B. Saunders, Philadelphia, PA, pp. 533–550.

[21] Driessen, B. (2007) Pain: systemic and local/regional drug therapy. *Clinical Techniques in Equine Practice*, **6**, 135–144.

[22] Driessen, B., Bauquier, S.H. & Zarucco, L. (2010) Neuropathic pain management in chronic laminitis. *Veterinary Clinics of North America: Equine Practice*, **26**, 315–337.

[23] Du Toit, N., Burden, F.A., Getachew, M. *et al.* (2010) Idiopathic typhlocolitis in 40 aged donkeys. *Equine Veterinary Education*, **22**, 53–57.

[24] Eades, S., Holm, A. & Moore, R. (2002) A review of the pathophysiology and treatment of acute laminitis: pathophysiologic and therapeutic implications of endothelin-1. *AAEP Proceedings*. p. 48. www.ivis.org [accessed on May 11, 2014].

[25] Faleiros, R., Alves, G., Andrade, V. *et al.* (2004) Epidural analgesia with tramadol and morphine in a donkey with oncologic pain. *Journal of Veterinary Emergency and Critical Care Society*, **S1**, S14.

[26] Fletcher, B.W. (2004) How to perform effective equine dental nerve blocks. *50th Annual Convention of the AAEP,* December 4–8, Denver, CO. AAEP, Lexington, KY.

[27] Giorgi, M., Del Carlo, S., Sgorbini, M. & Saccomanni, G. (2009) Pharmacokinetics of tramadol and its metabolites M1, M2 and M5 in donkeys after intravenous and oral immediate release single-dose administration. *Journal of Equine Veterinary Science*, **29**, 569–574.

[28] Goodrich, L. (2009) Strategies for reducing the complication of orthopedic pain postoperatively. *Equine Veterinary Clinics*, **24**, 611–620.

[29] Grint, N.J. (2012) Do donkeys have different

pain processing compared to other equidae? PhD thesis, University of Bristol, Bristol.

[30] Grosenbaugh, D.A., Reinemeyer, C.R. & Figueiredo, M.D. (2011) Pharmacology and therapeutics in donkeys. *Equine Veterinary Education*, **23**, 523–530.

[31] Hanson, P. (2007) Equioxx effective in equine pain control. ACVIM 2007 Merial press briefing. *Veterinary Forum*, **24**, 7.

[32] Hillman, R., Orsini, J. & Divers, T. (1998) Reproductive system. J.A. Orsini & T.J. Divers (eds), *Orsini and Divers Manual of Equine Emergencies: Treatments and Procedures*, W.B. Saunders, Philadelphia, PA, pp. 405–434.

[33] Johnson, P., Messer, N. *et al.* (2004) Glucocorticoids and laminitis in horses. *Compendium Equine*, **26** (7), 547–558.

[34] Joubert, K.E., Briggs, P., Gerber, D. *et al.* (1999) The sedative and analgesic effects of detomidine-butorphanol and detomidine alone in donkeys. *Journal of the South African Veterinary Association*, **70** (3), 112–118.

[35] Lamont, L. & Matthews, K. (2007) Opioids, nonsteroidal anti-inflammatories, and analgesic adjuvants. J.C. Thurmon, W.J. Tranquilli & G.J. Benson (eds), *Lumb & Jones' Veterinary Anesthesia and Analgesia*, 4th edn, Blackwell Publishing, Ames, IA, pp. 241–273.

[36] Lerche, P. & Muir, W. (2009) Perioperative pain management. W. Muir & J. Hubbell (eds), *Equine Anesthesia Monitoring and Emergency Therapy*, 2nd edn, Saunders Elsevier, St. Louis, MO, pp. 369–378.

[37] Lizarraga, I. & Beths, T. (2012) A comparative study of xylazine-induced mechanical hypoalgesia in donkeys and horses. *Veterinary Anaesthesia and Analgesia*, **39**, 533–538.

[38] Lizarraga, I. & Janovyak, E. (2013) Comparison of the mechanical hypoalgesic effects of five α2-adrenoceptor agonists in donkeys. *Veterinary Record*, **173** (**12**), 294.

[39] Lizarraga, I., Sumano, H. & Brumbaugh, G.W. (2004) Pharmacological and pharmacokinetic differences between donkeys and horses. *Equine Veterinary Education*, **6**, 130–144.

[40] Loberg, J. (2010) Equine essentials: foal physiology and special considerations during anesthesia. *Veterinary Technician*, **31** (**2**), E1–E6.

[41] Lu, K., Barr, B.S., Embertson, R. & Schaer, B.D. (2006) Dystocia- a true equine emergency. *Clinical Techniques in Equine Practice*, **5**, 145–153.

[42] Mahmood, K.T. & Ashraf, M. (2011) Pharmacokinetics of meloxicam in healthy donkeys. *Pakistan Journal of Zoology*, **43** (5), 897–901.

[43] Mair, T. (2008) Medical management of gastrointestinal diseases. N. White, J. Moore & T. Mair (eds), *The Equine Acute Abdomen*, Teton NewMedia, Jackson, WY, pp. 294–308.

[44] Makady, F.M., Seleim, S.M., Seleim, M.A. & Abdel-All, T.S. (1991) Comparison of lidocaine and xylazine as epidural analgesics in donkeys. *Assiut Veterinary Medical Journal*, **25**, 189–195.

[45] Matthews, N.S. (2010) Donkey anesthesia and analgesia—not just small horses. *NAVC Conference*, January, Orlando, FL, pp. 200–210.

[46] Matthews, N.S. & Van Dijk, P. (2004) Anesthesia and analgesia for donkeys. N.S. Matthews & T.S. Taylor (eds), *Veterinary Care of Donkeys*. International Veterinary Information Service, Ithica, NY.

[47] Matthews, N.S., Grosenbaugh, D., Kvaternick, T. *et al.* (2009) Pharmacokinetics and oral bioavailability of firocoxib in donkeys. Abstracts presented at the 10th World Congress of Veterinary Anaesthesia, 31st August–4th September 2009, Glasgow, UK. *Veterinary Anaesthesia and Analgesia*, **37**, 13.

[48] McCluskie, L.K. & Tremaine, W.H. (2009) Surgical removal of an aural sarcoid in a donkey using ultrasonic shears. *Veterinary Record*, **164**, 561–563.

[49] McCoy, A.M., Schaefer, E. & Malone, E. (2007) How to perform effective blocks of the equine ear. *Proceedings of the American Association of Equine Practitioners*, **53**, 397–398.

[50] McKenzie, H. & Furr, M. (2001) Equine neonatal sepsis: the pathophysiology of severe inflammation and infection. *Compendium*, 23 (7). http://www.vetlearn.com/compendium/equine-neonatal-sepsis-the-pathophysiology-of-severe-inflammation-and-infection [accessed June 5, 2014].

[51] Mealey, K.L., Matthews, N.S., Peck, K.E. *et al.* (1997) Comparative pharmacokinetics of phenylbutazone and its metabolite oxyphenbutazone in clinically normal horses and donkeys. *American Journal of Veterinary Research*, **58** (**1**), 53–55.

[52] Mealey, K.L., Matthews, N.S., Peck, K.E., Burchfield, M.L., Bennett, B.S. & Taylor, T.S. (2004) Pharmacokinetics of R(-) and S(+) carprofen after administration of racemic carprofen in donkeys and horses. *American Journal of Veterinary Research*, **65**, 1479–1482.

[53] Michou, J. & Leece, E. (2012a) Sedation and analgesia in the standing horse 1. Drugs used for sedation and analgesia. *Practice/Equine Practice*,

34, 524–531.
[54] Michou, J. & Leece, E. (2012b) Sedation and analgesia in the standing horse 2. Local anesthesia and analgesia techniques. *Practice/ Equine Practice*, **34**, 578–588.
[55] Miscovic, M., Couetil, L. (2009) Pleuropneumonia. Robinson, N., Sprayberry, K. (eds.) *Current Therapy in Equine Medicine 6*. Saunders Elsevier, St. Louis, MO, pp. 292–295.
[56] Morrow, L.D., Smith, K.C., Piercy, R.J. *et al.* (2011) Retrospective analysis of post-mortem findings in 1,444 aged donkeys. *Journal of Computational Pathology*, **144**, 145–156.
[57] Mostafa, M.B., Farag, K.A., Zomor, E. & Bashandy, M.M. (1995) The sedative and analgesic effects of detomidine (domosedan) in donkeys. *Journal of Veterinary Medicine Series A*, **42**, 351–356.
[58] Muir, W. (2009) Anxiolytics, Nonopioid sedative-analgesics & Opioid Analgesics. W. Muir & J. Hubbell (eds), *Equine Anesthesia Monitoring and Emergency Therapy*, 2nd edn, Saunders Elsevier, St. Louis, MO, pp. 185–203.
[59] Muir, W. (2010a) Pain mechanisms and management in the horse. W. Muir (ed), *Veterinary Clinics of North America: Equine Practice: Pain in Horses: Physiology, Pathophysiology and Therapeutic Implications*, W.B. Saunders, Philadelphia, PA, pp. 467–480.
[60] Muir, W. (2010b) NMDA receptor antagonists and pain: ketamine. W. Muir (ed), *Veterinary Clinics of North America: Equine Practice: Pain in Horses: Physiology, Pathophysiology and Therapeutic Implications*, W.B. Saunders, Philadelphia, PA, pp. 565–578.
[61] Nann, L. (2010) Equine anesthesia. S. Bryant (ed), *Anesthesia for Veterinary Technicians*, Wiley-Blackwell, Ames, IA, pp. 357–371.
[62] Olmos, G, McDonald, G.A., Elphick, F., *et al.* (2011) A case study to investigate how behaviour in donkeys changes through progression of disease. *48th Congress of the International Society for Applied Ethology*, July 31–August 4, Indianapolis, IN, p. 20.
[63] Palmer, D & Lee. Canine and Feline Pharmacology: Inter-and Intra-species Differences in Drug Pharmacokinetics & Pharamcodynamics. VSPN continuing education. 2009.
[64] Porter, M. (2009) Common equine medical emergencies. D. Reeder, S. Miller, D. Wilfong, M. Leitch & D. Zimmel (eds), *AAEVT's Equine Manual for Veterinary Technicians*, Wiley-Blackwell, Ames, IA, pp. 341–354.
[65] Portier, K., Jaillardon, L., Leece, E. *et al.* (2009) Castration of horses under total intravenous anaesthesia: analgesic effects of lidocaine. *Veterinary Anaesthesia and Analgesia*, **36**, 173–179.
[66] Regan, R. *et al.* (2012) Assessing pain behaviour in working donkeys Identifying pain-related behaviours using response to analgesia in an observer-blinded, placebo-control trial of the non-steroidal anti-inflammatory drug, meloxicam. *Equine Veterinary Journal.*
[67] Robertson, S. (2012) Analgesia in foals. *Compendium*. www.vetlearn.com [accessed on May 11, 2014].
[68] Robertson, S. & Sanchez, L. (2010) Treatmentof visceral pain in horses. W. Muir (ed), *Veterinary Clinics of North America: Equine Practice: Pain in Horses: Physiology, Pathophysiology and Therapeutic Implications*, W.B. Saunders, Philadelphia, PA, pp. 603–618.
[69] Roy, R.C., Eager, R., Regan, F. & Langford, F. (2010) Controlled field trial of a behavioural pain assessment tool in donkeys. *Sixth International Colloquium on Working Equids*, November 29–December 2, 2010, New Delhi, India.
[70] Sarrafzadeh-Rezaei, F., Rezazadeh, F. & Behfar, M. (2007) Comparison of caudal epidural administration of lidocaine and xylazine to xylazine/ketamine combination in donkey (Equus asinus) Iranian Journal of. *Veterinary Surgery*, **2** (5), 7–15.
[71] Sinclair, M.D., Mealey, K.L., Matthews, N.S. *et al.* (2006) Comparative pharmacokinetics of meloxicam in clinically normal horses and donkeys. *American Journal of Veterinary Research*, **67** (**6**), 2625–2627.
[72] Skarda, R., Muir, W. & Hubbell, J. (2009) Local anesthetic drugs and techniques. W. Muir & J. Hubbell (eds), *Equine Anesthesia Monitoring and Emergency Therapy*, 2nd edn, Saunders Elsevier, St Louis, MO, pp. 210–242.
[73] Sweeney, C.R. (2002) Equine restrictive lung disease. Part 2: pleuropneumonia. P. Lekeux (ed), *Equine Respiratory Diseases*. International Veterinary Information Service, Ithaca, NY.
[74] Taylor, T.S. & Matthews, N.S. (1998) Mammoth asses—selected behavioural considerations for the veterinarian. *Applied Animal Behaviour Science*, **60**, 283–289.
[75] Trawford, A.F. & Crane, M.A. (1995) Nursing care of the donkey. *Equine Veterinary Education*, 7, 36–38.
[76] Tremaine, W.H. (2007) Local analgesic techniques for the equine head. *Equine Veterinary Education*, **19**, 495–503.

[77] Trim, C. & Moore, J. (2007) Horses with colic. J.C. Thurmon, W.J. Tranquilli & G.J. Benson (eds), *Lumb & Jones' Veterinary Anesthesia and Analgesia*, 4th edn, Wiley-Blackwell, Ames, IA, pp. 1019–1026.

[78] van Weeren, P.R. & de Grauw, J. (2010) Pain in osteoarthritis. W. Muir (ed), *Veterinary Clinics of North America: Equine Practice: Pain in Horses: Physiology, Pathophysiology and Therapeutic Implications*, W.B. Saunders, Philadelphia, PA, pp. 619–642.

[79] W[illegible], K. (2010) *Equine Epidural Anesthesia Techniques*, Articles for veterinary interns. New Bolton Center, University of Pennsylvania, Philadelphia, PA.

[80] Whitehead, G., French, J. & Ikin, P. (1991) Welfare and veterinary care of donkeys. *Practice*, **13**, 62–68.

[81] Wrobel, K.H. & Moustafa, M.N. (2000) On the innervation of the donkey testis. *Annals of Anatomy*, **180**, 13–22.

[82] Yaksh, T. (2010) The pain state arising from the laminitic horse: insights into future analgesic therapies. *Journal of Equine Veterinary Science*, **30** (2), 79–82.

[83] Yamashita, K. & Muir, W. (2009) Intravenous anesthetic and analgesic adjuncts to inhalantion anesthesia. W. Muir & J. Hubbell (eds), *Equine Anesthesia Monitoring and Emergency Therapy*, 2nd edn, Saunders Elsevier, St. Louis, MO, pp. 260–276.

[84] Yousef, M.K., Dill, D.B. & Mayes, G. (1970) Shifts in body fluids during dehydration in the burro, Equus asinus. *Journal of Applied Physiology*, **29**, 345–349.

[85] *The rules have changed: the competition is no longer stacked*. http://www.equioxx.com/ SiteCollection Documents/equioxx_nsaid:rules_ have_changed.pdf [accessed on May 11, 2014].

[86] *Surpass*®. http://www.fda.gov/ downloads/ Animal Veterinary/ Products/ Approved Animal Drug Products/ DrugLabels/ UCM050413.pdf [accessed on May 11, 2014].

# 第12章 家畜和骆驼镇痛

12

Mary Ellen Goldberg

直到现在，家畜的疼痛管理一直被兽医人员和宠主忽视，最主要的原因是成本问题。家畜一直被视为服务于一种目的的生物——一种为其所有者赚钱的商品。1967年，随着农场动物福利咨询委员会的成立，各机构开始更密切地关注动物福利，并提出改善这些动物生活质量的建议（五项自由）。委员会的第一个指导方针建议，动物需要自由地站起来，躺下，转身，梳理自己和伸展四肢。

Temple Grandin博士在畜牧业中对动物行为的研究表明，动物（家畜）不仅仅是被拥有的物品，它们也能感受到疼痛和折磨（Grandin, 2001；Grandin, 2002）。

兽医技术人员和护士有道德义务倡导家畜应与其他动物达到相同的镇痛标准（表12.1）。

**框12.1　被称为五项自由的指导方针**

- 远离饥渴自由：随时能获得淡水和饮食以保持充分的健康和活力
- 避免不适自由：提供适当的环境，包括居所和舒适的休憩地方
- 免于疼痛、伤害和疾病自由：预防或快速诊断和治疗
- 表达正常行为的自由：提供足够的空间，适当的设施，和动物自己的同伴
- 免于恐惧和痛苦：确保避免精神痛苦的条件和治疗

## 牛

### 牛的药物

有好几种给药途径可用于给牛镇痛。全身性治疗包括注射具有系统活性的镇痛药，而局部技术如硬膜外麻醉、静脉区域麻醉（IVRA）和局部神经阻滞的使用可对特定区域产生镇痛作用（Hudson et al., 2008）。有关特定镇痛药物的更多信息，请参见第4章。

#### 阿片类药物

阿片类药物可以作用于所有级别的疼痛通路，并可能被用于靠近活动部位的治疗，如关节内局部活动、脊髓外活动和大脑系统活动

**框12.2 食用动物的镇痛存在问题的原因（Coetzee, 2013a）**

- 坚忍物种的疼痛识别十分困难
- 美国食品和药物管理局没有批准镇痛剂用于家畜
- 镇痛剂的使用由兽医决定。这是由《动物药物使用说明法》（AMDUCA）规定的这些药物的额外标签使用，适用于适当的肉类和牛奶的休药期
- 镇痛活性与给药之间的延迟
- 给镇痛药可能涉及一个不方便的给药方式，需要额外的训练
- 多数镇痛药半衰期短，必须经常重复使用
- 目前还没有确定给予镇痛剂是否可以改善动物健康和表现，从而获取收益以支付治疗的费用

（Valverde & Doherty, 2009）。阿片类药物在反刍动物中的使用并不频繁，尽管在使用皮肤热刺激和机械刺激疼痛模型的实验设置中已经被证明是有用的（Valverde & Doherty, 2009）。在牛身上使用时，大多数阿片类药物是经硬膜外、关节内或鞘内给药。目前美国还没有批准用于牛的麻醉性镇痛药（Coetzee, 2013b）（图12.1）。

**框12.3 最容易引起牛疼痛的手术（Shaffran & Grubb, 2010）**

| 手术 | 疼痛程度 |
|---|---|
| 胃肠道手术 | 重度 |
| 皱胃固定术 | 中度 |
| 断爪术 | 中度到重度 |
| 断角术 | 中度到重度 |
| 乳头手术 | 中度到重度 |
| 去势术 | 中度 |
| 剖腹产 | 中度到重度 |

## 非甾体抗炎药

由于其镇痛和抗炎作用，英国兽医使用非甾体抗炎药（NSAIDs）比任何其他镇痛药都要频繁。因此，非甾体抗炎药是理想的治疗药物，如肌肉骨骼疼痛、跛行、手术程序（如阉割和除角）或乳腺炎。在即将返回牧群的肉牛中，一次注射是有可能的。像氟尼辛和酮洛芬等药物需要每天至少给药2次，而卡洛芬、美洛昔康和苯丁酮只需要每天给药1次或2–3d给药1次。

**表12.1** 牛最常见的疼痛病情

| 疼痛的来源 | 症状/严重程度 | 处理方法 |
|---|---|---|
| **肌肉骨骼痛**<br>脚和关节问题 | 中度至重度跛行；比平时更频繁地躺着；厌食症；牛奶产量下降（奶牛） | 非甾体抗炎药，一般的足部护理，可能需要抗生素，局部麻醉剂用于诊断，局部麻醉灌注；可能需要手术 |
| **软组织疼痛**<br>胃肠道疼痛；绞痛 | 轻微至严重的疼痛；一般不安；收拢腹部站立；夜间磨牙症 | 需要治疗，可能需要手术。对于急性疼痛：非甾体抗炎药、阿片类药物、α-2受体激动剂、抗痉挛药、CRI、替代疗法等，均可纳入方案。对于慢性疼痛：取决于绞痛的原因 |
| **乳腺炎疼痛** | 由轻微至严重根据发炎的程度而定；步态僵硬，不愿移动，踢乳房，乳房红肿 | 非甾体抗炎药，抗生素，感染区的切除 |

来源：引自Shaffran & Grubb, 2010。

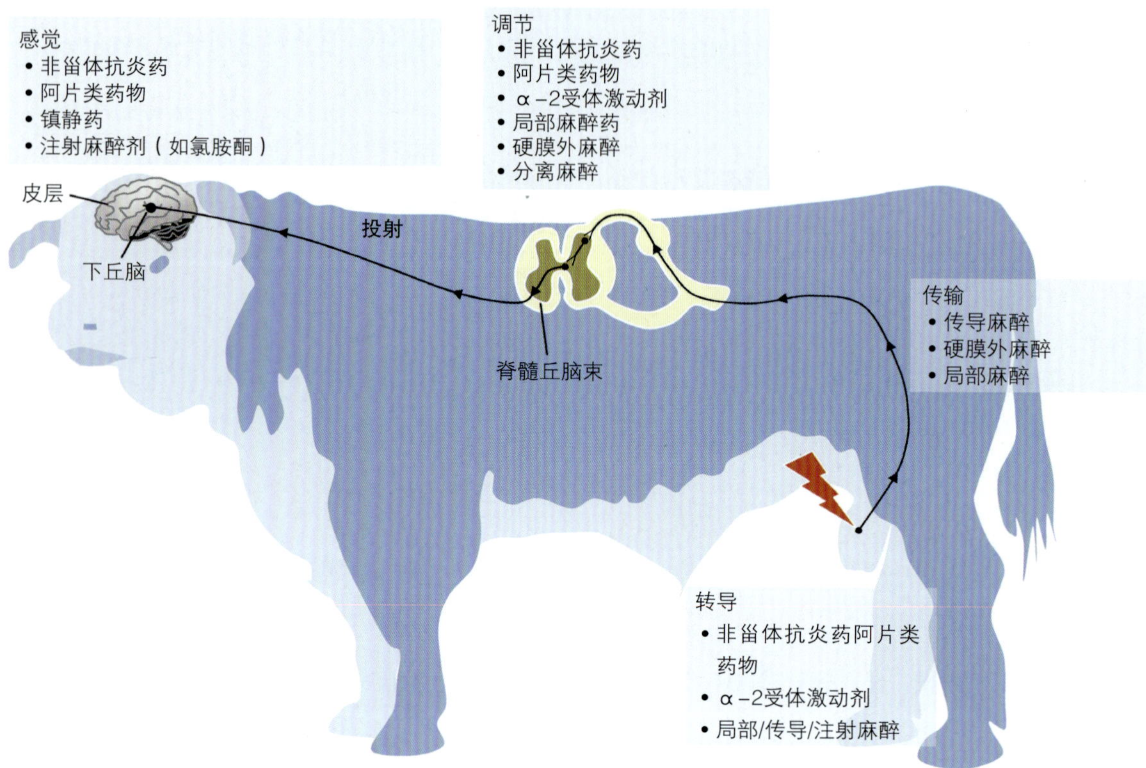


**图12.1** 牛的痛觉通路，指示镇痛药物活动的靶受体的解剖位置。资料来源：Kristen Cooley提供。

牛最常用的非甾体抗炎药如下（Coetzee, 2013b）：

- 氟尼辛葡甲胺：批准用于炎症，但不用于镇痛
- 保泰松：绝对禁止对20个月以上的哺乳期的奶牛用药
- 酮洛芬
- 水杨酸衍生物
- 卡洛芬
- 美洛昔康

## α-2肾上腺素能受体激动剂

α-2肾上腺素能受体激动剂对牛产生镇静、化学抑制和镇痛作用。赛拉嗪是最常用的α-2肾上腺素能受体激动剂，用于牛，欧盟批准其肌内注射（IM）剂量为0.05-0.3mg/kg。低剂量给药使肌肉张力略有下降，但仍能保持站立的能力。高剂量可引起卧位、深度镇静和一定程度的镇痛。为了减少瘤胃鼓胀的风险和瘤胃内容物的误吸，建议在大剂量的赛拉嗪给药前，对牛进行饥饿处理（Coetzee, 2013b）。由于这种药物的镇静和镇痛作用，α-2受体激动剂在某些类型的手术中更有用，如成年牛侧剖腹手术、剖腹产、脐疝修补、皱胃的左右变位、乳头手术；它们不应该用于提供长期镇痛（Hudson et al., 2008）。常用于反刍动物的α-2受体激动剂包括赛拉嗪、地托咪定、美托咪定、罗米非定。α-2肾上腺素能受体位于棘上和脊柱。在脊髓中，发现α-2受体位于背角的浅层中（Valverde & Doherty, 2009）。由于α-2受体的分布，建议在反刍动物全身和硬膜外或蛛网膜下腔施用α-2受体激动剂。

### NMDA受体

氯胺酮由于对N-甲基-D-冬氨酸（NMDA）受体具有拮抗作用，所以在亚麻醉剂量下具有辅助镇痛作用，尽管目前还没有关于氯胺酮在这些物种中应用的报道（Valverde & Doherty, 2009）。然而，已经有牛在硬膜外使用氯胺酮的报道（Lee et al., 2003）。

## 区域麻醉和镇痛

### 局部麻醉药物

局部麻醉药是在食用动物中最常见的预防性镇痛药物（Muir et al.,1995）。局麻药（如利多卡因、布比卡因、罗哌卡因、美比卡因）阻断钠通道，防止痛觉感受器去极化。局部麻醉药用于通过局部阻滞提供麻醉，这些阻滞可以通过神经周围注射、皮肤神经末梢的浸润或脊髓附近的沉积（硬膜外和蛛网膜下腔）进行，所有这些都可以进行外科手术（Valverde & Doherty, 2009）。局麻药可导致感觉、运动和交感神经纤维完全阻滞。利多卡因起效迅速（2-5min），中等持续时间（90min）（Coetzee, 2013b）。由于布比卡因和罗哌卡因对运动A纤维的作用减弱（与剂量相关），它们可以在对运动功能损害最小的情况下提供感觉麻醉（Valverde & Doherty, 2009）（表12.2）。

### 静脉注射区域麻醉

静脉注射麻醉（IVRA）可导致应用止血带的远端肢体脱敏，对于足部疼痛的手术（如足部丁术和严重的爪角病变的治疗）非常有用。但在治疗牛跛行时使用不足（Hudson et al., 2008）。使用利多卡因时，在胫骨中部应用止血带，对足背静脉皮肤消毒。之后静脉注射2%利多卡因的牛和小反刍动物分别使用利多卡因20mL和4mL。为了长期控制疼痛，可将40-100mg吗啡直接注射到足背静脉或滑膜结构中（George, 2003）。止血带一旦松开，镇痛作用终止；因此，通常建议同时使用非甾体抗炎药来长期缓解疼痛。

### 乳头阻滞

由于大多数奶牛都习惯了挤奶时的约束和处理，所以乳头的手术通常可以在奶牛站立的情况下进行。站立式手术是预防乳房创伤的首选方法。大部分的乳头手术都是在局部麻醉下进行的（Anderson & Edmondson, 2013）。

**表12.2**　常用于牛的神经阻滞

| 神经阻滞 | 镇痛的区域 | 注释 |
|---|---|---|
| 脊柱旁 | 侧部 | 快速简单的方法为侧腹手术提供麻醉 |
| 角 | 小牛的角和周围的皮肤 | 对成年牛无效 |
| 眼球后 | 眼及附属器官 | 可能导致附件结构损坏；通常用于摘除眼球 |
| 皮特森 | 眼睛和附属器官，除了眼睑 | 破坏小于球后阻滞；摘除眼球时需要另外麻醉眼睑 |
| 眼睑肌 | 眼睑（仅限运动功能） | 提供眼睑麻痹但不能去敏感化 |
| 腓总神经与胫总神经 | 跗关节远端的后肢 | 能很好地替代静脉局部麻醉，虽然技术上比较困难 |
| 睾丸内 | 睾丸和精索 | 用于绝育 |

来源：引自Hudson et al., 2008。

## 环状阻滞

环状阻滞是乳头外科手术中常用的方法。使用一个25G的1.5cm针，大约5mL的局麻药被注射到皮肤和环绕乳头底部的肌肉组织中（Anderson & Edmondson, 2013）。

## 乳头池的输注

可以将乳头池注入局部麻醉剂，以协助仅涉及黏膜的手术（例如，去除息肉）。在注入乳头之前，应先将乳头池挤干，然后彻底清洁孔口。然后将止血带（橡皮筋）以足够的张力放在乳头的底部，以防止乳房和乳头池之间泄漏。引入无菌乳头插管，并注入约10mL局麻药以填充乳头池。移除乳头插管，并挤出剩余的麻醉剂。手术结束后，将止血带移除。使用这种技术不会使肌肉和皮肤疼痛（Anderson & Edmondson, 2013）（图12.2）。

## 硬膜外镇痛

尾端硬膜外麻醉在牛身上很容易应用，而且多种药物已被证明是有效的。骶尾部高硬膜外腔（S5-Co1）使骶神经S2、S3、S4和S5脱敏。尾骨第一间隙（Co1-Co2）的低尾硬膜外麻醉使骶神经S3、S4和S5脱敏。随着麻醉剂量的增加，通向S2的神经也可能受到影响（Noordsy & Ames, 2006）。麻醉剂被注入硬膜外间隙，以使脊髓外的神经脱敏。低容量硬膜外麻醉（4-6mL注射溶液用于成年牛）是最常见的，用于生殖道、直肠和会阴区域的麻醉，并可消除里急后重。高容量技术（成年牛高达100mL/头）也被描述，并可能用于麻醉整个腹部，但运动控制的后肢失去，因此患病动物将变为横卧的姿势（Hudson et al., 2008）（图12.3）。

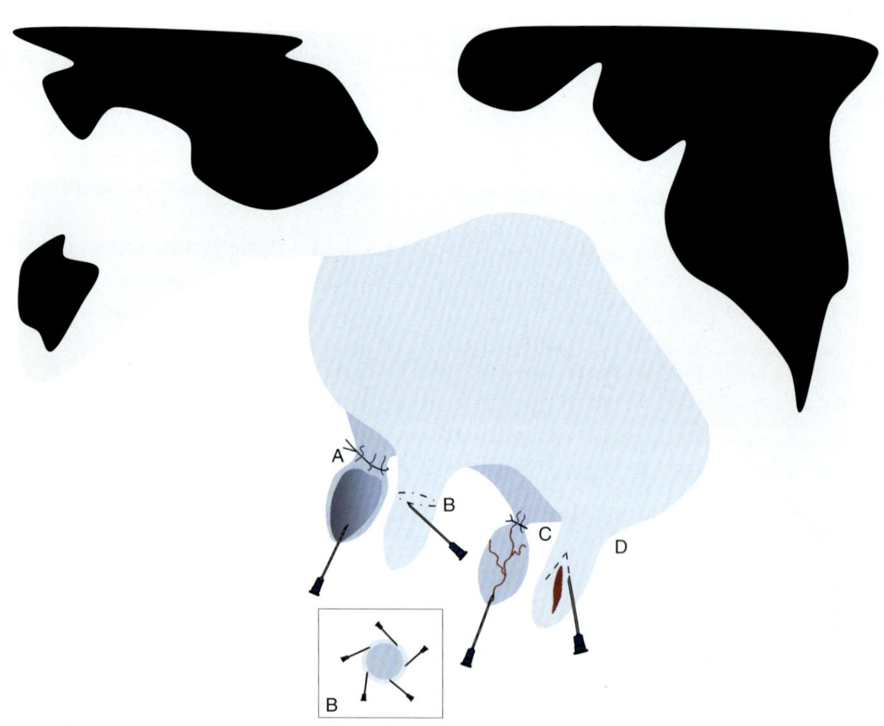


**图12.2** 牛乳头麻醉针的放置。A. 放置止血带和乳头插管，将局麻药注入乳头池。B. 环状阻滞。C. 倒V形阻滞。资料来源：Kristen Cooley提供。

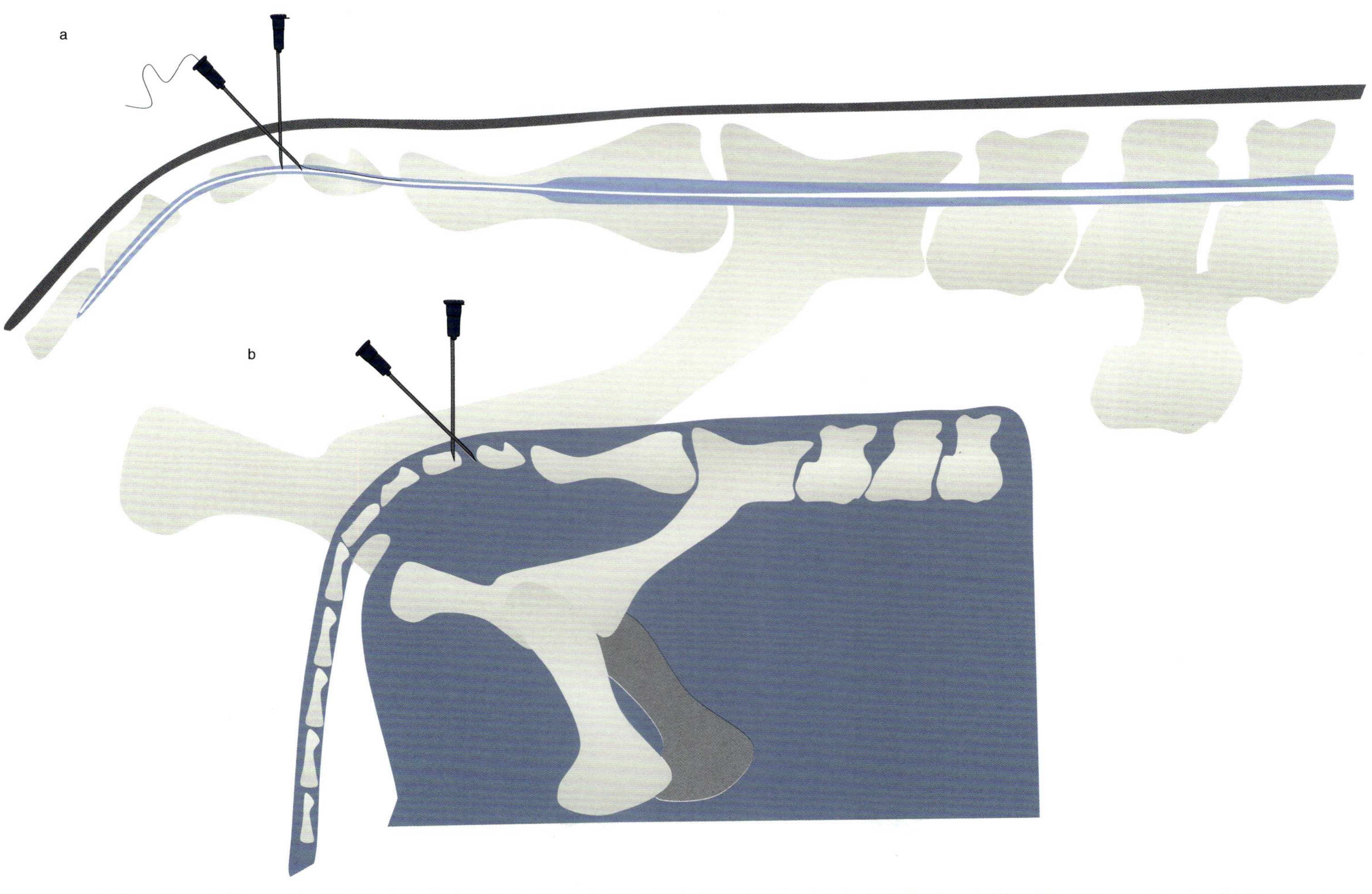


**图12.3**　在位于第一和第二尾椎之间的尾椎硬膜外麻醉（a）和连续尾椎硬膜外麻醉（b）中放置针。资料来源：Kristen Cooley提供。

**断角时镇痛**

局部麻醉药通常用于牛去角过程。最常见的神经阻滞是三叉神经眼区颧颞部的分支——角神经周围的神经周围空间的浸润。然而，其他局部神经阻滞，如环状阻滞或角尾端阻滞，已在去角研究时被使用，以增加有效麻醉的可能性（Stock et al., 2013）。利多卡因是去角研究中最常用的镇痛药。据报道布比卡因的临床镇痛效果约为4h，一项研究证实了这一点，该研究显示，在针刺角附近的皮肤时，牛缺乏行为反应（McMeekan et al.,1998）。局部阻滞加非甾体抗炎药的疗效证明，多模式镇痛效果更佳。研究了以下NSAID单独使用或与局部麻醉剂联合使用在皮质醇反应中的干扰作用：酮洛芬，保泰松，美洛昔康、氟尼辛葡甲胺和水杨酸衍生物（图12.4）。

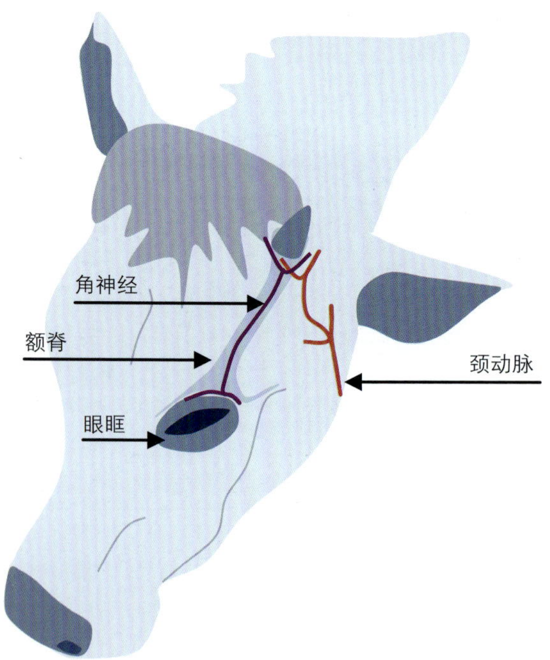


**图12.4** 牛角阻滞。来源：Kristen Cooley提供。

## 镇痛佐剂

**加巴喷丁**

有研究报道加巴喷丁对神经病源性慢性疼痛的治疗有效（Hurley et al., 2002）。据报道，加巴喷丁可以与非甾体抗炎药协同作用，以胶囊或散剂形式产生10-15mg/kg的抗痛觉过敏作用（Hurley et al., 2002；Picazo et al., 2006；Coetzee et al., 2011）。

**持续输注镇痛**

镇痛药物可连续局部输注。近年来，局部持续输注镇痛（CIA）装置已经出现。这些输液装置包括一个压力球，可以以设定的速率注入选择的溶液，但仅受所用管道直径的限制。输液系统最常用的是“镇痛剂™”（I-Flow LLC；Lake Forest, CA），如果在24h内灌满足够量的药物，每小时则提供2-4mL的溶液。CIA镇痛输液提供极小剂量的药物组合，以提供一个平衡的多模式方法。荷斯坦牛每天灌胃一次，通过给抗菌剂（头孢噻呋钠，10mL）、镇痛药（利多卡因，10mL）和生理盐水（40mL）以2mL/h的速度混合使用，可以治疗慢性屈肌腱鞘感染性关节炎。

**恒速输注**

Eric J Abrahamsen博士在《管理反刍动物严重疼痛》（Food Animal Practice 5th Edition Editors: Anderson DE and Rings DM. Elsevier, St. Louis, MO 2009）中谈到了对牛进行恒速输注（CRI）。他称之为“Trifusion”。Trifusion是利多卡因、氯胺酮和阿片类药物（布托啡诺或吗啡）的混合物。他将Trifusion应用于4头患有严重疼痛的成年牛（Abrahamsen, 2009a）。

基于对马的实验，Eric J Abrahamsen还得出结论，地托咪定增强了恒速输注（CRI）的镇痛效果，其可能为这些患病动物提供了更大的镇痛支持（Abrahamsen, 2009a）。5种特定的药物合在一起称为“pentafusion”（布托啡诺、利多卡因、氯胺酮、地托咪定和乙酰丙嗪）。

在一只被火灾烧伤程度为二级的小母牛身上，CRI提供吗啡、氯胺酮和利多卡因，直到小母牛变得更舒服，开始正常地反刍，能够更容易地躺下和起来（Anderson & Muir, 2005）（表12.3）。

**框12.4 多灌注（pentafusion）**

布托啡诺的装载剂量：小反刍动物为0.05-0.1mg/kg；大反刍动物为0.02-0.05mg/kg。布托啡诺滴注速度为0.022mg/（kg·h）。反刍动物的利多卡因装载剂量减少（1mg/kg IV），应缓慢给药，以预防心血管或中枢神经系统的不良反应。氯胺酮剂量为10μg/（kg·min）。吗啡剂量为0.025mg/（kg·h）；地托咪定剂量为2mg/450（kg·h）；乙酰丙嗪剂量为1mg/450（kg·h）（Abrahamsen, 2009a）

**表12.3** 牛的多模式镇痛药

| 药物 | 剂量（mg/kg） | 给药途径 | 给药间隔（h） | 物种 |
|---|---|---|---|---|
| 吗啡 | 0.05-0.5<br>0.1<br>装载剂量0.1mg/kg<br>0.025mg/（kg·h） | IM，IV<br>硬膜外<br>IV<br>CRI IV | q6h<br>q6-12h<br>q1h | 牛<br>牛（用0.02-0.05mL/kg生理盐水稀释）<br>CRI |
| 哌替啶 | 3.3-4.4 | IM，SC | q0.25-0.5h | 牛 |
| 布托啡诺 | 0.05-0.2<br>装载剂量0.02-0.05<br>0.022mg/（kg·h） | IM，IV<br>IM，IV<br>IV | q1-3h<br>q1h | 牛<br>CRI |
| 丁丙诺啡 | 0.0015-0.006 | IM，IV | q4-6h | 牛 |
| 羟吗啡酮 | 0.005 | IM | q4h | 牛 |
| 赛拉嗪 | 0.05-0.2<br>0.05 | IM，IV<br>硬膜外 | q2-4h<br>q2h | 牛<br>牛（用无菌生理盐水稀释至5mL） |
| 地托咪定 | 0.003-0.01<br>0.04 | IM，IV<br>硬膜外 | q2-4h<br>q3h | 牛<br>牛（用5mL无菌生理盐水稀释） |
| 美托咪定 | 0.005-0.01<br>0.015 | IM，IV<br>硬膜外 | q2-4h<br>q7h | 牛<br>牛（用无菌生理盐水稀释至5mL） |
| 罗米非定 | 0.003-0.02<br>0.05 | IM,IV<br>硬膜外 | q2-4h<br>最多12 | 牛<br>联合吗啡0.1mg/kg |
| 利多卡因 | 0.2-0.4<br>0.2-0.4<br>装载剂量1mg/kg<br>50μg/（kg·min） | 浸润<br>硬膜外<br><br>CRI IV | q1-2h<br>q1-2h<br>q1h | 牛<br>牛<br>CRI |

续表

| 药物 | 剂量（mg/kg） | 给药途径 | 给药间隔（h） | 物种 |
|---|---|---|---|---|
| 布比卡因 | 0.05 | 硬膜外 | q2-3h | 牛 |
| 美洛昔康 | 0.5 | IV，SC | q27h | 不允许用于牛 |
| 氟尼辛葡甲胺 | 1.0 | IV | q3-8h | 牛 |
| 卡洛芬 | 1.4 | IV，SC | <10周 q2-3d 成年 q24h | 不允许用于牛 |
| 酮洛芬 | 2.0 | IV，IM | q12h | 牛 |
| 保泰松 | 5mg/kg<br>10mg/kg | PO<br>PO | q24h<br>q48h | 牛<br>牛（在美国不允许用于牛） |
| 水杨酸（阿司匹林） | 100mg/kg | PO | q12h | 牛（FDA没有正式允许） |
| 加巴喷丁 | 5-8mg/kg<br>10-15mg/kg | PO | TID | 牛 |

来源：来自Goldberg, 2010; Valverde & Doherty, 2009; Coetzee, 2013b; Coetzee et al., 2011; Anderson & Muir, 2005。

## 休药期

休药期被定义为给药后药物或其代谢物的组织浓度消耗到低于已确定的安全供人类食用的特定浓度所需的间隔时间（Riviere et al., 1998）。任何将要进入食物链的动物都必须强调休药期。目前的建议时间见表12.4。

**表12.4** 牛使用的镇痛药物建议休药期

| 药物 | 休药期 | 注解 |
|---|---|---|
| 赛拉嗪 | 肉3d<br>肉14d<br>肉2d<br>肉3d<br>肉4d<br>奶2d<br>奶0d<br>奶3d<br>奶1d | 加拿大<br>英国<br>法国<br>德国、瑞士<br>新西兰，FARAD为美国的牛推荐<br>加拿大、英国<br>法国<br>德国、瑞士<br>新西兰，FARAD为美国的牛推荐 |
| 地托咪定 | 肉3d<br>奶3d | FARAD为美国的牛推荐<br>FARAD为美国的牛推荐 |

续表

| 药物 | 休药期 | 注解 |
|---|---|---|
| 吗啡 | 迅速清除 | 无休药期 |
| 哌替啶 | 2–4d | 无休药期 |
| 布托啡诺 | 2d | 无休药期 |
| 氯胺酮 | 奶3d<br>肉1d<br>奶2d<br>肉3d | 瑞士<br>瑞士<br>FARAD推荐的在美国的休药期<br>FARAD推荐的在美国的休药期 |
| 利多卡因 | 肉奶1d | FARAD推荐的在美国的休药期 |
| 布比卡因 | 迅速清除 | 无休药期 |
| 保泰松 | 没有推荐 | 会在体内长时间代谢 |
| 氟尼辛葡甲胺 | 肉3d<br>奶4d | FARAD推荐的在美国的休药期<br>FARAD推荐的在美国的休药期 |
| 酮洛芬 | 奶1d<br>肉7d | FARAD推荐的在美国的休药期<br>FARAD推荐的在美国的休药期 |
| 阿司匹林 | 奶1d<br>肉1d | FARAD推荐的在美国的休药期<br>FARAD推荐的在美国的休药期 |

FARAD，食用动物防残留数据库。

来源：引自Valverde & Doherty, 2009。

## 绵羊和山羊镇痛

见表12.5。

**框12.5　绵羊和山羊最常见引起疼痛的手术（Shaffran & Grubb, 2010）**

| 外科手术 | 疼痛程度 |
|---|---|
| 剖腹产 | 中度至重度 |
| 会阴尿道造口术 | 中度至重度 |
| 去势 | 中度 |
| 断角 | 中度至重度 |
| 断爪 | 重度 |

## 绵羊（绵羊的）和山羊（山羊的）用药

为绵羊和山羊提供镇痛剂遵循为其他反刍动物提供镇痛剂的基本原则。差异概述如下。

### 阿片类药物

在绵羊中，大多数阿片类药物，包括布托啡诺、布丙诺啡、芬太尼和哌替啶，在静脉注射时对热刺激是有效的镇痛药（Nolan et al., 1987, 1988; Waterman et al., 1990, 1991a, 1991b）。芬太尼和少量哌替啶对压力（机械）刺激也有效（Waterman et al., 1990）。当口服给药时，由于瘤胃菌群的药物失活，吗啡在绵羊

**表12.5** 绵羊和山羊最常见的疼痛病情

| 疼痛来源 | 症状/严重程度 | 治疗 |
|---|---|---|
| 尿石症 | 如果尿路阻塞、喷尿或不能排尿、腹痛、烦躁不安转为躺卧、厌食，则轻度进展为重度 | 需要治疗，可能需要手术；非甾体抗炎药，阿片类药物，硬膜外镇痛 |
| 脚（爪）和关节疼痛 | 中度至重度跛行；比平时更频繁地躺卧；厌食症；牛奶产量下降（产奶品种） | 非甾体抗炎药，一般的足部护理，可能需要抗生素，局部麻醉剂用于诊断；区域灌注；可能需要手术 |
| 胃肠道疼痛：肠绞痛 | 中度至重度跛行；比平时更频繁地躺卧；厌食症；牛奶产量下降（产奶品种） | 需要治疗，可能需要手术。对于急性疼痛：非甾体抗炎药、阿片类药物、α-2受体激动剂、抗痉挛药、CRI、替代疗法等，均可纳入方案。对于慢性疼痛：取决于绞痛的原因 |

来源：引自Shaffran & Grubb, 2010。

和山羊体内的镇痛性能较差（Lin & Caldwell et al., 2012）。在这些物种中，吗啡应该通过肠外注射。芬太尼可通过肠外或经皮给药。透皮贴剂的有效剂量为0.025、0.05、0.075和0.1mg/h。对于30-50kg的山羊来说，0.05mg/h的贴片是合适的剂量。镇痛开始于放置后的18-24h，每个贴片持续约3d。在山羊中，口服曲马多比静脉给药更容易分娩，镇痛效果更好、更强烈（Lin et al., 2012）。然而，de Sousa等人（2008）的一项研究表明口服途径的有效性较差。

在接受丁丙诺啡的绵羊中，观察到有强迫行走，快速频繁的头部运动，咀嚼以及对听觉和视觉刺激过敏的现象（Lin et al., 2012）。布托啡诺是反刍动物中最常用的阿片类药物，建议剂量为每4-6h 0.02-0.05mg/kg IV或SC（Jones, 2008）。在绵羊和山羊中，可同时使用赛拉嗪和布托啡诺产生深度镇静和卧位长达60min（Riebold, 2007）。动物应被监测与阿片类药物相关的不良反应（如镇静、呼吸抑制和躁狂症）（Valverde & Doherty, 2009）。

## 非甾体抗炎药

在羊体内，卡洛芬的药代动力学已经确定，但镇痛效果尚未确定（Welsh et al., 1992）。所有形式的氟尼辛都被标记为仅用于反刍动物的静脉注射。它被认为对缓解内脏疼痛最有效（Plummer & Schleining, 2013）。当前，美洛昔康的通用口服制剂在小型反刍动物和骆驼科动物中得到最广泛的使用和验证。比较药效学认为口服制剂在绵羊、山羊和骆驼科动物中具有很高的生物利用度（Plummer & Schleining, 2013）。粉碎的美洛昔康片也可以与糖蜜或水混合，然后（以液体形式在喂食器中）给动物灌喂。

## α-2肾上腺素能受体激动剂

α-2受体激动剂与多种心肺功能有关，包括心动过缓，短暂的初始动脉高血压，然后是低血压，心输出量降低，低氧血症和高碳酸血症（Valverde & Doherty, 2009）。

这些作用在静脉内给药时更为明显，并发生在牛和小反刍动物中。但是，绵羊的呼吸变化，如呼吸阻力增加，肺顺应性降低，低氧血症和肺水肿，会更加明显（Valverde & Doherty, 2009）。尽管对接受手术的绵羊在硬膜外给药时给了更高剂量，但其镇静效果似乎不如牛和山羊（Scott & Gessert, 1997）。据报道，在绵羊和山羊中蛛网膜下腔施用赛拉嗪，在山羊和绵羊中鞘内施用罗米非定和托咪定（Valverde & Doherty, 2009）。山羊似乎对赛拉嗪的敏感性比绵羊高（Lin et al., 2012）。硬膜外给药（0.07–0.1mg/kg）加或不加利多卡因注入骶尾部间隙，可在公羊开腹（8h，不加利多卡因）和纠正母羊阴道脱垂（24h，加0.5mg/kg利多卡因）中产生持久、良好的躯体镇痛作用（Scott et al., 1994; Gessert & Scott, 1995）。地托咪定的药理作用与赛拉嗪非常相似（Lin et al., 2012）。地托咪定在治疗剂量下不太可能导致妊娠反刍动物流产（Lin et al., 2012），因此对妊娠绵羊和山羊可能更安全。

### NMDA受体

氯胺酮是一种有效的辅助镇痛药，尽管它在所有物种中的作用时间都很短。它可以在关节内和硬膜外腔内以亚麻醉剂量肌内使用（Hallowell et al., 2012）。静脉给药装载剂量为1.5mg/kg体重，输注剂量为15mg/（kg·min）（Galatos, 2011）。在山羊中，硬膜外给药的剂量为2.5mg/kg，无论是否使用赛拉嗪，镇痛时间仅为15–30min（Galatos, 2011）。

## 局部麻醉和镇痛

### 局部麻醉药物

利多卡因在临床上通常用于执行局部神经阻滞，并在物种的生产所需的管理程序（例如去势，除脂和去角）中用作局部麻醉剂。其次，它可以作为CRI或硬膜外给药的多模式镇痛方案的一部分（Plummer & Schleining, 2013）。2%利多卡因是最常用的局麻药，麻醉时间为45–90min（Lin et al., 2012）。2%的甲哌卡因起效更快，可麻醉1.5–3h，而0.5%的布比卡因起效较慢，但可麻醉4–8h（Lin et al., 2012）。加入肾上腺素5–20mg/mL，即（1：20万–1：5万）减低毒性，延长局部麻醉时间。然而，血管收缩导致局部缺血，经常导致组织坏死，当注射在手术部位或附近时，伤口裂开（Galatos, 2011）。因此，肾上腺素不能应用于伤口附近或乳头、尾巴或脚趾的环状阻滞。毒性的临床体征包括眼球震颤、肌束形成、中枢神经刺激进展为角弓反张和抽搐、低血压、呼吸停止和循环衰竭，在一些病例中有死亡的记录（Stoelting, 1987; Lin et al., 2012）。在小反刍动物中，利多卡因或甲哌卡因的最大剂量为6mg/kg，布比卡因的最大剂量为2mg/kg（Lin et al., 2012）。考虑到最大安全剂量，利多卡因和甲哌卡因应分别稀释至1%和0.5%，以防止在羔羊和幼畜中使用这些药物时过量（Ewing, 1990）。

### 局部阻滞

#### 角的阻滞

这是用来去角的神经阻滞区域，无论是滑车下神经的神经末梢还是泪腺神经的神经末梢，对于去角的山羊和断奶的小山羊都必须加以阻滞。在每个注射点，成年山羊应使用2%利多卡因2–3mL，幼畜不宜使用超过2mL（最好是1mL）的0.5%利多卡因（Taylor, 1991）（图12.5）。

#### 倒L形或7形阻滞

精确地称为“倒L或7”形阻滞。在左侧，该阻滞看起来像是倒置的L，但是在右侧，它看起来像是数字7。局部镇痛液渗入皮肤，形态显示体壁全层。倒L后面和下面的区域是麻醉状态的，这使得这个块适合侧腹剖腹手术。必须小心避免用药过量。腹腔内容物不受影响，必须小心处理内脏，避免肠系膜或肠壁的紧张和随后的紧张引起的疼痛（Taylor, 1991）（图12.6）。

图12.5 在山羊中放置针以麻醉颧颞角分支和滑车下神经。来源：Kristen Cooley提供。

图12.6 倒L或7形阻滞。来源：图片Kristen Cooley。

**椎旁神经阻滞**

在绵羊和山羊中，腰椎旁神经阻滞的操作方法与牛类似。对于通过侧面进行的手术，第13胸神经和前3个腰神经需要被阻塞。对于每条神经，最多使用5mL的1%或2%利多卡因，在横突间韧带上方和下方分开注射，最大总剂量为6mg/kg利多卡因。镇痛作用可能很快，并在5min内发生。当利多卡因和肾上腺素一起使用时，镇痛时间为1h或更长时间（Hall et al., 2001）（图12.7）。

图12.7 椎旁神经阻滞。来源：图片Kristen Cooley。

## 硬膜外麻醉

### 尾部硬膜外麻醉

尾部硬膜外麻醉时，应将尾部上下抽吸，以确定头部最可活动的空间，并以45° 左右的角度插入针头。在第5章可以找到关于悬滴技术的描述。在小反刍动物中，利多卡因的剂量范围在1mL/50kg-1mL/15kg之间，以达到在任何位置麻醉的目的。虽然常见的做法是将赛拉嗪与利多卡因合用以延长大型反刍动物硬膜外麻醉的镇静持续时间，这种组合在山羊应该小心使用,因为它们对赛拉嗪和利多卡因的影响特别敏感（Plummer & Schleining, 2013）（图12.8）。

## 静脉局部麻醉

### Bier's阻滞

这个过程通常是在动物侧卧时进行的。当应用止血带引起疼痛时，建议使用镇静药物，特别是如果手术时间过长在患肢远端静脉中放置静脉导管；不过可以使用蝴蝶针。然后通过在注射部位的近端放置止血带，将肢体的循环与肢体的近端部分隔离。方法是用Esmarch橡胶绷带使肢体处于缺血状态。在应用止血带之前，肢体从远端到近端被紧紧包裹。止血带可放置约1h；然而，未服用镇静剂的动物在这个阶段会感到不舒服。缓慢注射局麻药，5min后麻醉开始。随着注射的继续，静脉系统的压力逐渐增加。在静脉穿刺点周围施加温和的压力，防止渗漏和血肿形成（Valverde & Doherty, 2008）（图12.9）。

在山羊后肢静脉局部镇痛时，系上止血带的近侧肢体静脉注射利多卡因（Hall et al., 2001）。

在绵羊和山羊中，止血带通常放置在肘部以上的前肢（注意不要掐到腋窝皮肤）和飞节以上的后肢（留出足够长的隐静脉注射）（Hall et al., 2001）。止血带必须足够紧以阻断动脉血流，但又不能太紧。注射4mg/kg无肾上腺素的利多卡因时，应缓慢地通过指向足部的25G针。在注射期间，必须注意保持针头在静脉内不动。在注射前应抽吸血液，以确定是否将针头置入血管内。起

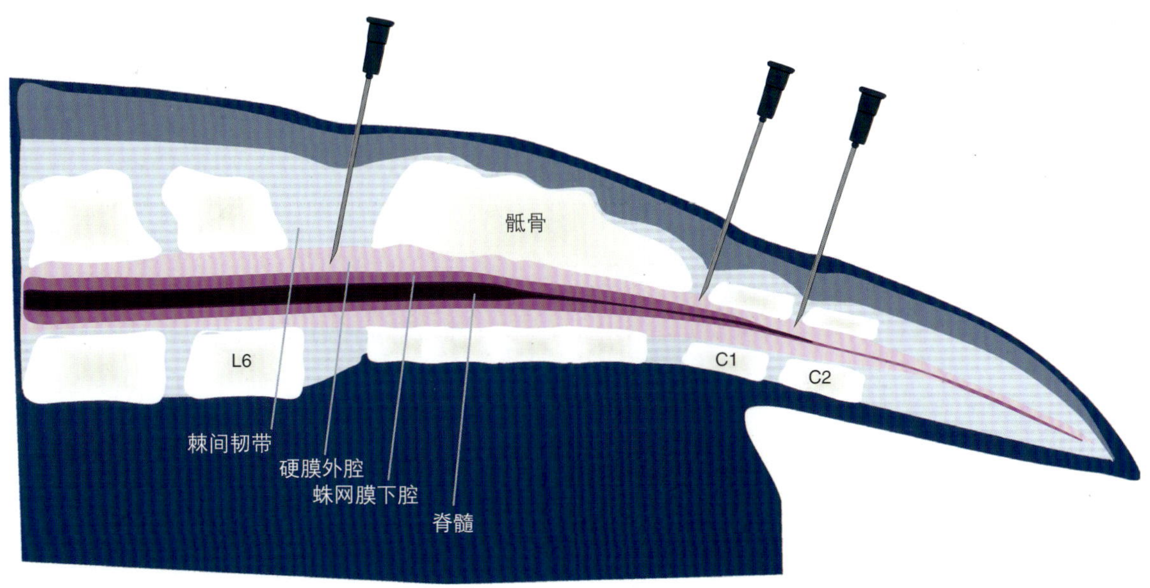


**图12.8** 山羊的硬膜外腔麻醉。来源：图片Kristen Cooley。

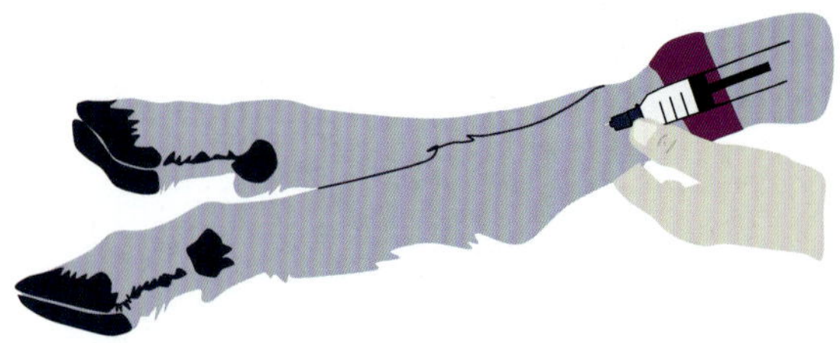

**图12.9** Bier's 阻滞。Kristen Cooley提供。来源：经许可引自Hall et al., 2001。

效时间为15-20min（请注意，由于使用了两种不同的参考，可以解释前肢和后肢起效的时间差异）。只要止血带就位，镇痛就会持续，但在止血带移除后，感觉会迅速恢复。止血带不应在首次注射后10min内释放，以便利多卡因有时间扩散到组织中。当止血带放置2h后，没有发现绵羊或山羊长期的负面影响（Hall et al., 2001）。

### 睾丸内阻滞

在公羊和大雄鹿中，使用小针头（2.5-3.75cm，20G）方便2-10mL溶液的流动（取决于动物的体型）。将2%的盐酸利多卡因溶液慢慢注入睾丸中心，以最大限度地减少通过针道的回流。大量的麻醉药通过淋巴血管从睾丸迅速通过精索进入血液，因此必须避免过量使用，否则会产生毒性（Skarda & illi, 2007）（图12.10）。

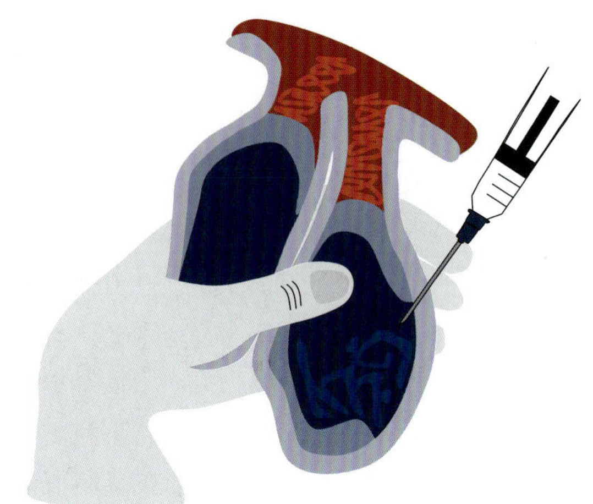

**图12.10** 睾丸内阻滞。来源：Kristen Cooley提供。

### 恒速输注

每4h CRI低剂量利多卡因［0.05mg/（kg·min）］和地托咪定（0.1mg/kg IV）可显著减轻食用动物的腹膜疼痛（George, 2003）。体重45-60kg的绵羊可使用赛拉嗪给药（5mg IM），持续静脉滴注赛拉嗪（2mg/h）90min （Lin et al., 2012）。氯胺酮是一种有效的辅助镇痛药，可减轻疼痛，微量情况下即可提供镇痛。氯胺酮可以0.4-1.2mg/（kg·h）剂量用于CRI（Lin et al., 2012）。关于布托啡诺CRI在绵羊和山羊中的应用，尚无发表的报告；但是，以0.1-0.2mg/（kg·h）的剂量给药布托啡诺是小反刍动物的推荐剂量范围（Lin et al., 2012）(表12.6和表12.7)。

**表12.6** 绵羊和山羊的恒速输注

| 药物 | 剂量 | 注释 |
|---|---|---|
| 利多卡因 | 装载剂量1.3mg/kgIV<br>CRI 0.05mg/（kg·min） | 可以与地托咪定0.1mg/kg联合静脉注射，q4h |
| 赛拉嗪 | 装载剂量5mg IM 2mg/h | 90min |
| 氯胺酮 | 装载剂量0.100-0.200<br>CRI 0.4-1.2mg/（kg·h） IV | 术中使用 |
| 芬太尼 | 装载剂量1-6μg/kg CRI1-5μg/（kg·h）IV | 术中使用 |

来源：引自Lin et al., 2012。

**表12.7**　绵羊和山羊多模镇痛药

| 药物 | 剂量（mg/kg） | 给药途径 | 给药间隔（h） | 品种 |
| --- | --- | --- | --- | --- |
| 吗啡 | 0.1–0.5<br>≤10mg 总剂量<br>0.05–0.1 | IM，IV<br>IM<br>硬膜外 | q4–6h<br>q4–6h<br>q6–12h | 山羊<br>绵羊<br>绵羊/山羊（用无菌生理盐水或1.5mg/kg布比卡因稀释3–5mL） |
| 哌替啶 | 5 | IM | q0.25–0.5h | 绵羊 |
| 布托啡诺 | 0.05–0.2 | IM，IV | q1–3h | 绵羊，山羊 |
| 丁丙诺啡 | 0.005–0.1 | IM，IV | q12h | 绵羊，山羊 |
| 羟吗啡酮 | 0.005 | IM | q4h | 绵羊，山羊 |
| 芬太尼 | 0.01 | IV | q1–2h | 绵羊，山羊 |
| 赛拉嗪 | 0.05–0.2<br>0.05–0.1 | IM，IV<br>硬膜外/蛛网膜下 | q2–4h<br>q1–2h | 绵羊，山羊<br>绵羊，山羊（用生理盐水稀释至2–3mL） |
| 地托咪定 | 0.003–0.01<br>0.01 | IM，IV<br>蛛网膜下 | q2–4h<br>q1h | 绵羊，山羊<br>绵羊，山羊(用无菌生理盐水稀释至2mL) |
| 美托咪定 | 0.005–0.01<br>0.02 | IM，IV<br>硬膜外 | q2–4h<br>q3–7h | 绵羊<br>绵羊，山羊(用无菌生理盐水稀释3–5mL) |
| 罗米非定 | 0.003–0.02<br>0.05 | IM，IV<br>蛛网膜下 | q2–4h<br>q1–2h | 绵羊，山羊<br>山羊（用无菌生理盐水稀释至3–5mL） |
| 利多卡因 | 2.5<br>0.4–2.0 | IV<br>硬膜外 | q1h<br>q1–2h | 山羊以0.05–0.1mg/（kg·min）速度CRI<br>绵羊，山羊 |
| 布比卡因 | 1.5–1.8<br>0.05 | 硬膜外<br>硬膜外 | q2–3h<br>q2–3h | 山羊<br>绵羊 |
| 保泰松 | 5–10 | PO | SID | 绵羊，山羊 |
| 氟尼辛葡甲胺 | 1.0–2.2<br>1–2.5<br>1 | PO<br>SC<br>IV | SID<br>BID<br>BID | 绵羊，山羊<br>绵羊，山羊<br>绵羊，山羊 |
| 酮洛芬 | 2.0<br>3 | IV<br>IV，IM | BID<br>SID | 绵羊，山羊<br>绵羊，山羊 |
| 卡洛芬 | 2<br>4 | PO，SC，IV<br>SC | SID<br>SID | 绵羊，山羊<br>绵羊，山羊 |
| 美洛昔康 | 0.5<br>2.0<br>1.0<br>0.5<br>0.5<br>0.5 | IV<br>PO<br>PO<br>IV<br>PO<br>IM | BID<br>装载剂量<br>装载剂量后SID<br>q8h<br>SID<br>SID | 绵羊<br>绵羊<br>绵羊<br>山羊<br>山羊<br>山羊 |
| 加巴喷丁 | 2.5mg/kg | PO | TID | 绵羊，山羊 |
| 曲马多 | 2mg/kg | PO | BID–TID | 绵羊，山羊 |

来源：引自Goldberg, 2010; Lin et al., 2012; Valverde & Doherty, 2009; Plummer & Schleining, 2013。

### 休药期

见表12.8。

## 猪疼痛管理

### 猪的用药

**框12.6　需要镇痛的典型手术（Jackson & Cockcroft, 2007）**

去势：小猪，宠物猪，成年猪或更大的猪
耳血肿
剖腹产手术
指切除术
子宫切除术
锁肛
眼睑内翻：常见于大肚猪
开腹探查术
骨折
疝：腹股沟疝和脐疝
修蹄
关节腔冲洗术
乳房切除术
卵巢子宫切除术
脱垂：直肠，阴道，子宫
断尾
剪牙
长牙拔除
隐睾
输精管切除术

就像其他哺乳动物一样，猪也应该采用预先多模镇痛法。

#### 阿片类药物

与猫相似，吗啡也被报道能使无疼痛的猪兴奋。短效阿片类药物芬太尼和舒芬太尼可连续静脉输液使用。布托啡诺对猪几乎没有不良反应。丁丙诺啡是术后镇痛的选择，因为高剂量的丁丙诺啡在8–12h有效（Smith & Swindle, 2008）。低剂量可作为预先镇痛剂静脉使用。芬太尼贴剂有效，然而，它们的用量因品种、年龄、贴片的位置、温度、湿度和程序而有很大差异（Smith & Swindle, 2008）。大剂量阿片类药物输注常用于心血管研究中的麻醉，因为阿片类药物对心血管功能的影响很小（Thurmon & Smith, 2007）。在人类，芬太尼给药后的胸肌强直被称为“木质胸综合征”。临床经验表明，这种情况也可能发生在猪身上。使用苯二氮䓬类药物可以完全消除严重的肌肉僵直。

#### 非甾体抗炎药

目前首选在猪皮肤切开之前给予新一代NSAID。对于主要手术，可以将NSAID与局部麻醉剂在切口浸润麻醉，神经阻滞和/或吗啡硬膜外注射相结合。如果需要，非甾体抗炎药也可以与阿片类药物联合使用，以控制剧烈疼痛（Smith & Swindle, 2008）。根据具体的药物和疼痛的临床评估，可以使用单次或多次剂量。非甾体抗炎药不应与类固醇或其他非甾体抗炎药合用。不良反应包括肾功能紊乱、血小板功能受损、胃肠道（GI）溃疡和出血（Bollen et al., 2000）。在骨科研究（Goldberg, 2013，个人观察）之后，在仅接受非甾体抗炎药研究的猪尸体剖检中发现了巨大的胃溃疡。建议同时施用一种胃肠道保护剂，例如，雷尼替丁（每12h口服150mg/只，特别是如果要给予超过一剂的非甾体抗炎药；Longley, 2008）。卡洛芬已

**表12.8** 绵羊和山羊镇痛药建议休药期

| 药物 | 休药期 | 注释 |
|---|---|---|
| 赛拉嗪 | 肉3d | 加拿大 |
| | 肉14d | 英国 |
| | 肉2d | 法国 |
| | 肉3d | 德国，瑞士 |
| | 肉4d | 新西兰 |
| | 肉5d | FARAD推荐美国用于绵羊和山羊 |
| | 奶2d | 加拿大，英国 |
| | 奶0d | 法国 |
| | 奶3d | 德国，瑞士 |
| | 奶1d | 新西兰 |
| | 奶3d | FARAD推荐美国用于山羊和绵羊 |
| 地托咪定 | 肉3d | FARAD 推荐美国 |
| | 奶3d | FARAD 推荐美国 |
| 吗啡 | 迅速清除 | 未设定休药期 |
| 哌替啶 | 2–4d | 未设定休药期 |
| 布托啡诺 | 2d | 未设定休药期 |
| 芬太尼 | 2–4d | 绵羊 |
| 氯胺酮 | 奶3d | 瑞士 |
| | 肉1d | 瑞士 |
| | 奶2d | FARAD推荐美国 |
| | 肉3d | FARAD推荐美国 |
| 利多卡因 | 奶和肉1d | FARAD推荐美国 |
| 布比卡因 | 迅速清除 | 未设定休药期 |
| 保泰松 | 不推荐采用 | 排泄时间较长 |
| 氟尼辛葡甲胺 | 奶3d | FARAD推荐美国 |
| | 肉4d | FARAD推荐美国 |
| 酮洛芬 | 奶1d | FARAD推荐美国 |
| | 肉7d | FARAD推荐美国 |
| 阿司匹林 | 奶1d | FARAD推荐美国 |
| | 肉1d | FARAD推荐美国 |

FARAD，食用动物防残留数据库。

来源：引自Valverde & Doherty, 2009。

被用于控制猪术后疼痛，效果长达3d，无不良反应（Dobromylskyj et al., 2000）。短期服用卡洛芬、氟尼辛或美洛昔康不会对血小板、胃肠道功能或愈合造成显著干扰（Smith & Swindle, 2008）。

### α-2肾上腺素能受体激动剂

α-2药物始终与其他药物联合用于猪的麻醉前，镇静或镇痛。赛拉嗪的使用剂量为2.2-4.4mg/kg IM。美托咪定在猪中产生镇静作用，剂量范围为30-80μg/kg。较高剂量不会增加镇静水平。似乎在猪中使用美托咪定比使用赛拉嗪更能实现镇静和镇痛作用。从表面上看，在家养动物之间，美托咪定与选择性较低的α-2受体激动剂相比，它们的效力和/或功效的差异很小（Tranquilli, 2001）。氯胺酮5mg/（kg·h）和美托咪定10μg/（kg·h）输注可提供稳定的麻醉水平（Swindle, 2000）。

### 门冬氨酸受体

氯胺酮与其他药物的静脉输注可以提供适合于主要外科手术的内脏镇痛。在以一定剂量的药剂诱导后，可以使用以下输注：将1mg/mL的氯胺酮和赛拉嗪和5%的愈创木酚甘油醚（愈创甘油醚）以1mL/kg的IV剂量混合在5%的葡萄糖中，然后以1mL/kg的剂量注射混合物（Swindle, 2000）。

## 局部麻醉与镇痛

### 局部麻醉药物

#### 腰骶部硬膜外麻醉

最常见的猪局部镇痛是腰荐部硬膜外麻醉，吗啡用量为0.1mg/kg （Smith & Swindle, 2008）。该技术通过将药物直接注射到硬膜外腔中产生对脐部尾部的镇痛来提供镇痛作用。在大多数剖宫产猪中，硬膜外镇痛阻滞很容易进行。此外还可用于修复直肠、子宫或阴道脱垂；修复脐、腹股沟或阴囊疝；肝硬化手术；包皮，阴茎或后肢的手术（Thurmon & Smith, 2007）。由于已知有交感神经阻滞（加局部麻醉药时引起）随之而来会有血压降低，因此在患有已知心血管疾病、出血性疾病、休克或毒物综合征的猪中禁用该药（Thurmon & Smith, 2007）。

放置针头的位置位于最后一个腰椎（L6）的棘突的尾中线。针刺入弓间韧带时会感受一定的阻力（Thurmon & Smith, 2007）。针尖刺入韧带时，常感到轻微的爆裂声，并伴有动物突发性的动作，提示进入椎管。麻醉剂的剂量是根据猪的体重或长度来计算的（图12.11）。

#### 恒速输注（CRI）

芬太尼和舒芬太尼是阿片类药物注射技术中最常用的两种药物（Smith & Swindle, 2008）。这类药物中的其他药物应该同样有效，如阿芬太尼或瑞芬太尼。

利多卡因可以添加到静脉液体中，通过输液25-50mg/（kg·min）来治疗疼痛和减少麻醉需求（Muir & Ivany, 2004）。氯胺酮10μg/（kg·min）也可以被使用。丁丙诺啡［0.5-10μg/（kg·h）］（Swinde & Smith, 2013）（表12.9，表12.10，表12.11）。

## 骆驼疼痛管理

骆驼科动物（例如骆驼、羊驼和美洲驼）越来越受欢迎。对这些物种特有的特征的了解将提高我们为它们提供有效镇痛的能力。缰绳是用来约束的，最好是抓住动物的脖子和背部。站在动物旁边有助于防止对训兽员吐唾

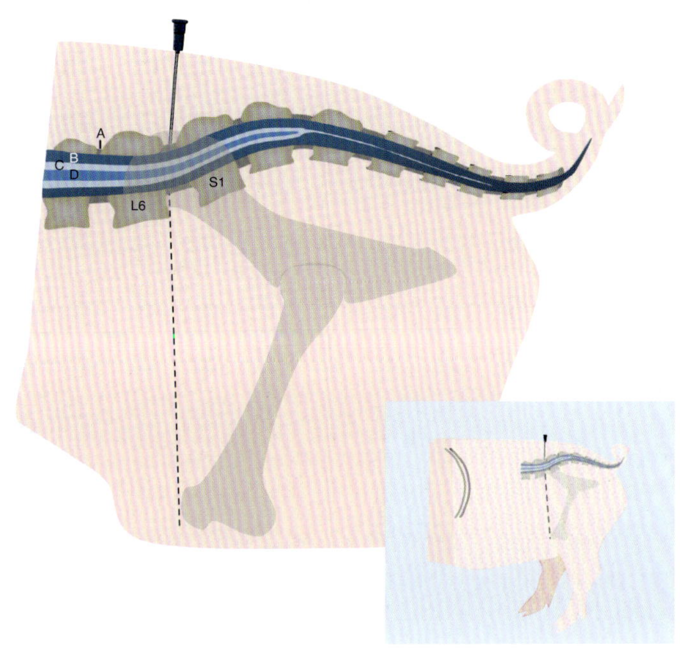


**图12.11** 猪腰荐前路硬膜外麻醉置针：L6，第6腰椎；S1，第一荐椎；A. 弓间韧带；B. 硬膜外空间；C. 蛛网膜下腔；D. 是脊髓。硬膜外麻醉后脱敏的皮下区域被画出。来源：Kristen Cooley提供。

**表12.9** 猪恒速输注

| 药物 | 剂量 | 注释 |
|---|---|---|
| 芬太尼 | 装载剂量<br>50μg一次性<br>CRI 30–100μg/（kg·h）IV | 用于术中或术后疼痛 |
| 舒芬太尼 | 装载剂量<br>7μg一次性<br>CRI 15–30μg/（kg·h） IV | 用于术中或术后疼痛 |
| 瑞芬太尼 | 0.5–1μg/（kg·min）或<br>30–60μg/（kg·h） IV | 用于术中或术后疼痛 |
| 阿芬太尼 | 0.1μg/（kg·min）或6μg/（kg·h） IV | 用于术中或术后疼痛 |
| 利多卡因 | 25–50mg/（kg·min） IV | 用于术中或术后疼痛 |
| 氯胺酮 | 10μg/（kg·min） IV | 用于术中或术后疼痛 |
| 丁丙诺啡 | 0.5–10μg/（kg·h） IV | 用于术中或术后疼痛 |

来源：引自Smith & Swindle, 2008; Muir & Ivany, 2004; Swindle & Smith, 2013; Goldberg, 2010。

**表12.10** 猪多模镇痛

| 药物 | 剂量（mg/kg） | 给药方式 | 剂量间隔 | 注释 |
| --- | --- | --- | --- | --- |
| 丁丙诺啡 | 0.01–0.05<br>0.005–0.010<br>0.05–0.1 | IM，IV<br>IM，IV<br>IM，SC | q6–12h<br>q8–12h<br>q8–12h | 用于术中或术后疼痛 |
| 布托啡诺 | 0.1–0.3<br>0.1–0.3 | IM，IV<br>IM，IV，SC | q4h<br>q8–12h | 用于术中或术后疼痛 |
| 吗啡 | 0.2–1.0 | IM | q4h | 用于术中或术后疼痛 |
| 羟吗啡酮 | 0.15 | IM | q4h | 用于术中或术后疼痛 |
| 喷他佐辛 | 2<br>2–5 | IM，IV<br>IM | q4h<br>q4h | 用于术中或术后疼痛 |
| 哌替啶 | 2<br>2.0–10.0 | IM，IV<br>IM，SC | q2–4h<br>q4h | 用于术中或术后疼痛 |
| 芬太尼 | 0.05<br>30–100μg/（kg·h） | IM，SC<br>IV–CRI | q2h | 术中及术后输注 |
| 芬太尼透皮贴 | 根据体重适量，大约50μg/h | 透皮 | q72h | 麻醉过程中与剂量相关的呼吸抑制，以减少用于镇痛的挥发性吸入物浓度 |
| 舒芬太尼 | 0.005–0.001<br>15–30μg/（kg·h） | IM，SC<br>IV–CRI | q2h | 术中及术后输注 |
| 曲马多 | 5 | PO | q12h | |
| 氯胺酮 | 10μg/（kg·min） | CRI | | 术中或术后 |
| 阿司匹林 | 10–20 | PO | q4–6h | |
| 卡洛芬 | 2–4 | IM，IV，SC，PO | q24h | |
| 美洛昔康 | 0.4 | SC | q24h | |
| 酮洛芬 | 1–3 | IM，SC，PO，IV | q12h | |
| 氟尼辛 | 1–2 | IV，SC | q24h | |
| 保泰松 | 10–20 | IM，SC，PO | q12h | |
| 利多卡因 2% | 从不超过20mL<br>25–50μg/（kg·min） | 局部浸润<br>硬膜外<br>IV–CRI | 90–180min | 100kg用4.0mL，200kg用6mL<br>300kg用8mL去势<br>输注用于镇痛术中及术后 |
| 丙胺卡因5% | 2–15mL | SC或局部浸润 | | |
| 布比卡因 | 从不超过<br>5mg/kg<br>2mg/kg可见中毒症状 | 局部浸润 | | 0.25%的浸润<br>0.5%用于神经阻滞<br>0.75%用于硬膜外阻滞 |

来源：引自Goldberg, 2010; Flecknell, 2009; Longley, 2008; Smith & Swindle, 2008; Muir & Ivany, 2004。

**表12.11** 猪镇痛药建议休药期

| 药物 | 休药期 | 注释 |
|---|---|---|
| 赛拉嗪 | 肉3d | 加拿大 |
| | 肉14d | 英国 |
| | 肉2d | 法国 |
| | 肉3d | 德国，瑞士 |
| | 肉4d | 新西兰 |
| | 肉5d | FARAD推荐美国用于山羊和绵羊 |
| 地托咪定 | 肉3d | FARAD推荐美国 |
| 吗啡 | 迅速清除 | 未建立休药期 |
| 哌替啶 | 2–4d | 未建立休药期 |
| 布托啡诺 | 2d | 未建立休药期 |
| 芬太尼 | 2–4d | 绵羊 |
| 氯胺酮 | 肉1d | 瑞士 |
| | 肉3d | FARAD推荐美国 |
| 利多卡因 | 肉1d | FARAD推荐美国 |
| 布比卡因 | 迅速清除 | 未建立休药期 |
| 保泰松 | 不推荐 | 长时间排泄 |
| 氟尼辛葡甲胺 | 肉4d | FARAD推荐美国 |
| 酮洛芬 | 肉7d | FARAD推荐美国 |
| 阿司匹林 | 肉1d | FARAD推荐美国 |

FARAD，食用动物防残留数据库。
来源：引自Valverde & Doherty, 2009。

液、咬伤和攻击。用毛巾捂住嘴也可能是有效的（Garcia–Pereira et al., 2006）。

骆驼通常是坚忍的，不容易显示明显的不适迹象。行为，食欲，排尿或排便与正常情况之间的细微差异可用于确定患病动物是否正在遭受疼痛（Plummer & Schleining, 2013）。骆驼通常表现出与其他反刍动物一样的疼痛行为，这已在第2章中进行了讨论（图12.12）。

骆驼表现出的疼痛程度从轻微到虚弱不等。提供镇痛支持的选择范围很广（表12.12）。

可以单独使用或联合使用局部或区域性技术（局部麻醉阻滞剂，硬膜外麻醉剂，Pain Buster™）和全身镇痛药来减轻大型患病动物的疼痛。可用的镇痛药包括NSAID，α–2肾上腺素能激动剂（例如，赛拉嗪和地托咪定），阿片类药物（例如，吗啡和布托啡诺），NMDA受体拮抗剂（氯胺酮）和局部麻醉剂。药物可以间歇给药，或者为了达到更一致的镇痛水平，可以通过CRI或透皮贴剂给药（Abrahamsen, 2009）。多模式镇痛原则可用于骆驼科手术患病动物（表12.13）。

**图12.12** 美洲驼腹绞痛——对于一只正常的骆驼来说，低着头是一种不正常的坐姿。资料来源：Kristen Cooley提供。根据Dr. Tamara Grubb, pers. comm。

**表12.12** 骆驼最常见的疼痛病情

| 疼痛的来源 | 征兆/程度 | 治疗 |
|---|---|---|
| 牙痛 | 轻微至严重视乎疾病的严重程度而定；厌食症，嗜睡，下巴肿胀，流鼻涕 | 一般需要手术、非甾体抗炎药、抗生素、阿片类药物和局部麻醉药的口服阻滞 |
| 难产 | 实际难产时可严重，难产后可中度至重度（视组织损伤而定）；胃肠道疼痛，嗜睡，厌食症 | 难产需要治疗和胎儿操作，可能需要手术、非甾体抗炎药和硬膜外镇痛 |
| 足关节疼痛 | 中度至重度跛行；比平时更频繁地躺着；厌食症 | 非甾体抗炎药，一般的足部护理，可能需要抗生素，局部麻醉用于诊断，可能需要手术 |
| 胃肠道疼痛；绞痛 | 轻微至严重的疼痛；一般不安；收拢腹部站立；夜间磨牙症 | 需要治疗，可能需要手术。对于急性疼痛：非甾体抗炎药、阿片类药物、α-2受体激动剂、抗痉挛药、CRI、替代疗法等，均可纳入方案。对于慢性疼痛：取决于绞痛的原因 |

来源：引自Shaffran & Grubb, 2010。

## 骆驼科用药

### 阿片类药物

阿片类药物用于中度至重度疼痛的患病动物。IM给药或CRI降低血液峰值可降低发生不良反应的风险，通常用于维持单次静脉注射的镇痛支持。

布托啡诺（在羊驼和美洲驼中的IV或IM为0.05-0.1mg/kg，在大骆驼中的IV或IM为0.02-0.05mg/kg）可以缓解轻度疼痛并显著减轻中度疼痛（Abrahamsen, 2009）。吗啡（每4h IM 0.1mg/kg）被认为可缓解骆驼科患病动物的轻度至中度疼痛并减轻严重疼痛。虽然较低的吗啡剂量可显著降低胃肠道并发症的机会，但仍必须密切监测胃肠道的动力和粪便的排出量（体积和水分含量）。吗啡（0.1mg/kg IV或IM）可以施用于麻醉的骆驼科动物，预计它们在恢复后会感到轻度至

**表12.13** 骆驼最常见疼痛手术

| 外科手术 | 疼痛程度 | 治疗 |
| --- | --- | --- |
| 牙科手术 | 中度到重度 | 非甾体抗炎药，局部麻醉阻滞，α-2受体激动剂和阿片类药物手术 |
| 剖腹产 | 中度到重度 | 硬膜外镇痛、非甾体抗炎药、在手术过程中阿片类药物和α-2受体激动剂 |

来源：引自Shaffran & Grubb, 2010。

中度疼痛。骆驼科麻醉患病动物（每4h 0.1mg/kg IM）可维持镇痛支持（Abrahamsen, 2009）（表12.14和表12.15）。

## 非甾体抗炎药

氟尼辛葡甲胺被认为在减轻内脏疼痛方面最有效，每12-24h给药一次（Plummer & Schleining, 2013）。在Lion Country Safari™中，Banaminepaste®（Merck Animal Health, Summit, NJ）经常用于镇痛住院的骆驼和美洲驼（M.E. Goldberg，pers. comm.）。通常认为，保泰松在骆驼科动物中比其他NSAIDs提供更好的肌肉骨骼疼痛控制（Plummer & Schleining, 2013）。美洛昔康具有比氟尼辛或保泰松更长的血浆半衰期，可以每24-48h口服一次，维持血浆水平可提供足够的镇痛作用（Krueder et al., 2012）。

与所有反刍动物一样，使用NSIADs时必须注意胃肠道溃疡和肾病的风险（尤其是低血容量，脱水的患病动物）。反刍动物中用于减轻NSAID不良反应的药物包括：

- 系统性抗酸剂：H2拮抗剂或H2阻断剂，包括西咪替丁（300–600mg PO或IV QID），雷尼替丁（0.75mg/lb）和法莫替丁（1.88mg/kg PO q8h或2.8mg/kg PO q12h）。
- 硫糖铝：能用作酸缓冲剂的黏性糊状材料，

**表12.14** 骆驼科的连续输注

| CRI 输液 | 剂量 | 给药途径 | 频率 | 注解 |
| --- | --- | --- | --- | --- |
| 布托啡诺 | 0.05–0.1mg/kg<br>0.022mg/（kg·h） | IV，IM<br>IV | 装载剂量<br>CRI | |
| 利多卡因 | 1.0mg/kg<br>3.0mg/（kg·h） | IV<br>IV | 装载剂量<br>CRI | 缓慢输注 |
| 氯胺酮 | 0.6mg/（kg·h） | IV | CRI | 不需要装载剂量 |
| **或者** | | | | |
| 吗啡 | 0.025mg/（kg·h） | IV | CRI | 不需要装载剂量 |
| 利多卡因 | 1.0mg/kg<br>3.0mg/（kg·h） | IV<br>IV | 装载剂量<br>CRI | 缓慢输注 |
| 氯胺酮 | 0.6mg/（kg·h） | IV | CRI | 不需要装载剂量 |

来源：引自Plummer & Schleining, 2013。

**表12.15** 骆驼科的多模式镇痛

| 药物种类/药物 | 剂量（mg/kg） | 给药途径 | 剂量间隔 | 注释 |
|---|---|---|---|---|
| **阿片类药物** | | | | |
| 吗啡 | 0.05–0.1 | IV，IM | q4h | 缓慢静脉注射 |
| 布托啡诺 | 0.01–0.02 | IM，IV | q2–3h | Shaffran & Grubb，2010 |
| | 0.05–0.1 | IV，IM | q4–6h | Plummer & Schleining，2013 |
| 芬太尼 | 150–225μg/（kg·h） | 透皮 | 放置新贴剂 | Shaffran & Grubb，2010 |
| 丁丙诺啡 | 0.01mg/kg | IV，IM | q48 h | Shaffran & Grubb，2010 |
| **非甾体抗炎药** | | | | |
| 保泰松 | 4–6mg/kg | PO | q24–48h | Shaffran & Grubb，2010 |
| | 2–4mg/kg | IV | | |
| 氟尼辛 | 1.0mg/kg | PO，IV，IM | q12–24h | Shaffran & Grubb，2010 |
| 葡甲胺 | 1.1mg/kg | IV | q8h | Plummer &Schleining，2013 |
| 酮洛芬 | 2–3mg/kg | PO，IV，IM，SQ | q24h | Shaffran & Grubb，2010 |
| 卡洛芬 | 0.7mg/kg | IV | q24–48h | Shaffran & Grubb，2010 |
| 美洛昔康 | 1.0mg/kg | PO | q3d | Plummer &Schleining，2013 |
| | 0.5mg/kg | IV | | |
| **α–2受体激动剂** | | | | |
| 赛拉嗪 | 0.2–0.4mg/kg | IV，IM | | 羊驼比美洲驼更耐药，应按 |
| | 0.1mg/kg | | | 0.3–0.6mg/kg IV，IM给药 |
| 美托咪定 | | 硬膜外 | | Plummer & Schleining，2013 |
| | 0.01–0.03mg/kg | IV，IM | q2–4h | Shaffran & Grubb，2010 |
| **局部麻醉药** | | | | |
| 利多卡因 2% | 按需组织浸润<br>总剂量<br>≤5mg/kg | Tissue | q1–3h | Shaffran & Grubb，2010 |
| | 0.2–0.4mg/kg | 硬膜外 | q1–3h | |
| | 0.1mg/kg | IA | q1–3h | |
| | 1mL/22.67kg | 硬膜外 | | Plummer & Schleining，2013 |
| 布比卡因 | 按需组织浸润<br>总剂量<br>≤2mg/kg | 组织 | q4–6h | Shaffran & Grubb，2010 |
| **其他** | | | | |
| 曲马多 | 2.0mg/kg | IV，IM | q2–3h | Plummer & Schleining，2013 |
| 加巴喷丁 | 总计8000–11 000mg | PO | q12h | AZVT个人通讯 |

来源：引自Shaffran & Grubb, 2010; Plummer & Schleining, 2013。

可用作抗溃疡药，硫糖铝的口服推荐剂量为10mg/lb QID（Anderson, 2005; Plumb, 2008）。

## α-2受体激动剂

α-2药物可产生镇静作用，并具有轻度至中度的镇痛作用。镇静程度会增加，直到达到深度镇静为止，然后持续时间才会改变。因此，轻剂量只能引起轻度镇静，增加剂量会引起更多的镇静作用，直到最终患病动物尽可能地保持镇定。

据报道，赛拉嗪和美托咪定已被用于骆驼科动物。赛拉嗪是羊驼和美洲驼中最常使用的α-2激动剂（静脉注射0.1–0.66mg/kg或IM 0.25–0.9mg/kg）。在骆驼科动物中，0.1–0.2mg/kg（IV）的剂量可镇静而不会卧倒。羊驼对赛拉嗪的敏感性似乎不如美洲驼。因此，可能需要更高剂量的镇静剂。美托咪定（0.01–0.03mg/kg IM）提供剂量依赖性镇静作用（Garcia-Pereira et al., 2006）。

## 局部麻醉剂

局麻药是最有效、最便宜的镇痛药（Shaffran & Grubb, 2010）。利多卡因和布比卡因是常用的。在本章的前面，已经讨论了局部阻滞和CRI技术。相同的原理可以应用于骆驼科动物。剂量见表12.14和表12.15。

骆驼和羊驼的荐尾水平硬膜外腔比马和牛的硬膜外腔更大更浅，这样可以使用较短的针头18–20G×2.54cm（1in）进行硬膜外注射。硬膜外注射将为后肢和骨盆提供麻醉。不建议使用高于表12.15中提供的剂量（Garcia-Pereira et al., 2005）。Grubb等人在一篇论文中描述了骆驼的硬膜外技术（Grubb et al., 1993）（图12.13）。

## NMDA受体拮抗剂

氯胺酮以亚麻醉剂量以持续的速度输注，从而防止在骆驼体内产生中枢敏化（Shaffran & Grubb, 2010）。剂量见表12.14。这是多模式镇痛计划的一部分。

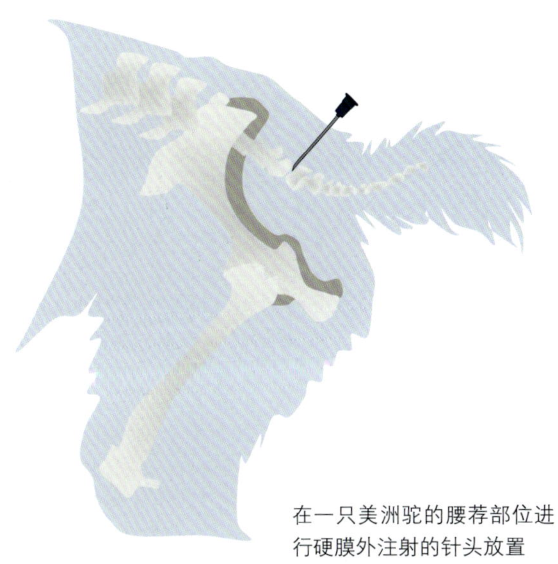


**图12.13** 骆驼硬膜外注射。硬膜外注射针在骆驼荐尾部的位置。资料来源：Kristen Cooley提供。

### CRI技术

利多卡因、氯胺酮和阿片类物质的混合物可用于骆驼体内的CRI。布托啡诺或吗啡可用于这种输液。尽管吗啡的成本要低得多，但仍使用利多卡因（1mg/kg IV）的装载剂量（装载剂量的利多卡因应缓慢使用，以预防心血管或中枢神经系统的不良反应）。布托啡诺在骆驼和羊驼体内的装载剂量为0.05–0.1mg/kg IV或IM，在大型骆驼体内的装载剂量为0.02–0.05mg/kg IM。布托啡诺的CRI剂量为0.022mg/（kg·h）。可添加氯胺酮的CRI 0.6mg/（kg·h）（Abrahamsen, 2009）。额外的CRI剂量见表12.14。

## 其他镇痛药

### 曲马多

在美洲驼中进行的药代动力学研究表明，曲马多以2.0mg/kg IV或IM的剂量给予时与人的镇痛效果一致。但是，IV时的半衰期仅为2.1h，IM仅为2.5h。

任一种途径的生物利用度都非常好；但是，尚无已知的临床数据（Plummer & Schleining, 2013）。Edmondson等人（2012）的研究显示，曲马多PO给药后生物利用度较差。

**加巴喷丁**

有趣的是，加巴喷丁剂量为4000–5500mg PO BID用于出现神经性疼痛的反刍动物，似乎可以提供镇痛作用（个人通讯，AZVT）。

## 结论

在食品动物实践中，兽医和兽医技术人员在监督患病动物福利方面发挥着关键作用。镇痛不是由宠主决定的，这是患病动物的必需品。无论大小，疼痛都被认为是第四生命体征，必须在所有物种中加以预防和治疗。

## 推荐阅读


[1] Abrahamsen, E.J. (2009a) Managing severe pain in ruminants. D.E. Anderson & D.M. Rings (eds), *Food Animal Practice*, 5th edn, Elsevier, St. Louis, MO, pp. 570–574.

[2] Abrahamsen, E.J. (2009b) Chemical restraint, anesthesia, and analgesia for camelids. *Veterinary Clinics of North America*, **25**, 455–494.

[3] Anderson, D.E. (2005) The Acute Abdomen in South American Camelids. Vol 5 Number 4 Morris Animal Foundation Newsletter. http://www.rmla.com/html/-acute_abdomen.htm [accessed on May 11, 2014].

[4] Anderson, D.E. & Edmondson, M.A. (2013) Prevention and management of surgical pain in cattle. *Veterinary Clinics of North America*, **29**, 157–184.

[5] Anderson, D.E. & Muir, W.W. (2005) Pain management in cattle. *Veterinary Clinics of North America*, **21**, 623–635.

[6] Coetzee, J. (2013a) Preface. J. Coetzee & R.A. Smith (eds), *Pain Management*, Elsevier, Philadelphia, PA, pp. xi–xii.

[7] Coetzee, J.F. (2013b) A review of analgesic compounds used in food animals in the United States. *Veterinary Clinics of North America*, **29**, 11–28.

[8] Coetzee, J.F., Mosher, R.A., Cohake, L.E. *et al.* (2011) Pharmacokinetics of oral gabapentin alone or co-administered with meloxicam in ruminant beef calves. *The Veterinary Journal*, **190**, 98–102.

[9] Dobromylskyj, P., Flecknell, P.A., Lascelles, B.D. *et al.* (2000) Management of postoperative and other acute pain. P.A. Flecknell & A. Waterman-Pearson (eds), *Pain Management in Animals*, W.B. Saunders, Philadelphia, PA, pp. 81–145.

[10] Edmondson, M.A., Duran, S.H., Boothe, D.M., Stewart, A.J. & Ravis, W.R. (2012) Pharmacokinetics of tramadol and its major metabolites in alpacas following intravenous and oral administration. *Journal of Veterinary Pharmacology and Therapeutics*, **35** (4), 389–96.

[11] Ewing, K.K. (1990) Anesthesia techniques in sheep and goats. *Veterinary Clinics of North America*, **6**, 759.

[12] Five Freedoms: Farm Animal Welfare Council. http://www.fawc.org.uk/freedoms.htm [accessed on May 11, 2014].

[13] Galatos, A.D. (2011) Anesthesia and analgesia in sheep and goats. *Veterinary Clinics of North America*, **27**, 47–59.

[14] Garcia-Pereira, F.L., Greene, S.A., McEwen, M.-M. & Keegan, R. (2006) Analgesia and anesthesia in camelids. *Small Ruminant Research*, **61**, 227–233.

[15] George, L.W. (2003) Pain control in food animals. E.P. Steffey (ed), *Recent Advances in Anesthetic Management of Large Domestic Animals*. International Veterinary Information Service, Ithaca, NY.

[16] Gessert, M.E. & Scott, P.R. (1995) Combined xylazine and lidocaine caudal epidural analgesia injection in the treatment of ewes with preparturient vaginal or cervico-vaginal prolapse. *Agricultural Practice*, **16**, 15.

[17] Grandin, T. (2001) Welfare of cattle during slaughter and the prevention of nonambulatory (downer) cattle. *Journal of the American Veterinary Medical Association*, **219**, 1377–1382.

[18] Grandin, T. (2002) Animals are not things: a view on animal welfare based on neurological complexity. http://www.grandin.com/welfare/animals.are.not.things.html [accessed on May 11, 2014].

[19] Grubb, T.L., Riebold, T.W. & Huber, M.J. (1993) Evaluation of lidocaine, xylazine and a combination of lidocaine and xylazine for

epidural analgesia in llamas. *Journal of the American Veterinary Medical Association*, **203** (10), 1441–1444.

[20] Hall, L.W., Clarke, K.W. & Trim, C.M. (eds) (2001) Anaesthesia of sheep, goats and other herbivores. *Veterinary Anaesthesia*, W.B. Saunders, Philadelphia, PA, pp. 341–366.

[21] Hallowell, G., Potter, T. & Aldridge, B. (2012) Medical support for cattle and small ruminant surgical patients. *Practice*, **34**, 226–233.

[22] Hudson, C., Whay, H. & Hixley, J. (2008) Recognition and management of pain in cattle. *Practice*, **30**, 126–134.

[23] Hurley, R.W., Chatterjea, D., Rose Feng, M. *et al.* (2002) Gabapentin and pregabalin can interact synergistically with naproxen to produce antihyperalgesia. *Anesthesiology*, **97**, 1263–1273.

[24] Jackson, P.G.G. & Cockcroft, P.D. (2007) Analgesia, anaesthesia, and surgical procedures in the pig. P.G.G. Jackson & P.D. Cockcroft (eds), *Handbook of Pig Medicine*, Saunders, London, pp. 230–241.

[25] Jones, M. (2008) Clinical application in pain management. *Proceedings of the 80th Annual Canadian Western Veterinary Conference*, Vancouver, British Columbia.

[26] Krueder, A.J., Coetzee, J.F., Wulf, L.W. *et al* (2012) Bioavailability and pharmacokinetics of oral meloxicam in llamas. *BMC Veterinary Research*, 8, 85.

[27] Lee, I., Yoshiuchi, T., Yamagishi, N. *et al* (2003) Analgesic effect of caudal epidural ketamine in cattle. *Journal of Veterinary Science*, **4**, 261.

[28] Lin, H.C., Caldwell, F. & Pugh, D.G. (2012) Anesthetic management. D.G. Pugh & A.N. Baird (eds), *Sheep and Goat Medicine*, 2nd edn, Elsevier, Maryland Heights, MO, pp. 517–538.

[29] Longley, L.A. (2008) Fancy pig anaesthesia. L. Longley, M. Fiddes & M. O'Brien (eds), *Anesthesia of Exotic Pets*, Saunders, London, pp. 112–126.

[30] McMeekan, C.M., Mellor, D.J., Stafford, K.J. *et al.* (1998) Effects of local anaesthesia of 4 to 8 hours' duration on the acute cortisol response to scoop dehorning in calves. *Australian Veterinary Journal*, **76** (4), 281–285.

[31] Muir, W.W. & Ivany, J.M. (2004) Farm animal anesthesia. S.L. Fubini & N.G. Ducharme (eds), *Farm Animal Surgery*, Saunders/Elsevier, St. Louis, MO, pp. 97–112.

[32] Muir, W.W., Hubbell, J.A.E., Skarda, R. *et al.* (1995) Local anesthesia in cattle, sheep, goats, and pigs. W.M. Muir, J.A.E. Hubbell, R. Skarda *et al* (eds), *Handbook of Veterinary Anesthesia*, 2nd edn, Mosby, St. Louis, MO, pp. 53–77.

[33] Nolan, A., Livingston, A. & Waterman, A.E. (1987) Investigation of the antinociceptive activity of buprenorphine in sheep. *British Journal of Anaesthesia*, **92**, 527.

[34] Nolan, A., Waterman, A.E. & Livingston, A. (1988) The correlation of the thermal and mechanical antinociceptive activity of pethidine hydrochloride with plasma concentrations of the drug in sheep. *Journal of Veterinary Pharmacology and Therapeutics*, **11**, 94.

[35] Noordsy, J. & Ames, N. (2006) Epidural anesthesia. J. Noordsy & N. Ames (eds), *Food Animal Surgery*, 4th edn, Veterinary Learning Systems, Yardley, PA, pp. 43–55.

[36] Picazo, A., Castan˜eda-Herna´ndez, G. & Ortiz, M.I. (2006) Examination of the interaction between peripheral diclofenac and gabapentin on the 5% formalin test in rats. *Life Science*, **79**, 2283–2287.

[37] Plumb, D.C. (2008) *Plumb's Veterinary Drug Handbook*, 6th edn. Wiley-Blackwell, Ames, IA.

[38] Plummer, P.J. & Schleining, J.A. (2013) Assessment and management of pain in small ruminants and camelids. *Veterinary Clinics of North America*, **29** (1), 185–208.

[39] Riebold, T.W. (2007) Ruminants. J.C. Thurmon, W.J. Tranquilli & G.J. Benson (eds), *Lumb & Jones' Veterinary Anesthesia and Analgesia*, 4th edn. Wiley/Blackwell, Baltimore, MD.

[40] Riviere, J.E., Webb, A.I. & Craigmill, A.L. (1998) Primer on estimating withdrawal times after extralabel drug use. *Journal of the American Veterinary Medical Association*, **213**, 966.

[41] Scott, P.R. & Gessert, M.E. (1997) Evaluation of extradural xylazine injection for cesarean operation in ovine dystocia cases. *The Veterinary Journal*, **154**, 63.

[42] Scott, P.R., Henshaw, C.J., Sargison, N.D., Penny, C.D. & Pirie, R.S. (1994) Assessment of xylazine hydrochloride epidural analgesia for open castration of rams. *Theriogenology*, **42**, 1029.

[43] Shaffran, S. & Grubb, T. (2010) Pain management. J.M. Bassert & D.M. McCurnin (eds), *McCurnin's Clinical Textbook for Veterinary Technicians*, 7th edn, Elsevier, St. Louis, MO, pp. 858–886.

[44] Skarda, R. & Tranquilli, W. (2007) Local and regional anesthetic and analgesic techniques: ruminants and swine. W.J. Tranquilli, J.C. Thurmon & K.A. Grimm (eds), *Lumb & Jones Veterinary Anesthesia and Analgesia*, 4th edn, Elsevier, pp. 643–681.

[45] Smith, A.C. & Swindle, M.M. (2008) Anesthesia and analgesia in swine. R. Fish, P.J. Danneman,

M. Brown *et al* (eds), *Anesthesia and Analgesia in Laboratory Animals*, 2nd edn, Academic Press, London, pp. 413–440.

[46] de Sousa, A.B., Santos, A.C., Schramm, S.G. *et al* (2008) Pharmacokinetics of tramadol and o-desmethyltramadol in goats after intravenous and oral administration. *Journal of Veterinary Pharmacology and Therapeutics*, **31** (1), 45–51.

[47] Stock, M.L., Baldridge, S.L., Griffin, D. & Coetzee, J.F. (2013) Bovine dehorning assessing pain and providing analgesic management. *Veterinary Clinics of North America*, **29** (1), 103–133.

[48] Stoelting, R.K. (ed) (1987) Local anesthetics. *Pharmacology and Physiology in Anesthetic Practice*. JB Lippincott, Philadelphia, PA.

[49] Swindle, M.M. (2000) Anesthesia, analgesia, and perioperative care. M.M. Swindle (ed), *Swine in the Laboratory Surgery, Anesthesia, Imaging, and Experimental Techniques*, 2nd edn, CRC Press, Boca Raton, FL, p. 55.

[50] Swindle, M.M. & Smith, A.C. (2013) Best practices for performing experimental surgery in swine. *Journal of Investigative Surgery*, **26**, 63–71.

[51] Taylor, P.M. (1991) Anaesthesia in sheep and goats. *Practice*, **13**, 31–36.

[52] Thurmon, J.C. & Smith, G.W. (2007) Swine. W.J. Tranquilli, J.C. Thurmon & K.A. Grimm (eds), *Lumb and Jones Veterinary Anesthesia and Analgesia*, 4th edn, Elsevier, pp. 747–763.

[53] Tranquilli, W.W. (2001) Medetomidine. *ACVS Symposium Equine and Small Animal Proceedings*, October 1, 2001. www.iKnowledgenow.com [accessed on May 11, 2014].

[54] Valverde, A. & Doherty, T.J. (2009) Pain management in cattle and small ruminants. D.E. Anderson & D.M. Rings (eds), *Food Animal Practice*, 5th edn, Elsevier, St. Louis, MO, pp. 534–541.

[55] Waterman, A.E., Livingston, A. & Amin, A. (1990) Analgesia and respiratory effects of fentanyl in sheep. *Journal of the Association of Veterinary Anaesthesia*, **17**, 20.

[56] Waterman, A.E., Livingston, A. & Amin, A. (1991a) Analgesic activity and respiratory effects of butorphanol in sheep. *Research in Veterinary Science*, **51**, 19.

[57] Waterman, A.E., Livingston, A. & Amin, A. (1991b) Further studies on the antinociceptive activity and respiratory effects of buprenorphine in sheep. *Journal of Veterinary Pharmacology and Therapeutics*, **14**, 230.

[58] Welsh, E.M., Baxter, P. & Nolan, A.M. (1992) Pharmacokinetics of carprofen administered intravenously to sheep. *Research in Veterinary Science*, **53**, 264.

# 第13章 异种动物镇痛

13

Kate Lafferty, Stephen J. Cital and Mary Ellen Goldberg

## 小型哺乳动物的镇痛

***Kate Lafferty and Mary Ellen Goldberg***

小型哺乳动物被定义为包括所有长度在30.48cm（1ft）以下（包括头部和尾部）的非家栖哺乳动物。它们可能是客户的（“pocket”）宠物，也许在学校被用于教学或被用于动物园展览。在医学研究中，小型哺乳动物也占了绝大多数实验室动物（Greenacre, 2008）。由于实验动物医学的严格要求，已经收集了大量关于小型哺乳动物镇痛的信息。无论栖息地如何，所有圈养的小型哺乳动物都被认为与驯化物种是平等的，都应该给予相同的疼痛和压力管理标准。

## 啮齿类动物镇痛

测量啮齿动物对疼痛刺激反应的参数可分为3类：生理上的、生化上的、行为学上的。心率和呼吸频率被用来作为疼痛的间接测量数据，两者的增加都被认为是伴随着疼痛状态的（Colpaert et al., 2001）。任何压力或兴奋，甚至是触摸动物，都会增加动物心率和呼吸频率（Livingston & Chambers, 2000）。因此，应该谨慎地使用这些参数。生化参数包括皮质激素、儿茶酚胺和各种激素的水平，也经常被用来评估实验室动物的疼痛（Mayer, 2007）。对医护人员来说，行为变化往往是疼痛的最早迹象。行为变化参数不仅是检测或分级疼痛的有效工具，而且这些参数的应用也避免了在收集生化甚至生理数据时所固有的疼痛或压力（Mayer, 2007）。在许多情况下，研究人员和动物护理人员必须仅根据行为观察就能对疼痛和不适做出充分的评估。

对正常物种行为的理解是正确评估疼痛行为的关键。如果不知道正常行为的范围，观察者将很难发现异常行为，特别是在被捕食者种群身上，它们通常只表现出隐秘而微妙的变化（Mayer, 2007）。

## 物种特异性症状

### 小鼠

经过引起疼痛的手术后，老鼠可能会增加睡眠时间。减少食物和水的摄入，从而导致体重下降、脱水和背部肌肉萎缩。立毛（毛发竖立）或弯腰驼背表示疼痛。这只鼠不梳理毛发，但更频繁地搔抓。患病的老鼠经常与群体的其他成员分开。在早期阶段能观察到攻击性发声，当疼痛或压力逐渐降低移动能力和反应能力时，攻击性发声就会减少。

随着动物病情的恶化，眼球下陷，眼和鼻的分泌物也会被发现。呼吸速率增加和呼吸吃力或强迫。随着压力持续，排便和排尿的增加或减少是小鼠对压力的即时反应。随着疼痛或压力的持续，触须（肌毛）的运动变得不那么明显。受感染的老鼠变得更加胆小和害怕；然而，随着疼痛或压力的增加，它们可能变得具有攻击性，有咬人的倾向。动物可能试图咬伤疼痛源或受影响的区域，并可能在受影响的部位自残。

当腹痛时，就会有翻滚的动作。逐渐采取蜷缩的“睡眠姿势”并远离光源。当四肢或脚受到影响时，突然的跑步动作表现为一种逃避机制；保持一种姿势会变得越来越困难。当平衡被影响，小鼠可能会出现步态不稳、直线运动困难以及圆周运动。步态不稳也常与腹水的发展有关。

当它的情况恶化，动物变得安静和没有反应，从群体中分离，并最终变得意识不到周围环境。体温过低是随着病情的恶化而出现的，这种动物摸起来很“冷”。

**关键症状13.1** 小鼠：撤退，撕咬反射；立毛，弓背，眼球下陷和收腹，脱水，体重下降

## 大鼠

大鼠通常比小鼠更温顺，对同类和人类的攻击性更小。急性疼痛或疼痛通常伴随着持续的发声和挣扎。大鼠会不时舔舐和望向疼痛的部位。挠痒加剧可能意味着慢性疼痛。疼痛的老鼠常常蜷缩，头朝下，缩成一团。如果存在疼痛，大鼠的睡眠时间将被打乱并增加。当呼吸系统受到影响时，会发生打喷嚏并伴随呼吸频率升高。随着动物没有梳理自己的外表，立毛的增多被观察到，变得越来越不整洁，可能会脱发。动物停止正常进食和饮水。皮肤暗沉，背部肌肉萎缩，这是脱水和体重减轻的迹象。

在反复疼痛的过程中，动物可能变得更加好斗和抗拒，并随疼痛或疼痛的增加而增加。眼睑迅速地呈半闭或接近闭的状态。眼球可能会出现凹陷，眼部分泌物也很常见，常发展为红色血卟啉渗出（“卟啉色”），它一般环绕眼睛。如果有分泌物，也可能是红色的。

便秘或腹泻可能取决于器官系统的影响。水的摄入量减少导致排尿减少；然而，如果出现尿路感染或激素紊乱，排尿频率可能会增加。疼痛的动物最初表现出更强的意识/攻击性反应和咬人的倾向，但最终会变得抑郁和反应迟钝、探索性行为减少、对其他动物表现出厌恶。在后期可能会出现受影响部位的自残。如果出现腹痛，可能会出现腹部收缩。可能会观察到不自然运动，如其中一条腿跛了，或者走路很小心。由于肠梗阻或腹水而导致腹部增大的步态称为“蹒跚”步态。平衡被打乱的部位，经常会发生转圈运动。

起初，应激大或疼痛的老鼠表现出更多的愤怒或攻击性的发声，尤其是在触摸时。随着疼痛或压力的持续和运动的停止，声音反应会逐渐减弱，除非经历突然的疼痛刺激。体温过低表明动物的状况明显恶化。脸色苍白表示贫血或失血。

**关键症状13.2** 大鼠：发声，挣扎，舔舐/注视疼痛部位，体重降低，立毛，蜷缩姿势，低体温

## 豚鼠

豚鼠是一种警惕但胆小和忧虑的动物，它们会尽量躲避被捕获和束缚。很少有对人类有进攻的行为，任何接受（愿意被捕获）的迹象都表明动物身体不适。轻微和短暂的疼痛就会发出很大的声音。豚鼠在疼痛时常常显得困倦。最初，豚鼠会对疼痛或应激的反应增强。然而，这种反应逐渐减弱，动物变得没有反应。它逐渐变得忧虑不安。眼睛可能凹陷而无神。呼吸频率增加因为疼痛或者压力刺激增加或持续。当呼吸系统受到影响时，呼吸变得越来越困难。通常情况下，体重下降、脱发、鳞状皮肤和脱水也会发生。当胃肠道受到影响时，可能有腹泻的迹象。在不吃不喝的饮食应激下，有“梳理毛发”的倾向。梳理毛发包括从笼中同伴（异性毛发）或自己（自毛发）身上拔毛或拔胡须，这在小鼠和豚鼠中很常见（Kalueff et al., 2006）。背部皮肤的损伤可能是由于群体内发生战斗。当牙齿异常导致进食困难时，便会分泌过多唾液，在腹痛时蜷缩的趋势，以及“回正”在重病动物身上翻正反射会失败。在年老的动物中，由于脚痛，可能会有与运动、跛行和紧张步态的发生。

**关键症状13.3** 豚鼠：撤退，发声，无法耐受保定，梳理毛发，反应迟钝

## 沙鼠

沙鼠是非常活跃的动物，通常会试图躲避保定。疼痛和疼痛的迹象很难评估，因为沙鼠不喜欢任何干扰。在疼痛或压力刺激下，会产生较大的反应。眼分泌物是常见的。与肺病相关的呼吸频率增加很难通过眼睛来评估。会发生脱毛的现象，在过度拥挤的动物身上可以看到尾巴上的毛发脱落。面部的损伤和疼痛可能是由于在笼子的角落里过度地挖洞造成的。

脱水是罕见的，因为沙鼠正常的新陈代谢使其能够充分利用饮食中的水分。正常情况下只会排出少量尿液。粪便通常是坚硬、干燥的颗粒。便秘罕见，腹泻一旦发生，可能很快就会因体液丧失而死亡。沙鼠通常非常活跃和紧张。在严重的应激状态下，可能出现暂时性的晕倒和明显的休克综合征；然而，经过一段时间后，就可恢复。可能会发生探索性行为的改变和攻击性反应的增加。会观察到蜷缩，尤其与腹部疼痛有关时。步态异常与运动或腹部疾病有关。

**关键症状13.4** 沙鼠：蜷缩的姿势，体重降低，休克综合征

## 仓鼠

正常情况下，仓鼠白天会睡很长时间，几乎看不到其活动。它们经常对同笼的仓鼠表现出攻击性，并在处理时发出与干扰程度不成比例的刺耳的尖锐噪音。这种反应在疼痛或应激下增强。眼部分泌物通常与应激有关。呼吸频率增加与肺受累有关。如果饮食中缺乏维生素E和短链脂肪酸，被毛就会出现问题。健康状况的下降与食物和水的摄入量减少有关。仓鼠便秘是不常见的。腹泻发生时，会有大量液性粪便排出，污染会阴区域。当动物不受干扰时，就会发生越来越严重的精神沉郁。白天的睡眠时间可能会延长，而且除了被人触摸的时候，还会感到越来越疲倦。探索性行为减少，蜷缩，不愿移动，尤其是涉及腹部器官病变时。侧卧可以表明动物是濒死的。当疼

痛与运动有关时会影响正常步态。步态变得僵硬有时与腹部受累有关，例如，肝硬化后出现腹水。

**关键症状13.5** 仓鼠：体重降低，蜷缩，增加攻击性或抑郁，延长睡眠时间

## 疼痛评分

小鼠疼痛程度量表（MGS）取自Langford（2010）的论文。在其中每个疼痛特征的强度都以三分制来区分。图13.1展现了5个疼痛特征，且给出了与三分制相对应的小鼠行为的图像 。

大鼠疼痛程度量表（RGS）改编自Sotocinal（2011）（图13.2）。大鼠疼痛量表的4个动作如表13.1和表13.2所示。

迄今为止，为豚鼠建立疼痛评估量表的工作量还很有限。仓鼠和沙鼠可以用上述量表的组合来评估。

## 药物治疗

与其他哺乳动物相比，啮齿类动物基于体重的镇痛剂量相对较高，这主要是因为它们的体型较小，代谢速度较快（Miller & Richardson, 2011）。如果怀疑有疼痛的情况或已经实施了引起疼痛的操作，应给予镇痛（Longley, 2008b）。啮齿动物和其他宠物或实验室小动物最常用的镇痛药是阿片类和非甾体抗炎药（NSAIDs）。不仅是术前，术中和术后的镇痛管理对缓解啮齿动物的疼痛也很重要。在简单的腹部手术前30min和术后30min以及2h后给予中等剂量吗啡，可以在2d内有效地缓解疼痛。只在手术后使用相同剂量的话只能暂时缓解疼痛（Gonzalez et al., 2000; Gaertner et al., 2008）。术前使用镇痛药将减少手术中所需的麻醉剂量，并提高恢复评分（Penderis & Franklin, 2005）：调查人员和实验室动物兽医必须评估个别动物，以确定何种药剂和剂量适合特定物种和治疗方案（Gaertner et al., 2008）。

### 阿片类药物在啮齿动物上的应用

不论给药途径如何，吗啡的作用时间相对较短，因此限制了其在实验室动物环境中的使用，因为实验室动物环境不提供24h的常规重症监护（Gaertner et al., 2008）。丁丙诺啡是啮齿动物术后减轻中度疼痛的首选镇痛药。已经观察到，自行使用丁丙诺啡（0.5mg/kg加入风味明胶）可以有效的缓解疼痛并维持食物和水的摄入，避免大鼠术后体重减轻（Liles et al., 1998; Flecknell et al., 1999; Gaertner et al., 2008）。芬太尼可局部应用于油性乳霜基质中的无毛皮肤，在这种情况下，芬太尼可改善大鼠的伤口愈合、伤口挛缩、细胞增殖和血管生成（Poonawala et al., 2005）。在小鼠和大鼠中，布托啡诺很少被使用，因为它的镇痛时间短（1–2h），仅缓解轻微的疼痛（Gades et al., 2000）。

### 非甾体抗炎药在啮齿动物上的应用

最常用于啮齿动物的非甾体抗炎药制剂包括卡洛芬、美洛昔康和酮洛芬。

传统上，非甾体抗炎药被推荐用于缓解轻度疼痛；然而，随着新型药剂的效力和环氧合酶COX选择性的提高，它们现在可以用来缓解更疼痛的情况。与阿片类药物不同，非甾体抗炎药不是受管制的药物，而且可能比许多阿片类药物的作用时间更长（Miller & Richardson, 2011）。

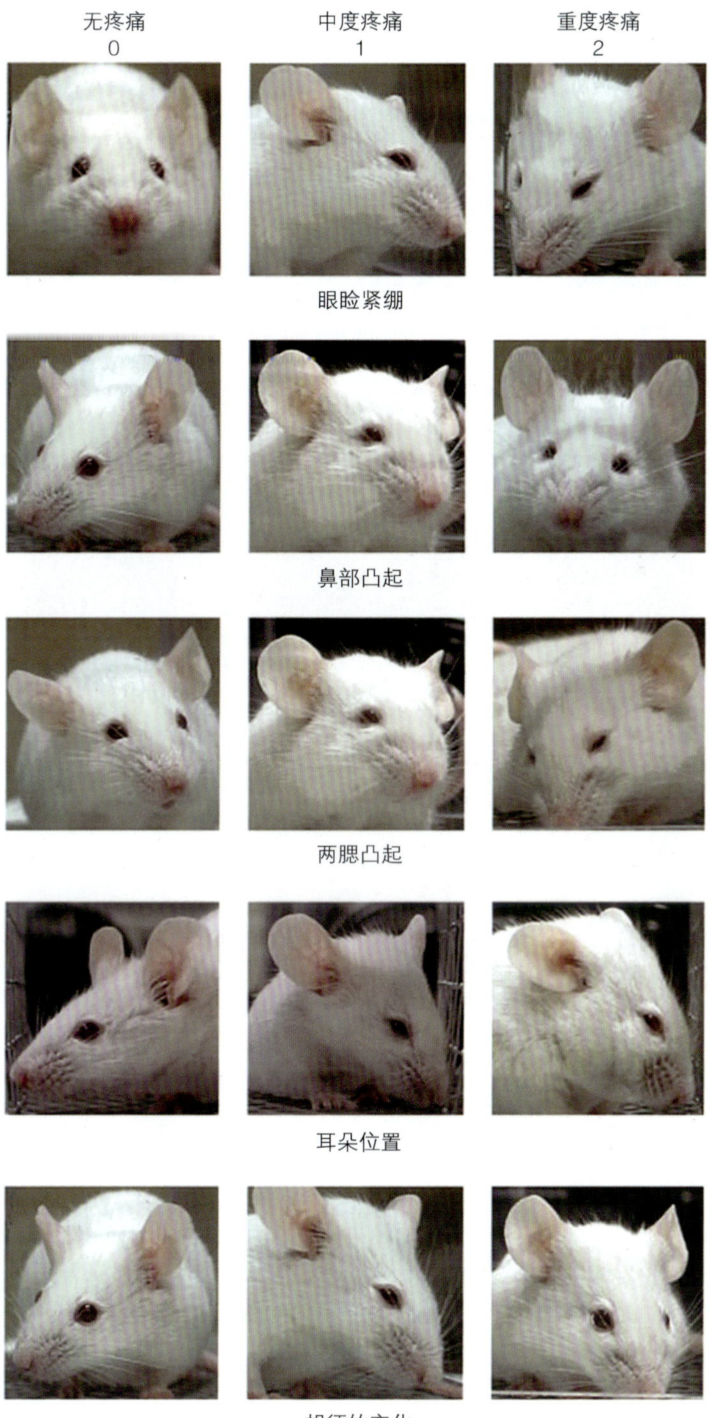


**图13.1**　小鼠疼痛程度量表。经许可引自Langford, D.J., Bailey, A.L., Chanda, M.L., et al., June 2010. Coding facial expressions of pain in the laboratory mouse. Nature Methods, 7 (6), 450. ©Nature Publishing Group。

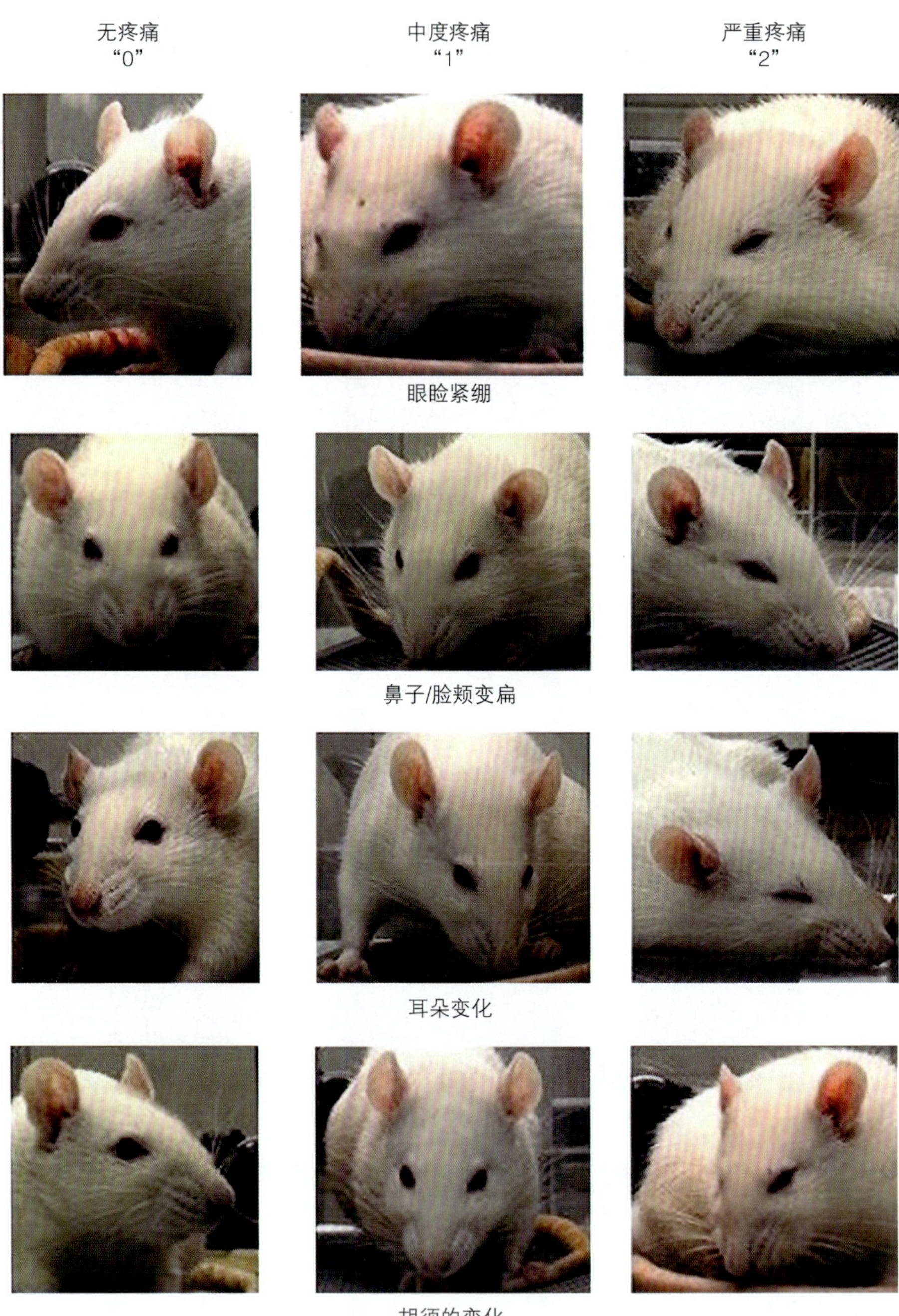


**图13.2** 大鼠疼痛程度量表。经许可引自Sotocinal, S.G., Sorge, R.E., Zaloum, A., et al., 2011.The Rat Grimace Scale: a partially automated method for quantifying pain in the laboratory rat via facial expressions. Molecular Pain, 7, 55. ©BioMed。

**表13.1** 啮齿动物改良疼痛量表

| 标准 | 三分制 | 0, 1, 2, 3 | 备注 |
|---|---|---|---|
| 姿势 | | | |
| 步态 | | | |
| 打喷嚏/呼吸速率 | | | |
| 眼睛周围有卟啉染色/鼻孔 | | | |
| 立毛 | | | |
| 眼睑紧绷 | | | |
| 两腮凸起 | | | |
| 鼻子凸起 | | | |
| 外耳位置与形状 | | | |
| 触须位置 | | | |
| 刻板行为 | | | |
| 自残 | | | |
| 缝线撕毁 | | | |
| 发声 | | | |
| 总分数 | | | |

0，正常；1，轻微偏离正常；2，中度偏离正常；3，显著偏离正常。

## 局部麻醉剂在啮齿动物上的应用

为了减少使用局部麻醉剂的风险，建议在给药前制定最大安全剂量，利多卡因约为10mg/kg，布比卡因约为2mg/kg（Flecknell, 2009）。

实验室研究通常在年轻、健康、成年的小鼠和大鼠中进行。可能需要调整伴侣类啮齿动物的剂量，这些啮齿动物通常是老年动物，可能并发疾病（Miller & Richardson, 2011）。为了减少应激，啮齿类动物应该被安置在远离其天敌包括犬、猫、雪貂和猛禽类视线和气味的地方（表13.3、表13.4和表13.5）。

**表13.2** 动物处置和临床检查潜在的疼痛部位

| 标准 | 三分制 | 0, 1, 2, 3 | 备注 |
|---|---|---|---|
| 攻击性 | | | |
| 触诊时的发声/抚摸 | | | |
| 伤口渗出 | | | |
| 水肿/炎症 | | | |
| 腹部蜷曲/紧张 | | | |
| 触诊弓背并发声 | | | |
| 体重降低 | | | |
| 脱水 | | | |
| 总分数 | | | |

疼痛可分为以下几类：得分低于22分为轻微疼痛；22–44分属于中等；44–66分之间是严重疼痛。

0，正常；1，轻微偏离正常；2，中度偏离正常；3，显著偏离正常。

## 兔子镇痛

在美国和欧洲，兔子是常见的家庭宠物，在英国，兔子是第三受欢迎的哺乳动物宠物（Wenger, 2012）。兔子被广泛应用于传染病到骨科手术等领域的研究动物模型（Weaver et al., 2010）。作为被捕食的物种，兔子倾向于隐藏它们疼痛的状态以保持正常的外表，从而避免被捕食。观察者的存在可能导致其完全不动，不表现出明显的疼痛相关行为（Flecknell, 2006）。为了准确评估疼痛和疼痛的变化，了解正常的物种行为是至关重要的。

为了尽量减少使用局部麻醉剂的风险，建议在给药前制定最大安全剂量，利多卡因约为10mg/kg，布比卡因约为2mg/kg（Flecknell, 2009）。实验室研究通常在年轻、健康、成年的小鼠和大鼠中进行。识别兔子疼痛是十分困难

**表13.3** 啮齿动物镇痛（Goldberg, 2010）

| 药物 | 小鼠 | 大鼠 | 豚鼠 |
|---|---|---|---|
| 丁丙诺啡 | 0.05–0.1mg/kg SC q12h<br>1.1mmol/L入二甲亚砜局部 | 0.01–0.05mg/kg SC，IV q8–12h<br>0.1–0.25mg/kg PO q8–12h | 0.05mg/kg SC q8–12h |
| 布托啡诺 | 1–2mg/kg SC q4h | 1–2mg/kg SC q4h | 1–2mg/kg SC q4h |
| 吗啡 | 2.5mg/kg SC q2–4h<br>6.1mmol/L入二甲亚砜局部 | 2.5mg/kg SC q2–4h | 2–5mg/kg SC，IM q4h |
| 纳布啡 | 2–4mg/kg IM q4h | 1–2mg/kg IM q3h | 1–2mg/kg IV，IP，IM |
| 羟吗啡酮 | 0.2–0.5mg/kg SC q4h | 0.2–0.5mg/kg SC q4h<br>0.03mg/（kg·h）IV CRI | 0.2–0.5mg/kg SC q4h |
| 喷他佐辛 | 5–10mg/kg SC q3–4h | 5–10mg/kg SC q3–4h | |
| 哌替啶 | 10–20mg/kg SC，IM q2–3h | 10–20mg/kg SC，IM q2–3h | 10–20mg/kg SC, IM q2–3h |
| 美沙酮 | | 0.5–3mg/kg SC | |
| 曲马多 | 5mg/kg SC，IP q24h | 5mg/kg SC，IP q24h | |
| 芬太尼 | 0.025–0.6mg/kg SC<br>0.032mg/kg SC | 0.01–1.0mg/kg SC<br>2.0–4.0g/day PO | |
| 利多卡因/吗啡 | 0.85mmol/L利多卡因<br>1.7mmol/L吗啡入二甲亚砜局部浸润 | | |
| 利多卡因/ 丁丙诺啡 | 0.44mmol/L利多卡因<br>0.18mmol/L丁丙诺啡在二甲亚砜局部浸润 | | |
| 利多卡因 | | 0.67–1.3mg/（kg·h）CRI SC输注泵 | |
| 布比卡因 | 局部浸润 SC | 局部浸润 SC | 局部浸润 SC |
| 阿司匹林 | 120mg/kg PO<br>20mg/kg SC<br>100–120mg/kg IP | 100mg/kg PO<br>20mg/kg SC<br>100–120mg/kg IP | 87mg/kg PO<br>20mg/kg SC<br>100–120mg/kg IP |
| 对乙酰氨基酚 | 200mg/kg PO | 200mg/kg PO | |
| 卡洛芬 | 5mg/kg SC q24h | 5–15mg/kg SC q24h | 4mg/kg SC q24h |
| 塞来昔布 | | 10–20mg/kg PO q24h | |
| 双氯芬酸 | 8mg/kg PO q24h | 10mg/kg PO q24h | 2.1mg/kg PO q24h |
| 安乃近 | | 50–600mg/kg SC，IP，IV | |

**续表**

| 药物 | 小鼠 | 大鼠 | 豚鼠 |
| --- | --- | --- | --- |
| 安乃近/吗啡 | | 177–600mg/kg 安乃近<br>3.1–3.2mg/kg 吗啡 SC，IV | |
| 氟尼辛葡胺 | 2.5mg/kg SC，IM q12h<br>4.0–11mg/kg IV | 2.5mg/kg SC，IM q12h | 2.5mg/kg SC，IM q12h |
| 布洛芬 | 30mg/kg PO | 15mg/kg PO | 10mg/kg IM q4h |
| 布洛芬/氢可酮 | | 200mg/kg 布洛芬<br>2.3mg/kg 氢可酮 SC | |
| 布洛芬/美沙酮 | | 200mg/kg 布洛芬<br>1.7mg/kg 美沙酮 SC | |
| 布洛芬/氧可酮 | | 200mg/kg 布洛芬<br>0.5mg/kg 氧可酮 SC | |
| 酮洛芬 | 5mg/kg SC q24h | 5mg/kg SC q24h | |
| 酮洛芬 | | 5%–15%SC<br>10%–20%IP | |
| 美洛昔康 | 5mg/kg SC，PO q24h | 1mg/kg SC，PO q24h | 0.1–0.3mg/kg SC，PO q24h |
| 美洛昔康/替托尼定 | 0.5mg/kg 美洛昔康<br>0.25mg/kg 替托尼定 PO | | |
| 美洛昔康/氯压定 | 0.5mg/kg 美洛昔康<br>0.25mg/kg 氯压定 PO | | |
| 萘普生/氢可酮 | | 200mg/kg 萘普生<br>1.3mg/kg 氢可酮 SC | |
| 替托尼定 | 0.25–1.0mg/kg PO | | |
| 替托尼定/尼美舒利 | 0.25mg/kg 替托尼定<br>1.0mg/kg 尼美舒利 PO | | |
| 氯压定/尼美舒利 | 0.25mg/kg 氯压定<br>1.0mg/kg 尼美舒利 PO | | |
| 加巴喷丁 | 10mg/kg PO | 10mg/kg PO | 10mg/kg PO |

的，因为它常常默默地忍受明显的疼痛或疼痛的过程。这可能与它的野生行为有关，隐藏疼痛对生存很重要。即使是健康的兔子也可能不会频繁地移动或沉迷于探索行为。疼痛的特征通常是减少食物和水的摄入（从而减轻体重和脱水）和活动受限。虽然兔子经常生病和疼痛，但没有明显

**表13.4** 其他小型哺乳动物镇痛（Goldberg, 2010）

| 物种 | 药物 | 剂量（mg/kg） | 给药途径 | 给药间隔 |
|---|---|---|---|---|
| 仓鼠 | 吗啡 | 2–5 | SC，IM | q2–4h |
| | 阿司匹林 | 100 | PO | q4–8h |
| | 丁丙诺啡 | 0.05–0.1 | SC | q6–12h |
| | 布托啡诺 | 1–5 | SC | q4h |
| | 卡洛芬 | 5 | SC | q24h |
| | 氟尼辛 | 2.5 | SC | q12–24h |
| | 酮洛芬 | 5 | SC | q12–24h |
| | 纳布啡 | 4–8 | IM | q3h |
| | 羟吗啡酮 | 0.2–0.5 | SC，IM | q6–12h |
| | 哌替啶 | 20 | SC，IM | q2–4h |
| 沙鼠 | 阿司匹林 | 100 | PO | q4–8h |
| | 布托啡诺 | 1–5 | SC | q4h |
| | 卡洛芬 | 5 | SC | q24h |
| | 氟尼辛 | 2.5 | SC | q12–24h |
| | 酮洛芬 | 5 | SC | |
| | 吗啡 | 2–5 | SC，IM | q2–4h |
| | 纳布啡 | 4–8 | IM | q3h |
| | 羟吗啡酮 | 0.2–0.5 | SC，IM | q6–12h |
| | 哌替啶 | 20 | SC，IM | q2–4h |
| | 丁丙诺啡 | 0.05–0.1 | SC | q6–12h |
| 南美栗鼠 | 阿司匹林 | 100 | PO | q4–8h |
| | 丁丙诺啡 | 0.05–0.1 | SC | q6–12h |
| | 布托啡诺 | 0.2–2.0 | SC，IM，IP | q2–4h |
| | 卡洛芬 | 4 | SC | q24h |
| | 氟尼辛 | 1–3 | SC | q12–24h |
| | 酮洛芬 | 1 | SC，IM | q12–24h |
| | 羟吗啡酮 | 0.2–0.5 | SC，IM | q6–12h |
| | 哌替啶 | 1–2 | SC，IM | q2–4h |

续表

| 物种 | 药物 | 剂量（mg/kg） | 给药途径 | 给药间隔 |
|---|---|---|---|---|
| 土拨鼠 | 布托啡诺 | 0.1–0.4 | SC，IM | q8h |
| | 卡洛芬 | 1 | PO | q12–24h |
| | 酮洛芬 | 1–3 | SC，IM | |
| | 丁丙诺啡 | 0.01–0.05 | SC，IP | q6–12h |
| | 哌替啶 | 10–20 | SC | q2–3h |
| | 吗啡 | 2–5 | SC | q4h |
| | 羟吗啡酮 | 0.2–0.5 | SC，IM | q6–12h |
| | 美洛昔康 | 0.1–0.2 | PO | q24h |
| 沼狸 | 阿司匹林 | 50–100 | PO | q4h |
| | 布托啡诺 | 0.2 | IM | q4h |
| | 氟尼辛 | 2.5 | SC | q12–24h |
| | 哌替啶 | 10–20 | IM，SC | q3–4h |
| 厚尾沙鼠 | 阿司匹林 | 150 | PO | q4–6h |
| | 丁丙诺啡 | 0.1–0.2 | SC | q8h |
| | 氟尼辛 | 2.5 | SC | q12–24h |
| | 哌替啶 | 20 | SC，IM | q3–4h |
| 食草类有袋动物 | 丁丙诺啡 | 0.01 | SC，IM，缓慢IV | q8–12h |
| | 布托啡诺 | 0.1–0.5 | SC，IM | q4–6h |
| | 氟尼辛 | 1 | SC，IM | q12–24h |
| 北美土拨鼠 | 参考“土拨鼠” | | | |
| 地松鼠 | 参考“土拨鼠” | | | |

的症状，仔细检查会发现下背部肌肉群的减少。兔子对压力的常见反应为眼分泌物增多，常伴有瞬膜的凸出。

在持续的疼痛或压力下，兔子会表现出“昏昏欲睡”的样子。此外，动物会表现出精神沉郁，进行性意识模糊，缺乏反应。动物会经常面对笼子的背面，远离光线。呼吸频率的增加一般与恐惧或者是肺相关的疾病有关系。被毛会被粪便污染。夜间粪便球团的产生可能会被中断。便秘和腹泻是对疼痛或应激的常见反应。过分的自我毛发梳理（舔毛）可能会促成胃中毛发团的形成。当脚痛时，可将重心移向前方或后方以减轻不适。身体伸展和平躺是腹部不适的常见症状。疼痛可能与运动有关，尤其是脚痛。

**表13.5** 刺猬和蜜袋鼯镇痛

| 药物 | 刺猬 | 蜜袋鼯 | 参考文献 |
|---|---|---|---|
| 阿片类药物 | | | |
| 丁丙诺啡 | 0.01mg/kg SC，IM q6–8h | 0.01mg/kg SC，IM q6–8h | Johnson–Delaney，2006 |
| | 0.01–0.03mg/kg IM | 0.01–0.03mg/kg IM | Lennox，2007 |
| | 0.01–0.5mg/kg SC，<br>IM q8–12h | 0.005–0.01mg/kg SC，IM q8h | Brust and Pye，2013<br>Carpenter & Marion，2013 |
| 布托啡诺 | 0.05–0.4mg/kg SC，IM q6–8h | 0.05mg/kg SC，IM q6–8h | Johnson–Delany，2006 |
| | 0.2–0.4mg/kg SC q8h | 0.5mg/kg IM q8h | Lennox，2007 |
| | 0.05–0.1mg/kg SC，<br>IM q8–12h | 0.1–0.5mg/kg SC，<br>IM q6–8h | Brust & Pye，2013<br>Carpenter & Marion，2013 |
| 吗啡 | 0.1mg/kg IM | 0.1mg/kg SC，IM q6–8h | Johnson–Delany，2006 |
| 纳洛酮 | 0.1mg/kg SC，IM q6–8h | 0.1–0.16mg/kg SC，IM q6–8h | Johnson–Delany，2006 |
| | | | Brust and Pye，2013<br>Carpenter & Marion，2013 |
| 非甾体抗炎药 | | | |
| 卡洛芬 | 1.0mg/kg PO，SC q12–24h | 1.0mg/kg PO，SC q24h | Johnson–Delany，2006 |
| | 1mg/kg PO，SC q12–24h | | Brust & Pye，2013<br>Carpenter & Marion，2013 |
| 美洛昔康 | 0.2mg/kg PO，SC q24h | 0.2mg/kg PO，SC q24h<br>0.1–0.2mg/kg PO，IM q12h<br>0.1–0.2mg/kg PO，SC q24h | Johnson–Delany，2006<br>Brust & Pye，2013<br>Carpenter & Marion，2013 |
| 氟胺烟酸葡胺 | 0.3mg/kg SC q24h | 0.1–1mg/kg IM q12–24h | Brust & Pye，2013<br>Carpenter & Marion，2013 |
| 类固醇类药物 | | | |
| 地塞米松 | 0.1–1.5mg/kg IM<br>1–4mg/kg SC，IM，IV | | Carpenter & Marion，2013 |
| 甲强龙 | 1–2mg/kg SC | | Carpenter & Marion，2013 |
| 泼尼松龙 | 2.5mg/kg PO，SC，IM<br>q12h PRN | | Carpenter & Marion，2013 |
| 氟羟氢化泼尼松 | 0.2mg/kg SC，IM | | Carpenter & Marion，2013 |

来源：改编自Brust & Pye, 2013; Carpenter & Marion, 2013; Lennox, 2007; Johnson–Delany, 2006。

**关键症状13.6**　兔子：饮食的减少，面向笼子的背面，局限运动，明显的光敏感性

**框13.1　造成兔子疼痛的常见原因**

- 牙齿疾病
- 外伤，如创伤和骨折
- 手术治疗后
- 关节和脊柱的炎症
- 由炎症、肿瘤或肾脏/膀胱结石引起的腹痛
- 此外，医院的护理可能是疼痛的组成部分包括绷带造成的皮炎、抽血和注射

**框13.2　兔子疼痛症状（Bradley Bays et al., 2006; Wenger, 2012）**

- 食欲减退或无食欲（可能是使用阿片类药物的不良反应）
- 增加饮水量和食欲量（常见于患有牙齿疾病的兔子）
- 显示出有攻击的征兆
- 改变呼吸模式
- 改变姿势和步态
- 磨牙
- 过度理毛、缺乏理毛或舔舐、咀嚼或扯扯疼痛部位的头发
- 减少自发活动，如挖掘或探索笼子
- 群居饲养动物的社交活动减少或离群
- 产生的粪便变少、变小或无粪便
- 不动或不愿移动，姿势调整缓慢
- 将腹部压在地板上，将腹部收拢或弓背
- 减轻患肢的负重
- 对周围环境的兴趣下降，蜷缩在一起或躲在角落里，无精打采
- 抽搐和畏缩

在预期会有疼痛的情况下（如手术或牙科治疗后），即使兔子没有表现出明显的疼痛行为迹象，也应该意识到它们感到了疼痛。

未经处理的疼痛会产生许多不良影响，如补体级联、细胞因子系统和花生四烯酸级联，还会激活交感神经系统。交感神经系统的激活可能导致心动过速、心律失常、血管收缩、心输出量改变和心肌氧需求量增加。器官灌注、体液、电解质和酸碱平衡可能发生改变。疼痛可能改变呼吸频率和减少潮气量，这可能加剧任何现有的呼吸疾病。未处理的疼痛的其他有害影响包括引起分解代谢状态异常，食欲减少或厌食症，延迟伤口愈合，降低免疫反应，延长住院时间。疼痛也会降低肠胃蠕动，同时减少食物摄取量、增加脱水和延长疾病过程（如肠毒素血症和脂肪肝）可能进一步促进肠梗阻，并可能在家兔中诱发危及生命的问题。危重患病动物或受过创伤的患病动物只有最少的生理储备来应付这些额外的伤害。未经处理的疼痛会在许多物种中增加发病率和潜在的死亡率。对于兔子这样的被捕食者更是如此。在最极端的情况下，流传着这样的报道：尽管家兔的潜在疾病或受伤似乎没有生命危险，但它们仍会因休克而死亡。

## 护理

在住院期间，应该为兔子提供适当的住房，远离食肉动物的视线、嗅觉和声音。该地区应该是安静的，动物保持清洁和干燥。应该注意确保动物容易获得食物和水，特别是如果它们有移动问题。适当的护理，如处理伤口、包扎、排尿和排便，也有助于改善患病动物的舒适度。应小心处理动物并进行适当地限制，以避免不必要的压力。住院期间，通常与另一只兔子一起生活的兔子可能会感到社交孤独带来的应激，因此应该考虑把它们

的"伙伴"兔子一起带进医院（Barter, 2011）。

## 疼痛评分

### 兔子疼痛程度量表（Keating et al., 2012）

兔子疼痛程度量表（RbtGS）在每个面部动作单元（FAU, facial action units）都有图片和解释：眼睑绷紧，脸颊变扁鼻子形状，胡须位置，耳朵位置。每个面部动作单元根据是否有以下情况来评分：不表现（0分），中度表现（1分），和显著表现（2分）（图13.3）（Keating et al., 2012）。

## 药物

### 兔子阿片类药物

阿片类药物的药理特性见第4章。

丁丙诺啡、布托啡诺、纳布啡和喷他佐辛产生天花板效应。这一发现与激动剂、拮抗剂（如布托啡诺）或部分激动剂阿片类药物（丁丙诺啡）一致，它们在镇痛的幅度上显示出"天花板效应"（Gutstein & Akil, 2010）。由于这种天花板效应，此类阿片药物是用于治疗轻度至中度疼痛（Barter, 2011）。丁丙诺啡可经黏膜给药。经黏膜给药（TM）丁丙诺啡是一种简单的方法，宠物主人可以在家里给宠物使用镇痛药，而不必注射。经皮给药芬太尼导致血浆水平变化。兔对芬太尼透皮贴剂的耐受性较好，但给药24h后毛发再生可能阻碍芬太尼的皮肤吸收（Wenger, 2012）。相反，脱毛剂的应用可导致芬太尼的早期和快速吸收，从而导致不必要的镇静和3d治疗期间缺乏持续的治疗血浆浓度水平（Foley et al., 2001）。对那些不能应用非甾体抗炎药的家兔，

眼睑部分或完全闭合。球状体本身也可以向头部靠拢，这样它们就不那么突出了。如果闭上眼睛会使眼睛的可见度降低1/2以上，它将被记为"2"或"明显存在"。

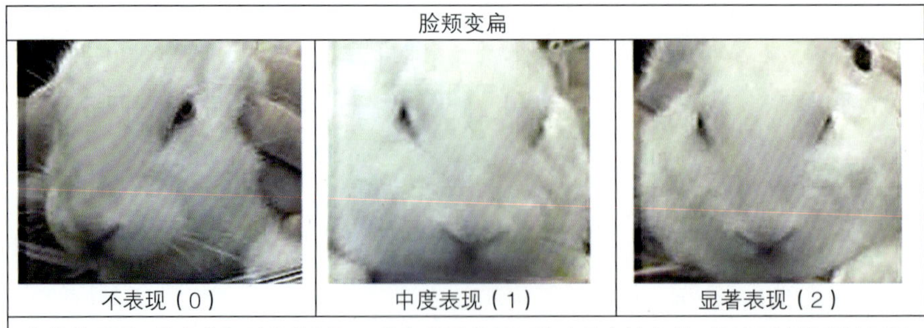


收缩嘴周围，使须垫紧贴脸的侧面。脸和鼻子的侧面轮廓是有棱角的，鼻子两边脸颊的圆形部分会消失。

鼻子形状

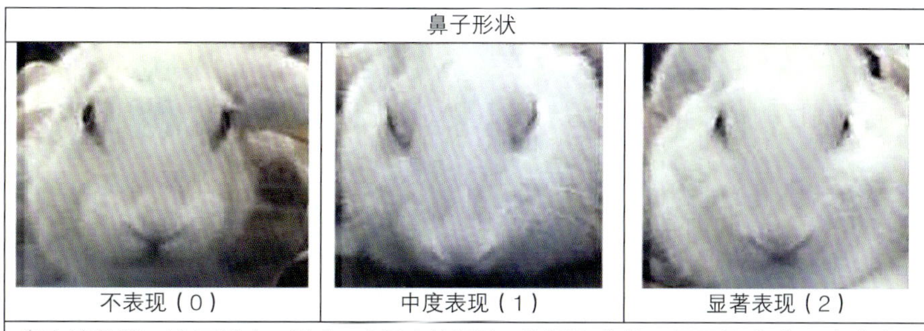


鼻孔(鼻孔裂口)向下垂直，形成一个更尖的鼻子，类似于“V”，而不是“U”。鼻尖也可以向下巴下方收拢，这样看起来更夸张

胡须位置

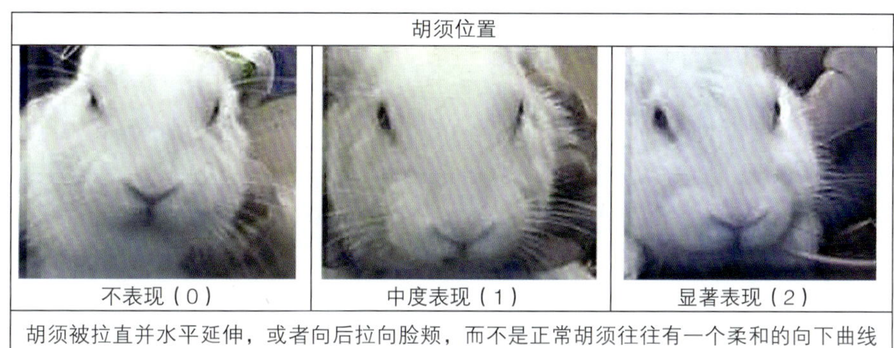


胡须被拉直并水平延伸，或者向后拉向脸颊，而不是正常胡须往往有一个柔和的向下曲线的姿势

耳朵位置

正常情况下，耳朵大致垂直于头部，面朝前方或侧面，在远离背部和身体两侧保持一个放松的直立位置，疼痛时，耳朵从正常位置向后躯方向旋转，倾向于向后放置，靠近身体的背部或侧面，形成一个更紧密的折叠或卷曲的形状（即耳朵弯曲）（更像是一根吸管）

**图13.3** 兔子疼痛程度量表。经许可引自Rabbit Grimace Scale in Keating, Keating, S.C.J., Thomas, A.A., Flecknell, P.A., & Leach, M.C., September 2012. Evaluation of EMLA cream for preventing pain during tattooing of rabbits: changes in physiological, behavioural and facial expression responses. PLoS One, 7 (9), 1–11. ©PLoS-ONE。

曲马多治疗家兔骨关节炎有明显的临床疗效。但非甾体抗炎药不是很好的选择。应该注意的是，曲马多的化合物是非常难吃的，所以应该使用强烈的调味剂来最大限度地提高兔子对药物的接受度。理想情况下，执业兽医应该与执业药剂师合作，研制出效果良好的味道组合。据报道，用不含酒精的Piña colada混合料制成的口服混合剂制成的片剂对兔子来说是美味的（Johnston, 2005）。

## 非甾体抗炎药在兔子上的应用

非甾体抗炎药的药理特性见第4章。

两种最常用的非甾体抗炎药是卡洛芬和美洛昔康。卡洛芬和美洛昔康有口服和注射两种形式，可以在术前安全使用，前提是有足够的肾灌注量（Robertson, 2001）。

口服美洛昔康对家兔的耐受性良好（Leach et al., 2009; Barter, 2011）。鉴于非甾体抗炎药在其他物种中的不良反应，应考虑监测兔接受慢性非甾体抗炎药治疗的血清生化指标和粪便潜血试验的指标（Barter, 2011）。

## 局部麻醉与镇痛

局部麻醉药可以局部使用，通过直接渗入含有神经末梢的软组织、关节内（不适用于雪貂或兔子）、静脉注射或硬膜外注射（Johnston, 2005）。含有局部麻醉剂的软膏，例如EMLA 5%软膏，可以局部应用于皮肤后，然后再对动物放置静脉导管（Johnston, 2005）。在使用EMLA软膏之前，最好先修剪一下毛发。术后线旁阻滞麻醉和伤口浸润是一种简单、经济有效的手术镇痛方法。牙科手术中重要的神经阻滞麻醉包括眶下神经、颏神经、下颌神经和上颌神经（Lichtenberger & Ko, 2007）。同样的技术，在“兔子镇痛”一节中讨论过，也适用于兔子。睾丸内注射局麻药可以为绝育提供额外的镇痛（Lichtenberger & Ko, 2007）。硬膜外麻醉已在豚鼠和家兔中使用（Greenaway et al., 2001）。用于硬膜外注射的局麻药用量在0.1- 0.2mL/kg之间（Johnston, 2005）。

一个有效的镇痛计划应该由药物部分和非药物部分组成。镇痛治疗应针对疼痛通路中的多个位置，是外科和创伤患病动物以及家兔急慢性疾病管理的一个组成部分（Barter, 2011）（表13.6）。

**表13.6** 兔子镇痛

| 药物 | 剂量 | 给药途径 | 给药间隔 | 注释 |
|---|---|---|---|---|
| 布托啡诺 | 0.1–0.5mg/kg<br>0.1–0.3mg/（kg·h） | SC，IM，IV<br>IV CRI | q2–4h | 可能缓慢恢复正常活动和自我采食 |
| 丁丙诺啡 | 0.01–0.05mg/kg | SC，IM，IV | q4–6h | Hypnorm® 镇静后可用于逆转芬太尼 |
| 芬太尼 | 0.0074mg/kg<br>装载剂量：<br>5–10μg/kg<br>20–30μg/（kg·h）<br>1–4μg/（kg·h）<br>25μg/h | IV<br>IV CRI<br>IV CRI<br>头皮贴 | q2–4h<br>q72h | 麻醉过程中发生与剂量相关的呼吸抑制，以减少用于镇痛的挥发性吸入物浓度 |
| 吗啡 | 0.5–5mg/kg<br>0.1mg/kg | IM–单次剂量<br>术前<br>硬膜外 | q2–3h | 可能会影响胃肠蠕动 |

续表

| 药物 | 剂量 | 给药途径 | 给药间隔 | 注释 |
|---|---|---|---|---|
| 二氢吗啡酮 | 0.05–0.2mg/kg | IV，IM，SC | q6–8h | |
| 羟吗啡酮 | 0.05–0.2mg/kg | IV，IM，SC | q6–8h | |
| 哌替啶 | 5–10mg/kg | SC，IM | q2–3h | |
| 美沙酮 | 1mg/kg | IV | | |
| 纳布啡 | 1–2mg/kg | IV | q4–5h | |
| 曲马多 | 5–10mg/kg | PO | q12–24h | PK数据报道有变 |
| 对乙酰氨基酚（含或不含可待因） | 1mL药物/100mL饮水 | PO | | |
| 阿司匹林 | 100mg/kg | PO | | |
| 卡洛芬 | 4mg/kg<br>2.0–4.0mg/kg | SC<br>PO | q24h<br>q12–24h | |
| 氟尼辛 | 1.1mg/kg | SC | q12h | |
| 酮洛芬 | 1–3mg/kg | SC | q12h | |
| 美洛昔康 | 0.3–0.5mg/kg<br>0.5–1.5mg/kg | SC<br>PO | q24h<br>q24h | |
| 吡罗昔康 | 0.2mg/kg | PO | q8h | |
| 氯胺酮 | 0.5mg/kg<br>10μg/（kg·min）<br>2μg/（kg·min） | IV<br>IV CRI<br>IV CRI | | 术前<br>术中<br>术后的24h |
| 利多卡因 | <2mg/kg | SC–局部浸润 | | |
| 布比卡因 | <1.5mg/kg | SC–局部浸润 | | |

## 雪貂镇痛

就像其他物种一样，个体雪貂对疼痛的耐受力可能也有很大差异。有一种可信的假设，认为独居动物和被捕食的动物是伪装疼痛的大师。不同类型的疼痛可能导致不同类型的疼痛相关行为，这导致疼痛的识别更加复杂。因此，疼痛量表应该包括物种特异性的行为参数，可以客观地评估，并指出不同形式的疼痛，例如，外伤引起的疼痛、术后急性疼痛、肌肉骨骼系统疼痛、内脏疼痛和炎症性疼痛（van Oostrom et al., 2011）。为了确定雪貂疼痛的具体行为特征，我们应该熟悉雪貂的正常行为（Flecknell, 1998; Johnston, 2005）。雪貂白天70%的时间都在睡觉，活动时间很短（van Oostrom, 2011）。

**关键症状13.7**　雪貂：僵硬姿势，暴躁的行为，理毛行为变少，弓着头和颈，食欲不振

**框13.3 雪貂在疼痛中的行为特征（van Oostrom, 2011）**

- 在新环境中减少一般活动和探索行为
- 姿势改变（许多动物均会改变姿势，但在雪貂中，正常的蜷缩姿势已经消失了）
- 步态改变，如跛行
- 对原本很友好的动物表现出攻击性
- 冷漠动物在其他方面是凶猛的
- 发生在音调和模式上与正常的交流声音不同
- 躲在笼子角落，背对观察者
- 缺乏理毛行为，导致被毛皱褶和蓬乱
- 减少食物和水的摄入，尤其在口腔或胃肠道疼痛方面
- 磨牙症，尤其是腹痛
- 对外部触诊的厌恶反应

**框13.4 雪貂特有的疼痛相关行为（Johnston, 2005）**

- 不喜欢活动
- 蜷成一团
- 被打扰时表现出攻击性的咬人行为或龇牙行为

**框13.5 雪貂内脏疼痛**

- 食欲可能下降
- 可能面对食物时磨牙
- 当体温正常时身体颤抖可能于术后镇痛不足有关

雪貂最可能引起疼痛的原因是关节炎、癌症或牙齿问题（图13.4和表13.7）。

**框13.6 雪貂疼痛的其他症状**

- 尾巴竖起像一根吸管，并且尾巴上的毛也竖立
- 眼睑半闭
- 局部肌肉收缩（单个或一组肌肉）
- 抓取时发出高音或呼噜声
- 跛行
- 全身不适

## 药物

### 阿片药物在雪貂上的应用

阿片类药物的药理特性见第4章。

雪貂最常用的混合激动剂-拮抗剂是布托啡诺和布丙诺啡。布托啡诺主要对κ受体有作用，对μ阿片类的作用很小甚至没有，因此它被归类为μ拮抗剂（Johnston, 2005）。布托啡诺应该用于雪貂的镇静作用，因为它的镇痛作用似乎是有限的（Johnston, 2005）。在临床上，雪貂皮下注射丁丙诺啡可维持6-10h。丁丙诺啡的黏膜给药吸收已成功地应用于雪貂（Johnston, 2005）。芬太尼可以在雪貂上作恒速输液（CRI）。芬太尼CRI最常用于手术期间和术后，但也可用于需要强镇痛的创伤患病动物（van Oostrom, 2011）。应频繁地重新评估，包括通气状态和疼痛管理的有效性，以上的所有事项都是必须的。枸橼酸芬太尼在单次静脉注射后仅能产生约30min的效果，因此最常用于围麻醉期和术后的CRI（Criado & de Segura, 2003）。瑞芬太尼是一种超短效μ受体激动剂，它十分适合CRI（Hawkins & Pascoe, 2012）。曲马多是一个很弱的μ受体激动剂，但O-desmethyl代谢物（M1）是一种更强有力的受体激动剂。它已成功地用于雪貂（Johnston,

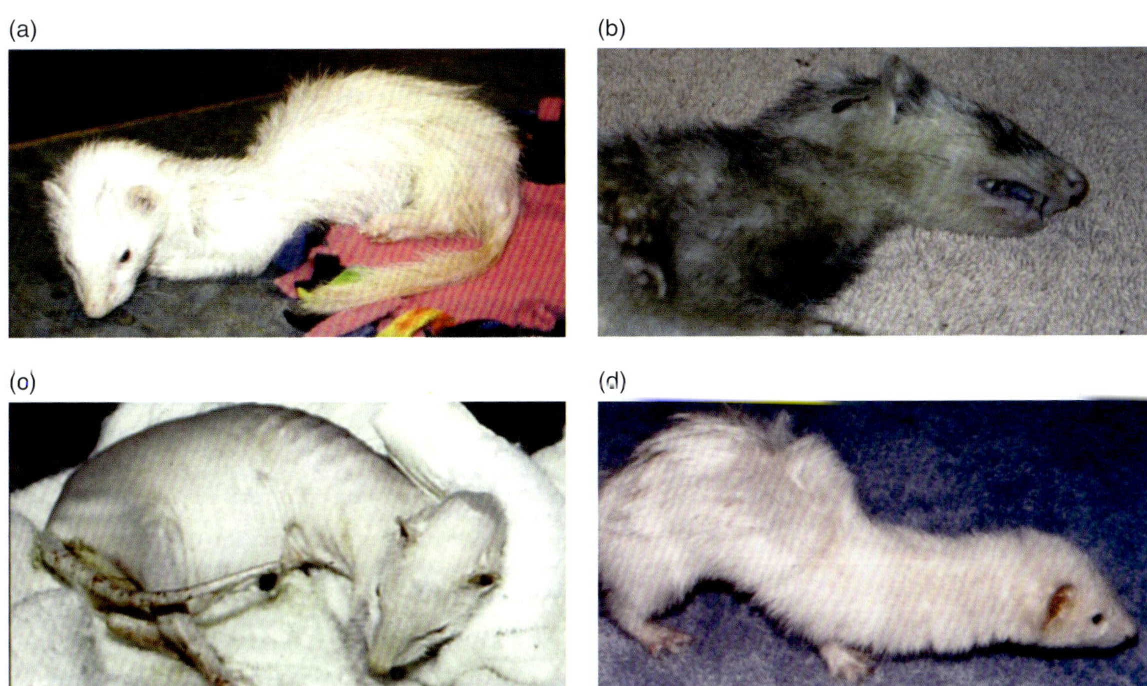

**图13.4**　雪貂疼痛症状。（a）雪貂体重减轻，脸色苍白，面部表情呆滞，目光呆滞，腹部弓起，不愿活动。（b）这只雪貂奄奄一息，骨瘦如柴，在主人提出安乐死之前，它已经疼痛了1个月。这只雪貂不时地尖叫。（c）这只雪貂患有终末期肾上腺疾病，并会周期性地呜咽。（d）这只动物有胃痛，并表现出弓腰的姿势。经许可引自《雪貂硬膜外麻醉》第300页。Lichtenberg, M. & Ko, J., 2007小型哺乳动物和鸟类的麻醉和镇痛。Veterinary Clinics of North America: Exotic Animal Practice, 10, 293-315. ©BSAVA。

**表13.7**　雪貂疼痛量表

| 疼痛评分 | 征兆 | 注释 |
|---|---|---|
| 0 | 无疼痛 | 显得轻松自如；正常地关注环境；顽皮的；好奇的；互动 |
| 1 | 轻度疼痛 | 轻微的活动受限；偶尔舔切口部位；态度通常安静 |
| 2 | 中度疼痛 | 限制运动；当切口部位碰触笼内物体时，有弓腰姿势或减弱运动的症状；切口部位过度舔舐；定期换位；偶尔颤抖 |
| 3 | 疼痛表现 | 紧张或弓腰的姿势；不移动；不断颤抖；呼吸困难；固定凝视；牙齿暴露在外；狂躁的；对环境很少或没有兴趣；对主人的交流无反应 |

来源：改编自 Sladky et al., 2000。

2005）。

## 非甾体抗炎药在雪貂上的应用

非甾体抗炎药的药理特性见第4章。

基于大量关于NSAIDs在雪貂中成功应用的报道，这些药物可被认为是该物种镇痛治疗的有价值的辅助用药（van Oostrom, 2011）。雪貂容易患上胃溃疡和胃病。胃肠道保护剂、抗组胺药

/抗酸治疗应与非甾体抗炎药同时使用（Johnson-Delany, 2009）。

### 雪貂的局部麻醉与镇痛

局部麻醉剂的药理特性请参阅第5章。

睾丸内阻滞可被用于去势，其浓度为每睾丸2%利多卡因剂量为1mg/kg（Lichtenberger & Ko, 2007）。必须有足够的时间（至少5min）使局部麻醉药转移到精索，此操作中适当的浓度和剂量可以防止毒性。利多卡因（2%）溶液必须经过稀释以达到合适的注射量，总剂量不应超过4mg/kg（Lichtenberger & Ko, 2007）。在雪貂身上可以使用的技术有：切口线阻滞麻醉、局部浸润、环阻滞、喷洒阻滞、局部麻醉、传导神经阻滞，甚至硬膜外麻醉（Lichtenberger & Ko, 2007; van Oostrom, 2011）。在局部阻滞中加入吗啡或丁丙诺啡等阿片类药物可显著延长镇痛时间（Lichtenberger & Ko, 2007）。麻醉阻滞应使用25-27G针（表13.8和表13.9）。

## 其他用于小型哺乳动物的镇痛药

### 牙科疾病

镇痛是牙病管理的重要组成部分，特别是慢性的牙根疼痛。在家兔和大型啮齿类动物中，注射药物如布托啡诺，0.5-1mg/kg，IM q6-8h，或丁丙诺啡，0.05mg/kg IM q12h，是很好的选择。口服镇痛药还没有被广泛研究，但一些临床医生使用复合卡洛芬混悬液（2mg/kg PO q12h）处理短期疼痛（Hoefer, 2001）。

### 局部镇痛

**小型哺乳动物的牙齿阻滞（Johnson-Delany, 2009; Hawkins & Pascoe, 2012）**

小型哺乳动物（如啮齿动物、兔子和雪貂）有5个重要的牙科阻滞区域。5个阻滞麻醉都包含了利多卡因-布比卡因混合物，正如之前讨论过的环形阻滞技术。混合物的总剂量被抽取到一个注射器中，分别将1/5的剂量注入5个部位。25-27G针头与0.5-1mL的注射器配套使用（Lichtenberger & Ko, 2007）。

**眶下神经神经阻滞** 眶下神经起源于三叉神经的上颌支。该神经为上切牙、上唇和邻近的软组织提供感觉纤维。颧神经也起源于上颌神经，并在眶下神经附近。这根神经还为面部外侧提供感觉纤维。眼眶下孔位于颅骨外侧，与上第一前磨牙（颊侧）相邻，距颅骨背侧5-12mm。触诊小型哺乳类动物的眶下孔不像触诊犬那样容易。面部隆起是颧骨内侧（吻侧）可触及的骨突起，距眶下管4-10mm。眶下神经在这个孔处注入局麻药可被阻滞。

**颏神经阻滞** 颏神经起源于下颌神经，它穿过颏孔后便为颏神经。颏神经将感觉纤维供应到下颌骨、下唇、下切牙的腹侧和外侧，并将感觉纤维供应到局部肌肉。颏神经从位于下颌骨背侧的颏孔中出来。该孔位于下颌第一前磨牙（颊侧）的吻侧（2-4mm），位于下颌骨体背面1/3的腹侧。在这个孔处注入局麻药可阻滞颏神经。

**下颌神经阻滞** 下颌神经起源于三叉神经并向下颌骨腹侧和咀嚼肌提供感觉和运动纤维。下颌神经为下颌磨牙和前磨牙（颊部）以及邻近组织提供感觉纤维。下颌神经进入下颌骨内侧面的下颌孔。下颌神经进入下颌骨内侧面的下颌孔。为了避免损伤下颌骨腹侧的神经血管结构（面部血管和神经），需要非常小心地进行口外通路。下颌孔大约位于最后一颗牙的远侧（颊侧）和下颌骨的腹侧之间。此外，该孔距第三磨牙2-5mm

**表13.8** 雪貂的镇痛

| 药物 | 剂量 | 给药途径 | 给药间隔 | 注释 |
|---|---|---|---|---|
| 布托啡诺 | 0.2–0.8mg/kg<br>0.1–0.2mg/（kg·h） | SC，IM，IV<br>CRI | q2–4h | |
| 吗啡 | 0.2–2.0mg/kg<br>0.25–1mg/kg<br>0.1mg/kg | IM<br>IM，SC，IV<br>硬膜外 | 单次剂量<br>q3–4h | 可能呕吐；当剂量高于0.5mg/kg时可发生心动过缓 |
| 二氢吗啡酮 | 0.025–0.1mg/kg | SC，IM，IV | q6–8h | 偶尔呕吐；可能出现心动过缓和呼吸抑制 |
| 芬太尼 | 4–10μg/kg<br>20–30μg/（kg·h）IV<br>1–4μg/（kg·h）IV | IM，IV<br>CRI<br>CRI | q30min | 在麻醉过程中可出现心动过缓和呼吸抑制，导致用于镇痛的挥发性气体吸入减少 |
| 羟吗啡酮 | 0.05–0.2mg/kg | SC，IM，IV | q6–8h | |
| 哌替啶 | 5–10mg/kg | IM，SC | q2–4h | |
| 丁丙诺啡 | 0.01–0.02mg/kg<br>0.01–0.03mg/kg | SC，IM，IV<br>IV，IM，SC，TM | q6–8h<br>q6–10h | |
| 曲马多 | 5mg/kg | PO | q12h | |
| 美托咪定 | 0.02–0.04mg/kg | IM，SC，IV | 30–60min | |
| 右美托咪定 | 0.01–0.03mg/kg | SC，IM，IV | 30–60min | |
| 赛拉嗪 | 1–2mg/kg | IM | 30–50min | |
| 氯胺酮 | 0.5mg/kg<br>10μg/（kg·min）<br>2μg/（kg·min） | 手术前IV<br>手术中IV CRI<br>IV CRI | 用于术后24h | |
| 酮洛芬 | 1–2mg/kg | SC，IM，IV，PO | q24h | |
| 卡洛芬 | 2–4mg/kg | SC，IM，IV，PO | q24h | |
| 美洛昔康 | 0.2mg/kg | SC，IM，IV，PO | q24h | |
| 利多卡因 | 2mg/kg<br>4.4mg/kg | 局部<br>硬膜外 | 60min | |
| 布比卡因 | 1.1mg/kg<br>1.2mg/kg | 局部浸润<br>硬膜外 | q4–6h | |
| 马比佛卡因 | 2mg/kg | 局部浸润 | q2–3h | |

来源：Goldberg, 2010。

**表13.9** 采用CRIs给药的雪貂围手术期和术后镇痛的药物

| 药物 | 剂量 | 注解 |
|---|---|---|
| 布托啡诺 | 装载剂量，0.05–0.2mg/kg<br>保持，0.1–0.4mg/（kg·h） | 呼吸抑制比芬太尼少 |
| 枸缘酸芬太尼<br>围手术期<br>CRI<br>术后镇痛 | 装载剂量，5–10μg/kg IV<br>保持，10–30μg/（kg·h）IV<br>1.25–5.0μg/（kg·h） | 与氯胺酮CRI联合使用可减少总剂量 |
| 氯胺酮 | 装载剂量，2–5mg/kg IV | 在无法插管时更有用，因为能否与芬太尼联合使用以减少两种药物的总剂量 |
| 围手术期CRI | 保持，0.3–1.2mg/（kg·h）IV | 能与芬太尼联合使用以减少两种药物的总剂量 |
| 术后镇痛 | 0.1–0.4mg/（kg·h） | |

来源：改编自Hawkins & Pascoe, 2012。

仅用于术后镇痛时，应使用装载剂量。12–24h后，逐渐脱离术后进行CRI。对药物或药物联合反应的种类和个体差异可能是不确定的，因此应根据动物的临床反应调整剂量。

远。在此位置确定后，可沿着下颌骨内侧方向“前进”一根长度合适的注射针至下颌孔进行局麻药的注射，这有效地阻滞了下颌前磨牙和臼齿（颊牙）。

**上颌神经阻滞** 上颌神经为上前臼齿、臼齿（颊牙）及邻近组织提供感觉纤维将注射器抽吸，以确保针头不在血管腔内。在缓慢注入局麻药的同时，在眶下管吻侧端施加牢固的指压：这种阻滞麻醉可以麻醉所有同侧的前磨牙、臼齿（颊牙）和邻近的牙周组织。

**腭神经阻滞** 蝶腭神经止于蝶腭神经节内。三条神经从神经节延伸到区域组织。鼻腔由鼻支神经支配，吻侧或前硬腭由鼻腭神经支配，后硬腭由前腭神经支配。兔的口腔，易于观察；然而，腭前神经在出腭大孔时可能被阻断。这个孔位于第三上前磨牙腭侧与腭中线的中间。局部麻醉剂的输注阻滞了这条神经和同侧的上颚。

## 硬膜外

### 啮齿类

虽然在技术上具有挑战性，但在啮齿动物中应用硬膜外麻醉是可能的（Cheol et al., 2007）。CRI还可以避免药物浓度的“波峰和波谷”，是许多兽医物种中多模式镇痛的一个有价值的组成部分（National Academies Press, 2009）。可能使用的药物包括阿片类药物、氯胺酮和α–2受体激动剂（图13.5和图13.6）。虽然CRI在啮齿动物中应用的报道不多，但这项技术已用于实验室研究（Franken et al., 2008）。

### 兔子

硬膜外注射不含防腐剂的吗啡可用于兔肛门肌痛的围手术期，或用于腹壁或胸壁的矫形手

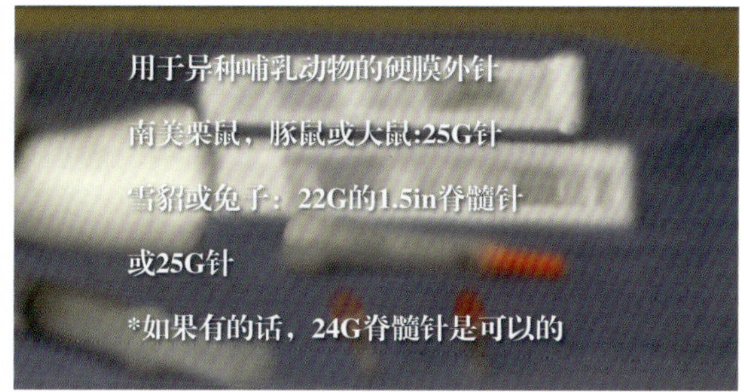


**图13.5**　小型哺乳动物硬膜外麻醉针的大小。来源：Pollock, C., Lichtenberger, M., Echols, M.S., 2013; Epidural anesthesia in small mammals. LafeberVet website. June 17, 2013.

术或大范围手术，对全身影响小，无运动阻滞。兔腰骶部硬膜外注射技术与其他小动物相似，除了弓间韧带不是很深，而且在穿过它的时候不常能感觉到明显的穿透性（Skarda & Tranquilli, 2007）。兔脊髓通常在S2骶椎内终止（Greenaway et al., 2001）。由于这些解剖特征，在尝试硬膜外穿刺时，兔蛛网膜下腔被刺穿的发生率相对较高。在这种情况下，脑脊液会出现在针的中心，而且可以被抽吸。硬膜外给药的剂量占体积的1/3–1/2量可以注入蛛网膜下腔（Barter, 2011）。

## 雪貂

腰骶交界处是雪貂最常使用的部位，给药方法与犬和猫相似（Hawkins & Pascoe, 2012）（图13.7，图13.8和图13.9）。

### 硬膜外麻醉在雪貂上的应用

在硬膜外麻醉时，在腰骶（LS）间隙的远端2/3处放置25G针头黑线表示第七腰椎。“x”形标记表示髂骨的两翼。黑点表示第一骶椎（Lichtenberger & Ko, 2007）。

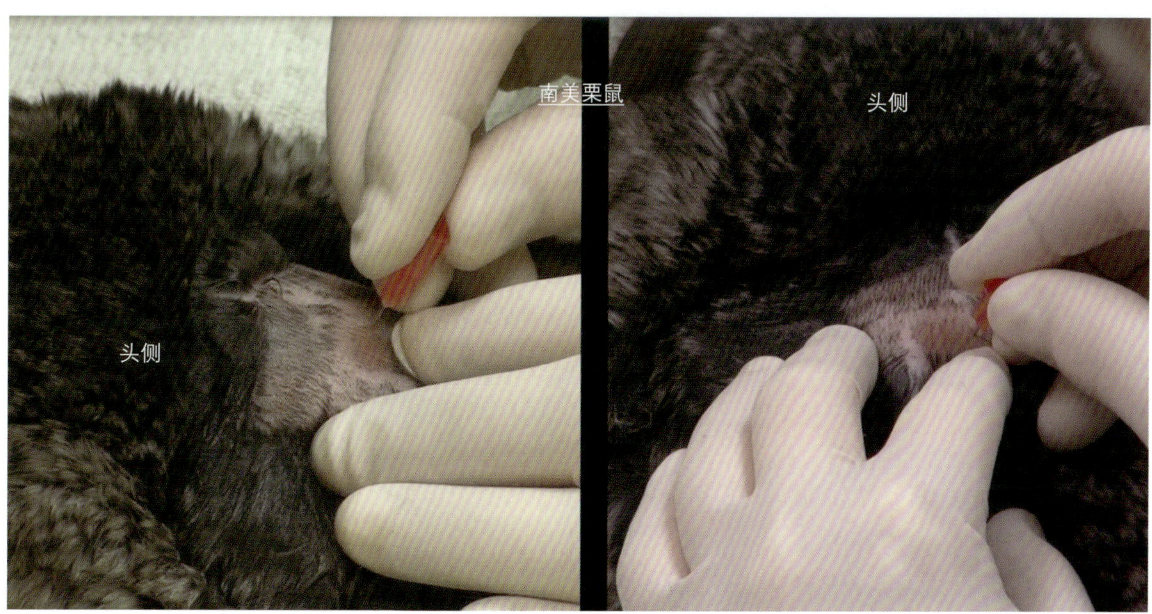


**图13.6**　南美栗鼠硬膜外麻醉。来源：Pollock, C., Lichtenberger, M., Echols, M.S., 2013;Epidural anesthesiain small mammals. LafeberVet website. June 17, 2013.

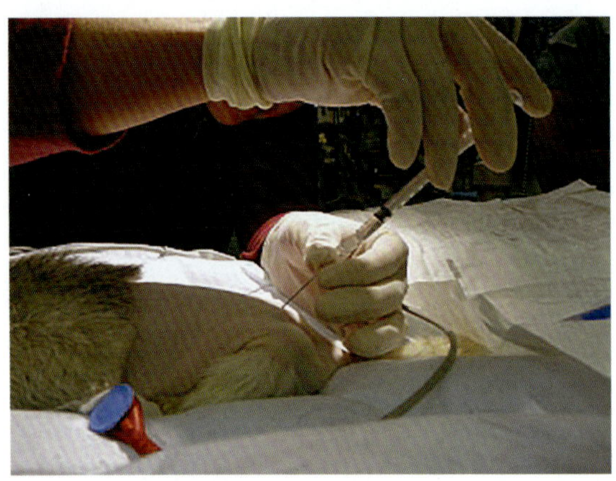

**图13.7** 在进行硬膜外麻醉前，注射0.2mL无菌生理盐水可进一步证实针头的正确放置。来源：引自Eshar, D. & Wilson, J., 2010; Epidural anesthesia and analgesia in ferrets. Lab Animal, 39 (11), 339–340.

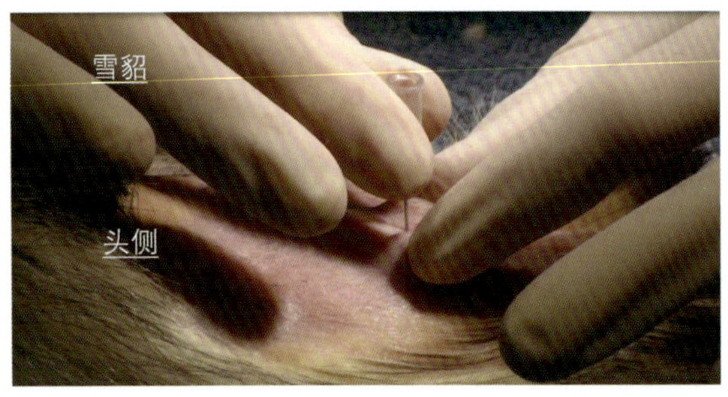


**图13.8** 雪貂硬膜外的位置（一）。来源：Pollock, C., Lichtenberger, M., Echols, M.S.,2013;Epidura lanesthesiainsmallmammals.LafeberVetwebsite. June 17, 2013.

## 恒速输注

### 啮齿类动物

大鼠和小鼠通过连接到注射泵的尾静脉导管接受CRI（Franken et al., 2008）。曾报道过在大鼠体内以0.04mg/（kg·h）注射吗啡（Sadiq et al., 2011）。利多卡因以0.67mg/（kg·h）或1.3mg/（kg·h）输注时对大鼠的神经性疼痛有预防作

**图13.9** 雪貂硬膜外位置（二）。来源：Pollock, C., Lichtenberger, M., Echols, M.S., 2013; Epidural anesthesia in small mammals. LafeberVet website. June 17, 2013.

用（Smith et al., 2002）。一项研究表明，外消旋氯胺酮以10mg/（kg·min）的恒定速度给药5min也有效果（Edwards & Mather, 2001）。

### 兔子

芬太尼CRI已被用于术中给兔子提供镇痛，并在主观上调低麻醉汽化器的设定。然而，高剂量存在明显的呼吸抑制，需要正压通气。剂量要求、效力、麻醉保留和血流动力学效应因物种而异，这些都在家兔中未见报道（Barter, 2011）。

到目前为止，PubMed上还没有发现关于利多卡因CRI［单位为mg/（kg·h）或mg/（kg·min）］的报道。

氯胺酮注射量为每1mg/kg，静脉注射后立即使用注射泵以每40mg/kg的速度CRI 注射（Gianotti et al., 2012）。

### 雪貂

氯胺酮CRI联合芬太尼CRI在手术期间和术后已被临床证实为雪貂提供良好的镇痛（van Oostrom, 2011）。术后使用氯胺酮CRI已被推荐作为阿片类镇痛药或其他镇痛药镇痛治疗的辅助

治疗（van Oostrom, 2011）。仅当用于术后镇痛时，应使用速效剂量。12–24h后，逐渐脱离术后CRI。对药物或药物联合的反应的种类和个体差异可能是不确定的，因此应根据动物的临床反应调整剂量（Hawkins & Pascoe, 2012）。

## 结论

实验动物福利中最主要的伦理关怀是动物有意识地体验到：它们的疼痛、恐惧、厌倦、快乐和精神上的幸福（Carbone & Garnett, 2008）。兽医工作人员的职责是监督适当的护理，防止实验室动物和小型宠物遭受疼痛。

## 鸟类镇痛

***Stephen Cital and Mary Ellen Goldberg***

镇痛管理在鸟类医学中发展很差，主要是由于缺乏关于疼痛识别和治疗的信息。

人们普遍认为，鸟类感知疼痛的神经通路与哺乳动物相似。然而，鸟类可能比家养的哺乳动物以更不明显的方式表示疼痛（表13.10）。

Doneley（2010）描述了一些具体的行为：

- “战或逃”反应：
  - 过度发声
  - 扑翼运动
  - 头部运动减少
- 保护–撤退反应
  - 固定不动
  - 关闭眼睛
  - 食欲不振
  - 抖松羽毛

当疼痛突然发生或意想不到时，并且鸟试图逃跑的时候，就会发生“战斗或逃跑”的反应。在临床实践中，患有慢性或极度疼痛的鸟类更常表现出“保守–撤退”反应，这可能是为了尽量减少因抖动而引起的进一步疼痛，并避免引起潜在捕食者的注意（Doneley, 2010）。因此，缺乏运动或发声不应该被用来表示鸟没有疼痛（Doneley, 2010）。局部疼痛可以通过拔疼痛病变上方或附近的毛的行为或其他自残行为反映出来未接受镇痛治疗的疼痛鸟类的存活率和恢复率低于接受有效镇痛治疗的疼痛鸟类。

**表13.10** 鸟类疼痛症状

| 鸟叫声 | 颤抖 | 能够被随意控制 |
| --- | --- | --- |
| 不愿落于栖木 | 肌紧张 | 厌食 |
| 抬腿 | 缺乏梳理或过度梳理 | 减少产蛋 |
| 喘气 | 自我孤立，离群 | 体重下降 |
| 坐立不安 | 垂低翅膀 | 无精打采 |
| 废物产生减少 | 蹲下或弯腰的姿势 | 局部或整体羽毛损失 |

来源：改编自Hawkins and Paul–Mrphy, 2011。

控制疼痛不仅需要给药，还应包括物理、环境和行为管理合理的护理和非药物方法的镇痛，包括对创伤区进行支持或包扎，适当地改变环境，选择合适的栖身之处，并提供适当的被褥、食物、水和一个干燥、温暖、安静、无压力的环境。用抗焦虑药、镇定剂和肌肉松弛剂来减少恐惧和焦虑也可以减少肌肉紧张和中枢神经系统（CNS）的活动，这可能对鸟类的疼痛有所帮助（Machin, 2005a）。早期使用镇痛剂治疗疼痛是非常重要的，因为持续的疼痛感会对内环境稳态和愈合产生负面影响（Machin, 2005b）。有效镇痛有望表现出明显的、易于辨认的姿势或行为改变，从而在主观疼痛评分上实现一个可靠的变化（Hawkins & Paul–Mrphy, 2011）。如果疼痛评分没有变化，则需要对个别患病动物重新评估药物、剂量或给药频率。鸟类和其他物种一样，在压力下肾上腺会兴奋，释放出皮质酮，这对免疫系统和伤口愈合都有不利影响（Doneley, 2010）。在一个小笼子里，鸟的压力水平会增加，因为有一种被“困住”和无法飞走的感觉。因此，当务之急是让患鸟在一个安静的、光线可调节的环境并远离可见的食肉动物或其他压力源。

## 疼痛评分

在Joanne Paul-Murphy博士完成的一项研究中，在骨科手术后，研究人员对鸽子进行了评估，使用的是详细的数值等级表和一种简单的1-10疼痛等级表，两种方法之间存在显著的相关性（ME Goldberg Personal comunication, 2013）（表13.11）。

处于疼痛中的鸟类可能会表现出逃避反应，如发声和过度运动。头部运动的范围和频率增加。心率和呼吸频率可能会增加。长时间的疼痛会导致食欲不振和无精打采，以及痛苦的表现，如眼睛部分闭上，翅膀紧贴身体，颈部收缩。当处理患鸟时，逃避反应可被紧张性静止状态所代替。患有肢体疼痛的鸟类会避免使用患肢，并会“保护”它不伸展。

**关键症状13.8** 鸟类：逃避反应，无活力的静止，食欲不振，避免使用疼痛部位

## 鸟类用药

在鸟类中给药可能只有口服是最简单的；然而，在鸟类中，药物常常需要灌胃或用注射器进行喂养。由饲管喂养的状态称为灌胃、肠内喂养或饲管喂养（图13.10）。

这些方法很容易给鸟施加压力，导致误吸。除了误吸的风险外，适当地限制技术也是至关重要的，因为鸟类使用它们的整个身体来呼吸，而挤压一只鸟可能会抑制正常的吸入潮气量。如果可能，可注射药物应用于需要人工约束的禽类，以减少误吸风险并确保合理剂量。在麻醉期间或如果鸟是平静的，可以使用静脉通道，注意平静的持续时间可能较短。肌内注射的常见部位是胸肌和足够大的大腿肌肉。皮下注射常在鸟类的腹股沟区（Doneley, 2010; Mayer & Donnelly, 2012; Tully, 2012）。

## 药物

### 阿片类药物

有人推测，鸟类可能没有明显的μ受体和κ受体之分或这两个受体可能有类似的功能（Hawkins & Paul Murphy, 2011）。这在一定程度上解释了为什么对鸡使用μ和κ受体激动剂所产生的异氟烷节约效应与在哺乳动物身上产生的效应类似。

吗啡通常不用于鸟类。必须使用高剂量才能产生反应，对鸟类来说不安全（Hawkins & Paul-Mrphy, 2011）。由于芬太尼的短效特性，通过CRI以低剂量给药，是一种很好的吸入麻醉和禽麻醉方案的镇痛辅助手段。芬太尼也可以与氯胺酮联合使用作为CRI，从而减少两者所需的剂量（Hawkins & Paul-Mrphy, 2011）。布托啡诺（1-4mg/kg IM或口服q6h）是目前被推荐用于鸟类的阿片类镇痛药。高剂量可能使疼痛敏感化（Doneley, 2010）。应该指出的是，频繁地给药布托啡诺可能是必要的，但不切实际（Hawkins & Paul-Mrphy, 2011）。丁丙诺啡给药剂量为0.5mg/kg QID时，对家鸽有良好的镇痛作

**表13.11** 鸽子骨科量表指数

| 产粪量 ________<br>日期 ________<br>时间 ________<br>鸟编号 ________<br>麻醉前后的时间 ________<br>需观察的方面 | 分数 | 标准 |
|---|---|---|
| 眼睛 | 0 | 开放，警觉 |
| 1 | 部分关闭 | |
| 2 | 关闭 | |
| 活力 | 0 | 行走/整羽 |
| 1 | 不行走，但是有身体活动 | |
| 2 | 无活动 | |
| 姿势 | 0 | 站立 |
| 1 | 坐姿端庄 | |
| 2 | 坐在跗关节上 | |
| 食欲 | 0 | 观察到的进食或食物碗混乱的迹象 |
| 2 | 没有进食的迹象 | |
| 外貌 | 0 | 外形整洁，不蓬松 |
| 1 | 稍有羽毛蓬松 | |
| 2 | 不太整洁，羽毛蓬松 | |
| 颤抖 | 0 | 不颤抖 |
| 2 | 断断续续地颤抖 | |
| 4 | 不断颤抖 | |
| 精神状态 | 0 | 警觉，有回应的 |
| 2 | 轻微沉郁，反应迟钝 | |
| 4 | 沉郁，反应迟钝 | |
| 总分：________ | | |
| 视觉评估量表 | | |
| 无疼痛 | | 最可能的疼痛 |

Dr. Joanne Paul-Mrphy制作。

来源：基于“Avian Pain Scale” of ME Goldberg改编。

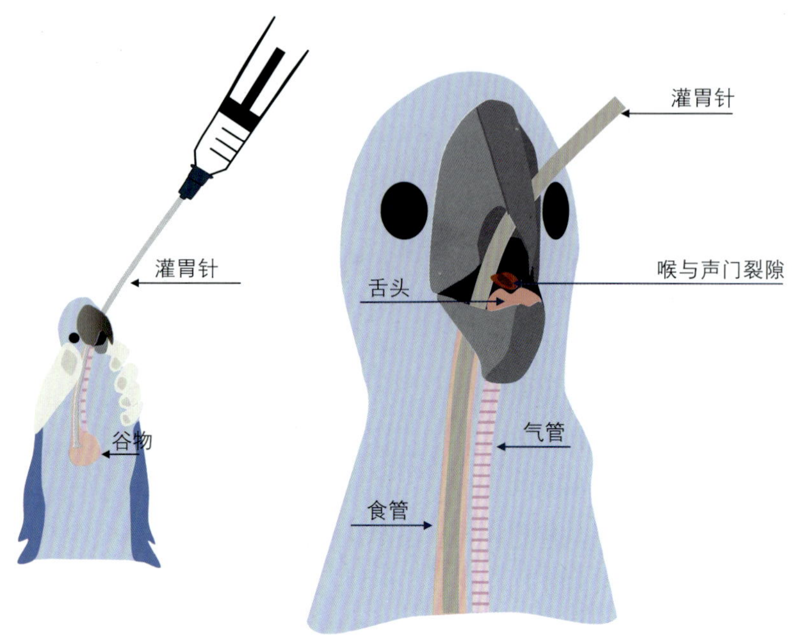


**图13.10** 鸟填喂法。灌胃喂养或抽吸内容物，鸟被限制在一个直立的位置，脖子伸展。该管通过口腔左侧，并沿咽腔右侧的食道下行。在输送液体或喂食配方奶之前，应触诊管尖以确保其在作物中。资料来源：Kristen Cooley提供。

用（Dorrestein, 2000; Gaggermeier et al., 2000）。

## 非甾体抗炎药

非甾体抗炎药用于缓解肌肉骨骼和内脏疼痛、急性疼痛和骨关节炎等慢性疼痛。非甾体抗炎药的药理活性已在兽医文章和教科书中被综述，尽管大多数综述没有考虑禽类的应用，但假定对禽类使用非甾体抗炎药时，其化学和作用机制是相似的（Hawkins & Paul-Mrphy, 2011）。非甾体抗炎药的选择取决于最适合该情况的管理便利程度，例如，在手术时给一个注射配方，然后在术后给同样的口服配方（Hawkins & Paul-Mrphy, 2011）。在鸟类中报道的NSAIDs最常见的不良反应是对肾脏组织和功能的影响（Hawkins & Paul-Mrphy, 2011）。分别用5.5mg/kg的氟尼辛、2.5mg/kg的酮洛芬或0.1mg/kg美洛昔康处理3d或7d，血尿酸和蛋白水平没有变化，但肾小球充血、变性和肾小管扩张的发生频率较低（Pereira & Werther, 2007）。美洛昔康已被临床用于鹤类慢性关节炎的长期治疗（Hanley et al., 2005; Hawkins & Paul-Mrphy, 2011）。

常用的非甾体抗炎药包括（Doneley, 2010）：

- 美洛昔康 0.2–0.5mg/kg IM或口服q12h
- 卡洛芬 2–4mg/kg口服q12h
- 酮洛芬 2mg/kg IM q8–24h

## 区域麻醉和镇痛

使用局部线性阻滞或喷洒阻滞进行局部浸润是鸟类最常用的方法。大多数鸟类的皮下空间都很窄，因此建议使用小型针进行几次皮下注射（Hawkins & Paul-Mrphy, 2011）。经皮贴剂、软膏、硬膜外输液、脊髓阻滞、静脉阻滞等形式的局麻药尚未见报道。鸟类对局麻药的全身吸收可能很快，代谢可能延长，增加了潜在的毒性反应（Hawkins & Paul-Mrphy, 2011）。

在鸟类中使用低于2mg/kg剂量的利多卡因是安全的。当给予小鸟1-2mg/kg的剂量时，市面上出售的利多卡因浓度应至少稀释至1：10。利多卡因可与0.5%布比卡因（1mg/kg）混合使用。这种混合剂量可以肌内注射或在手术或伤口部位局部浸润（Bowles et al., 2007）。布比卡因已经被用于鸟类，但是人们担心它的毒性。它已被用于野鸭（剂量为2mg/kg）（Hawkins & Paul-Mrphy, 2011）。高剂量（8mg/kg）用于鸭臂丛神经阻滞无不良反应（Brenner et al., 2010）。关节内使用布比卡因（3mg生理盐水）对1.5kg重的鸡关节炎疼痛有效（Hocking et al., 1997）。1：1布比卡因与二甲基亚砜混合应用于断喙后，可改善采食量（Glatz et al., 1992）。

虽然局部麻醉会降低痛觉，但却无法保护患病动物免受压力。对于许多鸟类患病动物来说，最好是进行全身麻醉，而不是用限制和局部麻醉的方式给鸟施加压力（Doneley, 2010）。

### 额外的镇痛药

曲马多对阿片、甲肾上腺素能受体和5-羟色胺能受体都有活性（Scott & Perry, 2000）。在知道特定的镇痛药血浆浓度之前，很难预测这些差异如何影响之后重复给药的给药频率。6只禽鸟中有3只在静脉注射后立即观察到轻度的短暂性心动过缓，但不认为具有临床意义（Souza et al., 2009）。

加巴喷丁已被用于治疗人类神经性疼痛近10年。3份报告显示，在鸟类中，加巴喷丁加入治疗方案后，自残似乎得到了缓解（Hawkins & Paul-Mrphy, 2011）（参见表13.3）。

**框13.7 鸟类镇痛**

**动物及人员的安全**

治疗鸟类最危险的一个方面就是处理，鸟类经常挣扎和拍打翅膀，这会导致严重的伤害，甚至会折断翅膀。其他拥有长腿的物种，比如火烈鸟，在挣扎时很容易折断腿。保定鸟时，重要的是不要把患鸟梱得太紧。给鸟施加太大的压力不仅会损伤内脏器官，而且会使鸟不能正常呼吸

就人类所面临的危险而言，鸟类不仅能造成抓伤，还能造成咬伤。如果不采取预防措施，啄是一种危险的行为。眼睛很容易成为一只应激的鸟类的攻击目标。人畜共患病在与鸟类一起工作的危害列表中也名列前茅。一般情况下，在接触鸟类时，最好戴手套、长袖和护目镜。对于像鸵鸟和鸸鹋这样的巨型物种来说，危险包括由于鸟类的踢蹬而导致训导员骨折（Fowler, 2007; Tully, 2012）

应考虑每一个禽类患病动物的多模式镇痛。增加镇痛效果，降低单药毒性，见表13.12。

## 大型无法飞行的鸟

对于大型不会飞的鸟类，如企鹅、鸵鸟、鸸鹋、美洲鸵和食火鸡身上使用的镇痛剂来自对其他鸟类使用的剂量和技术的推断。很少有对这些物种的大多数类型的药物的疗效或适当的剂量范围的研究。在这些物种麻醉过程中使用镇痛药物，如布托啡诺、卡芬太尼和芬太尼，在这些物种的麻醉中使用时，确实有一些缓解疼痛的效果。对于较大的鸟类来说，蒙眼是一种高度推荐的缓解压力的方法（West et al., 2007）。

**表13.12** 鸟类镇痛

| 药物 | 物种 | 剂量（mg/kg） | 给药途径 | 给药间隔 | 注释 |
|---|---|---|---|---|---|
| 布比卡因 | 鸭和鸡 | 2 | SC，关节腔局部注射，IM，SC | 无数据；4–6h在哺乳动物 | 稀释至1：10或更多 |
| 利多卡因 | 全部 | 1.0–3.0 | | 90–200min在哺乳动物 | 为小型鸟类稀释至1：10 |
| 地塞米松 | 大部分物种 | 0.2–4.0 | IM，IV | 12–24h | 抗炎药，休克，创伤，可能影响免疫能力 |
| 卡洛芬 | 全部 | 2.0–4.0 | PO，IM，IV，SC | 8–12h | 剂量<10mg/kg被报道过 |
| 氟尼辛 | 全部 | 0.5 | IM | 24h | 确认水合的潜在肾毒性 |
| 酮洛芬 | 全部 | 2.0 | PO，SC，IM | 8–24h | |
| 美洛昔康 | 鹦鹉<br>禽<br>虎皮鹦鹉 | 0.1–0.2<br><br>0.1 | PO，IM<br><br>IM | 12–24h<br><br>24h | 超过3d<br><br>可能造成肾脏问题 |
| 吡罗昔康 | 大部分物种 | 0.5 | PO，IM | 12h | 慢性疼痛 |
| 丁丙诺啡 | 大部分物种 | 0.01–0.05 | IM | 8h | 混合受体激动剂拮抗剂 |
| 布托啡诺 | 大部分物种 | 0.5–0.75 | IM，IV | 12h | 主要κ受体样作用 |
| 芬太尼 | 小鹦鹉<br>红尾鹰 | 0.2<br>0.2–0.5μg/(kg·min) | SC<br>IV | | 可能有兴奋阶段<br>减少异氟烷MAC 31%–55% |
| 加巴喷丁 | 塞内加尔鹦鹉<br>小白凤头鹦鹉 | 3<br>10 | PO<br>PO | 24h<br>12h | GABA类似物<br>长期：>90d；自残；没有负面影响 |
| 曲马多 | 秃鹰<br>孔雀<br>红尾鹰<br>亚马逊鹦鹉 | 5<br>7.5<br>8–11<br>30 | PO，IV<br>PO<br>PO<br>PO | 12h<br>12h<br>6h | 多次给药后镇静作用明显 |

来源：改编自Longley, 2008; Carpenter, 2013a。

## 爬行动物镇痛

*Stephen Cital*

爬行动物在小动物中的占比越来越多，它们可能为私人收藏家所有，可能是动物收藏品，也可能是野生动物。最初的处理包括提供一个远离捕食者的合适的保温环境，用小的隐藏盒或毛巾。应该固定有可能的疼痛部位（Eatwell, 2010）。

爬行动物包括8000多种不同的种类和4个不同的目：喙头目、鳄目、有鳞目、龟鳖目，这些不同的科目中存在着巨大的生理和行为适应，这使得疼痛评估变得非常困难和由于这个主观原因，镇痛有时在这些动物中被忽视，而且在临床中难以量化镇痛的益处（Eatwell, 2010; Mosely, 2011）。应进行有标准的体格检查。与鸟类相似，拉开距离观察可能是准确评估呼吸频率的必要手段。在某些种类的爬行动物，如蛇，可以通过皮肤观察到心跳。

因为爬行动物是被捕食的物种，所以除了行为上的变化外，它们通常不会表现出明显的疼痛迹象。对这类患病动物，拉开距离观察有助于发现细微的行为变化。为了准确地评估疼痛，了解每个特定物种的正常行为模式是必要的。通过充分地与主人沟通来获取详细的病宠病史。

爬行动物的急性疼痛症状和慢性疼痛症状在行为上存在差异。在急性疼痛的情况下，可能导致在处理时剧烈挣扎（例如，注射时咬人）；在慢性疼痛的情况下，爬行动物可能会变得无法移动（例如，手术后）。

**关键症状13.9** 爬行动物：缩腿和肌肉收缩，体重下降，厌食症

**框13.8 黑曼巴毒液**

黑曼巴毒液最近在研究中被发现具有良好的镇痛性能，能够消除疼痛。科学家们称其为“mambalgins”，研究表明，与吗啡相比，mambagins在小鼠体内同样具有镇痛效果，而不良反应较少，比如无呼吸抑制（Diochot et al., 2012）

## 急性疼痛

急性疼痛的症状包括疼痛四肢的回缩（例如，在龟鳖和蜥蜴身上）、逃避行为、不安、攻击、呼吸频率增加。在那些有黑色素的物种中，急性疼痛可以通过受影响区域的皮肤变黑进行识别。例如，变色龙或者水龙经过注射后可观察到这种情况，主人应该意识到这一点。在某些情况下，当咬或抓疼痛区域时，可以看到皮肤变得鲜红，或者会发出声音（Eatwell, 2010）。

## 慢性疼痛

慢性疼痛不太可能引起明显的临床症状。相反，该区域可能会出现停滞或收缩（例如，蛇可能不会蜷缩在受影响的区域），如果企图处理或保定它们，一些动物可能会变得好斗（即急性疼痛覆盖慢性疼痛）（Eatwell, 2010）。

## 引起爬行动物疼痛的原因

以下这些情况，可能引起爬行动物疼痛（Wenger, 2007）：

- 外伤，包括咬伤、骨折和热损伤
- 外科手术，即卵巢切除或手指截肢
- 慢性疾病的过程，如痛风、代谢性骨病或肿瘤
- 尿石症
- 肠积食
- 难产和卵泡停滞
- 坏死性口炎
- 腹膜炎
- 骨髓炎和脓肿

## 镇痛药物

爬行动物有一个有趣的和可变的神经解剖学和受体病理学，导致了系统用药的多变性。一项关于红耳彩龟的研究发现，股静脉直接流入腹部静脉，而腹部静脉则直接流入肝脏。肝脏作为一个过滤器，有明显的系统前提取药物，降低了生物利用度（Sladky et al., 2009; Baker et al., 2011）。爬行动物有一个肾门静脉系统，它将爬行动物背部的血液通过肾脏输送到心脏。这一系统与过滤药物之前发生系统性分散有关。因此，在前一半的肾门脉系统患病动物中，注射通常更有效。

给爬行动物使用镇痛剂与给哺乳动物使用类似。皮下注射、肌内注射和口服给药是较常见的方法。要口服药物，爬行动物可能需要用细长的半软物体充当手动开口器（例如，吉他拨片或信用卡）。当需要注射到爬行动物的前端时，肌内注射可能是最有效的。在爬行动物中也可以使用静脉注射，但不太实用，也比较困难。爬行动物也可以进行体腔内注射（Tully, 2012）。

### 阿片类药物

阿片类镇痛药常用于爬行动物。阿片类药物的有效性通常通过麻醉保留效应或疼痛研究来评估。许多报告提供了相互矛盾的结果，因此，许多药剂的功效仍然值得怀疑。酒石酸布托啡诺是爬行动物最常用的阿片类镇痛药（Sladky & Mans, 2012）。布托啡诺的剂量为0.4-28mg/kg，用于各种物种（Eatwell, 2010）。吗啡被证明对蜥蜴和鳄鱼有效，剂量为1-2mg/kg。吗啡和布托啡诺给药后，作用可持续2-8h（Kanui & Hole, 1992; Sladky et al., 2008），这一点必须加以考虑。Gamble 2009年发现，经皮给药对皮肤使用芬太尼贴剂后的血清水平与人类使用芬太尼贴剂后的水平相当。

对丁丙诺啡在红耳彩龟体内的药代动力学进行了研究（Kummrow et al., 2008）。每天至少服用一次丁丙诺啡，每次0.075mg/kg，血浆浓度在1ng/mL以上，持续24h。

最近的研究表明，曲马多可能是一种长期有效的口服镇痛剂。在红耳彩龟中，曲马多口服给药（10-25mg/kg）和肠外给药（10mg/kg）分别在6-96h和12-48h增加热伤害性潜伏期。（Cummings et al., 2009; Mosely, 2011）

### 非甾体抗炎药

已经有一些使用酮洛芬和美洛昔康的爬行动物药代动力学的研究（Eatwell, 2010）。推荐剂量为0.2mg/kg美洛昔康每48h注射1次，或2mg/kg酮洛芬每36h注射1次（Hernandez-Divers et al., 2004; Tuttle et al., 2006）（图13.11）。

### 局部麻醉药

布比卡因或利多卡因或两者的混合物可用于

**图13.11** 这只绿海龟正从尾部的壳脓肿中恢复，正在长期服用美洛昔康。来源：Stephen Cital提供。

爬行动物的局部麻醉。理想情况下，这些药物应该在造成疼痛的手术前使用。两种药物的最大剂量分别是利多卡因10mg/kg，布比卡因4mg/kg。然而，更好的方法是将这些药物用量减少50%，并同时使用这两种药物，以避免可能导致某些患病动物死亡的毒性问题（Eatwell, 2010）。患病动物应准确称重和用生理盐水稀释药物可能使注射变得更容易。

肋间神经阻滞在爬行动物中有报道（Mader, 2006）。

### α-2受体激动剂，氯胺酮和辅助剂

α-2受体激动剂和氯胺酮也有镇痛作用，值得纳入疼痛管理方案（Eatwell, 2010）。其他镇痛药物和辅助药物，如加巴喷丁、金刚烷胺、三环抗抑郁剂、各种营养物质和物理疗法还没有在爬行动物中进行过探索，但是随着我们对爬行动物的痛觉、疼痛和镇痛治疗的了解的增加，可能会发挥作用（Mosely, 2011）（表13.13）。

**框13.9　动物及人员安全**

爬行动物会给操作人员带来很多危险，比如咬、抓、甩尾巴。有些爬行动物是有毒的。没有经过适当培训的人员，在没有专业治疗人员在场的情况下，决不允许治疗有毒动物。在进行任何治疗之前，都应该对有毒爬行动物进行彻底和安全的约束。还应随时准备好被咬伤的安全方案

当与较大的爬行动物如鳄鱼、短吻鳄或科莫多巨蜥合作时，投杆或注射杆可能是最安全的方法，在治疗包括巨蟒在内的大型或有毒爬行动物时，一定要和同事合作。在没有人可以帮助治疗的情况下，应告知他人自己预期的治疗是在哪里进行以及治疗需要多长时间

## 两栖动物镇痛

***Stephen Cital***

有超过4 000种已知的两栖动物和大量的这些动物用于研究以及作为宠物饲养谨慎的做法是为这一外来物种群体提供适当的护理和治疗。基于一般的解剖学和行为学，很容易假设我们可以像对待爬行动物一样对待这些患病动物。然而，与爬行动物不同的是，两栖动物在它们的一生中经历了不同的蜕变阶段。两栖动物从有鳃到有肺，从水生到半水生，从没有腿到有二条或四条腿，或者有更多如六条腿，或者没有。这意味着在它们生命中的两个不同时期，我们可能会以不同的方式对待两栖动物。有时像鱼，有时更像其他陆地生物。

两栖动物被认为是一种“低等动物”，这意味着它们在进化发展链中的地位较低。科学家们最近分析了两栖动物的痛觉传导通路，得出结论：哺乳动物和两栖动物的痛觉传导通路之间没有明显的区别；然而，其他的比较神经学研究表明，与人类相比，这些脊椎动物的潜在疼痛可能不那么严重或不那么明显。尽管如此，两栖动物仍然拥有一个发育良好的内源性阿片系统，并具有相应的结合位点，主要是κ受体。不仅阿片类药物具有镇痛作用，其他药物如氯胺酮、α-2s和间氨基苯甲酸乙酯甲磺酸盐也有镇痛作用（Machin, 1999; Stevens, 2011）。值得注意的是，与哺乳动物相比，两栖动物对某些药物的肝代谢率较低，而且似乎需要更大剂量的阿片类药物才能产生全身性效果。虽然两栖动物身上有痛觉感受器和看似有效的痛觉治疗方法，但有一个问题：不存在丘脑与大脑皮层之间的网络。为什么？因为这种结构首次出现在爬行动物身上。这意味着两栖动物仍然能感觉到疼痛，但这可能与

**表13.13** 爬行动物镇痛

| 药物 | 剂量（mg/kg） | 给药途径 | 给药间隔 | 注释 |
|---|---|---|---|---|
| 布托啡诺 | 0.02–25<br>20（玉米蛇，可能导致严重呼吸抑制） | SC，IM，IV | q12–24h | |
| 丁丙诺啡 | 0.02–0.2 | SC，IM | q12–24h | 在红耳彩龟中进行PK研究（0.075–0.1mg/kg） |
| 吗啡 | 0.05–4.0（鳄鱼）<br>1.5–6.5（陆龟）<br>1.0（绿鬣蜥）<br>10–20（须蛇，可能引起呼吸抑制） | IC 或 IM | q12–24h | 3mg/kg时在尼罗河鳄鱼上见天花板效应（*Crocodylus niloticus africana*）<br>持续时间可达24h |
| 哌替啶 | 1–4 | IC | q4h | 32mg/kg 时在尼罗河鳄鱼上见天花板效应（*C. niloticus africana*） |
| 氯胺酮 | 10–100 | IM，IV，SC | | 与麻醉相关的高剂量。低剂量≤10mg/kg可能镇痛，但无镇静作用 |
| 赛拉嗪 | 1.0–1.25 | IM | | |
| 美托咪定 | 50–100μg/kg（陆龟）<br>150–300μg/kg（水龟）<br>150μg/kg（蛇和蜥蜴） | IM，IV，<br>骨髓内（IO） | | 低剂量可能对镇痛有效 |
| 美洛昔康* | 0.1–0.3 | IM，IV，PO | q24–48h | 球蟒，鬣蜥 |
| 卡洛芬 | 1–4 | IM，IV，SC | q24–72h | |
| 酮洛芬 | 2 | IM，IV，SC | q24–72h | |
| 氟尼辛葡甲胺 | 0.5–2 | IM | q24–48h | |
| 2%利多卡因 | 2–5 | 局部浸润 | | 建议保持在5mg/kg以下。稀释至0.5%以增加体积 |
| 0.5%布比卡因 | 1–2（蛇，蜥蜴，陆龟）<br>2–5（鳄鱼） | 局部浸润 | | 推荐<2mg/kg<br>稀释至0.25%以增加体积 |
| 曲马多 | 10–25 | PO | q24h | 在红耳彩龟中的PK |

*研究表明，高达5mg/kg SID的剂量不会产生临床异常或病理现象。

来源：改编自Sladky et al., 2007, 2008; West et al., 2007; Wambugu et al.,2009;Gold berg, 2010; Baker et al., 2011; Carpenter, 2013。

哺乳动物感知疼痛的方式大不相同。在人类患病动物中，当皮层神经元受损或受到外科疼痛刺激的影响时，被描述为能够感知疼痛，但这并不一定会困扰他们（Mosely, 2011; Stevens, 2011）。

在一项使用东部红点蝾螈的研究中，这些动物接受了双侧前肢截肢手术。一组全身应用丁丙诺啡，另一组全身应用布托啡诺，对照组不应用镇痛药。然后，对动物进行密切监测，以发现与其他物种有关的常见疼痛或不适症状，例如食欲不振，自发运动和其他物种特定的行为。研究发现接受术后镇痛的动物比未接受术后镇痛的动物恢复“正常”行为的时间更短。这表明，在两栖类物种中，疼痛电位是显著的，至少可以用阿片类镇痛药部分控制（Stevens, 2011）。

**关键症状13.10** 两栖动物：肌肉运动，闭眼，改变颜色，呼吸加快，固定不动，厌食

## 治疗

兽医疼痛管理的一大进步是通过使用透皮贴剂向皮肤传递镇痛药物。在两栖动物中，情况一直如此。常见的麻醉方法包括通过皮肤进行麻醉，效果与使用镇痛药相同（West et al., 2007）。

一种更有争议但仍在使用的麻醉和镇痛方式是诱导低温。这种方法可能会引起动物福利方面的担忧，但一项研究报道过低温对北方豹蛙的镇痛作用（Stevens, 2011）。

青蛙卵母细胞体积大，能够将转染后的mRNA表达到受体或通道蛋白中，因此常被用于电生理学和分子药理学研究。目前，许多大学研究人员已经建立了关于重复剖腹取卵的指导原则。美国国家卫生研究院（National Institutes of Health）动物护理和使用指导方针没有提到术后使用镇痛药，但确实建议动物每天注意“食欲以及裂开或感染等并发症”。

在本节的最后，由于几乎没有数据显示许多常见哺乳动物的镇痛药对两栖动物的真实疗效，因此用药必须遵循一定的比例。这就是风险收益比作为从业人员和动物福利的倡导者，利用我们所获得的最新和最好的资源考虑动物的福利问题，因为许多用于两栖动物的镇痛方案都被认为是实验性的（Stevens, 2011）。

用于两栖动物镇痛药物和镇痛途径的研究，参见表13.14。

# 鱼和无脊椎动物镇痛

*Mary Ellen Goldberg*

## 鱼疼痛的识别

鱼类是脊椎动物中最大的一类，已知物种超过31 000种（Weber, 2011）。鱼的异常行为与应激增加有关。应激源（例如，食肉动物、水质和疾病）可以很容易地将幸福转变为疼痛。根据应激的性质和严重程度以及动物当前的生存状态，决定了动物是否可以成功地适应应激（适应行为），或者它可能会变得疼痛，威胁到它的健康（不适应行为）。适应性行为包括正常进食、为合适的群体提供教育、繁殖和筑巢。不良适应行为包括不正常的进食、缺乏或减少打理，以及社会交往的变化（攻击性、退缩性）（aggression, withdrawal）（表13.15）。

鱼具有与哺乳动物类似的解剖、生化和功能成分，可传递、调节以及中枢调节疼痛刺激（Beitz, 1992）。这包括（Storms & Mylniczenko, 2004）可以激活阿片受体的生化药品（Ng & Chan, 1990）；与γ-苯二氮䓬类受体相似的蛋白（Friedl et al., 1988）；可能导致痛觉的P样物质

**表13.14** 两栖动物镇痛

| 药物 | 剂量（mg/kg） | 给药途径 | 给药间隔 | 注释 |
|---|---|---|---|---|
| 丁丙诺啡 | 0.075<br>*38 | 背淋巴囊<br>SC | ＞4h | *ED50在豹蛙（*R. pipiens*） |
| 布托啡诺 | 0.2–0.4<br>25 | IM<br>IC | q12h | |
| 芬太尼 | *0.5 | SC | >4h | *$ED_{50}$在豹蛙（*R. pipiens*） |
| 吗啡 | *20–160<br>38–42 | IM，SC，局部 SC | *60–165min<br>＞4h | 对摄食行为有所影响*$ED_{50}$在豹蛙（*R. pipiens*） |
| 纳洛芬 | 122 | SC | >4h | |
| 1%–2%利多卡因 | | 局部浸润或混合于凝胶中供表面使用 | | 局部麻醉；小心使用 |
| 酮咯酸 | 26 | 背淋巴囊 | | |
| 右美托咪定 | *40–120 | 背淋巴囊 | * ＞4h | *$ED_{50}$在豹蛙上（*R. pipiens*） |
| 赛拉嗪 | 10 | IC | q12–24h | |
| 可待因 | 53 | 未指明 | ＞4h | *$ED_{50}$在豹蛙上（*R. pipiens*） |

*豹蛙。

来源：改编自Stevens, 2004; West et al.,2007; Goldberg, 2010; Stevens, 2011; Carpenter, 2013。

（Weld & Maler, 1992）；存在μ、δ和κ阿片受体；内源性阿片活性调节应激反应（Pert et al., 1974; Chervova & Lapshin, 2000）。硬骨鱼具有与哺乳动物相同的COX酶（Grosser et al., 2002）。

鱼的神经解剖学和行为反应表明这些动物能感觉到疼痛。这样，我们就可以顺理成章地得出这样的结论：能感觉到疼痛的动物也能感受到疼痛（Posner, 2009）。

虽然鱼的疼痛症状有主观的（身体定位和游泳、进食、躲藏和/或空间定位）（接近通气或取暖器），也有客观的（环境质量参数、心率、腮盖频率或呼吸频率、嗜睡、鳍夹紧、变暗、血液诊断值和/或体检结果）（Weber, 2011）。很难确定鱼对疼痛反应的性质。虽然它们对损伤或接触刺激物有明显的反应，但它们对慢性刺激的反应可能很小或者完全没有。在鱼身上的伤口严重到足以使哺乳动物无法动弹的程度，它通常会表现得很正常，甚至会恢复进食。鱼会对有害的刺激产生强烈的肌肉运动，如皮下注射针头。当暴露于有毒环境，如强酸，鱼会表现出不正常的游泳行为，试图从水里跳出来。它们的颜色变深，眼球运动变得更快。这些迹象表明了某种程度的疼痛；然而，不可能明确地将这些症状描述为疼痛的迹象。厌食症是鱼类疼痛的主要表现。

**关键症状13.11** 鱼：不正常的游泳行为，试图跳出水面，眼球快速运动，鳍夹紧，苍白或暗沉的颜色，隐藏的厌食症是第一个症状

**表13.15** Helen Robets博士观察到的鱼异常行为

| 行为 | 描述 |
|---|---|
| 坐在底部 | 鱼，通常在水体的中部或顶部，“坐”在底部，而不是休息 |
| 绕圈 | 有目的的朝一个方向移动 |
| 夹紧的鳍 | 鱼鳍贴紧体壁 |
| 咳嗽 | 腮盖快速开合 |
| 卷曲 | 身体侧弯成“C”形 |
| 不正常的颜色 | 颜色比正常鱼的颜色浅或深 |
| 漂动 | 在水流中漫无目的的运动 |
| 粪便：黏稠、带血、长、带气泡、呈绳状、苍白 | 类似于陆生动物的腹泻 |
| 腮盖打开 | 鳃盖打开以露出鳃 |
| 闪光 | 在水槽或池塘底部摩擦，露出腹部（腹部的苍白色“闪光”） |
| 喘气 | 类似打哈欠的行为或嘴快速张开和闭合 |
| 跨越障碍 | 水柱明显“下降”，随后快速向前/垂直运动 |
| 跳跃 | 试图跳出水池或池塘（“自杀企图”） |
| 倾斜 | 向一边倾斜 |
| 苍白的颜色 | 浅色鱼是正常的着色 |
| 出血点/瘀斑 | 体表小红到小紫斑，从针尖到较大的病灶区（通常<0.3cm） |
| 吹笛 | 大口吸入水面上的空气 |
| 体位异常（头朝上，尾朝下） | |
| 尾巴或鳍上有红色条纹 | 毛细血管内充血 |
| 摩擦 | 瘙痒 |
| 摇动 | 整个身体来回摇摆 |

来源：改编自Roberts, 2010。

鱼类常用镇痛药见表13.16。

鱼类感受到的疼痛，可能是简单的恐惧厌恶，或是体验到由有害刺激引起的伤害性感受，如来自疾病，恶劣饲养环境，不当处置和运输等。帮助减轻这种应激是兽医的职责，同时也是受聘工作于其他家畜、宠物、实验动物、野生动物的兽医的责任。

## 无脊椎动物疼痛的识别

事实上，对脊椎动物的疼痛所知甚少。例如，无法确认用苍蝇拍拍碎的黄蜂或钩在鱼钩上的虫子是否会感到疼痛。所有的动物都会经历组织损伤。无脊椎动物构成了地球上95%以上没有

表13.16 鱼类多模镇痛

| 药物 | 剂量（mg/kg） | 给药途径 | 注释 |
|---|---|---|---|
| 布托啡诺 | 0.1–0.4 | IM | q24h |
| 卡洛芬 | 2–4 | IM | q3–5d |
| 氟尼辛葡甲胺 | 0.25–0.5 | IM | q3–5d |
| 酮洛芬 | 2 | IM | |
| 美洛昔康 | 0.1–0.2 | IM | q24–48h |
| 吗啡 | 0.3 | IM | |
| 曲马多 | 5–10 | PO | q48–72h |
| 利多卡因 | 总剂量不应超过1–2 | 浸润 | 局部麻醉 |

来源：引自Goldberg, 2010。

脊椎的物种（Lewbart, 2012）。它们能透过探测有害的刺激物及采取行动，使它们远离有害的刺激物及/或尽量减少有害的影响，以提高它们维持组织完整的行动机制（Elwood, 2011）。痛觉（参见第3章）被定义为“编码和处理有害刺激的神经过程”（Loeser & Treede, 2008）。痛觉是疼痛概念的核心，因为没有痛觉，就不可能体验到疼痛。然而，仅仅观察伤害性感受并不能证明疼痛的存在（Elwood, 2011）。许多实验已经建立了可以用来描述无脊椎动物疼痛可能性的标准。这些标准包括（Elwood, 2011）：

- 适当的受体
- 合适的中枢神经系统
- 对阿片类药物、镇痛药和麻醉剂的反应性
- 生理改变
- 逃避学习
- 保护性运动反应
- 避免刺激和其他活动之间的权衡
- 认知能力和感知能力

这些数据的结果仍然是不确定的，但它明确了无脊椎动物能够感受痛觉。研究人员建议使用软体动物，特别是那些有更大、更复杂的神经节或大脑的软体动物（尤其是头足类动物，但也有腹足类动物）进行实验的设计，要考虑到这些动物有可能具有类似的疼痛行为（Crook & Walters, 2011）。

“在考虑可能带来疼痛或有害的刺激时，我们必须谨慎行事（Lewbart, 2012）。”

**关键症状13.12 无脊椎动物：快速撤退**

## 无脊椎动物的镇痛

在无脊椎动物中发现了痛觉细胞，阿片系统在无脊椎动物的痛觉中起作用。阿片类药物能提供良好的镇痛作用。

局部麻醉药阻断疼痛通路，减少刺激。药物的剂量信息是从已发表的关于低等脊椎动物的资料中仔细推断出来的（鱼类，两栖动物，爬行动物）。

蜈蚣：只有关于使用5%的异氟醚和100%的氧气的报告。

头足类：有报道使用氯化镁（$MgCl_2$）作为麻醉剂。

毛毛虫：无手术或麻醉、镇痛报告。

腔肠类动物（扁虫、水母、珊瑚）：甲基磺酸参碱（MS–222）和乙醇已被用于麻醉和镇痛。

甲壳纲动物：对有害刺激的反应是丢弃附肢。

腹足类：镇痛作用在文献中没有被提及。已经使用了麻醉剂。

昆虫：到目前为止，减轻昆虫疼痛的方法是：（a）人道地杀死动物，（b）实施支持性护理。

**表13.17**　用于无脊椎动物疼痛的药物

| 药剂 | 剂量 | 注解 |
| --- | --- | --- |
| 氯胺酮 | 0.025–0.1mg/kg<br>90μg/g IM | 15–45s内麻醉<br>持续时间 ≤1h |
| 利多卡因 | 30μg/g IM | 胸腔内注射；持续时间25min |
| 普鲁卡因 | 25mg/kg | 20–30s内麻醉，持续时间2–3h |
| 盐酸赛拉嗪 | 70mg/kg<br>16–22mg/kg | 5–[illegible]0min内麻醉，持续4[illegible]min<br>2–3min内麻醉 |
| 乙醇 | 3%（30.0mL/L）<br>海水中1.5%（15mL/L）乙醇 | 诱导<br>麻醉的维持 |
| 异氟烷 | 5%–10% | 陆地无脊椎动物的麻醉 |
| 七氟烷 | 5%–10% | 陆地无脊椎动物的麻醉 |
| $CO_2$ | 10%–20% | 陆地无脊椎动物的麻醉 |
| MS–222 | 100mg/L水 | 添加碳酸氢钠的MS–222缓冲液推荐用于有敏感皮肤的无脊椎动物，如蜗牛和蛞蝓 |
| MS–222和苯佐卡因 | 0.4g/L<br>0.4g/L | 两种化学物质都在海水中 |
| 芦竹碱 | 0.01mg/mL | 5–羟色胺拮抗剂抑制泵血 |
| 丙咪嗪 | 20μg/mL | 促进泵；高浓度起麻醉作用 |
| 伊维菌素 | 0.05ng/mL | 抑制泵 |
| 毒蝇蕈醇 | 2μg/mL | γ–氨基丁酸激动剂抑制泵 |
| 血清素 | 1mg/mL | 刺激泵 |

来源：引自Goldberg, 2010。

线虫：对神经活性药物有反应。

少毛类（水蛭）：只有5%的乙醇用于麻醉。

多毛类：只提到用于麻醉的$MgCl_2$。

海绵：虽然手术已经进行了几十年，但没有麻醉剂或镇痛药的报告。

涡虫（扁虫、吸虫、带虫）：对多巴胺能激动剂和拮抗剂有特殊的反应。低水平的可卡因会使它们失去运动能力（表13.17）。

## 推荐阅读


[1] Baker, B., Sladky, K. & Johnson, S. (2011) Evaluations of the analgesic effects of oral and subcutaneous tramadol administration in red-eared slider turtles. *The Journal of the American Veterinary Medical Association*, **238** (2), 220–227.

[2] Barter, L.A. (2011) Rabbit Analgesia. *Veterinary Clinics of North America: Exotic Animal Practice*, **14** (1), 93–104.

[3] Beitz, A.J. (1992) Anatomic and chemical organization of descending pain modulation

systems. C.E. Short & A. Van Poznak (eds), *Animal Pain*, Churchill Livingstone, New York, pp. 31–62.

[4] Bowles, H., Lichtenberger, M. & Lennox, A. (2007) Emergency and Critical Care of Pet Birds. *Veterinary Clinics of North America: Exotic Animal Practice*, **10**, 345–394.

[5] Bradley Bays, T., Lightfoot, T. & Mayer, J. (2006) *Exotic Pet Behavior*. Saunders Elsevier, St. Louis, MO.

[6] Brenner, D.J., Larsen, R.S., Dickinson, P.J., Wack, R.F., Williams, D.C. & Pascoe, P.J. (2010) Development of an avian brachial plexus nerve block technique for perioperative analgesia in mallard ducks (*Anas platyrhynchos*). *Journal of Avian Medicine and Surgery*, **24**, 24–34.

[7] Brust, D.M. & Pye, G.W. (2013) Chapter 6 Sugar Gliders. Carpenter JW (ed), *Exotic Animal Formulary*, 4th edn, Elsevier/Saunders, St. Louis, p. 443.

[8] Carbone, L. & Garnett, N. (2008) Ethical issues in anesthesia and analgesia in laboratory animals. R.E. Fish, M.J. Brown, P.J. Danneman, & A.Z. Karas (eds), *Anesthesia and Analgesia in Laboratory Animals*. American College of Laboratory Animal Medicine Series, Academic Press, San Diego, p. 561.

[9] Carpenter, J.W. Hawkins, M., Barron, H.W., Speer, B.L., & Pollock, C. (2013) Chapter 5 Birds. *Exotic Animal Formulary*, 4th edn, Elsevier, St. Louis, pp. 256–281.

[10] Cheol Jin, H., Keller, A.J., Kwon Jung, J., Subieta, A., & Brennan, T.J. (2007) Epidural tezampanel, an AMPA/kainite receptor antagonist, produces postoperative analgesia in rats. Anesthesia Analgesia, 105, 1152–1159.

[11] Carpenter, J.W. & Marion, C.J. (2013) Chapter 7 Hedgehogs. J.W. Carpenter (ed), *Exotic Animal Formulary*, 4th edn, Elsevier/Saunders, St. Louis, p. 463.

[12] Chervova, L.S. & Lapshin, D.N. (2000) Opioid modulation of pain threshold in fish. *Doklady Biological Sciences*, **375**, 590–591.

[13] Colpaert, F.C., Tarayre, J.P., Alliaga, M., Bruins Slot, L.A., Attal, N. & Koek, W. (2001) Opiate self-administration as a measure of chronic nociceptive pain in arthritic rats. *Pain*, **91**, 33–45.

[14] Committee on Recognition and Alleviation of Pain in Laboratory Animals (2009) Effective pain management. *Recognition and alleviation of pain in laboratory animals*, National Academies Press, Washington, DC, pp. 71–118.

[15] Concannon, K.T., Dodam, J.R. & Hellyer, P.W. (1995) Influence of a mu- and kappa-opioid agonist on isoflurane minimal anesthetic concentration in chickens. *American Journal of Veterinary Research*, **56**, 806–811.

[16] Criado, A.B. & Gomez de Segura, I.A. (2003) Reduction of isoflurane MAC by fentanyl or remifentanil in rats. *Veterinary Anaesthesia and Analgesia*, **30**, 250–256.

[17] Crook, R.J. & Walters, E.T. (2011) Nociceptive behavior and physiology of molluscs: animal welfare implications. *ILAR Journal*, **52** (2), 185–195.

[18] Cummings, B.B., Sladky, K.K. & Johnson, S.M. (2009) Tramadol analgesic and respiratory effects in red-eared slider turtles (*Trachemys scripta*). American Association of Zoo Veterinarians and American Association of Wildlife Veterinarians Joint Conference, Tulsa, p. 115.

[19] Doneley, B. (2010) ed. Anesthesia and Analgesia. *Avian Medicine and Surgery in Practice: Companion and Aviary Birds*, Manson Publishing, London, p. 245.

[20] Dorrestein, G.M. (2000) Nursing the Sick Bird. T.N. Tully, G.M. Dorrestein & A.K. Jones (eds), *Handbook of Avian Medicine*, 2nd edn, Butterworth-Heinemann, Oxford, p. 101.

[21] Eatwell, K. (July/August 2010) Options for analgesia and anaesthesia in reptiles. *In Practice*, **32**, 306–311.

[22] Edwards, S.R. & Mather, L.E. (2001) Tissue uptake of ketamine and norketamine enantiomers in the rat indirect evidence for extrahepatic metabolic inversion. *Life Sciences*, **69**, 2051–2066.

[23] Elwood, R.W. (2011) Pain and suffering in invertebrates? *ILAR Journal*, **52** (2), 175–184.

[24] Eshar, D. & Wilson, J. (2010) Epidural anesthesia and analgesia in ferrets. *Lab Animal*, **39** (11), 339–340.

[25] Flecknell, P.A. (1998) Analgesia in small mammals. *Seminars in Avian and Exotic Pet Medicine*, **7**, 41–47.

[26] Flecknell, P. (2006) Anaesthesia and perioperative care. A. Meredith & P. Flecknell (eds), *BSAVA Manual of Rabbit Medicine and Surgery*, 2nd edn, Gloucester, BSAVA Press, pp. 154–165.

[27] Flecknell, P.A. (2009) ed. Analgesia and post-operative care. *Laboratory animal anaesthesia*, 3rd edn, Elsevier, London, pp. 139–180.

[28] Flecknell, P.A., Roughan, J.V. & Stewart, R. (1999) Use of oral buprenorphine ('buprenorphine jello') for postoperative analgesia in rats—a clinical trial. *Laboratory Animal*, **33** (2), 169–174.

[29] Foley, P.L., Henderson, A.L., Bisonette, E.A., Wimer, G.R. & Feldman, S.H. (2001) Evaluation of fentanyl transdermal patches in rabbits: blood concentrations and physiologic response.

*Comparative Medicine*, **51**, 239–244.

[30] Fowler, M. (2007) *Zoo and Wild Animal Medicine Current Therapy*, 6 edn. Saunders, St. Louis, MO.

[31] Franken, N.D., van Oostrom, H., Stienen, P.J., Doornenbal, A. & Hellebrekers, L.J. (2008) Evaluation of analgesic and sedative effects of continuous infusion of dexemetomidine by measuring somatosensory- and auditory-evoked potentials in the rat. *Veterinary Anaesthesthesia and Analgesia*, **35**, 424–431.

[32] Friedl, W., Hebebrand, J., Rabe, S., & Propping, P. (1988) Phylogenetic conservation of the benzodiazepine binding sites: pharmacologic evidence. *Neuropharmacology*, **27**, 163–170.

[33] Gades, N.M., Danneman, P.J., Wixson, S.K. & Tolley, E.A. (2000) The magnitude and duration of the analgesic effect of morphine, butorphanol, and buprenorphine in rats and mice. *Contemporary Topics in Laboratory Animal Science*, **39** (2), 8–13.

[34] Gaertner, D.J., Hallman, T.M., Hankenson, F.C., & Batchelder, M.A. (2008) Anesthesia and analgesia for laboratory rodents. R.E. Fish, M.J. Brown, P.J. Danneman, & A.Z. Karas (eds), *Anesthesia and Analgesia in Laboratory Animals*. American College of Laboratory Animal Medicine Series, Academic Press, San Diego, pp. 239–297.

[35] Gaggermeier, B., Henke, J., Schatzmann, H., *et al.* (2000) Lihtersachunjen en Schmerzlinderung unit Buprenorphin bei Hanstauben Columba livia, Gurel, 1739, var. dornestica. *Proceedings of the XII Conference on Avian Disease, Munich*, p. 21.

[36] Gamble, K.C. (2009) Plasma fentanyl concentrations achieved after transdermal fentanyl patch application in prehensile tailed skinks, *Corucia zebrata*. *Journal of Herpetological Medicine and Surgery*, **18**, 81–85.

[37] Gianotti, G., Valverde, A., Sinclair, M., *et al.* (2012) Prior determination of baseline minimum alveolar concentration (MAC) of isoflurane does not influence the effect of ketamine on MAC in rabbits. *The Canadian Journal of Veterinary Research*, **76**, 261–267.

[38] Glatz, P.C., Murphy, L.B. & Preston, A.P. (1992) Analgesic therapy of beak-trimmed chickens. *Australian Veterinary Journal*, **69**, 18.

[39] Goldberg, M.E. (2010) The fourth vital sign in all creatures great and small. The NAVTA Journal, Winter, 31–54.

[40] Gonzalez, M.I., Field, M.J., Bramwell, S., McCleary, S. & Singh, L. (2000) Ovariohysterectomy in the rat: a model of surgical pain for evaluation of pre-emptive analgesia? *Pain*, **88** (1), 79–88.

[41] Greenacre, C.B. (2008) Pain management in small mammal patients. CVC in Kansas City Proceedings; Advanstar http://veterinarycalendar.dvm360.com/avhc/Pain+Management+Center/Pain-management-in-small-mammal-patients-Proceedin/ArticleStandard/Article/detail/568367 (accessed on April 21, 2014).

[42] Greenaway, J.B., Partlow, G.D., Gonsholt, N.L., & Fisher, K.R. (2001) Anatomy of the lumbosacral spinal cord in rabbits. *Journal of the American Animal Hospital Association*, **37** (1), 27–34.

[43] Grosser, T., Yusuff, S., Cheskis, E., Pack, M.A. & Fitzgerald, G.A. (2002) Developmental expression of functional cyclooxygenases in zebrafish. *Proceedings of the National Academy of Sciences of the United States of America*, **99**, 8418–8423.

[44] Gutstein, H.B. & Akil, H. (2010) Chapter 21. Opioid analgesics. L.L. Brunton, J.S. Lazo & K.L. Parker (eds), *Goodman & Gilman's the pharmacological basis of therapeutics*, 11th edn, McGraw-Hill Companies, New York, pp. 547–590.

[45] Hanley, C.S., Thomas, N.J., Paul-Murphy, J. & Hartup, B.K. (2005) Exertional myopathy in whooping cranes (*Grus americana*) with prognostic guidelines. *Journal of Zoo and Wildlife Medicine*, **36**, 489–497.

[46] Hawkins, M.G. & Pascoe, P.J. (2012) Anesthesia, analgesia and sedation of small mammals. K.E. Quesenberry & J.W. Carpenter (eds), *Ferrets, Rabbits and Rodents: Clinical Medicine and Surgery*, 3rd edn, Elsevier/Saunders, St. Louis, pp. 429–451.

[47] Hawkins, M.G. & Paul-Murphy, J. (2011) Avian analgesia. *Veterinary Clinics of North America: Exotic Animal Practice*, **14** (1), 62–76.

[48] Hernandez-Divers, S.J., Mcbride, M., Koch, T.F., Perpinan, D., Wilson, G.H., & Stedman, N.L. (2004) Single dose oral and intravenous pharmacokinetics of meloxicam in the green iguana (Iguana iguana). Proceedings of the 11th Annual Conference of the Association of Reptile and Amphibian Veterinarians, Naples, May 8 to 11, pp. 106–107.

[49] Hocking, P.M., Gentle, M.J., Bernard, R. & Dunn, L.N. (1997) Evaluation of a protocol for determining the effectiveness of pretreatment with local analgesics for reducing experimentally induced articular pain in domestic fowl. *Research in Veterinary Science*, **63**, 263–267.

[50] Hoefer, H.L. (2001) Small mammal dentistry. Atlantic Coast Veterinary Conference. Institute of Laboratory Animal Resources, National Research Council. *Recognition and Alleviation of Pain and Distress in Laboratory Animals*. National Academy Press, Washington, DC, 1992.

[51] Institute of Laboratory Animal Resources, National Research Council. (1992) Recognition and Alleviation of Pain and Distress in Laboratory Animals. National Academy Press, Washington, DC.

[52] Johnston, M.S. (2005) Clinical approaches to analgesia in ferrets and rabbits. *Seminars in Avian and Exotic Pet Medicine*, **14** (4), 229–235.

[53] Johnson-Delany, C.A. (2006) Common procedures in hedgehogs, praire dogs, exotic rodents and companion marsupials. *Veterinary Clinics Exotic Animal*, **9**, 415–435.

[54] Johnson-Delany, C.A. (2009) Ferret anaesthesia and analgesia. E. Keeble & A. Meredith (eds), *BSAVA Manual of Rodents and Ferrets*, BSAVA, Quedgeley, Glouster, p. 245.

[55] Kalueff, A.V., Minasyan, A., Keisala, T., Shah, Z. & Tuohimaa, P. (2006) Hair barbering in mice: implications for neurobehavioural research. *Behavioural Processes*, **71**, 8–15.

[56] Kanui, T.I. & Hole, K. (1992) Morphine and pethidine antinociception in the crocodile. *Journal of Veterinary Pharmacology and Therapeutics*, **15**, 101–103.

[57] Keating, S.C.J., Thomas, A.A., Flecknell, P.A., & Leach, M.C. (September 2012) Evaluation of EMLA cream for preventing pain during tattooing of rabbits: changes in physiological, behavioural and facial expression responses. *PLoS One*, **7** (9), 1–11.

[58] Kummrow, M.S., Tseng, F., Hesse, L. & Court, M. (2008) Pharmacokinetics of buprenorphine after single-dose subcutaneous administration in red-eared sliders (*Trachemys scripta elegans*). *Journal of Zoo and Wildlife Medicine*, **39**, 590–595.

[59] Langford, D.J., Bailey, A.L., Chanda, M.L., *et al.* (June 2010) Coding facial expressions of pain in the laboratory mouse. *Nature Methods*, **7** (6), 448.

[60] Leach, M.C., Allweiler, S., Richardson, C., Roughan, J.V., Narbe, R. & Flecknell, P.A. (2009) Behavioural effects of ovariohysterectomy and oral administration of meloxicam in laboratory housed rabbits. *Research Veterinary Science*, **87** (2), 336–347.

[61] Lennox, A. (2007) Emergency and critical care procedures in sugar gliders, African Hedgehogs and Prairie Dogs. *Veterinary Clinics Exotic Animal*, **10**, 533–555.

[62] Lewbart, G.A. (2012) Chapter 1 Introduction. G.A. Lewbart (ed), *Invertebrate Medicine*, John Wiley & Sons, Inc, Ames, p. 3.

[63] Lichtenberger, M. & Ko, J. (2007) Anesthesia and analgesia for small mammals and birds. *Veterinary Clinics of North America: Exotic Animal Practice*, **10**, 293–315.

[64] Liles, J.H., Flecknell, P.A., Roughan, J. & Cruz-Madorran, I. (1998) Influence of oral buprenorphine, oral naltrexone or morphine on the effects of laparotomy in the rat. *Laboratory Animal*, **32** (2), 149–161.

[65] Livingston, A. & Chambers, P. (2000) The physiology of pain. P. Flecknell & A. Waterman-Pearson (eds), *Pain Management in Animals*, WB Saunders, London, pp. 9–20.

[66] Loeser, J.D. & Treede, R.D. (2008) The Kyoto protocol of IASP Basic Pain Terminology. *Pain*, **137**, 473–477.

[67] Longley, L.A. (2008a) ed. Avian anaesthesia. *Anaesthesia of Exotic Pets*, Saunders/Elsevier, London, p. 162.

[68] Longley, L.A. (2008b) Rodent anaesthesia. *Anaesthesia of Exotic Pets*, Saunders/Elsevier, London, p. 69.

[69] Machin, K. (1999) Review: amphibian pain and analgesia. *Journal of Zoo and Wildlife Medicine*, **30**, 2–10.

[70] Machin, K.L. (2005a) Avian Analgesia. *Seminars in Avian and Exotic Pet Medicine*, **14** (4), 236–242.

[71] Machin, K.L. (2005b) *Controlling avian pain.* Compendium April 2005, VetLearn Publications, Yardley, PA, pp. 299–309.

[72] Mader, D. (2006) *Reptile medicine and surgery.* 2nd edn, Saunders Elsevier, St. Louis, MO.

[73] Mayer, J. (2007) Use of behavior analysis to recognize pain in small mammals. *Lab Animal*, **36** (6), 43.

[74] Mayer, J. & Donnelly, T. (2012) *Clinical Veterinary Advisor: Birds and Exotic Pets*, 1 Har/Psc edn. Saunders, St. Louis, MO.

[75] Miller, A.L. & Richardson, C.A. (2011) Rodent analgesia. *Veterinary Clinics of North America: Exotic Animal Practice*, **14** (1), 84.

[76] Mosely, C. (2011) Pain and nociception in reptiles. *Veterinary Clinics: Exotic Animals*, **14**, 45–60.

[77] Ng, T.B. & Chan, S.T.H. (1990) Adrenocorticotropin-like and opiate-like materials in the brain of the red grouper (*Epinephelus akaara*). *Comparative Biochemistry and Physiology*, **95C**, 159–162.

[78] Penderis, J. & Franklin, R.J. (2005) Effects of pre- versus post-anaesthetic buprenorphine on propofol-anaesthetized rats. *Veterinary Anaesthesia and Analgesia*, **32** (5), 256–260.

[79] Pereira, M.E. & Werther, K. (2007) Evaluation of the renal effects of flunixin meglumine, ketoprofen and meloxicam in budgerigars *Melopsittacus undulatus*). *Veterinary Record*, **160**, 844–846.

[80] Pert, D.B., Aposhian, D. & Snyder, S.H. (1974) Phylogenctic distribution of opiate receptor binding. *Brain Research*, 75, 356–361

[81] Pollock, C., Lichtenberger, M., & Echols, M.S. (2013) Epidural anesthesia in small mammals. LafeberVet website. June 17, 2013. Available at http://www.lafebervet.com/epidural-anesthesia-in-small-mammals/ (accessed on April 30, 2014).

[82] Poonawala, T., Levay-Young, B.K., Hebbel, R.P. & Gupta, K. (2005) Opioids heal ischemic wounds in the rat. *Wound Repair Regeneration.*, **13** (2), 165–174.

[83] Posner, L.P. (2009) Pain and distress in fish: a review of the evidence. *ILAR Journal*, **50** (4), 327–328.

[84] Roberts, H.E. (2010) Chapter 15 Physical Examination of the Fish. *Fundamentals of Ornamental Fish Health*, Blackwell Publishing, Ames, pp. 161–165.

[85] Robertson, S.A. (2001) Analgesia and analgesic techniques. *Veterinary Clinics of North America: Exotic Animal Practice*, **1** (4), 1–18.

[86] Sadiq, M.W., Salehpour, M., Forsgard, N., Possnert, G. & Hammarlund-Udenaes, M. (2011) Morphine brain pharmacokinetics at very low concentrations studied with accelerator mass spectrometry and liquid chromatography-tandem mass spectrometry. *Drug Metabolism and Disposition*, **39** (2), 174–179.

[87] Scott, L.J. & Perry, C.M. (2000) Tramadol: a review of its use in perioperative pain. *Drugs*, **60**, 139–176.

[88] Skarda, R.T. & Tranquilli, W.J. (2007) Local and regional anesthetic and analgesic techniques: cats. W.J. Tranquilli, J.C. Thurmon & K.A. Grimm (eds), *Lumb & Jones' veterinary anesthesia and analgesia*, 4th edn, Blackwell Publishing, Ames, pp. 595–603.

[89] Sladky, K.K., Horne, W.A., Goodrowe, K.L., Stoskopf, M.K., Loomis, M.R. & Harms, C.A. (2000) Evaluation of Epidural Morphine for Postoperative Analgesia in Ferrets (*Mustela putorius furo*). *Contemporary Topics*, **39** (6), 33–38.

[90] Sladky, K., Miletic, V., Paul-Murphy, J. *et al.* (2007) Analgesic efficacy and respiratory effects of butorphanol and morphine in turtles. *Journal of the American Veterinary Medical Association*, **230** (9), 1356–1362.

[91] Sladky, K.K., Kinney, M.E. & Johnson, S.M. (2008) Analgesic efficacy of butorphanol and morphine in bearded dragons and corn snakes. *Journal of the American Veterinary Medical Association*, **233**, 267–273.

[92] Sladky, K., Kinney, M. & Johnson, S. (2009) Effects of opioid receptor activation on thermal antinociception in red-eared slider turtles. *American Journal of Veterinary Research*, **70** (9), 1072–1078.

[93] Sladsky, K.K. & Mans, C. (2012) Clinical analgesia in reptiles. *Journal of Exotic Pet Medicine*, **21**, 158–167.

[94] Smith, L.J., Shih, A., Miletic, G. & Miletic, V. (2002) Continual systemic infusion of lidocaine provides analgesia in an animal model of neuropathic pain. *Pain*, **97**, 267–273.

[95] Sotocinal, S.G., Sorge, R.E., Zaloum, A. *et al.* (2011) The Rat Grimace Scale: A partially automated method for quantifying pain in the laboratory rat via facial expressions. *Molecular Pain*, 7, 55.

[96] Souza, M.J., Martin-Jimenez, T., Jones, M.P. & Cox, S.K. (2009) Pharmacokinetics of intravenous and oral tramadol in the bald eagle (*Haliaeetus leucocephalus*). *Journal of Avian Medicine and Surgery*, **23**, 247–252.

[97] Stevens, C. (2004) Opioid research in amphibians: and alternative pain model yielding insights on the evolution of opioid receptors. *Brain Research Review*, **46** (2), 204–215.

[98] Stevens, C. (January 2011). Analgesia in amphibians: preclinical studies and clinical applications. *Veterinary Clinics of North America: Exotic Animal Practice*, **14** (1), 33–44.

[99] Storms, T.N. & Mylniczenko, N.D. (2004) Pain and analgesia in fish: unanswered questions. Proceedings AAZV, AAWV, WDA Joint Conference, San Diego, CA, August 28-September 3, 2004.

[100] Tully, T. (2012) *A Veterinary Technician's Guide to Exotic Animal Care*, 2nd edn. AAHA Press.

[101] Tuttle, A.D., Papich, M., Lewbart, G.A., Christian, S., Gunkel, C. & Harms, C.A. (2006) Pharmacokinetics of ketoprofen in the green iguana (Iguana iguana) following single intravenous and intramuscular injections. *Journal of Zoo and Wildlife Medicine*, **37**, 567–570, Lakewood, CO.

[102] van Oostrom, H., Schoemaker, N.J., & Uilenreef,

J.J. (2011) Pain management in ferrets. Veterinary Clinics of North America: Exotic Animal Practice, **14** (1). W.B. Saunders Co. Philadelphia, PA, pp. 105–116.

[103] Wambugu, S.N., Towett, P.K., Kiama, S.G., Abelson, K.S.P. & Kanui, T.I. (2009) Effects of opioids in the formalin test in the Speke's hinged tortoise. *Journal of Veterinary Pharmacology and Therapeutics*, **33**, 347–351.

[104] Weaver, L.A., Blaze, C.A., Linder, D.E., Andrutis, K.A. & Karas, A.Z. (2010) A model for clinical evaluation of perioperative analgesia in rabbits (Oryctolagus cuniculus). *Journal of the American Association for Laboratory Animal Science*, **49** (6), 845–851.

[105] Weber, E.S. (2011) Fish analgesia: pain, stress, fear aversion or nociception? *Veterinary Clinics of North America: Exotic Animal Practice*, **14** (1), 21–32.

[106] Weld, M.M. & Maler, L. (1992) Substance P-like immunoreactivity in the brain of the gymnotiform fish *Apteronotus leptorhynchus*: presence of sex differences. *Journal of Chemical Neuroanatomy*, **5**, 107–129.

[107] Wenger, S. (2007) Analgesia in reptiles. Clinic for Zoo Animals, Exotic Pets and Wildlife, Vetsuisse Faculty, Zurich, Switzerland. Available at http://www.ava.eu.com/ (accessed on April 29, 2014).

[108] Wenger, S. (2012) Anesthesia and analgesia in rabbits and rodents. *Journal of Exotic Pet Medicine*, **21**, 7–16.

[109] West, G., Heard, D. & Caulkett, N. (2007) *Zoo Animal and Wildlife Immobilization and Anesthesia*, 1st edn. Wiley-Blackwell. Ames, IA.

# 第14章
# 动物园动物和野生动物镇痛实践

Lindsay Wesselmann, Stephen J. Cital and Mary Ellen Goldberg

动物园里的动物给兽医技术人员带来了特殊的挑战，尽管与这些动物一起工作可能获益良多。了解非家养动物的疾病和疼痛可能会变得令人沮丧，因为它们与典型的本土患病动物有很大的不同。野生动物看起来不同，有不同的社会系统，对疼痛和镇痛药的反应也不同于同类家养动物。大多数人认为只有猎物才会掩盖它们的疾病，这样捕食者就不会以它们为目标，但猎物和捕食者都会对它们的同类（属于同一物种）和看护人掩饰疼痛。由于争夺领地和猎物，掠食者也会在同类面前掩饰自己的疼痛。野生动物需要极度的忍耐力才能生存，这使得疾病和疼痛的诊断变得非常困难。

## 动物园环境兽医技术人员

尽管患病动物之间存在差异，但是兽医技术员在动物园和野生动物医学中作为患病动物倡导者的角色与家畜技术人员相似。技术人员在那里可以确保每个动物都得到良好的照顾，并拥有出色的生活质量。在一个动物环境中，有一整个团队的人朝着同一个目标努力，而不是在一个家庭中只有相对较少的人员负责养宠物。饲养员被训练去解读动物行为、步态或外表的细微变化。一旦动物行为开始反常，兽医技术人员就会发出警报。利用他们的知识来解读特定动物或物种的异常。正常的行为可以帮助技术人员了解在评估患病动物时应该注意什么。整个团队需要成为任何治疗计划的一部分，因为动物日常护理的责任不落在一个人身上。

要问管理员的问题包括：

- 动物是否留在组内，还是被隔离
- 缺乏疼痛机制的知识及疼痛管理的选项
- 动物还在吃、喝、尿、排便吗
- 是什么原因特定了这只动物的照顾者

同样重要的是，要确定兽医人员需要注意哪些问题。例如，如果一只狮子每被咬一小口就会得到镇痛药，那么它就会一直服用镇痛药。狮子可能不会被一个小伤口所困扰，但是一个更大或更深的伤口可能会导致狮子表现出跛行、肿胀、厌食、嗜睡或身体姿势的改变，从而导致对镇痛药的需求。

兽医技术人员可以作为非家养动物慢性疼痛评估的组成部分。每天看动物的饲养员可能看不到细小的变化，但是每周检查一次动物的技术人员将能够看到步态或姿势变化缓慢的进程，表明感到不适。另一方面，动物与饲养员之间的密切关系可能会使他们感到舒适或安全，足以在饲养员在场的情况下表现出疼痛提示。这些动物在看到陌生人或医院工作人员时，可能停止行动或开始正常行为。

在动物园环境中，技术人员应该乐于帮助评估患病动物的需求，并就改进治疗方案发表意见。

看到一只后腿大裂伤的斑马仍在试图追赶雌性进行繁殖。尽管伤口很严重，但斑马仍然能够掩盖其感觉到的任何不适并正常生活。它被固定在野外，被关在谷仓里直到被治愈。给它口服苯丁氮酮，但是由于它的行为处于麻醉前状态，因此难以评估使用镇痛药后疼痛程度的任何变化。相反，已知一些外来的猫科动物在疼痛时会自残，因此必须使用镇痛药进行治疗（Gunkel & Lafortune, 2007）。

与大型家庭、群体或羊群打交道时，该群体可以用作指示单个成员的疾病或受伤的指标。由于该团体需要保持“安全”并且没有掠食者，因此那些实力较弱的成员将不被允许留在该团体中。一些种类，无论是禽鸟还是哺乳动物，甚至会攻击弱小的成员，以保护整个团体。在暴力程度较低的群体中，弱小的成员可能会被驱逐出境并被迫独自生活。例如，如果黑斑羚群看上去较弱，它将阻止动物共享觅食或放牧区域。如果动物看护者看到动物居住在群体之外，他们可以推断出该动物有问题。观察行为和举止的变化对兽医专业人士而言并不陌生。如果疼痛，通常家犬可能会变得好斗并咬主人。非家养动物在感到疼痛时也会表现出更大的攻击性。图14.1展示了两只姿态正常的成年雄性黑斑羚，可以用来比较任何异常的姿态。

**图14.1** 黑斑羚正常站姿。来源：Lion Country Safari提供。

食欲变化可以作为疼痛或不适的可靠指标，因为大多数动物在感到不适时都会拒绝进食。很难确定动物是否正在进食，尤其是在吃草或接触干草的有蹄类动物中。这些动物还会定期排便，这有助于确定它们是否正在进食。但是，对于野生动物和飞行中的动物园动物而言，与人紧密接触可能会抑制食欲。自由放养或生活在大围栏中的动物可能会被关在小围栏或谷仓中而停止进食。引进同一个物种的另一只动物可以帮助减轻与环境变化相关的压力。这有助于确定哪些行为变化与压力有关，哪些与疼痛有关。

**图14.2**　黑羚羊被保定在一个斜槽里。来源：Lion Country Safari提供。

## 疼痛表现与评分

动物的整体外观也可以是一个很好的指标，说明个别动物有问题。一个看起来蓬头垢面的动物很可能是因为生病而不清洁，但这种现象也出现在患有慢性疼痛的动物身上。患有关节炎的犀牛如果不能在泥水中轻易打滚，可能会放弃洗澡，最终导致皮肤干燥。当动物面对疼痛或疾病时，身体姿势会发生很大的变化。动物会低下头，它们的耳朵可能会下垂或向后退。姿势可以通过向后弯曲或四肢或腹部弯曲来改变（Bradley, 2001）。被举起的蹄子，用脚尖行走或翅膀稍微下垂是肢体疼痛的症状。使用评分系统或跛足量表可以帮助评估情况。关于疼痛评分的细节参见第2章。在家养物种中，技术人员或兽医可以利用动物对触摸或运动的敏感性来评估疼痛的存在。如果一只犬在被操纵它的腿时呜咽，很容易推断出它对那个动作感到不舒服。当动物重达1000Ib*或是一个侵略性的野生动物，接触它可能对人类构成威胁。所以操纵肢体几乎是不可行的。但是，对于那些不那么易怒或神经紧张的动物园动物来说，这仍然是一个实用的评估工具。经过缰绳训练的动物在进行检查时可以被适当地约束，以确保人类的安全。使用牛的斜槽系统可以是一种有效的来约束较大或较小的驯养动物的方法。图14.2显示了一个小反刍动物在一个斜槽，可以很容易地给注射药物。

但是，对于需要保定检查的动物，由于保定用药物的作用，敏感性会减慢或消失。观察者可以使用相同的麻醉监护参数，因为在麻醉下，心率、心律、呼吸频率、血压、血氧饱和度和毛细血管充盈时间可以用来评估动物对刺激的反应。

### 逃跑距离

评估动物园动物行为变化的另一个重要指标是了解逃跑距离的变化。逃跑距离是动物的舒适区。只要所有的威胁都在区域之外，动物就不会动。如果威胁在这个距离内，动物要么战斗、要么逃跑。不同物种和个体之间的逃跑距离各不相同，但大多数非家养物种的逃跑距离都足够大，以至于医护人员无法近距离诊断或治疗疾病或受伤。一般来说，猎物会选择逃跑，而捕食者会选择战斗，所以了解每只动物的正常逃跑距离

* Ib是非法定计量单位，1Ib=453.59kg。

是确保个人安全的好方法。一些生病或受伤的动物会允许兽医人员比它们健康时靠的更近。然后，观察者可以利用逃跑距离的变化来判断受伤或疾病的严重程度。由于疼痛本身不能确定，这些方法着眼于疼痛在患病动物中引起的变化（Conzemius, 2012b）。综合使用多种方法是评估非家养物种疼痛的最佳方法。

## 治疗

治疗动物园动物的疼痛有很多好处。在外来物种中，包括爬行动物和两栖动物，减轻疼痛有助于愈合和防止与疼痛相关的继发性问题（Bradley, 2001）。感觉良好的动物会恢复正常活动，如饮食，这将进一步帮助动物从伤害或疾病中痊愈。而且，当动物恢复正常活动时，通常允许它重新加入群体。总目标是使其恢复到正常的活动和正常的外观。

### 给药

在治疗动物园动物时，给药的途径是一个障碍，虽然有效的途径类似于家养动物，但皮下、肌内注射（IM）和静脉注射是不常见的，因为大多数动物需要麻醉才能足够接近它们以使用这些用药方法。虽然可以采用飞镖射击，但飞镖是危险的。由于动物园动物的野生习性，口服药物是最常用的途径。也可以使用经皮、经黏膜和局部用药。在与各种动物打交道时，每种药物采用多种给药方式是很有帮助的。给药方式必须简单，对动物和给药的人都没有压力。

注射药物被广泛认为是最有效的，但在动物园的药物中，除非动物处于麻醉状态或足够镇静，人们可以安全地接近它们，否则注射药物的使用频率较低。长效注射剂有时是有用的。如果一只动物在固定时拔了一颗牙，注射镇痛剂3d可能就足够了。对于长期镇痛，如慢性患病动物，注射药物可能是不可行的。然而，许多机构已经实施了培训计划，教动物们在奖励足够的情况下接受注射。在狮子国家野生动物园，犀牛、狮子、长颈鹿、黑猩猩、骆驼和貘每天都要接受训练，以适应医院的医疗程序。虽然大多数注射训练集中在疫苗接种上，但在疼痛管理方面仍有应用潜力。动物园里的操作性条件作用和训练是一个令人兴奋的新领域，可以用来探索包括镇痛剂在内的药物治疗。

IM注射也可以使用长距离装置（例如飞镖或杆式注射器）进行。兽医技术员参与了这两项技术。飞镖有很多种，最简单的设计类型是吹气枪，它利用人的肺活量将飞镖射向动物。当使用少量药物，治疗较小的动物（如松鼠猴）或瞄准飞行逃跑较短的动物（如袋鼠）时，此方法效果很好。远程飞镖使用3种主要类型的机械设计，其特点是使用的射击设备类型：爆炸装药，压缩空气或气体以及弹簧加载（Amass & Drew, 2012）。当由训练有素的射手使用时，飞镖是将药物注射入特定动物体内的快速且简便的方法。飞镖只应由经验丰富的射手进行，因为这可能会严重损坏导致失火和脱靶射击。朝臀部打一针很容易将动物击打得过高并损伤脊椎，太远而无法穿透腹部，或者太低而使小腿骨折。但是，在与逃跑距离长且不允许紧密接触的极端警惕的动物一起工作时，飞镖可能是最佳选择。尽管飞镖可能是一个有用的选择，但仅应在管理镇痛药时将其用作最后的手段。

选择飞镖镇痛法时要考虑的一件事是飞镖本身会引起疼痛和损伤。这种伤害可以是轻微的，如注射部位的瘀伤，也可以是极端的或致命的，如四肢骨折或瘫痪。某些飞镖比其他飞镖创伤小，但所有飞镖都会在注射部位引起炎症。由于药物进入动物体内的速度较慢，空气或气体引发的飞镖对动物造成的冲击创伤通常要小于炸药引发的飞镖（Amass & Drew, 2012）。

使用气体飞镖的缺点是它们的可靠性。由于药物完全排出飞镖需要更长的时间，一些动物可以在给药结束前将飞镖抽出（Amass & Drew, 2012）。灵长类动物和一些食肉动物擅长快速地拔出飞镖。此外，这些飞镖通常较轻，飞行精度较低，特别是在有风的日子。炸药飞镖可以造成广泛的瘀伤和创伤，因为药物更快地从枪管中排出，这增加了对软组织的冲击力。除了飞镖带来的疼痛外，压力还会导致肾上腺素的释放。动物被飞镖击中后很可能会逃跑。释放到血流中的肾上腺素会影响某些镇痛药的摄取。在许多情况下，动物所需的药物数量超过了动物可以接受的飞镖数量。如果选择带抗生素的飞镖和带镇痛剂的飞镖，通常优先考虑使用抗生素。

极少数情况下，动物会足够镇定或静止以致可以发射多只飞镖。在大多数撕裂伤病例中，第一个飞镖通常是破伤风类毒素的助推器，尤其是当存在金属围栏时。综合考虑，使用远程飞镖可能造成的后果使其成为大多数疼痛治疗方案的不太可能的选择。

使用杆式注射器是一种给动物注射药物的创伤较小的方法，同时仍然保持足够的距离以保证人身安全。杆式注射器是一种位于注射棒末端的注射器，它可以用来注射药物，注射者和动物之间没有直接接触。这对那些关在小笼子里的动物很有效，或者可以在几米内接近它们。它们有不同的长度和3种主要的触发类型（Amass & Drew, 2012）：

1. 压力；
2. 机械；
3. 活塞延长。

一种由Dan-Inject（http://www.dan-inject.com/）制造的机械注射棒，已经被用在许多不同的动物身上，包括短吻鳄，根据需要每5d注射一次酮洛芬。鳄鱼头部和腹部有穿透性伤口，已被送往医院治疗。虽然关在一个小笼子里，他仍然很危险，需要从远处管理。使用杆式注射器可以使IM注射给动物以最小的压力，同时仍然保持人类的安全。

口服药物相对容易管理，但动物不服从的问题出现。羚羊不能像牛一样将药物磨成粉口服，所以顺从是口服给药成功的关键。不能把野生动物强行关在斜槽里，也不能把药丸装在滚珠枪里，或者把水枪塞进嘴里。把药片藏在食物里通常是最好的选择，尤其是如果动物特别喜欢吃。狮子可能会吃一片肉，而有蹄的动物可能会吃整片掉在它们谷物里的药。天性比较谨慎的动物，由于天性多疑，可能比较难以欺骗。苯基丁氮酮以调味粉的形式出现，但对不习惯吃甜食和水果类食品的动物没有吸引力。混合药店制造调味药丸、悬浮液和粉末，这些配方能吸引动物来享受它们的药物，甚至能做成食草动物喜欢的味道，比如紫花苜蓿和糖蜜。大多数动物园里的动物都是由同一个人或一群人定期喂食的，因此动物学会定期接受喂食。反复试验将使患病动物护理人员了解那些掩盖药物可能产生的不良味道的食物。大多数饲养者在早上喂食动物时会感到非常幸运，因为它们饿了，不介意自己喜欢的食物的口味略有变化。类似地，对于注射镇痛，培训可以帮助口服药物的给药。在图14.3中，通过将大注射器放入长颈鹿的嘴中来给长颈鹿服药。

这种动物已经接受了条件反射的训练，人们可以把注射器放进它的嘴里，给它注射味道不好的药物，它们知道这样做的回报是足够多的香蕉。这一过程始于服用驱虫药，但后来尝试使用抗生素和镇痛剂，并尝试更规律地给药（每天1次，而不是每月1次）。

**图14.3** 使用注射器和条件反射治疗。来源：Lion Country Safari提供。

在确定了口服药物的配方或口味后，还必须仔细考虑在何处给动物喂食药物。单个的动物喂食不会造成很多问题；这些药物可以留在动物体内一整天，并相信动物会得到它的剂量。但动物设施开始趋向于多物种展示或单一物种家族群，如图14.4中所示的捻角羚群。

它们可能在同一围栏中有多达100只动物。如果将药物留在房屋区域内，则无法判断是哪只动物收到了药物。视觉确认可能需要一整天的监视时间。在这些情况下，可能很难将目标动物分开，并且会在整个围栏中造成压力和混乱。在一个将12只非洲狮子放在一起的设施中，饲养员能够及时抓住目标瞄准特定的雌性。

当没有其他动物看着时，把药肉扔给了动物。由于可能并不总是有精明的饲养人员，因此可能需要将准备复杂的喂养情况作为计划的一部分。当与单只动物或可能只花费一天时间的动物一起工作时，口服药物的方法很简单，例如，将药丸藏在香蕉中并递给长颈鹿，或将其与放在门前的一些甜味谷物混合喂给犀牛。

**图14.4** 捻角羚群。来源：Lion Country Safari提供。

局部和透皮给药可用于某些情况。如果动物在范围内，泼药药物类型就会起作用。滑槽系统使药物易于使用。当群体或个别动物经过时，管理员可以轻松地伸手将药物倒入，同时仍保持个人安全。

经皮给药可以是一个与动物接近的很好的选择，并允许最小的接触。这种类型的给药需要最少的时间，所以动物没有时间变得紧张，而且比注射创伤更小。透皮曲马多已被应用于创伤修复后的皮肤修复。动物被要求提供一只脚，药物被揉搓进去，动物得到奖励。研究表明经皮给药有确切疗效和减少胃肠道不良反应的益处（Jayachandra Babu et al., 2009）。这些药物的一个缺点是施药者必须与动物密切接触才能给药。

## 选择一种疼痛治疗法

虽然兽医技术人员或护士不开药，但他们通常分发和管理药物。目前使用的治疗方法和剂量是从类似的物种中推断出来的，在某些情况下有效，但在其他情况下无效（Machin, 2007）。外来猫科动物对药物的反应与家猫相似。无论是家猫还是外来猫科动物，丁丙诺啡的剂量都是0.01–0.03mg/kg（Hellyer et al., 2007；Ramsay, 2008）。虽然一些镇痛剂对家猫和野猫是相同的，但也有物种特异性的差异，技术人员应该注意。例如，老虎比其他外来猫科动物对药物更敏感；布托啡诺的最大剂量为每只老虎皮下注射4–5mg，曲马多的最大剂量为50–100mg，每日口服1–2次（Ramsay, 2008）。一个案例研究提到了在美洛昔康方案中加入可待因以治疗与侵袭性肿瘤相关的疼痛（Whiteside & Black, 2004）。镇痛药的一个很好的来源是第6版《动物园与野生动物医学》中的猫科动物（Saunders/Elsevier, 2008），该书也给出了外来猫科动物镇痛药的短期和长期剂量。

机构和动物园或野生动物专家之间的论坛和网络是确定使用何种镇痛协议的有价值的工具。兽医技术人员/护士在动物园兽医技术人员协会（AZVT）的网站http://www.azvt.org/上有一个讨论论坛。

表14.1列出了目前发表的用于外来哺乳动物的剂量清单。这些剂量许多是试验结果，并在特定的情况下被认为是成功的，而不是来自广泛的药代动力学/药效学研究，甚至是对照临床试验。应谨慎地遵循此表，并对每个个案进行仔细评估。

从低剂量开始，评估动物的反应，特别记下任何不良反应，然后如果需要，再调整到更高的剂量。虽然目前还没有已知的针对动物的研究，如犀牛或长颈鹿，但有案例研究可以讨论特定治疗或剂量的失败或成功（Citino & Zuba, 2012）。虽然这不是一个理想的解决方案，但在不同设施的资深工作人员之间的讨论可以让我们对动物园动物使用的镇痛药的效果有一个综合的了解（Conzemius, 2012a）。也有许多发表的案例研究提到了某些药物的积极作用，但没有提出具体的剂量（Souza & Cox, 2011）。例如，一项研究讨论了加巴喷丁与保泰松联合使用的剂量（Bronson et al., 2008）。该病例突出了加巴喷丁，未提及保泰松的剂量。异国蹄类动物，包括瞪羚、羚羊、鹿和长颈鹿，可以用许多与家畜相同的药物进行治疗。在一侧颅脑外伤后，将1岁的雌性长颈鹿［图14.5（a）］定为眼球摘除术，并在术前、术后和术后IV期间给予氟尼辛软化剂。外科医生通过“眶上”窝用15mL 2%利多卡因进行球后阻滞，以在手术过程中阻滞视神经和视锥系统，以实现镇痛和疼痛控制。手术摘除球体后，用庆大霉素冲洗眼球（野外麻醉中使用抗生素），完全闭合后，再注射布托啡诺和利多卡因以控制局部疼痛（Cutler pers.comun.）。

**表14.1** 动物园动物阿片类药物

| 物种 | 药物 |
| --- | --- |
| 骆驼 | 布托啡诺0.05-0.1mg/kg IV/IM（羊驼，骆驼）0.02-0.05mg/kg IV/IM（骆驼）（Abrahamsen, 2009）<br>吗啡 0.1mg/kg IV/IM （Abrahamsen, 2009） |
| 外来猫科动物 | 布托啡诺 0.1-0.4mg/kg SC （Ramsay, 2008）；0.2mg/kg IM BID-QID（山猫）（Machin, 2007）0.4mg/kg IM（老虎）（Whiteside et al., 2006） |
| 外来犬科动物 | 布托啡诺 0.2mg/kg IM BID-QID（狐狸）（Machin, 2007）；0.1-0.2mg/kg IV（Larsen & Kreeger, 2007）；0.4mg/kg PO（灰狼）（Larsen & Kreeger, 2007）<br>芬太尼 50-75μg/h （Larsen & Kreeger, 2007）吗啡 0.05mg/kg （Larsen & Kreeger, 2007） |
| 异种有蹄动物 | 布托啡诺 0.2mg/kg IM BID-QID（鹿，小型反刍动物）（Machin, 2007） |
| 松鼠和啮齿动物 | 布托啡诺 0.2mg/kg IM BID-QID （Machin, 2007） |
| 鼬类 | 布托啡诺 0.2mg/kg IM BID-QID（黄鼠狼，水獭）（Machin, 2007） |
| 有袋类动物 | 布托啡诺 0.2mg/kg IM BID-QID（负鼠）（Machin, 2007） |
| 各种食肉动物 | 布托啡诺0.2mg/kg IM BID-QID（浣熊）（Machin, 2007） |
| **动物园动物非甾体抗炎药** | |
| 异种猫科动物 | 阿司匹林 10mg/kg PO q72h（长期使用）（Ramsay, 2008）<br>卡洛芬 4mg/kg IV/IM/SC或2.0-2.2mg/kg IM/SC/PO BID 2d （Ramsay, 2008）<br>酮洛芬 1-2mg/kg IM BID（山猫）（Machin, 2007）<br>美洛昔康 0.2-0.3mg/kg SC（长期）（Ramsay, 2008）；0.1-0.2mg/kg PO SID（山猫）（Machin, 2007）；0.1mg/kg PO 3周（老虎）（Whiteside et al., 2006）<br>吡罗昔康 0.3mg/kg PO SID 4d然后q48h （Ramsay, 2008） |
| 异种犬科动物 | 卡洛芬 4mg/kg （Larsen & Kreeger, 2007）<br>酮洛芬 1-2mg/kg IM BID（狐狸）（Machin, 2007）<br>美洛昔康 0.1-0.2mg/kg PO SID（狐狸）（Machin, 2007） |
| 熊 | 美洛昔康 0.1mg/kg PO SID（棕熊）（Witz et al., 2001） |
| 异种有蹄动物 | 卡洛芬 1-2mg/kg IM BID（鹿，小型反刍动物）（Machin, 2007）<br>美洛昔康0.1-0.2mg/kg PO SID（鹿，小型反刍动物）（Machin, 2007）<br>保泰松4mg/kg PO q48h （Elk） （Larsenet al., 1997） |
| 长颈鹿 | 卡洛芬 2.0mg/kg PO SID-BID （Citino & Bush, 2007）<br>依托度酸2.5-5.0mg/kg PO SID-BID （Citino & Bush, 2007）<br>氟尼辛葡甲胺 1.0-2.0mg/kg IV/IM/PO （Citino & Bush, 2007）<br>布洛芬0.5-2.0mg/kg SID IV/IM （Citino & Bush, 2007）<br>美洛昔康 0.1mg/kg SID PO （Citino & Bush, 2007）<br>保泰松 1.0-3.0mg/kg SID-BID （Citino & Bush, 2007） |

续表

| 物种 | 药物 |
| --- | --- |
| 异种猪 | 阿司匹林效果不好 （Raphael et al., 1997）卡洛芬效果不佳（Raphael et al., 1997）<br>氟尼辛葡甲胺0.5–1.0mg/kg PO SID–BID （Raphael et al., 1997）布洛芬 15mg/kg PO BID（Raphael et al., 1997）<br>美洛昔康 0.3–0.8mg/kg PO SID–BID （Raphael et al., 1997） |
| 松鼠和啮齿动物 | 酮洛芬 1–2mg/kg IM BID （Machin, 2007）<br>美洛昔康 0.1–0.2mg/kg PO SID （Machin, 2007） |
| 鼬类 | 酮洛芬 1–2mg/kg IM BID（黄鼠狼，水獭）（Machin, 2007）<br>美洛昔康 0.1–0.2mg/kg PO SID（黄鼠狼，水獭）（Machin, 2007） |
| 有袋类动物 | 酮洛芬 1–2 mg/kg IM BID（负鼠）（Machin, 2007）<br>美洛昔康 0.1–0.2mg/kg PO SID（负鼠）（Machin, 2007） |
| 各种各样食肉动物 | 依托度酸10mg/kg（鬣狗）（Hahn et al., 2007）<br>酮洛芬 1–2mg/kg IM BID（浣熊）（Machin, 2007）<br>美洛昔康 0.1–0.2mg/kg PO SID（浣熊）（Machin, 2007）；0.2mg/kg SC 1次（鬣狗）（Hahn et al., 2007） |
| **动物园动物其他报道用药** | |
| 骆驼 | 曲马多2.33mg/kg IV/IM （Souza & Cox, 2011） |
| 异种马科动物 | 加巴喷丁2.5mg/kg PO BID（斑马）（Bronson et al., 2008） 曲马多2.5mg/kg IV/PO（驴）（Souza & Cox, 2011） |
| 异种猫科动物 | 曲马多1–4mg/kg PO BID（短期）（Ramsay, 2008）<br>加巴喷丁 3.7mg/kg PO（狮子）（Adkesson, 2006）<br>局部/硬膜外 0.1mg/kg 猎豹体内注射吗啡（Machin, 2007） |
| 异种有蹄动物 | 局部/硬膜外 0.17–0.38mg/kg 羚羊中硬膜外使用利多卡因 （Machin, 2007） |

图14.5（b）显示了恢复后的长颈鹿。虽然常用于大型动物的镇痛，但在反刍动物或家畜中使用氟尼辛或酮洛芬时应小心，因为可能发生胃溃疡（Mrray, 1996）。

值得注意的是，有更多的关于两栖动物、爬行动物和鸟类对疼痛的生理反应以及在实验室环境中使用镇痛药的研究。兽医专业人员可以参考配方，其中一些是特定品种的剂量，比如詹姆斯·卡朋特（James Carpenter） 2013年出版的第4版《异国动物给药配方》（*Exotic Animal forulaary*）。研究人员和临床医生也进行了调查，收集了剂量和药物选择（Bradley, 2001）。就像哺乳动物一样，不同的鸟类甚至不同科之间也存在着差异。例如，对于布托啡诺的剂量为0.05–0.25mg/kg IV，但对于猛禽类的剂量为0.5mg/kg （Hawkins et al., 2013）。

## 总结

在对非家养物种的疼痛和疼痛治疗的了解方

(a)

(b)

**图14.5** （a）Tuli手术。（b）Tuli术后。来源：Lion Country Safari提供。

面，仍有许多未知的信息。对这些动物进行广泛的研究，特别是对那些濒临灭绝的动物，是令人畏缩和有点恐惧的；然而，动物医学的未来还需要更多的研究。除非研究对动物园动物和野生动物来说变得更加容易和普遍，病例研究和医院网络仍将是获取各种药物信息的首选方法。动物园动物是兽医技术人员和护士的一个具有挑战而又有趣的专业。

## 大象

大象是世界上最大的陆生动物，仍然有两个属。非洲和亚洲每个属都有多个亚种，但医学上以相同的方式对其进行治疗和给药（West et al., 2007）。由于非典型的自然地形或空间有限，妨碍了脚部适当循环的原因，被圈养的大象更常患有慢性脚部疾病。如足部脓肿或感染（圈养大象死亡的主要原因），脚趾甲骨折和过度生长以及因超重而造成的劳损等状况严重损害了大象的健康。在较老的大象中也发现了其他疼痛和慢性退行性疾病，包括骨关节炎和肿瘤性疾病（Fowler, 2007；Fowler & Mikota, 2006）。野外或人工饲养的大象也可能出现更严重的状况，例如打架或掠食者造成的创伤，手术切口和产后并发症（Fowler & Mikota, 2006）。

### 疼痛的解读

在这些巨型生物中，由于多种原因，很难解释疼痛。由于大象的体型和“坚韧”，经验不足的从业者普遍低估疼痛。实际上，大象的皮肤非常敏感，尽管在身体上某些地方的皮肤厚度为2-3cm，大象的皮肤仍然很敏感，足以感觉到昆虫在其身上着陆（Toit, 2001）。Faciavl编码已经在大象身上进行了尝试，但与在小鼠或大鼠身上建立的评分方法相比，它是非常主观的。这主要是由于大象的面部结构和它无法表达感情所致。因此，解释疼痛、压力和愤怒的方法来自对大象眼睛位置和开放、耳朵和尾巴位置以及躯干活动的解释。大象也可能踢向前方、侧面或背部，作为威胁或疼痛的征兆（Fowler & Mikota, 2006）（West et al., 2007）（表14.2）。

食欲不振是影响大象健康状况的另一个关键因素。更重要的是，对于年老的大象来说，注意饮食和消耗是至关重要的。大象天生只有6副臼齿。在大象的一生中，这些牙齿会逐渐磨损，并逐渐替换。大多数哺乳动物长出乳牙，然后用一套恒常的恒牙替换掉，而大象不同，它们一生中都有换牙的周期。正常情况下，大象一生中要更换6次咀嚼牙。在大多数哺乳动物中，牙齿不会被垂直长出的新牙齿所取代。相反，新牙长在口腔后部，向前移动，把旧牙推出去，类似于传送带。大象2岁时，下颌两侧的第1组咀嚼齿会掉出来。大象年龄为4–6岁时，第2组咀嚼牙齿脱落。第3组在9–15岁时消失，第4组持续到18–28岁。第5组牙齿一直持续到大象成年40岁为止。第6组（通常是最后一组）必须持续使用至大象的余生（Shoshani, 2005）。一旦最后一组牙齿磨损完，大象不再能吃东西，它就会饿死。这似乎是一个残酷而可怕的结局，但是当大象到达这一点时，它很可能已经过了健康而漫长的生活。

一种更有希望在大型动物身上发现损伤或炎症点的新技术是热成像。热成像仪是用来观察动物的特定区域，用不同的颜色表示不同的温度。白色和红色通常被认为是高热点（血流增加），可用于识别炎症区域（Fowler, 2007）（图14.6，图14.7和图14.8）。发声也伴随着疼痛。大象常见的发声或躯干活动如表14.3所示。

## 治疗

根据大象的体型和剂量要求，对它们进行治疗可能会有问题。用于固定大象的药物，如卡芬太尼或美托咪定，也有镇痛作用（West et al., 2007）。埃托啡是一种半合成的阿片类药物，其镇痛作用为吗啡的1000–3000倍（Bentley & Hardy, 1967）。Etorphine（Large-Animal Immobilon®）（C-Vet兽医产品，Leyland，英

**表14.2**　大象可能的疼痛表现

| 解剖特征 | 正常位置 | 渐进性/疼痛位置 |
|---|---|---|
| 眼睛：大象没有泪道，所以当正常的分泌物从侧面流下来时，它们会表现出哭泣的样子 | 睁大眼睛<br>明亮，润滑良好<br>清澈分泌物 | 敞开<br>可见巩膜<br>眯着眼 |
| 象鼻：象鼻是象整个生命的重要组成部分；它们吃、喝、闻、呼吸、举起、发声，并以此来了解他们的环境。它的用途堪比一只大象的手 | 忙于周围事物<br>抛泥 | 竖起并吹口哨<br>挂着不动<br>用一股空气拍打树干，发出“砰”的一声<br>不协调的动作或使用 |
| 耳朵 | 经常拍打<br>放松在象的侧身 | 竖起的<br>大力拍打 |
| 尾巴 | 在放松的时候来回甩拍打后背和前方 | 准备冲刺或冲刺时直立<br>空闲时悬挂<br>更有力地来回拍打 |

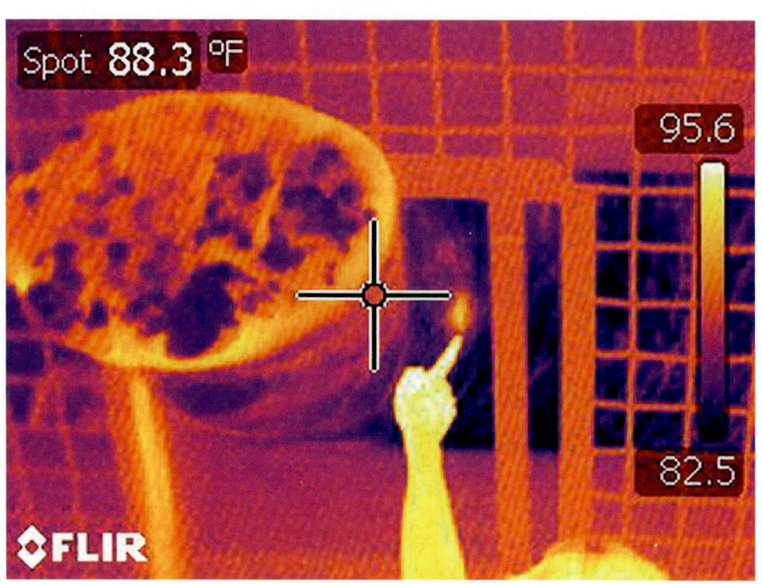


**图14.6** 凤凰动物园的亚洲象，几乎看不出有擦伤。热成像检测到小范围的炎症。来源：Stephen Cital提供。

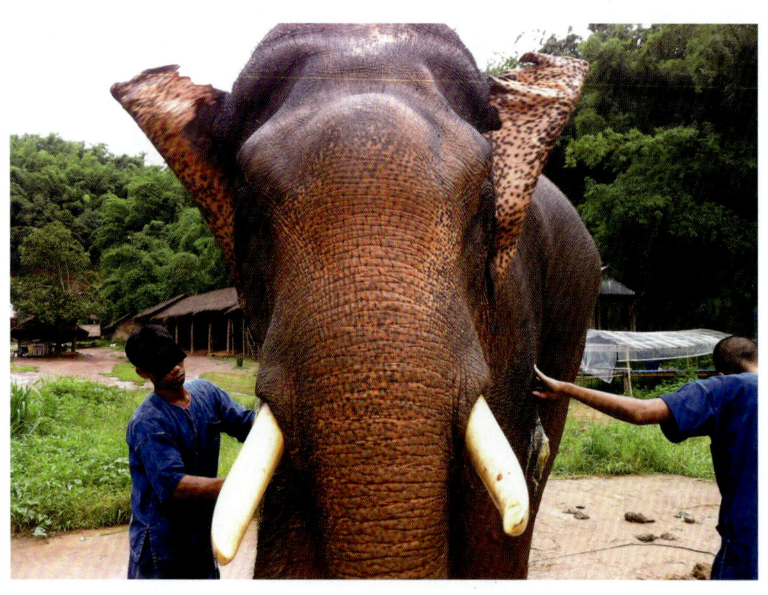

**图14.7** 这只亚洲象公象正在拍打耳朵，兽医人员正在治疗它的慢性脓肿。这种行为与有害的刺激和愤怒有关。来源：Stephen Cital提供。

国）是一种有效的镇痛药，可与其他镇静剂和诱导剂结合使用。二丙诺啡（M5050）或Revivon®，3.26mg/mL（-1）（C-兽医产品，Leyland，英国）是一种阿片类受体拮抗剂，可以与所用的埃托啡剂量按比例地施用（1.3倍）以逆转其作用。兽用埃托啡对人类是致命的。由于这个原因，提供给兽医的包装始终包括人类解毒剂以及埃托啡。有报告显示，非洲象使用了低剂量的埃托啡，具有良好的镇痛作用。但是，在结合气体麻醉时应谨慎使用，因为埃托啡对呼吸系统

**图14.8**　这只母亚洲象在被驯象员多次击打后，表现出了不专注的行为。注意躯干松弛，部分眼睛闭着，耳朵平贴在身体上。来源：Stephen Cital提供。

**表14.3**　大象常见的发声或躯干活动

| 声音或活动 | 可能的解释 |
|---|---|
| 空气的冲击或爆裂，有时带有碎屑 | 应激，刺激 |
| 吼叫 | 疼痛或恐惧相关 |
| 尖叫 | 兴奋或愤怒 |
| 吹口哨 | 威胁或者兴奋 |
| 用鼻子尖轻敲 | 自娱自乐 |
| 低沉低沉的声音，有时听起来像泡沫声 | 表示动物在发情期 |

有很大的影响（Stegman, 1999）。

只有训练有素的驯象员才应该接近疼痛的大象，因为它们会变得非常好斗和危险。大象可以用它们的鼻子和象牙作为进攻或防御的致命武器。常发生大象故意用鼻子或象牙撞倒工作人员或踩到工作人员的脚的事件。有些甚至会用身体把员工推开。与人类关系密切的大象在受伤或受到压力时，不一定会听从训导者的命令，更别说接受陌生人的命令。

镇痛药代动力学的研究几乎是不存在的，只有两个相关的发表文献。许多药物的剂量来自马或其他大型动物的研究。在几乎没有数据和研究的情况下，很难为大象制定疼痛管理方案。适当的照顾和管理必须来自对动物的谨慎和详细的评估，以及对大象可能忍受的任何条件或过程的预期疼痛（Tana et al., 2010）（表14.4）。

**表14.4**　大象镇痛

| 药物 | 剂量 | 测定方法 |
|---|---|---|
| 酮洛芬 | 1–2mg/kg q24–48h PO或IV | 药代动力学 |
| 布托啡诺 | 0.015mg/kg IV或IM q24h | 药代动力学 |
| 保泰松 | 1–2mg/kg q24h<br>4mg/kg q12h | 经验<br>代谢 |
| 氟尼辛 | 1mg/kg q24h<br>0.7mg/kg q40h | 经验<br>代谢 |
| 布洛芬 | 0.5–4.0mg/kg q24h | 经验 |

其他药物，如6mg/kg的加巴喷丁，已经被用于大象的疼痛管理，但尚未发表。

局部麻醉剂已被用于大象身上，以暂时缓解疼痛；然而，剂量是从其他物种中推断出来的。

Adequan®（多硫酸糖胺聚糖，PSAG）（Luitpold Pharmaceuticals, Inc.; Shirley, NY）在患有非洲关节炎的非洲象中使用，每周1次或2次，剂量为5g，连续4周，在临床上有显著改善。当不给药时，有显著的临床改善和恶化的症状（Fowler & Mikota, 2006）。

## 非人灵长类动物镇痛

*Mary Ellen Goldberg and Stephen Cital*

### 非人灵长类动物对疼痛的认知

近年来，动物镇痛药的使用受到了广泛关注，特别是在法律法规规定必须进行疼痛管理的实验室动物中（Hubbell & Muir, 1996；Ramer et al., 1998）。

对非人灵长类动物进行镇痛可能是临床必需的，如与群居时同种相互作用相关的创伤、自残行为或动物在圈舍活动造成的损伤（Popilskis et al., 2008）。镇痛也可能与预期或产生疼痛情况的研究设计相关。

灵长类动物是野生动物，无论它们的来源（研究或动物园动物），因此它们往往擅长掩盖不适和疼痛的迹象。观察者可以观察到动物的行为变化与不适或疼痛有关。

反复评估，特别是在使用镇痛药后，可以帮助集中注意力于那些与灵长类个体的疼痛最相关的信号（Mrphy et al., 2012）。

非人灵长类动物对外科手术或伤害的反应极少，特别是在有人类观察的情况下，并且看起来很不错，直到它们重病或剧烈疼痛为止都十分自然。从远处或通过摄像机观看动物可以帮助检测细微的临床变化。看起来生病的非人灵长类动物可能重病，可能需要迅速注意。

人灵长类动物在疼痛时通常表现为疼痛和沮丧。它可能会蜷缩成一团，双臂交叉在胸前，头朝前，脸上带着“悲伤”的表情，或者做鬼脸，眼神呆滞。它可能会呻吟或尖叫，避开同伴，停止梳理毛发。疼痛的猴子也会吸引其他同类的注意力，从缺乏社交行为到攻击。这种动物可能通过面部扭曲、咬牙、烦躁不安和伴随咕哝和呻吟

**框14.1　非人灵长类动物疼痛或疼痛的迹象（Australian Government; Expert Working Group of the Animal Welfare Committee, 2008）**

- 进攻性
- 忧虑的表情
- 共济失调
- 牙齿咬紧
- 屈膝姿势，双臂交叉于胸前
- 减少活动
- 减少发声
- 食欲不振
- 摇摆
- 咬伤自身或自残

**框14.2　如何识别和测量疼痛?（Expert Working Group of the Animal Welfare Committee, 2008）**

- 监测脱水
- 监测无法生长和体重下降
- 监测活动能力或身体功能的丧失
- 监测生理和心理疼痛的一般迹象，包括：
  - 不修边幅；不正常的姿势；眼泪的产生，包括红眼泪或卟啉症
  - 磨牙，发声增加，运动增加或减少，自我隔离
  - 攻击性增加或减少;急促的、张大嘴巴的或夸张的呼吸
  - 扰乱社会等级制度，减少食物摄入量、体重、活动量、探索、性活动、母性行为

**关键症状14.1** 非人灵长类动物（NHP）：蜷缩姿势，不修边幅，拒绝食物或水，垂头丧气的样子

的颤抖表现出急性腹痛。头部压迫外壳表面可表现为头部疼痛。自我导向的伤害行为可能是更强烈的疼痛的迹象。处于疼痛中的灵长类动物通常拒绝进食和饮水。如果动物已被很好地驯化或被训练用来执行研究课题的一部分任务，那么这些动物如果对熟人的反应发生变化，或合作意愿发生变化，则表明它们正遭受疼痛。

非人灵长类动物医学中需要镇痛剂的常见情况或程序包括对围手术期和手术后疼痛的处理（如剖宫产或其他开腹手术、矫形手术和手指截肢）；较小的外科和诊断程序，如裂伤修补、活检、牙科和眼科程序；以及与疾病（包括骨裂）或创伤相关的疼痛的处理（Ramer et al., 1998）。

## 镇痛药物

对灵长类动物使用多模式镇痛技术可以降低每种药物的使用剂量，从而减少发生不良反应的可能性（Mrphy et al., 2012）。

使用的5种主要镇痛药是阿片类药物，非甾体抗炎药（NSAIDs），局麻药和N-甲基-D冬氨酸（NMDA）受体激动剂以及镇痛剂。

### 阿片类药物

一般建议使用μ特异性阿片类药物（每4h服用吗啡1–2mg/kg IM或SC）治疗中度至重度术后疼痛。另外，Popilskis连续使用0.5mg/h的吗啡输注48h，以在剖宫产后的狒狒中提供足够的镇痛作用（Popilskis et al., 1994）。羟吗啡酮，0.15mg/kg（旧世界灵长类动物）和0.075mg/kg（新世界灵长类动物）IM，q4–6h，是一种有效的镇痛药，对新、旧世界的猴子都不会产生明显的呼吸抑制（Rosenberg, 1991）。丁丙诺啡（0.01mg/kg IM, IV）：是非人灵长类动物最常用的注射镇痛药。长时间的作用（6–8h）和相对无呼吸抑制使丁丙诺啡成为其他镇痛方案的一个有吸引力的替代方案（Popilskis et al., 2008）。布托啡诺0.015mg/kg，为坐骨神经的轻度至中度疼痛提供有效的镇痛作用（Popilskis et al., 2008）。丁丙诺啡为0.01mg/kg，可用于麻醉恢复过程中可能出现疼痛的松鼠猴和猫头鹰猴（Popilskis et al., 2008）。在一项药代动力学研究中，研究了丁丙诺啡的缓释作用。本研究确定0.2mg/kg SC SRB应每5d给药1次（Nunamaker et al., 2013）。需要实施穿透性疼痛的观察。镇痛药包括曲马多1–2mg/kg PO每8–12h在香蕉切片中投入。布托啡诺（0.003–0.32mg/kg）也可用于中度疼痛的治疗。布托啡诺（0.02mg/kg SC）也被用于新世界物种（*Saguinus* spp.和*Callithrix geoffroyi*）术后镇痛（Wolff et al., 1990）。黑猩猩对引起呼吸抑制的药物非常敏感。对于布托啡诺，建议IM的剂量为0.02mg/kg，总剂量不超过0.3mg（1瓶）（Popilskis et al., 2008）。

如果发现呼吸抑制或烦躁，那么阿片类药物可能需要用阿片类拮抗剂逆转。纳洛酮的常用剂量为0.1–0.2mg IV，如需要时再重复使用（Popilskis et al., 2008）。当试图逆转长效阿片类药物（如丁丙诺啡）的作用时，应谨慎，因为可能需要不止一种剂量的纳洛酮。

### 非甾体抗炎药

非人类灵长类动物中最常用的NSAIDs是阿司匹林、卡洛芬、布洛芬、酮洛芬、酮咯酸和美洛昔康（Popilskis et al., 2008）。布洛芬（7mg/kg）

已在人类居民中使用较长时间。它仅可用于轻度疼痛。酮咯酸（猕猴和狒狒中的IM浓度为0.5–1mg/kg）可为中度术后疼痛提供镇痛作用。应注意，因为酮咯酸可能会延长出血时间。给予卡洛芬（2–4mg/kg SC，第8–12h IV）用于轻度至中度疼痛或术前和术后预期的3–4d。如果需要额外的镇痛药，可以添加阿片类丁丙诺啡（0.01–0.03mg/kg IM q8–12h）来治疗疼痛（Popilskis et al., 2008）。Flecknell（2005）报告术前在恒河猴中使用卡洛芬（3–4mg/kg IV，SC），随后在术后1d开始口服美洛昔康，每日口服剂量为0.1–0.2mg/kg，并持续每天服用，最多3d。黑猩猩轻度至中度疼痛控制的首选方法是每6h口服对乙酰氨基酚和可待因（0.24–0.36mg/kg）（Popilskis et al., 2008）。

## 局部麻醉

局麻药已被用于非人灵长类动物以阻断疼痛刺激的转导和传递。

用途如下（Martin, 2009）：

- 表面麻醉（EMLA，角膜）
- 周围神经麻醉：线阻滞、环阻滞、倒L阻滞、牙阻滞
- 区域神经阻滞：臂丛神经阻滞，静脉阻滞
- 硬膜外
- 关节内管理

布比卡因（0.5%）：0.4–0.8mL ID，SC和IM。

利多卡因（1%）与肾上腺素：0.1–0.2mL ID，SC和IM。

**灵长类动物牙神经阻滞的剂量（Wiggs and Hall, 2003）（图14.9，图14.10，图14.11，和图14.12）**

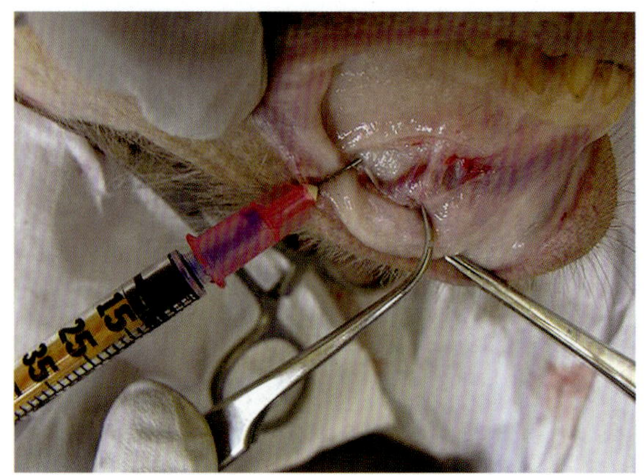


**图14.9** 颏神经阻滞。来源：Stephen Cital提供。

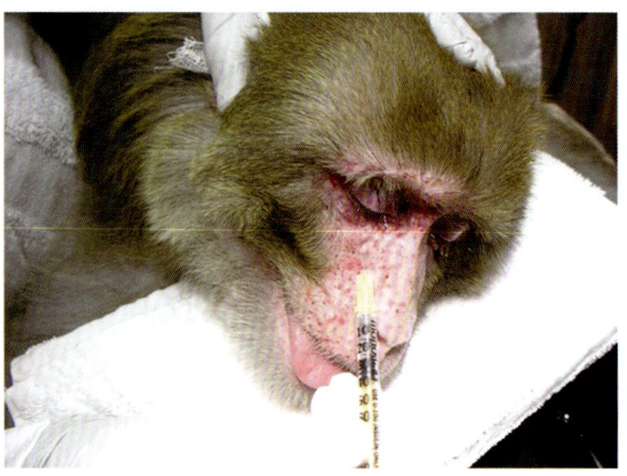

**图14.10** 上颌三叉神经阻滞。来源：Stephen Cital提供。

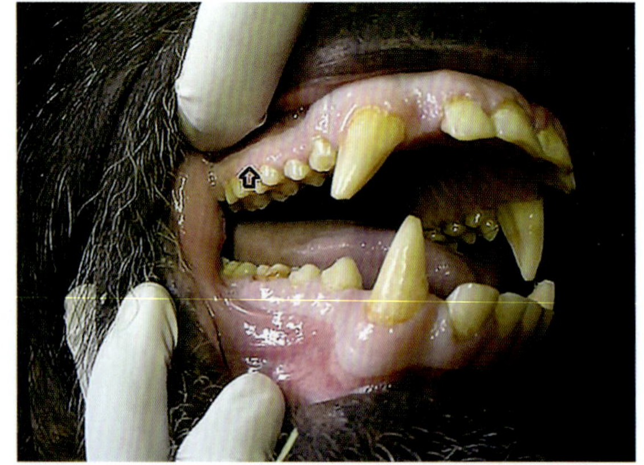

**图14.11** 上颌神经阻滞/腭神经阻滞。来源：Stephen Cital提供。

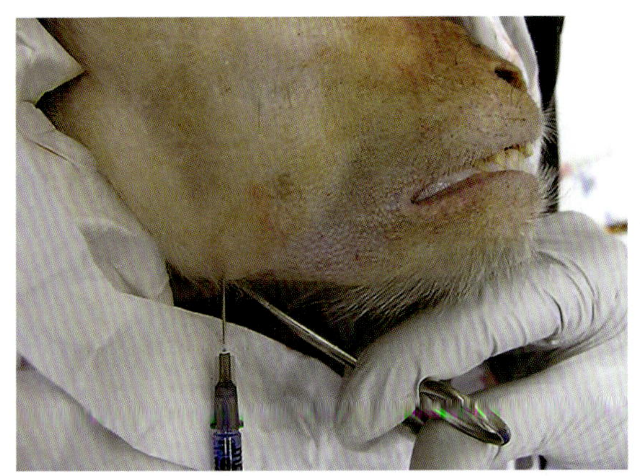

**图14.12** 下颌神经阻滞。来源：Stephen Cital提供。

布比卡因1–2mg/kg，不超过2mg/kg。

利多卡因1–4mg/kg不超过2mg/kg。

添加阿片类药物：吗啡0.075mg/kg。

丁丙诺啡0.003mg/kg。

Popilskis（2008）对硬膜外置管的放置方法描述如下：

介绍了一种18G硬脊膜外穿刺针，其远端为弯曲的，施用于5–6或6–7椎间隙。一旦硬膜外穿刺针穿过棘韧带，就会听到典型的“啪”声。一个带有可自由移动的柱塞的玻璃注射器，针头被插入硬膜外腔。注射器活塞自动下降即可确认进入硬膜外腔。然后插入尼龙导管，取出硬膜外穿刺针。导管通常从导管的引入部位向前移动5–7cm以确定合适的放置位置。硬膜外吗啡（单次注射0.1mg/kg）用于狒狒开胸、子宫切除术后镇痛，术后镇痛持续24h。据报道，0.01mg/kg的吗啡在鞘内单次给药，对无临床可识别的低血压的类人猿（*P. troglodytes*）术后18–24h内具有良好的镇痛效果（Popilskis et al., 2008）。

通常需要长时间使用局麻药，并且体内动物研究的大量证据表明，较新的长效酰胺局麻药（如罗哌卡因和左旋布比卡因）比消旋布比卡因的安全性可能更高（Mrphy et al., 2012）。

## 持续输注术中镇痛（Martin, 2009）

### NMDA受体拮抗剂

用于初始镇静或诱导的氯胺酮或替拉唑剂量一般可以用做装载剂量。

氯胺酮负载剂量：0.5mg/kg。

微剂量氯胺酮CRI率：2–20μg/（kg·min）静脉比用于麻醉剂量要小得多。

在微剂量水平上未观察到行为或心血管不良反应。

### 局部麻醉

利多卡因装载剂量：1mg/kg IV。

大剂量利多卡因CRI：10–50μg/（kg·min）IV含2%利多卡因，无防腐剂。

吸入性麻醉需求量的减少影响脊髓水平疼痛刺激的转导、传递和调节。

## 辅助镇痛剂

加巴喷丁已被用于灵长类动物实验。

报告的剂量如下（M.E. Goldberg, pers.comm.）：

- 黑猩猩：范围从 5–12mg/kg BID
- 沼泽猴：2.75mg/kg BID
- 德布拉孔猴：6mg/kg BID
- 双色獠狨：2.45mg/kg BID
- 狮面狨猴：2mg/kg BID
- 环尾狐猴：7mg/kg BID
- 山魈：19mg/kg BID（剂量范围的上限）
- 新世界和旧世界的灵长类动物：7.5mg/kg BID 并以15mg为间隔增加PRN最多至60mg/kg
- 神经外科恒河猕猴属：30mg/kg BID
- 狮尾猕猴：22mg/kg BID

- 大猩猩：为1.5mg/kg BID
- 阿拉伯狒狒：11mg/kg BID
- 红毛猩猩：10mg/kg BID 用于关节炎

非人灵长类动物需要像家庭宠物一样得到同等的照顾。研究人员和兽医应共同努力，为非人灵长类动物提供适当的镇痛（表14.5）。

**表14.5** 非人灵长类镇痛剂（Goldberg, 2010）

| 药物 | 剂量（mg/kg） | 给药途径 | 给药间隔 | 注释 |
|---|---|---|---|---|
| 吗啡 | 1–2 | IM，SC | q4h | |
| 芬太尼 | 1–2μg/kg<br>2–10μg/kg<br>10–25μg/（kg·h）<br>50–100μg/（kg·h） | IV<br>IV<br>IV–CRI<br>IV–CRI | q30min | 用于镇痛<br>吸入麻醉辅助剂<br>神经外科手术 |
| 芬太尼透皮贴片 | 4或25μg/（kg·h）×2块贴剂 | 局部透皮给药 | q72h | |
| 阿芬太尼 | 3–32μg/kg | IV | q15min | |
| 瑞芬太尼 | 3.2–5.6μg/kg | IV | 超短效<br>< q15min | 最好CRI |
| 舒芬太尼 | 6–30μ/（kg·h） | IV–CRI | | 在5%葡萄糖溶液中 |
| 羟吗啡酮 | 猕猴属：0.15<br>狒狒属：0.15<br>松鼠猴：0.075 | IM<br>IM<br>IM | q4–6h<br>q4–6h<br>q4–6h | |
| 二氢吗啡酮 | 猕猴属：0.15<br>狒狒属：0.15<br>松鼠猴：0.075 | IM<br>IM<br>IM | q4–6h<br>q4–6h<br>q4–6h | |
| 丁丙诺啡 | 猕猴属：0.01<br>狒狒属：0.01–0.03<br>松鼠猴：0.015 | IM<br>IM<br>IM | q6–8h<br>q12h<br>q6–8h | |
| 丁丙诺啡 SR | 猕猴：0.06<br>狒狒属：0.06 | SC<br>SC | q72h<br>q72h | 动物园药房制作 |
| 丁丙诺啡透皮贴剂 | 28mg<br>42mg<br>56mg | 局部透皮药贴 | q72h | Buprederm®<br>2.4mg/cm$^2$ |
| 美沙酮 | 0.58–1.0<br>0.1–1.0 | IM<br>IM，SC，PO | q8–12h<br>q8–12h | |
| 布托啡诺 | 0.1–0.2<br>猕猴属：0.05<br>松鼠猴：0.02 | IM，IV<br>IM<br>SC | q3–4h<br>q8h<br>q6h | |

**续表**

| 药物 | 剂量（mg/kg） | 给药途径 | 给药间隔 | 注释 |
| --- | --- | --- | --- | --- |
| 氯胺酮 | 10μg/（kg·min） | IV-CRI | | 用于术中及术后镇痛 |
| 右美托咪定 | 0.5–1.0μg/kg | IM，IV | | 镇痛 |
| 美托咪定 | 0.05–0.1 | IM | q30min–1.5h | |
| 赛拉嗪 | 0.5–2.0 | IM | 30min | |
| 对乙酰氨基酚 | 5–10<br>15–20 | PO<br>栓剂 | q6h | 用于治疗发烧和轻微的疼痛 |
| 阿司匹林–肠溶包衣片 | 猕猴属：325mg或125mg/5kg<br>狒狒属：325mg或125mg/5kg | PO<br>栓剂<br>PO<br>栓剂 | | |
| 布洛芬 | 7<br>20<br>1% 溶液 | PO<br>PO<br>龈下<br>灌洗 | q24h | 牙周炎 |
| 酮咯酸氨丁三醇 | 15–30 | IM | | |
| 酮洛芬 | 5 | IM | q6–8h | |
| 卡洛芬 | 2–4 | PO，SC，IV | q8–12h | |
| 美洛昔康 | 0.1–0.2 | PO，SC，IM | q24h | 美洛昔康缓释液即将推出 |
| 氟尼辛葡甲胺 | 0.3–1.0<br>1–2 | SC，IV<br>SC，IM | q12–24h<br>q6–12h | |
| 局部酮洛芬贴剂 | 100mg | 持续给药 | q72h | 美国未获批准 |
| 布比卡因0.5%=5mg/mL | 稀释至0.25%取1mg/kg<br>稀释至0.50%取1.2mg/kg | 局部渗透麻醉<br>硬膜外麻醉 | q3–6h | 神经阻滞<br>中毒剂量为4mg/kg |
| 利多卡因2%=20mg/mL | 2.5–5mg/kg | 局部浸润 | q1–2h | 神经阻滞<br>中毒剂量是10mg/kg |
| 加巴喷丁 | 25–50 | PO | q12h | 优秀的辅助镇痛剂 |
| 阿米替林 | 2.0 | IM | q12–24h | 辅助镇痛剂 |
| 金刚烷胺 | 3–5 | PO | q24h | 辅助镇痛剂 |
| 曲马多 | 1–2 | PO | q8–12h | 类阿片类药物 |
| 他喷他多 | 50–100mg | PO | q4–6h | 类阿片类药物 |
| 地塞米松 | 0.25–1.0 | PO，IM，IV | q6–8h | 用于炎症 |

在动物学和研究领域，镇痛护理必须有详细的记录，以便提交给监管机构，如动物园和水族馆协会、实验室动物护理评估和认证协会和美国农业部。

## 推荐阅读


[1] Abrahamsen, E. (2009) Chemical restrain, anesthesia, and analgesia for camelids. *Veterinary Clinics of North America: Food Animal Practice*, **25**, 455–494.

[2] Adkesson, M. (2006) The role of gabapentin as an analgesic: potential applications in zoologic medicine. *Proceedings of the AAZV Annual Meeting*. September 19–24, Tampa, FL.

[3] Amass, K. & Drew, M. (2012) *Chemical Immobilization of Animals: Technical Field Notes 2011 (Section 2-1*. Safe-Capture International, Inc, Mt. Horeb, WI.

[4] Australian Government; Expert Working Group of the Animal Welfare Committee; National Health and Medical Research Council (2008) *The Assessment and Alleviation of Pain and Distress in Research Animals*, NHMRC publications, p. 40.

[5] Bentley, K.W. & Hardy, D.G. (1967) Novel analgesics and molecular rearrangements in the morphine-thebaine group. 3. Alcohols of the 6,14-endo-ethenotetrahydrooripavine series and derived analogs of N-allylnormorphine and -norcodeine. *Journal of the American Chemical Society*, **89** (**13**), 3281–3292.

[6] Bradley, T. (2001) Pain management considerations and pain-associated behaviors in reptiles and amphibians. *Proceedings of the AAZV, AAWV, ARAV, NAZWT Joint Conference*. October 11–17, Los Angeles, CA.

[7] Bronson, E., Wack, A., Johnson, R., *et al.* (2008) Use of oral gabapentin to aid healing of a periparturient pelvic fracture in a common zebra. *Proceedings of the AAZV ARAV Joint Conference*. October 21–26, Oakland, CA.

[8] Citino, S. & Bush, M. (2007) Giraffidae. G. West, D. Heard & N. Caulkett (eds), *Zoo Animal and Wildlife Immobilization and Anesthesia*, Wiley-Blackwell, Ames, IA, pp. 595–605.

[9] Citino, S. & Zuba, J. (2012) Analgesia for the "Big-uns," elephants, rhinos, giraffes and hippos. *AAZV Proceedings*. October 21–26, Oakland, CA.

[10] Conzemius, M. (2012a) Analgesia in zoo and wildlife animals: translating and creating evidence. *AAZV Proceedings*. October 21–26, Oakland, CA.

[11] Conzemius, M. (2012b) The science of measuring perioperative pain. *AAZV Proceedings*. October 21–26, Oakland, CA.

[12] Flecknell, P. (2005) Clinical experience with NSAIDs in Macaques. Lab. *Primate Newsletter*, **44** (**1**), 4.

[13] Fowler, M. (2007) *Zoo and Wild Animal Medicine Current Therapy*, 6th edn. Saunders, St. Louis, MO.

[14] Fowler, M. & Mikota, S. (2006) *Biology, Medicine and Surgery of Elephants*. Wiley-Blackwell, Ames, IA.

[15] Gunkel, C. & Lafortune, M. (2007) Felids. G. West, D. Heard & N. Caulkett (eds), *Zoo Animal and Wildlife Immobilization and Anesthesia*, Wiley-Blackwell, Ames, IA, pp. 443–457.

[16] Hahn, N., Parker, J., Timmel, G. *et al.* (2007) Hyenas. G. West, D. Heard & N. Caulkett (eds), *Zoo Animal and Wildlife Immobilization and Anesthesia*, Wiley-Blackwell, Ames, IA, pp. 437–442.

[17] Hawkins, M., Barron, H., Speer, B. *et al.* (2013) Birds. J. Carpenter (ed), *Exotic Animal Formulary*, 4th edn, Elsevier, St. Louis, MO, pp. 256–281.

[18] Hellyer, P., Robertson, S. & Fails, A. (2007) Pain and its management. W. Tranquilli, J. Thurmon & K. Grimm (eds), *Lumb and Jones' Veterinary Anesthesia and Analgesia*, 4th edn, Wiley-Blackwell, Ames, IA, pp. 31–57.

[19] Hubbell, A.E. & Muir, W. (1996) Evaluation of a survey of the diplomates of the American College of Laboratory Animal Medicine on use of analgesic agents in animals used in biomedical research. *Journal of the American Veterinary Medical Association*, **209** (**5**), 918–921.

[20] Jayachandra Babu, R., Ravis, W. & Duran, S. (2009) Enhancement of transdermal delivery of phenylbutazone from liposomal gel formulations through deer skin. *Journal of Veterinary Pharmacology and Therapeutics*, **32** (**4**), 388–392.

[21] Larsen, R. & Kreeger, T. (2007) Canids. G. West, D. Heard & N. Caulkett (eds), *Zoo Animal and Wildlife Immobilization and Anesthesia*, Wiley-Blackwell, Ames, IA, pp. 395–407.

[22] Larsen, R., Cebra, C. & Wild, M. (1997) Surgical correction of urethral obstruction in an Elk by perineal urethrostomy. *AAZV Proceedings*. October 26–30, Houston, TX.

[23] Machin, K. (2007) Wildlife analgesia. G. West, D. Heard & N. Caulkett (eds), *Zoo Animal and*

*Wildlife Immobilization and Anesthesia*, Wiley-Blackwell, Ames, IA, pp. 43–59.

[24] Martin, L.D. (2009) A multimodal analgesia protocol for an acute spinal trauma surgical model. *Presentation at Association of Primate Veterinarians' Workshop*, November.

[25] Murphy, K.L., Baxter, M.G. & Flecknell, P.A. (2012) Anesthesia and analgesia in nonhuman primates. C.R. Abee, K. Mansfield, S. Tardif & T. Morris (eds), *Nonhuman Primates in Biomedical Research Volume 1: Biology and Management*, American College of Laboratory Animal Medicine Series, 2nd edn, Elsevier/Academic Press, London, pp. 432–433.

[26] Murray, M. (1996) Nonsteroidal anti-inflammatory drug toxicity. B. Smith (ed), *Large Animal Internal Medicine*, 2nd edn. Mosby, St. Louis, MO.

[27] Nunamaker, E.A., Halliday, L.C., Moody, D.E., Fang, W.B., Lindeblad, M. & Fortman, J.D. (2013) Pharmacokinetics of 2 formulations of buprenorphine in macaques (Macaca mulatta and Macaca fascicularis). *Journal of the American Association for Laboratory Animal Science*, **52** (**1**), 48–56.

[28] Popilskis, S., Daniel, S. & Smiley, R. (1994) Effects of epidural versus intravenous morphine analgesia on postoperative catecholamine response in baboons. *Proceedings of the 5th International Congress Veterinary Anesthesia*, 21–25 August, Guelph, Canada.

[29] Popilskis, S.J., Lee, D.R. & Elmore, D.B. (2008) Anesthesia and analgesia in nonhuman primates. R.E. Fish, M.J. Brown, P.J. Danneman & A.Z. Karas (eds), *Anesthesia and Analgesia in Laboratory Animals*, American College of Laboratory Animal Medicine Series, 2nd edn, Elsevier/Academic Press, London, pp. 336–363.

[30] Ramer, J.C., Emerson, C. & Paul-Murphy, J. (1998) Analgesia in nonhuman primates. *Proceedings AAZV and AAWV Joint Conference* October 17–22, Omaha, NE, pp. 480–483.

[31] Ramsay, E. (2008) Use of analgesics in exotic felids. M. Fowler & R. Miller (eds), *Zoo and Wild Animal Medicine Current Therapy*, **6**, Saunders, St. Louis, MO, pp. 289–293.

[32] Raphael, B., James, A., Calle, P., *et al.* (1997) Analgesic therapy for management of chronic osteoarthritis in babirusa. *AAZV Proceedings.* October 26–30, Houston, TX.

[33] Rosenberg, D.P. (1991) Nonhuman primate analgesia. *Laboratory Animals*, **20**, 22–32.

[34] Shoshani, J. (2005) Order proboscidea. D.E. Wilson & D.M. Reeder (eds), *Mammal Species of the World: A Taxonomic and Geographic Reference*, 3rd edn, **1**, Johns Hopkins University Press, Baltimore, MD, pp. 90–91.

[35] Souza, M. & Cox, S. (2011) Tramadol use in zoologic medicine. *Veterinary Clinics of North America: Exotic Animal Practice*, **14**, 117–130.

[36] Stegmann, G.F. (1999) Etorphine-halothane anaesthesia in two five-year-old African elephants (Loxodonta africana). *Journal of the South African Veterinary Medical Association*, **70** (**4**), 164–166.

[37] Tana, L., Isaza, R., Koch, D. *et al.* (2010) Pharmacokinetics and intramuscular bioavailablity of a sinlge dose of butorphanol in Asian elephants. *Journal of Zoo and Wildlife Medicine*, **41** (3), 418–425.

[38] Toit, J.G. (2001) *Veterinary Care of African Elephants*. Novartis, Pretoria.

[39] West, G., Heard, D. & Caulkett, N. (2007) *Zoo Animal and Wildlife Immobilization and Anesthesia*, 1st edn. Wiley-Blackwell, Ames, IO.

[40] Whiteside, D. & Black, S. (2004) The use of meloxicam in exotic felids at the Calgary zoo. *Proceedings of the AAZV AAWV WDA Joint Conference*. August 28–September 3, San Diego, CA.

[41] Whiteside, D., Remedios, A., Black, S. *et al.* (2006) Meloxicam and surgical denervation of the coxofemoral joint for the treatment of degenerative osteoarthritis in a Bengal tiger (Panthera tigris tigris). *Journal of Zoo and Wildlife Medicine*, **37** (3), 416–419.

[42] Wiggs, R.B. & Hall, B. (2003) Nonhuman primate denistry. *Veterinary Clinics of North America: Exotic Animal Practice*, **6** (**3**), 661–687.

[43] Witz, M., Lepage, O., Lambert, C. *et al.* (2001) Brown bear (Ursus arctos arctos) femoral head and neck excision. *Journal of Zoo and Wildlife Medicine*, **32** (**4**), 494–499.

[44] Wolff, P.L., Pond, J. & Meehan, T. (1990) Surgical removal of Prosthenorchis elegans from six species of Callithricidae. *Proceedings of the American Association of Zoo Veterinarians*, **1990**, 95–97.

# 第15章

# 犬猫疼痛管理营养因素

15

Kara M. Burns

在兽医学中，营养是影响每只进入医院的宠物健康的因素。在影响动物生命的3个要素（遗传，环境和营养）中，营养是兽医医疗团队（尤其是兽医技术人员）可以控制的一个因素。营养会产生巨大影响，应被视为疼痛管理规程的一个组成部分，尤其在管理或预防特定的疼痛性疾病（尤其是骨关节炎（OA）时。

## 犬、猫肥胖

宠物肥胖症在美国和其他工业化国家已达到流行病的程度，与人口中的流行病相提并论（Burns, 2013）。据估计，成年宠物中的35%–40%和7岁以上宠物中的50%超重或肥胖（Lund et al., 2005, 2006; Rosenthal, 2007; Armstrong & Lusby, 2011）。肥胖可以定义为足以导致疾病的脂肪组织量的增加。超重的犬、猫比理想体重多10%–19%；那些体重超过最佳体重20%或以上的犬、猫被认定为肥胖（Burns & Towell, 2011）。

肥胖与许多疾病状况以及寿命缩短有关。多数肥胖症患病动物伴有过多的热量摄入，体力活动减少和遗传易感性，肥胖的主要治疗方法是减少热量摄入和增加体力活动。肥胖是疾病/死亡的主要可预防原因之一，并且在过去几十年中，随着宠物肥胖的急剧增加，体重管理和肥胖预防应成为医疗保健团队成员与每个客户讨论的首要健康问题之一。

## OA体重管理

兽医行业可以假设有相当一部分患有关节炎的犬和猫会超重/肥胖，反之亦然。管理这些合并症给医疗团队带来了各种各样的挑战。

### 识别

在一种疾病得到治疗之前，必须首先进行诊断。作为疾病实体，OA和超重/肥胖由于不同的原因对诊断提出了挑战。临床症状往往不明显的检查，特别是在早期的疾病过程。虽然超重/肥胖的迹象很明显，但它们往往被忽视或认为是无关紧要的。主人可能把OA的许多症状归于老化，除非引起注意而不会报告给医生。兽医技术人员必须彻底了解患病动物的病史，了解与OA

相关的各种行为和临床症状。

事实证明，识别猫的OA症状要困难得多。猫经常在沉默中遭受痛苦，医疗团队必须依靠主人的评估和彻底的病史来确定猫骨性关节炎的潜在迹象和症状。猫主人把许多迹象都假定为猫由于老年而表现出的正常行为。因此，重要的是技术人员要做一个彻底的历史记录，并问一些开放件的问题，这些问题可能有助于发现在其他方面被忽视的猫的OA症状。

诊断超重/外伤性疾病的第一步是由兽医技术员持续记录体重和身体组成。目前，评估身体组成最实用的方法是身体状况评分（BCS）。BCS是对动物身体脂肪的一种主观评估，它考虑到动物的体型大小与体重无关。而且已经发布了各种定义了标准的评分系统。这些都是评估身体成分的有用工具。除了体重，身体组成应该在每次检查时都被记录下来。体重本身并不能说明一个动物的体重有多合适。BCS根据每个患病动物的具体情况确定体重。

## 预防

在犬类中，发生OA的危险因素包括年龄、大型或巨型犬种、遗传学、发育性骨科疾病、创伤和肥胖。犬超重/肥胖的危险因素包括年龄，特定品种，绝育状态，以湿润、自制或罐装食品为主要饮食来源，以及食用“其他”食品（肉类或其他食品、商业食品或餐桌上的残羹剩饭）。犬髋关节发育不良是犬骨性关节炎的主要原因之一，据报道，在金毛猎犬和罗特韦尔犬中，基于放射学的患病率高达70%（Paster et al., 2005）。

在9–12月龄时被评估为超重犬成为超重成年犬的可能性是正常犬的1.5倍（Burns, 2011），因此，有肥胖和骨性关节炎风险的犬的主人应该被教育终生体重管理的重要性，并且应该被提醒，和其他物种一样，超重的幼龄犬会变成超重的成年犬。犬髋关节发育不良继发骨性关节炎的发生率和严重程度受营养和生活方式等环境因素的显著影响（Impellizeri et al., 2000; Kealy et al., 2000）。肥胖也是导致犬骨性关节炎最常见的外伤性原因之一，即十字韧带断裂。与正常体重的犬相比，超重/肥胖的犬发生十字韧带断裂的可能性要高出2–3倍。了解保持犬的健康体重和降低患病风险之间的关系可能是许多主人对宠物减肥的强大动力。

兽医医疗团队处于独特的地位，能够在犬的早期生活中，就更适当的反应向主人提供建议。应该鼓励主人用游戏活动或赞美来回应，而不是食物奖励。兽医保健团队成员，特别是兽医技术人员，必须与客户沟通肥胖疾病、与肥胖相关的潜在风险、宠物超重与OA症状增加之间的关系（图15.1和图15.2）。

## 管理犬OA的关键营养因素

营养补充Ω–3脂肪酸在管理狗骨性关节炎中是一个相对较新的概念。最近的研究提供了高质量的数据，表明富含Ω–3脂肪酸和二十碳五烯酸（EPA）的食物可以改善犬类OA的临床症状。使用Hill's® Prescription Diet j/d Canine® Mobility（Hill's Pet Nutrition, Inc. Topeka, KS, USA）已经在随机、双盲、对照临床试验中被证明可用于犬OA的治疗。（Fritsch et al., 2010b, 2010c; Roush et al., 2010a, 2010b）。在美国兽医医院进行了一项为期6个月的研究和两项为期3个月的研究。在两个兽医教学医院中进行了另一个为期3个月的前瞻性研究。总共研究了500多只患有OA的犬。

根据病史、临床体征和放射影像学证据，对参与试验的犬诊断为OA。给犬喂食典型的商业狗粮或测试食品，它们具有较高的总Ω–3脂肪酸

**图15.1** 犬BCS五分制系统描述。BCS 1. **极其消瘦**：肋骨很容易触摸到，没有脂肪覆盖，尾根部一个突出的凸起的骨结构，皮肤和骨头之间没有组织。骨头突起很容易被感觉到，没有多余的脂肪。6月龄的犬从侧面看有一个严重的腹部收缩，从背腹观看有一个明显的沙漏形状。BCS 2. **消瘦**：肋骨很容易触及，脂肪很少。尾根部有凸起的骨结构，皮肤和骨头之间几乎没有组织。骨头突起很容易感觉到，上面覆盖的脂肪很少。6月龄的犬从侧面看有一个腹部收缩，从背腹观看有一个明显的沙漏形状。BCS 3. **理想体态**：肋骨很容易触摸到，有一些脂肪覆盖，尾根部有一些脂肪覆盖有光滑的轮廓。在皮肤和骨头之间的一层薄薄的脂肪下可以摸到骨结构。在极少量的脂肪覆盖下，很容易感觉到骨突起。6月龄以上的犬从侧面看有一个轻微的腹部收缩，从腹背观看腰部很匀称。BCS 4. **超重**：肋骨很难摸到，脂肪含量适中。尾根部有一些增厚，在皮肤和骨骼之间有适量的组织，仍然可以摸到骨结构。骨突起上覆盖着一层中等厚度的脂肪。从侧面看，6月龄以上的犬只有很少或者没有腹部的收缩，从背腹观看背部轻微变宽。BCS 5. **肥胖**：肋骨在厚厚的脂肪覆盖下很难感觉到尾根部变厚了，很难在一层厚厚的脂肪层下面感觉到。6月龄以上的犬有下垂的腹部隆起，从侧面看没有腹部收缩，因为有大量的脂肪沉积。从上往下看，背部明显加宽。当背轴区隆起时可形成槽。来源：经许可引自Mark MorrisInstitute。

**图15.2** 猫BCS五分制系统描述。**BCS 1. 极其消瘦：**肋骨很容易触摸到，没有脂肪覆盖。骨头突起很容易被感觉到，没有多余的脂肪。6月龄的猫从侧面看有一个严重的腹部收缩，从背腹观看有一个明显的沙漏形状。**BCS 2. 消瘦：**肋骨很容易触及，脂肪很少。骨头突起很容易感觉到，上面覆盖的脂肪很少，6月龄以上的猫从侧面看有一个腹部收缩，从背腹观看有一个明显的沙漏形状。**BCS 3. 理想体态：**肋骨可被触及，有轻微的脂肪覆盖。在少量的脂肪覆盖下，很容易感觉到骨突起。6月龄以上的猫从侧面看有一个轻微的腹部收缩，从腹背观看腰部很匀称。**BCS 4.超重：**肋骨很难摸到，脂肪含量适中。仍然可以摸到骨结构。骨头突起上覆盖着一层中等厚度的脂肪。从侧面看，6月龄以上的猫只有很少或者没有腹部的收缩，从背腹观看背部轻微变宽。中度腹部脂肪垫。**BCS 5. 肥胖：**肋骨在厚厚的脂肪覆盖下很难感觉到。骨头突起被一层中等至厚的脂肪所覆盖。超过6月龄的猫有下垂的腹部隆起，从侧面看没有腹部收缩，因为有大量的脂肪沉积。从上往下看，背部明显加宽。明显的腹部脂肪垫。四肢和面部可能有脂肪沉积。来源：经许可引自Mark Morris Institute。

和EPA浓度，并具有较低的Ω-6：Ω-3脂肪酸比率。在整个研究过程中，进行了主观和/或客观的兽医评估。客户也被要求在整个研究过程中主观评估其犬只。

在每一项研究中，研究结果都显示，食用治疗性食物与对照组食物相比，OA症状（从静止状态上升的能力、增加的游戏活动等）有显著改善。一项研究用测力板分析评估了患肢的负重能力。在本研究中，82%食用治疗性食物的犬的负重能力显著提高（Roush et al., 2010b）。另一项研究表明，在使用卡洛芬治疗的犬中，食用治疗性食物的犬卡洛芬的剂量平均减少了25%（Fritsch et al., 2010c）。

这些研究提供了高质量的证据，说明了将富含Ω-3脂肪酸的食物加入到对犬的OA疼痛的管理中是有好处的。在正常的犬软骨中，软骨基质降解与软骨合成之间存在平衡。在关节炎关节中，软骨细胞受损伤后会形成一个黏稠的圆圈，最终导致软骨的破坏、炎症和疼痛。Ω-3脂肪酸的作用机制包括控制炎症，从而帮助缓解疼痛，降低软骨降解酶的活性，从而延缓疾病的发展。

软骨的降解始于软骨蛋白聚糖的丢失，随后是软骨胶原的丢失。这导致在关节运动过程中抗压能力的丧失。EPA是唯一一种能够显著减少犬软骨中蛋白聚糖流失的Ω-3脂肪酸。在犬软骨中，EPA通过在信使RNA水平阻断信号来抑制聚蛋白聚糖酶的上调，从而改变这些患病动物的基因表达和疾病的进展。

摄入含有Ω-3脂肪酸的食物会导致细胞膜的花生四烯酸（AA）水平下降，因为Ω-3脂肪酸取代了基底池中的AA。

这导致从AA合成炎性类花生酸的能力随之降低。研究表明，当犬食用富含Ω-3脂肪酸的食物时，会抑制由AA产生的炎性类花生酸。除了在调节炎症类花生酸的产生中发挥作用外，Ω-3脂肪酸在炎症消退中也具有直接作用。饮食中缺乏足够的Ω-3脂肪酸水平可能会导致“分解失败”和慢性炎症持续。

## 管理猫关节炎的关键营养因素

与犬相比，患有OA的猫的管理选择更加有限。

目前，在美国有两种针对OA猫的治疗食物。Hill's Prescription Diet®j/d™Feline Mobility（Hill's Pet Nutrition, Inc.）在美国和欧洲均有售。其活性成分包括高含量的Ω-3多不饱和脂肪酸，特别是二十二碳六烯酸（DHA）、葡萄糖胺和软骨素的天然来源、蛋氨酸和锰。高水平的Ω-3脂肪酸可以控制猫和犬的炎症。在猫体内，DHA［而不是EPA（用于犬）］抑制软骨降解的聚蛋白多糖酶（Burns, 2011）。氨基葡萄糖和软骨素的天然来源可增加软骨细胞产生的蛋白聚糖，并抑制炎症介质。蛋氨酸和锰可以增强软骨细胞的活力，作为构建细胞的基础，并为蛋白聚糖的生成提供硫。

Royal Canin Veterinary Diet® Mobility Support JS® Feline（Royal Canin USA Inc., St. Charles, MO, USA）在美国和加拿大有售。其主要成分是绿唇贻贝提取物，其中含有抗炎成分，旨在帮助关节健康；其他活性成分有DHA、EPA、糖胺聚糖，如软骨素硫酸盐，它们是软骨的组成部分；一种氨基酸谷氨酰胺，是糖胺聚糖的前体；以及对软骨健康很重要的矿物质，如锌、铜和锰。

治疗性营养［Prescription Diet® j/d® Hill's® Prescription Diet® j/d® Feline Mobility （Hill's Pet nutrition, Inc.）］的有效性得到3项研究的支持（Frantz et al., 2010; Sparkes et al., 2010; Fritsch et al., 2010a）。考虑到在猫身上识别OA临床症状的困难，比较治疗性营养与美洛昔康在猫身上的研究结果是很令人感兴趣的。在两个开放式的研

究中，对于OA猫，口服美洛昔康的疗效和治疗营养对OA的治疗效果相似。在美洛昔康的研究中，经过2个月的治疗后，85%（34/40）的饲主和80%（32/40）的兽医将总体疗效评为优秀或良好。

在治疗性营养研究中，兽医评估，经过1个月的治疗后，70%（33/47）的猫关节炎评分改善，96%（45/47）的猫主人评估的活动能力评分改善（Sparkes et al. 2010）。据报道，在接受美洛昔康治疗的猫中，有10%（4/40）出现了肠胃不适，但在营养治疗研究中，没有猫出现这种情况。在美洛昔康的研究中，这种药物与猫当前的食物混合。有趣的是，所有的猫花了2个月的时间才接受在食物中添加药物。在治疗性营养试验中，所有猫在7d内成功地从目前的食物过渡到试验食品Hill's® Prescription Diet® j/d™ Feline Mobility（Hill's Pet Nutrition, Inc.）。

口服美洛昔康在一项开放式前瞻性研究中进行了评估，该研究旨在报告28只患有临床OA的猫的临床症状、关节受影响的频率以及可能的发病机制（Clarke & Bennett, 2006）。在一项随机对照临床研究中，作为OA的治疗食品，Hill's® Prescription Diet® j/d™ Feline Mobility （Hill's Pet Nutrition, Inc.）被喂食给41只患有中度至重度关节炎的猫（Fritsch et al., 2010a）。跳跃能力和跳跃高度的改变是最常见的疾病症状。在这两项研究中，61%的主人在接受治疗1个月后，发现猫的临床症状有明显改善。在美洛昔康的研究中，18%的猫出现了明显的胃肠道症状，而在营养治疗研究中没有一只猫出现胃肠道症状。在先前的美洛昔康研究中，添加药物对食物的适口性有影响，表现为对含有美洛昔康的食物的接受度略有下降。在营养治疗试验中的所有猫都欣然接受了新的饮食，并在7d内成功转化。

主人或兽医主观评价和活动监测的客观评价被用来评估美洛昔康或治疗性营养治疗的效果Hill's® Prescription Diet® j/d™ Feline Mobility（Hill's Pet Nutrition, Inc.）在两项关于患有OA的猫的交叉研究中。美洛昔康研究的目的是评估与活动客观测量（活动监测）相关的客户特定结果测量（CSOM）问卷（Lascelles et al., 2007）。治疗性营养研究是在一个研究机构进行的，因此兽医评估与活动监测结果进行了比较。两项研究都经历了1个月左右时间。在这两项研究中，活动监测仪都记录了猫在接受治疗时活动的显著增加。在美洛昔康研究中，活动增加了9.3%，而在治疗性营养研究中，活动比基线增加了49%。与客户拥有的猫相比，这两组猫增加的活动百分比之间的差异可能与研究所猫群中活动和互动机会的增加有关。美洛昔康的研究证实，CSOM问卷可用于检测与关节炎猫缓解疼痛相关的行为变化。营养治疗研究还评估了多种生物标志物。在进行OA的治疗性营养时，关节炎猫的炎症和软骨降解的生物标志物和代谢组学标志物减少。

治疗性营养的有效性［Royal Canin Veterinary Diet® Mobility Support JS® Feline（Royal Canin USA, Inc.）］是由一项已发表的研究支持的（Lascelles et al., 2010）。在这项临床试验中，40只猫被随机分为空白组、治疗性食物组、低疼痛组、高疼痛组。这项研究持续14d，数据收集自CSOM问卷和活动监测。CSOM问卷组间差异无统计学意义。两组猫的主人都报告说他们的猫活动能力得到了改善。但在活动监测数据上，组间存在差异。活动监测仪显示，控制饮食组的活动显著下降，治疗营养组的活动显著增加。对照组活动力下降的原因未被发现，且未被确认。

根据已发表的研究显示，治疗性营养很明显地提供了一种有效和安全的方式来管理犬和猫的OA。富含Ω-3脂肪酸的食物有控制炎症和疼痛的双重好处，同时通过减少软骨降解减缓疾病的进展。在患有关节炎的宠物身上进行的多项临床试验证实了营养疗法对OA的疗效。临床研究表明，将营养作为管理的一部分，相比口服美洛昔康，更能缓解关节炎猫疼痛。

## 结论

成功治疗和预防肥胖症和OA需要采取综合措施，其中包括预防措施和多模式治疗方案。兽医技术人员对OA和肥胖治疗计划的成功至关重要。记录这些合并症的存在是至关重要的。OA的临床症状在检查中往往不明显，特别是在早期的疾病过程。虽然超重/肥胖的迹象很明显，但它们往往被忽视或认为是无关紧要的。记录超重/肥胖的诊断对该病的治疗至关重要。诊断肥胖需要持续记录体重和身体组成。早期诊断OA有利于早期干预，从而改善患病动物的预后。坚持使用完整的、疾病特定性的病史可能会提高对早期OA过程中细微变化，技术人员应接受先进的OA营养管理教育，并承担起对宠物主人进行体重管理和OA教育的责任。

合理的营养管理是影响宠物健康与疾病管理的重要因素之一。疼痛的处理涉及多种模式的共同协作。营养当然应该被认为是一种重要的方式，以帮助管理疼痛相关的疾病条件。如上所述，营养是影响每只进入医院的宠物的一个方面。在讨论疼痛管理时，营养可以产生巨大的影响，并应被视为疼痛管理方案的一个组成部分。在管理或预防特定疾病条件时尤其如此。

## 推荐阅读

[1] Armstrong, P.J. & Lusby, A.L. (2011) Clinical importance of canine and feline obesity. T.L. Towell (ed), *Practical Weight Management in Dogs and Cats*, Wiley-Blackwell, Ames, IA, pp. 3–21.

[2] Burns, K.M. (2011) Are your patients suffering in silence? Managing Osteoarthritis in your pets. *The NAVTA Journal*, 16–20.

[3] Burns, K.M. (2013) Why is rocky so stocky? Obesity is a disease. *The NAVTA Journal Convention Issue.*

[4] Burns, K.M. & Towell, T.L. (2011) Owner education and adherence. T.L. Towell (ed), *Practical Weight Management in Dogs and Cats*, Wiley-Blackwell, Ames, IA, pp. 3–21.

[5] Clarke, S.P. & Bennett, D. (2006) Feline osteoarthritis: a prospective study of 28 cases. *The Journal of Small Animal Practice*, **47** (8), 439–445.

[6] Frantz, N.Z., Hahn, K., MacLeay, J. *et al.* (2010) Effect of a test food on whole blood gene expression in cats with appendicular degenerative joint disease. *Journal of Veterinary Internal Medicine*, **24**, 771.

[7] Fritsch, D., Allen, T.A., Sparkes, A. *et al.* (2010a) Improvement of clinical signs of osteoarthritis in cats by dietary intervention. *Journal of Veterinary Internal Medicine*, **24**, 771–772.

[8] Fritsch, D., Allen, T.A., Dodd, C.E. *et al.* (2010b) Dose-titration effects of fish oil in osteoarthritic dogs. *Journal of Veterinary Internal Medicine*, **24**, 1020–1026.

[9] Fritsch, D.A., Allen, T.A., Dodd, C.E. *et al.* (2010c) A multi-center study of the effect of dietary supplementation with fish oil omega-3 fatty acids on carprofen dosage in dogs with osteoarthritis. *Journal of the American Veterinary Medical Association*, **236**, 535–539.

[10] Impellizeri, J.A., Tetrick, M.A. & Muir, P. (2000) Effect of weight reduction on clinical signs of lameness in dogs with hip osteoarthritis. *Journal of the American Veterinary Medical Association*, **216**, 1089–1091.

[11] Kealy, R.D., Lawler, D.F., Ballam, J.M. *et al.* (2000) Evaluation of the effect of limited food consumption on radiographic evidence of osteoarthritis in dogs. *Journal of the American Veterinary Medical Association*, **217**, 1678–1680.

[12] Lascelles, B.D., Hansen, B.D., Roe, S. *et al.* (2007) Evaluation of client-specific outcome measures and activity monitoring to measure pain relief in cats with osteoarthritis. *Journal of Veterinary Internal Medicine*, **21** (3), 410–416.

[13] Lascelles, B.D.X., DePuy, V., Thomson, A. *et al.* (2010) Evaluation of a therapeutic diet for Feline degenerative joint disease. *Journal of Veterinary Internal Medicine*, **24**, 487–495.

[14] Lund, E., Armstrong, P., Kirk, C. *et al.* (2005) Prevalence and risk factors for obesity in adult cats from private US veterinary practices.

*International Journal of Applied Research in Veterinary Medicine*, **3**, 88–96.

[15] Lund, E., Armstrong, P.J., Kirk, C.A. *et al.* (2006) Prevalence and risk factors for obesity in adult dogs from private US veterinary practices. *International Journal of Applied Research in Veterinary Medicine*, **4**, 177–186.

[16] Paster, E.R., LaFond, E., Biery, D.N. *et al.* (2005) Estimates of prevalence of hip dysplasia in Golden Retrievers and Rottweilers and the influence of bias on published prevalence figures. *Journal of the American Veterinary Medical Association*, **226** (3), 387–392.

[17] Rosenthal, M. (2007) Obesity in America: why Brune and Bessie are so heavy and what you can do about it. *Veterinary Forum*, **24**, 26–34.

[18] Roush, J.K., Dodd, C.E., Fritsch, D.A. *et al.* (2010a) Multicenter practice assessment of the effects of omega-3 fatty acids on osteoarthritis in dogs. *Journal of the American Veterinary Medical Association*, **236** (1), 59–66.

[19] Roush, J.K., Cross, A.R., Renberg, W.C. *et al.* (2010b) Evaluation of the effects of dietary supplementation with fish oil omega-3 fatty acids on weight bearing in dogs with osteoarthritis, 3-month feeding study. *Journal of the American Veterinary Medical Association*, **236** (1), 67–73.

[20] Sparkes, A., Debraekeleer, J. & Hahn, K.A. (2010) An open-label, prospective study evaluating the response to feeding a veterinary therapeutic diet in cats with degenerative joint disease. *Journal of Veterinary Internal Medicine*, **24**, 771.

# 第16章
# 物理康复和兽医技术员

16

Stephanie Ortel

物理治疗在人类医学中被广泛接受和应用。通过同样的原理可以将物理康复治疗（PRT）应用于兽医学。PRT的目标包括减少疼痛和炎症，维持或增加活动度（ROM）和灵活性，增加力量，减缓骨关节炎的进展，维持本体感受能力，维持或改善功能和生活质量。有许多急性和慢性疾病都能从PRT中受益。急性情况包括术后时期（如膝关节十字韧带缺陷矫形手术后）和创伤。在许多慢性疼痛情况下，存在一个疼痛、不使用和萎缩的恶性循环。骨关节炎是最常见的慢性疼痛病症之一，通常与犬的后肢无力有关。在开始治疗性锻炼计划之前，对疼痛进行适当的管理至关重要，并在康复治疗期间保持对疼痛的管理意识。许多犬科动物会为了获得食物或称赞而努力工作，直到后来而默默忍受痛苦。小动物患病动物非常擅长掩盖疼痛的迹象，尤其在医院里。由于医学、伦理和实际的原因，在没有适当的疼痛管理的情况下，让一只痛苦的动物接受PRT治疗是有问题的。

最近出版的一篇文章，标题为《犬类运动医学与康复》（Editors M. Christine Zink and Janet B. Van Dyke, Wiley-Blackwell; Ames, IA, 2013），可获得更多关于犬类康复的信息。

## 组织废用和稳定

了解废用后某些组织会发生什么以及何时开始恢复使用会很有帮助。被固定的神经组织功能会被减弱。外周神经会因压力和张力而产生机械应力。覆盖神经的脂肪组织可帮助它们在周围组织中移动。当这种脂肪组织或髓磷脂受损时，就会形成粘连，降低移动性。压迫神经和神经根可导致循环障碍和脱离髓鞘（Bockstahler et al., 2004）。按摩和锻炼有助于神经的活动和循环，而电刺激有助于治疗神经和相关肌肉。

肌肉萎缩发生得很快。与姿势功能有关的Ⅰ型肌纤维（慢肌纤维）最先萎缩。这是很重要的一点，尤其是对于卧床的患病动物。每天辅助站立10min不仅对心理有好处，还可以帮助减缓25%的肌肉萎缩（Bockstahler et al., 2004）。内源性和外源性类固醇对Ⅱ型肌纤维（快肌纤维）的影响更大。这使得那些口服皮质类固醇或库欣患病动物的锻炼计划更加重要。肌肉再活动和潜在恢复正常的时间通常是固定时间的2倍。在制定目标和与客户讨论治疗计划时，讨论这一点很重要。

早期活动对于肌腱和韧带也很重要，因为仅仅4周的固定就能使负重能力下降20%（Bockstahler et al., 2004）。可以通过尽早采用被动运动范围（PROM）技术来提高拉伸强度和承载能力。早期PROM 可以减少术后粘连和挛缩的可能性。按摩可以用于肌腱和韧带，帮助减少粘连和增加血液流动（Bockstahler et al., 2004）。肌腱弹性受温度影响。由于肌腱在肌肉收缩过程中起着吸收张力的作用，所以在运动前的热身和拉伸是很重要的。骨丢失可能发生在固定阶段之后。虽然有时，骨折进行固定是必要的，但重要的是要考虑固定的后果。在远端负重骨和年轻患病动物中，骨量更容易减少。停止使用8-12周后，骨丢失约10%，16周时骨丢失约40%（Bockstahler et al., 2004）。这也是让卧床和瘫痪患病动物尝试站起的另一个原因，即使只是很短的时间。

允许营养和水运输到软骨。没有这些，软骨的基质合成和物质就会减少（Bockstahler et al., 2004），这就导致了湿度和弹性的降低，从而导致了关节对机械力（负载）的抗力降低。超负荷的软骨区域遭受压力坏死，而欠载区则出现表面裂纹和裂缝。这会对软骨成骨造成压力，导致关节炎的发生。长时间的固定之后，恢复活动应该是渐进的，因为早期过多的剧烈活动是有害的。

## 疼痛管理实践中物理康复治疗的目标

了解PRT在疼痛管理实践中的目标很重要，以帮助建立治疗框架。通过多模式镇痛药，营养补品和PRT模式可以减轻疼痛和发炎。热疗法、按摩、低水平激光疗法（LLLT）和电刺激是用于帮助控制疼痛的常见方式。这些将在以下各节中详细讨论。

PRT可以帮助维持或增加关节ROM和灵活性。PROM和有针对性的治疗练习用于针对特定关节。力量是通过治疗性运动来保持或增强的。使用PRT来增强肌肉可以帮助稳定关节炎关节，从而减少不适感。关节炎患病动物所做的最糟糕的事情就是停止日常锻炼，即使锻炼时间很短。应首选较短、更频繁的治疗性运动，它比不频繁的较长时间的运动耐受性更好。一旦发现问题，立即开始疼痛管理和PRT计划有助于减缓骨关节炎进展的恶性循环：关节废用、软骨破裂和步态补偿引起的肌肉疼痛。通常情况下，客户会等到他们的宠物严重受损后才会寻求适当的照顾。

PRT用于维持或提高患病动物的功能状态和生活质量。恢复日常生活活动可以通过使用多模式镇痛，缓解疼痛的方式，治疗性运动和家庭环境的改变来完成。与客户讨论和记录目标是很重要的，确保这些目标对患病动物来说是现实的。

## 方式

### 温热疗法

**温热疗法**包括热疗和冷疗。**热**被用来减少疼痛和增加组织的延展性。由于反刺激作用，门控理论或血管扩张（由于去除了痛苦的化学物质）来疼痛减轻。热也可能有助于打破疼痛和痉挛周期在痉挛/缺血性肌肉产生的充血（Millis et al., 2004）。热可以应用最方便的商业用的热包。一次治疗大约15min。在做伸展运动之前，加热也是有帮助的。有一些犬和猫的联合专用包装，如Canine Icer™（Stacy Sties；Charlottesville，VA和Back on Track™）（Pottstown, PA），一家热反射性织物包装制造商。使用热疗时，一定要小心避免烫伤。有很多禁热禁忌证，包括外周血管疾病感觉减弱或缺失恶性肿瘤，或者怀孕时的腹部。此外，在极端肥胖、感染或急性发炎的地区，应谨慎使用热量。**冷疗**可以通过引起血管收缩来帮助减轻疼痛，血管收缩可以帮助降低对神经感受器的压力。冷疗通常用于急性损伤或术后48h内。冷疗可减少出血，控制痉挛，运动后可用来减轻疼痛和水肿。市面上有很多不同版本的冷敷包可供选择。一个塑料拉链袋，里面装2份的水和1份的外用酒精，冷冻过夜是一个划算的选择。在冷敷包和患病动物皮肤之间要经常放一条毛巾或厚布。治疗时间为10–20min。对于中到大型犬的肢体手术来说，一个有用的术后装置是一个循环的冷水压缩袖带，如Game Ready™（Concord，CA）系统。这是通常用于人类关节手术的用具，但袖口修改后适合犬和马的四肢（http：//www.gamereadycanine.com/和http：//www.gamereadyequine.com/）。这种装置包裹周围的肢体并提供不断循环的冷水。Breg Polar Care™（Carlsbad, CA）和Aircast Cryo–Cuff™（DJO, LLC; Vista, CA）可以修改以适合中型到大型的犬也有特殊的冷包包装，供客户在家里使用（如Canine Icer™ Stacy Stiles）。冷疗的禁忌证和注意事项包括周围血管疾病、高血压、周围神经损伤和感觉减退。

按摩、PROM和拉伸是一个有效的治疗顺序。

## 按摩

**按摩**可以减少肌肉痉挛，增加局部血液和淋巴流动，增加肌腱和韧带的弹性（Bockstahler et al., 2004）。客户可以在家里学习按摩技巧。在做按摩时，放松和运用良好的躯体力学是很重要的。犬或猫应该在一个安静的房间里，最好躺在地板上或抬高的床上。以温和、适度的压力开始，沿着毛发生长的方向缓慢抚摸受影响的区域，可以让患病动物最初接触时感到放松（Bockstahler et al., 2004）。任何不舒服的地方，增加的肌肉紧张，或温度变化应该记录在患病动物的护理表上。接下来，针对特定的肌肉在患病动物所能承受的最大压力下进行揉捏按摩。在治疗背部时，揉捏从远端到近端进行，从尾侧到头侧进行（Bockstahler et al., 2004）。这项技术有助于降低肌肉张力，改善组织之间的移动性，并拉伸肌肉纤维（Millis et al., 2004）。按压可以用于大肌肉群，使用手掌的大区域或指尖的小区域。当手以圆周移动时，保持接触，在手后方向前拉伸，在手前会出现皮肤皱褶（Millis et al., 2004）。这种技术有助于循环和淋巴引流，纤维组织的移动，肌肉代谢物的去除，并增加结缔组织的延展性（Millis et al., 2004）。拍击和击砍组织等敲击技术可用来放松肌肉并增加血液流量。拍手使用略微杯形的手，而砍手则使用手的边缘来轻轻但牢固地接触组织。包括用杯形手轻柔，有节奏地拍打胸部，以帮助清除呼吸道分泌物（Dunning et al., 2005）。按摩疗法有很多资源，包括认证课程（请参阅附录F）。

## 被动关节运动（PROM）

PROM是用来把关节通过一个舒适的运动范围活动，以帮助保持灵活性和避免受伤或手术后挛缩。这项活动可以在手术当天开始，也可以由在家的主人继续进行。患有神经系统疾病的患病动物可以通过每天几次的正常ROM活动来获益。先和一个正常的患病动物练习，慢慢地弯曲和伸展所有的关节为正常和舒适建立一个基准。在向主人解释和展示如何进行PROM之后，鼓励他们在自己的宠物身上练习，这将确保他们理解并减少伤害的可能性。在一个典型的治疗过程中，犬或猫应该舒适地侧卧，同时受累肢体的关节缓慢地弯曲并伸展10–20次，这取决于患病动物的承受力。每天重复3-5次。功能性ROM可以随着患病动物病情的进展而使用，这包括将肢体放置在舒适的范围内，活动就像患病动物在走路（或骑自行车）一样；这可以与PROM结合使用，每天3-5次，重复5-15次。对于患有关节炎的患病动物，关节囊周围的纤维组织会限制ROM；拉伸可减少疼痛和增加关节灵活性。在患病动物的承受范围内，伸展应轻柔舒适。一个好的计划是对受影响的关节加热15min，然后拉伸并保持15-30s，在治疗期间重复10-15次（记住弯曲和伸展时都要拉伸）。

## 神经肌肉电刺激和经皮电刺激

神经肌肉电刺激（NMES）和经皮电刺激（TENS）是用于控制疼痛和增强肌肉的PRT方式。许多设备具有成本低廉且易于使用，并且适合患病动物在家中使用。NMES和TENS使用放置在皮肤上的垫子来传递电流。不幸的是，动物皮毛会妨碍良好的护垫接触。因此，患病动物可能需要剃光治疗区域。在皮毛容易分开的犬和猫中，使用电极凝胶可实现良好的护垫接触。在TENS中，可将垫放在疼痛部位、运动点上方或用于分段刺激（图16.1）。

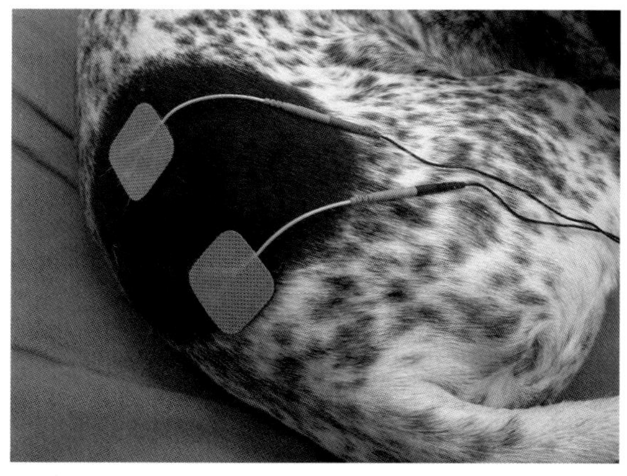

**图16.1**　神经肌肉电刺激疗法（NMES）。

NMES或TENS不应用于癫痫、起搏器，或者直接使用在血栓或瘤变区域覆盖的患病动物。操作员控制的参数包括NMES的开关周期和斜率、脉冲持续时间、频率、振幅、每秒脉冲数和处理时间。细节可以在犬类康复教材中找到。

疼痛通过门控理论、内源性阿片释放和神经刺激物理论来控制（Millis et al., 2004）。TENS在疼痛管理方面的目标是使感觉神经去极化以抑制疼痛（Steiss & Levine, 2005）。内源性阿片类药物包括作用时间较短的脑啡肽（高频率、低脉冲持续时间刺激释放）和作用时间较长的内啡肽（低频率、高脉冲持续时间刺激释放）。它可以用于治疗急性疼痛有效，而且没有残留作用。

使用的设置如下：

- 2-50μs脉冲持续时间（尽可能低）
- 脉冲50-100次/s（脉冲通常为60次/s）
- 治疗时间20-30min
- 振幅设置在一个舒适的麻刺感水平。这可以通过在患病动物身上放一个垫子和在操作员手上放一个垫子来完成电路

对于慢性疼痛，使用运动水平来刺激。残留的疼痛可以减轻几个小时。

使用的设置如下：

- 脉冲持续时间超过150s
- 2-4次/s
- 治疗时间30-45min

振幅设置为能产生强烈的、可见的肌肉收缩。

NMES可用于肌肉无力（Niebaum, 2013）。

推荐的NMES肌肉强化参数如下（Niebaum, 2013）：

- 频率在25–50Hz之间
- 100–400μs脉冲持续时间
- 上下倾斜2–4s
- 开/关时间比例为1：3–1：5（较长的休息时间用于较弱的肌肉，以避免疲劳）
- 每周3–7次的治疗频率
- 足够引起强烈收缩的振幅是产生强度增益的必要条件

## 超声治疗（US）

US用于组织加热。换能器产生在组织中传播的高频声波。加热作用可增加胶原蛋白的延展性、血流、疼痛阈值、巨噬细胞活性、神经传导速度和酶活性，并减少肌肉痉挛（Steiss & Levine, 2005）。组织需要加热1–4℃才能产生热效应。US可能用于肌腱炎、关节挛缩、伤口愈合、骨愈合和肌肉痉挛（Steiss & Levine, 2005）。频率决定了组织穿透的深度。1MHz加热深度为2–5cm，3MHz加热深度为0.5–2cm（Bockstahler et al., 2004）。以通过脉冲波（PW）或连续波（CW）进行治疗。PW US允许使用更高的强度而不会损坏组织。在进行US治疗时，必须使用耦合凝胶，因为空气会反射大部分超声波束。必须从治疗区域修剪皮毛。US换能器垂直于皮肤固定，并以圆周运动在治疗区域内不断移动。对于在进行PROM和伸展运动之前对关节炎患病动物的治疗，可以施加强度为1.0–1.5W/cm$^2$的CW US 5–10min（Bockstahler et al., 2004）。治疗性超声的禁忌证包括急性炎症、肿瘤、感染部位、感觉减退部位、眼睛、心脏或怀孕子宫直接上方以及未闭合的骺板上方（Bockstahler et al., 2004）。

## 低水平激光疗法（LLLT）

LLLT需要初始资金投入，但可用于各种急慢性疼痛。关节炎、伤口和疼痛的情况（如触发点）可以从激光中受益。激光装置发射的光子通过激活酶来影响组织，酶能触发生化反应，减轻疼痛和炎症，促进愈合，这是光生物刺激的过程。LLLT治疗可能会增加内啡肽和脑啡肽的释放，可用于刺激穴位和治疗肌肉触发点。根据产生的功率，有几种类型的激光用于治疗，最常见的是3B和4A。在组织穿透方面没有区别；功率越大，处理时间越短。治疗激光器的波长一般为820–904nm（Millis et al., 2005）。光子波长影响组织穿透的深度。激光能量可以直接穿透组织达2cm，间接穿透组织达5cm（因此，不会直接影响大型犬的关节囊）。传递的能量以焦耳（J）为单位。通常，对每个处理的区域施加1–8J的能量（Millis et al., 2005）。激光能量被毛发吸收，这可能需要修剪以使效果最大化。如果光束对准眼睛，可能会对治疗师或患病动物造成视网膜损害。建议为进行治疗的人员配戴防护眼罩。目前，有几家公司生产Doggles™（Doggles，LLC; Diamond Springs, CA），这是一种用于犬的太阳镜的商业品牌，采用有色护目镜的形式设计，适合犬的头部形状，以在激光治疗期间提供保护。小尺寸可用于猫。激光治疗的禁忌证包括怀孕的腹部，肿瘤，直接至角膜和皮肤的感光区域（Millis et al., 2005）。

## 体外冲击波疗法（ESWT）

ESTW可以帮助治疗延迟或不愈合的骨折、肌腱炎和骨关节炎，它使用高能、高振幅的声压波。冲击波在组织中表现得像声波。当组织密度发生变化时，例如，在骨骼和韧带之间的界面，声波通过软组织和液体，将能量释放到组织中（Millis et al., 2005）。冲击波治疗可以减少炎症，提供短期的疼痛缓解，改善血液流动，增加骨形成，重组肌腱纤维，促进伤口愈合。这种治疗方式通常需要镇静或麻醉。高能聚焦声波疗法应用于慢性炎症领域，可使炎症介质释放，促进适当的愈合进程（Niebaum, 2013）。ESWT的镇痛功能的机制被认为是由于灰质背角中5-羟色胺活性的增加以及对疼痛信号的抑制作用的降低（Niebaum, 2013）。ESWT的禁忌证包括ESWT治疗前8周内该部位的手术，植入物，急性炎症，肿瘤，骨骼不成熟，凝血病和感染（Bockstahler et al., 2004）。

**框16.1 详情请浏览**

Veterinary and Comparative Orthopaedics and Traumatology 2005;18(3):147–152.

The evaluation of extracorporeal shockwave therapy in naturally occurring osteoarthritis of the stifle joint in dogs. Dahlberg J, Fitch G, Evans RB, McClure SR, Conzemius M. Department of Veterinary Clinical Sciences, College of Veterinary Medicine, Iowa State University, Ames, Iowa 50011–1250, USA.

Veterinary Record 2007;160(22):762–765. Effects of radial shockwave therapy on the limb function of dogs with hip osteoarthritis. Mueller M, Bockstahler B, Skalicky M, Mlacnik E, Lorinson D. Movement Science Group (Project Group Dog), Department of Companion Animals and Horses, Veterinary Medicine, Veterinaerplatz 1, A–1210 Vienna, Austria.

## 磁场疗法（MFT）

磁场疗法（MFT）越来越受欢迎，尤其是在客户中。目前还没有很多证据支持这种疗法。有人提出，磁疗有抗炎作用，增加局部血流量，并释放内啡肽。磁铁必须直接放置在要处理的区域上。强度以高斯（G）表示；治疗磁体一般为2500–6000G，作为对比，冰箱磁体为50–200G（Millis et al., 2005）。

## 康复锻炼

康复锻炼一定用于控制疼痛，但可用于在发生疼痛事件后恢复或维持功能。康复锻炼旨在帮助平衡和本体感觉，并增加力量、ROM和耐力。开始一项新的锻炼计划后，最初常见轻微不适，但导致过度不适或功能障碍的治疗应停止并重新评估。

慢慢引入新的锻炼方法，以努力改变活动，使患病动物保持参与感并减少无聊。应保留每位患病动物的详细记录，包括进行哪些运动以及如何耐受这些运动。尽管这些练习大多数都是为犬准备的，但它们也都可以应用于猫科动物患者。与在家中的医院相比，大多数猫会更愿意在家中锻炼。通过奖励玩具食物或玩具奖励以及积极性的增强，很少有患病动物会被证明难以管理。

治疗性锻炼通常是与患病动物合作完成。熟悉许多旨在实现相同目标的运动（例如，加强股四头肌肌肉群）是有益的，但是并非每个患病动物都以相同的方式进行合作。康复锻炼应该是积极的经历。兽医技术人员应针对患病动物进行特定运动的选择，并监视患病动物对治疗的反应。如果患病动物在训练后更加跛行，则可能需要调整运动强度或镇痛药物。在没有适当镇痛的情况下，对患病动物进行身体康复是不人道的。犬和猫在隐藏疼痛迹象方面非常出色，尤其是在医院环境中。

对客户进行适当的在家锻炼的方法的教育对于成功的PRT计划至关重要。服务对象必须是康复和治疗过程的积极组成部分。每天在家进行的锻炼与医院的评估和方式一样重要。如果服务对象不愿在家中参加，则需要调整对患病动物的期望。通知客户预定计划中的任何更改。使用如带有图片和视频的书面讲义之类的辅助工具供客户参考，可以大大改善患病动物的治疗效果和安全性。不应给客户太多的家庭练习，以免使任务繁重或太耗时。每天5–10min再加上散步是一个合理的计划。

关于进行治疗练习的详细说明，读者可以参考Zink C and Van Dyke JB. Canine Sports Medicine and Rehabilitation Wiley–Blackwell, Ames, IA, 2013。

## 平衡活动

平衡活动是积极的辅助锻炼。有多种选择，包括平衡板，物理球和花生形导乐球。选择哪个通常取决于患病动物的耐受性和功能障碍的程度。神经系统缺陷的患病动物可能需要更多的理疗球支持。当患肢接触地面时，大部分患病动物的体重都可以由球承受（图16.2）。

轻轻摇晃患病动物的身体各个方向，以促进体重的转移和肌肉的收缩。神经功能正常的患病动物（如手术后患病动物）可以从平衡或摇臂板中获得更多的好处。随着患病动物康复的进展，花生或蛋形的卷筒可以增加锻炼的难度，这些卷筒足够长，患病动物可以舒服地站着。对于任何一项新活动，开始的时候要慢慢来，用好吃的零食来诱导其获得积极的体验是很重要的。一开始的课程应该较短，最多需要10–15min。宠主可以让宠物站在厚垫子、泡沫或其他变化的表面上，然后轻轻地来回摇动，以在家中减轻体重。应向宠主提供书面说明，详细说明该练习及其执行的频率。

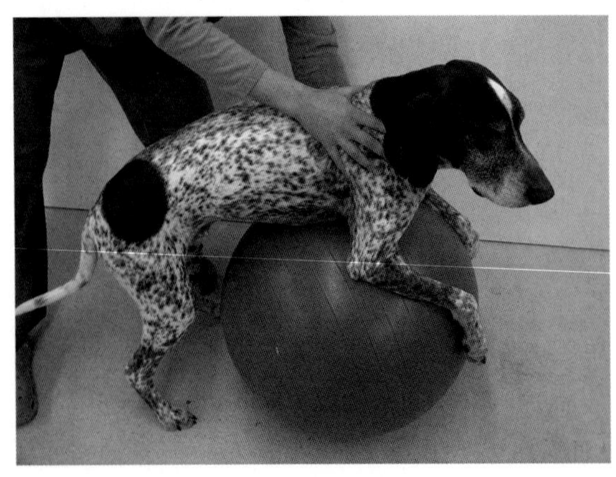

**图16.2** 把患病动物放在复健球上。

## 从坐到站

从坐到站地锻炼后腿肌肉是一项容易的运动。应该鼓励犬坐得端立。让它们坐在角落或靠墙可能会有所帮助。典型的协议从每天2次，重复3–5次开始，然后逐渐增加到每天2–3次，重复10–15次。患有严重关节炎或功能障碍的犬可能需要从部分坐在垫子或台阶上开始，然后辅助站立。设计用于支撑犬后躯的安全带也可用于辅助坐姿站立运动。另一个版本是从卧倒的状态站立，可以帮助增强前腿的力量和伸展度。

### 爬楼梯

爬楼梯可以用来增加力量和ROM。这让患病动物从持续使用肢体行走时开始（Bockstahler et al., 2004）。患病动物应该系上皮带，最好用安全带支撑。鼓励犬或猫慢慢地（一步一个脚印，不要蹦蹦跳跳）上下台阶，从几级台阶开始（地毯或混凝土），重复3–5次。直到完全熟练后，每天重复5–10次。

## 系带行走

系带行走被用来帮助维持功能而不会造成进一步的伤害。散步对有限制的犬也有心理上的好处。无论宠物主人认为他们的犬表现得有多好，兽医技术人员都必须让他们相信，遵守一些规范对他们的宠物来说是有益的，包括在恢复期间遛犬的时候拴上牵引绳。若走路非常慢，以鼓励适当的负重和尽可能正常的步态。一个标准的起始点可能是3-5min，每天2-3次在平坦的表面上。如果患病动物最初对肢体使用有抵抗，可以将小物件（如注射帽）粘在对侧肢体的底部，以促进负重（Millis et al., 2004）。最终增加到更长时间的步行。好的指导是每周增加5min，只要患病动物继续做得很好，而且活动后不再疼痛或跛行。持续使用肢体和逐渐减少跛行的犬可以走得更快，并开始慢跑很短的时间，逐渐增加时间从30s到60s，每周增加10%-15%。行走在不同的表面，如沙子、高草、雪可以增加患病动物的挑战。也包括倾斜和下降（坡道和小山丘），以及向上和向下的限制，鼓励重量的转移和肢体的使用。

## 卡瓦莱蒂杆

高抬步是另一个有用的练习。卡瓦莱蒂杆通常用于帮助增加ROM和促进平衡。市面上有一些现成的产品，也有可以制作的。犬和猫应该从跨过较低的物体（飞节高度或更低）开始，最终迈向更高、更多样的挑战。从几次重复开始，随着犬或猫的进步，可以鼓励它们适当地使用和放置肢体。为了获得最佳性能，可能需要改变每个患病动物使用的高度。宠物主人可以在家里用泡沫泳池面、扫帚柄、树枝或让宠物在高草或雪中行走来解决这个问题。

## 以8字形行走迂回图

以8字形行走迂回可以帮助平衡和本体感觉，并改善脊柱肌肉屈曲。从距离体长的锥或杆子开始，随着时间的推移，空间会缩小。犬或猫被鼓励慢慢地跟着锥周围的美食。几次重复之后，就改变方向。如果宠物在一个方向上转向得不那么紧凑，轻微的跛行或神经性缺陷有时就会被发现。

## 隧道

隧道可以用来增加四肢的肌肉张力并改善核心力量。隧道的高度应足够低，这样犬或猫首先必须蹲下，然后随着强度的增加而降低隧道的高度，使其更具挑战性。隧道可以用多种材料制成，并且许多都可用于锻炼敏捷性。至少有3-5个尺寸可容纳大多数犬和猫。通过在隧道下面的地板上放置厚泡沫或垫子，可以增加额外的平衡挑战。宠主可以在家中使用适当大小的茶几、椅子或纸板箱。要让一些宠物进行这项活动可能需要很多等待和同样的耐心。

## 独轮车和跳舞

独轮车和舞蹈可以分别用来增加ROM、增强前肢和后肢的肌肉。这两个步骤都必须谨慎执行，并且要在宠物的承受能力范围内。这些活动是具有挑战性的活动，因此，需要良好地伸展臀部以跳舞，而肩膀则需要独轮手推车。这些运动通常被很好地耐受，尤其是小型犬、猫。从短暂的前肢稍稍离开地面开始跳舞开始，将身体轻轻地前后、左右移动几步。同样，对于手推车，也要重复进行，后腿要稍微离开地面。随着宠物的前进，锻炼的时间会增加。ROM通过离地面更远而得到改善。

## 水疗法和水中运动

水疗的好处是可以减轻关节酸痛的负担，它

在骨科和神经系统疾病的早期恢复中特别有用。水的阻力特性可用于增强肌肉和增加心脏耐力，这可能是锻炼计划的有益组成部分。水可以用于站立、散步和游泳。游泳可能具有挑战性，因此应根据患病动物的功能水平、身体素质、耐力和耐受性慢慢进行游泳。如果要将游泳用作针对性运动，则治疗师、技术人员和服务对象应注意这些限制。许多犬不用患肢也能有效地游泳。游泳还会导致后腿的“突然折断”，这在恢复期是不需要的。游泳池和水下跑步机（UWTMs）通常用于PRT项目，但也是一项重要的投资。宠物主人可以在家里使用游泳池，甚至可以为小一点的犬和猫使用浴缸。在天气允许的情况下，可以使用天然水体，但根据具体情况，可能很难施用，甚至在某些情况下禁止施用。例如，犬在做完后膝手术后马上从平台上跳下来。游泳或在水中行走的次数应从少到多逐渐增加。

**框16.2　可用于治疗性游泳的设备包括（Chiquoine et al., 2013）**

救生衣
吊带吊索
头套平衡装置
腿部负重
游泳手套
泡沫池面
玩具

## 水下跑步机（UWTM）

UWTM运动有助于提高力量、肌肉耐力、心肺耐力、ROM和灵活性，同时最小化疼痛。黏性和浮力的结合特性有助于支撑患病动物，并为力量增强提供阻力，使一些患病动物得到更多的锻炼，比正常行走时步态更正常（Bockstahler et al., 2004）。水的高度影响患病动物在运动时所承受的体重。在外踝高度，患病动物体重被减少9%。股骨外侧髁的水平支撑着患病动物15%的重量，当达到大转子的水平时62%的患病动物的体重将被水减掉（Millis et al., 2004）。水的温度很重要。太冷的水无助于放松肌肉，而太热则会导致太多的心血管压力。一般建议是77–95℉（Bockstahler et al., 2004），在开始UWTM项目时，与患病动物一起进入水中帮助引导它们是很有帮助的。用于钓鱼的围兜涉水长靴是一项不错的投资。大多数患病动物应该从较高的水位、较慢的速度＜1.61km/h（＜1mi/h）和较短的疗程（5m或更少）开始，以评估他们的耐受性。

## 兽医技术人员的角色

兽医技术人员的角色在PRT实践中是必不可少的，以帮助实施治疗计划和客户教育。兽医技术人员应向客户提供有关手术后出院指示的信息，包括对患病动物的限制，并教客户如何使用不同的方式和在家中进行治疗练习。所有的医嘱都要写在患病动物的病历上。

患病动物康复目标可以使用残疾和跛行评分帮助诊断和设置。兽医技术人员可以帮助您从客户那里获取主观病史。了解犬或猫的工作和活动对于治疗和设定目标很重要。向客户提出的问题包括：

- 这个问题出现多久了
- 是否有与任何活动相关的疼痛或不适？许多宠主难以评估犬和猫的疼痛；其他一些问题可能有助于提供线索
- 你的犬或猫会咀嚼或舔任何地方吗
- 你的犬或猫晚上睡觉吗

- 家里有其他动物吗？它们的互动友好吗
- 正常的日常锻炼是什么？锻炼之后问题会更严重吗
- 过去对这个问题使用了什么治疗方法或药物

还有一些家庭环境的重要方面需要了解。可能需要进行调整以防止患病动物进一步的损伤或延缓患病动物愈合

问题包括：

- 犬或猫总是拴在外面或放养在院子里吗
- 患病动物接触的地板表面类型是什么
- 患病动物需要爬楼梯吗

成果评估是兽医技术人员发挥重要作用的另一个领域。使用客观的测量可以帮助确定PRT计划的成功以及是否需要调整目标。使用测角计测量关节ROM是一项可以开发的技能。应测量患肢和未患肢以进行比较。测角仪是一种用于精确测量关节产生的角度的仪器。用于关节ROM的客观测量。量值以度数记录，每个关节使用特定的骨标志（Sprague, 2013）。关节角度应在其舒适范围内进行测量，以更具有临床应用性（Milliset al., 2004）。测角仪的轴固定在关节上方，手臂对准从关节伸出的骨头。通过轻轻弯曲关节直至感觉到阻力或肌肉张力来测量角度，然后通过伸直或伸展肢体以感觉到抵抗阻力来测量伸展度（图16.3和图16.4）。

在镇定情况下，或者愿意配合的患病动物中进行测角法很有帮助。

测量肌肉周长也有助于评估患病动物的病情进展或确定微妙的慢性跛行。较少的肌肉质量与肢体废用和力量下降有关。大腿肌肉可以在患病动物侧卧位和骨盆四肢伸展的情况下进行测量（图16.5）。

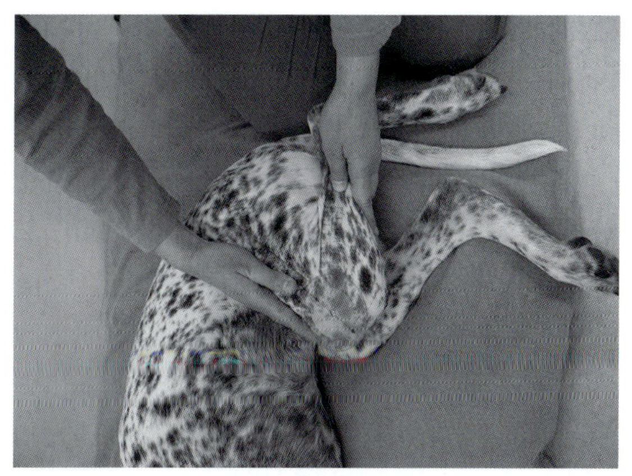

**图16.3**　角度计在弯曲位置测量。

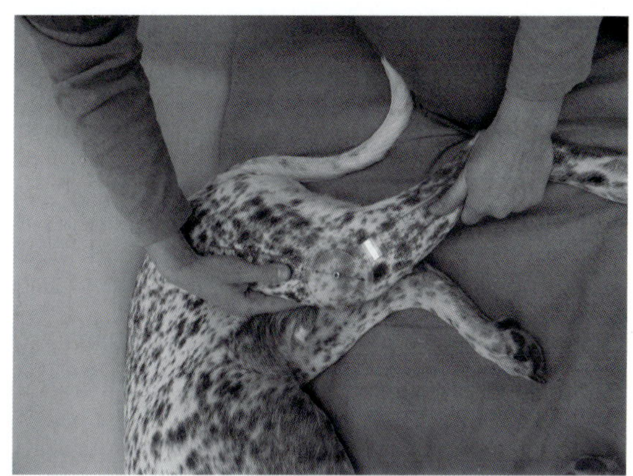

**图16.4**　角度计在伸展位置测量。

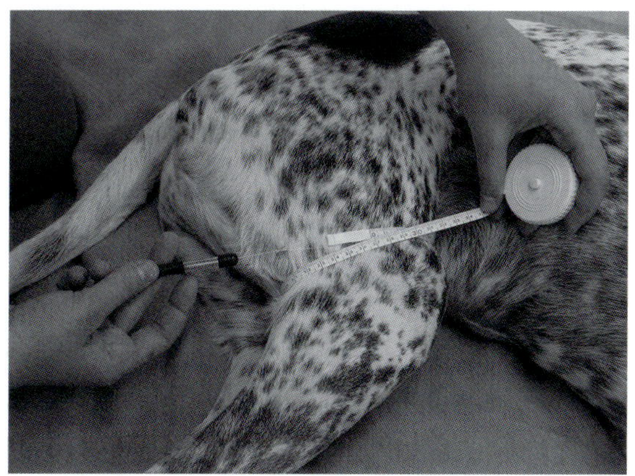

**图16.5**　用古力克皮尺测量右大腿后。

为了与测量一致，股骨长度是从大转子到侧面的腓肠豆测量。股骨远端70%处可进行圆周测

量。有特定的卷尺可与张力弹簧适配，以获得一致的测量。大腿或肩膀的肌肉以及胸部和腰部周围的肌肉可以被测量，以帮助指导减肥。

跛足评分应进行评估和记录，以帮助最终结果的评估。以下内容可用于评估步行或快步（Millis et al., 2004）：

0 =正常行走
1 =轻度跛行
2 =明显负重跛足
3 =严重负重跛足
4 =间歇无负重跛足
5 =连续无负重跛足

基于功能问题的客户问卷可以帮助确定进展并确定需要处理的问题。例如：行走困难、跑步困难、跳跃困难、爬楼梯困难、蹲着小便困难、排便困难、急转弯困难等。一个数字可以被分配到每个项目的难度，给出一个分数，可以在一定的时间间隔进行比较。还可以询问客户他们认为患病动物在每项任务中忍受了多少不适。这些更客观的评分可以被记录下来，并作为参考，以帮助衡量进展，或在出现损伤时对治疗计划进行更改。记录患病动物的活动也很有帮助。这可能是一份治疗性锻炼的日志，以及患病动物在任何特定活动后是否出现疼痛加重，或者是一份自疾病或损伤开始以来未观察到的行为或活动的日志。

对患病动物进行有关同伴疾病过程的教育，并在家中帮助他们的犬或猫，这有助于增强患病动物的能力，使它们参与PRT过程。客户可能会担心造成额外的伤害或没有正确地进行锻炼。兽医技术人员可以帮助指导客户的家庭锻炼计划和家庭环境改造，并为其提供辅助产品的使用指导。正如之前在模式和治疗性锻炼部分所概述的，有许多简单的活动客户可以在家里进行，包括热疗、按摩、PROM和锻炼。需要对每个患病动物的家庭环境进行评估。为客户开发资源和产品列表可以帮助实现遵从性。

应每天记录患病动物并审查遇到的挑战，并根据需要进行修改。这包括在光滑的地面上铺上垫子，如果有必要的话，不要走楼梯。患病动物可能需要额外的支撑来上下床和沙发或进出车。许多商业台阶和坡道是可用的；对于体型较大的犬来说，有些路可能太窄太陡。患病动物也可以从食物和水碗的改变中获益。例如，有颈部疼痛或肘部问题的犬可能更喜欢从高处进食。行动不便或神经功能受损的患病动物可能更喜欢用盘子而不是碗进食。

用来支撑患病动物的背带可以帮助防止进一步的伤害，并帮助患病动物在尝试帮助同伴时防止自身受伤。熟悉可用的不同产品和适当的配件。有些背带仅支撑患病动物的前端或后端，而其他背带则提供全面的支撑。Help Em Up®（Help's Em Up Harness, Denver, CO）安全带易于使用，对患病动物来说很舒服。

靴子和鞋子可以帮助提供抓地力并保护脚免受伤害。后端无力的犬走路时可能会磨脚。耐用且耐受性良好的鞋包括Ruffwear™（Bend, OR）（www.ruffwear.com），TheraPaw™（Lenanon, NJ）（www.therapaw.com）和Neo Paws™（Toronto, ON）制造的鞋（www.neopaws.com）。穿鞋通常有一个适应期。首先应使用短时间训练，最好是在散步时。应经常检查脚是否有溃疡和过度磨损的区域。

关节支持、矫形和假肢可以提供稳定和舒适。OrthoPets™（OrthoPets V-OP Veterinary Clinic; Denver, CO）（http://www.orthopets.com/）和Dog Leggs®（DogLeggs, LLC; Reston, VA）生产产品，以帮助稳定的腕关节、肘部和肘关节。关节包裹的压迫和稳定的影响可以帮助骨关节炎患

病动物更舒适地保持较高水平的活动。膝关节需要定制的矫正装置，以获得最合适的配置。不适合做外科手术的犬可能会受益于支撑。

手推车可用于帮助改善患病动物和客户的生活质量。犬和猫可以从推车中获取自由，有益身心健康。推车可以设计和调整，以协助可以移动的前肢或后肢，或完全支持瘫痪动物。合适的[illegible]应该使用大量的积极的强化措施，比如，食物、表扬和简短的初始疗程。在选择与之合作的公司时，应该考虑客户的意向。

PRT领域正在不断发展和完善。兽医技术人员可以在疼痛管理环境中有效利用许多工具和资源。

## 推荐阅读


[1] Bockstahler, B., Millis, D. & Levine, D. (2004) *Essential Facts of Physiotherapy in Dogs and Cats-Rehabilitation and Pain Management*. BE VetVerlag, Germany.

[2] Chiquoine, J., McCauley, L. & Van Dyke, J.B. (2013) Aquatic therapy. M.C. Zink & J.B. Van Dyke (eds), *Canine Sports Medicine and Rehabilitation*, Wiley-Blackwell, Ames, IA, pp. 158–175.

[3] Dunning, D., Halling, K. & Ehrhart, N. (2005) Rehabilitation of medical and acute care patients. *Veterinary Clinics of North America Small Animal Practice*, 35 (6), 1411–1426.

[4] Millis, D., Levine, D. & Taylor, R. (2004) *Canine Rehabilitation and Physical Therapy*. Saunders, St. Louis, MO.

[5] Millis, D., Francis, F. & Adamson, C. (2005) Emerging modalities in veterinary rehabilitation. *Veterinary Clinics of North America Small Animal Practice*, **35** (**6**), 1335–1356.

[6] Niebaum, K. (2013) Rehabilitation physical modalities. M.C. Zink & J.B. Van Dyke (eds), *Canine Sports Medicine and Rehabilitation*, Wiley-Blackwell, Ames, IA, pp. 115–131.

[7] Sprague, S. (2013) Introduction to canine rehabilitation. M.C. Zink & J.B. Van Dyke (eds), *Canine Sports Medicine and Rehabilitation*, Wiley-Blackwell, Ames, IA, pp. 82–99.

[8] Steiss, J. & Levine, D. (2005) Physical agent modalities. *Veterinary Clinics of North America Small Animal Practice*, **35** (**6**), 1317–1334.

# 第17章 替代疗法中的兽医技术员

17

Stephanie Ortel, Mary Ellen Goldberg,
Lis Conarton, Kari Koudelka and Robin Downing

## 中兽医

***Stephanie Ortel and Mary Ellen Goldberg***

中兽医（TCVM）已经有数千年的历史。最初更适合于具有重要农业意义的物种，例如，马和牛，最近越来越重视对待伴侣动物。TCVM专注于保持身心平衡，因为不平衡会导致疾病。TCVM分为五个分支，包括饮食和食物、运动-气功、推拿、针灸和中药。中医辨证分型是中医诊断的基础（患病动物的体质、疾病或失衡情况）。使用的诊断系统包括阴阳，八法，脏腑，四个级别，六个阶段，三焦和致病因素。TCVM在兽医镇痛实践中尤其有用，可治疗与骨关节炎、癌症和椎间盘疾病相关的不适，并且是能使整个患病动物获得最佳结果的一种方法。

根据谢和普雷斯特（Xie & Preast, 2005）的说法，“阴阳理论认为，一切事物本质上都是由两个对立而又互补的。阴阳理论可以扩展到TCVM的生理，病理学，药物学，针灸和草药的诊断和治疗。阳是热，光，快；阴代表凉，暗和慢。理想情况下，患病动物的阴阳平衡。如果两者之一不足或过量，则可能会发生不平衡。确定过量或不足的模式会对治疗产生影响。例如，如果患病动物有阴虚症，可以使用凉爽的草药和食物来恢复平衡。

八法是指对阴阳两部分的细分，对不和谐模式进行了分类。致病因素可以按位置（外部或内部）、质量（热或冷）和数量（过量或不足）分类。阴可分为内，冷和虚；而阳可分为外，热和实。当出现疾病或不和谐时，治疗的目的是释放或清洁内部，消除热、暖、寒，排出过剩并补足不足。

另一个诊断模式分化系统是五元素理论（也称为五行、五相）。“五行原理可以描述脏腑器官的性质、器官的相互关系以及动物体与自然界的关系”（Xie & Preast, 2005）。人们观察了天气、农业和人类疾病的自然规律，并建立了该系统。一个人或动物的先天体质可以分为五个元素，帮助实践者选择草药和食物，同时观察特定患病动物的脏腑器官不和谐。每个元素对应于：季节、气候条件、味道、脏腑器官、感官、组织、情感和声音。

这些对应关系如下：

- 木——春天、风、酸、肝胆、眼睛、肌肉、愤怒
- 火——夏、热、苦、心、小肠、舌头、血管、喜悦、笑声
- 地——潮湿、甜、脾胃、口、肉体、沉思、歌唱
- 金——干燥、辛辣、肺、大肠、鼻子、皮肤和头发、悲伤、叹息或哭泣
- 水——冷、咸、肾、膀胱、耳朵、骨头、恐惧和呻吟

在五个要素中，有一个相互促进的循环（生循环：每个元素如何促进、培育或生成另一个元素）和互为限制的循环（克循环：每个元素如何约束或控制另一个元素）。这形成了一个反馈系统，以保持一切正常运行（Xie & Preast, 2005）。当这些相互关联的关系失去平衡时，就会发生疾病。

每个人和动物都有与生俱来的体质类型倾向。㹴犬倾向于火（生命力和容易激动）；猎犬往往是土质的（悠闲和好好工作）；灵缇犬倾向于金（安静而自信）；可卡犬往往是水（安静而内向）；像罗威纳犬这样的工作犬往往是木（警惕，但很容易生气）。在为患病动物选择治疗方法时，有助于理解身体和个体特征的基本构成。它可能为他们容易患疾病以及如何最好地为患病动物提供线索的支持（Xie & Preast, 2005）。

脏腑生理学对器官进行分类，以帮助了解和治疗疾病。器官系统与生理和心理/情感功能相互连接。

心是阴的器官，掌管血液，控制血管，容纳思想，或称神。心将食物气转化为血液，使血液循环。舌头的颜色、形式和外观由心控制。心开窍于舌。模式分化的例子包括，心有热，舌干而暗红，心弱血亏，舌淡而薄。脾控制摄入的食物气到其他器官的转化和转运。脾控制血液、肌肉、四肢和思想。脾开窍于口，其华在唇。脾不健康容易引起肉类疾病，体液代谢，食欲变化，大便稀疏以及肌肉无力和萎缩。

肺控制气和呼吸，控制经络和血管，主宣发与肃降，调节水通道，控制皮肤和头发，容纳肉体灵魂（魄），开窍于鼻。肺是最外部的器官，因为它接触来自外部世界的空气，使它最容易受到致病因素的影响。

肺将气（防御能量）和体液扩散到全身，而这些能量逐渐下降，尤其是在肾。

肾储存精华，从父母那里继承，部分由食物气补充。一个本质强大的人或动物会健康强壮，正常生长。精华不足可能导致不育，发育不足，过早衰老。肾也拥有意志力，产生骨髓来填充大脑和骨骼，控制肺气的接收，并开窍于耳。

肝储存血液，确保正常消化和情绪所需的气的顺畅流动。肝其华在指，开窍于眼，并容纳空灵（魂）。肝储存和调节体内的血量。血液影响肺的气血分布（防御能量），帮助对抗致病因素。

肌腱和韧带，由肝血滋养。当肝血丰富时，关节运动范围平滑，肌肉功能正常。如果肝血缺乏，可能会有肌腱和连带无力，肌肉收缩过度，关节运动范围缩小，四肢缺乏力量。如果有肝不和谐，可能有癫痫发作，情绪不稳定，胃肠道不适和生殖问题。

## 中草药

中药制剂中用于疼痛控制的草药配方的例子包括用于骨骼问题、肌肉骨骼问题和疼痛控制的不同配方。癌症配方也可能发挥作用。以筋骨痛经汤方为例，辨证论治气血郁结。患有椎间盘疾病或纤维软骨性栓子的患病动物，由于相关的肌肉萎缩和虚弱而出现肾气阳虚，可采用补阳活血方（Xie & Preast, 2005）。

## 推拿

推拿是中兽医的物理疗法，包括按摩、穴位压力、物理治疗和脊柱按摩动作。推拿字面意思表示“推拉/抬升”。推拿技术可供整个动物护理团队使用，并教给客户，以便客户也可以为动物的愈合过程出份力。推拿可能是兽医技术人员为患病动物提供TCVM疼痛控制的最有用的方法。疼痛表现为气的堵塞（气滞）。推拿具有调节阴阳、调气血、调藏、疏通经络的全身功效。局部作用是注入血液，消除瘀滞，消除肿胀，缓解疼痛，缓解痉挛和组织粘连，以及使关节平滑（Xie et al., 2006）。由于推拿应用于组织，增加局部循环导致血管扩张。这导致热量增加，从而减少生物医学方法的疼痛。TCVM理论认为，增加的循环可以活化血液，从而减少血液停滞并活血通经。

推拿技术有量（久和力）和质（匀和柔）之分。推拿医生在一个放松的环境中与患病动物合作时，必须保持良好的身体机制。医疗团队和客户可以使用一些简单的技术来帮助患病动物。这不是一个完整的列表，而是一些可以练习和使用的相对简单的技术的例子。用一个患病动物进行练习，可以获得一些方法和心得。以下技术见于Xie et al., 2006。

1. **擦法**是使用手掌或手掌（在手掌在拇指下方的肉质团块）快速摩擦，突出于组织之上，为经络提供柔软而温暖的刺激。对气虚寒战证有一定的疗效，尤其对老年阳虚证有较好的疗效。这是一个教客户在家里执行的简单的技术，以帮助温暖组织。
2. **推法**用手掌或手指推动放松肌腱，活络，改善血液循环，并消散肌肉中的结节，在疼痛情况下特别有效。开始时力道需要柔和与温和，在身体允许的情况下施加更多的压力。
3. **按法**是按压疼痛的部位和关节以缓解气血停滞。拇指或手掌用于逐渐增加的压力。这种技术可用于阿是穴和穴位。
4. **揉法**是旋转揉制，经常与按法结合。拇指球（拇指底部的肌肉组）突出用于120–160次/min的旋转和有节奏运动。这种技术可以疏通气血，缓解疼痛。
5. **捏法**（图17.1）沿背部或脊椎挤压和滚动浅表组织。这项技术可调节脊椎使脊椎复位。滚动时较紧的区域可能具有肌筋膜限制，并且该区域可能被确定为如推法等推压技术的重点关注区域。
6. **捺法**牵拉并握住皮肤和肌肉，然后用拇指和另外3–4个手指（尤其是脖子，肩膀和四肢）抬起它们。捺法能祛风，放松筋骨，调节经络。
7. **碾法**（图17.2）保持揉捏，以改善通道的循环，在四肢的小关节中结节。对于脊椎疾病/轻瘫和关节疼痛、肿胀或运动困难很有用。患有瘫痪的动物，应该将这种功能应用于每个手指，并由客户在家中进行保养。
8. **抖法**是温柔的颤抖或摇动四肢，通过按住不均

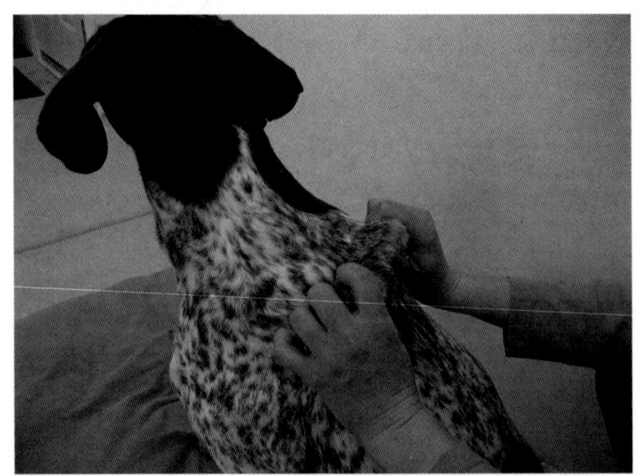

**图17.1** 捏法。来源：Stephanie Ortel提供。

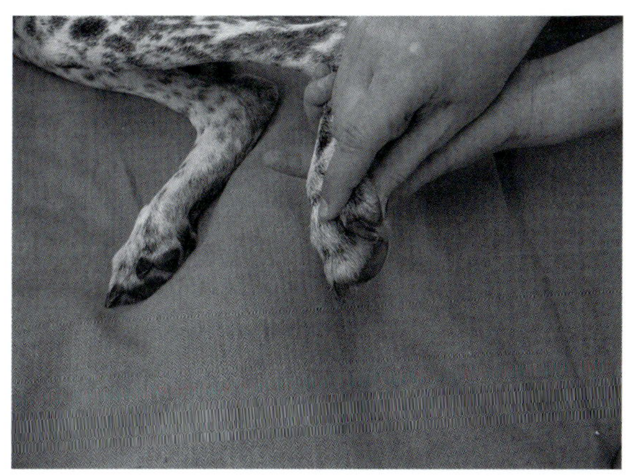

**图17.2**　碾法。来源：Stephanie Ortel提供。

匀和上下摇动来调节气机和平滑关节。在患有关节炎和肌肉功能障碍的动物中，在进行关节运动和拉伸之前使用这种技术会很有帮助。

9. **叩法**是一种快速的揉捏运动，使用双手的手掌握住治疗部位，并保持前后移动。叩法有助于恢复经络，活跃气血。此技术对虚症非常有用。通常在治疗结束时使用。
10. **摇法**是摇摆，执行被动循环运动到关节。这是一个温和的运动具有适度的范围和方向的摇摆。摇法有助于疏通经络并使关节平滑。客户可以在关节手术或受伤后在家中继续这种技术，以帮助保持关节健康和运动范围。

**框17.1**

对于后腿患有骨关节炎的犬来说，推拿技术的顺序可能是下背部的按法，然后是沿背部的捏法。接下来，对大腿和腰部核心的疼痛肌肉群使用推法，然后是同一肌肉群的捏法。对任一或两个后腿使用抖法后，随后使用摇法来帮助关节运动范围。擦法可应用于腰椎核心肌肉和筋膜，从头端到尾端，然后揉法应用于同一部位，然后结束治疗（Xie et al., 2006）

## 气功

气功是中医的第五分支，它包括运动和冥想，以促进气的产生和流经人体。由于我们不能向客户介绍这一点，因此兽医的重点是前四个分支。气功是兽医技术人员保持正能量以帮助治疗患病动物的有效方法。

## 针灸

TCVM中的针灸是五大分支之一。它可用于兽医患病动物的腹痛、关节炎痛、椎间盘疾病和其他神经系统疾病，以及癌症和癌症治疗的不良反应导致的不适。在人体的不同经脉上都有穴位，也有与经脉无关的经典穴位。不同直径和长度的针用于刺激点，小型动物的针头通常为30G、32G和34G，长度为1.27–5.08cm（0.5–2in），大型动物的针头最长为10.16cm（4in）。针灸针有无菌的一次性包装。针头可能会被装在塑料管里以帮助放置。针的角度和深度将由执行治疗的兽医考虑。针可以垂直地、有角度地或水平地放置在组织上。

干针是单独使用针。放置针后可以在治疗过程中通过上下旋转或略微向上或向下移动来进行手动刺激。针的操作以及在治疗结束时如何拔出针可能取决于患病动物的姿势和要治疗的疾病。最初，这种治疗可以每3–7d进行一次。通常在选定的穴位使用电针刺激（图17.3）以增加效果的持续时间。频率变化会刺激内源性阿片样物质的释放。

通常在治疗顺序中每7–14d使用一次电针灸。

**水针穿刺**在穴位使用生理盐水或其他液体，如维生素$B_{12}$，比单纯的干针更持久。

**艾灸**是用一根燃烧的草药棒来刺激和温暖穴

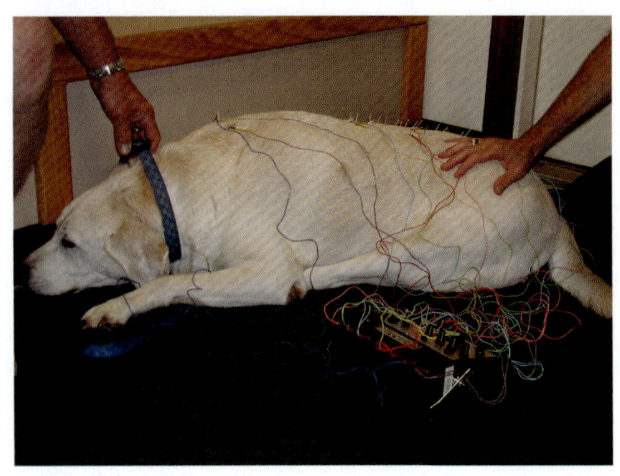

**图17.3** 电针刺激。来源：Stephanie Ortel提供。

位。

穴位也可以用低强度激光刺激。

偶尔会在穴位上植入**金珠子**或**金线**，以达到永久的效果。

一个典型的例子是典型的“肝3”，用于后腿的矫形支撑。

尽管针灸的不良反应很少见，但偶尔会形成血肿。将针头放在胸部周围时必须小心，以免发生气胸。罕见地，患病动物可能会尝试取下并吞下，尤其是在某些远端爪尖处。针灸可以控制机体自身的阿片物质和神经递质系统，因此对控制疼痛有效。当使用低频电针（1–20Hz）时，内啡肽会释放，效果持续数小时。在更高的频率（80–200Hz）下，强啡肽、脑啡肽、5-羟色胺、去甲肾上腺素和γ-氨基丁酸（GABA）被刺激，从而长期缓解疼痛。针灸具有一定的生理作用。例如，当骨关节炎患病动物通过释放内啡肽缓解疼痛时，促肾上腺皮质激素（ACTH）和皮质醇的释放会产生抗炎作用；肌肉痉挛减少，局部循环增加。

根据经络系统选择穴位。经络系统的通道是气（能量）和血液循环的地方。它们与四肢，膀胱和骨骼等器官（脏腑）相关。这些通道连接体内和体外部分，调节机体机制。穴位是经络系统中气的聚集和分布的地方。12个常规通道包括肺（LU）、大肠（LI）、心（HT）、小肠（SI）、心包（PC）、三焦（TH）、胃（ST）、脾（SP）、膀胱（BL）、肾（KID）、胆囊（GB）、肝（LIV）、任脉（CV）和督脉（GV）。CV沿腹中线延伸，连接并控制所有阴通道，器官和阴气。GV沿着背中线运行，连接和控制脊髓、大脑、阳器官、经络和阳气。还有8条不同寻常的经脉，它们纵向循环，两侧对称，位于背侧和腹侧中线上。人体周围有12条经络，即腱束，起源于四肢，向上至头部和躯干。

这些经络沿着相关的初级经络走，但更宽、更浅，沿着肌肉、肌腱和韧带的线条走。这些肌腱通道在推拿的应用中具有重要意义。

## 西方针灸

针灸是一种古老的医学方式，至少已有5 000多年的历史，被认为起源于中国或印度。术语“针灸”源自拉丁语“acus”，意为针和“pungere”，意为刺穿，因此被定义为“针刺技术，在该技术中，使用针在某些位置刺穿皮肤以引起生理变化治疗或预防疾病”（McCauley, 2013）。针灸可用于缓解疼痛，引起自主神经反应，提高神经再生速率并引起手术镇痛效应（Pert, 1982; Pan et al., 1984）。

针灸可以定义为一种将生物医学原理与中医传统相结合的针灸系统，可以通过科学的视角重新解释古代概念。在此过程中，医学针灸代表了生物、神经生理学和神经解剖学原理在针灸医学实践中的应用（N. Robinson, pers.comm.）。

Takeshige（1985）的一项研究发现，针灸和非针灸穴位的区别在于它们与中枢神经系统的不同通路相连接。他们发现，与穴位相连的通路与非穴位相连的通路是不同的。他们发现，与穴位相连的通路与非穴位相连的通路是不同的。当镇痛抑制系统（AIS）激活时，连接非穴位的通路在外侧周围灰质内被抑制。他们还发现，刺激穴位引起的镇痛作用是纳洛酮可逆的，而后非穴位刺激引起的AIS病变是地塞米松可逆的。低频率电击引起的应激性镇痛是纳洛酮和地塞米松可逆的（McCauley, 2013）。

关于针灸在人类和动物中如何起作用有多种理论。重要的是要明白，没有一个理论解释针灸的所有不同的影响，因为我们要么无法找到正确的机制，要么还没有找到，或者各个穴位和技术的作用是不同的。人们正在进行研究，以解释针刺在人和动物身上是如何治愈患病动物的。目前最流行的理论是：（1）门控理论；（2）内源性阿片类药物理论；（3）自主神经系统输入理论；（4）体液理论；（5）生物电理论；（6）传统东方医学理论（McCauley，2013）。详细介绍这些理论超出了本文的范围，但可在以下方面找到信息：

1. Lindley, S. and Cummings, M.（2006）Essentials of Western Veterinary Acupuncture. Blackwell Publishing: Ames, IA.
2. Ma, Y.T., Ma, M. and Cho, Z.（2005）BiomedicalAcupuncture for Pain Management: An Integrative Approach. Elsevier/Churchill Livingstone: St. Louis, MO
3. White, A., Cummings, M. and Filshie, J.（2008）An Introduction to Western Medical Acupuncture. Churchill Livingstone/Elsevier: Edinburgh.
4. Filshie, J. and White, A.（1998）Medical Acupuncture: A Western Scientific Approach. Churchill Livingstone: Edinburgh.

穴位具有某些可识别的特征。沿着经络，角质层通常比较薄，并且比周围具有更低的交流电（AC）电阻。这允许感应电流沿经络流动。穴位是指沿经络的具体穴位局部导电性增强，毛细血管、小动脉、小静脉和细淋巴管增多。在结缔组织和血管中也有较高浓度的肥大细胞。

有趣的是，在患病动物死后几个小时内，在尸体穴位发现的较低电阻是可测量的。

**框17.2 穴位类型（McCauley, 2013）**

针灸点与4个不同的解剖实体相关联

- Ⅰ型针灸点对应于肌肉的运动点。这是肌肉上需要最少的刺激，肌肉收缩或放松的区域
- Ⅱ型针灸点对应于下垂平面表面神经的聚焦
- Ⅲ型针灸点位于表面神经或神经丛上
- Ⅳ型针灸点位于Golgi肌腱器官的肌肉肌腱结

## 兽医技术员在针灸方面的角色

兽医技术人员可以通过帮助患病动物准备、客户教育和协助治疗来参与针灸治疗。针灸治疗应在安静、放松的环境中进行。兽医和兽医技术人员越积极，患病动物受益越多。应为患病动物提供柔软的床上用品。客户也需要放松。应该要求对针头非常紧张或不舒服的客户走出房间，为患病动物谋福利。

在这种情况下，可以在治疗过程中为放松的患病动物拍摄数码照片，然后给客户观看。许多客户从未见过针灸疗法，他们对针头的放置及其伴侣的反应感到好奇。应该有良好的治疗方法来帮助分散患病动物的注意力，尤其是在针刺不太舒适的部位时。有时候，为了保护客户和从业人员的安全，需要使用口套。传统上，镇静不用于治疗积极或过度恐惧的患病动物，但在极少数情

**框17.3　穴位的十大特征（N. Robinson, pers. comm.）**

神经解剖学针灸师已经确定了穴位的10个基本特征

1. **神经干**
   与较大神经干相关的穴位比与较小神经干相关的穴位更容易变软
2. **浅神经干**
   与浅神经联系在一起的穴位要多于与深神经联系在一起的穴位
3. **穿透深筋膜的神经**
   穴位可能会出现在神经穿透深筋膜到达表面的部位
4. **通过颅孔出现**
   头上的穴位经常与通过孔穴传播颅神经有关
5. **肌肉的神经支配部位**
   神经（感觉，运动和交感神经）供应肌肉的部位显示为穴位
6. **神经血管部位**
   神经与血管结合的位置可能与穴位有关
7. **混合神经**
   针刺点通常与感觉纤维、运动纤维和自主神经纤维所提供的部位结合出现，而不仅仅是一种或两种类型
8. **分叉点**
   手和足的远端穴位分别出现在手指和脚趾的外侧神经分叉处
9. **关节周围结构**
   穴位出现在关节周围位置，密集的结缔组织结构接受大量的神经输入
10. **颅骨缝线**
   颅骨上的穴位通常沿着颅缝线落下，在人类中，颅缝线有大量的神经

况下可能需要其他额外治疗方法。焦虑的患病动物可以在离开家之前或到达治疗后立即通过Bach Flower Essences（英国奥克森巴赫中心）接受Rescue Remedy®。也可以给予γ-神经递质，对于中大型犬，治疗前30–60min通常给予500mg。这两种药品都具有一些镇定作用。

兽医技术人员应确保患病动物在治疗前清洁干燥。在放置针头之前或之后，技术人员可以使用手指经络按压、揉捏或敲打皮肤，从而使患病动物平静下来。这也有助于促进气血循环。当刺激穴位时，患病动物可能会有“得气”的反应，即气的到来。有些患病动物可能会尖叫或转身看着针灸点。不适感应该是短暂的，但是如果持续且患病动物无法恢复原状，执业者可以拔下该针头。一旦针头就位，技术人员可能会不时地通过上下移动、左右扭动或轻弹来刺激针头，从而引起得气反应。兽医将根据患病动物和疾病类型选择治疗时间；它可能是短时间（＜5min），平均时间（每3–5min用针操作，持续10–30min）或长时间（最多60min）。

电针是用来持续刺激穴位的，使得治疗更有效，所需的次数更少。针灸医师将选择使用的频率和时间。振幅是刺激的强度，应逐渐增加到最大耐受水平。使用电针时应了解一些注意事项。电刺激不应该连接到怀孕动物腹部周围，有心起搏器的患病动物的胸部周围，肿瘤或有癫痫的患病动物。极少数情况下，患病动物在接受电针治疗时可能会突然感到不适或痉挛；如果发生这种情况，则关闭该单元。

治疗结束后，针头会被拔出。兽医技术人员可根据患病动物情况以某种方式将其取出。对于缺乏能量的患病动物，将针取出，用拇指或其他手指按压穴位以补充和密封能量。对于多数情况下的患病动物，针被直接拔出，而不是按压。偶尔有少量的出血，这是针灸压力造成的结果。疗程结束后，根据需要对患病动物进行清洁。应告知患病动物，在针灸治疗后，特别是在发现许多敏感点时，患病动物可能会疼痛一两天。

皮下注水法（在针灸点注射液体）可在针灸治疗后用于强化该穴位，或代替针治疗某些患病动物。一般患病动物处于一个舒适的位置，覆盖所需的针灸点。在疗程结束时，可以在针灸结束后使用皮下注水法，以延长针灸的效果。对于犬和猫，用25-27G针抽取3-6mL液体。维生素$B_{12}$是常用的（一定要提醒客户，$B_{12}$可能使患病动物的尿液在一两天内变成红橙色）。

## 肌筋膜触发点疗法

***Lis Conarton***

在人类和兽医研究领域，肌筋膜触发点（MTrPs）都会引起疼痛，由Simons（1999）定义。MTrPs是“骨骼肌中的高度敏感位点，韧带内可触及的高度敏感的结节。按压该部位会出现压痛，并可引起特征性的牵涉痛、运动功能障碍和自主神经现象。“众所周知，MTrPs会导致活动范围缩小、肌肉无力和功能障碍，并可能由于步态模式的功能改变而造成未来的姿势问题。MTrPs可能是“潜在性的”，意思是只有在施加直接和稳定的压力时，它们才表示疼痛。而如果MTrPs在静止时通过直接触诊或肌肉运动来表示疼痛，则它们是“活动的”（Simons et al., 1999）。在兽医领域，由于患病动物无法描述潜在的疼痛感觉或症状，因此对潜伏性和活动性MTrP进行相同的处理。

韧带的MTrPs可能位于被检查肌肉的起点/插入点或腹部附近，它们通常被描述为一个“结”或结节，在已经很紧的肌纤维带中有一个坚固或坚硬的点（图17.4）。

局部抽搐反应（LTR）是识别肌筋膜激痛点的重要标志。LTR的存在可以通过直接触诊、用针刺针进行肌肉刺激或手动拨动韧带MTrP来刺激（Simons & Stolov, 1976）。

在患病动物中，“跳动征兆”是指患病动物在触诊MTrP期间可能引起的疼痛反应。这在临床上与LTR不同。LTR与运动成分有关，可能由于受累肌肉的深度而看不到，或者多次被看到，因为LTR通常可以从聚焦触发点区域中的多个MTrP

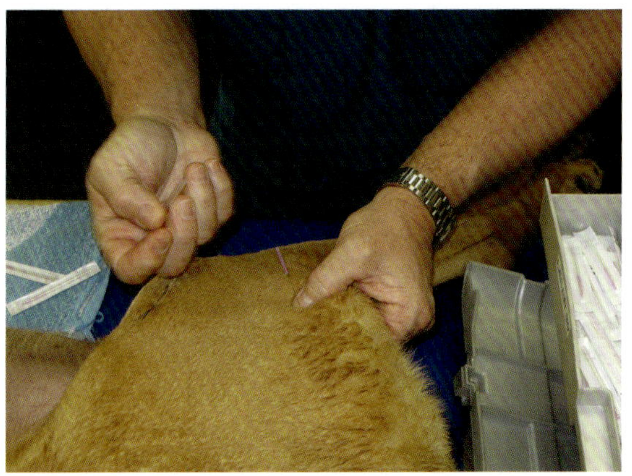

**图17.4**　干针的触发点。来源：Dr. Rick Wall & Kari Koudelka提供。

中复制出来（Dommerholdt & Huijbregts, 2011）。跳跃体征和LTR均可帮助患病动物检测和定位MTrPs。

在实施治疗计划时，减轻“MTrPs”的压力，有助于取得更理想的治疗结果。

## MTrPs的临床检查和评估

### 观察

对MTrPs的初始检查是观察患病动物的静止、站立和运动（不同步态）。该评估确定应触诊哪些肌肉群，并评估其是否存在MTrPs。触诊将需要了解所检查物种的肌肉解剖结构。触诊技巧通过临床反复使用而得到改善，本节稍后将讨论触诊技巧。

观察患病动物从躺着或坐着的姿势站起来，可能会发现疼痛或跛足的地方。异常的肌肉使用、头颈位置或肢体位置，以及不对称的体重移动表明是否存在跛行或损伤。通过这一观察，检查者通常会发现肌肉负荷过重或无力时出现的代偿性问题。在站立姿势，姿势不平衡、重心前移，以及体重前60后40的分配，这些变化应能被注意到。在步行和小跑步态中，观察者可以将肢体的姿态、关节的动作和运动、步幅的长度和后凸作为跛足的标志（Millis et al., 2004）。

宠物主人的经历是检查者评估中非常宝贵的一部分。在观察姿势和评估步态功能后，应与宠物主人讨论已知的创伤、行为变化、睡眠模式和不愿做某些动作（上下楼梯、跳高或从高处跳下、向左或向右转弯等）。例如，如果一只宠物正从膝关节损伤中恢复，那么在受影响的后肢上花费的非负重时间会导致重量转移到其他部位，从而造成“补偿”。跛足可能不会立即被发现，但由于机械应力造成的肌肉超载，会发生MTrPs（Gerwin et al., 2004）。骨盆肢体跛行的代偿模式包括脊柱的侧屈，以帮助行走，通常是在受影响的一侧。这反过来又会导致腰椎旁的过载。受影响的骨盆肢体弯曲会导致髋屈肌同心收缩，而对侧肢体会产生偏心收缩。颅骨重量的移动使肩部肌肉负荷过重，从而限制了活动范围，并可能限制了前肢关节的伸展。由于患病动物的肩伸肌因代偿而疼痛，患病动物可能不想走下楼梯或者把它们的前肢伸展到一个高的表面上，这可能与受影响的后肢有直接或间接的关系。从宠物主人那里收集的信息将有助于检查员确定哪些肌肉群可能受到MTrPs的影响。

### 掌握检查和评估的技巧

临床评估后触诊是目前唯一一种兽医医学上用来明确诊断MTrPs的方法。由于缺乏诊断成像和客观实验室技术，这种确认MTrPs存在的技术在医学文献中受到质疑（Mense和Gerwin，2010）。随着Chen（2010）和Skidar（2009）在MTrPs超声和磁共振成像方面的研究进展，人类和兽医医学都在稳定地向前发展，使其具有潜在的临床应用价值。

触诊时，患病动物应处于舒适的体位，可侧卧或站立。患病动物越放松，触诊绷紧的创口就越容易。检验员沿着垂直于纤维方向的韧带触诊。运动一直持续到找到一个坚硬的区域，这通常会在抑郁时引起不适或疼痛。Simons（1999）描述了在肌筋膜检查中使用的3种基本触诊技术。

#### 水平触诊

“水平”一词是指用这种方法触诊的典型肌肉类型，包括背阔肌、腹侧锯肌、三角肌、冈上肌、冈下肌和髂腰肌（大腰大肌/髂肌）等。这种检查是通过手指（通常是中指和食指）按在肌肉纤维上的方向来进行的，同时将肌肉纤维压在坚实的基础结构上，如骨头上（图17.5）。

### 钳状触诊

钳状抓握（拇指和其他手指之间的肌肉）用于能够被夹住的肌肉，如股四头肌群、缝匠肌、腓肠肌、三头肌等。肌肉纤维群在指尖之间滚动，直到检测到一条或多条绷紧的韧带。继续触诊韧带，直到检测到硬结节或LTR（图17.6）。

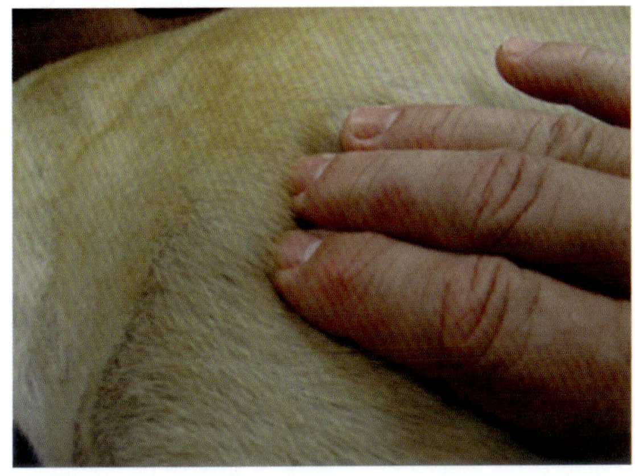

**图17.5** 水平触诊。来源：Dr. Rick Wall & Kari Koudelka提供。

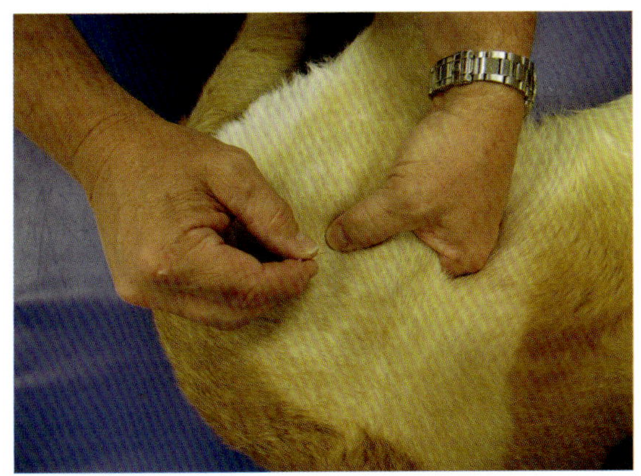

**图17.6** 钳夹触诊。来源：Dr. Rick Wall & Kari Koudelka提供。

### 捕捉触诊

这是一种类似于水平触诊的技术；然而，它是用钳状触诊肌肉群。一旦触及到肌肉绷紧带的压痛点（使用扁平触诊技术），然后找到结实的结节并向下按压，同时将手指向后拉，使下方的纤维在手指下方横向滚动。这是与拨动古他弦类似的动作以保持与表面紧密接触，这很容易在阔筋膜张肌上进行。在开始治疗之前，应向宠物主人讲述有关MTrPs的知识，包括对触诊的疼痛反应。这让宠物主人知晓了潜在的跳跃信号和触诊MTrPs的反应。当触诊到MTrPs时，患病动物可能会畏缩、发声和退缩。宠物主人在接受有MTrPs机制的教育后，将可监察运动、肢体休息时的位置及在过渡阶段时的变化。宠物主人应该知道MTrPs是由代偿性修复和永久性因素引起的。这种教育的目的应该是为宠物主人提供知识，这可能有助于减少治疗后MTrPs的持久性因素。从业人员应告知宠主对宠物进行限制运动和活动，以便机体进行代偿性修复。例如，如果宠物的后肢跛了，在牵绳行走时，不可以大小跑。如果宠物在小跑时想要减轻重量，那么肌肉和关节已经承受的压力就会变得超负荷。肌肉负荷过重会导致不习惯的肌肉收缩，这被认为是MTrPs形成的一个主要的永久性因素。

## MTrPs治疗

治疗方法可以是侵入性的，也可以是非侵入性的。目前还没有动物实验证明这种疗法的有效性。业主在家庭康复计划中的依从性以及变化的记录（正面或负面）对于MTrPs治疗的结果至关重要。最终，确定治疗是否成功的依据是所有者对MTrPs治疗反应的评估。

## 非侵入性MTrPs治疗

### 物理和手动方式

缺血性压迫是一种已被证实对人体有益的人工治疗技术。Hains（2010）发现这种触发点压力释放有助于减轻肩痛。按摩研究和医学文献讨论了在MTrPs上进行30s、60s或90s的数字综合，并在最初20s后增加压力。然后每隔15-20s释放一次压力，然后重复30-90s，直到出现跳跃征或LTR减少为止。

人类医学界用“拉伸-反向拉伸”来治疗触痛点。这是一种肌肉被触痛点（张力）拉伸，然后尽可能缩短的技术。触痛点再次被拉伸时被按摩。

在手动释放MTrPs时增加静态拉伸（间隔12-15s的拉伸）可能有助于缓解绷紧的肌肉带。拉伸-反向拉伸（位置释放技术）通过重置肌肉纺锤体使肌肉痉挛与放松来起作用。这项技术背后的理论是由Lawrence Jones（1981）提出的，定义为“被动体位法，将身体置于最舒适的位置，通过减少和停止维持躯体功能障碍的不适当的本体感受器的活动来缓解疼痛。”这项技术将关节和肌肉从运动限制中解放。在MTrPs应用中，韧带和触痛点被拉紧，保持牢固的压缩，肌肉被动地缩短90s，然后返回到静止位置。

康复训练，包括伸展、被动和主动的活动范围、体位平衡和定时练习、稳定和适当的重心转移，可教导宠物主人，以帮助减少日后形成的MTrPs。有关这些技术的更多信息，请参阅第16章。

### 弱强度激光疗法

低水平激光治疗（LLLT）是Ⅲa级或Ⅲb级激光，其输出功率为5mW（Ⅲa级）-500mW（Ⅲb级）。Ⅳ类激光器的功率超过500mW，无法计算出准确的治疗剂量，因为这些激光器不能直接聚焦于指定区域。Ⅳ类激光（909nm以下和1W超脉冲波长以下的激光单位除外）如被误用，并在适当的剂量/时间内直接置于MTrPs上，可能会造成热损伤。

**框17.4　在兽医患病动物可以治疗的触痛点的常见部位（McCauley, 2013）**

- 肱三头肌
- 三角肌
- 前肢的肱二头肌
- 臀部问题患病动物的臀肌
- 工作患病动物和背痛患病动物的椎旁肌肉
- 位于髂骨翼前的髂肋肌肉阻止了髂骨对骶骨的移动，缩短了步幅
- 近端和远端缝匠肌
- 阔筋膜近端张肌，临床症状为运动型的患病动物跑得变慢或敏捷的患病动物（犬或马）撞击杆
- 近端和中间的半膜肌和半腱肌
- 宫颈病变患病动物的股薄肌，由于其站立姿势较宽，无法保持正常长度
- 远端肌腱界面的胫骨头肌

在研究中使用的和目前用于治疗MTrPs的Ⅲb级激光的治疗水平是任意的——从1.5—5J/cm$^2$。Mester和Mester（1989）和Karu（1989）在更高的水平上讨论了生物抑制和光动力损伤。

在一项针对人类的双盲交叉研究中，Airaksinen（1988）发现，与安慰剂LLLT相比，LLLT显著提高了触发点的压力阈值。兽医从业人员可能会发现，经过1.5-4.99J/cm$^2$的治疗后，MTrPs对直接触诊的反应可能会降低，但为了记录成功的治疗，需要发表更多关于人和兽医医学的更有价值的研究。没有对激光治疗MTrPs的验证研究，激光治疗应纳入多模式治疗计划，以帮

助治疗成功。

### 治疗性超声

治疗性超声（U/S）可能有助于缓解MTrPs形成前的问题，因为它有助于缓解机械压力、关节功能障碍过载引起的疼痛以及肌肉过载引起的痉挛。治疗性U/S也可能使MTrPs治疗对患病动物更[illegible]

## 侵入性MTrPs治疗

虽然兽医技术人员不允许执行侵入性MTrPs技术，但程序的知识和处理侵入性程序的镇静是重要的。治疗MTrPs的有效方法包括干针技术和局部麻醉药和其他物质的注射。在患病动物中，由于注射疼痛或较大的针径（取决于注射的溶液），注射疗法可能不被接受。诸如局部麻醉药、B毒素、类固醇、B族维生素或顺势疗法药物等可用于MTrPs注射。

用针刺穿触发点的中心引起触痛点（敏感位点）的刺激，产生短期的心理抗伤害作用。这些结果表明，触发点（敏感位点）刺激可能通过调节节段性机制而引起抗伤害性作用，这可能是肌筋膜疼痛管理中一个重要的考虑因素（McCauley, 2013）。

一种更合理的方法是用干式针刺（图17.3）。干式针刺包括触诊韧带，然后将一根针刺针穿过浅表组织，进入可以穿透MTrPs的深层组织。可能会引起LTR，并且将针缓慢移入和移出，直到不再出现更多的LTR为止。Shah（2005和2008）帮助验证了MTrPs的干针疗法以及LTR在推断LTR后P物质和降钙素基因相关肽显著下降方面治疗的重要性。

可以通过针灸针将电刺激引入MTrPs。这会引起肌肉收缩，并可能刺激产生LTR。由于肌肉收缩和MTrPs持续刺激引起的不适，这种技术可能难以在未镇静的患病动物中实施。结果镇静的侵入性MTrPs治疗可能改善治疗结果。侵入性MTrPs之前可以使用非镇静技术，例如按摩、手动和热疗，以使患病动物放松并减轻由于肌肉痉挛引起的不适。

避免过度的镇静作用也可能有助于降低客户[illegible]。

### 镇静用于侵入性MTrPs

在MTrPs治疗中使用的镇静包括局部镇静到全身麻醉，这取决于动物的健康状况和干针的长度。

推荐用于镇静的健康、非肾、肝或心疾病患病动物的药物包括α-2受体激动剂，如犬用右美托咪定，剂量为0.005-0.010mg/kg，猫用剂量0.01-0.015mg/kg；同时使用阿片类药物或部分μ激动剂，如布托啡诺0.2mg/kg，纳布啡0.4-0.5mg/kg；或注射吗啡0.5-1.0mg/kg（犬），0.5mg/kg（猫）；或0.1-0.2mg/kg的氢吗啡酮（犬），0.1mg/kg的氢吗啡酮（猫）。苯二氮草类药物，如咪达唑仑，可与μ激动剂（0.1-0.4mg/kg）联合使用，使患病动物的肌肉得到放松，并可能发生健忘症。不良反应低；然而，这种药物可能会增加镇痛药联合使用的费用。在不稳定的患病动物中，苯二氮卓类药物，如咪达唑仑，可与阿片类药物合用，以提供镇静和肌肉放松（Gaynor & Muir, 2009）。

## MTrPs患病动物的药物治疗和辅助治疗

虽然目前还没有有效治疗MTrPs的系统性药物和保健品的有效研究，但多模式疼痛管理方法将减少疼痛（如果存在），从而可能减少肌肉群中形成的MTrPs的数量。药物疼痛管理在减少补偿和不习惯的肌肉收缩方面起着重要作用，有助于MTrPs治疗的整体成功。

## 兽医技术员和兽医脊椎按摩治疗

***Robin Downing***

疼痛比死亡本身更可怕。

**框17.5 传统的脊椎按摩治疗反映了以下核心信念**

- 身体自我调节和自我修复
- 神经系统是身体的主要系统
- 脊柱运动的改变会对神经系统调节功能的能力产生不利影响
- 通过脊椎按摩调整纠正，管理或最小化椎体半脱位综合征（请参阅下一节），可以优化患病动物的健康状况（Cleveland et al., 2001）

Albert Schweitzer,1931

## 介绍

腰痛是美国工人致残的主要原因（Meeker & Micozzi, 2001）。发表在《英国医学杂志》上的一项研究表明，脊椎按摩矫正治疗下背痛的效果优于医院门诊治疗（Meade et al., 1995）。疼痛是人类患病动物向脊椎按摩治疗师寻求治疗的主要原因（Leach, 1994a）。疼痛和缓解疼痛是脊椎按摩治疗的核心（Bove & Swenson, 2001）。因此，考虑采用脊椎按摩技术减轻动物的疼痛是有意义的。非语言物种疼痛的相关挑战，以及管理疼痛的有限药理学选择都是对动物脊椎指压治疗的探索和应用的激励。为了更好地理解资深技师在兽医脊椎按摩治疗中所起的作用，有必要对脊椎按摩治疗原则和实践有一个全面了解。虽然脊椎按摩治疗只能由一名兽医或一名接受过动物脊椎按摩治疗训练的脊椎按摩治疗师进行，但兽医技术员在约束和定位患病动物接受脊椎按摩治疗部位的方面起着关键作用。

## 脊椎按摩治疗医学简史

脊椎按摩治疗是一门以脊柱操作为基础的医学学科。脊椎按摩疗法（chiropractic）一词来源于“cheir”或“hand”，以及“praxis”或“practice”。“操纵身体及其组织是古老而普遍的”。

脊椎按摩疗法在兽医学中的应用是相对较新的（Pascoe, 2002）。美国兽医协会发表了补充和替代兽医医学指南，其中包含以下关于脊椎按摩治疗的术语/描述：“……兽医手册或操作疗法（类似于整骨、脊椎按摩治疗或物理医学和治疗）……”美国兽医协会（AVMA, 2001），因此将脊椎按摩治疗纳入了补充治疗的类别，以（从字面意义上）用来“补充”传统的同种疗法兽医和患病动物护理。由于它是一种辅助医疗技术，因此最好在开始对动物进行脊骨按摩治疗之前先征得服务对象的同意。

## 椎体半脱位复合体

导致神经系统功能障碍的脊柱病理被描述为“椎体半脱位（VSC）”。与正常情况下，骨骼之间存在着结构上的关系，但与之不同的是，VSC描述的是功能上的异常，而不是结构上的异常。VSC描述了在正常活动范围内被限制活动的脊柱节段。复合体描述了一个椎体相对于邻近椎体的运动丧失。在脊柱框架内不能正常工作的椎骨产生机械应力，从而对周围脊柱肌肉、韧带、椎间盘、关节和其他脊柱组织加速磨损和撕裂。如果不及时治疗，最终会出现疼痛、发炎、触诊压痛、活动力下降和肌肉痉挛/紧张。

有关脊柱护理的详细信息，请参阅Bergmann TF and Peterson, D.H.（2011）Chiropractic Technique: Principles and Procedures, 3rd edn. Mosby: St. Louis, MO.。

理解VSC的概念及其与疼痛的关系的关键是理解结构和功能之间的密切关系。各种各样的VSC模型在患者身上得到了发展，两足动物脊柱的生物力学与四足动物有很大的不同；然而，在两足动物和四足动物的骨骼之间存在着解剖学、结构和功能上的类比，这使得脊椎指压按摩原理可以应用到四足的患病动物身上。

为了知道该治疗什么，指压治疗者必须确定哪一个脊柱节段功能失调，哪一个运动方向受到限制。脊椎指压治疗检查通常包括运动触诊，以评估脊椎各节段之间的关系，并找出运动受损的节段。VSC的描述及其处理被称为“列表”。列表术语提供了关于医生将接触动物身体上的位置、减少运动的方向以及将调整或纠正VSC的方向的信息。列表中的词汇取自人类脊椎按摩疗法，特别是帕尔默·冈斯德系统（the Palmer Gonstead system）（Scaringe & Cooperstein, 2001），尽管在描述动物身体上的类似部位时存在差异，但为了确认其起源，仍保留使用人类脊椎按摩疗法术语。例如，“前”表示“腹侧”，“后”表示“背侧”。VSC列表命名的具体说明不在本章范围之内。

## 脊椎按摩疗法的调整

脊椎指压治疗的核心是医生和患病动物之间的相互配合。脊椎指压矫正包括一个特定的、短杠杆的、高速度的、可控的推力，通过一个特定的向量，将小关节表面置于关节间隙的解剖学极限来恢复运动（Leach, 1994b）。这是特异性的调整，在位置和方向区别于其他非特异性组织的调整。有时在调整过程中，会有一种声音，称为“audible”，是由滑膜气体从滑膜液中释放出来造成的（Leach, 1994b）。

脊椎指压矫正的重点是由两个相邻的脊椎、连接它们的关节，移动关节的由韧带和肌肉维持它们之间距离的结构组成的功能性脊柱单元。在弹性屏障和解剖屏障之间是一个虚拟的/理论的空间，被称为“生理空间”，而脊椎指压矫正就是在这个空间中进行的。这是一个非常小的空间，这意味着调整推力是一个非常低振幅的运动（Scaringe & Cooperstein, 2001）。

调整推力是一种快速、特异、微小的运动，作用于受影响的脊柱节段，其方向是克服所诊断的限制运动，恢复正常节段的运动。预测或感觉最放松的时刻需要练习，为了训练医生能够有效地诊断和调整VSCs，需要触诊很多患病动物（Options for Animals College of Animal Chiropractic, 2008）。

## 对动物脊椎按摩治疗患病动物的评估

脊髓按摩治疗检查应在进行任何调整之前进行。姿势和步态，椎体和四肢触诊，运动触诊的评估，以及骨科和神经系统的评估均属于检查的一部分。无论动物脊椎按摩治疗患病动物的大小，评估、诊断和调整的原则是相同的。脊椎按摩治疗的基础是运动感觉。系统的触诊会发现脊柱和骨盆的不适或感觉改变。犬的触诊的详细说明已在其他地方发表（Downing, 2011），但对于任何物种而言，关键组成部分都包括一种系统的方法，即按摩者用第一和第二指超过3个指节的部分对动物肌肉组织施加约4kg的压力。触诊者如果发现背部疼痛，或者背部周围的区域比周围区域紧张（或较不柔和），则该患病动物可能是转诊进行脊骨疗法评估和调整的最好选择。

当兽医定位到需要调整的不规则节段时，动物可能会远离触诊或以某种方式产生消极反应。在兽医的手指下，周围的软组织可能会痉挛。技术人员需要在控制患病动物时预见到潜在的不适。

体格检查应系统且一致。由于任何物理医学技术都涉及主观性，对患病动物进行日程性的系统评估也可以减少患病动物之间的差异。评估和调整应在足以容纳患病动物的区域进行。为了使患病动物舒适站立，必须有防滑表面。在无噪音或无干扰的区域评估和调整患病动物也很重要。注意那些可能被动物解释为攻击性信号的行为暗示。根据AVMA目前的建议，客户不应该因为脊椎按摩治疗师的安全而限制他们的动物。从业人员有责任在脊骨按摩治疗和治疗期间确保服务对象的安全。应当对动物进行充分的监护——是否有焦虑，躁动或攻击的迹象。确保从业者和客户安全是技术人员的主要职责。如果不能使动物放心，则应停止整脊按摩，直到所有动物都能安全舒适地恢复。

药理学上打破疼痛循环后，最好对疼痛的犬或猫进行调整。如果患病动物感到疼痛，调整前的运动触诊对患病动物来说将是不舒服的，明确VSC的位置和性质可能具有挑战性，任何调整都可能加剧患病动物的疼痛。为了对患病动物进行适当的治疗，应将任何在调整前仍感到疼痛的动物送回其初级保健医生处，以调整其疼痛药物，然后返回进行脊椎按摩治疗。在马类患病动物中，疼痛管理的选择较少，并且脊柱按摩治疗调整本身可以在缓解疼痛方面发挥重要作用。

## 脊椎指压矫正和兽医技术人员

使用单手技术调整伴侣动物，使从业者可以使用相反的手和手臂来帮助稳定患病动物。适当的稳定可以使医生隔离受影响的脊柱节段以进行调节，以及更轻松地使节段绷紧（到达弹性屏障）。此外，适当地稳定患病动物可以确保在调整过程中使用的大部分推力都能到达VSC中的预期组织（Options for Animals College of Animal Chiropractic, 2008）。适当的稳定而没有过多的约束似乎可以使患病动物放心，让其放松调整，使脊椎治疗尽可能有效。可以通过稳定患病动物的3条腿来进行肢体调整，以便脊椎按摩师可以一次隔离一个关节进行调整。许多动物脊椎按摩治疗提供者报告说，那些通过脊椎按摩调整治疗成功的犬类患病动物似乎“享受”它们随后的经历。观察到犬急躁地想进入脊椎护理室是很常见的事。

马的脊椎指压矫正技术会因矫正的位置而有所不同。颈肌的调整采用的技术是一只手固定马

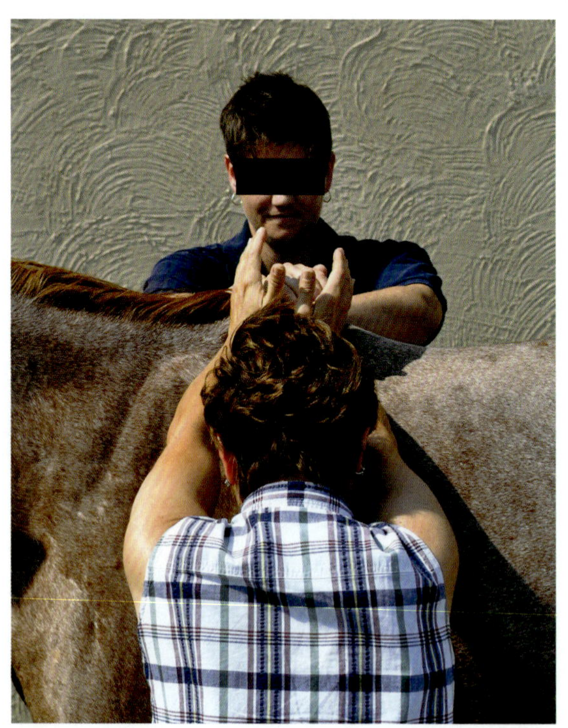

**图17.7** 兽医技术人员正稳定在需要调整部分的上方和下方。来源：照片由Dr. Heidi Bockhold提供。

的头部，另一只手进行调整（图17.7）。

脊柱和骨盆使用双手技术进行调整，根据调整的位置和方向，技术人员可能需要对动物提供稳定支持（图17.8）。

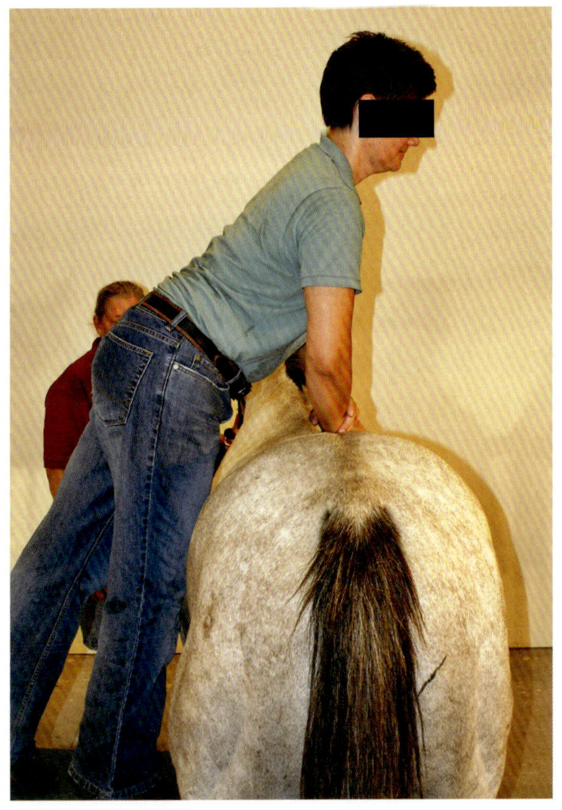

**图17.8**　兽医技术员和脊椎调整医生站在马的同一侧。来源：照片由Dr. Heidi Bockhold提供。

**框17.6　不应接受脊椎指压治疗包括（但不限于）以下情况**

- 感染区
- 骨折
- 急性椎间盘突出或破裂
- 剧烈疼痛
- 关节脱位（例如，创伤性股弓脱位）
- 急性关节的扭伤或拉伤
- 脑膜炎/脑炎

马肢的调整是通过抬腿、一次分离和调整一个关节来完成的。

常识将决定哪些患病动物或身体上的位置不应该用脊柱疗法调整来治疗。

兽医技术人员对脊椎动物病例的参与将取决于实践、从业者的偏好和具体案例。在技术人员首次与客户和患病动物接触的实践中，技术人员将获取初步病史并进行初步检查和疼痛评估，并在调整开始前向脊椎按摩治疗师报告结果。在调整期间，按摩师为脊柱病患病动物提供所需的保定，并稳定地进行特定治疗调整。

对于马脊椎患病动物，当调整沿脊柱或骨盆时，技师通常将位于马的头部与脊椎按摩师同一侧。在调整胸椎时，技术人员将对脊椎按摩师对面的背棘突提供稳定。每个技术人员的手、姿势和身体的精确位置会因从业人员的不同而不同。在协助做脊椎指压按摩调整时，询问有关身体位置的指导总是合适的。

对于犬类脊椎按摩治疗患病动物，兽医技术员的角色将根据患病动物的大小而有所不同（图17.9）。

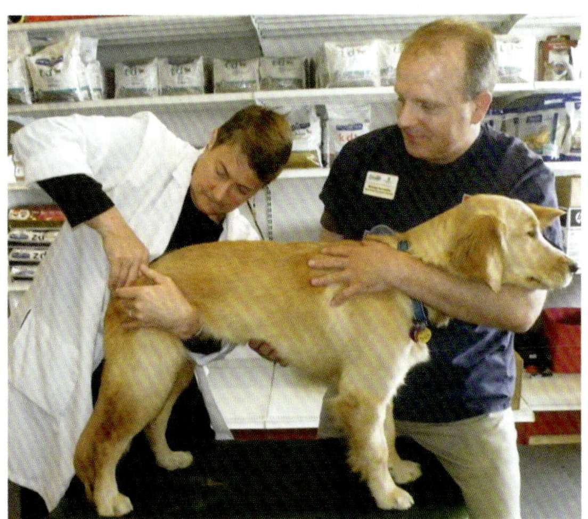

**图17.9**　盆腔调整时给予适当的最低限度的限制。来源：照片由Robin Downing提供。

对于较大的犬，技术人员将提供适当的约束，让脊椎按摩师隔离需调整的部分。在调整胸廓时，技术人员除了要控制患病动物外，还要通过将手平放在与调整相对的胸腔一侧来稳定适当的肋骨（图17.10）。

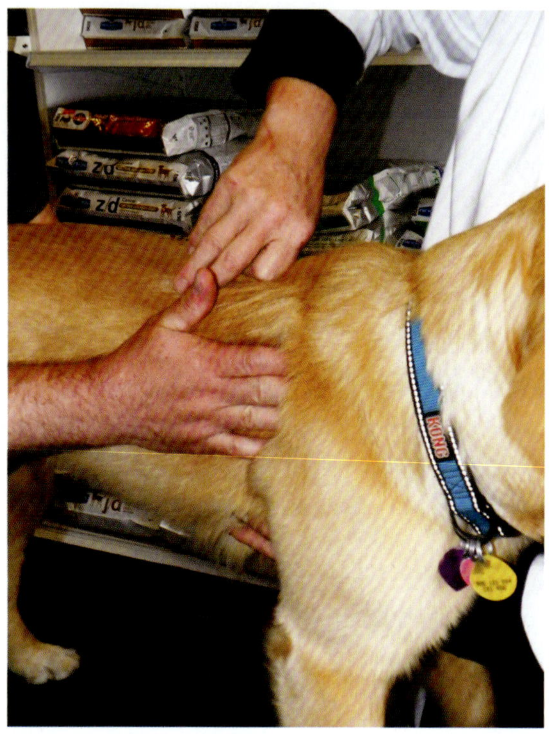

**图17.10** 在犬调整过程中稳定胸腔的手的位置。来源：照片由Dr. Robin Downing提供。

对于肢体调整，兽医技术人员应该帮助平衡犬，而脊椎按摩治疗师隔离和调整每个关节。最后，技术人员通常会在枕骨-C1调整期间稳定C1。

由于在脊椎按摩疗法调整过程中，每个从业者的手、身体和患病动物位置都有其自己的细微变化，因此始终最好寻求指导以提供最佳帮助。

## 脊髓按摩疗法和猫

虽然目前对兽医和脊椎治疗师的动物脊椎按摩原理和技术的培训主要集中在马和犬上，但所有四足动物都有许多结构、功能和生物力学上的共同之处。因此，当猫应用到VSCs时，采用脊椎指压矫正应该会对它们有好处。猫科患病动物因“掩盖”疼痛症状而闻名，这使得疼痛识别和后续治疗变得非常具有挑战性。猫的诊断和调整原理与犬相同，包括在调整前减轻明显疼痛来为患病动物提供最好的结果和体验。这也意味着适当的轻柔操作，以确保患病动物、助手和从业人员的安全。猫可能比一般的犬更强烈地反对约束。同样地，猫在评估和调整时也不会静止不动。猫通常需要从业者方面有一定的灵活性，以便完成适当的脊椎按摩治疗和诊断（图17.11）。

由于其体积小，兽医技术人员在猫脊椎指压矫正治疗中的作用可能主要是分散患病动物的注意力，使其尽量减少对治疗的抵抗。

## 总结

虽然兽医技术员了解兽医脊椎按摩治疗的原理和方法是很重要的，但不建议技术人员进行动物脊椎按摩治疗调整。

患病动物脊椎按摩治疗研究的必要性是显而易见的。脊椎指压治疗提供了一种可理解的策略来加强药理学和其他疼痛管理策略的效果。脊椎按摩疗法在公认的宠物治疗方法中的未来地位将取决于严格的临床研究结果。兽医技术人员应与那些为他们的患病动物带来脊椎按摩疗法有益的医生携手合作，在为伴侣动物提供脊椎按摩护理方面发挥重要作用。

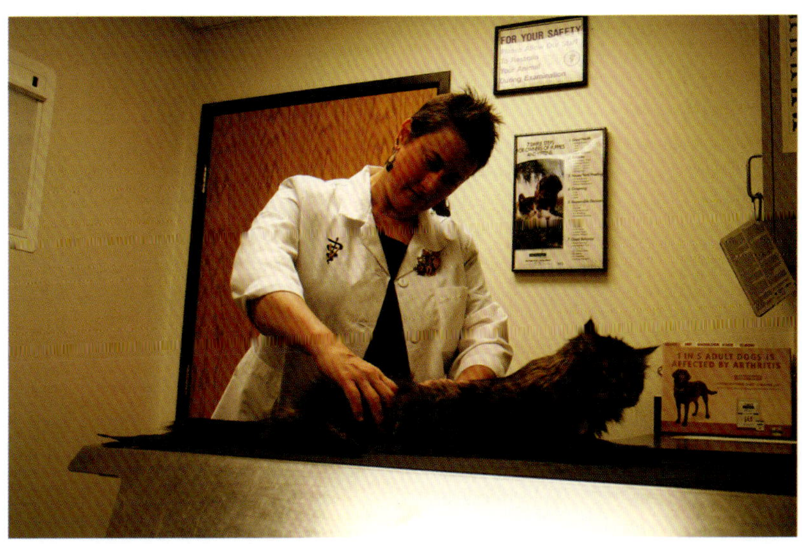


**图17.11**　当调整猫时，检查台可以用来稳定患病动物。来源：照片由Dr. Robin Downing提供。

## 推荐阅读

[1] Airaksinen, O., Rantanen, P., Kolari, P.J. *et al.* (1988) Effects of IR (904nm) and He-Ne (632.8nm) laser irradiation on pressure algometry at TPs. *Journal of Acupuncture and Electrotherapy*, **3**, 56–61.

[2] AVMA (2001) AVMA guidelines for complementary and alternative veterinary medicine. *Journal of the American Veterinary Medical Association*, **218**, 1731.

[3] Bove, G. & Swenson, R. (2001) Nociceptors, pain, and chiropractic. D. Redwood & C.S. Cleveland (eds), *Fundamentals of Chiropractic*, Mosby, St. Louis, MO, p. 187.

[4] Chen, K.H., Hong, C., Hsu, H. *et al.* (2010) Dose-dependent and ceiling effects of therapeutic Laser on Myofascial Trigger Spots in rabbit Skeletal Muscles. *Journal of Musculoskeletal Pain*, **18** (**3**), 235–245.

[5] Cleveland, A., Phillips, R. & Clum, G. (2001) The chiropractic paradigm. D. Redwood & C.S. Cleveland (eds), *Fundamentals of Chiropractic*, Mosby, St. Louis, MO, pp. 15–27.

[6] Dommerholdt, J. & Huijbregts, P. (2011) *Myofascial Trigger Points-Pathophysiology and Evidence-Informed Diagnosis and Management*. Jones and Bartlett Publishers, Sudbury, MA.

[7] Downing, R. (2011) Managing chronic maladaptive pain. *NAVC Clinician's Brief*, August, 15–19.

[8] Gaynor, J. & Muir, W., III (2009) *Handbook of Veterinary Pain Management*, 2nd edn. Mosby, St. Louis, MO.

[9] Gerwin, R.D., Dommerholdt, J. & Shah, J.P. (2004) An expansion of Simons' integrated hypothesis of trigger point formation. *Current Pain and Headache Reports*, **8**, 475–478.

[10] Hains, G., Descarreaux, M. & Hains, F. (2010) Chronic Shoulder pain of myofascial origin: a randomized clinical trial using ischemic compression therapy. *Journal of Manipulative Physio Therapy*, **33** (5), 362–369.

[11] Jones, L.H. (1981) *Strain and Counterstrain*. American Academy of Osteopathy, Newark, OH.

[12] Karu, T.I. (1989) Photobiology of low-power laser effects. *Health Physics*, **56**, 691–704.

[13] Leach, R.A. (ed) (1994a) Appendix B: integrated physiological model for VSC. *The Chiropractic Theories: Principles and Clinical Applications*, 3rd edn, Williams & Wilkins, Baltimore, MD, pp. 373–394.

[14] Leach, R.A. (ed) (1994b) Manipulation terminology. *The Chiropractic Theories: Principles and Clinical Applications*, 3rd edn, Williams & Wilkins, Baltimore, MD, pp. 16–22.

[15] McCauley, L. (2013) IVAPM pain management core review real time session 5: clinical applications I—Non-pharmacologic pain management; Drs. Janet Van Dyke and Laurie McCauley, The Veterinary Information Network.

[16] Meade, T.W., Dyer, S., Browne, W. *et al.* (1995)

Randomised comparison of chiropractic and hospital outpatient management for low back pain: results from extended follow-up. *British Medical Journal*, **311**, 349–351.
[17] Meeker, W. & Micozzi, M. (2001) Forward. D. Redwood & C.S. Cleveland (eds), *Fundamentals of Chiropractic*, Mosby, St. Louis, MO, pp. ix–xi.
[18] Mense, S. & Gerwin, R.D. (2010) *Muscle Pain: Diagnosis and Treatment*. Springer-Verlag, Berlin.
[19] Mester, A.F. & Mester, A. (1989) Wound–healing. *Laser Therapy*, **1**, 7–17.
[20] Millis, D., Levine, D. & Taylor, R. (2004) *Canine Rehabilitation & Physical Therapy*. Saunders, St Louis, MO.
[21] Options for Animals College of Animal Chiropractic (2008) *Basic Animal Chiropractic Course Notes*. Options for Animals, Wellsville, KS.
[22] Pan, X.P., Zhang, B.H., Wang, D.L. *et al.* (1984) Electro-acupuncture analgesia and analgesic action of NAGA. *Journal of Traditional Chinese Medicine*, **4**, 273–278.
[23] Pascoe, P. (2002) Alternative methods for the control of pain. *Journal of the American Veterinary Medical Association*, **221** (**2**), 222–229.
[24] Pert, A. (1982) Mechanisms of opiate analgesia and role of endorphins in pain suppression. *Advances in Neurology*, **33**, 107–122.
[25] Scaringe, J.G. & Cooperstein, R. (2001) Chiropractic manual procedures. D. Redwood & C.S. Cleveland (eds), *Fundamentals of Chiropractic*, Mosby, St. Louis, MO, pp. 257–291.
[26] Shah, J.P., Phillips, T.M., Danoff, J.V. *et al.* (2005) An in vivo microanalytical technique for measuring the local biochemical milieu of human skeletal muscle. *Journal of Applied Physiology*, **99**, 1977–1984.
[27] Shah, J.P., Danoff, J.V., Desai, M.J. *et al.* (2008) Biochemicals associated with pain and inflammation are elevated in sites near to and remote from active myofascial trigger points. *Archives of Physical Medicine and Rehabilitation*, **89**, 16–23.
[28] Simons, D.G. & Stolov, W.C. (1976) Microscopic features and transient contraction of palpable bands in canine muscle. *American Journal of Physical Medicine*, **55** (**2**), 65–68.
[29] Simons, D.G., Travell, J.G. & Simons, L.S. (1999) *Travell and Simons' Myofascial Pain and Dysfunction: The Trigger Point Manual, Volume 1 Upper Half of Body*, 2nd edn. Williams & Wilkins, Baltimore, MD.
[30] Skidar, S., Shah, J.P., Gebreab, T. *et al.* (2009) Novel applications of ultrasound technology to visualize and characterize myofascial trigger points and surrounding soft tissue. *Archives of Physical Medicine and Rehabilitation*, **90** (**11**), 1829–1838.
[31] Takeshige, C. (1985) Differentiation between acupuncture and non-acupuncture points by association with analgesia inhibitory system. *Acupuncture & Electro-therapeutics Research*, **10** (**3**), 195–202.
[32] Xie, H. & Preast, V. (2005) *Traditional Chinese Veterinary Medicine, Vol. 1 Fundamental Principles*. Jing Tang, Reddick, FL.
[33] Xie, H., Furguson, B., Deng, X. & Zhang, K. (2006) *Application of Tui-Na in Veterinary Medicine*. Chi Institute of Chinese Medicine Inc, Reddick, FL.
[34] TCVM for Veterinary Technicians Course. Chi Institute. www.tcvm.com [accessed on May 12, 2014].
[35] Schwartz, C. & Schwartz, M.D. (1996) *Four Paws, Five Directions: A Guide to Chinese Medicine for Cats and Dogs*. Berkeley, CA: Celestial Arts.
[36] Snow, A., Zidonis, N. & Stroh, C. (1999) *The Well-Connected Dog: A Guide to Canine Acupressure*. Denver, CO: Tallgrass Publishers, LLC.
[37] Veterinary Message and Rehabilitation Therapy Program. Healing Oasis Wellness Center. www.healingoasis.edu [accessed on May 12, 2014].
[38] Zidonis, N.A., Snow, A., Stroh, C. & Bicks, J. (2000) *Acu-Cat: A Guide to Feline Acupressure*. Denver, CO: Tallgrass Publishers, LLC.

# 第18章 临终关怀疼痛管理

18

Amir Shanan

照顾慢性和绝症动物同伴会导致人与动物之间的关系发生变化，这可能对看护人（家庭）的心理健康产生重大影响。特别是在生命的最后阶段，看护人有十分急切的需求——想向动物提供舒适的环境，并且想缓解其疼痛，以及提供爱。这反映出看护人对动物的强烈依恋感（Adams et al., 2000）。动物临终关怀和姑息治疗是满足这一需求的系统。兽医助理是必不可少的，非常适合在完成这一使命中发挥核心作用。当兽医或宠物家庭认识到宠物患了重病，因此开始对宠物进行临终关怀护理时，在保持患病动物舒适度方面应优先考虑其治疗，而不是尝试进一步治愈。姑息治疗是根据患病动物和家属的选择来进行治疗的，前提是要了解这些选择是什么。姑息治疗由多学科团队提供，适用于接受治疗的接近生命终点的患病动物。

临终关怀医院为重症或濒临死亡的患病动物提供姑息治疗，使患病动物能够尽可能充实地生活直至死亡（或没有安乐死），这样家庭就可以为精神上和情感上的损失做好准备。临终关怀和姑息治疗计划由家庭的目标和偏好决定，并得到医疗保健团队的支持和指导（图18.1）。

**图18.1** Anne Bialkowski太太和她心爱的狗"Willow威洛"在它的临终关怀治疗期间。

有关临终关怀和姑息治疗的详细信息，请阅读Shearer, T.S.（2011）Palliative Medicine and Hospice Care. Veterinary Clinics of North America: Small Animal Practice; Elsevier; Philadelphia, PA; 41（3）.

在日常运作方面，我们成立了动物医院及姑息护理队，提供服务，以达到下列目标：

1. 减少患病动物的疼痛，减轻疼痛和不适。这是通过使用医疗、物理和外科治疗以及精心的、积极的护理来实现的。团队随时待命，以

确保患病动物的不适可以在任何时候最小化

2. 通过提供必要的情感支持来减少患病动物的疼痛，以应对即将失去心爱伴侣的情况，团队通过提供关于悲伤的正常表现的信息，承认和确认照顾者的感受，并表现出同理心来提供支持。这种支持在诊所访问、家访以及电话和电子邮件通信中均应提供
3. 规划一条最不后悔的道路。临终关怀使看护人及其宠物能够享受尽可能多的优质时间，并在平静、熟悉的环境中度过生命的最后几天，并根据需要提供支持和指导。临终咨询是旨在支持和指导照料者在照料他们所爱的动物时做出艰难决定的会议
4. 创造深刻而美好的生命终结体验，在动物生命的最后几个小时提供支持性护理，以确保动物平静而有尊严地死去

## 兽医助理的工作环境

临终关怀和姑息治疗是兽医助理一个独特的工作环境，具有几个特点。

首先是兽医助理（因为与患病动物和看护者的大部分互动都发生在看护者家里）。必须有很强的适应能力，能够在新的环境中执行任务——这些环境主要是为人类和动物的居住而设计的，而不是为动物的护理而设计的。在护理人员的家里工作容易让人分心，需要有能力在医疗设施之外保持专业行为。然而，最重要的是，提供家庭照顾为建立关系和获得对动物和看护者更深入的了解创造了独特的机会。当临终关怀和姑息治疗团队要求指导看护人做出最困难的决定时，这些关系和见解是至关重要的。

其次，在临终关怀和姑息治疗环境中，必须在疾病、残疾和即将死亡引起的悲伤之间保持平衡。此外，必须尊重对动物和看护者享受的剩余时间和生活质量的重视。看护者正在经历预期的悲伤，这个术语总结了照料快要寿终正寝的爱宠时经历的许多不同情绪。他们的照顾经历将成为他们一生中所拥有经历的一部分。

第三，临终关怀是充满道德困境的环境。当护理人员做出的决定与兽医助理和其他临终关怀提供者认为最符合动物利益的决定不同时，要给予同理心也是一项挑战。

## 助理在临终关怀和姑息治疗中的角色

助理在临终关怀和姑息治疗护理中起着重要的作用。

### 接收患病动物

接收患病动物首先要进行广泛的面谈，以达到双重目的。在接受问诊的过程中，兽医助理收集患病动物和宠主的相关信息，并对患病动物和护理人员表示同情，表现出关怀的家庭关系。

### 护理计划

一旦家庭和主治兽医同意了最初的护理计划，就会召开一次临终关怀小组会议，根据家庭的背景、挑战、资源和偏好，制定出患病动物和护理人员详细的、个性化的护理计划。

### 提供护理

助理参与提供姑息和临终关怀护理的以下方面：

#### 惯例

临终关怀兽医负责根据护理人员的信念和目

标，建议最有可能保护和维持动物生活质量的治疗方案。必须注意尽量减少药物相互作用和不良反应。必须考虑患病动物对用药的反应，以及照顾者的资源，例如时间和资金可用性，体力和动力。根据看护者的兴趣和开放程度，补充治疗和替代治疗方法可以包含在总体治疗计划中。兽医助理再将兽医的建议传达给看护者，确保看护者理解并积极参与和执行建议方面发挥着重要作用。

### 跟进、评估及监察

最佳的监测方法是：

- 由看护人亲自通过电话或电子方式向临终关怀团队提供进展报告
- 兽医助理复核检查
- 兽医的复核检查
- 如适用，重复收集实验室数据

患病动物评估可以在兽医助理的临终关怀的家访期间进行。

### 护理教育

为照顾者提供资讯及其他资源，是动物临终关怀及姑息治疗小组全体成员的共同任务。兽医护理人员可以接受培训，提供广泛的知识信息，包括治疗动物的技术，观察动物行为，日常生活活动，症状识别，以及死亡和濒死。

### 看护者的培训

兽医应确保看护人掌握必要的技能，以执行许多动物护理任务，包括管理口服、直肠和注射给药，洗澡，准备干净舒适的床上用品，使用吊索和靴子，识别出细微的疼痛行为迹象，实现膀胱松弛，躺着动物的翻身。兽医还必须善于教看护人动物行为和处理的实用方面。

对于护理人员来说，任何不熟悉、笨拙的或不安的任务都必须得到演示和实践。有机会在兽医的支持下，一次或多次执行任务，这常常使焦虑、有不安全感的看护人相信他们可以执行任务。

### 设置物理环境

兽医助理可就护理人员的设备和方法提供意见，以保持动物周围的清洁，确保动物睡在适合其情况的舒适床上，并采取措施保护动物免受自残。室内温度、湿度和照明可以调节到最舒服的模式。兽医助理可以帮助护理人员在家庭环境中选择和安装辅助设备，如坡道、门、增强地板摩擦力和牵引力等。

### 社会环境

与人类家庭成员和其他动物的互动是动物生活质量的重要组成部分。兽医助理可以引导和鼓励看护人员专注于与动物共度有温馨的时光，以满足他们的情感需求。

### 家庭支援

与看护人沟通需要知识、理解和敏感性。必须向动物和看护者展示同理心。临终关怀提供者可以提供的最有价值的礼物通常是在分享他们的故事和他们的担忧时主动倾听看护人的声音。兽医人员应承认宠物对家庭的重要性。验证和规范家庭对预期悲伤的情绪，有助于看护人顺利完成正常的悲伤过程（Lagoni et al., 1994）。在其专业知识范围内，兽医助理可以提供指导并授权看护人做出他们面临的困难决定。兽医必须在情感上容易接近，并在看护人最需要的时候到场。

## 疼痛管理

认识和减轻疼痛是提供临终关怀和姑息治疗

的中心目标。管理疼痛对动物的生活质量有很大的帮助，并解决了看护者的相关焦虑。兽医助理在临终关怀和姑息治疗中最重要的职责之一，是提高看护人对疼痛与动物生活质量之间的强烈联系的认识。对看护人进行教育，使其有时会意识到动物行为中的微妙疼痛，这是兽医的职责。反复强化信息并指出行为发生的情况，对于实现客户的依从性至关重要，并且是兽医临终关怀助理角色的重要组成部分。

## 疼痛识别

当动物经历疼痛，尤其是慢性疼痛时，它们的行为可能会以不易察觉的方式发生变化。请参阅本书第2章，了解伴侣动物对疼痛的感知。

## 疼痛管理

在管理临终关怀患病动物的疼痛时要问的一个重要问题是："这种治疗为患病动物提供的舒适感是否能超过因服药引起的不适感或不良反应呢？"临终关怀动物患病动物经常遭受多种问题，并且他们的状况会迅速改变。临终关怀团队必须保持警惕，并经常重新评估疼痛管理干预措施的风险和收益。

## 临终关怀和姑息治疗的常见情况和疼痛

### 肿瘤

肿瘤形成可影响任何器官系统或解剖位置，包括但不限于面部、头部和颈部、胸部、腹部、四肢、脊柱和中枢神经系统。在人类，30%-60%的癌症患者在诊断时报告疼痛；70%或更多的患病动物在晚期报告疼痛（Fox, 2010）。骨肿瘤以及非牙龈起源的口腔中的软组织肿瘤也会引起特别严重的疼痛。胃肠道（GI）肿瘤会导致溃疡或胃肠道扩张。肿瘤压迫或侵犯周围神经组织会引起神经性疼痛，可能特别难以治疗。侵袭性和溃疡性皮肤肿瘤通常很疼痛（Fox, 2010）。典型的癌症轨迹是患病动物保持高水平的机能，直到疾病的晚期，这是在相对短的几周（有时只有几天）的短时间内发生的急剧下降，从而导致死亡。任何阶段的疾病都可能出现疼痛，看护者和提供者都必须认真观察是否有疼痛迹象。如果涉及的肿瘤类型可能引起疼痛，即使未发现明显的体征，也应考虑进行治疗性试验。

### 骨关节炎

骨关节炎从定义上讲是疼痛的，无论是患病动物的主要诊断还是合并其他原发疾病的合并症，都应治疗。在疾病的晚期，如果患病动物无法长时间站立或在没有外部支持的情况下站立，就有必要实施积极的行动辅助干预措施或考虑安乐死。在临床表现中，晚期骨关节炎的表现与神经功能缺损可能无法区分，在某些情况下两者可能并存。对积极的多模式疼痛疗法的反应可能是区分两者的唯一方法。有关骨关节炎（OA）和疗法的详细信息，请参阅第6章、第14章、第15章和第16章。

## 特定程序和特殊问题的镇痛

临终关怀和姑息治疗患病动物的镇痛和麻醉方案与具有类似医疗条件和危险因素的其他患病动物的镇痛和麻醉方案相似。然而，在临终关怀和姑息治疗中评估风险与收益之间的平衡是特殊的。必须在计划中与家人仔细考虑并讨论平衡问题：

- 诊断程序，如成像、活检、血液或尿液标本采集
- 治疗程序，如放置导管或喂食管、物理治疗、伤口护理，以及不太常见的姑息性手术
- 药物制剂的选择，包括镇痛药物及其给药途径

- 非医疗护理，如洗澡、梳洗或运输

建议的每一项手术都应该向看护人解释，以便为患病动物做出明智的决定。

## 倡导

兽医助理在临终关怀团队中扮演着重要的角色，既是患病动物的倡导者，也是人类看护人的倡导者（Thacker, 2008）。患病动物和护理者在无力、无助、易受伤害或无法清晰沟通时，需要倡导，这些都是患病动物和护理者在生命末期经常遇到的问题。

兽医通常是向宠物主人传达一些困难信息的人，比如宠物的死亡情况。如果兽医的沟通没有传达同情看护人，那么兽医助理必须扮演倡导者的角色，担当富有同情心的传播者和信息翻译的角色。助理可以用不同的方式解释会诊期间所说的话，帮助看护人了解医疗信息以及他们自己在这种情况下的感受。

兽医助理处于独特的地位，通过记录患病动物的护理计划和医疗记录，并在交接班和多学科小组查房时进行口头讨论，向兽医团队的其他成员传达家属的关切和感受（Hebert et al., 2011）。

## 对即将死亡的患病动物实施安乐死和镇痛

兽医团队在生命的最后阶段和死亡期间将工作重点转移到为患病动物和家人尽可能地提供舒适与平静。

安乐死，从字面上的意思是“好死”，是指通过使用不引起疼痛、不适或焦虑的方法进行的医疗干预，有意终止生命。从历史上看，安乐死一直是主流兽医护理中首选的方法，可以消除生命有限的患病动物的疼痛。在动物临终关怀和姑息治疗中，安乐死是一种可以接受的选择，在其他方式失败或其他方式无法使用的情况下，通过平静和人道地结束生命来减轻动物的疼痛。

自然死亡是一个术语，用来表示动物照顾者的愿望。作为患病动物的看护人，让死亡过程尽可能舒适地进行，而不干预安乐死。自然死亡是一种动物临终关怀和姑息治疗的可接受的选择，只要动物能被保持在一个舒适和无疼痛的状态。

动物的看护人作为患病动物的代理人，有权利和责任决定什么对动物最有利。看护人和兽医团队必须努力合作，做出临终决定，以使动物的利益得到最好的服务。

## 安乐死

在计划安乐死时，动物的舒适度总被放在第一位。在家庭环境中实施安乐死是很理想的，原因有很多。它消除了将虚弱的、可能有疼痛感的动物转移到医疗中心的需要，为家庭提供了最佳的隐私。如果必须使用诊所环境进行安乐死，诊所工作人员应鼓励家人和宠物一直在一起。程序的每一部分都应该是在一间舒适的房间里进行，在实施安乐死之前和之后都给家人留下了隐私。安乐死应该在家人能够安全且舒适地团聚的地方进行。

安乐死期间应允许并鼓励看护人在场。由于动物临终关怀通常涉及许多人的参与，因此请求该程序的人应考虑在动物死亡期间将在场的人。

正确实施安乐死是一种无痛的医疗程序，可在数分钟内导致死亡。主治兽医应充分理解所有已批准的美国兽医协会（AVMA）安乐死技术。在可行的情况下，首选的方法是通过留置IV导管静脉注射批准的基于戊巴比妥的安乐死溶液。由于临终关怀患病动物通常在生理功能上受到损害

（脱水，患有呼吸窘迫，容易癫痫发作等），所以应确保对其他安乐死技术的了解。如果一种方法因患病动物的病情而失败，则可以快速有效地实施另一种方法。戊巴比妥安乐死溶液的腹腔和肾内注射是麻醉或昏迷患病动物有效且符合道德的方法。心内注射仅应在麻醉患病动物中作为最后手段。

在可行的情况下，在安乐死之前给动物镇静是非常可取的，并且被认为是所有兽医患病动物的护理标准。笔者发现，将Telazol（2–4mg/kg静脉注射）和布托啡诺（0.2–0.4mg/kg静脉注射）联合使用可有效诱导犬、猫的镇静作用和肌肉松弛。即使在严重失调的患病动物（如失代偿性心力衰竭的患病动物）中，严重的心血管和/呼吸抑制也极为罕见。对于没有留置静脉内导管的患病动物，可以肌内或（在猫中）皮下注射相同的组合药物。但是，注射部位有1–2min的暂时性局部轻度疼痛。

在药物充分发挥作用之前，可能会出现躁动。这些问题必须与留置静脉导管可能带来的压力和通过直接静脉注射给药镇静药物的外渗风险进行权衡。

关于安乐死技术的详细信息，请阅读，Cooney, K.A.（2012）Veterinary Euthanasia Techniques: A practical guide. Wiley–Blackwell, Ames IA, and the AVMA Guidelines for the Euthanasia of Animals: 2013 Edition.。

虽然安乐死要人道化，不需要安乐死前的镇静或麻醉，但AVMA安乐死指南（AVMA, 2013）建议尽可能对动物实施安乐死前进行镇静或麻醉。镇静大大降低了经历压力的可能性。照顾者很高兴看到他们的伴侣动物摆脱环境压力，并能够在死亡时保持平静。主治兽医的责任是评估实施安乐死前镇静或麻醉的益处与风险之间的关系，或者是否建议不施以镇静而进行安乐死。

## 自然死亡

兽医在没有经历安乐死的情况下，没有经过正式的培训来处理死亡过程。许多兽医从业人员只有很少的机会看到动物死亡或在生命的最后几个小时提供直接护理，而没有进行任何挽救生命的干预或安乐死。以下段落中的信息是基于人类患者的证据，他们可以口头描述他们生命中最后几个小时的经历（Emanuel et al., 2005）。尽管可能难以获得证据，但积累的科学证据表明，许多哺乳动物具有与人类相同的感觉、感受和情感（Balcombe, 2006）。有证据表明，从人类经验中推断动物可能经历了什么，可以提供大量信息，并通过观察和解释动物的非语言交流来补充所收集的信息。

末期临床衰退（在活动能力消退之前）是一个概括在生命的最后几天、几小时和一瞬间发生的各种生理变化的术语。识别和治疗末期临床衰退期间的患病动物的疼痛具有挑战性，需要彻底了解生命的最后阶段的生理变化、临床体征和行为。

末期临床衰退早期常见的体征和变化包括躁动不安，无法让自己获得舒适，社交互动减退，嗜睡增加以及食物和水摄入减少。在末期临床衰退（活动消退）的晚期，呼吸、心血管、肾脏和神经系统功能的大幅变化是常见的。

与死亡过程相关的神经系统变化是多个并发的不可逆因素的共同结果。肌肉僵硬，张开嘴巴和四肢感觉丧失是正常的。在大多数患病动物中，精神状态的改变可能表现为意识水平下降，进展为昏迷，半昏迷状态，死亡。没有眼睑反射表明昏迷程度很深，相当于手术麻醉。在少数患病动物中，精神错乱与死亡相关，表现为末期谵妄，这种状态表现为困惑、焦虑、不安和/或激动（Emanuel et al., 2005）。

## 疼痛管理

兽医助理与面临死亡的患病动物相处的时间比兽医小组的任何其他成员都要多。作为患病动物舒适度的倡导者，他们经常参与症状评估。处理疼痛、呼吸窘迫、饥饿、口渴、疲劳、抑郁和焦虑的感觉是确保死亡过程尽可能无压力的首要因素。

生命末期的疼痛治疗遵循通用的多模式疼痛管理原则，其中非甾体抗炎药（NSAIDs）和阿片类药物是有效镇痛的基础。如有需要，可辅以辅助药物。笔者发现加巴喷丁（每日2-4次，初始剂量5-10mg/kg，如果需要，可每5d增加50%剂量）和金刚烷胺（长期1次，每日3-5mg/kg）。对于严重的癌症和骨关节炎疼痛有帮助。所有药物的有效剂量可能难以预测，因此需要进行频繁评估。必须考虑使用高于或低于建议剂量范围的剂量。潜在的长期不良影响，例如肝功能衰竭和药物成瘾，关系不大；相反，在数小时内对患病动物舒适度产生负面影响的不利影响需要立即重新评估治疗计划。镇静是许多镇痛药的常见不良反应，尤其是在大剂量时。优先考虑在患病动物生命结束时获得舒适感而不是失去意识，这在医学上具有挑战性，并且可能对护理人员和动物临终关怀专业人员造成道德上的困扰。

对临终患病动物口服药物可能很困难，并且经常给患病动物和护理人员造成创伤。尽可能使用含服，黏膜，直肠或皮下给药途径。如果已经安装了导管，则静脉内途径比较方便。仅在没有其他选择的情况下，才应使用口服和肌内给药途径。

如果患病动物是半意识、昏迷或精神错乱，则难以评估疼痛。尽管许多护理人员担心疼痛会随着患病动物的死亡而突然加重，但没有证据表明这种情况会发生（Emanuel et al., 2005）。当发生生理征兆（例如短暂性心动过速，愁眉苦脸和持续的面部紧张）时，必须考虑疼痛的可能性。伴随晚期谵妄而来的躁动和呻吟有时很难与疼痛区分开。对试用剂量阿片类药物的阳性反应可能表明会出现疼痛的可能性。

## 对宠物去世家庭的支持

兽医可以为护理人员提供指导和帮助，使其能够做出有关宠物死亡的艰难决定。这可能包括安乐死的时间或地点。兽医助理还提供有关安乐死或不安乐死死亡时的预期信息。伴随晚期谵妄的躁动和不安而来的呻吟和扮鬼脸常常被误解为身体上的疼痛，如果不加以控制，对观察者（包括护理人员和兽医团队成员）来说可能是非常难过的（Emanuel et al., 2005）。兽医助理可以教育患病动物家属更好地了解病情、情况的不可逆性以及处理的方法。尤其重要的是，所有旁观者都要明白，患病动物的经历可能与他们所看到的大不相同。

兽医助理必须接受有关悲痛过程的教育，并接受培训，以便在宠物死亡之前、期间和之后为看护人提供富有同情心的情感支持。动物死亡后对照顾者的跟进加强了动物临终关怀团队真心关心动物和照顾者的讯息。对兽医助理来说，接受培训以识别表明看护人可能正在经历复杂悲伤的行为是很有价值的，可以提供转诊给有执照的咨询师。

## 总结

临终关怀和姑息治疗创造了一个环境，在此环境中，兽医助理具有独特的机会来见证，支持和参与深厚的人畜关系。兽医助理对动物和照顾者问题的深刻见解，在要求临终关怀团队指导家庭做出最艰难的决定时，是至关重要的。识别和减轻疼痛是提供临终关怀和姑息治疗的主要目标。兽医在临终关怀和姑息治疗中最重要的职责之一是提高护理人员对疼痛与动物生活质量之间关系的认识。

不论病因如何，大多数模式，跨学科的疼痛管理策略均适用于所有临终关怀和姑息治疗患病动物。要控制剧烈疼痛，需要按时服用药物，而不是等待突破性疼痛发生。目标是使用最低有效剂量的药物提供最佳的疼痛缓解水平。

临终关怀患病动物经常遭受多种问题，因为它们的状况可能会迅速改变。临终关怀团队必须经常重新评估所有可用疼痛管理方案的风险和收益。动物的看护人作为患病动物的代理人，有权利和责任决定在面对绝症的身体不适和情绪困扰时动物的意愿。安乐死是一种公认的选择，它可以通过其他方式失败或无法使用的方式，通过平静，人道地结束生命来减轻动物的疼痛。当动物的看护人选择允许死亡过程进行而不安乐死时，自然死亡是可以接受的选择，只要该动物可以保持在合理的舒适度和无疼痛的状态即可。

参与动物生命终结护理的兽医助理必须了解患病动物的健康状况，动物看护人定义的护理目标，预期过程和与死亡过程相关的临床体征，以及管理这些临床体征的选项。

临终护理的兽医助理必须在患病动物、护理人员和兽医团队的倡导之间取得平衡。他们参与计划，协助提供医疗服务，教育看护人并提供富有同情心的情感支持。他们在指导看护人迈向无悔的道路上具有重要作用，因此，临终看护的经验可以为他们提供最终的精神馈赠和良好的养育感。

## 推荐阅读


[1] Adams, C.L., Bonnett, B.N. & Meek, A.H. (2000) Predictors of owner response to companion animal death in 177 clients from 14 practices in Ontario. *Journal of the American Veterinary Association*, **217**, 1303–1309.

[2] AVMA (2013) *AVMA Guidelines for the Euthanasia of Animals: 2013 Edition*. AVMA, Schaumburg, IL.

[3] Balcombe, J. (2006) *Pleasurable Kingdom*. MacMillan, London.

[4] Cooney, K.A. (2012) *Veterinary Euthanasia Techniques: A Practical Guide*. Wiley-Blackwell, Ames, IA.

[5] Emanuel, L.L., Ferris, F.D., von Gunten, C.F. *et al.* (2005) *EPEC-O: Education in Palliative and End-of-life Care for Oncology*. EPEC, Chicago, IL.

[6] Fox, S.M. (2010) *Chronic Pain in Small Animal Medicine*. Manson Publishing, London.

[7] Hebert, K., Moore, H. & Rooney, J. (2011) The nurse advocate in end-of-life care. *The Ochsner Journal*, **11**, 325–329.

[8] Lagoni, L., Butler, C. & Hetts, S. (1994) *The Human-Animal Bond and Grief*. Saunders, Philadelphia, PA.

[9] Shearer, T.S. (2011) Palliative medicine and hospice care. *Veterinary Clinics of North America: Small Animal Practice*, **41** (**3**), 477–702.

[10] Thacker, K. (2008) Nurses' advocacy behaviors in end-of-life nursing care. *Nursing Ethics*, **15** (**2**), 174–185.

# 附录A：处方一览表

## 附录A. I

### 两栖动物镇痛

| 药物 | 剂量（mg/kg） | 给药途径 | 给药间隔 | 注释 |
|---|---|---|---|---|
| 丁丙诺啡 | 0.075 | 背淋巴囊 | ＞4h | *在豹蛙（北美豹蛙）上的$ED_{50}$ |
| | *38 | SC | | |
| 布托啡诺 | 0.2-0.4 | IM | | |
| | 25 | 体腔内注射 | q12h | |
| 芬太尼 | *0.5 | SC | ＞4h | *在豹蛙（北美豹蛙）上的$ED_{50}$ |
| 吗啡 | *20-160 | IM，SC | *60-165min | 对摄食行为影响不大 |
| | 38-42 | SC | ＞4h | *在豹蛙（北美豹蛙）上的$ED_{50}$ |
| 纳洛芬 | 122 | SC | ＞4h | |
| 1%-2%利多卡因 | | 局部浸润或混合于凝胶中供表面使用 | | 用于局部麻醉；谨慎使用 |
| 酮咯酸 | 26 | 背淋巴囊 | | |
| 右美托咪定 | *40-120 | 背淋巴囊 | *＞4h | *在豹蛙（北美豹蛙）上的$ED_{50}$ |
| 赛拉嗪 | 10 | 体腔内注射 | q12-24h | |
| 可待因 | 53 | 无明确规定 | ＞4h | *在豹蛙（北美豹蛙）上的$ED_{50}$ |

## 推荐阅读

[1] Carpenter, J.W. & Marion, C.J. (2013a) *Exotic Animal Formulary*, 4th edn. Elsevier/Saunders, St. Louis, MO.

[2] Goldberg, M. (2010a) The "fourth vital sign" in all creatures great and small. *The NAVTA Journal*, 31–54.

[3] Stevens, C. (2004) Opioid research in amphibians: an alternative pain model yielding insights on the evolution of opioid receptors. *Brain Research. Brain Research Reviews*, **46** (2), 204–215.

[4] Stevens, C. (2011) *Analgesia in Amphibians*, Elsevier Inc., Tulsa, OK, pp. 33–44.

[5] West, G., Heard, D. & Caulkett, N. (2007a) *Zoo Animal and Wildlife Immobilization and Anesthesia*, 1st edn. Wiley-Blackwell, Ames, IA.

## 附录A. Ⅱ

### 鸟类镇痛（Longley, 2008; Carpenter, 2013）

| 药物 | 物种 | 剂量 | 给药途径 | 给药间隔 | 注释 |
|---|---|---|---|---|---|
| 布比卡因 | 鸡和鸭 | 2mg/kg | SC，IA；局部，IM，SC | 鸟类未知，哺乳动物4–6h | 1：10稀释或者更高 |
| 利多卡因 | 所有 | 1.0–3.0mg/kg | | 哺乳动物90–200min | 小鸟1：10稀释 |
| 地塞米松 | 大多数物种 | 0.2–4.0mg/kg | IM，IV | 12–24h | 抗炎，抗休克，抗损伤，会影响免疫系统 |
| 卡洛芬 | 所有 | 2.0–4.0mg/kg | PO, IM，IV，SC | 8–12h | <10mg/kg剂量有报道 |
| 氟尼辛葡甲胺 | 所有 | 0.5mg/kg | IM | 24h | 确认水合潜在的肾毒性 |
| 酮洛芬 | 所有 | 2.0mg/kg | PO，SC，IM | 8–24h | |
| 美洛昔康 | 鹦鹉属 | | | | |
| | 猛禽类 | 0.1–0.2mg/kg | PO，IM | 12–24h | 超过3d |
| | 虎皮鹦鹉 | 0.1mg/kg | IM | 24h | 可能会造成肾脏问题 |
| 吡罗昔康 | 大多数 | 0.5mg/kg | PO，IM | 12h | 慢性疼痛 |
| 丁丙诺啡 | 大多数物种 | 0.01–0.05mg/kg | IM | 8h | 混合受体激动剂/拮抗剂 |
| 布托啡诺 | 大多数物种 | 0.5–0.75mg/kg | IM，IV | 12h | 主要是κ受体作用 |
| 芬太尼 | 美冠鹦鹉 | 0.2mg/kg | SC | | 可能有兴奋期 |
| | 红尾鹰 | 0.2–0.5μg/(kg·min) | IV | | 以剂量相关方式减少异氟醚MAC 31%–55% |
| 加巴喷丁 | 塞内加尔鹦鹉 | 3mg/kg | PO | 24h | GABA（氨基丁酸）类似物 |
| | 小葵花凤头鹦鹉 | 10mg/kg | PO | 12h | 长效>90d；自残行为；没有不良反应 |

**续表**

| 药物 | 物种 | 剂量 | 给药途径 | 给药间隔 | 注释 |
| --- | --- | --- | --- | --- | --- |
| 曲马多 | 秃鹰 | 5mg/kg | PO，IV | 12h | 多次给药后镇静作用明显 |
| | 孔雀 | 7.5mg/kg | PO | 12h | |
| | 红尾鹰 | 8–11mg/kg | PO | 6h | |
| | 亚马逊鹦鹉 | 30mg/kg | PO | | |

注：IM 肌内注射；IV 静脉注射；PO 口服；SC 皮下注射；IA 关节内注射

## 推荐阅读


[1] Carpenter, J.W. (2013) Birds. *Exotic Animal Formulary*, 4th edn, Elsevier, St. Louis, MO, pp. 256–281.

[2] Longley, L.A. (2008a) Avian anaesthesia. *Anaesthesia of Exotic Pets*, Saunders/Elsevier, London, p. 162.


## 附录A.Ⅲ

### 骆驼科镇痛

**骆驼科的恒速输注（CRI）(Plummer and Schleining, 2013a)**

| 恒速三通管输注 | 剂量 | 给药途径 | 频率 | 注释 |
| --- | --- | --- | --- | --- |
| 布托啡诺 | 0.05–0.1mg/kg | IV，IM | 装载剂量 | |
| | 0.022mg/（kg·h） | IV | CRI | |
| 利多卡因 | 1.0mg/kg | IV | 装载剂量 | 缓慢给予 |
| | 3.0mg/（kg·h） | IV | CRI | |
| 氯胺酮 | 0.6mg/（kg·h） | IV | CRI | 不需要装载剂量 |
| 或 | | | | |
| 吗啡 | 0.025mg/（kg·h） | IV | CRI | 不需要装载剂量 |
| 利多卡因 | 1.0mg/kg | IV | 装载剂量 | 缓慢给予 |
| | 3.0mg/（kg·h） | IV | CRI | |
| 氯胺酮 | 0.6mg/（kg·h） | IV | CRI | 不需要装载剂量 |

## 推荐阅读


Plummer, P.J. & Schleining, J.A. (2013a) Assessment and management of pain in small ruminants and camelids. Veterinary Clinics of North America: Food Animal Clinics, 29 (1), 185–208.

## 骆驼科镇痛（Plummer and Schleining, 2013; Shaffran and Grubb, 2010）

| 药物种类/药物 | 剂量 | 给药途径 | 给药间隔 | 注释 |
|---|---|---|---|---|
| **阿片类** | | | | |
| 吗啡 | 0.05–0.1mg/kg | IV，IM | q4h | 如果IV，缓慢注射 |
| 布托啡诺 | 0.01–0.02mg/kg | IM，IV | q2–3h | Shaffran and Grubb（2010） |
| | 0.05–0.1mg/kg | IV，IM | q4–6h | Plummer and Schleining（2013） |
| 芬太尼 | 150–225μg/(kg·h) | 经皮肤 | q48h更换贴片 | Shaffran and Grubb（2010） |
| 丁丙诺啡 | 0.01mg/kg | IV，IM | | Shaffran and Grubb（2010） |
| **非甾体抗炎药（NSAIDs）** | | | | |
| 保泰松 | 4–6mg/kg | PO | q24–48h | Shaffran and Grubb（2010） |
| | 2–4mg/kg | IV | | |
| 氟尼辛葡甲胺 | 1.0mg/kg | PO，IV，IM | q12–24h | Shaffran and Grubb（2010） |
| | 1.1mg/kg | IV | q8h | Plummer and Schleining（2013） |
| 酮洛芬 | 2–3mg/kg | PO, IV, IM, SQ | q24h | Shaffran and Grubb（2010） |
| 卡洛芬 | 0.7mg/kg | IV | q24–48h | Shaffran and Grubb（2010） |
| 美洛昔康 | 1.0mg/kg | PO | q3d | Plummer and Schleining（2013） |
| | 0.5mg/kg | IV | | |
| **α-2受体激动剂** | | | | |
| 赛拉嗪（甲苯噻嗪） | 0.2–0.4mg/kg | IV，IM | | 羊驼比大羊驼更耐药，应按0.3–0.6mg/kg IV，IM给药 |
| | 0.1mg/kg | 硬膜外 | | Plummer and Schleining（2013） |
| 美托咪定 | 0.01–0.03mg/kg | IV，IM | q2–4h | Shaffran and Grubb（2010） |
| 局部麻醉药 | | | | |
| 2%利多卡因 | 根据组织浸润的需要；总剂量≤5mg/kg | 局部组织 | q1–3h | Shaffran and Grubb（2010） |
| | 0.2–0.4mg/kg<br>0.1mg/kg<br>1mL/22.67kg | 硬膜外<br>IA<br>硬膜外 | q1–3h<br>q1–3h | Plummer and Schleining（2013） |
| 布比卡因 | 根据组织浸润需要，总剂量≤2mg/kg | 局部组织 | q4–6h | Shaffran and Grubb（2010） |

续表

| 药物种类/药物 | 剂量 | 给药途径 | 给药间隔 | 注释 |
| --- | --- | --- | --- | --- |
| **其他** | | | | |
| 曲马多 | 2.0mg/kg | IV，IM | [illegible] | Plummer and Schleining（2013） |
| 加巴喷丁 | 总计8 000–11 000mg | PO | q12h | 与AZVT个人通讯 |

注：AZVT: Association of Zoo Veterinary Technicians, 动物园兽医技师协会。

## 推荐阅读


[1] Plummer, P.J. & Schleining, J.A. (2013b) Assessment and management of pain in small ruminants and camelids. *Veterinary Clinics of North America: Food Animal Clinics*, **29** (1), 185–208.

[2] Shaffran, S. & Grubb, T. (2010) Pain management. J.M. Bassert & D.M. McCurnin (eds), *McCurnin's Clinical Textbook for Veterinary Technicians*, 7th edn, Elsevier, St. Louis, MO, pp. 858–886.


## 附录A.Ⅳ

### 牛的镇痛

| 药物 | 剂量 | 给药途径 | 给药间隔 | 物种 |
| --- | --- | --- | --- | --- |
| 吗啡 | 0.05–0.5mg/kg | IM，IV | q6h | 牛 |
| | 0.1mg/kg | 硬膜外 | q6–12h | 牛（用生理盐水稀释到5mL） |
| | 装载剂量：0.1mg/kg | IV | q1h | |
| | 0.025mg/（kg·h） | CRI，IV | | |
| 哌替啶 | 3.3–4.4mg/kg | IM，SC | q0.25–0.5h | 牛 |
| 布托啡诺 | 0.05–0.2mg/kg | IM，IV | q1–3h | 牛 |
| | 装载剂量：0.02–0.05mg/kg | IM，IV | | |
| | 0.022mg/（kg·h） | IV，CRI | q1h | |
| 丁丙诺啡 | 0.0015–0.006mg/kg | IM，IV | q4–6h | 牛 |
| 氢吗啡酮 | 0.005mg/kg | IM | q4h | 牛 |
| 赛拉嗪 | 0.05–0.2mg/kg | IM，IV | q2–4h | 牛 |
| | 0.05mg/kg | 硬膜外 | q2h | 牛（用生理盐水稀释到5mL） |
| 地托咪定 | 0.003–0.01mg/kg | IM，IV | q2–4h | 牛 |
| | 0.04mg/kg | 硬膜外 | q3h | 牛（用生理盐水稀释到5mL） |
| 美托咪定 | 0.005–0.01mg/kg | IM，IV | q2–4h | 牛 |
| | 0.015mg/kg | 硬膜外 | q7h | 牛（用生理盐水稀释到5mL） |

**续表**

| 药物 | 剂量 | 给药途径 | 给药间隔 | 物种 |
|---|---|---|---|---|
| 罗米非定 | 0.003–0.02mg/kg<br>0.05mg/kg | IM，IV<br>硬膜外 | q2–4 h<br>最多12 | 牛<br>结合吗啡使用（0.1mg/kg） |
| 利多卡因 | 0.2–0.4mg/kg<br>0.2–0.4mg/kg<br>装载剂量1mg/kg<br>50μg/（kg·min） | 浸润<br>硬膜外<br>CRI，IV | q1–2h<br>q1–2h<br>q1h | 牛<br>牛 |
| 布比卡因 | 0.05mg/kg | 硬膜外 | q2–3h | 牛 |
| 美洛昔康 | 0.5mg/kg | IV，SC | q27h | 不批准用于饲养牛只 |
| 氟尼辛葡甲胺 | 1.0mg/kg | IV | q3–8h | 牛 |
| 卡洛芬 | 1.4mg/kg | IV，SC | <10周；2–3d成年q24h | 不批准用于饲养牛只 |
| 酮洛芬 | 2.0mg/kg | IV，IM | q12h | 牛 |
| 保泰松 | 5mg/kg<br>10mg/kg | PO<br>PO | q24h<br>q48h | 牛<br>牛——在美国，养牛是不允许的 |
| 水杨酸（阿司匹林） | 100mg/kg | PO | q12h | 牛——没有正式的FDA批准 |
| 加巴喷丁 | 5–8mg/kg<br>10–15mg/kg | PO | TID | 牛 |

## 推荐阅读


[1] Anderson, D.E. & Muir, W.W. (2005) Pain management in cattle. *Veterinary Clinics of North America: Food Animal Clinics*, **21**, 623–635.

[2] Coetzee, J.F. (2013) A review of analgesic compounds used in food animals in the United States. *Veterinary Clinics of North America: Food Animal Clinics*, **29** (1), 11–28.

[3] Coetzee, J.F., Mosher, R.A., Cohake, L.E., *et al.* (2011) Pharmacokinetics of oral gabapentin alone or co-administered with meloxicam in ruminant beef calves. *The Veterinary Journal*, **190**, 98–102.

[4] Goldberg, M.E. (2010b) The fourth vital sign in all creatures great and small. *The NAVTA Journal*, 31–54.

[5] Valverde, A. & Doherty, T.J. (2009a) Pain management in cattle and small ruminants. In: Anderson D.E. & Rings D.M. (eds), *Food Animal Practice*, 5th edn,. Elsevier, St. Louis, MO, pp. 534–541.

## 调整了用于牛的镇痛药物的建议休药期

| 药物 | 休药期 | 注释 |
|---|---|---|
| 赛拉嗪 | 肉类：3d | 加拿大 |
| | 肉类：14d | 英国 |
| | 肉类：2d | 法国 |
| | 肉类：3d | 德国，瑞士 |
| | 肉类：4d | 新西兰，FARAD推荐的在美国牛的休药期 |
| | 奶类：2d | 加拿大，英国 |
| | 奶类：0d | 法国 |
| | 奶类：3d | 德国，瑞士 |
| | 奶类：1d | 新西兰，FARAD推荐的在美国牛的休药期 |
| 地托咪定 | 肉类：3d | FARAD推荐的在美国的休药期 |
| | 奶类：3d | FARAD推荐的在美国的休药期 |
| 吗啡 | 迅速清除 | 未设定休药期 |
| 哌替啶 | 2-4d | 未设定休药期 |
| 布托啡诺 | 2d | 未设定休药期 |
| 氯胺酮 | 奶类：3d | 瑞士 |
| | 肉类：1d | 瑞士 |
| | 奶类：2d | FARAD推荐的在美国的休药期 |
| | 肉类：3d | FARAD推荐的在美国的休药期 |
| 利多卡因 | 肉类或者奶类：1d | FARAD推荐的在美国的休药期 |
| 布比卡因 | 迅速清除 | 未设定休药期 |
| 保泰松 | 不推荐 | 代谢时间较长 |
| 氟尼辛葡甲胺 | 奶类：3d | FARAD推荐的在美国的休药期 |
| | 肉类：4d | FARAD推荐的在美国的休药期 |
| 酮洛芬 | 奶类：1d | FARAD推荐的在美国的休药期 |
| | 肉类：7d | FARAD推荐的在美国的休药期 |
| 阿司匹林 | 奶类：1d | FARAD推荐的在美国的休药期 |
| | 肉类：1d | FARAD推荐的在美国的休药期 |

FARAD，食用动物防残留数据库。

## 推荐阅读

[1] Valverde, A. & Doherty, T.J. (2009b) Pain management in cattle and small ruminants. In: D.E. Anderson & D.M. Rings (eds), *Food Animal Practice*, 5th edn, Elsevier, St. Louis, MO, pp. 534–541.

## 附录A. V

### 犬、猫镇痛

| 药物 | 剂量 | 给药途径 |
| --- | --- | --- |
| 犬 | | |
| 布比卡因 | 1.5–2mg/kg<br>0.1–0.3mg/kg | SQ/局部给药<br>硬膜外 |
| 丁丙诺啡 | 0.01–0.03mg/kg | SQ/IM/IV |
| 布托啡诺 | 0.1–0.4mg/kg | SQ/IM/IV |
| 右美托咪定 | 0.003–0.01mg/kg<br>0.00025–0.001mg/kg<br>0.00025–0.002mg/kg | SQ/IM，IV 用于重度镇静<br>IV 手术后使用<br>IV CRI |
| 芬太尼 | 0.002–0.003mg/kg<br>0.002–0.005mg/（kg·h）<br>0.005–0.02mg/（kg·h） | IV<br>IV CRI（住院治疗）<br>IV CRI（外科） |
| 氢化吗啡酮 | 0.05–0.1mg/kg<br>0.02–0.05mg/kg<br>0.05–0.1mg/（kg·h） | SQ/IM<br>IV<br>IV CRI |
| 氯胺酮 | 0.5mg/kg<br>0.002mg/（kg·min）<br>0.01mg/（kg·min） | IV<br>IV CRI（住院治疗）<br>IV CRI（外科） |
| 利多卡因 | 1.5–2mg/kg<br>2.0mg/kg<br>25–35μg/（kg·min）<br>50μg/（kg·min） | SQ/局部使用<br>IV<br>IV CRI（补充镇痛）<br>IV CRI（减少MAC） |
| 美沙酮 | 0.5–1mg/kg<br>0.1–0.2mg/kg<br>0.05–0.2mg/（kg·h） | SQ/IM<br>IV<br>IV CRI |

**续表**

| 药物 | 剂量 | 给药途径 |
| --- | --- | --- |
| 吗啡（不含防腐剂） | 0.5–1mg/kg<br>0.1–0.2mg/kg<br>0.1mg/（kg·h）<br>0.1mg/kg | SQ/IM<br>IV<br>IV CRI<br>硬膜外 |
| 纳布芬（纳布啡） | 0.25–0.5mg/kg | SQ/IM/IV |
| 瑞芬太尼 | 0.004–0.006mg/kg<br>0.004–0.01mg/（kg·h） | IV<br>IV CRI |
| 力莫敌®注射液 | 2–4mg/kg | SQ |
| 曲马多 | 3–5mg/kg | PO BID–QID |
| **猫** | | |
| 布比卡因 | 1.0–1.5mg/kg<br>0.1–0.3mg/kg | SQ/局部麻醉<br>硬膜外 |
| 丁丙诺啡 | 0.01–0.03mg/kg | SQ/IM/IV |
| 布托啡诺 | 0.1–0.4mg/kg | SQ/IM/IV |
| 右美托咪定 | 0.003–0.01mg/kg<br>0.00025–0.001mg/kg<br>0.00025–0.002mg/kg | SQ/IM，IV用于重度镇静<br>IV 术后用药<br>IV CRI |
| 芬太尼 | 0.002–0.003mg/kg<br>0.002–0.005mg/（kg·h）<br>0.005–0.02mg/（kg·h） | IV<br>IV CRI（住院治疗）<br>IV CRI（外科） |
| 氢化吗啡酮 | 0.025–0.05mg/kg<br>0.01–0.03mg/kg<br>0.025–0.05mg/（kg·h） | SQ/IM<br>IV<br>IV CRI |
| 氯胺酮 | 0.5mg/kg<br>0.002mg/（kg·min）<br>0.01mg/（kg·min） | IV 装载剂量<br>IV CRI（住院治疗）<br>IV CRI（外科） |
| 利多卡因 | 1–1.5mg/kg<br>0.5–1.0mg/kg<br>15–25μg/（kg·min） | SQ/局部麻醉<br>IV<br>IV CRI（补充镇痛） |
| 美洛昔康 | 0.1–0.3mg/kg | SQ 1次 |

续表

| 药物 | 剂量 | 给药途径 |
| --- | --- | --- |
| 美沙酮 | 0.25-0.5mg/kg<br>0.1-0.3mg/kg<br>1mg/kg<br>0.1-0.2mg/kg<br>0.05-0.2mg/（kg·h） | SQ/IM<br>口腔（注射配方）TID-QID<br>PO（口服混悬剂）q8-12h<br>IV<br>IV CRI |
| 吗啡（无防腐剂） | 0.1mg/kg | 硬膜外 |
| 纳布芬（纳布啡） | 0.25-0.5mg/kg | SQ/IM/IV |
| 罗贝考昔 | 1mg/kg | PO QD×3d |
| 瑞芬太尼 | 0.004-0.006mg/kg<br>0.004-0.01mg/（kg·h） | IV<br>IV CRI |
| 曲马多 | 3-5mg/kg | PO BID-QID |

## 推荐阅读

[1] Gaynor, J. Verbal consultation.
[2] Gaynor, J.S. & Muir, W.W. (2009) *Handbook of Veterinary Pain Management*, 2nd edn. Mosby, St. Louis, MO.
[3] Thurmon, J.C., Tranquilli, W.J. & Benson, G.J. (1999) *Essentials of Small Animal Anesthesia & Analgesia*. Lippincott Williams & Wilkins, Baltimore, MD.

## 附录A. VI

### 驴科动物镇痛

| 药物 | 每千克体重的剂量 | IV 起效时间（min） | 持续时间（min） |
| --- | --- | --- | --- |
| | | α-2受体激动剂 | |
| 赛拉嗪 | 1.1mg | 5 | >30 |
| 地托咪定 | 10-40μg | 5-10 | 60 |
| | 每125-200kg使用凝胶1mL | 35-45（透黏膜） | |
| 罗米非定 | 0.1mg | 5-10 | >120 |
| 右美托咪定 | 3.5μg | 5 | 60 |
| 美托咪定 | 5μg | 5 | 60 |

续表

| 药物 | 每千克体重的剂量 | 起效时间（min） | 持续时间（min） |
|---|---|---|---|
| | | 硬膜外 | |
| 利多卡因 | 0.35mg | 5–10 | 最多120 |
| 布比卡因 | 0.06–0.08mg | 30–45 | 80–240 |
| 赛拉嗪 | 0.1–0.3mg | 5–10 | 最多226 |
| 吗啡 | 0.1mg | 20–30 | 18–24 |
| 曲马多 | 0.5mg | 35–45 | 60 |
| 氯胺酮 | 0.5–1mg | | |
| **药物** | **每千克体重的剂量** | **药物** | **每千克体重的剂量** |
| **阿片类药物** | | **非甾体抗炎药** | |
| 布托啡诺 | 10–50μg | 保泰松 | 4.4mg（IV & PO BID–TID) |
| 丁丙诺啡 | 6μg | 氟尼辛葡甲胺 | 1.1mg（SQ IV TID） |
| 吗啡 | 0.1–0.3 | 美洛昔康 | 0.6mg（IV） |
| **其他** | | 卡洛芬 | 0.7mg（IV & PO SID） |
| 氯胺酮 | 0.4–0.6mg | 维达洛芬 | 2mg，然后1mg（IV & PO BID） |
| 曲马多 | 2.5mg IV（7.5mg PO） | 非罗考昔 | |

### 驴恒速输注（CRI）镇痛组合

布托啡诺0.02–0.04mg/（kg·h）+利多卡因1.5mg/（kg·h）+氯胺酮0.4–0.6mg/（kg·h）

丙泊酚12mg/（kg·h）+右美托咪定（静脉内全麻醉）2μg/（kg·h）

地托咪定8–10μg/（kg·h）+利多卡因1.5mg/（kg·h）+氯胺酮 0.4–0.6mg/（kg·h）

美托咪定3μg/（kg·h）

## 推荐阅读


[1] Alkattan, L.M. (2012) Analgesia and anesthesia with epidural xylazine/ketamine in donkeys. *Diagnostic and Therapeutic Study*, **1** (2), 37–44.

[2] Amin, A.A., Ali, A.F. & Mutheffer, E.A. (2012) Biochemical changes induced by general anesthesia with romifidine as a premedication, midazolam and ketamine induction and maintenance by infusion in donkeys. *Iraqi Journal of Veterinary Sciences*, **26** (Suppl II), 19–22.

[3] Coakley, M., Peck, K.E., Taylor, T.S., Matthews, N.S. & Mealy, K.L. (1999) Pharmacokinetics of flunixin meglumine in donkeys, mules and horses. *American Journal of Veterinary Research*, **60**, 1441–1444.

[4] Faleiros, R., Alves, G., Andrade, V. *et al.* (2004) Epidural analgesia with tramadol and morphine in a donkey with oncologic pain. *Journal of Veterinary Emergency and Critical Care Society*, **14**, S1–S17.

[5] Giorgi, M., Del Carlo, S., Sgorbini, M. & Saccomanni, G. (2009) Pharmacokinetics of tramadol and its metabolites M1, M2 and M5 in donkeys after intravenous and oral immediate release single-dose administration. *Journal of Equine Veterinary Science*, **29**, 569–574.

[6] Grosenbaugh, D.A., Reinemeyer, C.R. & Figueiredo, M.D. (2011) Pharmacology and therapeutics in donkeys. *Equine Veterinary Education*, **23**, 523–530.
[7] Joubert, K.E., Briggs, P., Gerber, D. *et al.* (1999) The sedative and analgesic effects of detomidine-butorphanol and detomidine alone in donkeys. *Journal of the South African Veterinary Association*, **70** (3), 112–118.
[8] Lizarraga, I. & Beths, T. (2012) A comparative study of xylazine-induced mechanical hypoalgesia in donkeys and horses. *Veterinary Anaesthesia and Analgesia*, **39**, 533–538.
[9] Lizarraga, I. & Janovyak, E. (2013) Comparison of the mechanical hypoalgesic effects of five alpha2-adrenoceptor agonists in donkeys. *Veterinary Record*, **173** (12), 294.
[10] Lizarraga, I., Sumano, H. & Brumbaugh, G.W. (2004) Pharmacological and pharmacokinetic differences between donkeys and horses. *Equine Veterinary Education*, **6**, 130–144.
[11] Makady, F.M., Seleim, S.M., Seleim, M.A. & Abdel-All, T.S. (1991) Comparison of lidocaine and xylazine as epidural analgesics in donkeys. *Assiut Veterinary Medical Journal*, **25**, 189–195.
[12] Matthews, N.S. (2010) Donkey anesthesia and analgesia—not just small horses. In: NAVC Conference, January, Orlando, FL, pp. 208–210.
[13] Matthews, N.S. & Van Dijk, P. (2004) Anesthesia and analgesia for donkeys. In: N.S. Matthews & T.S. Taylor (eds), *Veterinary Care of Donkeys*. International Veterinary Information Service, Ithaca, NY.
[14] Matthews, N.S., Grosenbaugh, D., Kvaternick, T. *et al.* (2009) Pharmacokinetics and oral bioavailability of firocoxib in donkeys. Abstracts presented at the 10th World Congress of Veterinary Anaesthesia, 31st August–4th September 2009, Glasgow, UK. Veterinary Anaesthesia and Analgesia, **37**, 13.
[15] Mealey, K.L., Matthews, N.S., Peck, K.E. *et al.* (1997) Comparative pharmacokinetics of phenylbutazone and its metabolite oxyphenbutazone in clinically normal horses and donkeys. *American Journal of Veterinary Research*, **58** (1), 53–55.
[16] Mealey, K.L., Matthews, N.S., Peck, K.E., Burchfield, M.L., Bennett, B.S. & Taylor, T.S. (2004) Pharmacokinetics of R(−) and S(+) carprofen after administration of racemic carprofen in donkeys and horses. *American Journal of Veterinary Research*, **65**, 1479–1482.
[17] Mostafa, M.B., Farag, K.A., Zomor, E. & Bashandy, M.M. (1995) The sedative and analgesic effects of detomidine (domosedan) in donkeys. *Journal of Veterinary Medicine Series A*, **42**, 351–356.
[18] Portier, K., Jaillardon, L., Leece, E. *et al.* (2009) Castration of horses under total intravenous anaesthesia: analgesic effects of lidocaine. *Veterinary Anaesthesia and Analgesia*, **36**, 173–179.
[19] Sarrafzadeh-Rezaei, F., Rezazadeh, F. & Behfar, M. (2007) Comparison of caudal epidural administration of lidocaine and xylazine to xylazine/ketamine combination in donkey (*Equus asinus*). *Iranian Journal of Veterinary Surgery*, **2** (5), 7–15.

# 附录A.Ⅶ

## 大象镇痛

| 药物 | 剂量 | 测定方法 |
|---|---|---|
| 酮洛芬 | 1-2mg/kg q24-48h PO或IV | 药代动力学 |
| 布托啡诺 | 0.015mg/kg IV或IM q24h | 药代动力学 |
| 保泰松 | 1-2mg/kg q24h<br>4mg/kg q12h | 根据经验 |
| 氟尼辛 | 1mg/kg q24h<br>0.7mg/kg q40h | 根据经验 |
| 布洛芬 | 0.5-4.0mg/kg q24h | 经验 |

## 推荐阅读

[1] Fowler, M. (2007) *Zoo and Wild Animal Medicine Current Therapy*, 6th edn. Saunders, St. Louis, MO.

[2] Fowler, M. & Mikota, S. (2006) *Biology, Medicine and Surgery of Elephants*. Blackwell Publishing, Ames, IA.

[3] West, G., Heard, D. & Caulkett, N. (2007b) *Zoo Animal and Wildlife Immobilization and Anesthesia*, 1st edn. Wiley-Blackwell, Ames, IA.

## 附录A.Ⅷ

### 雪貂镇痛

| 药物 | 剂量 | 给药途径 | 给药间隔 | 注释 |
| --- | --- | --- | --- | --- |
| 布托啡诺 | 0.2–0.8mg/kg | SC，IM，IV | q2–4h | |
| | 0.1–0.2mg/(kg·h) | CRI | | |
| 吗啡 | 0.2–2.0mg/kg | IM | 单次 | 可能呕吐；剂量高于0.5mg/kg会心动过缓 |
| | 0.25–1mg/kg | IM，SC，IV | q3–4h | |
| | 0.1mg/kg | 硬膜外 | | |
| 氢化吗啡酮 | 0.025–0.1mg/kg | SC，IM，IV | q6–8h | 偶尔呕吐；可能出现心动过缓和呼吸抑制 |
| 芬太尼 | 4–10μg/kg | IM，IV | q30min | 可能出现心动过缓和呼吸抑制 |
| | 20–30μg/(kg·h) IV | CRI | | 在麻醉期间减少吸入剂的挥发性浓度 |
| | 1–4μg/(kg·h) IV | CRI | | 用于镇痛 |
| 羟吗啡酮 | 0.05–0.2mg/kg | SC，IM，IV | q6–8h | |
| 哌替啶（度冷丁） | 5–10mg/kg | IM，SC | q2–4h | |
| 丁丙诺啡 | 0.01–0.02mg/kg | SC，IM，IV | q6–8h | |
| | 0.01–0.03mg/kg | IV，IM，SC，透黏膜（TM） | q6–10h | |
| 曲马多 | 5mg/kg | PO | q12h | |
| 美托咪定 | 0.02–0.04mg/kg | IM，SC，IV | 30–60min | |
| 右美托咪定 | 0.01–0.03mg/kg | SC，IM，IV | 30–60min | |
| 赛拉嗪 | 1–2mg/kg | IM | 30–50min | |
| 氯胺酮 | 0.5mg/kg | IV 术前 | | |

续表

| 药物 | 剂量 | 给药途径 | 给药间隔 | 注释 |
|---|---|---|---|---|
| | 10μg/（kg·min） | IV，手术时CRI | 24h | |
| | 2μg/（kg·min） | IV，CRI | 术后 | |
| 酮洛芬 | 1–2mg/kg | SC, IM, IV, PO | q24h | |
| 卡洛芬 | 2–4mg/kg | SC, IM, IV, PO | q24h | |
| 美洛昔康 | 0.2mg/kg | SC, IM, IV, PO | q24h | |
| 利多卡因 | 2mg/kg | 局部 | 60min | |
| | 4.4mg/kg | 硬膜外 | | |
| 布比卡因 | 1mg/kg | 局部浸润 | q4–6h | |
| | 1.1mg/kg | 硬膜外 | | |
| 卡波卡因 | 2mg/kg | 局部浸润 | q2–3h | |

## 推荐阅读

[1] Goldberg, M.E. (2010c) The fourth vital sign in all creatures great and small. *The NAVTA Journal*, 31–54.

## 注射药物作为恒速输注用于雪貂围手术期和术后镇痛（Hawkins and Pascoe, 2012）

| 药物 | 剂量 | 注释 |
|---|---|---|
| 布托啡诺 | 装载剂量：0.05–0.2mg/kg | 呼吸抑制比芬太尼少 |
| | 维持剂量：0.1–0.4mg/（kg·h） | |
| 芬太尼 | 装载剂量：5–10μg/kg IV | |
| 围手术期 CRI | 维持剂量：10–30μg/（kg·h）IV | |
| 术后镇痛 | 1.25–5.0μg/（kg·h） | 与氯胺酮CRI联合使用可减少总剂量 |
| 氯胺酮 | 装载剂量：2–5mg/kg IV | 插管时更有效，但是不需要，因为呼吸抑制比阿片类药物少 |
| 围手术期 CRI | 维持剂量：0.3–1.2mg/（kg·h）IV | |
| 术后镇痛 | 0.1–0.4mg/（kg·h） | 与芬太尼联合使用可减少两种药物的总剂量 |

如果仅用于术后镇痛，应使用加载剂量。术后12–24h逐渐脱离CRI。对药物或药物组合的反应的种类和个体差异可能不确定，因此应根据动物的临床反应调整剂量。

## 推荐阅读

[1] Hawkins, MG and Pascoc, PJ. 2012a. Anesthesia, analgesia and sedation of small mammals. Quesenberry KE and Carpenter JW (eds). *Ferrets, Rabbits and Rodents: Clinical Medicine and Surgery*, 3rd edn. Elsevier/Saunders. St. Louis, MO, pp. 429–451.

# 附录A.Ⅸ

## 鱼类镇痛

| 药物 | 剂量 | 给药物镜 | 注释 |
|---|---|---|---|
| 布托啡诺 | 0.1–0.4mg/kg | IM | q24h |
| 卡洛芬 | 2–4mg/kg | IM | q3–5d |
| 氟尼辛葡甲胺 | 0.25–0.5mg/kg | IM | q3–5d |
| 酮洛芬 | 2mg/kg | IM | |
| 美洛昔康 | 0.1–0.2mg/kg | IM | q24–48h |
| 吗啡 | 0.3mg/kg | IM | |
| 曲马多 | 5–10mg/kg | PO | q48–72h |
| 利多卡因 | 总剂量不超过1–2mg/kg | 浸润 | 局麻 |

## 推荐阅读

[1] Goldberg, M.E. (2010d) The fourth vital sign in all creatures great and small. The NAVTA Journal, 31–54.

# 附录A.X

## 马属动物镇痛

| 药物 | 剂量 | 持续时间 |
|---|---|---|
| 氟尼辛葡甲胺 | 0.25–1.1mg/kg IV或PO | 6–12h |
| 保泰松 | 2.2–4.4（最高到6）mg/kg IV或PO | 最高到14h |
| 酮洛芬 | 2.2–3.6mg/kg IV或IM | 6–24h |

续表

| 药物 | 剂量 | 持续时间 |
| --- | --- | --- |
| 双氯芬酸(1%) | 大约12.7cm(5in)膏条涂在病变的关节上 | |
| 非罗考昔 | 0.3mg/kg PO装载剂量，然后0.1mg/kg PO | 口服24h |
| | 0.09mg/kg IV | IV 可持续24h |
| 美洛昔康 | 0.6mg/kg IV或PO | 12–24h |
| 卡洛芬 | 0.7mg/kg IV或1.4mg/kg PO | PO/IV可持续24h |
| 维达洛芬 | 2mg/kg PO然后1mg/kg PO | 12h |

## 推荐阅读


[1] Davis, J. (2009) Equine pharmacology. In: D. Reeder, S. Miller, D. Wilfong, M. Leitch, D. Zimmel (eds), *AAEVT'S Equine Manual for Veterinary Technicians*, Wiley-Blackwell, Ames, IA, pp. 165–187.

[2] Driessen, B., Bauquier, S.H. & Zarucco, L. (2010) Neuropathic pain management in chronic laminitis. *Veterinary Clinics of North America: Equine Practice*, **26**, 315–337.

[3] Michou, J. & Leece, E. (2012a) Sedation and analgesia in the standing horse 1. Drugs used for sedation and analgesia. *Practice/Equine Practice*, **34**, 524–531.

[4] van Weeren, P.R. & de Grauw, J. (2010) Pain in osteoarthritis. In: W. Muir (ed), *Pain in Horses: Physiology, Pathophysiology and Therapeutic Implications*. Veterinary Clinics of North America: Equine Practice, W.B. Saunders, Philadelphia, PA, pp. 619–642.


## 马常见非甾体抗炎药

| 药物 | 剂量范围 |
| --- | --- |
| 布托啡诺 | 0.01–0.02mg/kg IV<br>0.01–0.02mg/(kg·h) CRI |
| 吗啡 | 0.05–0.3mg/kg IV或IM<br>0.03–0.1mg/(kg·h) CRI |
| 哌替啶(度冷丁) | 1–2mg/kg IM<br>0.5–1mg/kg IV |
| 芬太尼 | 0.002–0.005mg/kg IV<br>0.005–0.01mg/(kg·h) CRI |
| 美沙酮 | 0.05–0.2mg/kg IV或IM |
| 丁丙诺啡 | 10–20μg/kg IV |

续表

| 药物 | 剂量范围 |
|---|---|
| 氯胺酮 | 2–2.5mg/kg IV 装载剂量<br>0.5–3mg/（kg·h）CRI 麻醉附属<br>0.5–1.5mg/（kg·h）CRI 站立镇痛 |
| 利多卡因 | 1.3–2mg/kg IV 装载剂量<br>3mg/（kg·h） |
| 赛拉嗪 | 0.5–1.1mg/kg IV<br>0.65mg/（kg·h） |
| 地托咪定 | 0.01–0.04mg/kg IV或IM<br>0.01–0.02μg/（kg·min）CRI<br>0.04mg/kg PO（凝胶） |
| 罗米非定 | 0.04–0.12 mg/kg IV |
| 美托咪定 | 5–20μg/kg IV或IM<br>3.5μg/（kg·min）CRI |

## 推荐阅读


[1] Clutton, E. (2010) Opioid analgesia in horses. In: W. Muir (ed), *Physiology, Pathophysiology and Therapeutic Implications*. Veterinary Clinics of North America: Equine Practice: Pain in Horses, W.B. Saunders, Philadelphia, PA, pp. 493–514.

[2] Lerche, P. & Muir, W. (2009) Perioperative pain management. In: W. Muir & J. Hubbell (eds), *Equine Anesthesia Monitoring and Emergency Therapy*, 2nd edn, Saunders Elsevier, St. Louis, MO, pp. 369–378.

[3] Michou, J. & Leece, E. (2012b) Sedation and analgesia in the standing horse 1. Drugs used for sedation and analgesia. *In Practice*, **34**, 578–587.

[4] Muir, W. (2010) NMDA receptor antagonists and pain: ketamine. In: W. Muir (ed), *Physiology, Pathophysiology and Therapeutic Implications*. Veterinary Clinics of North America: Equine Practice: Pain in Horses, W.B. Saunders, Philadelphia, PA, pp. 565–578.

[5] Nann, L. (2010) Equine anesthesia. In: S. Bryant (ed), *Anesthesia for Veterinary Technicians*, Wiley-Blackwell, Ames, IA, pp. 357–371.

[6] Robertson, S. & Sanchez, L. (2010) Treatment of visceral pain in horses. In: W. Muir (ed), *Physiology, Pathophysiology and Therapeutic Implications*. Veterinary Clinics of North America: Equine Practice: Pain in Horses, W.B. Saunders, Philadelphia, PA, pp. 603–618.

[7] Yamashita, K. & Muir, W. (2009a) Intravenous anesthetic and analgesic adjuncts to inhalation anesthesia. In: W. Muir & J. Hubbell (eds), *Equine Anesthesia Monitoring and Emergency Therapy*, 2nd edn, Saunders Elsevier, St. Louis, MO, pp. 260–276.

## 三重滴注维持组合

| 药物 | 各自使用剂量范围 |
|---|---|
| 氯胺酮 + 创愈甘油醚 + 赛拉嗪 | 1–2mg/mL+50mg/mL+0.5mg/mL以1–1.5mL/（kg・h） PRN |
| 氯胺酮 + 赛拉嗪 | 35–70μg/（kg・min）+ 90–150μg/（kg・min） |
| 赛拉嗪 + 氯胺酮 + 地西泮然后氯胺酮 + 赛拉嗪 | 1.1mg/kg+2.2mg/kg+0.06mg/kg然后0.25mg/kg+0.25mg/kg PRN |

## 推荐阅读

[1] Yamashita, K. & Muir, W. (2009b) Intravenous anesthetic and analgesic adjuncts to inhalation anesthesia. In: W. Muir & J. Hubbell (eds), *Equine Anesthesia Monitoring and Emergency Therapy*, 2nd edn, Saunders Elsevier, St. Louis, MO, pp. 260–276.

## 附录A.XI

## 无脊椎动物镇痛

| 药物 | 剂量 | 备注 |
|---|---|---|
| 氯胺酮 | 0.025–0.1mg/kg | 麻醉起效15–45s |
| | 90μg/g IM | 持续时间≤1h |
| 利多卡因 | 30μg/g IM | 胸内注射；持续时间25min |
| 普鲁卡因 | 25mg/kg | 麻醉起效20–30s，持续时间2–3h |
| 盐酸赛拉嗪 | 70mg/kg | 麻醉起效5–6min，持续时间45min |
| | 16–22mg/kg | 麻醉起效2–3min |
| 乙醇 | 3%（30.0mL/L） | 诱导 |
| | 1.5%（15mL/L）乙醇在海水中 | 麻醉维持 |
| 异氟烷 | 5%–10% | 陆地无脊椎动物的麻醉 |
| 七氟烷 | 5%–10% | 陆地无脊椎动物的麻醉 |
| $CO_2$ | 10%–20% | 陆地无脊椎动物的麻醉 |
| MS–222 | 100mg/1L水 | 添加碳酸氢钠的MS–222缓冲液推荐用于皮肤敏感的无脊椎动物，如蜗牛和蛞蝓 |
| MS–222 和苯佐卡因 | 0.4g/L | 两种化学物质都在海水中 |

续表

| 药物 | 剂量 | 备注 |
| --- | --- | --- |
| 芦竹碱 | 0.01mg/mL | 5 -羟色胺拮抗剂抑制泵 |
| 丙咪嗪 | 20μg/mL | 刺激泵；高浓度起麻醉作用 |
| 伊维菌素 | 0.05ng/mL | 抑制泵 |
| 蝇蕈醇 | 2μg/mL | 这种GABA受体激动剂抑制泵血 |
| 5-羟色胺 | 1mg/mL | 刺激泵血 |

## 推荐阅读

[1] Goldberg, M.E. (2010e) The fourth vital sign in all creatures great and small. *The NAVTA Journal*, 31–54.

## 附录A.Ⅻ

### 其他小型哺乳动物镇痛

| 物种 | 药物 | 剂量 | 给药途径 | 给药间隔 |
| --- | --- | --- | --- | --- |
| 仓鼠 | 吗啡 | 2–5mg/kg | SC，IM | q2–4h |
| | 阿司匹林 | 100mg/kg | PO | q4–8h |
| | 丁丙诺啡 | 0.05–0.1mg/kg | SC | q6–12h |
| | 布托啡诺 | 1–5mg/kg | SC | q4h |
| | 卡洛芬 | 5mg/kg | SC | q24h |
| | 氟尼辛 | 2.5mg/kg | SC | q12–24h |
| | 酮洛芬 | 5mg/kg | SC | q12–24h |
| | 纳布芬（纳布啡） | 4–8mg/kg | IM | q3h |
| | 羟吗啡酮 | 0.2–0.5mg/kg | SC，IM | q6–12h |
| | 哌替啶（度冷丁） | 20mg/kg | SC，IM | q2–4h |
| 沙鼠 | 阿司匹林 | 100mg/kg | PO | q4–8h |
| | 布托啡诺 | 1–5mg/kg | SC | q4h |

续表

| 物种 | 药物 | 剂量 | 给药途径 | 给药间隔 |
|---|---|---|---|---|
| | 卡洛芬 | 5mg/kg | SC | q24h |
| | 氟尼辛 | 2.5mg/kg | SC | q12-24h |
| | 酮洛芬 | 5mg/kg | SC | |
| | 吗啡 | 2-5mg/kg | SC，IM | q2-4h |
| | 纳布啡（纳布芬） | 4-8mg/kg | IM | q3h |
| | 羟吗啡酮 | 0.2-0.5mg/kg | SC，IM | q6-12h |
| | 哌替啶（度冷丁） | 20mg/kg | SC，IM | q2-4h |
| | 丁丙诺啡 | 0.05-0.1mg/kg | SC | q6-12h |
| 南美栗鼠 | 阿司匹林 | 100mg/kg | PO | q4-8h |
| | 丁丙诺啡 | 0.05-0.1mg/kg | SC | q6-12h |
| | 布托啡诺 | 0.2-2.0mg/kg | SC，IM，IP | q2-4h |
| | 卡洛芬 | 4mg/kg | SC | q24h |
| | 氟尼辛 | 1-3mg/kg | SC | q12-24h |
| | 酮洛芬 | 1mg/kg | SC，IM | q12-24h |
| | 羟吗啡酮 | 0.2-0.5mg/kg | SC，IM | q6-12h |
| | 哌替啶（度冷丁） | 1-2mg/kg | SC，IM | q2-4h |
| 草原土拨鼠 | 布托啡诺 | 0.1-0.4mg/kg | SC，IM | q8h |
| | 卡洛芬 | 1mg/kg | PO | q12-24h |
| | 酮洛芬 | 1-3mg/kg | SC，IM | |
| | 丁丙诺啡 | 0.01-0.05mg/kg | SC，IP | q6-12h |
| | 哌替啶（度冷丁） | 10-20mg/kg | SC | q2-3h |
| | 吗啡 | 2-5mg/kg | SC | q4h |
| | 羟吗啡酮 | 0.2-0.5mg/kg | SC，IM | q6-12h |
| | 美洛昔康 | 0.1-0.2mg/kg | PO | q24h |
| 八齿鼠 | 阿司匹林 | 50-100mg/kg | PO | q4h |
| | 布托啡诺 | 0.2mg/kg | IM | q4h |

续表

| 物种 | 药物 | 剂量 | 给药途径 | 给药间隔 |
|---|---|---|---|---|
| | 氟尼辛 | 2.5mg/kg | SC | q12–24h |
| | 哌替啶(度冷丁） | 10–20mg/kg | IM，SC | q3–4h |
| 肥尾沙鼠 | 阿司匹林 | 150mg/kg | PO | q4–6h |
| | 丁丙诺啡 | 0.1–0.2mg/kg | SC | q8h |
| | 布托啡诺 | 1–5mg/kg | SC | q2–4h |
| | 氟尼辛 | 2.5mg/kg | SC | q12–24h |
| | 哌替啶（度冷丁） | 20mg/kg | SC，IM | q3–4h |
| 食草有袋动物 | 丁丙诺啡 | 0.01mg/kg | SC，IM，慢慢IV | q8–12h |
| | 布托啡诺 | 0.1–0.5mg/kg | SC，IM | q4–6h |
| | 氟尼辛 | 1mg/kg | SC，IM | q12–24h |
| 土拨鼠 | 参考“草原土拨鼠” | | | |
| 地松鼠 | 参考“草原土拨鼠” | | | |

## 推荐阅读

[1] Goldberg, M.E. (2010f) The fourth vital sign in all creatures great and small. The NAVTA Journal, 31–54.

## 刺猬和蜜袋鼯鼠的适应性镇痛

| 药物 | 刺猬 | 蜜袋鼯鼠 | 注释 |
|---|---|---|---|
| **阿片类** | | | |
| 丁丙诺啡 | 0.01mg/kg SC，IM q6–8h | 0.01mg/kg SC，IM q6–8h | Johnson-Delaney（2006） |
| | 0.01–0.03mg/kg IM | 0.01–0.03mg/kg IM | Lennox（2007） |
| | 0.01–0.5mg/kg SC，IM q8–12h | 0.005–0.01mg/kg SC，IM q8h | Brust and Pye（2013）, Carpenter and Marion（2013） |
| 布托啡诺 | 0.05–0.4mg/kg SC, IM q6–8h | 0.05mg/kg SC，IM q6–8h | Johnson-Delaney（2006） |
| | 0.2–0.4mg/kg SC q8h | 0.5mg/kg IM q8h | Lennox（2007） |
| | 0.05–0.1mg/kg SC，IM q8–12h | 0.1–0.5mg/kg SC，IM q6–8h | Brust and Pye（2013）, Carpenter and Marion（2013） |

续表

| 药物 | 刺猬 | 蜜袋鼯鼠 | 注释 |
|---|---|---|---|
| 吗啡 | 0.1mg/kg IM | 0.1mg/kg SC，IM q6-8h | Johnson-Delaney（2006） |
| 纳洛酮 | 0.1mg/kg SC，IM q6-8h | 0.1-0.16mg/kg SC, IM q6-8h | Johnson-Delaney（2006） |
| | | | Brust and Pye（2013）, Carpenter and Marion（2013） |
| **非甾体抗炎药（NSAIDs）** | | | |
| 卡洛芬 | 1.0mg/kg PO，SC q12-24h | 1.0mg/kg PO，SC q24h | Johnson-Delaney（2006） |
| | 1mg/kg PO，SC q12-24h | | Brust and Pye（2013）, Carpenter and Marion（2013） |
| 美洛昔康 | 0.2mg/kg PO，SC q24h | 0.2mg/kg PO，SC q24h | Johnson-Delaney（2006） |
| | | 0.1-0.2mg/kg PO, IM q12h;<br>0.1-0.2mg/kg PO, SC q24h | Brust and Pye（2013）, Carpenter and Marion（2013） |
| 氟尼辛葡甲胺 | 0.3mg/kg SC q24h | 0.1-1mg/kg IM q12-24h | Brust and Pye（2013）, Carpenter and Marion（2013） |
| **皮质醇类** | | | |
| 地塞米松 | 0.1-1.5mg/kg IM;<br>1-4mg/kg SC，IM，IV | | Carpenter and Marion（2013） |
| 甲强龙 | 1-2mg/kg SC | | Carpenter and Marion（2013） |
| 泼尼松龙 | 2.5mg/kg PO，SC，IM q12h | | Carpenter and Marion（2013） |
| 曲安西龙（氟羟氢化泼尼松） | 0.2mg/kg SC，IM | | Carpenter and Marion（2013） |

## 推荐阅读


[1] Brust, D.M. & Pye, G.W. (2013) Sugar gliders. In: J.W. Carpenter (ed), *Exotic Animal Formulary*, 4th edn, Elsevier/Saunders, St. Louis, MO, p. 443.

[2] Carpenter, J.W. & Marion, C.J. (2013b) Hedgehogs. In: J.W. Carpenter (ed), *Exotic Animal Formulary*, 4th edn, Elsevier/Saunders, St. Louis, MO, p. 463.

[3] Johnson-Delany, C.A. (2006) Common procedures in hedgehogs, prairie dogs, exotic rodents and companion marsupials. *Veterinary Clinics Exotic Animal*, **9**, 415–435.

[4] Lennox, A. (2007) Emergency and critical care procedures in sugar gliders, African hedgehogs and prairie dogs. *Veterinary Clinics Exotic Animal*, **10**, 533–555.

# 附录A. XIII

## 非人灵长类动物镇痛

| 药物 | 剂量 | 给药途径 | 给药间隔 | 注释 |
|---|---|---|---|---|
| 吗啡 | 1–2mg/kg | IM，SC | q4h | |
| 芬太尼 | 1–2μg/kg<br>2–10μg/kg<br>10–25μg/（kg·h）<br>50–70μg/（kg·h）至 70–100μg/(kg·h) | IV<br>IV<br>IV–CRI<br>IV–CRI | q30min | 用于镇痛<br>减少MAC<br>吸入剂辅助<br>麻醉<br>外科手术 |
| 芬太尼透皮贴 | 4μg/(kg·h)或25μg/(kg·h)×2片 | 局部使用皮肤药物 | q72h | |
| 阿芬太尼 | 3–32μg/kg | IV | q15min | |
| 瑞芬太尼 | 3.2–5.6μg/kg | IV | 超短的时间< q15min | 最好是 CRI |
| 舒芬太尼 | 6–30μg/（kg·h） | IV–CRI | | 在5%的葡萄糖溶液中 |
| 羟吗啡酮 | 猕猴属：0.15mg/kg | IM | q4–6h | |
| | 狒狒属：0.15mg/kg | IM | q4–6h | |
| | 松鼠猴：0.075mg/kg | IM | q4–6h | |
| 氢化吗啡酮 | 猕猴属：0.15mg/kg | IM | q4–6h | |
| | 狒狒属：0.15mg/kg | IM | q4–6h | |
| | 松鼠猴：0.075mg/kg | IM | q4–6h | |
| 丁丙诺啡 | 猕猴属：0.01mg/kg | IM | q6–8h | |
| | 狒狒属：0.01–0.03mg/kg | IM | q12h | |
| | 松鼠猴：0.015mg/kg | IM | q6–8h | |
| 丁丙诺啡 SR | 猕猴属：0.06mg/kg | SC | q72h | ZooPharm生产 |
| | 狒狒属：0.06mg/kg | SC | q72h | |
| 丁丙诺啡透皮贴 | 28mg | 局部皮肤贴剂 | q72h | Buprederm® 2.4mg/$cm^2$ |
| | 42mg | | | |
| | 56mg | | | |

**续表**

| 药物 | 剂量 | 给药途径 | 给药间隔 | 注释 |
|---|---|---|---|---|
| 美沙酮 | 0.58–1.0mg/kg | IM | q8–12h | |
| | 0.1–1.0mg/kg | IM，SC，PO | q8–12h | |
| 布托啡诺 | 0.1–0.2mg/kg | IM，IV | q3–4h | |
| | 狨猴属：0.05mg/kg | IM | q8h | |
| | 松鼠猴：0.02mg/kg | SC | q6h | |
| 氯胺酮 | 10μg/（kg·min） | IV–CRI | | 用于术中及术后镇痛 |
| 右美托咪定 | 0.5–1.0μg/kg | IM，IV | | 镇痛 |
| 美托咪定 | 0.05–0.1mg/kg | IM | q30min–1.5h | |
| 赛拉嗪 | 0.5–2.0mg/kg | IM | 30min | |
| 对乙酰氨基酚 | 5–10mg/kg | PO | q6h | 用于治疗发烧和轻微的疼痛 |
| | 15–20mg/kg | 栓剂 | | |
| 阿司匹林肠溶片 | 狨猴属：325mg | PO | | |
| | 或125mg/5kg | 栓剂 | | |
| | 狒狒属：325mg | PO | | |
| | 或125mg/5kg | 栓剂 | | |
| 布洛芬 | 7mg/kg<br>20mg/kg<br>1%溶液 | PO<br>PO<br>齿龈下冲洗 | q24h | 牙周炎 |
| 酮咯酸氨丁三醇 | 15–30mg/kg | IM | | |
| 酮洛芬 | 5mg/kg | IM | q6–8h | |
| 卡洛芬 | 2–4mg/kg | PO，SC，IV | q8–12h | |
| 美洛昔康 | 0.1–0.2mg/kg | PO，SC，IM | q24h | 美洛昔康缓释即将推出 |
| 氟尼辛葡甲胺 | 0.3–1.0mg/kg | SC，IV | q12–24h | |
| | 1–2mg/kg | SC，IM | q6–12h | |
| 局部酮洛芬贴片 | 100mg | 持续给予 | q72h | 美国未获批准 |
| 布比卡因 | 0.25%–1mg/kg | 局部浸润 | q3–6h | 神经阻滞 |
| 0.5%=5mg/mL | 0.50%–1.2mg/kg | 硬膜外 | | 中毒剂量为4mg/kg |

续表

| 药物 | 剂量 | 给药途径 | 给药间隔 | 注释 |
|---|---|---|---|---|
| 利多卡因 | 2.5–5mg/kg | 局部浸润 | q1–2h | 神经阻滞 |
| 2%=20mg/mL | | | | 中毒剂量为10mg/kg |
| 加巴喷丁 | 25–50mg/kg | PO | q12h | 优秀的镇痛辅助剂 |
| 阿米替林 | 2.0mg/kg | IM | q12–24h | 镇痛辅助剂 |
| 金刚烷胺 | 3–5mg/kg | PO | q24h | 镇痛辅助剂 |
| 曲马多 | 1–2mg/kg | PO | q8–12h | 类阿片类药物 |
| 他喷他多 | 50–100mg片剂 | PO | q4–6h | 类阿片类药物 |
| 地塞米松 | 0.25–1.0mg/kg | PO，IM，IV | q6–8h | 抗炎 |

## 推荐阅读

[1] Goldberg, M.E. (2010g) The fourth vital sign in all creatures great and small. The NAVTA Journal, 31–54.

## 附录A. XIV

### 猪镇痛

#### 猪恒速输注（CRI）

| 药物 | 剂量 | 注释 |
|---|---|---|
| 芬太尼 | 装载剂量：50μg 推注 | 用于术中或者术后的疼痛 |
| | CRI：30–100μg/（kg·h） IV | |
| 舒芬太尼 | 装载剂量：7μg推注 | 用于术中或者术后的疼痛 |
| | CRI：15–30μg/（kg·h） IV | |
| 瑞芬太尼 | 0.5–1μg/（k·min）或30–60μg/（kg·h） IV | 用于术中或者术后的疼痛 |
| 阿芬太尼 | 0.1μg/（kg·min）或6μg/（kg·h） IV | 用于术中或者术后的疼痛 |
| 利多卡因 | 25–50mg/（kg·min） IV | 用于术中或者术后的疼痛 |
| 氯胺酮 | 10μg/（kg·min） IV | 用于术中或者术后的疼痛 |
| 丁丙诺啡 | 0.5–10μg/（kg·h） IV | 用于术中或者术后的疼痛 |

## 推荐阅读

[1] Goldberg, M.E. (2010h) The fourth vital sign in all creatures great and small. *The NAVTA Journal*, 31–54.
[2] Muir, W.W. & Ivany, J.M. (2004) Farm animal anesthesia. In: S.L. Fubini & N.G. Ducharme (eds), *Farm Animal Surgery*, Saunders/Elsevier, St. Louis, MO, pp. 97–112.
[3] Smith, A.C. & Swindle, M.M. (2008a) Anesthesia and analgesia in swine. In: R.E. Fish, P.J. Danneman, M.J. Brown, Karas AZ (eds), *Anesthesia and Analgesia in Laboratory Animals*, 2nd edn, Academic Press, London, pp. 413–440.
[4] Swindle, M.M. & Smith, A.C. (2013) Best practices for performing experimental surgery in swine. *Journal of Investigative Surgery*, **26** (2), 63–71.

## 猪改编版镇痛

| 药物 | 剂量 | 给药途径 | 给药间隔 | 注释 |
|---|---|---|---|---|
| 丁丙诺啡 | 0.01–0.05mg/kg | IM，IV | q6–12h | |
| | 0.005–0.010mg/kg | IM，IV | q8–12h | |
| | 0.05–0.1mg/kg | IM，SC | q8–12h | |
| 布托啡诺 | 0.1–0.3mg/kg | IM，IV | q4h | |
| | 0.1–0.3mg/kg | IM，IV，SC | q8–12h | |
| 吗啡 | 0.2–1.0mg/kg | IM | q4h | |
| 羟吗啡酮 | 0.15mg/kg | IM | q4h | |
| 喷他佐辛（吗啡替代合成药物，不易上瘾） | 2mg/kg | IM，IV | q4h | |
| | 2–5mg/kg | IM | q4h | |
| 哌替啶（度冷丁） | 2mg/kg | IM，IV | q2–4h | |
| | 2.0–10.0mg/kg | IM，SC | q4h | |
| 芬太尼 | 0.05mg/kg | IM，SC | q2h | 术中及术后输液 |
| | 30–100μg/（kg·h） | IV–CRI | | |
| 芬太尼贴片 | 适当的体重；大约50μg/h | 经皮肤 | q72h | 在麻醉期间存在与剂量相关的呼吸抑制，以减少挥发性吸入剂浓度的镇痛 |
| 舒芬太尼 | 0.005–0.001mg/kg | IM，SC | q2h | 术中及术后输液 |
| | 15–30μg/（kg·h） | IV–CRI | | |
| 曲马多 | 5mg/kg | PO | q12h | |
| 氯胺酮 | 10μg/（kg·min） | CRI | | 术中或者术后 |
| 阿司匹林 | 10–20mg/kg | PO | q4–6h | |

续表

| 药物 | 剂量 | 给药途径 | 给药间隔 | 注释 |
|---|---|---|---|---|
| 卡洛芬 | 2–4mg/kg | IM，IV，SC，PO | q24h | |
| 美洛昔康 | 0.4mg/kg | SC | q24h | |
| 酮洛芬 | 1 0mg/kg | IM，SC，PO，IV | q12h | |
| 氟尼辛 | 1–2mg/kg | IV，SC | q24h | |
| 保泰松 | 10–20mg/kg | IM，SC，PO | q12h | |
| 2%利多卡因 | 不要超过20mL 25–50μg/（kg·min） | 局部浸润<br>硬膜外<br>IV–CRI | 90–180min | 100kg用40mL<br>200kg用6mL<br>300kg用8mL<br>去势<br>术中或者术后使用输注 |
| 5%丙胺卡因 | 2–15mL | SC或局部浸润 | | |
| 布比卡因 | 不要超过5mg/kg可能会出现中毒症状的剂量为2mg/kg | 局部浸润 | | 0.25%用于浸润<br>0.5%用于神经阻滞<br>0.75%用于硬膜外腔阻滞 |

## 推荐阅读


[1] Flecknell, P.A. (2009) *Analgesia and Post-Operative Care in Laboratory Animal Anaesthesia*, 3rd edn, Elsevier/Academic Press, London pp. 160–174.

[2] Goldberg, M.E. (2010i) The fourth vital sign in all creatures great and small. *The NAVTA Journal*, 31–54.

[3] Ivany, J.M. & Muir, W.W. (2004) Farm animal anesthesia. In: S.L. Fubini & N.G. Ducharme (eds), *Farm Animal Surgery*, Saunders/Elsevier, St. Louis, MO, pp. 108–109.

[4] Longley, L. (2008b) *Fancy Pig Anaesthesia in Anaesthesia of Exotic Pets*, Saunders/Elsevier, Edinburgh, p. 124.

[5] Smith, A.C. & Swindle, M.M. (2008b) Anesthesia and analgesia in swine. In: R.E. Fish, M.J. Brown, P.J. Danneman & A.Z. Karas (eds), *Anesthesia and Analgesia in Laboratory Animals*, 2nd edn, Academic Press/Elsevier, San Diego, CA, pp. 434–435.


### 猪镇痛药休药期改编版建议

| 药物 | 休药期 | 注释 |
|---|---|---|
| 赛拉嗪 | 肉类：3d | 加拿大 |
| | 肉类：14d | 英国 |
| | 肉类：2d | 法国 |
| | 肉类：3d | 德国，瑞士 |

续表

| 药物 | 休药期 | 注释 |
|---|---|---|
| | 肉类：4d | 新西兰 |
| | 肉类：5d | FARAD推荐在美国用于绵羊和山羊 |
| 地托咪定 | 肉类：3d | FARAD推荐在美国的休药期 |
| 吗啡 | 迅速清除 | 未设定休药期 |
| 哌替啶（度冷丁） | 2–4d | 未设定休药期 |
| 布托啡诺 | 2 d | 未设定休药期 |
| 芬太尼 | 2–4d | 羊 |
| 氯胺酮 | 肉类：1d | 瑞士 |
| | 肉类：3d | FARAD推荐在美国的休药期 |
| 利多卡因 | 肉类：1d | FARAD推荐在美国的休药期 |
| 布比卡因 | 快速清除 | 未设定休药期 |
| 保泰松 | 不推荐 | 长时间代谢 |
| 氟尼辛葡甲胺 | 肉类：4d | FARAD推荐在美国的休药期 |
| 酮洛芬 | 肉类：7d | FARAD推荐在美国的休药期 |
| 阿司匹林 | 肉类：1d | FARAD推荐在美国的休药期 |

FARAD，食用动物防残留数据库。

## 推荐阅读

[1] Valverde, A. & Doherty, T.J. (2009c) Pain management in cattle and small ruminants. In: D.E. Anderson & D.M. Rings (eds), *Food Animal Practice*, 5th edn, Elsevier, St. Louis, MO, pp. 534–541.

## 附录A. XV

### 兔子镇痛

| 药物 | 剂量 | 给药途径 | 给药间隔 | 注释 |
|---|---|---|---|---|
| 布托啡诺 | 0.1–0.5mg/kg | SC，IM，IV | q2–4h | 恢复正常活动和自我进食可能很慢 |
| | 0.1–0.3mg/（kg·h） | IV-CRI | | |
| 丁丙诺啡 | 0.01–0.05mg/kg | SC，IM，IV | q4–6h | 可以用于Hypnorm®镇静后的苏醒 |

**续表**

| 药物 | 剂量 | 给药途径 | 给药间隔 | 注释 |
| --- | --- | --- | --- | --- |
| 芬太尼 | 0.0074mg/kg | IV | q2-4h | 麻醉期间与剂量相关的呼吸抑制以降低用于镇痛的挥发性吸入物浓度 |
| | 装载剂量：5-10μg/kg | | | |
| | 20-30μg/（kg·h） | IV-CRI | | |
| | 1-4μg/（kg·h） | IV-CRI | q72h | |
| | 25μg/h | 经皮肤的贴片 | | |
| 吗啡 | 0.5-5mg/kg | IM—手术前单次量 | q2-3h | 可能会影响胃肠蠕动 |
| | 0.1mg/kg | 硬膜外 | | |
| 氢化吗啡酮 | 0.05-0.2mg/kg | IV，IM，SC | q6-8h | |
| 羟吗啡酮 | 0.05-0.2mg/kg | IV，IM，SC | q6-8h | |
| 哌替啶（度冷丁） | 5-10mg/kg | SC，IM | q2-3h | |
| 美沙酮 | 1mg/kg | IV | | |
| 纳布芬（纳布啡） | 1-2mg/kg | IV | q4-5h | |
| 曲马多 | 5-10mg/kg | PO | q12-24h | 药代动力学数据可变 |
| 对乙酰氨基酚（有或无可待因） | 1mL药物/100mL饮水 | PO | | |
| 阿司匹林 | 100mg/kg | PO | | |
| 卡洛芬 | 4mg/kg | SC | q24h | |
| | 2.0-4.0mg/kg | PO | q12-24h | |
| 氟尼辛 | 1.1mg/kg | SC | q12h | |
| 酮洛芬 | 1-3mg/kg | SC | q12h | |
| 美洛昔康 | 0.3-0.5mg/kg | SC | q24h | |
| | 0.5-1.5mg/kg | PO | q24h | |
| 吡罗昔康 | 0.2mg/kg | PO | q8h | |
| 氯胺酮 | 0.5mg/kg | IV | 术中 | |
| | 10μg/（kg·min） | IV-CRI | 术中 | |
| | 2μ/（kg·min） | IV-CRI | 术后24h | |
| 利多卡因 | <2mg/kg | SC—局部浸润 | | |
| 布比卡因 | <1.5mg/kg | SC—局部浸润 | | |

## 推荐阅读

[1] Goldberg, M.E. (2010j) The fourth vital sign in all creatures great and small. *The NAVTA Journal*, 31–54.

[2] Hawkins, M.G. & Pascoe, P.J. (2012b) Anesthesia, analgesia and sedation of small mammals. In: K.E. Quesenberry and J.W. Carpenter (eds), *Ferrets, Rabbits and Rodents: Clinical Medicine and Surgery*, 3rd edn, Elsevier/Saunders, St. Louis, MO, pp. 429–451.

## 附录A. XVI

### 爬行动物镇痛

| 药物 | 剂量 | 给药途径 | 给药间隔 | 注释 |
|---|---|---|---|---|
| 布托啡诺 | 0.02–25mg/kg；20mg/kg（玉米蛇）（可能会导致严重的呼吸抑制） | SC，IM，IV | q12–24 | |
| 丁丙诺啡 | 0.02–0.2mg/kg | SC，IM | q12–24h | 药代动力学在红耳彩龟的研究为0.075–0.1mg/kg |
| 吗啡 | 0.05–4.0mg/kg（鳄类） | 体腔内（IC）或IM | q12–24h | 尼罗鳄中的上限效应是0.3mg/kg（Crocodylus niloticus africana） |
| | 1.5–6.5mg/kg（乌龟） | | | 在乌龟中作用时间可长达24h |
| | 1.0mg/kg（绿鬣蜥） | | | |
| | 10–20mg/kg（松狮蜥，可能会引起严重的呼吸抑制） | | | |
| 哌替啶（度冷丁） | 1–4mg/kg | IC | q4h | 在尼罗鳄中的上限效应是2.0mg/kg（Crocodylus niloticus africana） |
| 氯胺酮 | 10–100mg/kg | IM，IV，SC | | 高剂量与麻醉相关。小于10mg/kg 的低剂量可能与无镇静的镇痛作用有关 |
| 赛拉嗪 | 1.0–1.25mg/kg | IM | | |
| 美托咪定 | 50–100μg/kg（乌龟） | IM，IV，骨髓腔内(IO) | | 低剂量可能对镇痛有效 |
| | 150–300μg/kg（水生类） | | | |
| | 150μg/kg（蛇和蜥蜴） | | | |
| 美洛昔康 | 0.1–0.3mg/kg | IM，IV，PO | q24–48h | 球蟒，蜥蜴。研究表明，高达5mg/kg SID的剂量不会产生临床异常或病理 |
| 卡洛芬 | 1–4mg/kg | IM，IV，SC | q24–72h | |

续表

| 药物 | 剂量 | 给药途径 | 给药间隔 | 注释 |
|---|---|---|---|---|
| 酮洛芬 | 2mg/kg | IM，IV，SC | q24–72h | |
| 氟尼辛葡甲胺 | 0.5–2mg/kg | IM | q24–48h | |
| 2%利多卡因 | 2–5mg/kg | 局部麻醉 | | 建议保持在<5mg/kg。稀释至 0.5%以增加体积 |
| 0.5%布比卡因 | 1–2mg/kg（蛇，蜥蜴，乌龟） | 局部麻醉 | | 建议<2mg/kg |
| | 2–5mg/kg（鳄类） | | | 稀释至0.25%以增加体积 |
| 曲马多 | 10–25mg/kg | PO | q24h | 在红耳彩龟中的药代动力学 |

## 推荐阅读


[1] Baker, B., Sladky, K., Johnson, S. (2011) Evaluations of the analgesic effects of oral and subcutaneous tramadol administration in red-eared slider turtles. *Journal of the American Veterinary Medical Association*, **238**(2), 220–227.

[2] Carpenter, J. (2013) *Exotic Animal Formulary*, 4th edn. Elsevier/Saunders, St. Louis, MO, pp. 111–113.

[3] Goldberg, M. (2010k) The "fourth vital sign" in all creatures great and small. *The NAVTA Journal*, 31–54.

[4] Sladky, K., Miletic, V., Paul-Murphy, J., ME Kinney; RK Dallwig; SM Johnson. (2007). Analgesic efficacy and respiratory effects of butorphanol and morphine in turtles, *Journal of the American Veterinary Medical Association*, **230**(9), 1356–1362.

[5] Sladky, K., Kinney, M., Johnson, S. (2008) Analgesic efficacy of butorphanol and morphine in beared dragons and corn snakes. *Journal of the American Veterinary Medical Association*, **233**(2), 267–273.

[6] Wambu, S.N., Towett, P.K., Kiama, S.G., *et al.*, (2009). Effects of opioids in the formalin test in the Speke's hinged tortoise. *Journal of Veterinary Pharmacology and Therapeutics*, **33**, 347–351.

[7] West, G., Heard, D. & Caulkett, N. (2007c) *Zoo Animal and Wildlife Immobilization and Anesthesia*, 1st edn. Ames, IA: Wiley-Blackwell.


## 附录A. XVII

### 啮齿类动物镇痛

| 药物 | 小鼠 | 大鼠 | 豚鼠 |
|---|---|---|---|
| 丁丙诺啡 | 0.05–0.1mg/kg SC q12h | 0.01–0.05mg/kg SC，IVq8–12h | 0.05mg/kg SC q8–12h |
| | 1.1mmol/L 在DMSO局部应用 | 0.1–0.25mg/kg PO q8–12h | |
| 布托啡诺 | 1–2mg/kg SC q4h | 1–2mg/kg SC q4h | 1–2mg/kg SC q4h |
| 吗啡 | 2.5mg/kg SC q2–4h | 2.5mg/kg SCq2–4h | 2–5mg/kg SC，IM q4h |
| | 6.1mmol/L在DMSO局部应用 | | |

**续表**

| 药物 | 小鼠 | 大鼠 | 豚鼠 |
|---|---|---|---|
| 纳布芬 | 2-4mg/kg IMq4h | 1-2mg/kg IMq3h | 1-2mg/kg IV，IP，IM |
| 羟吗啡酮 | 0.2-0.5mg/kg SC q4h | 0.2-0.5mg/kg SC q4h | 0.2-0.5mg/kg SC q4h |
| | | 0.03mg/（kg·h）IV-CRI | |
| 喷他佐辛 | 5-10mg/kg SCq3-4h | 5-10 mg/kg SC q3-4h | |
| 哌替啶 | 10-20mg/kg SC，IMq2-3h | 10-20mg/kg SC，IM q2-3h | 10-20mg/kg SC，IM q2-3h |
| 美沙酮 | | 0.5-3mg/kg SC | |
| 曲马多 | 5mg/kg SC，IP q24h | 5mg/kg SC，IP q24h | |
| 芬太尼 | 0.025-0.6mg/kg SC | 0.01-1.0mg/kg SC | |
| | 0.032mg/kg SC | 2.0-4.0g/d PO | |
| 利多卡因/吗啡 | 0.85mmol/L利多卡因 | | |
| | 1.7mmol/L吗啡 | | |
| | 在DMSO中局部应用 | | |
| 利多卡因/丁丙诺啡 | 0.44mmol/L利多卡因 | | |
| | 0.18mg/kg丁丙诺啡 | | |
| | 在DMSO中局部应用 | | |
| 利多卡因 | | 0.67-1.3mg/（kg·h）CRISC泵 | |
| 布比卡因 | 局部浸润SC | 局部浸润，SC | 局部浸润，SC |
| 阿司匹林 | 120mg/kg PO | 100mg/kg PO | 87mg/kg PO |
| | 20mg/kg SC | 20mg/kg SC | 20mg/kg SC |
| | 100-120mg/kg IP | 100-120mg/kg IP | 100-120mg/kg IP |
| 对乙酰氨基酚 | 200mg/kg PO | 200mg/kg PO | |
| 卡洛芬 | 5mg/kg SC q24h | 5-15mg/kg SC q24h | 4mg/kg SC q24h |
| 塞来昔布 | | 10-20mg/kg PO q24h | |
| 双氯芬酸 | 8mg/kg PO q24h | 10mg/kg PO q24h | 2.1mg/kg PO q24h |
| 安乃近 | | 50-600mg/kg SC，IP，IV | |
| 安乃近/吗啡 | | 177-600mg/kg安乃近 | |
| | | 3.1-3.2mg/kg吗啡 | |
| | | SC，IV | |

续表

| 药物 | 小鼠 | 大鼠 | 豚鼠 |
|---|---|---|---|
| 氟尼辛葡甲胺 | 2.5mg/kg SC，IM q12h | 2.5mg/kg SC，IM q12h | 2.5mg/kg SC，IM q12h |
| | 4.0-11mg/kg IV | | |
| 布洛芬 | 30mg/kg PO | 15mg/kg PO | 10mg/kg IM q4h |
| 布洛芬/氢可酮 | | 200mg/kg布洛芬 | |
| | | 2.3mg/kg氢可酮 SC | |
| 布洛芬/美沙酮 | | 200mg/kg布洛芬 | |
| | | 1.7mg/kg美沙酮 | |
| | | SC | |
| 布洛芬/氢可酮 | | 200mg/kg布洛芬 | |
| | | 0.5mg/kg羟考酮 | |
| | | SC | |
| 酮洛芬 | 5mg/kg SCq24h | 5mg/kg SC q24h | |
| | | 5-15 SC | |
| | | 10%-20% IP | |
| 美洛昔康 | 5mg/kg SC，PO q24h | 1mg/kg SC，PO q24h | 0.1-0.3mg/kg SC, PO q24h |
| 美洛昔康/替托尼定 | 0.5mg/kg美洛昔康 | | |
| | 0.25mg/kg替托尼定 | | |
| | PO | | |
| 美洛昔康/可乐定 | 0.5mg/kg美洛昔康 | | |
| | 0.25mg/kg可乐定 | | |
| | PO | | |
| 萘普生/氢可酮 | | 200mg/kg萘普生 | |
| | | 1.3mg/kg氢可酮 | |
| | | SC | |
| 替托尼定 | 0.25-1.0mg/kg PO | | |
| 替托尼定/尼美舒利 | 0.25mg/kg 替托尼定 | | |
| | 1.0mg/kg尼美舒利 | | |
| | PO | | |

续表

| 药物 | 小鼠 | 大鼠 | 豚鼠 |
|---|---|---|---|
| 可乐定/尼美舒利 | 0.25mg/kg 可乐定 | | |
| | 1.0mg/kg尼美舒利 | | |
| | PO | | |
| 加巴喷丁 | 10mg/kg PO | 10mg/kg PO | 10mg/kg PO |

## 推荐阅读

[1] Goldberg, M.E. (2010l) The fourth vital sign in all creatures great and small. *The NAVTA Journal*, 31–54.

## 附录A. XVIII

### 山羊和绵羊恒速输注镇痛

| 药物 | 剂量 | 注释 |
|---|---|---|
| 利多卡因 | 装载剂量：1.3mg/kg IV | 可以与地托咪定合用0.1mg/kg IV q4h |
| | CRI：0.05mg/（kg·min） | |
| 赛拉嗪 | 装载剂量：5mg IM | 90min |
| | 2mg/h | |
| 氯胺酮 | 装载剂量：0.100–0.200 | 可术中使用 |
| | CRI：0.4–1.2mg/（kg·h）IV | |
| 芬太尼 | 装载剂量：1–6μg/kg | 可术中使用 |
| | CRI：1–5μg/（kg·h）IV | |

## 推荐阅读

[1] Lin, H.C., Caldwell, F., & Pugh, D.G. (2012a) Anesthetic management. In: D.G. Pugh & A.N. Baird (eds), *Sheep and Goat Medicine*, 2nd edn, Elsevier, Maryland Heights, MO, pp. 517–538.

## 山羊和绵羊镇痛

| 药物 | 剂量 | 给药途径 | 给药间隔 | 物种 |
|---|---|---|---|---|
| 吗啡 | 0.1–0.5mg/kg | IM，IV | q4–6h | 山羊 |
| | 总剂量≤10mg | IM | q4–6h | 绵羊 |
| | 0.05–0.1mg/kg | 硬膜外 | q6–12h | 绵羊/山羊（用无菌生理盐水或1.5mg/kg布比卡因稀释3–5mL） |
| 哌替啶（度冷丁） | 5mg/kg | IM | q0.25–0.5h | 绵羊 |
| 布托啡诺 | 0.05–0.2mg/kg | IM，IV | q1–3h | 绵羊，山羊 |
| 丁丙诺啡 | 0.005–0.1mg/kg | IM，IV | q12h | 绵羊，山羊 |
| 羟吗啡酮 | 0.005mg/kg | IM | q4h | 绵羊，山羊 |
| 芬太尼 | 0.01mg/kg | IV | q1–2h | 绵羊，山羊 |
| 赛拉嗪 | 0.05–0.2mg/kg | IM，IV | q2–4h | 绵羊，山羊 |
| | 0.05–0.1mg/kg | 硬膜外/蛛网膜下腔 | q1–2h | 绵羊，山羊（用生理盐水稀释至2–3mL） |
| 地托咪定 | 0.003–0.01mg/kg | IM，IV | q2–4h | 绵羊，山羊 |
| | 0.01mg/kg | 蛛网膜下腔 | q1h | 绵羊，山羊（无菌生理盐水稀释至2mL） |
| 美托咪定 | 0.005–0.01mg/kg | IM，IV | q2–4h | 绵羊 |
| | 0.02mg/kg | 硬膜外 | q3–7h | 绵羊，山羊（用无菌生理盐水稀释3–5mL） |
| 罗米非定 | 0.003–0.02mg/kg | IM，IV | q2–4h | 绵羊，山羊 |
| | 0.05mg/kg | 蛛网膜下腔 | q1–2h | 山羊（用无菌生理盐水稀释3–5mL） |
| 利多卡因 | 2.5mg/kg | IV | q1h | 山羊［以0.05–0.1 mg/（kg·min）速度CRI］ |
| | 0.4–2.0mg/kg | 硬膜外 | q1–2h | 绵羊，山羊 |
| 布比卡因 | 1.5–1.8mg/kg | 硬膜外 | q2–3h | 山羊 |
| | 0.05mg/kg | 硬膜外 | q2–3h | 绵羊 |
| 保泰松 | 5–10mg/kg | PO | SID | 绵羊，山羊 |
| 氟尼辛葡甲胺 | 1.0–2.2mg/kg | PO | SID | 绵羊，山羊 |

续表

| 药物 | 剂量 | 给药途径 | 给药间隔 | 物种 |
|---|---|---|---|---|
| | 1–2.5mg/kg | SC | BID | 绵羊，山羊 |
| | 1mg/kg | IV | BID | 绵羊，山羊 |
| 酮洛芬 | 2.0mg/kg | IV | BID | 绵羊，山羊 |
| | 3mg/kg | IV，IM | SID | 绵羊，山羊 |
| 卡洛芬 | 2mg/kg | PO，SC,IV | SID | 绵羊，山羊 |
| | 4mg/kg | SC | SID | 绵羊，山羊 |
| 美洛昔康 | 0.5mg/kg<br>2.0mg/kg<br>1.0mg/kg<br><br>0.5mg/kg<br>0.5mg/kg<br>0.5mg/kg | IV<br>PO<br>PO<br><br>IV<br>PO<br>IM | BID<br>装载剂量<br>装载剂量后SID<br>q8h<br>SID<br>SID | 绵羊<br>绵羊<br>绵羊<br><br>山羊<br>山羊<br>山羊 |
| 加巴喷丁 | 2.5mg/kg | PO | TID | 绵羊，山羊 |
| 曲马多 | 2mg/kg | PO | BID–TID | 绵羊，山羊 |

## 推荐阅读


[1] Goldberg, M.E. (2010m) The fourth vital sign in all creatures great and small. *The NAVTA Journal*, 31–54.

[2] Lin, H.C., Caldwell, F., & Pugh, D.G. (2012b) Anesthetic management. In: D.G. Pugh & A.N. Baird (eds), *Sheep and Goat Medicine*, 2nd edn, Elsevier, Maryland Heights, MO, pp. 517–538.

[3] Plummer, P.J. & Schleining, J.A. (2013c) Assessment and management of pain in small ruminants and camelids. *Veterinary Clinics of North America: Food Animal Clinics*, **29** (1), 185–208.

[4] Valverde, A. & Doherty, T.J. (2009d) Pain management in cattle and small ruminants. In: D.E. Anderson & D.M. Rings (eds), *Food Animal Practice*, 5th edn, Elsevier, St. Louis, MO, pp. 534–541.


## 建议用于绵羊和山羊镇痛药物休药期

| 药物 | 休药期 | 注释 |
|---|---|---|
| 赛拉嗪 | 肉类：3d | 加拿大 |
| | 肉类：14d | 英国 |
| | 肉类：2d | 法国 |
| | 肉类：3d | 德国，瑞士 |

续表

| 药物 | 休药期 | 注释 |
| --- | --- | --- |
|  | 肉类：4d | 新西兰 |
|  | 肉类：5d | FARAD推荐在美国山羊和绵羊的休药期 |
|  | 奶：2d | 加拿大，英国 |
|  | 奶：0d | 法国 |
|  | 奶：0d | 德国，瑞士 |
|  | 奶：1d | 新西兰 |
|  | 奶：3d | FARAD推荐在美国的山羊和绵羊的休药期 |
| 地托咪定 | 肉类：3d | FARAD推荐在美国的标准 |
|  | 奶：3d | FARAD推荐在美国的标准 |
| 吗啡 | 迅速清除 | 未设定休药期 |
| 哌替啶（度冷丁） | 2-4d | 未设定休药期 |
| 布托啡诺 | 2d | 未设定休药期 |
| 芬太尼 | 2-4d | 绵羊 |
| 氯胺酮 | 奶：3d | 瑞士 |
|  | 肉类：1d | 瑞士 |
|  | 奶：2d | FARAD推荐在美国的标准 |
|  | 肉类：3d | FARAD推荐在美国的标准 |
| 利多卡因 | 肉或奶：1d | FARAD推荐在美国的标准 |
| 布比卡因 | 迅速清除 | 未设定休药期 |
| 保泰松 | 不推荐 | 代谢时间较长 |
| 氟尼辛葡甲胺 | 奶：3d | FARAD推荐在美国的标准 |
|  | 肉类：4d | FARAD推荐在美国的标准 |
| 酮洛芬 | 奶：1d | FARAD推荐在美国的标准 |
|  | 肉类：7d | FARAD推荐在美国的标准 |
| 阿司匹林 | 奶：1d | FARAD推荐在美国的标准 |
|  | 肉类：1d | FARAD推荐在美国的标准 |

FARAD，食用动物防残留数据库。

## 推荐阅读

[1] Valverde, A. & Doherty, T.J. (2009e) Pain management in cattle and small ruminants. In: D.E. Anderson & D.M. Rings (eds), *Food Animal Practice*, 5th edn, Elsevier, St. Louis, MO, pp. 534–541.

## 附录A. XIX

### 动物园动物镇痛

#### 阿片类药物

| 物种 | 药物 |
|---|---|
| 骆驼 | 布托啡诺 0.05–0.1mg/kg IV/IM（羊驼，美洲驼）；0.02–0.05mg/kg IV/IM（骆驼）（Abrahamsen, 2009） |
| | 吗啡 0.1mg/kg IV/IM （Abrahamsen, 2009） |
| 外来猫科动物 | 布托啡诺0.1–0.4mg/kg SQ（Ramsay, 2008）；0.2mg/kg IM BID–QID （山猫）（Machin, 2007）；0.4mg/kg IM （虎）（Whiteside et al., 2006） |
| 外来犬科动物 | 布托啡诺 0.2mg/kg IM BID–QID （狐狸）（Machin, 2007）；0.1–0.2mg/kg IV （Larsen & Kreeger, 2007）；0.4mg/kg PO （灰狼）（Larsen & Kreeger, 2007） |
| | 芬太尼 50–75μg/kg （Larsen & Kreeger, 2007） |
| | 吗啡 0.05mg/kg （Larsen & Kreeger, 2007） |
| 外来有蹄兽 | 布托啡诺 0.2mg/kg IM BID–QID（鹿，小型反刍动物）（Machin, 2007） |
| 松鼠和啮齿动物 | 布托啡诺 0.2mg/kg IM BID–QID （Machin, 2007） |
| 鼬科 | 布托啡诺 0.2mg/kg IM BID–QID （skunk, otter）（Machin, 2007） |
| 有袋类 | 布托啡诺 0.2mg/kg IM BID–QID （opossum）（Machin, 2007） |
| 各种各样的食肉动物 | 布托啡诺 0.2mg/kg IM BID–QID （raccoon）（Machin, 2007） |

## 推荐阅读

[1] Abrahamsen, E. (2009) Chemical restrain, anesthesia, and analgesia for camelids. *Veterinary Clinics of North America: Food Animal Practice*, 25, 455–494.

[2] Larsen, R. & Kreeger, T. (2007a) Canids. In: G. West, D. Heard & N. Caulkett (eds), *Zoo Animal and Wildlife Immobilization and Anesthesia*, Wiley-Blackwell, Ames, IA, pp. 395–407.

[3] Machin, K. (2007a) Wildlife analgesia. In: G. West, D. Heard & N. Caulkett (eds), *Zoo Animal and Wildlife Immobilization and Anesthesia*, Wiley-Blackwell, Ames, IA, pp. 43–59.

[4] Ramsay, E. (2008a) Use of analgesics in exotic felids. In: M. Fowler & R. Miller (eds), *Zoo and Wild Animal Medicine Current Therapy*, Vol. 6, Saunders, St. Louis, MO, pp. 289–293.

[5] Whiteside, D., Remedios, A., Black, S. Finn-Bodner, S. (2006a) Meloxicam and surgical denervation of the Coxofemoral joint for the treatment of degenerative osteoarthritis in a Bengal tiger (*Panthera tigris tigris*). *Journal of Zoo and Wildlife Medicine*, 37 (3), 416–419.

## 非甾体抗炎药（NSAIDs）

| 物种 | 药物 |
| --- | --- |
| 外来的猫科动物 | 阿司匹林 10mg/kg PO q72h（长期使用）（Ramsay, 2008） |
| | 卡洛芬 4mg/kg IV/IM/SQ或2.0–2.2mg/kg IM/SQ/PO BID使用2d（Ramsay, 2008） |
| | 酮洛芬 1–2mg/kg IM BID（山猫）（Machin, 2007） |
| | 美洛昔康0.2–0.3mg/kg SQ（短期）（Ramsay, 2008）；0.1–0.2mg/kg PO SID（山猫）（Machin, 2007）；0.1mg/kg PO 3×周（虎）（Whiteside et al., 2006） |
| | 吡罗昔康 0.3mg/kg PO SID使用4d，然后 q48h（Ramsay, 2008） |
| 外来的犬科动物 | 卡洛芬 4mg/kg（Larsen & Kreeger, 2007） |
| | 酮洛芬 1–2mg/kg IM BID（狐狸）（Machin, 2007） |
| | 美洛昔康 0.1–0.2mg/kg PO SID（狐狸）（Machin, 2007） |
| 熊 | 美洛昔康 0.1mg/kg PO SID（棕熊）（Witz et al., 2001） |
| 外来的有蹄兽 | 酮洛芬 1–2mg/kg IM BID（鹿，小反刍动物）（Machin, 2007） |
| | 美洛昔康 0.1–0.2mg/kg PO SID（鹿，小反刍动物）（Machin, 2007） |
| | 保泰松 4mg/kg PO q48h（麋鹿）（Larsen et al., 1997） |
| 长颈鹿 | 卡洛芬 2.0mg/kg PO SID–BID（Citino & Bush, 2007） |
| | 依托度酸 2.5–5.0mg/kg PO SID–BID（Citino & Bush, 2007） |
| | 氟尼辛葡甲胺 1.0–2.0mg/kg IV/IM/PO（Citino & Bush, 2007） |
| | 布洛芬 0.5–2.0mg/kg SID IV/IM（Citino & Bush, 2007） |
| | 美洛昔康 0.1mg/kg SID PO（Citino & Bush, 2007） |
| | 保泰松 1.0–3.0mg/kg SID–BID（Citino & Bush, 2007） |
| 外来的鱿鱼 | 阿司匹林（效果不好）（Raphael et al., 1997） |
| | 卡洛芬（效果不好）（Raphael et al.,1997） |
| | 氟尼辛葡甲胺0.5–1.0mg/kg PO SID–BID（Raphael et al., 1997） |
| | 布洛芬 15mg/kg PO BID（Raphael et al., 1997） |
| | 美洛昔康 0.3–0.8mg/kg PO SID–BID（Raphael et al., 1997） |
| 松鼠和啮齿类动物 | 酮洛芬 1–2mg/kg IM BID（Machin, 2007） |

续表

| 物种 | 药物 |
| --- | --- |
| | 美洛昔康0.1–0.2mg/kg PO SID（Machin, 2007） |
| 鼬科 | 酮洛芬 1–2mg/kg IM BID（臭鼬，水獭）（Machin, 2007） |
| | 美洛昔康0.1–0.2mg/kg PO SID（臭鼬，水獭）（Machin, 2007） |
| 有袋类 | 酮洛芬 1–2mg/kg IM BID（负鼠）（Machin, 2007） |
| | 美洛昔康 0.1–0.2mg/kg PO SID（负鼠）（Machin, 2007） |
| 各种各样的食肉动物 | 依托度酸 10mg/kg（鬣狗）（Hahn et al., 2007） |
| | 酮洛芬1–2mg/kg IM BID（浣熊）（Machin, 2007） |
| | 美洛昔康0.1–0.2mg/kg PO SID（浣熊）（Machin, 2007）；0.2mg/kg SQ 1次（鬣狗）（Hahn et al., 2007） |

## 推荐阅读


[1] Citino, S. & Bush, M. (2007) Giraffidae. In: G. West, D. Heard & N. Caulkett (eds), *Zoo Animal and Wildlife Immobilization and Anesthesia*, Wiley-Blackwell, Ames, IA, pp. 595–605.

[2] Hahn, N., Parker, J.M., Timmel, G., Weldele, M., West, G. (2007) chapter 38: Hyenas. G. West, D. Heard & N. Caulkett (eds), *Zoo Animal and Wildlife Immobilization and Anesthesia*, Wiley-Blackwell, Ames, IA, pp. 437–442.

[3] Larsen, R., Cebra, C., & Wild, M. (1997) Surgical correction of urethral obstruction in an Elk by perineal urethrostomy. AAZV Proceedings, October 26–30, Houston, TX.

[4] Larsen, R. & Kreeger, T. (2007b) Canids. In: G. West, D. Heard & N. Caulkett (eds), *Zoo Animal and Wildlife Immobilization and Anesthesia*, Wiley-Blackwell, Ames, IA, pp. 395–407.

[5] Machin, K. (2007b) Wildlife analgesia. In: G. West, D. Heard & N. Caulkett (eds), *Zoo Animal and Wildlife Immobilization and Anesthesia*, Wiley-Blackwell, Ames, IA, pp. 43–59.

[6] Ramsay, E. (2008b) Use of analgesics in exotic felids. In: M. Fowler & R. Miller (eds), *Zoo and Wild Animal Medicine Current Therapy*, Vol. 6, Saunders, St. Louis, MO, pp. 289–293.

[7] Raphael, B., James, A., Calle, P., Kalk, P., McLaughlin, K., Cook, R.A. (1997) Analgesic therapy for management of chronic osteoarthritis in babirusa. In: AAZV Proceedings, October 26–30, Houston, TX.

[8] Witz, M., Lepage, O., Lambert, C. *et al.* (2001) Brown bear (*Ursus arctos arctos*) femoral head and neck excision. *Journal of Zoo and Wildlife Medicine*, **32** (4), 494–499.

[9] Whiteside, D., Remedios, A., Black, S., Finn-Bodner, S. (2006b) Meloxicam and surgical denervation of the coxofemoral joint for the treatment of degenerative osteoarthritis in a Bengal tiger (*Panthera tigris tigris*). *Journal of Zoo and Wildlife Medicine*, **37** (3), 416–419.


## 其他关于动物园动物用药报道

| 物种 | 药物 |
| --- | --- |
| 骆驼 | 曲马多2.33mg/kg IV/IM（Souza & Cox, 2011） |
| 外来的马科动物 | 加巴喷丁2.5mg/kg PO BID（Zebra）（Bronson et al., 2008） |

续表

| 物种 | 药物 |
| --- | --- |
| | 曲马多2.5mg/kg IV/PO（Donkey）（Souza & Cox, 2011） |
| 外来的猫科动物 | 曲马多1–4mg/kg PO BID（short term）（Ramsay, 2008） |
| | 加巴喷丁3.7mg/kg PO（Lion）（Adkesson, 2006） |
| | 吗啡0.1mg/kg局部/硬膜外，在猎豹中硬膜外使用（Machin, 2007） |
| 外来的有蹄兽 | 利多卡因0.17–0.38mg/kg局部/硬膜外，在羚羊中硬膜外使用（Machin, 2007） |

## 推荐阅读


[1] Adkesson, M. (2006) The role of gabapentin as an analgesic: potential applications in zoologic medicine. Proceedings of the AAZV Annual Meeting, September 19–24, Tampa, FL.

[2] Bronson, E., Wack, A., Johnson, R., Williams, C. (2008) Use of oral gabapentin to aid healing of a periparturient pelvic fracture in a common zebra. In: Proceedings of the AAZV ARAV Joint Conference, October 21–26, Oakland, CA.

[3] Machin, K. (2007c) Wildlife analgesia. G. West, D. Heard & N. Caulkett (eds), *Zoo Animal and Wildlife Immobilization and Anesthesia*, Wiley-Blackwell, Ames, IA, pp. 43–59.

[4] Ramsay, E. (2008c) Use of analgesics in exotic felids. M. Fowler & R. Miller (eds), *Zoo and Wild Animal Medicine Current Therapy*, Vol. **6**, Saunders, St. Louis, MO, pp. 289–293.

[5] Souza, M. & Cox, S. (2011) Tramadol use in zoologic medicine. *Veterinary Clinics of North America: Exotic Animal Practice*, 14, 117–130.

# 附录B：恒速输注计算示例

## 注射泵

1. 一个20lb的患病动物，在接受12h，速度为3μg/（kg·h）（共计1mL/h）的芬太尼恒速输注（CRI）之前，需要一个5μg/kg的芬太尼装载剂量。芬太尼是50μg/mL。你需要多少mL的芬太尼作为装载剂量，你需要多少mL的芬太尼与生理盐水一起加入一个12cm$^3$的注射器以1mL/h的速度运行？

   步骤 1：把患病动物的体重换算成kg
   20lb/2.2lb/kg=9.09kg

   步骤2：计算芬太尼的装载剂量
   9.09kg × 5μg/kg=45μg
   45μg/50μg/mL=0.9mL
   装载剂量=0.9mL芬太尼

   步骤3：计算有多少μg/h等于1mL/h
   3μg × 9.09kg/h=1mL/h
   27.27μg/h=1mL/h

   步骤4：计算12h需要多少μg
   27.27μg/h × 12h=327.24μg

   步骤5：除以芬太尼的浓度，算出在一个12cm$^3$的注射器里要放多少mL的芬太尼
   327.24μg/50μg/mL=6.5mL芬太尼

   步骤6：减去芬太尼的量，算出需要的生理盐水的量
   12mL（12cm$^3$注射器）–6.5mL芬太尼=5.5mL NaCl
   将6.5mL芬太尼和5.5mLNaCl 放在一个12cm$^3$ 注射器内并且以1mL/h等于3μg/（kg·h）运行

2. 一只3.5kg的接受截肢手术的猫需要0.2mg/kg的美沙酮维持4h，还有利多卡因和氯胺酮的组合CRI。利多卡因的剂量20μg/（kg·min）=1mL/h，氯胺酮的剂量0.2mg/（kg·h）=1mL/h，两者混合在一个20cm$^3$的注射器中运行20h，需要用多少NaCl稀释？

- 美沙酮=10mg/mL
- 利多卡因=20mg/mL
- 氯胺酮=100mg/mL

   步骤 1：计算出患病动物4h一共需要多少美沙酮
   3.5kg × 0.2mg/kg=0.7mg

0.7mg/10mg/mL=0.07mL

患病动物将接受0.07mL美沙酮的间断静脉注射

步骤2：计算在20cm$^3$的注射器中放入多少利多卡因

3.5kg×20μg/（kg·min）=70μg/min 把min转换成h

70μg/min×60min/h=4200μg/h

把μg转换成mg

$$\frac{4200\mu g/h}{1000\mu g/mg} = 4.2\ mg/h$$

除以利多卡因的浓度

$$\frac{4.2mg/h}{20mg/mL} = 0.21mL/h$$

算出20h需要的利多卡因：

0.21mL/h×20h=4.2mL利多卡因

步骤3：计算出你需要在一个20cm$^3$的注射器中放入多少氯胺酮

3.5kg×0.2mg/（kg·h）=0.7mg/h

除以氯胺酮的浓度

0.7mg/h/100mg/mL=0.007mL/h

算出20h需要多少氯胺酮

0.007mL/h×20 h=0.14mL氯胺酮

步骤 4：计算你在注射器中需要多少NaCl来稀释药剂，使它们的规定剂量等于1mL/h

20mL-4.2mL利多卡因-0.14mL氯胺酮=15.66mL NaCl

将4.2mL的利多卡因、0.14mL的氯胺酮和15.66mL的生理盐水放入20cm$^3$注射器中，并运行，这样利多卡因1mL/h=20μg/（kg·min），氯胺酮等于0.2mg/（kg·h）

以下是Dr. Tamara Grubb的演讲：点滴止痛：恒速输注变得容易（已获许可）。

## 计算CRI剂量

一般来说，应该设置CRI一个计量表格或者电子表格（例有非常有用的电子表格，可在多个网站，我最喜欢的一个是www.vasg.org）。

这种情况下，这些表可以大大提高速度，以快速进行CRI，并且可以减少数学错误。然而，使用该公式也可以很容易地计算CRI用量。

- *A*=药物维持剂量（kg）
- *B*=体重（kg）
- *C*=在mL中的稀释体积
- *D*=想要的流速mL/h
- *E*=药物浓度mg/mL

药物加入稀释液的mL数=$A \times B \times C \times 60/D \times E \times 1000$

猫CRI的剂量

| 药物 | 装载剂量 | CRI 剂量 | 快速计算 | 注释 |
|---|---|---|---|---|
| 吗啡（M）[a] | 0.10mg/kg IM | 0.03mg/(kg·h)［0.5μg/(kg·min)］ | 向500mL液体中加入15mg，以1mL/（kg·h）的速度运行 | 猫可能需要轻度镇静；可以与K和/或L联合使用 |
| 氢化吗啡酮（H） | 0.025mg/kg IV | 0.01mg/（kg·h） | 想500mL的液体中加入5mg的药物以1mL/（kg·h）的速度运行 | 可能会导致发热，可以与K或者L联用 |
| 芬太尼（F） | 0.001–0.003mg/kg IM或IV（1–3μg/kg IV） | 2–5μg/（kg·h）［0.03–0.08μg/（kg·min）］术后<br>5–20μg/（kg·h）［0.08–0.3μg/（kg·min）］术中 | 5μg/（kg·h），添加2.5mg药物500mL液体，以1mL/（kg·h）的速度运行 | 2.5mg=50mL F；添加F前，除去50mL乳酸林格氏液（LRS）；可以与K和/或L结合 |
| 美沙酮 | 0.1–0.2mg/kg IV | 0.12mg/（kg·h） | 加入60mg到500mL液体中，以1mL/（kg·h）的速度运行 | 可能会引起镇静；可以与K和/或L联合使用 |
| 布托啡诺 | 0.1mg/kg IV | 0.1–0.2mg/（kg·h） | 向500mL液体中加入50mg，以1mL/（kg·h）的速度运行以达到0.1mg/（kg·h）的速度 | 只有中等效力和天花板效应，可以作为多模态方案的一部分 |
| 氯胺酮（K）[a] | 0.25mg/kg IV | 0.12–0.6mg/（kg·h）［2–10μg/（kg·min）］ | 向500mL液体中加入60mg，以1mL/（kg·h）的速度运行以达到0.12mg/（kg·h）的速度 | 一般与阿片类药物合用；可能会引起烦躁不安 |
| 利多卡因（L） | 0.25mg/kg IV | 1.5mg/(kg·h)［25μg/(kg·min)］ | 向500mL液体中加入750mg，以1mL/（kg·h）的速度运行 | 750mg=37.5mL：加入L之前除去37.5 mL LRS；可以与阿片类药物和/或K联用 |
|  |  | 有报道推荐猫不超过10μg/（kg·min） | 10μg/（kg·min），将300mg利多卡因加入500mL液体中以1mL/（kg·h）的速度运行 | 利多卡因由于心血管作用而被禁止用于猫 |
| 地托咪定（Med）或 | 1–5μg/kg Med | 0.001–0.004mg/（kg·h） Med | 将500μg Med或者250μg D（0.5mL中的任意一个）加入500mL液体中然后以1–4mL/（kg·h）的速度运行 | 提供镇痛和轻度镇静作用。极好的阿片类药物CRI的补充，或作为单独用药CRI使用 |

续表

| 药物 | 装载剂量 | CRI 剂量 | 快速计算 | 注释 |
|---|---|---|---|---|
| 右美托咪定（D） | 1-2μg/kg D<br>可以IV或IM；不是必须 | ［1-4μg/（kg·h）］<br>0.0005-0.002mg/（kg·h）D | | |
| 吗啡[a]/氯胺酮[a] | M: 0.10 mg/kg IM<br>K: 0.25 mg/kg IV | 0.03mg/（kg·h）M;<br>0.12mg/（kg·h）K | 将15mg M和60mg K加入500mL液体中以1mL/（kg·h）速度运行 | 可给药至3mL/（kg·h），但可发生烦躁。可以用F或美沙酮代替M |
| 吗啡/<br>利多卡因（MLK） | M: 0.10 mg/kg IM<br>K: 0.25 mg/kg IV<br>L: 0.25 mg/kg IV | 0.03mg/（kg·h）M;<br>0.12mg/（kg·h）K;<br>1.5mg/（kg·h）L | 加入15mg的M，60mg的K和750mg（或300mg）L到500mL液体中并且以1mL/（kg·h）的速度运行 | 可以用H、F或美沙酮代替M氯 |

[a] 如果必要的话，可以减少输液袋中的任何药物量，并以更高的速度给药。例如，对于吗啡、氯胺酮和吗啡/氯胺酮输液，可以使用7.5 mg吗啡和30 mg氯胺酮，如果需要更多的液体，CRI按2mL/（kg·h）执行。

犬CRI的剂量

| 药物 | 装载剂量 | CRI 剂量 | 快速计算 | 主释 |
|---|---|---|---|---|
| 吗啡（M）[a] | 0.5mg/kg IM（或者0.25mg/kg缓慢地 IV） | 0.12-0.3mg/（kg·h）<br>［2.0-3.3μg/（kg·min）］ | 向500mL液体中加入60mg，以1mL/（kg·h）的速度输液以达到0.12mg/（kg·h）的速度 | 可能会引起镇静；可以与K和/或L联合使用 |
| 氢化吗啡酮（H） | 0.05-0.1mg/kg IV | 0.01-0.05mg/（kg·h） | 向500mL液体中加入5-24mg，以1mL/（kg·h）的速度输液 | 可能会引起镇静；可以与K和/或L联合使用 |
| 芬太尼（F） | 0.001-0.003mg/kg IM或IV（1-3μg/kg IV） | 2-10μg/（kg·h）［0.03-0.2μg/（kg·m）］术后<br>3-40μg/（kg·h）［0.05-0.7μg/ kg/m）］术中 | 添加2.5mg到500mL液体，以1mL/（kg·h）的速度输液以达到5μg/（kg·h）的速度 | 2.5mg=50mL F，加入F前除去50mL LRS；可以与K和/或L联合使用；术中剂量可达20-40μg/（kg·h） |

**续表**

| 药物 | 装载剂量 | CRI 剂量 | 快速计算 | 注释 |
|---|---|---|---|---|
| 美沙酮 | 0.1–0.2mg/kg IV | 0.12mg/（kg·h） | 加入60mg到500mL液体中，以1mL/（kg·h）的速度输液 | 可能会引起镇静；可以与K和/或L联合使用 |
| 布托啡诺 | 0.1mg/kg IV | 0.1–0.2mg/（kg·h） | 向500mL液体中加入50mg，以1mL/（kg·h）的速度输液以达到0.1mg/（kg·h） | 只有中等效力和天花板效应，可以作为多模方案的一部分 |
| 氯胺酮（K）[a] | 0.25mg/kg IV | 0.12–0.6mg/（kg·h）［2–10μg/（kg·min）］ | 向500mL液体中加入60mg，以1mL/（kg·h）的速度输液以达到0.12mg/（kg·h） | 一般与阿片类药物合用；可能会引起烦躁不安；术中剂量可能更高 |
| 利多卡因（L） | 0.5–1.0mg/kg IV | 1.5–3.0mg/（kg·h）［25–50μg/（kg/min）］ | 添加750mg500mL液体和运行1mL/（kg·h）的速度输液以达到25μg/（kg·min） | 750mg=37.5mL，加入L前除去37.5mL LRS；可以与阿片类药物和/或K合用 |
| 美托咪定（Med）或者右美托咪定（D） | 1–5μg/kg Med；1–2μg/kg D；可以IV或IM；不是必须 | 0.01–0.004mg/（kg·h）Med［1–4μg/（kg·h）］；0.0005–0.02mg/(kg·h) D | 加入500μgMed或250μg D（0.5mL）到500mL液体，并以1–4mL/（kg·h）速度输液 | 提供镇痛和轻度镇静作用。极好的阿片类药物CRI的补充，或作为单独用药CRI使用 |
| 吗啡/氯胺酮[a] | M：0.5mg/kg IM；K：0.25mg/kg IV | 0.12mg/（kg·h）M和0.12mg/（kg·h）K | 加入60mg M和60mg K到500mL液体，以1mL/（kg·h）的速度输液 | 可给药至3mL/（kg·h），但可发生烦躁。可以用F或美沙酮代替M |
| 吗啡/氯胺酮/利多卡因（MLK） | M：0.5mg/kg IM；K：0.25mg/kg IV；L：0.5mg/kg IV | 0.12mg/（kg·h）M；0.12mg/（kg·h）K；1.5mg/（kg·h）L | 加入60mg M和60mg K和750mg L到500mL液体并以1mL/（kg·h）输液 | Dr. Muir的剂量为3.3μg/(kg·min) M，50μg/(kg·min) L；10μg/(kg·min) K可以用F或美沙酮代替M |

[a] 如果必要的话，可以减少输液袋中任何药物量，并以更高的速度给药，例如，对于吗啡、氯胺酮和吗啡/氯胺酮输液，可以使用7.5mg吗啡和30mg氯胺酮，如果需要更多的液体，CRI按2mL/（kg·h）执行。

给静脉输液加止痛药的图表（如果你不想改变速度）

加入到1L的液体袋中的利多卡因的量（20 mg/mL）：

氯胺酮 CRI：将60mg（0.6mL100mg/mL）氯胺酮加入到1L液体袋中，并且以2mL/（kg·h）运行，以提供2μg/(kg·min)或手术流速［10mL/（kg·h）］提供10μg/(kg·min)（术中剂量）。

| 液体流速[a] | 维持量［90mL/（kg·24 h）］ | 1/2维持时间量 | 2×维持时间量 | 手术［10mL/(kg·h)］ |
|---|---|---|---|---|
| **利多卡因剂量** | | | | |
| 25μg/（kg·min） | 21mL | 42mL | 11mL | 7.5mL |
| 50μg/（kg·min） | 42mL | 83mL | 22mL | 15mL |
| 75μg/（kg·min） | 63mL | 125mL | 33mL | 22.5mL |

[a] 大多数临床兽医认为维持量为45–50mL/（kg·24h），因此90mL/（kg·24h）的维持对正常患病动物来说可能过高。

在加入利多卡因之前，去掉与你加入利多卡因相同体积的LRS。低剂量［25–50μg/（kg·min）］用于镇痛，三种剂量均用于抗心律失常治疗。

**快速计算**36μg/（kg·min）：加50mL 2%利多卡因至1L的LRS中并以1mL/（lb·h）运行

加到1L的液体袋中吗啡的量（15mg/mL）：

**芬太尼**CRI 剂量：

犬：装载剂量2–5μg/kg，5–20μg/（kg·h）术中，2–5μg/（kg·h）术后

猫：装载剂量1–2μg/kg，5–10μg/（kg·h）术中，1–2μg/（kg·h）术后

**氢化吗啡酮** CRI 剂量：0.01–0.05mg/（kg·h）(犬或猫）

| 液体流速[a] | 维持量［90mL/（kg·24h）］ | 1/2 维持时间量 | 2×维持时间量 | 手术中［10mL/（kg·h）］ |
|---|---|---|---|---|
| **吗啡的剂量** | | | | |
| 0.5μg/（kg·min）（猫剂量） | 0.5mL | 1.0mL | 0.25mL | 0.20mL |
| 1μg/（kg·min） | 1.0mL | 2.0mL | 0.5mL | 0.40mL |
| 2μg/（kg·min） | 2.0mL | 4.0mL | 1.0mL | 0.80mL |

[a] 大多数临床兽医认为维持量为45–50mL/（kg·24h），因此90mL/（kg·24h）的维持量对正常患病动物来说可能过高。

**吗啡/利多卡因/氯胺酮**（MLK）来源：来自Dr. Muir—我的较低的剂量）：

| 加入500mL的LRS： | 以10mL/(kg·h)给药 |
| --- | --- |
| 10mg吗啡（0.66cm³） | 吗啡0.2mg/(kg·h) |
| 120mg利多卡因（6cm³ 2%） | 利多卡因2.5mg/(kg·h) |
| 100mg氯胺酮（1cm³） | 氯胺酮2mg/(kg·h) |

## 计算恒速输注（CRI）（适用于那些想自己计算的人）

用于不需要稀释的药物（一般用于输液泵中的药物）：

你总共需要多少mL或者mg?

注入的剂量按mg/(kg·h)或μg/（kg·min）［现在我们来使用 mg/（kg·h）］×体重（kg）=总共mg/h的需要量。

再除以mg/mL的药物浓度就得到mL/h。

如果除以60，就得到mL/min；

再除以60，就得到mL/s，大多数滴管滴液量不是10gtt/mL就是60gtt/mL，你可以通过gtt/mL的数量乘以mL/s的数量计算出患病动物需要多少gtt/s。

因此，一只犬的体重为40kg并且药物浓度为0.2%，速度为 2mg/（kg·h）的CRI；

5mg/（kg·h）×40kg = 200mg/h ÷ 2mg/mL=100mL/h

100mL/h ÷ 60=1.666；再除以60=0.027 × 10gtt/mL=0.2gtt/s或者（为了简化计算）每5s 1gtt。

用于需要稀释的药物：

再次计算出你需要的mg/h的数量。

现在决定你希望以mL/（kg·h）的速度输送多少液体。用这个乘以体重得到mL/h。

我们需要以*x*mL/h的速度输送*x*mg/h的药物，所以我们要做的就是计算出每mL需要多少mg。

用mg/h除以mL/h得到mg/mL。现在只要乘以你计划提供的mL总量就得到了你需要放入液体中的mg数。最后，用这些mg数除以药物的浓度，就得到了要加到液体中的mL数。

所以，一只犬重20kg，需要5mg/（kg·h）的CRI和2mL/（kg·h）的流失率，我们有1L的液体和一种0.5%的药物。

5mg/(kg·h)×20kg=100mg/h。2mL/(kg·h)×20kg=40 mL/h。100mg/h ÷ 40mL/h=2.5mg/mL。2.5mg/mL × 1 000mL=2 500mg。2 500mg ÷ 5mg/mL=500mL的药物添加到1L的液体中。

［对于你们这些数学天才，你可能会发现kg可以从这个公式中去掉它仍然是有效的! 无论重量如何，你都要在1 000mL的液体中加入250mL的药物，并以2mL/（kg·h）的速度输注，得到5mg/（kg·h）］。

## CRI 实例训练

在开始之前你需要知道：

- 所给予的药物剂量［如3μg/（kg·min）或者0.18mg/（kg·h）］
- 患病动物的体重（kg）
- 流速（mL/h）
- 液袋的大小
- 药物浓度

## 计量单位为mg/（kg·h）：

| | |
|---|---|
| 步骤1根据剂量建立方程 | mg/（kg·h）=添加到袋中的mg |
| 步骤2替换符号 | mg×kg×h=添加到袋中的mg |
| 步骤3输入已知信息 | 剂量和体重 |
| 步骤4算出时间 | 液袋大小/每小时的速率=几个小时后这个液袋输注完毕 |
| 步骤5解答方程 | mg×kg×h=添加到袋中的mg数 |
| 步骤6计算加到袋子里的药量 | 预期药物量（mg）/药物浓度（mg/mL）=要加入多少mL |

## 计量单位为μg/（kg·min）

**注意：需要两个额外的步骤，并以粗体显示**

| | |
|---|---|
| 步骤1根据剂量建立方程 | μg/（kg·h）=添加到液袋中的μg |
| 步骤2替换符号 | μg×kg×min=添加到液袋中的μg |
| 步骤3输入已知信息 | 剂量和体重 |
| 步骤4算出时间 | 液袋大小/每小时的速率=几个小时后这个液袋输注完毕 |
| **步骤5换算成min** | 上面所得到的时间（和）×60min/h |
| 步骤6解答方程 | μg×kg×min=添加到液袋中的μg |
| **步骤7将μg换算成mg** | 除以1000 |
| 步骤8计算加到袋子里的药量 | 预期药物量（mg）/药物浓度（mg/mL）=要加入多少mL |

## 举例

1. 一只60lb重的狗需要打点滴。你需要加入多少2mg/mL的氢化吗啡酮到500mL的NaCl注射液中。0.05mg/（kg・h）？滴注速度是25mL/h。

**解决方案：**

60lb= 27 kg

方程是：0.05 mg/（kg・h）× 27kg × 500mL ÷ 25mL/h

0.05 × 27 × 20=27mg

27mg ÷ 2mg/mL=13.5mL加入到500mL的氯化钠中

2. 你想要把一个20kg的犬以30μg/（kg・min）的速度输注利多卡因。使用1L的液体，以40mL/h的速度进行。请问要加多少2%利多卡因到输液袋里？

**解决方案：**

方程是：30μg × 20kg × 1 000mL ÷ 40mL/h

30 × 20 × 25h

25h × 60min/h=1500 min

30 × 20 × 1 500=900 000μg

900 000μg ÷ 1 000μg/mg=900 mg

2%利多卡因=20 mg/mL

900 ÷ 20=45mL利多卡因需要加入袋子中

# 附录C：重症病例研究

David Liss

## 病例C.I 多发性外伤患病动物

### 病例介绍

一只4岁的杰克罗素㹴在被车撞后被送到急诊室。体格检查：心动过速，黏膜苍白，右股骨开放性骨折，右髋臼可能骨折伴随骨摩擦音，回肠断裂，左中胸胸壁反常运动。该患病动物有多处骨折，胸部外伤，潜在肋骨骨折和连枷胸。它一边防卫，一边露出牙齿。而且它也不愿移动。

### 疼痛评估

利用科罗拉多州立大学急性疼痛量表（CSUAPS），该患病动物属于中度至重度疼痛。它保护着它的伤口，当触诊到它的痛处时，它表现得很剧烈（咆哮），不愿意移动，并且不能从它的疼痛中转移注意力。

### 镇痛干预措施

起初，患病动物接受氢吗啡酮（0.1mg/kg）静脉注射。这有助于静脉导管的放置，大量输液，静脉抽血检查，并拍摄伤口的X线片。很明显，它需要住院治疗。入院后，开始进行芬太尼-利多卡因-氯胺酮CRI。在CRI开始前，先注射一部分芬太尼-利多卡因-氯胺酮。该患病动物预计只需要输注晶体液，所以药物都加入到液体中。患病动物在CRI开始后约2h出现剧烈疼痛（哭闹、哀嚎、笼内翻滚）。再服一剂芬太尼，也没能使它平静下来。使用另外两种镇痛方法：硬膜外麻醉和肋间区域麻醉阻滞。从CRI中减去利多卡因，计算布比卡因的剂量。在左侧肋间阻滞处给予极少量（0.25mL）布比卡因，并从硬膜外总容积中减去该容积。

患病动物服用了一剂苯二氮䓬类药物以帮助手术的进行。10min后，其似乎在笼子里舒适地休息。患病动物被安排在第2d进行外科会诊和损伤的外科修复。

## 病例C.Ⅱ 胃扩张扭转

### 病例介绍

一只3岁的去势大丹犬被送到急诊室，它有4h的严重呕吐史。主人注意到它的肚子在家里越来越大，越来越不舒服。体格检查时，这只犬心动过速，气喘吁吁，有砖红色的黏膜，鼓胀的腹部，微弱的股动脉搏动。它太虚弱，不能站立，而且有明显的流涎。经X线诊断为胃扩张扭转，并接受静脉输液和胃插管以减轻胃胀气。

### 疼痛评估

此患病动物有器官扩张、腹内压增高和潜在的器官坏死。在这种情况下，CSUAPS可能不是最好的评估标准。这只患病动物在胃插管后，允许治疗干预，根据CSUAPS并没有出现符合标准的中度疼痛（畏缩，呜咽，护腹，触诊反应剧烈），根据北美兽医诊所2000年7月的报告，这类患病动物将被归为中度至重度疼痛。

### 镇痛干预措施

该患病动物在放置静脉留置针后注射了大量的氢吗啡酮，进行了静脉输液治疗，拍摄X线照片，胃插管。为紧急手术做准备，本例患病动物使用芬太尼、安定和异丙酚诱导。芬太尼术中继续CRI。就在手术结束前，患病动物开始出现室性心动过速。使用一剂利多卡因，并开始利多卡因CRI。患病动物芬太尼和利多卡因CRI后成功恢复。手术后12h，患病动物停止注射丁丙诺啡。医院又待一天后，患病动物开始进食，兽医给它开了曲马多。患病动物口服曲马多后出院。

## 病例 C.Ⅲ 尿道梗阻

### 病例介绍

一只7岁的去势短毛家猫在尿闭12h后就诊。体格检查时，它心动过速，膀胱坚实，无法排尿，并出现脱水。它对着工作人员嚎叫和攻击。它被初步诊断为尿道梗阻，并准备进行疏通手术。

### 疼痛评估

根据患猫的CSUAPS，这只患病动物对医护人员和声音反应强烈，所有这些都是中度疼痛的标准，持续的尿道梗阻被认为是非常痛苦的。

### 镇痛干预措施

这只患病动物接受了肌内注射羟吗啡酮。在给药5min后，可以对患病动物进行处理，并建立了应急稳定机制。患病动物需要导尿管，但全身麻醉太不稳定了。给予尾椎硬膜外阻滞利多卡因。患病动物成功地插入导尿管。患病动物于去梗阻后4h再次接受评估，看起来很舒服，梳理毛发，寻求关注而不是躲藏。用丁丙诺啡代替羟吗啡酮，给药1h后复查，疼痛程度无变化。患病动物继续使用非肠道丁丙诺啡24h，并在开始进食后改用经黏膜丁丙诺啡。患病动物经黏膜使用丁丙诺啡，之后出院回家。

# 附录D：常规病例方案

Nancy Shaffran

## 附录D1　常规病例

### 犬（心脏健康）

#### 一般手术或疼痛手术

- 如果无禁忌证，术前至少45min–1h可注射非甾体抗炎药。患病动物必须在手术过程中根据需要使用静脉输液来纠正低血压
- 联合125μg/$M^2$右美托咪定（低预用药标签剂量）和标准剂量的阿片类药物（例如氢吗啡酮0.2mg/kg）在诱导前15–20min IM
  - 诱导药量（丙泊酚、替立胺/唑拉西泮、氯胺酮/安定）减少至正常用量的一半或更少。吸入麻醉也应平均减少50%，目标剂量为0.5%–1%异氟烷
- 术后12–24h按需重复使用阿片类药物
- 持续使用非甾体抗炎药后出院（软组织3–4d；骨科1–2周）
- 如果出现神经性疼痛，可增加加巴喷丁，起始剂量10mg/kg

#### 短时间无疼痛或轻度疼痛的手术（如拍摄X线片，裂伤修复）

- 联合250μg/$M^2$（1/2镇静标签剂量）右美托咪定和0.2mg/kg 布托啡诺IM或者IV
- 考虑非甾体抗炎药的剂量
  - 可使用等体积（右美托咪定）的阿替美唑IM逆转

#### 用于急救右美托咪定剂量

- **急救**：使用1–2μg/kg IV （0.1–0.2$cm^3$用于25kg犬）提供约30min的镇静，能平稳度过麻醉
- CRI：如果有需要可以重复或作为CRI以1–3μg/（kg·h）速度给予

### 猫

#### 一般外科手术或疼痛的手术（猫咪魔法）

- 如果无禁忌证，术前至少45min–1h可注射非甾体抗炎药。患病动物必须在手术过程中根据需

要使用静脉输液来纠正低血压

- 在5kg 猫中，联合用药IM使用
    - 0.2mL右美托咪定
    - 0.2mL氯胺酮
    - 0.2mL丁丙诺啡（0.3mg/mL）
- 提供30min的深度镇静和镇痛，通常足以进行去势/绝育或更小疼痛的手术或插管。偶尔，需要面罩少量吸入麻醉
- 根据需要，术后IM或TM q8h 0.03mg/kg丁丙诺啡
- 加巴喷丁起始剂量为5mg/kg，控制神经性疼痛

### *快速无疼痛或轻度疼痛的手术（精简版猫咪魔法）*

- 每5kg 0.1mL右美托咪定
- 每5kg 0.1mL氯胺酮
- 每5kg 0.1mL酒石酸布托啡诺（10mg/mL）

### *为暴躁的猫咪“喷射”透黏膜的猫咪魔法*

- 每5kg 0.2mL右美托咪定
- 每5kg 0.3mL丁丙诺啡（0.3mg/mL）
- 每5kg 0.4mL氯胺酮
    - 这种组合会模仿猫咪魔法的效果，只要把全部剂量送到猫的口腔

## 附录D2

### *猫咪魔法在捕捉–去势–放归手术中*

为那些无法安全接受IM注射的极度暴躁的猫提供“猫咪魔法”治疗。

### *配方*

- 每5kg 0.2mL右美托咪定
- 每5kg 0.2mL（0.3mg/mL）丁丙诺啡
- 每5kg 0.4mL氯胺酮

这些药物应结合起来，直接进入猫的口腔，与口腔黏膜接触。在注射器的末端可以放置一根短的开放式导尿管，以提高“喷射”的准确性，并提供与猫嘴的安全距离。

可以用美沙酮经黏膜代替丁丙诺啡。Dr. Paulo Steagall报告说：“临床经验表明，0.5mg/kg的美沙酮口含（OTM）可以提供良好的术后疼痛，这是根据Dr. Ferreira的实验研究得出的结论。我一直使用10mg/mL的注射配方。如果我在用药前使用它，我通常会选择0.2–0.3mg/kg（静脉和IM分别使用）。这种药物不会引起呕吐或组胺的释放，就像人们在使用吗啡时所观察到的那样，也不会像在某些情况下使用氢吗啡酮时所观察到的那样，引起体温升高或烦躁不安。”

## 推荐阅读

[1] Ferreira, T.H., Rezende, M.L., Mama, K.R., Hudachek, S.F. & Aguiar, A.J. (June 2011) Plasma concentrations and behavioral, antinociceptive, and physiologic effects of methadone after intravenous and oral transmucosal administration in cats. *Am J Vet Res*, **72** (**6**), 764–771.

[2] Grove, D.M. & Ramsey, E.C. (2000) Sedative and physiologic effects of orally administered α2-adrenoceptor agonists and ketamine in cats. *J Am Vet Med Assoc*, **216** (**12**), 1929–1932.

[3] Robertson, S.A., Lascelles, B.D., Taylor, P.M. & Sear, J.W. (October 2005) PK–PD modeling of buprenorphine in cats: intravenous and oral transmucosal administration. *J Vet Pharmacol Ther*, **28** (5), 453–460.

# 附录E：本书各章疼痛的主要症状

| 物种 | 主要症状 |
| --- | --- |
| 犬 | 食欲不振<br>撕咬疼痛部位<br>精神异常沉郁 |
| 猫 | 僵硬姿势<br>暴躁行为<br>缺少梳理毛发<br>弓着头和脖子<br>食欲不振 |
| 马匹（Wagner，Lameness, 2010） | 坐立不安<br>低头<br>磨牙<br>鼻孔扩大<br>出汗<br>僵硬姿势<br>回头望腹<br>踢腹<br>不愿被保定<br>打转，旋转<br>惊飞行为<br>攻击性 |
| 牛 | 迟钝<br>沉郁<br>食欲不振 |

| 物种 | 主要症状 |
| --- | --- |
| 牛 | 呼噜声<br>磨牙<br>僵硬的姿势 |
| 绵羊和山羊 | 僵硬的姿势<br>活动力降低 |
| 猪 | 发出叫声<br>缺乏正常的社会交流行为 |
| 小鼠 | 戒断<br>咬<br>立毛<br>蜷缩<br>凹陷的眼睛和腹部<br>脱水<br>体重下降 |
| 大鼠 | 发出叫声<br>挣扎<br>舔舐/防卫<br>体重下降<br>立毛<br>蜷缩<br>低体温 |
| 豚鼠 | 戒断<br>发出叫声 |

| 物种 | 主要症状 |
| --- | --- |
| 豚鼠 | 无法抗拒约束<br>盯着毛皮<br>反应迟钝 |
| 沙鼠 | 蜷缩<br>体重降低<br>休克综合征 |
| 仓鼠 | 体重降低<br>蜷缩<br>攻击性增加或者沉郁<br>睡眠的时间延长 |
| 兔子 | 减少饮食<br>面向笼子的背面<br>运动受限<br>明显的光敏感性 |
| 雪貂 | 僵硬的姿势<br>暴躁的行为<br>缺乏梳理毛发 |
|  | 弓着头和脖子<br>食欲不振 |
| 鸟类 | 逃避反应<br>无活力的静止<br>食欲不振<br>避免使用疼痛部位 |

| 物种 | 主要症状 |
| --- | --- |
| 爬行动物 | 缩腿和肌肉收缩<br>体重降低<br>厌食 |
| 两栖动物 | 肌肉运动<br>闭眼<br>改变颜色<br>呼吸快速<br>一动不动<br>厌食 |
| 鱼类 | 游泳行为异常<br>试图跳出水面<br>鳃盖骨快速地运动<br>夹紧的鱼鳍<br>苍白色或者暗色<br>躲藏<br>厌食 |
| 无脊椎动物 | 迅速地逃跑 |
| 非人灵长类动物（NHP） | 蜷缩<br>不梳理毛发<br>拒绝进食和饮水<br>精神沉郁 |

# 附录F：更多阅读

## 建议阅读书目

### 物理治疗康复


1. McGowan, C. & Goff, L. (2007) *Animal Physiotherapy: Assessment, Treatment and Rehabilitation of Animals*. Wiley-Blackwell, Ames, IA.
2. Millis, D.L., Levine, D. & Taylor, R.A. (2004) *Canine Rehabilitation and Physical Therapy*. Saunders, St. Louis, MO.
3. Gross, D.M. (2002) *Canine Physical Therapy: Orthopedic Physical Therapy*. Wizard of Paws, East Lyme, CT.
4. Bockstahler, B., Levine, D. & Millis, D. (2004) *Essential Facts of Physiotherapy in Dogs and Cats-Rehabilitation and Pain Management*. BE Vet Verlag, Babenhausen.


### 按摩


1. Chiquone, J. & Jackson, L. (2008) *A Dog Lover's Guide to Canine Massage*. Satya House Publications, Hardwick, MA.
2. Furman, C.S. (2003) *Balance Your Dog: Canine Massage*. Wolfchase Publishing, Fort Collins, CO.
3. Hourdelbaight, J.P. (2003) *Canine Massage: A Complete Reference Manual*. Dogwise Publishing, Wenatchee, WA.


### 培训机会

International Association of Animal Massage and Body WorkWebsite lists training facilities, www.iaamb.org

Physical Rehabilitation Training

University of Tennessee/Northeast Seminars, www.caninequinerehab.com/www.neseminars.com

Canine Rehabilitation Institute, www.caninerehabinstitute.com

### 物理质量康复物资

www.cleanrun.com

### 辅助器具

#### 普通网站

www.handicappedpets.com

#### 车和轮椅

www.doggon.com

www.k9carts.com
www.ruffrollin.com

## 靴子，鞋子和矫正器

www.neopaws.com
www.ruffwear.com
www.therapaw.com
www.orthopets.com

# 英（拉）汉词汇对照表

**A**

abdominal pain 腹部疼痛

Academy of Surgical Research （ASR） 外科研究学会

Academy of Veterinary Technician Anesthetists （AVTA） 兽医麻醉师学会

acepromazine 乙酰丙嗪

acetaminophen 对乙酰氨基酚

active ROM 主动活动范围

acupuncture 针灸

Adequan® 牛血代血浆

adjunct analgesics 辅助镇痛剂

Advanced Practice Pain Management Nurse 高级疼痛管理实践护士

alfentanil 阿芬太尼

alpha-2 adrenoceptor agonists α-2肾上腺素能受体激动剂

alpha-2 agonists α-2受体激动剂

alpha-2 analgesics α-2镇痛剂

alpha-2 antagonists α-2受体拮抗剂

amantadine 金刚烷胺

American Animal Hospital Association 美国动物医院协会

American Association of Equine Practitioners （AAEP） 美国马兽医协会

American Association of Feline Practitioners 美国猫兽医协会

American Association of Veterinary State Boards （AAVSB） 美国兽医州理事会协会

American Veterinary Medical Association （AVMA） 美国兽医协会

aminobisphosphonates 氨基二磷酸盐

amitriptyline 阿米替林

amphibians 两栖动物

analgesia 镇痛

anesthesia 麻醉

Animal Rehab Institute-The Certified Equine Rehabilitation Assistant （CERA） Program 动物康复中心——认证的马康复助理项目

anorexia 厌食

anticholinergics 抗胆碱酯能类药物

anticonvulsants 抗惊厥药

antidepressants 抗抑郁药

antiepileptic drugs 抗癫痫药

anxiolytic drugs 抗焦虑药

aquatic treadmill therapy 水上跑步机疗法

arachidonic acid 花生四烯酸

aspirin 阿司匹林

atipamezole 阿替美唑

Association of Zoo Verterinary Technicians （AZVT） 动物园兽医技师协会

**B**

back pain 背痛
balanced analgesia 平衡镇痛
bisphosphonates 二磷酸盐
body condition score （BCS） 体况评分
bradycardia 心动过缓
bradykinin 缓激肽
breakthrough pain 暴发性疼痛
bupivacaine 布比卡因
buprenorphine 丁丙诺啡
butorphanol 布托啡诺

**C**

caesarian section 剖腹产手术
calcium channel blockers 钙通道阻滞剂
cancer associated pain 癌症并发痛
Canine Brief Pain Index （CBPI） 犬简明疼痛指数
Canine Brief Pain Inventory （CBPI） 犬简明疼痛量表
Canine Rehabilitation Assistant （CCRA） 犬康复助理
Canine Rehabilitation Institute 犬康复机构
capsaicin 辣椒素
carprofen 卡洛芬
castration 去势
caudal epidural anesthesia 尾侧硬膜外麻醉
central sensitization 中枢敏感化
certified animal pain practitioner （CAPP） 认证的动物疼痛执业者
certified veterinary pain practitioner （CVPP） 认证的兽医疼痛执业者
chemotherapy 化疗
chiropractic care 脊椎护理
chondroitin sulfate 硫酸软骨素
chronic pain 慢性疼痛
Cincinnati Orthopedic Disability Index （CODI） 辛辛那提骨科残疾指数
circumferential block 圆周形阻滞
codeine （codeine phosphate） 可待因（磷酸可待因）
cold therapy 冷治疗
Colorado State University Acute Pain Scale （CSUAPS） 科罗拉多州立大学急性疼痛量表
complementary and alternative medicine 补充和替代医学
composite pain scales （CPS） 复合疼痛量表
constant infusion analgesia （CIA） 恒速输注镇痛
constant rate infusion （CRI） 恒速输注
critical care patients 重症护理患病动物
cryotherapy 冷治疗
cyclooxygenase 3 inhibitors 3环氧酶抑制剂

**D**

dehorning and disbudding 去角和断角
dental blocks 牙科阻滞
deracoxib 地拉考昔
detomidine 地托咪定
dexamethasone 地塞米松
dexmedetomidine 右美托咪定
dextromethorphan 右美沙芬
diazepam 地西泮
dopamine 多巴胺
dry-needling 干针
duloxetine 度洛西汀
dysphoria 烦躁不安

**E**

eccentric muscle contraction 离心收缩
electroacupuncture 电针灸
emergency and critical care patients 急重症护理患病动物
enantiomers 对映体
end-of-life care 临终关怀
epidural anesthesia 硬膜外麻醉
Equine Massage Therapy Certification （CEMT） 马按摩疗法认证
euphoria 极度兴奋
eutectic mixture of local anesthetics （EMLA） cream 局部麻醉膏共熔混合物
euthanasia 安乐死
exotic animals 异形动物
extracorporeal shockwave therapy （ESWT） 体外冲击波疗法

F

femoral and sciatic nerve blocks 股神经和坐骨神经阻滞

fentanyl（fentanyl citrate） 芬太尼（枸橼酸芬太尼）

fentanyl patches 芬太尼贴片

Ferret Pain Scale 雪貂疼痛量表

firocoxib 非罗考昔

first-pass effect （first-pass metabolism） 首过效应（首过代谢）

Five Elements theory 五行理论

flunixin meglumine 氟尼辛葡甲胺

force plate 测力板

G

gabapentin 加巴喷丁

gait assessment 步态评估

gastric dilatation with volvulus 胃扩张扭转

gastrointestinal （colic and ulcers） pain 胃肠道疼痛（绞痛和溃疡）

gastrointestinal procedures 胃肠道手术

gate control theory 闸门控制理论

Glasgow Pain Scoring System 格拉斯哥疼痛评分系统

glia 神经胶质

glucosamine 葡萄糖胺

gold bead acupuncture 黄金珠针灸

goniometry 测角

G-protein-coupled receptors （GPCRs） G蛋白耦合受体

ground reaction forces 地面反应力

H

heat treatment 热治疗

Helsinki Chronic Pain Index （HCPI） 赫尔辛基慢性疼痛指数

hepatic system 肝系统

HHHHHMM scale 5H2M量表

hindlimb/pelvic fracture repair 后肢/骨盆骨折修复

hoof testers 蹄测试人员

hospice care 临终关怀

hyaluronic acid 透明质酸

hydrocodone 氢可酮

hydromorphone （hydromorphone hydrochloride） 氢化吗啡酮（盐酸氢化吗啡酮）

hydrotherapy 水疗

hypothermia 低体温

I

ibuprofen 布诺分

incisional line block 切口线阻滞

infiltrative/continuous-infiltration anesthesia 浸润/持续浸润麻醉

inflammatory pain 炎性疼痛

infraorbital nerve block 眶下阻滞

integument surgery 皮肤外科

intercostal nerve block 肋间神经阻滞

International Association for the Study of Pain （IASP） 国际疼痛研究协会

International Veterinary Academy of Pain Management （IVAPM） 国际兽医疼痛管理学会

interpleural nerve block 胸膜间神经阻滞

interventional analgesic techniques 介入镇痛技术

intervertebral disc disease （IVDD） 椎间盘疾病

intravenous regional anesthesia （IVRA） 静脉区域麻醉

intratesticular block 睾丸内阻滞

invertebrates 无脊椎动物

K

ketamine 氯胺酮

ketoprofen 酮洛芬

ketorolac 酮洛酸

L

lameness 跛行

large flightless birds 不会飞的大鸟

lidocaine 利多卡因

Liverpool Osteoarthritis in Dogs （LOAD） Instrument and Questionnaire 利物浦犬骨关节炎工具和问卷

loading dose 装载剂量

local anesthesia 局部麻醉

local twitch response （LTR） 局部抽搐反应

locoregional analgesic blocking techniques 局部区域镇

痛阻滞技术
low-level laser therapy（LLLT） 低能量激光治疗
lymphoma 淋巴瘤
lyrica® 普瑞巴林

**M**

magnetic field therapy （MFT） 磁场治疗
mandibular nerve block 下颌神经阻滞
mandibulectomy/maxillectomy 上/下颌骨切除术
mandibular and maxillary regional blocks 上/下颌区域阻滞
manual/manipulative therapies 手法/推拿治疗
maropitant （Cerenia®） 马罗匹坦（Cerenia®）
massage therapy 按摩治疗
mastitis 乳腺炎
mavacoxib 马来昔布
mechanical allodynia 机械性痛觉超敏
mechanical hyperalgesia 机械性痛觉超敏
mechanical stresses 机械性应力
mechanical threshold 机械性阈值
medetomidine 美托咪定
Melbourne Pain Scale 墨尔本疼痛量表
meloxicam 美洛昔康
memantine 美金刚胺
mental nerve block 颏神经阻滞
meperidine （meperidine hydrochloride） 哌替啶（盐酸哌替啶）
mepivacaine 马比佛卡因
methadone （methadone hydrochloride） 美沙酮（盐酸美沙酮）
minimally invasive procedures 微创手术
morphine 吗啡
Mouse Grimace Scale （MGS） 老鼠面部疼痛表情表
MTrPs and dry needling 肌筋膜激痛点和干针
multimodal analgesia 多模式镇痛
multimodal therapies 多模式治疗
muscle relaxants 肌松剂
myofascial trigger points （MTrPs） therapy 肌筋膜激痛点治疗

**N**

nalbuphine 纳布啡
naloxone （naloxone hydrochloride） 纳洛酮（盐酸纳洛酮）
naltrexone 纳曲酮
neuraxial anesthesia 神经轴麻醉
neurological examination 神经学检查
neuromuscular electrical stimulation （NMES） 神经肌肉电刺激
neuropathic pain 神经性疼痛
neuroplasticity and memory 神经可塑性和记忆
NMDA receptor antagonists NMDA受体拮抗剂
N-methyl-D-aspartate （NMDA） receptor N-甲基-D-门冬氨酸（NMDA）受体
nociceptor 疼痛感受器
nonhuman primates （NHP） 非人类灵长动物
non-NSAID analgesics 非NSAID类镇痛剂
nonsteroidal anti-inflammatory agents （NSAIDs） 非甾体抗炎药
non-traditional analgesics 非传统镇痛剂
numerical rating scales 评估量表
nutrition 营养
nutraceuticals 营养品

**O**

Obel Laminitis Pain Scale 欧贝尔蹄叶炎疼痛量表
obesity 肥胖
omega-3-fatty acids Ω-3脂肪酸
opioids 阿片类药物
opium 鸦片
OroCAM® 美洛昔康口腔喷剂®
orthopedic procedures 骨科手术
osteoarthritis （OA） 骨关节炎
osteoarthritis case manager （OACM） 骨关节炎病例管理员
oxycodone 氧可酮
oxymorphone （oxymorphone hydrochloride） 氧吗啡酮（盐酸氧吗啡酮）

**P**

pain behaviors 疼痛行为

pain management 疼痛管理
Pain Management Nurses 疼痛管理护士
pain recognition 疼痛识别
palliative and hospice care 姑息治疗和临终关怀
palliative radiation therapy （RT） 姑息放射治疗
palpation 触诊
paracetamol 对乙酰氨基酚
passive range of motion （PROM） 被动活动范围
pathological pain 病理性疼痛
peripheral nerves 外周神经
peripheral sensitization 外周敏感化
pharmacodynamics （PD） 药效动力学
pharmacokinetics （PK） 药代动力学
phenylbutazone 保泰松
physical rehabilitation therapy （PRT） 物理康复治疗
physiologic measures 生理学测量
Pigeon Orthopedic Scale Index 皮金骨科量表指数
piroxicam 吡罗昔康
polysulfated glycosaminoglycan （PSGAG） 多硫酸糖胺聚糖
polytrauma patient 多发伤患病动物
prednisolone 泼尼松龙
prednisone 泼尼松
pre-emptive analgesia 超前镇痛
pregabalin 普瑞巴林
presystemic metabolism 系统前代谢同首过效应
prostaglandines 前列腺素
prutitis 瘙痒

## Q

Qi 气
Qi-gong techniques 气功技术
quality of life （QOL） scale 生活质量量表

## R

Rabbit Grimace Scale （RbtGS） 兔子面部疼痛表情量表
range of motion （ROM） 活动范围
Recuvyra™ 芬太尼
Registry of Approved Continuing Education （RACE） 认可的继续教育注册处
rehabilitation veterinary technician 兽医康复技术
remifentanil 瑞芬太尼
renal system 泌尿系统
renal portal system 肾门脉系统
resiniferatoxin （RTX） 树脂毒素
robenacoxib 罗贝考昔
romifidine 罗米非定
ropivacaine 罗哌卡因
routine case protocols 常规案例方案

## S

sacrococcygeal block 荐尾阻滞
sedation 镇静
selective serotonin reuptake inhibitors （SSRIs） 选择性血清素再摄取抑制剂
sensory neurons 感觉神经元
serotonin-norepinephrine reuptake inhibitors （SNRIs） 血清素-去甲肾上腺素再摄取抑制剂
serotonin syndrome 血清素综合征
shivering 颤抖
simple descriptive scale （SDS） 简单描述量表
sit to stand exercises and down to stand 从坐姿到站姿锻炼和从卧姿到站姿
snapping palpation 拍打触诊
soaker catheters 浸润导管
sodium channel blockers 钠离子通道阻滞剂
soft tissue injuries 软组织损伤
somatic pain 躯体痛
spay-neuter programs 绝育-去势项目
spinal cord 脊髓
spinal disease and surgery 脊椎疾病和手术
spinal joint manipulation 脊椎关节推拿
static assessment 静态评估
stifle surgery 膝关节手术
stress-induced analgesia 压力诱导型镇痛
stretching 拉伸
Substance P P物质
sufentanil 舒芬太尼
surgical pain management 外科疼痛管理
Surgical Research Anesthetist （SRA） 外科麻醉师研究

Surpass® 超越®

T

TCVM Veterinary Technician program 传统中医兽医技术员项目

therapeutic exercises 康复运动

thermal modalities 热模式

thermotherapy 温热治疗

thoracic procedures 胸腔手术

thoracolumbar 胸腰椎的

topical anesthesia 局部麻醉

topical drug delivery 局部给药

traditional Chinese veterinary medicine （TCVM） 传统中兽医

transcutaneous electrical stimulation（TENS） 经皮电刺激

transdermal drug delivery 经皮给药

transient receptor potential valloniid type 1 receptor （TrpV1） 瞬时受体电位香草型1型受体（辣椒素受体）

transmucosal drug delivery 经黏膜给药

trap/neuter/return （TNR） programs 诱捕/绝育/放归项目

tricyclic antidepressants（TCAs） 三环类抗抑郁药

triple drip maintenance combinations 三滴维持组合

Tui-Na techniques 推拿技术

U

underwater treadmill （UWTM） exercise 水下跑步机锻炼

University of Melbourne Pain Scale 墨尔本大学疼痛量表

urethral obstruction 尿道梗阻

urinary disease 泌尿系统疾病

urinary retention 尿潴留

urinary system 泌尿系统

V

vertebral subluxation complex （VSC） 脊骨错位症候群

veterinary nurse 兽医护士

veterinary technician 兽医技术员

veterinary technician specialist （VTS） （anesthesia） 兽医技术员专家（麻醉）

visceral pain 内脏痛

Visual Analog Scale （VAS） 视觉模拟量表

vocalization 发声

W

weight assessment 体重评估

weight loss 体重下降

weight management 体重管理

weight reduction 减重

Western acupuncture 西式针灸

wind-up pain 发条疼痛

withdrawal periods 停药期

X

xylazine 赛拉嗪

Y

Yin-Yang theory 阴阳理论

yohimbine 育亨宾

Z

zoo animals 动物园动物